Marcus Wolff
Sensor-Technologien
De Gruyter Studium

Weitere empfehlenswerte Titel

Sensor-Technologien
Marcus Wolff

Band 1: Geschwindigkeit, Beschleunigung, Durchfluss, 2016
ISBN 978-3-11-046092-6, e-ISBN 978-3-11-046095-7,
e-ISBN (EPUB) 978-3-11-046105-3

Band 2: Geschwindigkeit, Durchfluss, Strömungsfeld, 2018
ISBN 978-3-11-047782-5, e-ISBN 978-3-11-047784-9,
e-ISBN (EPUB) 978-3-11-047791-7

Multiraten Signalverarbeitung, Filterbänke und Wavelets
Josef Hoffmann, 2020
ISBN 978-3-11-067885-7, e-ISBN 978-3-11-067887-1,
e-ISBN (EPUB) 978-3-11-067901-4

Signale und Systeme
7. Auflage
Fernando Puente León, Holger Jäkel, 2019
ISBN 978-3-11-062631-5, e-ISBN 978-3-11-062632-2,
e-ISBN (EPUB) 978-3-11-062637-7

Automatisierungstechnik
Methoden für die Überwachung und Steuerung kontinuierlicher
und ereignisdiskreter Systeme
Jan Lunze, 2020
ISBN 978-3-11-068072-0, e-ISBN 978-3-11-068352-3,
e-ISBN (EPUB) 978-3-11-068357-8

Digitaltechnik
TTL-, CMOS-Bausteine, komplexe Logikschaltungen (PLD, ASIC)
Herbert Bernstein, 2019
ISBN 978-3-11-058366-3, e-ISBN 978-3-11-058367-0,
e-ISBN (EPUB) 978-3-11-058456-1

Marcus Wolff

Sensor-Technologien

Band 3: Stoffmenge, Konzentration, Analytik

DE GRUYTER
OLDENBOURG

Autor
Prof. Dr.-Ing. Marcus Wolff
Hochschule für Ang. Wissenschaften Hamburg
Fakultät Technik und Informatik
Department Maschinenbau und Produktion
Heinrich-Blasius-Institut für Physikalische Technologien
Berliner Tor 21
D-20099 Hamburg
marcus.wolff@haw-hamburg.de

ISBN 978-3-11-066827-8
e-ISBN (PDF) 978-3-11-070204-0
e-ISBN (EPUB) 978-3-11-073825-4

Library of Congress Control Number: 2021936410

Bibliografische Information der Deutschen Nationalbibliothek
Die Deutsche Nationalbibliothek verzeichnet diese Publikation in der Deutschen
Nationalbibliografie; detaillierte bibliografische Daten sind im Internet über
http://dnb.dnb.de abrufbar.

© 2021 Walter de Gruyter GmbH, Berlin/Boston
Umschlaggestaltung: luchschen / iStock / Getty Images Plus
Satz: le-tex publishing services GmbH, Leipzig
Druck und Bindung: CPI books GmbH, Leck

www.degruyter.com

Vorwort

Seit dem Sommersemester 2007 halte ich als Professor an der Hochschule für Angewandte Wissenschaften Hamburg regelmäßig eine Vorlesung zum Thema „Sensorsysteme". Die Teilnahme an meinem Kurs ist für Studierende aller vier Masterstudiengänge des Departments Maschinenbau und Produktion verpflichtend. Um dem Anwendungsbezug unserer Hochschule gerecht zu werden und gleichzeitig die Studierenden ganz konkret auf ihre zukünftige berufliche Tätigkeit vorzubereiten, werden dabei nicht nur die verschiedenen Wirkprinzipien mit ihren physikalischen Grundlagen behandelt, sondern auch noch ausführlich typische Anwendungsgebiete der jeweiligen Sensoren und beispielhafte kommerzielle Produkte vorgestellt. Diese Strukturierung wurde auch für das vorliegende Buch konsequent umgesetzt. Dadurch eignet es sich gleichermaßen als Lehrbuch für Studierende der Ingenieurwissenschaften und als Handbuch für Praktiker auf der Suche nach einer geeigneten Lösung für ihre Messaufgabe.

Das Buch ist zwischen Sommersemester 2019 und Wintersemester 2020/2021 entstanden. Mehrere Studierende des oben genannten Masterkurses haben mich dabei tatkräftig unterstützt. Diese sind zu Beginn der jeweiligen Kapitel namentlich genannt.

Folgenden Unternehmen, Organisationen und Personen danke ich für ihre Unterstützung, insbesondere für die Einräumung der Rechte zur Nutzung von Abbildungen (in alphabetischer Reihenfolge):
- 3T Analytik GmbH & Co. KG (www.3t-analytik.de)
- ABB Ltd. (www.abb.com)
- Agilent Technologies Deutschland GmbH (www.agilent.com)
- Airsense Analytics GmbH (www.airsense.com)
- A.KRÜSS Optronic GmbH (www.kruess.com)
- Anton Paar GmbH (www.anton-paar.com)
- Atago Co. Ltd. (www.atago.net)
- Axel Semrau GmbH & Co. KG (www.axel-semrau.de)
- BélaBéla (https://de.wikipedia.org/wiki/Datei:Alkali_and_alkaline_earth_metals_emission_spectrum.png)
- bentekk GmbH (www.bentekk.com)
- Bieler+Lang GmbH (www.bieler-lang.de)
- Biolin Scientific (www.biolinscientific.com)
- Bruker Corporation (www.bruker.com)
- Bruker Optik GmbH (www.bruker.com/optik)
- B&W Tek Inc. (www.bwtek.com)
- CAMAG (www.camag.com)
- Carl Roth GmbH + Co. KG (www.carlroth.com)
- Compur Monitors GmbH & Co. KG (www.compur.com)

https://doi.org/10.1515/9783110702040-201

- Digi-Key Electronics Germany GmbH (www.digikey.de)
- Drägerwerk AG & Co. KGaA (www.draeger.com)
- Dr. Födisch Umweltmesstechnik AG (www.foedisch.de)
- Durag GmbH (www.durag.com)
- Edinburgh Sensors Ltd. (www.edinburghsensors.com)
- Electronic Sensor Technology Inc. (www.estcal.com)
- Endress+Hauser AG (www.endress.com)
- Esders GmbH (www.esders.de)
- Excellims Corporation (www.excellims.com)
- Fisons Instruments Ltd. (www.fison.com)
- Gasera Ltd. (www.gasera.fi)
- Gilson Inc. (www.gilson.com)
- greenTEG AG (www.greenteg.com)
- Hedinger GmbH & Co. KG (www.hedinger.de)
- Hermann Sewerin GmbH (www.sewerin.com)
- Hitachi High-Tech Analytical Science GmbH (hha.hitachi-hightech.com/de/)
- Inficon Inc. (www.inficon.com)
- ISS Inc. (www.iss.com)
- JEOL (Germany) GmbH (www.jeol.de)
- JUMO GmbH & Co. KG (www.jumo.net)
- LAMTEC GmbH & Co. KG (www.lamtec.de)
- LFE GmbH & Co. KG (www.lfe.de)
- LOT-Quantum Design GmbH (www.lot-qd.com)
- LumaSense Technologies A/S (www.lumasenseinc.com)
- Metrohm Deutschland GmbH & Co. KG (www.metrohm.com)
- Micromeritcs GmbH (www.micromeritics.com)
- MicroVacuum Ltd. (microvacuum.com)
- m&k GmbH (www.mk-edelmetall.de)
- MSA Safety Inc. (de.msasafety.com)
- nanoplus GmbH (www.nanoplus.com)
- Newport Corporation (www.newport.com)
- Nihon Dempa Kogyo Co. Ltd. (www.ndk.com)
- Paul Marienfeld GmbH & Co. KG (www.marienfeld-superior.com)
- PCE Deutschland GmbH (www.pce-instruments.com)
- PHYWE Systeme GmbH & Co. KG (www.phywe.de)
- Picarro Inc. (www.picarro.com)
- Proceq SA (www.proceq.com)
- Quantachrome Instruments Corporation (www.quantachrome.com)
- Q-Sense Ltd. (www.biolinscientific.com/qsense)
- Ratfisch Analysensysteme GmbH (www.ratfisch.de)
- Sartorius Corporate Administration GmbH (www.sartorius.com)
- Sensigent LLC (www.sensigent.com)

– SGG Hans Peter Maurischat (www.maurischat.eu)
– Sick AG (www.sick.com)
– Siemens AG (www.siemens.com)
– Smiths Detection Group Ltd. (www.smithsdetection.com)
– Taitien Electronics Co. Ltd. (www.taitien.com)
– TESTA GmbH (www.testa-fid.de)
– Thermo Fisher Scientific Inc. (www.thermofisher.com)
– Tiger Optics LLC (www.tigeroptics.com)
– Turner Designs Inc. (www.turnerdesigns.com)
– Xylem Inc. (www.xylem.com)
– Xylem Analytics Germany Sales GmbH & Co. KG (www.xylemanalytics.com/de)

Ich bedanke mich weiterhin bei all meinen Institutskollegen für ihre großartige Unterstützung.

Ganz besonderer Dank gilt meinem Kollegen Prof. Dr. rer. nat. Ulrich Stein für das gewissenhafte Korrekturlesen des Manuskripts.

Hamburg im Oktober 2020   Marcus Wolff

Inhalt

Teil III: Optische Spektrometrie

Teil IV: Chemische Sensorik

Abbildungsverzeichnis

https://doi.org/10.1515/9783110702040-202

Tabellenverzeichnis

https://doi.org/10.1515/9783110702040-203

Teil I: **Einleitung**

1 Konzentration, Anteil, Verhältnis

1.1 Gehaltsangaben

Die DIN-Norm 1310 enthält Benennungen, Formelzeichen, Definitionen und Einheiten für physikalisch-chemische Größen zur quantitativen Beschreibung der Zusammensetzung von Stoffgemischen und Mischphasen. Die darin definierten Gehaltsangaben, auch Gehaltsgrößen genannt, quantifizieren in Chemie und Physik den materiellen Anteil eines einzelnen Stoffes an einem Stoffgemisch. Sie basieren auf vier physikalischen Basisgrößen [1]:

– Masse m
– Stoffmenge n
– Volumen V und
– Teilchenzahl N

Es werden dabei drei Kategorien von Gehaltsangaben unterschieden:

1. Konzentrationen
   Größe einer Komponente in Bezug auf das Gesamtvolumen der Mischung (Massenkonzentration, Stoffmengenkonzentration, Volumenkonzentration, Teilchendichte)
2. Anteile
   Größe einer Komponente in Bezug auf die Summe der gleichen Größe aller Komponenten (Massenanteil, Stoffmengenanteil, Volumenanteil, Teilchenzahlanteil)
3. Verhältnisse
   Größe einer Komponente in Bezug auf die gleiche Größe einer anderen Komponente (Massenverhältnis, Stoffmengenverhältnis, Volumenverhältnis, Teilchenzahlverhältnis)

1.2 Konzentrationen

Eine Konzentration ist eine Gehaltsangabe, die auf das Gesamtvolumen des Gemisches bezogen ist. Man unterscheidet vier Konzentrationsangaben [1]:

1. Die Massenkonzentration β_i ist definiert als die Masse m_i eines Bestandteils des Stoffgemisches geteilt durch das Gesamtvolumen des Stoffgemisches V:

$$\beta_i = \frac{m_i}{V} \,. \tag{1.1}$$

Die SI-Einheit der Massenkonzentration ist kg/m^3 (= g/L).

https://doi.org/10.1515/9783110702040-001

2. Die molare Konzentration, Stoffmengenkonzentration oder Molarität c_i (nicht mit Molalität zu verwechseln, siehe unten), entspricht der Stoffmenge n_i eines Bestandteils des Stoffgemisches (in Mol) geteilt durch das Volumen des Stoffgemisches:

$$c_i = \frac{n_i}{V}.$$ (1.2)

Die SI-Einheit der molaren Konzentration ist Mol/m³ (Mol/L = Mol/dm³).

3. Die Volumenkonzentration σ_i entspricht dem Volumen V_i eines Bestandteils des Stoffgemisches geteilt durch das Volumen des Gemisches:

$$\sigma_i = \frac{V_i}{V}.$$ (1.3)

Als Quotient zweier dimensionsgleicher Größen (m³/m³) ist die Volumenkonzentration einheitenlos oder wird mithilfe von Dezimalpräfixen angegeben (z. B. mL/L). Häufiger wird sie allerdings in Prozent ($1\% = 10^{-2}$), Promille ($1\,\text{‰} = 10^{-3}$) oder in der sogenannten Parts-per-Notation angegeben. Dabei steht ppm für Parts-per-Million: Ein Teilchen in einer Million Fremdteilchen (= 10^{-6}). Damit entspricht 1 ppm einem Tausendstel Promille. Die Abkürzung ppb steht für Parts-per-Billion (dt. Milliarde) (= 10^{-9}), ppt für Parts-per-Trillion (dt. Billion; = 10^{-12}) und ppq für Parts-per-Quadrillion (dt. Trillion; = 10^{-15}).

4. Die Teilchendichte oder auch Partikelkonzentration C_i ist definiert als die Teilchenzahl N_i eines Bestandteils des Stoffgemisches geteilt durch das Volumen des Gemisches:

$$C_i = \frac{N_i}{V}.$$ (1.4)

Die SI-Einheit der Teilchendichte ist 1/m³.

1.3 Anteile und Verhältnisse

Alle Anteils- und Verhältnisgrößen (außer der Molalität) haben als Einheit den Quotienten zweier gleicher Dimensionen (kg/kg, Mol/Mol, m³/m³). Sie sind damit in der Regel einheitenlos, wobei für kleine Anteile oder kleine Verhältnisse häufig die Parts-per-Notation verwendet wird [1].

Der Massenanteil w_i ist definiert als die Masse eines Bestandteils des Stoffgemisches geteilt durch die Gesamtmasse des Gemisches m_{tot}:

$$w_i = \frac{m_i}{m_{\text{tot}}}.$$ (1.5)

Das Massenverhältnis ζ_{ij} entspricht der Masse eines Bestandteils des Stoffgemisches geteilt durch die Masse eines anderen Bestandteils m_j:

$$\zeta_{ij} = \frac{m_i}{m_j}.$$ (1.6)

Der Stoffmengenanteil x_i ist definiert als die Stoffmenge eines Bestandteils des Stoffgemisches (in Mol) geteilt durch die Gesamtstoffmenge des Gemisches n_{tot}:

$$x_i = \frac{n_i}{n_{tot}} \,. \tag{1.7}$$

Das Stoffmengenverhältnis r_{ij} entspricht der Stoffmenge eines Bestandteils des Stoffgemisches geteilt durch die Stoffmenge eines anderen Bestandteils n_j:

$$r_{ij} = \frac{n_i}{n_j} \,. \tag{1.8}$$

Der Volumenanteil ist definiert als das Volumen eines Bestandteils des Stoffgemisches geteilt durch die Summe der Volumina aller Bestandteile vor dem Mischen (vor der chemischen Reaktion) V_{tot}:

$$\phi_i = \frac{V_i}{V_{tot}} \,. \tag{1.9}$$

Der Volumenanteil ist für sogenannte ideale Lösungen gleich der Volumenkonzentration. Diese erfahren beim Mischen keine Volumenkontraktion oder Volumenausdehnung und deren Volumen entspricht daher der Summe der Volumina der einzelnen Bestandteile.

Das Volumenverhältnis ψ_{ij} entspricht dem Volumen eines Bestandteils des Stoffgemisches geteilt durch das Volumen eines anderen Bestandteils V_j:

$$\psi_{ij} = \frac{V_i}{V_j} \,. \tag{1.10}$$

Der Teilchenzahlanteil X_i ist definiert als die Teilchenzahl eines Bestandteils des Stoffgemisches geteilt durch die Summe der Teilchenzahlen aller Bestandteile N_{tot}:

$$X_i = \frac{N_i}{N_{tot}} \,. \tag{1.11}$$

Das Teilchenzahlverhältnis N_{ij} entspricht dem Volumen eines Bestandteils des Stoffgemisches geteilt durch das Volumen eines anderen Bestandteils N_j:

$$R_{ij} = \frac{N_i}{N_j} \,. \tag{1.12}$$

Die Molalität (nicht mit Molarität zu verwechseln) entspricht der Stoffmenge eines Bestandteils des Stoffgemisches geteilt durch die Masse des Lösemittels $m_{solvent}$ (nicht die Masse der Lösung):

$$b_i = \frac{n_i}{m_{solvent}} \,. \tag{1.13}$$

The SI-Einheit der Molalität ist Mol/kg.

2 Sensoren für Konzentration und Analytik

Sensoren zur Detektion von Stoffen oder zur Bestimmung des Gehalts eines Stoffs an einem Stoffgemisch (Konzentration, Anteil, Verhältnis) werden dem wissenschaftlichen Teilgebiet der analytischen Chemie (auch chemische Analytik) zugeordnet. Werden die Untersuchungen in Kombination mit elektronischen Messgeräten durchgeführt, spricht man auch von instrumenteller Analytik.

Sensoren für derartige Anwendungen werden gelegentlich als chemische Sensoren oder Chemosensoren bezeichnet. Diese Nomenklatur wird im Weiteren allerdings vermieden, um Verwechslungen mit Sensoren auszuschließen, deren Funktionsweise auf chemischen Reaktionen basiert.

Grundsätzlich unterscheidet man dabei zwischen qualitativer und quantitativer Analyse. Die Aufgabe der qualitativen Analyse ist die Identifikation von Stoffen in einem Stoffgemisch (der Probe). Quantitative Analytik bestimmt den Gehalt eines Stoffes (des Analyten) an einem Gemisch.

Sensoren für Gehalt und Analytik werden für unterschiedlichste Zwecke eingesetzt. Sie lassen sich in drei Gruppen einordnen, die im Folgenden in aufsteigender Komplexität genannt sind:
- Detektion der Anwesenheit eines bestimmten Stoffs oder einer bestimmten Stoffgruppe. Dabei wird in der Regel das Überschreiten eines bestimmten Schwellwerts detektiert (z. B. Quecksilber oder Schwermetalle im Trinkwasser). Derartige Sensoren werden häufig auch als Detektoren bezeichnet.
- Bestimmung der Konzentration eines bestimmten Stoffs oder einer bestimmten Stoffgruppe (z. B. Kohlenmonoxid in der Luft am Arbeitsplatz oder die Summe der brennbaren Gase in einem explosionsgeschützten Milieu).
- Analyse eines mehrkomponentigen Stoffgemisches (z. B. Erstellung eines Blutbilds für die Diagnostik oder Messung der Konzentrationen der Inhaltsstoffe einer Weinprobe zur Identifikation des Anbaugebiets).

Sensortechnologien zur Stoffdetektion/Konzentrationsmessung lassen sich auf verschiedene Art und Weise kategorisieren. Hierzu machen die entsprechenden Fachverbände eine Reihe von Vorschlägen [2–6]. Im vorliegenden Buch erfolgt die Einteilung anhand des Detektionsmechanismus. Dabei werden physikalische, optisch-spektrometrische, chemische und elektrochemische Sensoren unterschieden, wobei die Zuordnung nicht immer eindeutig ist. Einige Verfahren dienen zudem nicht primär der Analytik. Unter bestimmten Bedingungen können sie allerdings für eine Konzentrationsbestimmung eingesetzt werden.

Die Varianten der verschiedenen Verfahren und auch deren Kombinationsmöglichkeiten sind heutzutage so zahlreich, dass kein Anspruch auf Vollständigkeit besteht. In den Teilen II bis V dieses Buches werden die folgenden Sensortechnologien behandelt.

https://doi.org/10.1515/9783110702040-002

2.1 Physikalische Sensorik

Physikalische Sensoren basieren auf physikalischen Effekten, die die Veränderung einer oder mehrerer physikalischer Größen in Gegenwart bestimmter Stoffe oder Stoffgruppen oder in Abhängigkeit der Konzentration bestimmter Stoffe oder Stoffgruppen hervorrufen. Die optische Spektrometrie ist dabei ausgenommen. Andersartige optische Sensoren, z. B. auf Basis der Änderung des Brechungsindex oder der optischen Polarisation, zählen dazu. Im Teil II dieses Buches werden die folgenden physikalischen Sensortechnologien behandelt:

- Massenspektrometrie
- Ionenmobilitätsspektrometrie
- Chromatografie
- paramagnetische Sensoren
- Wärmeleitfähigkeitssensoren
- Halbleitersensoren
- Sensoren auf Basis elektrisch leitender Polymere
- Sensoren auf Basis akustischer Oberflächenwellen (SAW)
- piezoelektrische Quarzsensoren
- gravimetrische Staubsensoren
- Refraktometrie
- Polarimetrie
- Photoionisationsdetektoren (PID)
- Flammenionisationsdetektoren (FID)
- Pyknometrie

2.2 Optische Spektrometrie

Optisch-spektrometrische Sensoren basieren auf der Wechselwirkung von elektromagnetischer Strahlung mit Materie. Die Wechselwirkungen umfassen insbesondere Absorption, Transmission, Emission, Fluoreszenz und Streuung. Der Teil III dieses Buches widmet sich den folgenden optisch-spektrometrischen Sensortechnologien:

- Transmissionsspektrometrie (auch Absorptionsspektrometrie genannt)
- fotoakustische Spektrometrie (auch optoakustische Spektrometrie genannt)
- Cavity-Ring-Down-Spektrometrie (CRDS)
- Atomemissionsspektrometrie (auch optische Emissionsspektrometrie genannt)
- Fluoreszenzspektrometrie
- Kernspinresonanzspektrometrie (auch Magnetresonanzspektrometrie oder NMR-Spektrometrie genannt)
- Raman-Spektrometrie

2.3 Chemische Sensorik

Die chemische Sensorik als Sensorkategorie ist nicht mit den Ausdrücken „Chemo-sensor" oder „chemischer Sensor" im Sinne des Oberbegriffs für Sensoren für Gehalt und Analytik zu verwechseln. Die chemische Sensorik basiert auf chemischen Reaktionen (häufig nass-chemisch) und daraus resultierenden Änderungen physikalischer Größen. Im Teil IV dieses Buches werden die folgenden chemischen Sensortechnologien diskutiert:
–   Wärmetönungssensoren (Sensoren auf Basis katalytischer Verbrennung)
–   Kinetische Analyse
–   Prüfröhrchen
–   Titrimetrie (am häufigsten eingesetzte Technik der Volumetrie)
–   Chemische Gravimetrie

2.4 Elektrochemische Sensorik

Elektrochemische Sensoren basieren auf zwei (oder mehr) Elektroden, zwischen denen sich die zu untersuchende Probe befindet. In Anwesenheit des zu detektierenden Stoffs kommt es zu spezifischen, oft konzentrationsabhängigen Änderungen von elektrischen Strömen, Leitfähigkeiten, Potenzialen/Spannungen, Widerständen oder Kapazitäten. Der Teil V dieses Buches beschäftigt sich mit den folgenden elektrochemischen Sensortechnologien:
–   Coulometrie
–   Konduktometrie
–   Voltammetrie (in einer häufig eingesetzten Variante auch Polarografie genannt)
–   Elektrogravimetrie
–   Festelektrolytsensoren

Teil II: **Physikalische Sensorik**

3 Massenspektrometrie

3.1 Einleitung

Die Grundlagen der Massenspektrometrie (MS) wurden im Jahr 1898 gelegt, als der deutsche Physiker Wilhelm Wien entdeckte, dass Strahlen geladener Teilchen durch ein Magnetfeld abgelenkt werden. In weitergehenden Experimenten zwischen 1907 und 1913 führte der britische Physiker Joseph J. Thomson, der das Elektron entdeckte und seine Ablenkung durch ein elektrisches Feld beobachtet hatte, einen Strahl positiv geladener Ionen durch ein kombiniertes elektrisches und magnetisches Feld. Die beiden Felder in Thomsons Röhre waren so angeordnet, dass verschiedenartige Ionen unterschiedlich stark abgelenkt wurden. Zur Analyse der Flugbahnen der Teilchen verwendete Thomson eine fotografische Platte, auf der die Ionen als Ergebnis eine Reihe von gekrümmten Kurven erzeugten. Jede Kurve entsprach dabei einer spezifischen Ionenart (einem bestimmten Masse-Ladungs-Verhältnis). In einem späteren Versuch, die relativen Häufigkeiten der unterschiedlichen Ionenarten zu schätzen, ersetzte Thomson die fotografische Platte durch ein Blech, in das ein parabolischer Schlitz geschnitten wurde. Durch Variation des Magnetfeldes gelang es ihm, für die verschiedenen Ionenarten jeweils ein Stromsignal zu messen und so ein erstes Massenspektrum aufzunehmen [7, 8].

Die Pioniere der Massenspektrometrie verwendeten magnetische Sektorfeldgeräte mit Elektronenstoßionisation (EI), die sie selbst entwickelt hatten und mit denen pro Tag nur wenige Massenspektren aufgenommen werden konnten. Diese Technologie ermöglichte dem chemisch-physikalischen Analytiker wertvolle, bis dahin unbekannte Einblicke in Strukturdetails [9]. Aufgrund des Bedarfs, Moleküle mit besonders hoher Nachweisempfindlichkeit zu untersuchen, ging die Initiative für eine Weiterentwicklung der Massenspektrometrie vor allem von den Biowissenschaften aus. Moderne, hoch automatisierte Systeme generieren bei Routineanwendungen Tausende Spektren pro Tag, sofern Proben mithilfe eines identischen analytischen Protokolls bearbeitet werden [7, 10]. Die Forschung im Bereich der Massenspektrometrie konzentriert sich heute auf die Entwicklung von neuen Methoden zur Ionenerzeugung und zum effektiveren Ionentransfer in die Massenanalysatoren, um auch höchsten Anforderungen gerecht zu werden.

Im weiteren Verlauf des Kapitels wird auf das Messprinzip von Massenspektrometern, deren Anwendungen und beispielhafte kommerzielle Produkte eingegangen. Im Abschnitt Messprinzip werden der grundlegende Aufbau und die Funktionsweise eines Massenspektrometers bestehend aus den drei Hauptkomponenten Ionenquelle, Massenanalysator und Detektor näher erläutert. Anschließend werden die Anwen-

Unter Mitwirkung von Yunus Gülaz, Abdulkadir Alici und Mohammed Yosofi

https://doi.org/10.1515/9783110702040-003

dungsgebiete der Massenspektrometrie aufgezeigt und ein spezifisches Anwendungsbeispiel näher ausgeführt. Danach werden zwei kommerziell erhältliche Massenspektrometer vorgestellt. Abschließend werden die wichtigsten Inhalte des Kapitels zusammengefasst und die Stärken und Schwächen der Massenspektrometrie dargelegt.

3.2 Messprinzip

Für die Massenspektrometrie erzeugt man zunächst in geeigneter Weise Ionen aus
anorganischen oder organischen Substanzen. Diese Ionen werden dann nach ihrem
Masse-Ladungs-Verhältnis (m/q) aufgetrennt und mit einem Registriersystem qualitativ und quantitativ erfasst. Die Ionisation der Substanzen kann thermisch, durch
elektrische Felder oder durch Beschuss der Probe mit energiereichen Elektronen, Ionen, Photonen, energiereichen neutralen Atomen, elektronisch angeregten Atomen,
Clusterionen und sogar elektrostatisch aufgeladenen Mikrotropfen erfolgen. Bei den
Ionen kann es sich um einzelne ionisierte Atome, Cluster, Moleküle oder deren Bruch-
stücke oder Assoziate (Molekülverbände) handeln. Die Ionentrennung erfolgt durch
statische oder dynamische elektrische und magnetische Felder [7].

3.2.1 Physikalische Grundlagen

Ionen sind geladene Atome oder Moleküle. Deren Position im Raum kann mithilfe von
elektrischen und magnetischen Feldern beeinflusst werden [9]. Betrachtet man ein Ion
mit der Masse m und der Ladung q, das in der Potenzialdifferenz V_s eines elektrischen
Feldes auf die Geschwindigkeit $\vec{v}$ beschleunigt wird, so ist dessen kinetische Energie
E_k am Quellenauslass [11]

$$E_k = \frac{m \cdot |\vec{v}|^2}{2} = q \cdot V_s .$$

(3.1)

Das Ion wird anschließend in einem Magnetfeld, dessen Richtung senkrecht zum Io-
nenstrahl ist, durch die Lorentzkraft $\vec{F}_M$ abgelenkt (siehe Abbildung 3.1).

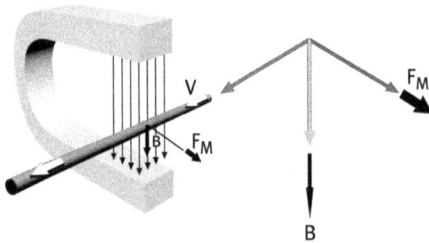

Abb. 3.1: Prinzip der Lorentzkraft [11].

Die Lorentzkraft $\vec{F}_M$ hängt von der Geschwindigkeit $\vec{v}$, der magnetischen Fluss-dichte $\vec{B}$ und der Ladung q ab:

$$\vec{F}_M = q \cdot \vec{v} \times \vec{B} . \tag{3.2}$$

Stehen alle drei Vektoren rechtwinklig zueinander, folgt das Ion mit der Masse m und der Ladung q einer kreisförmigen Flugbahn mit dem Radius r, wobei die Zentrifugal-kraft die Lorentzkraft ausgleicht [8]:

$$q \cdot |\vec{v}| \cdot |\vec{B}| = \frac{m \cdot |\vec{v}|^2}{r} \quad \Longleftrightarrow \quad m \cdot |\vec{v}| = q \cdot |\vec{B}| \cdot r . \tag{3.3}$$

Wird die Gleichung 3.3 nach dem Radius r dieser Kreisbewegung aufgelöst, ergibt sich

$$r = \frac{m \cdot |\vec{v}|}{q \cdot |\vec{B}|} . \tag{3.4}$$

Für jeden Wert von $\vec{B}$ haben die Ionen mit der gleichen Ladung und dem gleichen Impuls ($m \cdot |\vec{v}|$) eine kreisförmige Flugbahn mit einem charakteristischen Radius r. Abbildung 3.2 verdeutlicht die Auftrennung von Ionen mit unterschiedlichen Masse-Ladungs-Verhältnissen im Massenspektrometer [8].

Die Umstellung der Gleichung 3.1 liefert für das Masse-Ladungs-Verhältnis:

$$\frac{m}{q} = \frac{2V_s}{|\vec{v}|^2} . \tag{3.5}$$

Wird die Gleichung 3.3 nach $\vec{v}$ umgestellt, ergibt sich folgender Zusammenhang:

$$|\vec{v}| = \frac{q}{m} \cdot |\vec{B}| \cdot r . \tag{3.6}$$

Wenn dies wiederum in die Gleichung 3.6 eingesetzt wird, folgt die sogenannte mas-senspektrometrische Grundgleichung [8]:

$$\frac{m}{q} = \frac{|\vec{B}|^2 r^2}{2V_s} , \tag{3.7}$$

wobei m die Ionenmasse, q die Ionenladung, $\vec{B}$ die magnetische Flussdichte, r den Radius der Ionenbahn im Magnetfeld und V_s die Potenzialdifferenz im Beschleuni-gungsbereich darstellen.

Wenn der Radius r durch das Vorhandensein eines Flugrohres fest vorgegeben wird, durchlaufen bei einem gegebenen Wert von $\vec{B}$ nur die Ionen mit dem entspre-chenden Wert von m/q das Analysegerät [9]. Die Änderung von $\vec{B}$ als Funktion der Zeit ermöglicht aufeinanderfolgende Beobachtungen von Ionen mit verschiedenen Werten von m/q. Wenn alle Ionen einfach geladen sind ($q = 1\,e$), wählt der Magnetanalysator die Ionen nach ihrer Masse aus, vorausgesetzt, sie haben alle die gleiche kinetische Energie (gleiche Geschwindigkeit) [11].

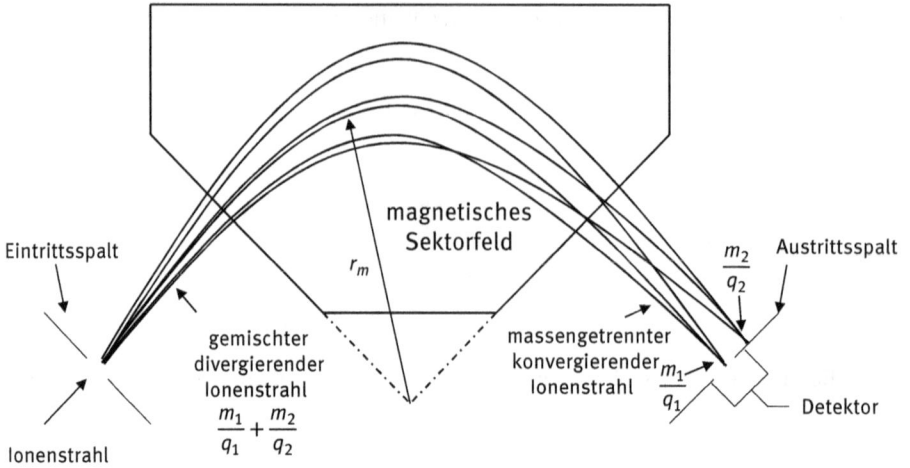

Abb. 3.2: Auftrennung von Ionen mit unterschiedlichen Masse-Ladungs-Verhältnissen im Massenspektrometer [8].

3.2.2 Aufbau und Funktion

Ein Massenspektrometer besteht aus drei Hauptteilen: der Ionenquelle, dem Massen-analysator und dem Detektor (siehe Abbildung 3.3) [8]. Diese werden im Folgenden in der genannten Reihenfolge näher erläutert. Da der Massenanalysator und der Detektor (und viele der Ionenquellen) für den Betrieb ein Vakuum benötigen, erfordert das Gerät auch ein Pumpsystem [8]. Darüber hinaus ist ein weiteres System erforderlich, um das vom Detektor registrierte Signal aufzuzeichnen. In der Anfangszeit war ein

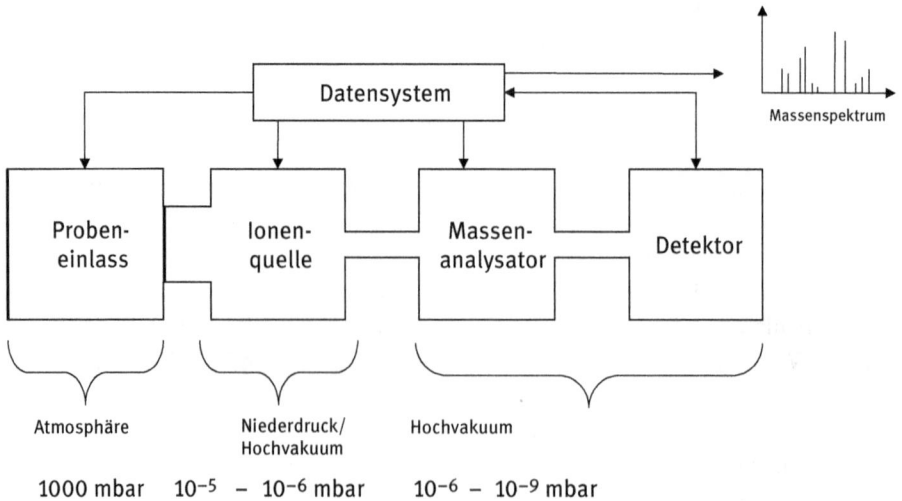

Abb. 3.3: Schematischer Aufbau eines Massenspektrometers [8].

solches System oft eine fotografische Platte, aber für fast alle modernen Instrumente wird ein computergestütztes System verwendet [10].

Ionenquelle

In der Ionenquelle werden die Proben vor der Analyse im Massenspektrometer in die Gasphase überführt und ionisiert sowie zum Analysator hin beschleunigt. Die Wahl der Ionenquelle hängt in erheblichem Maße von der Anwendung ab. Einige Ionenquellen können intakte Ionen großer Moleküle, wie Proteine und Nukleinsäuren, erzeugen. Andere Ionenquellen, wie die Glimmentladung und das induktiv gekoppelte Plasma, atomisieren den Analyten, also die zu untersuchende Substanz, können aber sehr genaue quantitative Daten liefern [12]. Für die Massenspektrometrie werden verschiedene Ionisationsverfahren eingesetzt [11, 12]. Eine Zusammenstellung findet sich in Tabelle 3.1.

Das am häufigsten verwendete Verfahren ist die Elektronenstoßionisation (EI). Die Ionen werden hier erzeugt, indem ein Elektronenstrahl in einen Niederdruckdampf (10^{-5} bis 10^{-6} mbar) aus Analytmolekülen geleitet wird. Die Elektronen werden dafür mithilfe eines elektrischen Felds auf eine kinetische Energie zwischen 5

Tab. 3.1: Massenspektrometerionenquellen [12].

Methode	Akronym	Kategorie	Ionentyp	Anwendungen
Gasentladung	–	Entladung	Atomare Ionen	Erster Ionisationsmechanismus, der zum Einsatz kam
Thermische Ionisation	TI	Ionisierung durch Erwärmung	Atomare Ionen	Isotopenverhältnis, Spurenanalyse; Feststoffproben
Glimmentladung	GD	Plasmaquelle	Atomare Ionen	Spurenanalyse
Elektronenstoß-ionisation	EI	Elektroneninduzierte Ionisierung	Flüchtige molekulare Ionen	Kleinere Moleküle; Gaschromatografie-Massenspektrometrie
Chemische Ionisation	CI	Elektroneninduzierte Ionisierung	Flüchtige molekulare Ionen	Gaschromatografie-Massenspektrometrie
Fotoionisation	PI	Fotoionisation	Flüchtige molekulare Ionen	Kleinere Moleküle; Gaschromatografie-Massenspektrometrie
Feldionisation	FI	Ionisierung durch starkes elektrisches Feld	Flüchtige molekulare Ionen	Molekulare Verbindungen
Elektrospray-Ionisation	ESI	Spray	Nichtflüchtige molekulare Ionen	Flüssigchromatografie-Massenspektrometrie; große Moleküle

und 200 eV beschleunigt [13]. Die EI-Quelle stellt im Wesentlichen eine Kammer mit mehreren Öffnungen dar (Abbildung 3.4). Die Analytmoleküle werden durch den Probeneintritt in die Ionenquelle eingebracht. Der Elektronenstrahl wird durch Erhitzen eines Glühfadens erzeugt, senkrecht zu den Probenmolekülen durch die Ionenquelle geleitet und anschließend in einer Falle gesammelt. An der Schnittstelle der Analyten mit dem Elektronenstrahl findet die Ionisierung statt. Magnete sorgen oftmals für eine spiralförmige Bewegung der Elektronen (Lorentzkraft), damit sie einen größeren Weg zurücklegen und damit eine höhere Chance für Elektron-Molekül-Stöße besteht. Da die Ionen eine deutlich größere Masse aufweisen als die Elektronen, werden sie nicht wesentlich durch das relativ schwache Magnetfeld beeinflusst. Bei der Interaktion werden ein oder (seltener) zwei Elektronen aus dem Molekül herausgeschlagen, sodass aus dem Molekül M ein positiv geladenes Radikalion $M^{+\bullet}$ wird [8, 12]:

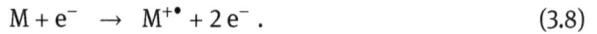

$$M + e^- \rightarrow M^{+\bullet} + 2\,e^- . \tag{3.8}$$

Es handelt sich hierbei um eine sogenannte „harte" Ionisierungstechnik. Die Moleküle werden verdampft und der Elektronenstrahl überträgt auf sie eine Energie, die das Ionisierungspotenzial weit übertrifft. Dadurch wird zwar ein guter Ionenertrag erreicht, aber es entsteht auch eine intensive Fragmentierung, da die Radikalionen instabil sind. Die ursprünglichen Moleküle können dann nicht immer eindeutig aus den Bruchstücken identifiziert werden [11, 13].

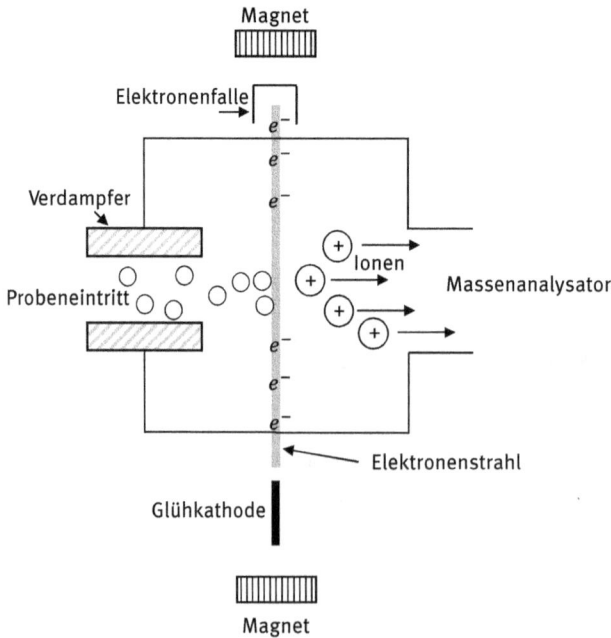

Abb. 3.4: Schema einer Elektronenstoßionisationsquelle [12].

Die Elektronenstoßionisation gilt als Standard, da sie eine hohe Reproduzierbarkeit der Massenspektren aufweist [7]. Außerdem eignet sich diese Ionisationstechnik für Analysatoren, wie Quadrupole und magnetische Sektoren. EI wird auch häufig bei der MS-Analyse von organischen Verbindungen eingesetzt.

Massenanalysator

Ein Massenanalysator ist eine Vorrichtung, die geladene Atome, Moleküle oder Cluster nach ihrem Masse-Ladungs-Verhältnis (m/q) trennt [11–13]. Dabei ist zu erwähnen, dass bei fragmentierten Molekülen oder mehrfach geladenen Ionen die gemessenen m/q -Werte schwierig zu identifizieren sind.

Massenanalysatoren können in zwei Klassen eingeteilt werden. Die sogenannten Scanninganalysatoren lenken die Ionen je nach Masse-Ladungs-Verhältnis zeitlich nacheinander zu einem Detektor (in der Regel durch Variation des Magnetfelds). Analysatoren, wie beispielsweise der Time-of-Flight-Massenanalysator, ermöglichen hingegen die gleichzeitige Messung aller Ionen [11]. Hierfür werden mehrere Detektoren benötigt. Eine Übersicht der verschiedenen Arten von Massenanalysatoren findet sich in Tabelle 3.2. Das am häufigsten eingesetzte Verfahren basiert auf magnetischen und elektrischen Sektorfeldern. Hierbei durchlaufen die Ionen Sektoren, in denen das Magnetfeld senkrecht zur Richtung des Ionenstrahls angelegt wird. Sind die Ladung und der Impuls der Ionen bekannt, kann, wie im Abschnitt Physikalische Grundlagen ausgeführt, das Masse-Ladungs-Verhältnis bestimmt werden [11–13].

Tab. 3.2: Typen von Massenanalysatoren [8].

Typ	Akronym	Funktionsprinzip
Flugzeit (Time-of-Flight)	TOF	Zeitdispersion eines gepulsten Ionenstrahls; Trennung nach Flugzeit
Magnetisches Sektorfeld	B	Ablenkung eines kontinuierlichen Ionenstrahls; Trennung nach Impuls im Magnetfeld infolge der Lorentzkraft
Linearer Quadrupol	Q	Kontinuierlicher Ionenstrahl in linearem Radiofrequenz-Quadrupolfeld; Trennung aufgrund der Instabilität der Ionentrajektorien
Lineare Quadrupol-Ionenfalle	LIT	Kontinuierlicher Ionenstrahl stellt Ionen für das Trapping bereit; Speicherung und letztlich Trennung in linearem Radiofrequenz-Quadrupolfeld durch Resonanzanregung
Quadrupol-Ionenfalle	QIT	Speicherung von Ionen; Trennung im dreidimensionalen Radiofrequenz-Quadrupolfeld durch Resonanzanregung
Fourier-Transform-Ionencyclotron	FT-ICR	Im Magnetfeld eingefangene Ionen (Lorentzkraft); Trennung nach Cyclotronfrequenz, Bildstromdetektion und Fourier-Transformation des transienten Signals
Orbitrap	Orbitrap	Axiale Oszillation in inhomogenem elektrischen Feld; Frequenzdetektion nach Fourier-Transformation des transienten Signals

Detektor

Nach dem Durchlaufen des Massenanalysators werden die Ionen von einem Detektor erfasst. Dessen elektrisches Signal ist proportional zur Anzahl der Ionen. Die Wahl des Detektors hängt vom Design des Geräts und von den analytischen Anwendungen ab. Moderne Detektoren basieren in der Regel auf einer der folgenden beiden Prinzipien:

1. Messung des Gleichladestroms, der entsteht, wenn ein Ion auf eine Oberfläche trifft und neutralisiert wird (z. B. Faradaybecher) [10].
2. Detektion von Sekundärelektronen, die durch kinetischen Energietransfer bei der Kollision der Ionen mit der Oberfläche erzeugt werden und zu einem elektronischen Strom weiter verstärkt werden (z. B. Elektronenvervielfacher oder elektro-optische Ionendetektoren).

Ionendetektoren können dabei in zwei Klassen eingeteilt werden. Sogenannte Punktdetektoren erfassen die verschiedenen Ionenarten nacheinander am selben Punkt und stimmen die magnetische Feldstärke durch. Array-Detektoren nutzen konstante Feldstärken und erfassen verschiedene Ionen gleichzeitig in einer Ebene. Beispiele hierfür sind Bildstromdetektoren (detektieren Ladungen oder Ströme durch die Messung von Bildladungen/Bildströmen, die in einer benachbarten Elektrode induziert werden) oder Channel Electron Multiplier Arrays (CEMA). Die Letztgenannten bestehen aus einer größeren Anzahl von parallel geschalteten Kanälen, von denen jeder einzelne über eine Elektronenvervielfachereinheit (Multiplier) verfügt.

Der bekannteste Punktdetektor ist der sogenannte Faradaybecher [8]. Er stellt im einfachsten Fall einen Metallbecher oder Zylinder mit einer kleinen Öffnung dar, der über einen Widerstand und eine Verstärkerschaltung mit einer elektrischen Erdung verbunden ist. Wenn Ionen auf das Innere des Zylinders treffen, werden sie neutralisiert (siehe durchgezogene Linie in Abbildung 3.5). Dieser Entladestrom wird erfasst und liefert ein Maß für die Anzahl der Ionen.

Ionen können beim Aufprall auf die Wand des Detektors allerdings Elektronen herausschlagen (siehe gestrichelte Linie in Abbildung 3.5). Diese sogenannten Sekundärelektronen können für das Massenspektrum eine erhebliche Fehlerquelle darstellen. Um Ionen effizient einzufangen und Sekundärelektronenverluste weitestgehend

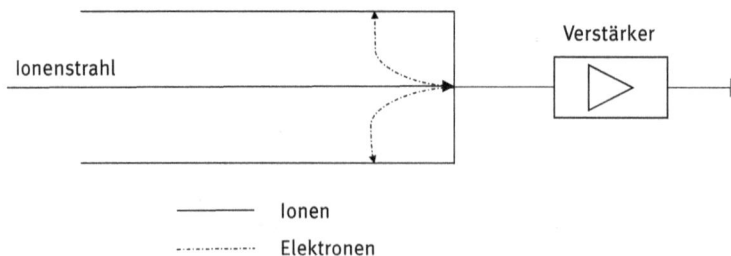

Abb. 3.5: Schematische Darstellung eines Faradaybechers [11].

zu vermeiden, wurden verschiedene Variationen des Faradaybechers entwickelt. So hilft beispielsweise eine Kohlenstoffbeschichtung, um weniger Sekundärelektronen zu generieren. Die Form des Bechers und die Verwendung eines schwachen Magnetfeldes können ebenfalls dazu beitragen, dass im Inneren erzeugte Sekundärelektronen nicht austreten.

3.2.3 Massenspektrogramm

Das Massenspektrogramm (oder Massenspektrum) stellt die Häufigkeiten der gemessenen Masse-Ladungs-Verhältnisse m/q als Balkendiagramm dar (siehe Abbildung 3.6). Dabei wird die Ladung als Vielfaches der Elementarladung (Ladung des Elektrons: $1\,e = 1{,}602\,177 \cdot 10^{-19}$ C) angegeben und die Masse in Atommasseneinheiten ($1\,u = 1{,}660\,540 \cdot 10^{-27}$ kg) [11]. Das so definierte Masse-Ladungs-Verhältnis ist daher eine dimensionslose Größe. Auf der y-Achse des Massenspektrogramms wird in der Regel nicht die absolute Häufigkeit oder Anzahl der Ionen dargestellt, sondern die relative Häufigkeit. Dafür wird der intensivste Peak (auch Basispeak genannt) auf 100 % normiert [8]. Die relativen Häufigkeiten der anderen Peaks erhalten ihre proportionalen Werte dann als Prozentsätze bezüglich des Basispeaks. Massenspektren können auch in tabellarischer Form dargestellt werden (siehe Tabelle 3.3).

Abbildung 3.6 zeigt das Massenspektrogramm von Methanol (CH_3OH). Alle Peaks stammen von einfach geladenen Ionen. Der Basispeak bei $m/q = 31$ stammt vom $^{12}C^1H_3^{16}O^+$. Das Molekül ist also schon leicht fraktioniert. Das Molekülion $^{12}C^1H_3^{16}OH^+$ ($m/q = 32$) weist eine relative Häufigkeit von 66 % auf. Der Peak bei

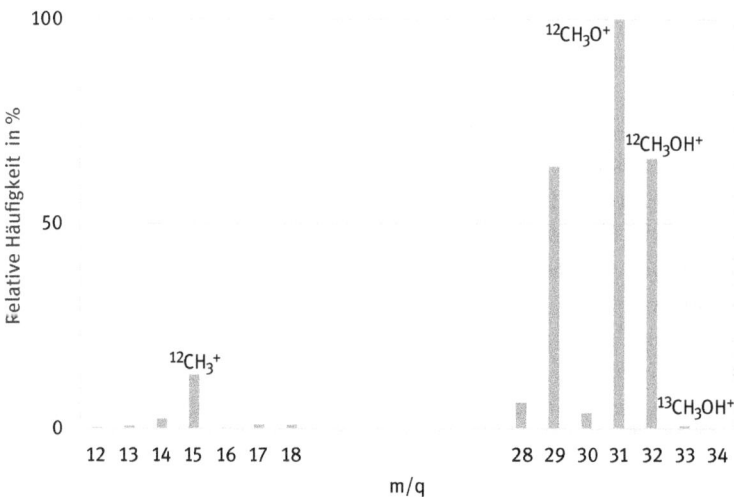

Abb. 3.6: Massenspektrogramm von Methanol durch Elektronenstoßionisation [11].

Tab. 3.3: Massenspektrum von Methanol nach Elektronenionisation [11].

m/z	Relative Intensität (%)	m/z	Relative Intensität (%)
12	0,33	28	6,3
13	0,72	29	64
14	2,4	30	3,8
15	13	31	100
16	0,21	32	66
17	1,0	33	1,1
18	0,9	34	~ 0,1

$m/z = 33$ mit einer relativen Häufigkeit von 1,1 % ist auf das ^{13}C-Kohlenstoffisotop des Molekülions zurückzuführen [11].

3.3 Anwendungen

Die Massenspektrometrie hat sich zu einem unverzichtbaren analytischen Werkzeug in Chemie, Biochemie, Pharmazie, Medizin und zahlreichen verwandten Bereichen entwickelt [8]. Die Tabelle 3.4 fasst die verschiedenen Anwendungsgebiete der Massenspektrometrie zusammen.

Sowohl bei der Analyse unbekannter Substanzen oder der Strukturaufklärung bekannter Substanzen als auch bei der Qualitätskontrolle von Arzneimitteln, Lebensmitteln oder Polymeren bedient man sich sehr häufig der Massenspektrometrie [10]. Insbesondere im Bereich der Molekularbiologie gibt es sehr viele Anwendungen, z. B. die Bestimmung der Masse eines (intakten) Proteins [9].

Am Beispiel der Identifizierung von Brandbeschleunigern lassen sich die qualitativen und quantitativen Möglichkeiten der Massenspektrometrie eindrucksvoll demonstrieren. Mineralölprodukte wie Benzin, Kerosin, Heizöl, Lösungsmittel und Verdünner sind oft Gegenstand strafrechtlicher Ermittlungen. Ihre breite Verfügbarkeit, Flüchtigkeit und Entflammbarkeit sind die Hauptgründe für die Verwendung als Brandbeschleuniger bei Brandstiftung.

Der Nachweis und die Identifizierung eines Mineralölprodukts erfolgen in der Regel in zwei Schritten. Der erste Schritt ist die Trennung der Analyten aus der Grundmasse und deren Konzentration. Die absorbierten Verbindungen werden dabei meist durch Lösungsmittelextraktion (Stoffe mit hohem Siedepunkt) oder durch Erhitzen (niedrigsiedende Verbindungen) gewonnen. Der zweite Schritt ist die Identifizierung von Stoffen aus dem isolierten Gemisch. Die chemische Analyse wird häufig mithilfe der Gaschromatografie-Massenspektrometrie durchgeführt. Der verwendete Brandbeschleuniger wird dann üblicherweise durch Vergleich des Massenspektrogramms mit den in einer Computerdatenbank gesammelten Standards identifiziert.

Tab. 3.4: Anwendungsgebiete der Massenspektrometrie [8].

Anwendungsgebiete	Erläuterung
Element- und Isotopenanalyse – Physik – Radiochemie – Geochemie	Identifizierung von Elementen und Messungen zur Isotopenhäufigkeit sowohl von kurzlebigen als auch stabilen Spezies in der Physik und Radiochemie, in der Geochemie und neuerdings auch in den Life Sciences.
Organische und bioorganische Analytik – Organische Chemie – Polymerchemie – Biochemie und Medizin	Identifizierung und Charakterisierung der Struktur von kleinen bis hin zu sehr großen Molekülen, wie sie in der Chemie, im Rahmen physiologischer Vorgänge oder in der Polymerchemie vorkommen.
Strukturaufklärung – Organische Chemie – Polymerchemie – Biochemie und Medizin	Mithilfe massenspektrometrischer Experimente lassen sich komplexe molekulare Strukturen untersuchen und identifizieren.
Charakterisierung von Ionenspezies und chemischen Reaktionen – Physikalische Chemie – Thermochemie	Die MS ist eine elegante Methode zur Untersuchung uni- oder bimolekularer Reaktionen von Ionen in der Gasphase und zur Bestimmung der Energien von Ionen.
Kopplung mit Trenntechniken – Qualitätskontrolle – Umweltanalysen – Analyse komplexer Gemische – Erdölchemie – Lebensmittelchemie	Die MS lässt sich mit Trennverfahren wie der Gaschromatografie (GC) und der Flüssigchromatografie (LC) verknüpfen. Eine solche Kopplung zu GC-MS oder LC-MS gewährleistet eine extrem hohe Selektivität und niedrige Nachweisgrenzen bei der Analyse von Spurenkomponenten in komplexen Matrizen oder der Auftrennung komplexer Gemische.
Bildgebende Massenspektrometrie – Biomedizinische Untersuchungen – Materialwissenschaften	Massenspektren von mikrometergroßen Oberflächensegmenten zeigen die laterale Verteilung der Verbindungen auf Oberflächen (Mikroelektronik, Gewebeschnitte), die mit optischen Bildern korreliert werden können.
Miniaturisierte Analytik – Tragbare MS – Weltraummissionen – Militärische Anwendungen	Massenspektrometer können sehr klein sein. Mobile Geräte eignen sich für die Umweltanalytik vor Ort, zum Nachweis von Sprengstoffen und chemischen Kampfstoffen und für Weltraummissionen.

3.4 Kommerzielle Produkte

Es existiert eine Vielzahl an kommerziellen Massenspektrometern. Diese unterscheiden sich hauptsächlich in der Ionenquelle, im Massenanalysator oder im Detektor. Die Spektrometer werden dabei üblicherweise nach ihrem Analysator bezeichnet, das heißt nach dem Verfahren der Ionentrennung (Quadrupol-MS, Sektorfeld-MS o. Ä.). Die Konstruktion und Größe des Massenspektrometers legen dann das Anwendungsgebiet fest. Die Nennweite des Trennrohrs bestimmt z. B. maßgeblich die Durchfluss-

menge. Der Preis eines Massenspektrometers hängt ab von dessen Größe, der Ein-
führungsmethode der Proben, der Massengenauigkeit, dem Auflösungsvermögen und
der Scangeschwindigkeit. Er liegt zwischen mehreren Tausend bis über 150.000 €.

Im Folgenden werden exemplarisch zwei kommerzielle Massenspektrometer verglichen: Das 7000D Triple Quadrupol-Massenspektrometer von Agilent Technologies
und das Q Exactive HF Hybrid Quadrupol-Orbitrap von Thermo Scientific. Die Abbildungen 3.7 bzw. 3.8 zeigen die Massenspektrometer. Die Tabellen 3.5 bzw. 3.6 listen die
wichtigsten Spezifikationen.

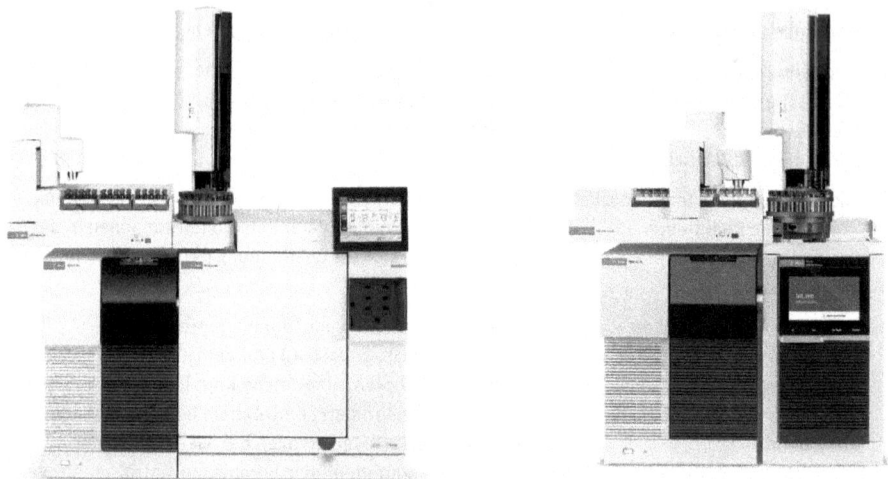

Abb. 3.7: 7000D Triple Quadrupol-Massenspektrometer von Agilent Technologies, Vorder- und Sei-
tenansicht (mit freundlicher Genehmigung von Agilent) [14].

Tab. 3.5: Spezifikation des 7000D Triple Quadrupol-Massenspektrometers von Agilent Technologies [14].

Hersteller	Agilent Technologies
Modell	Agilent 7000D Triple Quadrupol-Massenspektrometer
Betriebsmodus	Standard: EI, optional: CI
Ionenquellenmaterial	Nichtbeschichtete, proprietäre inerte Quelle
Ionenquellentemperatur	150 bis 350 °C
Elektronenenergie	10 bis 300 eV
Massenbereich (m/q)	10 bis 1.050
Auflösung	Wählbar: 0,7 bis 2,5 Dalton mit Standardtuning
	Einstellbar: 0,4 bis 4,0 Dalton mit benutzerdefiniertem Tuning
Scanrate	Bis zu 20.000 u/s
Detektor	Triple-Axis HED-EM-Detektor mit EM mit längerer Lebensdauer und dynamisch beschleunigter Blende
Gewicht	59 kg
Geräteabmessung	350 mm (B) × 860 mm (T) × 470 mm (H)

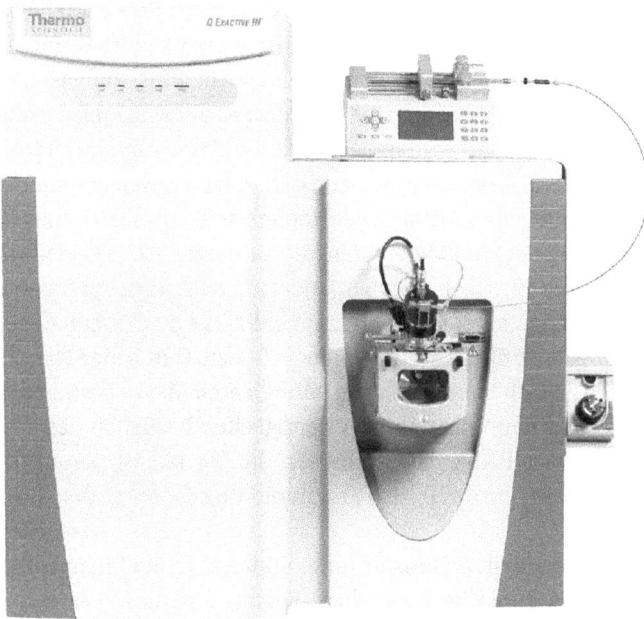

Abb. 3.8: Q Exactive HF Hybrid Quadrupol-Orbitrap Massenspektrometer von Thermo Scientific (mit freundlicher Genehmigung von Thermo Scientific) [15].

Tab. 3.6: Spezifikation des Q Exactive HF Hybrid Quadrupol-Orbitrap Massenspektrometers von Thermo Scientific [15].

Hersteller	Thermo Scientific
Modell	Q Exactive™ HF Hybrid Quadrupol-Orbitrap Massenspektrometer
Massenbereich (m/q)	50 bis 6.000
Dynamischer Bereich	> 5.000 : 1
Auflösung	Bis zu 240.000 (FWHM) bei $m/q = 200$
Scanrate	Bis zu 18 Hz
Massengenauigkeit	Intern: < 1 ppm (Effektivwert)
	Extern: < 3 ppm (Effektivwert)
Polaritätswechsel	Ein vollständiger Durchlauf in < 1 s (jeweils ein vollständiger Scan im positiven und negativen Modus bei einer Auflösung von 60.000)
Gewicht	182 kg
Geräteabmessung	910 mm (B) × 830 mm (T) × 950 mm (H)

3.5 Zusammenfassung

Ein Massenspektrometer dient zur Analyse unbekannter gasförmiger Proben. Seine drei Hauptkomponenten sind die Ionenquelle, der Massenanalysator und der Detektor. Die Aufgabe der Ionenquelle besteht darin, aus der neutralen Probe Ionen zu erzeugen. Die Analytatome, -moleküle oder -cluster werden dafür in der Regel durch Verdampfen in die Gasphase überführt und durch Elektronenstoß oder andere Verfahren ionisiert. Im Massenanalysator werden die Ionen mithilfe eines elektrischen Felds im Vakuum beschleunigt und im Magnetfeld durch die Lorentzkraft auf eine kreisförmige Bahn geführt. Der Radius der Kreisbahn wird dabei durch die Masse und die Ladung der Ionen bestimmt. Abschließend erreichen die Ionen den Detektor, welcher die eintreffenden Partikel registriert und deren Anzahl oder Häufigkeit in ein elektrisches Signal umwandelt. Man unterscheidet Punktdetektoren, die die magnetische Feldstärke durchstimmen und verschiedene Ionenarten nacheinander am selben Punkt erfassen, und Array-Detektoren, die bei konstanter magnetischer Feldstärke die verschiedenen Ionen gleichzeitig an verschiedenen Orten in einer Ebene erfassen. Durch die Messung des Bahnradius der Ionen lässt sich bei bekannter Ladung deren Masse bestimmen. Das Massenspektrogramm stellt dann die relativen Häufigkeiten bezüglich des häufigsten Ions als Funktion des Masse-Ladungs-Verhältnisses dar. Die Identifizierung der einzelnen Bestandteile der Probe kann durch eine Fraktionierung der Ionen erschwert werden.

Die Massenspektrometrie findet ihren Einsatz unter anderem in der Chemie, Biochemie, Medizin und Pharmazie. Typische Anwendungsgebiete sind die Element- und Isotopenanalyse, die Strukturaufklärung und die Charakterisierung von chemischen Reaktionen. Weiterentwicklungen beschäftigen sich mit der bildgebenden Massenspektroskopie und der Miniaturisierung für Weltraummissionen und militärische Anwendungen. Eine beispielhafte Anwendung ist die Identifizierung von Brandbeschleunigern im Rahmen strafrechtlicher Ermittlungen bei Brandstiftung. Um eine extrem hohe Nachweisselektivität und Nachweisempfindlichkeit zu erreichen, lässt sich die Massenspektroskopie mit Trennverfahren wie der Chromatografie kombinieren.

Es gibt eine große Vielfalt an kommerziellen Massenspektrometern. Typische Massenbereiche gehen von 10 atomaren Masseeinheiten bis zu 6.000. Die Massengenauigkeit kann unter 1 ppm liegen. Preise reichen von mehreren Tausend € bis zu über 150.000 €.

Ein Vorteil der Massenspektrometrie besteht darin, dass in vielen Fällen eine Identifikation und zugleich eine Bestimmung der absoluten Menge der Bestandteile einer Probe möglich sind. Ein weiterer Vorteil der Massenspektrometrie ist ihre außerordentlich hohe Sensitivität. Ein Massenspektrogramm kann aus Analyten in Pikogrammmengen gewonnen werden und kleinste Konzentrationen können mit hoher Präzision bestimmt werden [11].

Ein Nachteil der Massenspektrometrie ist, dass durch Fraktionierung komplexe Spektren entstehen können, die eine aufwendige Auswertung zur Folge haben. Außerdem handelt es sich um ein destruktives Verfahren, da die Probe bei der Analyse zerstört wird. Darüber hinaus ist ein Massenspektrometer sehr kostenintensiv [11]. Ein weiterer Nachteil von Detektoren auf Basis von Faradaybechern ist, dass diese eine relativ geringe Empfindlichkeit aufweisen und eine langsame Ansprechzeit erfordern [14].

4 Ionenmobilitätsspektrometrie

4.1 Einleitung

Die Ionenmobilitätsspektrometrie (IMS) ist ein Verfahren zur Spurenanalyse gasförmiger Analyten unter Umgebungsdruck. Dieses Verfahren stützt sich auf die Untersuchungen von Ernest Rutherford Ende des 19. Jahrhunderts. Er ermittelte die Ionenmobilität und führte anhand dieser eine Charakterisierung der Ionen durch [16]. In den darauffolgenden Jahren wurden von Paul Langevin grundlegende und weiterführende Untersuchungen zur Auswirkung elektrischer Felder auf die Bewegung von Ionen durchgeführt [17]. Das Interesse ging jedoch mit der Einführung der Massenspektrometrie in den 1930er- und 1940er-Jahren zurück [16]. In dem Zeitraum von 1948 bis 1970 wurden die Grundsteine für die moderne Ionenmobilitätsspektrometrie gelegt. Diese war anfänglich als Plasmachromatografie bekannt [17, 18]. In den Siebziger- und späten Achtzigerjahren des 20. Jahrhunderts wurde eine Vielzahl von Entwicklungen und Untersuchungen angestrebt, um das Verfahren zu verbessern und die Größe der Geräte zu minimieren [19]. Seither hat die Ionenmobilitätsspektrometrie Einzug in viele Anwendungsbereiche erhalten.

Der nachfolgende Abschnitt Messprinzip beschäftigt sich zunächst mit den physikalischen Grundlagen der IMS. Anschließend wird das tradierte Verfahren der Drift-Time-Ionenmobilitätsspektrometrie beschrieben und die wesentlichen Komponenten werden näher erläutert. Dem folgen Beschreibungen zweier weiterer Arten der IMS: zum einen die Aspiration IMS und zum anderen die Field Asymmetric IMS. In dem darauffolgenden Abschnitt werden typische Anwendungen der IMS aufgeführt. Hierbei werden auch unkonventionelle Einsatzbereiche genannt, um die Einsatzvielfalt dieses Verfahrens zu zeigen. Der Abschnitt zu kommerziellen Produkten soll einen Überblick über Hersteller von Ionenmobilitätsspektrometer geben und zeigt ausgewählte Produkte im Detail. Den Abschluss bildet eine Zusammenfassung der vorhergehenden Inhalte.

4.2 Messprinzip

4.2.1 Physikalische Grundlagen

Die IMS basiert auf der Beweglichkeit (Mobilität) von Ionen in neutralen Gasen. Der zu analysierende Stoff wird von dem Messinstrument ionisiert und die Ionen werden durch die Wirkung eines elektrischen Feldes beschleunigt. Der Bewegung der Ionen entgegen strömt das sogenannte Driftgas. Durch dieses werden die verschiedenartigen

Unter Mitwirkung von Ole Behrens und Maik Bruhn

https://doi.org/10.1515/9783110702040-004

Ionen abhängig von ihrer Masse und Struktur abgebremst und separiert. Am Ende der Messstrecke treffen die Ionen auf eine Detektorplatte, wo sie einen elektrischen Impuls erzeugen. Die Auswertung der IMS erfolgt durch Aufzeichnung der elektrischen Ströme als Funktion der Messdauer [17, 20].

Die Ionenmobilität K beschreibt das Verhältnis der sich einstellenden mittleren Driftgeschwindigkeit $\vec{v}_D$ der Ionen zur anliegenden elektrischen Feldstärke $\vec{E}$ [17, 19–23]:

$$\vec{v}_D = K \cdot \vec{E} \,. \tag{4.1}$$

Die Ionenmobilität stellt dabei eine spezifische Stoffgröße dar [20]. Aus Gleichung 4.1 wird ersichtlich, dass sich für jeden Stoff eine spezifische Geschwindigkeit einstellt. Wie bereits erwähnt, wird nicht die spezifische Driftgeschwindigkeit aufgezeichnet, sondern die elektrischen Impulse der eintreffenden Ionen über die Zeit. Die Zeitdauer t_D, bis der Impuls auf der Detektorplatte zu verzeichnen ist, steht, unter der Annahme einer näherungsweise gleichförmigen Bewegung, durch die Gleichung

$$\vec{v}_D = \frac{\vec{s}_D}{t_D} \tag{4.2}$$

in unmittelbarem Zusammenhang mit der Driftgeschwindigkeit. Es kann also bei bekannter Driftstrecke $\vec{s}_D$, aufgezeichneter Zeitdauer und bekannter elektrischer Feldstärke auf die Ionenmobilität geschlossen werden [22]. Die Ionenmobilität in einem Gas ist abhängig von dessen Moleküldichte. Die Moleküldichte wird maßgeblich durch Druck und Temperatur bestimmt [23]. Somit stellt sich je nach vorliegenden Bedingungen eine spezifische Ionenmobilität ein. Damit ein Vergleich der Ergebnisse von verschiedenen IMS stattfinden kann, wurde die reduzierte Ionenmobilitätskonstante K_0 eingeführt. Diese berücksichtigt Druck P und Temperatur T unter Normalbedingungen sowie die in der Messröhre vorliegenden Bedingungen. Dieser Zusammenhang ist durch

$$K_0 = K \cdot \left(\frac{P_1}{P_0} \cdot \frac{T_0}{T_1} \right) \tag{4.3}$$

gegeben [19, 20, 22]. Hierbei stellen P_0 (1.013,25 hPa) und T_0 (273,15 K) die Normalbedingungen dar und P_1 und T_1 die Bedingungen in der Messröhre [23]. Somit ergibt sich eine druck- und temperaturunabhängige Größe zur Charakterisierung der Ionenmobilität. Für eine Vielzahl relevanter Stoffe ist die reduzierte Ionenmobilitätskonstante tabelliert und ermöglicht so deren Identifizierung [22].

4.2.2 Messaufbau

Die Abbildung 4.1 zeigt den prinzipiellen Aufbau des Drift-Time-Ionenmobilitätsspektrometers (DTIMS) [23]. Anhand des Aufbaus werden die wesentlichen Bauteile und deren Funktion beschrieben.

$\vec{E}$

U_0 R_1

Driftgaseingang

Ionisationseinheit   Reaktionsraum   Driftraum

Probenzufuhr

Detektor

Ionenbewegung   Driftgasströmung

Driftgasausgang

Einlassgitter   Driftring   Abschirmgitter

$\vec{s}_D$

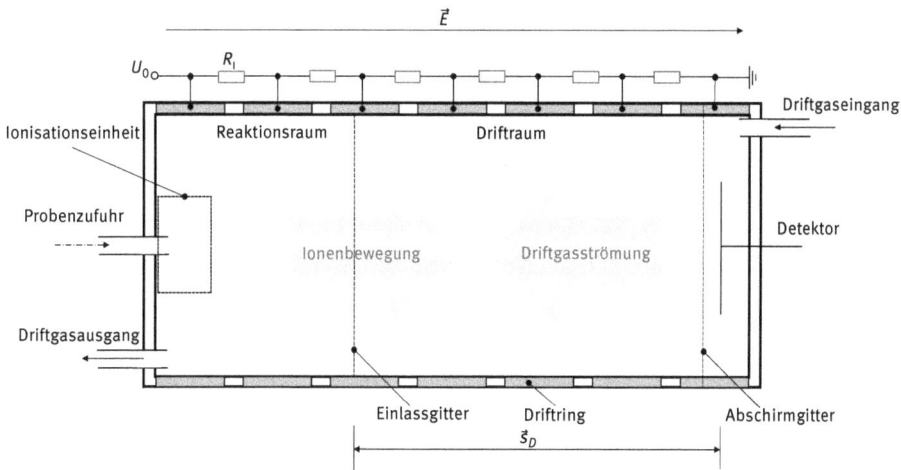

Abb. 4.1: Schematischer Aufbau eines Drift-Time-IMS (DTIMS).

Das Messinstrument untergliedert sich in zwei röhrenartige Bereiche [22], den Reaktionsraum und den Driftraum. Getrennt werden diese beiden Bereiche durch das Einlassgitter [17, 21–23]. In der Mantelfläche der Röhren befinden sich die sogenannten Driftringe. Diese sind durch elektrische Widerstände miteinander verbunden und an eine Spannungsquelle angeschlossen [22]. Dadurch lässt sich der benötigte Gradient des elektrischen Feldes einstellen [23]. Linksseitig des Reaktionsraumes befindet sich der Probeneinlass, über welchen der Analyt zugeführt wird. Dem Probeneinlass nachgeordnet ist der Ionisationsbereich, in welchem die Ionen erzeugt werden. Am Ende des Driftraumes befindet sich der Detektor mit einem davor angeordneten Abschirmgitter. Das Driftgas durchströmt den Reaktionsraum und den Driftraum entgegen der Ionenbewegung vom Driftgaseingang zum -ausgang.

Probenzufuhr

Die Art der Probenzufuhr hat einen wesentlichen Einfluss auf die Messergebnisse. Der zu detektierende Stoff sowie die erforderliche Sensitivität und Selektivität geben hierbei die Rahmenbedingungen für die Auswahl eines geeigneten Zufuhrsystems vor. Überdies können mit der richtigen Auswahl Interferenzen, wie zum Beispiel durch Feuchtigkeit, verringert oder sogar vermieden werden [17]. Um den gegebenen Anforderungen gerecht zu werden, besteht eine Vielzahl von Zufuhrsystemen. Das Membraneinlasssystem findet beispielsweise Anwendung bei handgehaltenen Spektrometern für die Vor-Ort-Analyse im Feldeinsatz. Bei diesem System wird die zu untersuchende Luft vor die Membran gepumpt und die Moleküle treten durch die Membran in den Ionisationsbereich ein. Diese Technik kann mobil eingesetzt werden und die Feuchtigkeit in der Messröhre wird gering gehalten [23].

Ionisierung

Die Ionisation kann durch verschiedene Verfahren erfolgen. Abhängig von dem Verfahren erfolgt die Ionisierung des Gases entweder im Reaktionsraum oder bereits beim Eintritt in das Messgerät. In der analytischen Ionenmobilitätsspektrometrie findet die Ionisierung in der Regel unter Umgebungsdruck statt, daher müssen die entsprechenden Reaktionen auch bei Luftfeuchtigkeit und in Gegenwart von Sauerstoff ablaufen [19]. Häufig verwendete Techniken für die Ionisierung sind radioaktive β-Strahlung, die Koronaentladung, Fotoionisation mit Hohlkathodenlampen oder Lasern und die Elektrosprayionisation. In der Forschung werden noch weitere Verfahren angewandt, wie die Hochfrequenz-, die Flammen- und die Oberflächenionisierung. Eine detaillierte Auflistung weiterer Verfahren ist in [19] zu finden.

Radioaktive β-Strahlung eignet sich besonders gut, da die Ionisierung stabil und verlässlich abläuft. Zudem wird keine externe Stromversorgung benötigt. Als Quelle für die β-Strahlung ist das Isotop ^{63}Ni am weitesten verbreitet. In der Regel wird eine dünne Folie aus Gold oder Nickel mit diesem Isotop beschichtet. Die emittierten Elektronen besitzen eine Energie von maximal 67 keV und im Mittel 17 keV, wobei nahezu die gesamte Energie in einem Radius von 10 bis 15 mm dissipiert [24]. So können pro β-Teilchen ca. 250 Ionen erzeugt werden [25, 26]. Es wurden neben ^{63}Ni auch weitere Strahlungsquellen in der IMS verwendet, wie der β-Strahler Tritium und das α-Teilchen emittierende Isotop ^{241}Am [27–29].

Die Koronaentladung ist eine weitere Möglichkeit, Ionen zu erzeugen. Hier wird eine spitze Nadel oder ein dünnes Kabel in einem Abstand von 2 bis 8 mm von einer Metallplatte oder Entladungselektrode positioniert und ein Potenzial von 1 bis 3 kV angelegt. Diese Methode wird in [30–32] genauer untersucht und findet auch in kommerziellen Produkten Anwendung [33].

Bei der Elektrosprayionisation (ESI) handelt es sich um eine Methode, die besonders gut dafür geeignet ist, große Biomoleküle wie Proteine schonend in die Gasphase zu überführen und zu ionisieren [19]. Des Weiteren ist es durch ESI möglich, neben Gasen auch Flüssigkeiten mit der IMS zu analysieren. Hierzu wird ein Analyt, der sich in Lösung befindet, durch die Wirkung eines starken elektrischen Feldes (3 bis 5 kV) zu einem elektrisch geladenen Aerosol ionisiert und versprüht [8]. Daraufhin wird der Analyt durch eine Kapillare geleitet. Zwischen der Spitze der Kapillare und einer Gegenelektrode liegt ein elektrisches Feld, in das der Analyt bei Verlassen der Kapillare eintritt. Durch die Wirkung des elektrischen Feldes werden die Tropfen des Analyten bis zur Überwindung der Oberflächenspannung verformt und der Tropfen dadurch fein zerstäubt, wodurch das benötigte Aerosol entsteht.

Die Fotoionisation stellt eine weitere Ionisierungsmethode dar. Hierfür werden entweder Entladungsröhren [34–39] oder Laser [40–48] verwendet. Laser können neben der Ionisierung auch zum Verdampfen von Feststoffen eingesetzt werden [42–45]. Der entstehende Dampf kann dann analysiert werden. Entladungsröhren generieren durch elektrische Anregung eines Gases Photonen [19]. Fotoionisation gilt als direkte

Ionisation und kann durch folgende Gleichung beschrieben werden:

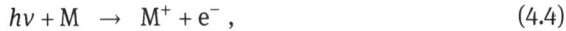

$$h\nu + M \rightarrow M^+ + e^- , \tag{4.4}$$

wobei $h\nu$ die Photonenenergie und M das neutrale Molekül beschreiben.

Einlass- und Abschirmgitter

Das Einlassgitter trennt den Reaktionsraum von dem Driftraum und kontrolliert so den Einlass der Ionen in den Driftraum (siehe Abbildung 4.1). Es handelt sich hierbei um ein durchlässiges Gitter aus dünnen verwobenen Drähten. Dieses ist orthogonal zur Längsachse der Messröhre angeordnet [22]. Es werden dabei zwei Typen unterschieden. Zum einen das Tyndall-Gitter und zum anderen das Bradbury-Nielsen-Gitter [17]. Beide Systeme basieren darauf, dass zwischen den Drahtebenen ein elektrisches Feld erzeugt wird, welches orthogonal zum Feld der Driftringe steht [17]. Ist dieses Feld aktiv, ist das Gitter geschlossen und die Ionen können es nicht passieren. Die Ionen wandern, je nach Art ihrer Polung, zu der jeweiligen Polarität des Gitters und werden neutralisiert [23].

In einem kurzen Abstand vor dem Detektor befindet sich das sogenannte Abschirmgitter [17, 23]. Dieses sorgt dafür, dass das elektrische Feld herannahender Ionen noch nicht von dem Detektor wahrgenommen wird. Dadurch wird die Auswertung verfeinert [23].

Driftgas

Es werden verschiedene Gase als Driftgase eingesetzt. Meistens handelt es sich um Luft oder Stickstoff, aber auch Helium, Argon und Kohlenstoffdioxid finden Anwendung [16]. Allerdings gilt es zu berücksichtigen, dass sich je nach gewähltem Driftgas eine spezifische Driftzeit einstellt [16, 21]. Zudem wird die Sensitivität von dem gewählten Gas beeinflusst, Helium erlaubt beispielsweise die höchste Sensitivität [16].

Das Gas hat die Aufgabe, die Ionen im Driftraum zu separieren. Dies geschieht dadurch, dass je nach Masse, Struktur und spezifischer Driftgeschwindigkeit der Ionen diese durch das Gas unterschiedlich stark abgebremst werden [20, 22]. Die Gasführung kann je nach Konstruktion unterschiedlich erfolgen. Man unterscheidet uni- und bidirektionale Gasführung. In der Abbildung 4.2 sind die beiden Varianten dargestellt (oben unidirektional, unten bidirektional). Bei der unidirektionalen Ausführung lässt sich positiv hervorheben, dass nicht ionisierte Moleküle schnell vom Driftgas aus dem Reaktionsraum getragen werden. Durch die geringe Verweilzeit des Analyten im Ionisationsbereich kann allerdings auch keine vollständige Ionisation stattfinden. Bei der bidirektionalen Gasführung verbleibt der Analyt länger in diesem Bereich, wodurch ein größerer Anteil ionisiert wird. Die Gasversorgung kann in beiden Fällen durch einen geschlossenen Kreislauf oder durch einen externen Gasvorrat erfolgen [23].

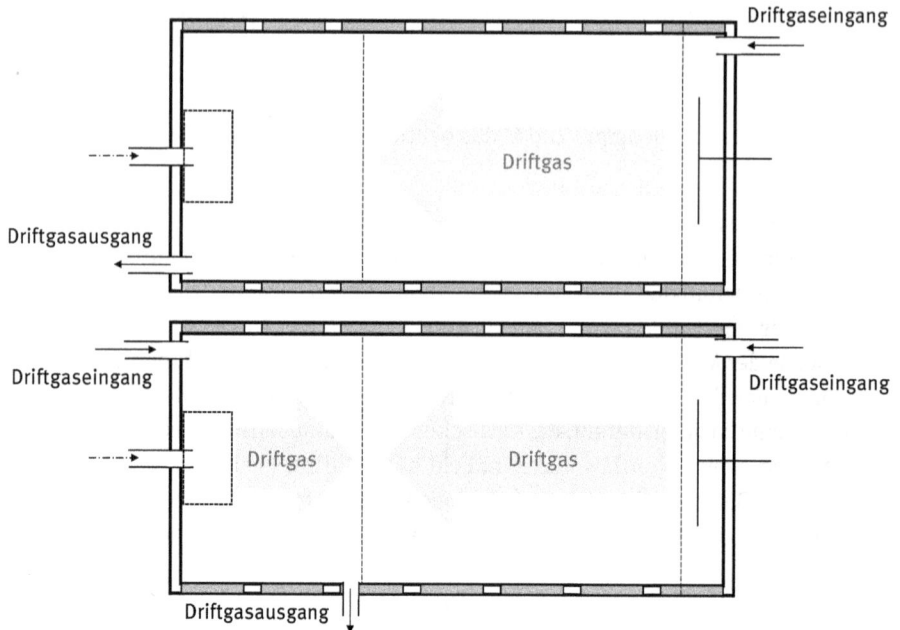

Abb. 4.2: Unidirektionale Gasführung (oben) und bidirektionale Gasführung (unten) [23].

Detektor

Der Detektor befindet sich am Ende der Messstrecke. Es handelt sich hierbei üblicherweise um einen Faradaybecher (siehe auch Kapitel 3 Massenspektrometrie) [17, 22]. Treffen Ionen auf die Oberfläche des Faradaybechers, werden diese neutralisiert. Der dabei auftretende Elektronenfluss ist gleich dem Ionenstrom und wird als Messausschlag verzeichnet und weiterverarbeitet [21, 49]. Das analog gemessene Signal kann über ein Oszilloskop verfolgt oder durch einen Analog-Digital-Wandler zur digitalen Anzeige gebracht werden.

4.2.3 Messvorgang

Drift-Time-IMS

Der in Abbildung 4.3 schematisch dargestellte DTIMS-Messvorgang ist in vier Schritte unterteilt. Der Übersichtlichkeit halber sind die Zuführung des Analyten sowie dessen Ionisierung nicht aufgeführt. Es werden jeweils die Lagen der Ionen in der Messröhre, die Schaltstellung des Einlassgitters und die aufgezeichneten Signale am Detektor dargestellt.

Aufgrund des von den Driftringen erzeugten elektrischen Feldes wird den verschiedenartigen Ionen (dargestellt durch A$^+$, B$^+$, C$^+$) eine Bewegung in Richtung des Detektors aufgezwungen. Dabei treffen die Ionen zunächst auf das Einlassgitter. Solange eine Spannung am Einlassgitter anliegt, können die Ionen nicht passieren. Sobald keine Spannung mehr an dem Gitter anliegt, können die Ionen in den Driftraum eintreten. Zu diesem Zeitpunkt t_0 startet die Signalaufzeichnung am Detektor. Auf dem Weg zum Detektor werden die Ionen separiert. Hier dargestellt durch die einzelnen Wolken. Zu erkennen ist, dass die Ionen A^+ zuerst auf den Detektor treffen. Durch das Auftreffen der Ionen wird ein Signal am Detektor erzeugt. Aus der Zeitdauer vom Öffnen des Einlassgitters bis zum Eintreffen der Ionen und dem bekannten Abstand $\vec{s}_D$ des Einlassgitters zum Detektor lässt sich nach Gleichung 4.2 auf die Driftgeschwindigkeit schließen. In der untersten Zeile der Abbildung 4.3 ist ein qualitatives Spektrum aufgeführt. Aus der Zeitdauer lässt sich folglich durch die Gleichungen 4.1 und 4.3 auf die reduzierte Ionenmobilitätskonstante und so auf die Stoffart schließen. Anhand der Höhe des Impulses kann zudem der jeweilige Mengenanteil bestimmt werden. Somit erfolgt nicht nur eine qualitative, sondern auch eine quantitative Analyse [20].

Der beschriebene Messvorgang beschränkt sich nicht auf positiv geladene Ionen. Für die Detektion negativ geladener Ionen wird das elektrische Feld der Driftringe umgepolt. Durch eine geeignete Schaltung lässt sich ein schnelles Umpolen erreichen und eine quasisimultane Detektion wird ermöglicht [23].

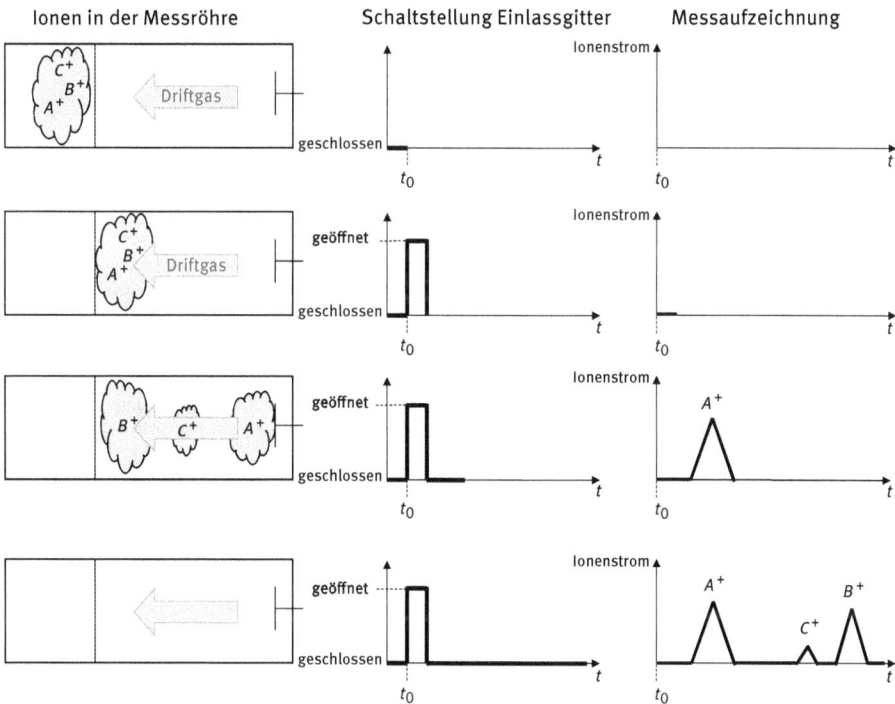

Abb. 4.3: Ablauf einer DTIMS-Messung; Ablauf von oben nach unten.

Field Asymmetric IMS

Neben dem oben beschriebenen DTIMS existieren noch weitere Bauformen. Diese basieren ebenfalls darauf, dass der Analyt ionisiert und anschließend in gezielter Weise von einem elektrischen Feld beschleunigt und separiert wird. Unterschiede ergeben sich durch die Anordnung der Elemente zueinander.

Die sogenannte Field Asymmetric IMS (FAIMS) ist z. B. auch als Differential Mobility Spectrometry (DMS) bekannt [50–52]. Hierbei werden die Ionen von einem Trägergas in den Separationsbereich transportiert. Der Separationsbereich besteht, wie in Abbildung 4.4 zu sehen ist, aus zwei zum Gasstrom parallel angeordneten Elektroden [52]. Diese erzeugen ein elektrisches Feld senkrecht zu diesem. Anders als beim oben beschriebenen DTIMS ist die Feldstärke hierbei nicht konstant, sondern die anliegende Spannung U besteht aus zwei Anteilen: einer asymmetrischen Wechselspannung mit Rechteckfunktion und einer Gleichspannung [50–52]. Der Wechselspannungsanteil U_s wird als Separationsspannung und der Gleichspannungsanteil U_k als Kompensationsspannung bezeichnet [52]. Die Ionen werden in dem Separationsbereich durch das elektrische Wechselfeld zu einer der Elektroden hin abgelenkt und neutralisiert. Hierbei wird der nichtlineare Zusammenhang zwischen der Ionenmobilität und der Frequenz des elektrischen Feldes ausgenutzt. Durch die entsprechende Kompensationsspannung ist es nur Ionen mit einer bestimmten Ionenmobilität möglich, das Wechselfeld zu passieren und zum Detektor zu gelangen [52]. Am Detektor

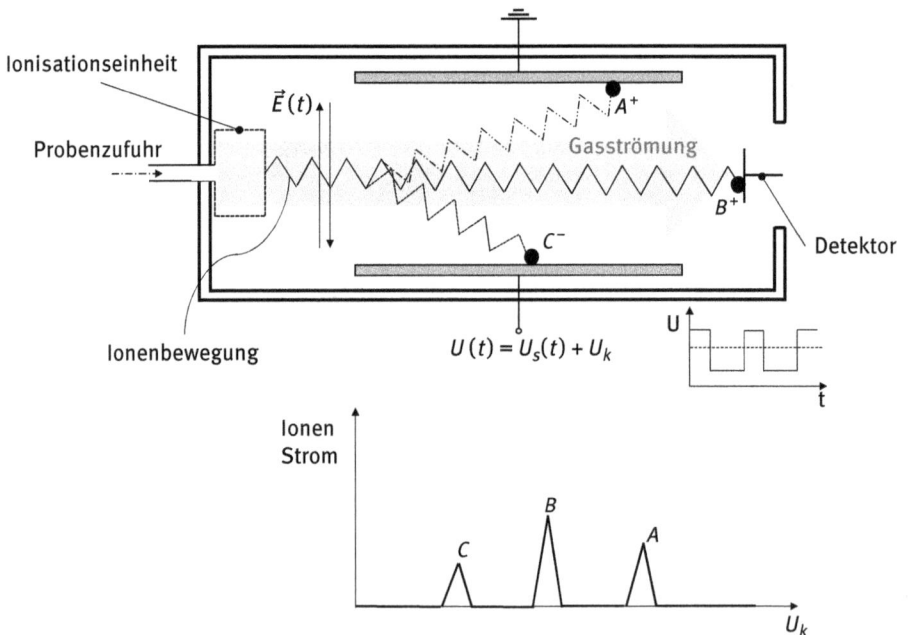

Abb. 4.4: Aufbau und Auswertung eines Field Asymmetric IMS.

wird der von den eintreffenden Ionen erzeugte Strom aufgezeichnet. Bei einer Messung wird der Analyt kontinuierlich zugeführt, ionisiert und in den Separationsraum weitergeleitet. Hier werden dann die Ionen zu den Elektroden hin abgelenkt. Ausgenommen sind hiervon die Ionen, welche durch die passende Kompensationsspannung bis zum Detektor gelangen. Die Kompensationsspannung überstreicht während einer Messung eine gewisse Spannungsweite. Dadurch ergibt es sich, dass verschiedenartige Ionen den Detektor nacheinander erreichen. Die Auswertung erfolgt dann, wie in Abbildung 4.4 gezeigt, durch die Darstellung des Ionenstroms als Funktion der Kompensationsspannung. Anhand der Position und der Höhe des Peaks lässt sich auf die Art der Ionen und deren Menge schließen [50]. Die Vorteile dieses Verfahrens liegen in dem kleinen und einfachen Aufbau mit einer hohen Auflösung. Daher wird es häufig für den mobilen Einsatz verwendet.

Aspiration IMS

Der Aufbau eines sogenannten Aspiration IMS (AIMS) ist in Abbildung 4.5 dargestellt. Bei dieser Anordnung ist eine Vielzahl von Elektrodenpaaren mit darauf befindlichen Detektoren nacheinander angeordnet [50]. Die sich ausbildenden elektrischen Felder sind orthogonal zur Gasströmung. Der Analyt wird kontinuierlich zugeführt, ionisiert und von der Gasströmung in den Separationsbereich getragen. Hier werden die Ionen

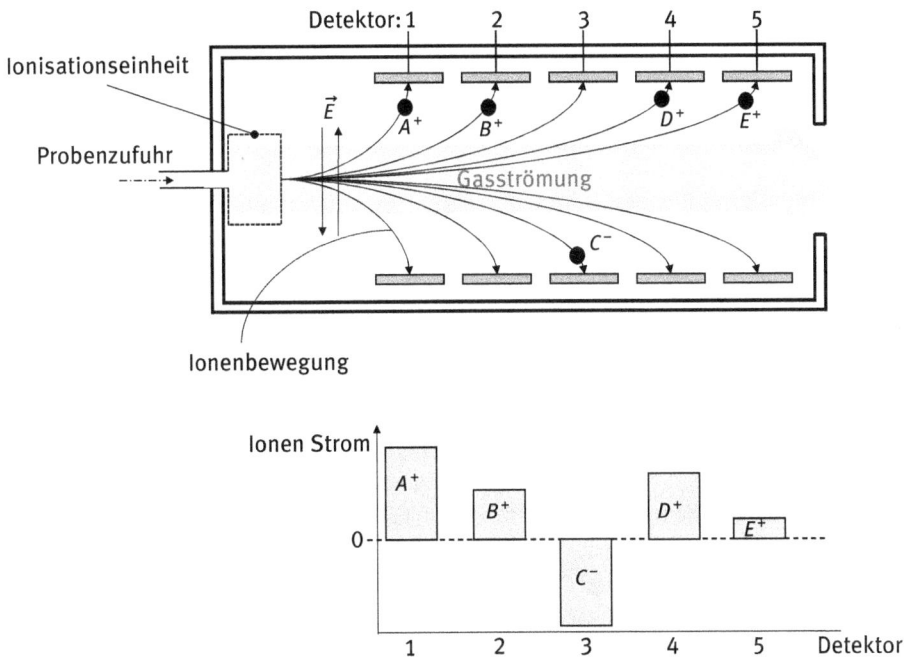

Abb. 4.5: Aufbau und Auswertung eines Aspiration IMS (AIMS).

von den elektrischen Feldern je nach ihrer Ladung und Ionenmobilität abgelenkt. Ionen mit einer großen Mobilität werden hierbei stärker abgelenkt und treffen früher auf einen Detektor [50, 52]. Dies lässt sich besonders deutlich an den Ionen A^+ und E^+ zeigen. Das Ion A^+ hat eine größere Ionenmobilität. Es wird folglich vom elektrischen Feld stark abgelenkt und trifft auf den Detektor mit der Nummer 1. Das Ion E^+ trifft dagegen aufgrund einer geringen Mobilität erst auf den Detektor Nummer 5. Das elektrische Feld der Elektrodenpaare ist alternierend. Somit können positive und negative Ionen (quasi) simultan gemessen werden. Überdies lassen sich die Felder der Elektrodenpaare einzeln anpassen, um die Selektivität zu erhöhen [50]. Eine beispielhafte Auswertung dieses Verfahrens ist ebenfalls in Abbildung 4.5 gezeigt. Hierin wird zu jedem Detektor der aufgezeichnete Ionenstrom abgebildet. Anhand dieser charakteristischen Verteilung lässt sich auf die Zusammensetzung des zugeführten Analyten schließen [52].

4.3 Anwendungen

Die vielseitigen Einsatzmöglichkeiten der IMS reichen von der Detektion chemischer Waffen und Sprengstoffe [29, 36, 50–55] über die Medizintechnik [51, 55] bis hin zur Prozess- und Lebensmittelüberwachung [56–58]. Dieses breite Anwendungsspektrum ergibt sich durch die verschiedenen Varianten und Ergänzungen der IMS. In diesem Abschnitt werden zunächst die zwei wesentlichen Ergänzungen für die IMS erläutert und anschließend ein kurzer Überblick über mögliche Anwendungen gegeben.

Die Ionenmobilitätsspektrometrie findet beispielsweise Anwendung bei der Spurengasanalyse zur Detektion chemischer Kampfstoffe und Sprengstoffe. Für die Detektion chemischer Waffen stellt die IMS sogar die am häufigsten verwendete Technik dar [52]. Es werden sowohl tragbare als auch stationär in Fahrzeugen eingebaute Geräte verwendet [52, 53]. Überdies wird die IMS auch zur Überwachung von Lüftungs- und Klimaanlagen von Gebäuden eingesetzt. Zum Beispiel wird die Klimaanalage des Reichstagsgebäudes zur Früherkennung von eingeleitetem Giftgas so überwacht [20, 59].

Die Detektion von Sprengstoffen erfolgt unter anderem an Flughäfen oder auch am Eurotunnel [60]. Bei der Sicherheitskontrolle am Flughafen werden Röntgengeräte und Metalldetektoren eingesetzt, um mitgeführte Waffen oder andere gefährliche Gegenstände zu erkennen. Das Gepäck der Passagiere wird mit einem Röntgengerät durchleuchtet, um dessen Inhalt zu überprüfen. Mitgeführte Gegenstände wie Computer und Mobiltelefone bieten ein gutes Versteck für explosionsfähige Einheiten, da sich Batterien, Kabel und Schaltplatinen mit dem Röntgengerät oder Metalldetektor nur schwer von gefährlichen Komponenten unterscheiden lassen. Hier bietet sich der Einsatz eines IMS zur Spurengasanalyse aufgrund der Selektivität, Sensitivität und Geschwindigkeit des Verfahrens an [60]. Der Bediener nimmt entweder Wischproben von den Oberflächen des Objektes oder mit einem Vakuumsauger eine objektnahe

Luftmenge auf. Die Proben werden dann dem IMS zur Analyse zugeführt [60]. Hierbei ist es häufig nicht unbedingt erforderlich, die Menge des Stoffes zu ermitteln, sondern lediglich das Vorhandensein festzustellen [20], um weitere Maßnahmen einzuleiten. Das beschriebene Vorgehen findet ebenfalls Anwendung bei der Kontrolle von Briefen und Paketen [60].

In der Medizintechnik wird die IMS unter anderem für die Unterstützung bei der Diagnostik und die Überwachung des Patientenzustandes eingesetzt. Für die Diagnostik werden entweder biologische Flüssigkeiten (z. B. Urin, Blut) oder die Atemluft des Patienten untersucht. Um eine Analyse der Flüssigkeiten durchführen zu können, bedarf es einer besonderen Vorbereitung. Bei der sogenannten Solid Phase Extraction (SPE) [55] wird der Analyt zum Beispiel zunächst in die Festphase und anschließend mittels eines Fluids oder thermischer Energie in eine Gasphase überführt [61]. Bei der Atemluftdiagnostik können beispielsweise Infektionen, Lungenkrebs und Medikamentenwirkung erkannt werden [59]. Eine weitere Anwendung findet die IMS in der Überwachung des Patienten im Narkosezustand bei Einsatz eines gasförmigen Anästhetikums. Hierzu wird die ausgeatmete Luft analysiert und überwacht [59].

In der Pharmazeutik wird die IMS eingesetzt, um den Reinigungsprozess von Produktionsequipment zu validieren. Nach der Verwendung eines Bauteils oder Instruments für die Herstellung wird dieses gereinigt. Das gereinigte Bauteil darf danach nur eine sehr begrenzte Menge an Rückständen von Reinigungsmitteln oder anderen Wirkstoffen aufweisen. Um diese Grenzwerte zu überwachen, wird mit einem Wattestab eine Wischprobe genommen und mittels IMS analysiert [51, 55, 59, 62, 63].

Die Lebensmittelindustrie bietet weitere Anwendungsbereiche für die IMS. Hierzu gehören die Qualitäts- und Prozesskontrolle ebenso wie die Charakterisierung und Identifizierung von Produkten [55–58]. Für den Einsatz im Bereich der Qualitäts- und Prozesskontrolle lässt sich etwa die Weinherstellung anführen. Hier kann man den Geschmack unter anderem anhand der Konzentration von 2,4,6-Trichloranisol beurteilen [56]. Überdies wird die IMS eingesetzt, um Lebensmittelbetrug aufzudecken [58]. So kann beispielsweise die richtige Fütterung von iberischen Schweinen nachgewiesen oder auch die korrekte Klassifizierung von Olivenöl geprüft werden [56–58].

Die Analyse mittels IMS kann für manche Stoffe sehr schwierig sein, wenn diese eine sehr ähnliche Ionenmobilität aufweisen. Um dieses Problem zu beheben, kann vor der Analyse mit dem IMS eine Vorseparation des Analyten erfolgen. Hierfür wird häufig eine Gaschromatografiesäule (siehe Kapitel 5) oder eine Multikapillarsäule (MCC) eingesetzt [64]. Alternativ kann das IMS als Vorseparation für eine anschließende Massenspektrometrie (siehe Kapitel 3) eingesetzt werden. Die sogenannte IMS-MS hat den Vorteil, dass durch die IMS Isomere gleicher chemischer Verbindung separiert und anschließend mithilfe des Massenspektrometers identifiziert werden [64].

4.4 Kommerzielle Produkte

Die Vielseitigkeit der IMS-Technologie führt zu einer großen Produktvielfalt. Tabelle 4.1 zeigt eine Auflistung von Herstellern (kein Anspruch auf Vollständigkeit).

Tab. 4.1: IMS-Hersteller und deren Produkte.

Hersteller	Produktname
Agilent Technologies	6560 Ion Mobility LC/Q-TOF
AB SCIEX	SelexION™ Technology
Bruker Daltonics	RoadRunner
	TIMON DE-tector flex
	Produktfamilie RAID
	timsTOF
Environics OY	Produktfamilie ChemPro
Excellims	GA2200: stand-alone IMS
	IA3100: LC-IMS hybrid
	MA3100: IMS-MS add-on
	MC3100: compact IMS-MS
G.A.S.	FlavourSpec ®
	BreathSpec ®
	µIMS-ODOR ®
Ramen S.A.	High-resolution IMS
Implant Science Corporation	Quantum Sniffer QS-H150
	Quantum Sniffer™ QS-B220
Morpho Detection	Itemiser ® DX
	Itemiser ® 3 Enhanced
	MobileTrace ®
Nuctech Company Limited	TR1000
	R1000NB
	TR2000DB
Owlstone Nanotech	Lonestar
	NEXSENSE C
Particle Measuring Systems, Inc.	AirSentry ® II
3QBD, Ltd.	VGTest
Scintrex Trace Corp.	EV 2500 und EV 3000
	VE 6000
Smiths Detection	GID-3™
	LCD (leightweight chemical detektor)
	CAM (chemical agent monitor)
	MCAD (manportable chemical agent detector)
Thermo Fisher Scientific	FAIMS Pro
Waters Corporation	SYNAPT G2

Eine häufige Anwendung für die IMS ist die Detektion von chemischen Kampf-mitteln (CWA – Chemical Warfare Agents), giftigen industriellen Chemikalien (TIC – Toxical Industrial Chemicals) und von Sprengstoffen oder Drogen. Eingesetzt werden solche Geräte vom Militär, aber auch von der Industrie. Ebenfalls von Bedeutung ist die Kontrolle kritischer Infrastruktur, wie Flughäfen. Anbieter für Geräte dieser Art sind beispielsweise Smiths Detection und Bruker, deren Produkte im Folgenden näher vorgestellt werden. Dabei unterscheidet man zwischen tragbaren Einhandgeräten und stationären Überwachungssystemen für Gebäude und Fahrzeuge.

Smiths Detection: LCD 3.3

Bei dem LCD 3.3 von Smiths Detection handelt es sich um einen tragbaren IMS-Detektor für CWAs und TICs. Er kann am Körper des Anwenders getragen werden und ist mit einem Gewicht von 0,65 kg und Abmessungen von $10,6 \times 18 \times 4,65$ cm für den mobilen Einsatz gut geeignet. Dieses Warnsystem gibt ein Signal aus, sobald Dampf- oder Gasbedrohungen lebensgefährliche oder gesundheitsschädliche Grenzwerte erreichen. Überdies werden die Klasse des Stoffes sowie dessen Konzentration bestimmt. Zur Identifikation von Stoffklassen oder gar des Stoffs selbst werden Softwarebibliotheken mit hinterlegten Spektren genutzt. Die gemessenen IM-Spektren werden mit dieser Bibliothek abgeglichen und Stoffe so identifiziert. Der LCD 3.3 verfügt über die beiden Betriebsarten Detection und Survey. Die Betriebsart Detection dient dem Aufspüren und der Identifikation von CWAs und TICs. Hingegen werden bei der Betriebsart Survey Kontaminationsrückstände detektiert. So kann beispielsweise der Einsatz von chemischen Kampfmitteln im Nachhinein nachgewiesen werden. Angebotenes Zubehör wie ein Strom- und Kommunikationsadapter macht es möglich, das Gerät aus der Ferne zu bedienen. Das Speichern der aufgezeichneten Daten ist für 72 Stunden möglich. Die Stromversorgung erfolgt übe handelsübliche AA-Batterien. Zur Ionisierung wird eine strahlungsfreie (nichtradioaktive) Quelle verwendet [65].

Bruker: RAID AFM

Die RAID-Produktfamilie von Bruker ist ebenfalls ein Warnsystem zur Detektion von CWAs und TICs, dient aber auch dem Nachweis radioaktiver Strahlung. Der RAID AFM ist ein stationäres Überwachungssystem für kritische Infrastruktur wie Flughäfen, Kraftwerke, Banken, Regierungsgebäude, Wasserversorgung und Finanzzentren. Er kann beispielsweise in Lüftungsanlagen oder anderen Orten installiert werden.

Standardmäßig wird im RAID AFM die Fotoionisierung (XPI TM) verwendet, jedoch kann optional Ni[63] als Quelle zur Ionisierung genutzt werden. Eine strahlungsfreie Ionisierung macht eine Genehmigung und Schulung des Anwenders überflüssig. Dies begünstigt die Bedienfreundlichkeit und erweitert die Einsatzmöglichkeiten. Zur Integration in vorhandene Systeme dient ein Webinterface. So ist die Einbindung in verschiedenste Umgebungen möglich. Durch eine interne Analyse der Daten ist es dem AFM möglich, die Konzentration von Stoffen zu messen und bestimmte Stoffe zu identifizieren. Standardmäßig erkannt werden können die in Tabelle 4.2 aufgeführten CWAs und TICs. Die Auflösung liegt im ppb- und ppm-Konzentrationsbereich.

Die Messung erfolgt unter atmosphärischen Bedingungen in einem Temperaturbereich von 0 bis +60 °C. Der RAID AFM zeichnet sich durch zuverlässigen Betrieb aus, so ist die Mean Time Between Failure mit mehr als 1.000 Stunden angegeben und die Betriebsdauer bis zu einem Filterwechsel mit ca. 9.000 Stunden [66].

Tab. 4.2: Auflistung chemischer Kampfstoffe und giftiger industrieller Chemikalien, die RAID AFM standardmäßig identifizieren kann.

Stoffklasse	Stoffbezeichnung
TIC	Schwefeldioxid, Blausäure, Chlorgas, flüchtige Chlorkohlenwasserstoffe
CWA	Tabun (GA), Sarin (GB), Soman (GD), VX, Lewisit (L), Senfgas (HN)

Excellims: GA2200 Stand-alone

Das GA2200 der Firma Excellims, zu sehen in Abbildung 4.6, ist ein Stand-alone-Hochleistungsionenmobilitätsspektrometer (HPIMS), welches sich aufgrund seiner hohen Auflösung besonders gut für die Analytik eignet. Mit einer Analysezeit von 15 bis 60 Sekunden bietet das HPIMS GA2200 eine schnelle Alternative zur chromatografischen Trennung für Anwendungen mittlerer Komplexität wie der pharmazeutischen Reinigungsvalidierung, der schnellen Reaktionsüberwachung und der Identifizierung gefälschter oder kontaminierter Produkte in der Lebensmittel- und Arzneimittelindustrie.

Zur Ionisierung wird standardmäßig die Elektrosprayionisation verwendet, die es ermöglicht, große, nichtflüchtige oder thermisch instabile Verbindungen wie Proteine oder pharmazeutisch aktive Wirkstoffe in flüssige Lösungen zu überführen. Eine Kopplung mit Thermodesorption zur Analyse von Feststoffen ist auch möglich.

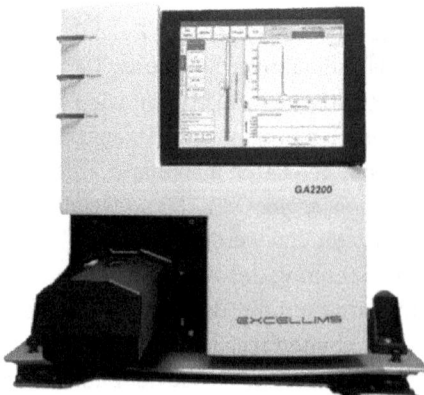

Abb. 4.6: Stand-alone HPIMS GA2200 von Excellims (mit freundlicher Genehmigung der Excellims Corporation).

Das von mehreren instrumentellen Parametern abhängige Auflösungsvermögen liegt für das HPIMS GA2200 bei 70–120. Die lineare Driftröhre besitzt eine Länge von 10 cm und arbeitet unter atmosphärischen Druckbedingungen. Als Driftgas verwendet werden können je nach Analyseaufgabe N_2, Luft, He oder CO_2.

Die Empfindlichkeit des Gerätes ist matrix- und verbindungsabhängig. Sie reicht vom ppb- bis zum niedrigen ppm-Bereich. Das GA2200 wird typischerweise als Laborgerät eingesetzt, findet jedoch auch Verwendung in mobilen Prüflaboren [67].

Excellims: MC3100 IMS-MS-Analysator

Ebenfalls von der Firma Excellims stammt der MC3100, der in Abbildung 4.7 gezeigt ist. Dieser kombiniert in kompakter Bauart die Ionenmobilitätsspektrometrie mit der Massenspektrometrie. Die 10 cm lange Driftröhre ist baugleich mit dem GA2200 und wird kombiniert mit einem miniaturisierten Ionenfallenmassenspektrometer (siehe Kapitel 3 Massenspektrometer). Das Auflösungsvermögen liegt für das MC3100 bei 60 bis 120. Das MC3100 analysiert neben der Ionenmobilität auch das Verhältnis der Masse zur Ladung der Ionen und verbessert so besonders die bibliotheksbasierte Identifizierung von Chemikalien und sonstigen Stoffen. Weiterhin findet das MC3100 Anwendung bei der Trennung von Isomeren. Für den Bediener ist es möglich, neben der Kombination IMS-MS die beiden Verfahren einzeln zu verwenden. Als Driftgas können unter anderem N_2, Luft und He eingesetzt werden. Zur Ionisierung können die Koronaentladungsionisierung sowie zwei Arten der Elektrosprayionisierung verwendet werden [68].

Abb. 4.7: IMS-MS-Analysator MC3100 der Firma Excellims (mit freundlicher Genehmigung der Excellims Corporation).

4.5 Zusammenfassung

Die Ionenmobilitätsspektrometrie (IMS) ist eine Analysetechnik, die auf der charakteristischen Beweglichkeit von Ionen in einem elektrischen Feld basiert. Die Ionenmobilität ist dabei abhängig von Form, Größe, Gewicht und Ladung eines Ions, jedoch ebenso von der Feldstärke des angelegten elektrischen Feldes. Ein Ionenmobilitätsspektrometer besteht in seiner einfachsten Ausführung aus der Einheit zur Probenzufuhr, dem Reaktionsraum, der Driftröhre und einem Detektor. Der Reaktionsraum dient zur Ionenerzeugung. Gängige Ionisierungsarten sind die radioaktive Ionisierung, die Elektrosprayionisierung und die Fotoionisierung. Ein Einlassgitter trennt üblicherweise den Reaktionsraum vom Driftraum, um Ionen kontrolliert eintreten lassen zu können. Im Driftraum kommt es zu Kollisionen zwischen den im elektrischen Feld beschleunigten Ionen und den entgegenkommenden Molekülen des sogenannten Driftgases. Abhängig von der charakteristischen Ionenmobilität eines bestimmten Ions stellt sich aufgrund der Kollisionsvorgänge eine charakteristische mittlere Driftgeschwindigkeit für jede Ionenart ein. Anhand der Zeit, die eine Ionenart braucht, um den Driftraum zu passieren, lässt sich diese identifizieren. Der Detektor registriert die ankommenden Ionen, wobei die Signalstärke proportional zur Ionenmenge bzw. -konzentration ist.

Mit der IMS können Gase und Dämpfe analysiert werden. Unter Verwendung besonderer Ionisierungsmethoden können jedoch auch Flüssigkeiten und Feststoffe verdampft und untersucht werden. Die Anwendungsbereiche der IMS sind vielfältig. Weitverbreitet ist die IMS-Technologie im militärischen Sektor sowie in der inneren Sicherheit. Hier wird die IMS verwendet, um chemische Kampfstoffe oder giftige industrielle Chemikalien zu detektieren. Weitere Anwendungen finden sich in der Medizin und Pharmazeutik sowie in der Lebensmittelindustrie. Besonders gut geeignet ist die IMS für die schnelle Konzentrationsmessung bereits bekannter Stoffe. Verglichen mit anderen Analysemethoden sind IMS-Geräte recht kompakt und erlauben eine schnelle Analyse.

Die IMS wird bei Bedarf auch in Kombination mit anderen Analyseverfahren verwendet, um die Sensitivität und Selektivität zu steigern. Sie kann z. B. als Vorseparation für die Massenspektroskopie eingesetzt werden. Umgekehrt kann auch eine andere Analysemethode, wie die Chromatografie, der IMS vorgeschaltet sein.

Es gibt eine Vielzahl kommerzieller Laborgeräte, die durchweg eine hohe Nachweissensitivität und Auflösung besitzen. Die Geräte können dabei in stationäre, die fest in Gebäuden oder Fahrzeugen verbaut sind, und mobile, die als Handgeräte am Körper des Anwenders getragen werden, unterschieden werden.

Aktuelle Entwicklungen in diesem Bereich zielen auf eine Steigerung der Sensitivität der IMS ab, um die schnelle Analyse auch für Anwendungen mit erhöhten Anforderungen nutzbar zu machen. Ebenso ist der gezielte Einsatz von Additiven im Driftgas ein Forschungsbestandteil. Dadurch bilden die Ionen Cluster aus, wodurch die Genauigkeit der Analyse gesteigert werden kann.

5 Chromatografie

5.1 Einleitung

Die Chromatografie ist eine Methode zur Trennung von Komponenten eines Gemisches. Das Haupteinsatzgebiet liegt in der Identifizierung und der quantitativen Bestimmung chemischer Verbindungen. Sie zählt heutzutage zu den gängigsten und leistungsfähigsten analytischen Technologien.

Die Geschichte der Chromatografie beginnt genau genommen schon bei dem griechischen Gelehrten Aristoteles (384–322 v. Chr.), der Tonerde zum Reinigen von Meerwasser verwendete. Die genauen Prinzipien des Trennvorganges verstand man erst viel später. Der Anfang des 20. Jahrhunderts gilt als Geburtsstunde der Chromatografie. Am 21. März 1903 präsentierte der russisch-italienische Botaniker Michail Semoniwutsch Tswett (auch Zwet) eine neue Kategorie von Adsorptionsphänomenen und ihre Anwendungen für die biochemische Analyse. Tswett füllte ein Glasrohr mit dem Kohlenhydrat Inulin und in Ligroin gelöstem Chlorophyllextrakt. Das Gemisch ließ er im Glasrohr nach unten ablaufen und goss von oben Ligroin nach. Dabei trennte sich das Gemisch in das blaugrüne Chlorophyll a und das gelbgrüne Chlorophyll b. Seine Methode nannte er Chromatografie (altgriechisch: Farbschreibung). Die Arbeiten des Botanikers wurden von der Fachwelt allerdings wenig beachtet und gerieten in Vergessenheit. Bis Anfang der 1930er-Jahre geriet die Chromatografie in Vergessenheit. Dann griffen einige Forscher am Kaiser-Wilhelm-Institut für medizinische Forschung in Heidelberg darauf zurück. Einer dieser Forscher war Richard Kuhn (1900–1967). Ihm wurde 1938 für seine Anwendungen der Tswett'schen Adsorptionschromatografie der Nobelpreis für Chemie verliehen. Durch die Erforschung der theoretischen Grundlagen der Chromatografie wurden bessere Trennmaterialien entdeckt. Dies führte in den letzten Jahren zu den modernen chromatografischen Methoden, wovon drei in diesem Kapitel erläutert werden [69, 70].

In den kommenden Unterkapiteln wird zunächst das Messprinzip der Chromatografie erklärt. Im Rahmen dessen wird im Detail auf die Gaschromatografie, die Dünnschichtchromatografie und die Hochleistungsflüssigkeitschromatografie eingegangen. Die Einordnung der verschiedenen Methoden ist in Abbildung 5.1 zu sehen.

Im Anschluss an das Messprinzip werden die Einsatzgebiete der Chromatografie beschrieben. Es wird dabei auf die drei betrachteten Methoden einzeln eingegangen. Der darauffolgende Abschnitt befasst sich mit beispielhaften kommerziellen Produkten. Eine Zusammenfassung schließt das Kapitel ab.

Unter Mitwirkung von Anastasia Hartung, Temmo Tirrel und Artur Wolf

https://doi.org/10.1515/9783110702040-005

Chromatografie

```
                        Chromatografie
                              |
           ┌──────────────────┴──────────────────┐
    Gaschromatografie              Flüssigkeitschromatografie
          GC                                LC
                                            |
                            ┌───────────────┴───────────────┐
                   Säulenchromatografie          Dünnschichtchromatografie
                          CC                              DC
                           |
                  Hochleistungs-
            Flüssigkeitschromatografie
                        HPLC
```

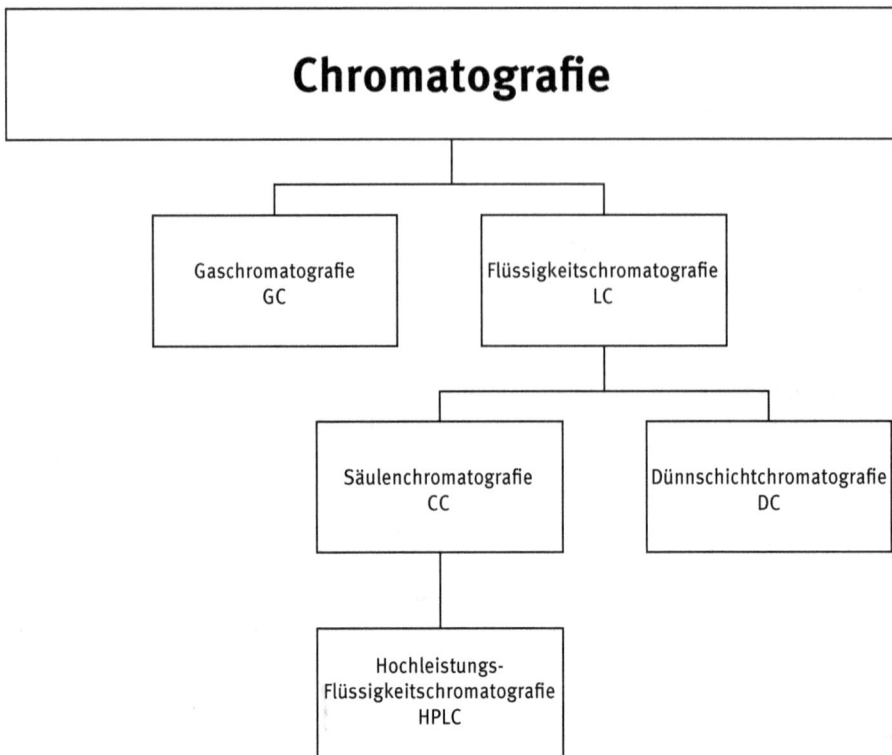

Abb. 5.1: Übersicht chromatografischer Techniken.

5.2 Messprinzip

Chromatografische Methoden basieren auf der Auftrennung von Stoffgemischen in ihre einzelnen Komponenten. Um die Trennung herbeizuführen, werden zwei Hilfsphasen herangezogen, die nicht miteinander mischbar sein dürfen: die „mobile" und die „stationäre" Phase. Die mobile Phase ist der Teil im chromatografischen System, der sich bewegt (fließt). Die stationäre Phase ist der ruhende Teil des Systems. Die mobile Phase strömt an der stationären Phase vorbei. Die Probe kann dabei in die mobile Phase injiziert oder auf die stationäre Phase aufgetragen sein. Der Trenneffekt beruht darauf, dass die Bestandteile der Probe aufgrund ihrer unterschiedlichen physikalischen und chemischen Eigenschaften beim Transport in der mobilen Phase durch die stationäre Phase unterschiedlich stark verzögert werden [69].

Die Einteilung der verschiedenen chromatografischen Methoden erfolgt anhand der Aggregatzustände der stationären und der mobilen Phase, der Art des Trennvorganges und anhand der angewandten Detektionstechnik. Die Flüssigkeitschroma-

tografie (HPLC – High Performance Liquid Chromatography) und die Dünnschichtchromatografie (DC) haben eine flüssige mobile Phase, welche als Eluent, Fließ- oder
Laufmittel bezeichnet wird. In der Gaschromatografie (GC) ist sie gasförmig und wird
Trägergas genannt. Die Aggregatzustände der stationären Phase können fest oder
flüssig sein.

Die Art des Trennvorganges lässt sich in zwei Hauptgruppen einteilen: die Adsorptionschromatografie und die Verteilungschromatografie. Beim Verwenden einer
festen stationären Phase wird allgemein von Adsorptionschromatografie gesprochen.
Dabei lagern die Komponenten der Probe verschieden stark an der stationären Phase
an. Wird eine flüssige stationäre Phase verwendet, wird von Verteilungschromatografie gesprochen. Hier verteilen sich die Komponenten zwischen den beiden Phasen.
Je besser eine Substanz in der stationären Phase löslich ist, desto größer ist deren
Verweilzeit, wodurch sie langsamer über die Trennstrecke wandert [69]. In Tabelle 5.1
ist die Einteilung der verschiedenen chromatografischen Methoden zusammengestellt.

Tab. 5.1: Einteilung chromatografischer Methoden [69–72].

Aggregatzustand Mobile/stationäre Phase	Trennvorgang	Technik
flüssig/flüssig	Verteilung	HPLC
	Verteilung	DC
flüssig/fest	Adsorption	HPLC
	Adsorption	DC
gasförmig/flüssig	Verteilung	GC
gasförmig/fest	Adsorption	GC

5.2.1 Der chromatografische Prozess

Der Verlauf des chromatografischen Trennprozesses zweier Komponenten △ und ○,
welche sich unterschiedlich lange in den beiden Phasen aufhalten, ist in Abbildung 5.2
schematisch dargestellt. Zunächst wird eine Mischung beider Komponenten (Probe)
auf das sogenannte chromatografische Bett aufgetragen. Dies ist im ersten Schritt zu
sehen.

Im zweiten Schritt ist zu erkennen, dass sich die Komponente △ bevorzugt in
der mobilen Phase und die Komponente ○ bevorzugt in der Nähe der stationären
Phase aufhält. Dies erklärt sich durch die unterschiedlich starke Wechselwirkung
zwischen den beiden Komponenten der Probe und der stationären Phase. Infolgedessen haftet die Komponente △ weniger stark an der stationären Phase und wird so

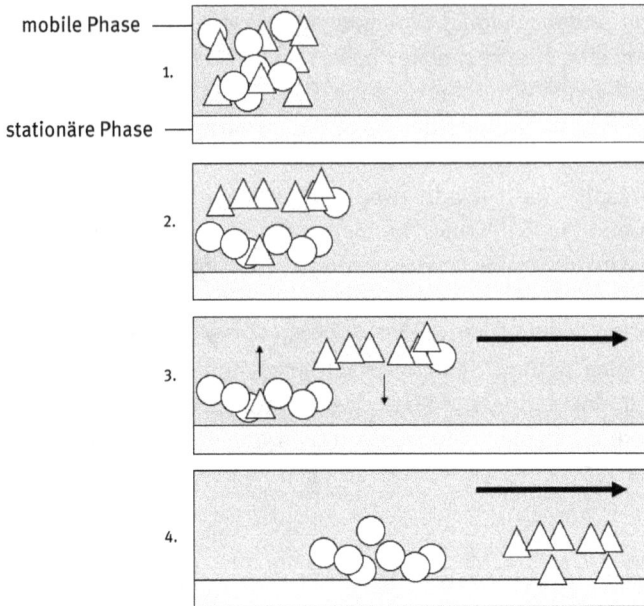

Abb. 5.2: Prinzip des chromatografischen Trennprozesses.

schneller durch das chromatografische Bett bewegt als die Komponente ○. In Schritt drei werden die Probenkomponenten durch die Bewegung der mobilen Phase, also durch deren Nachfließen entlang der stationären Phase wieder von dieser entfernt und adsorbieren an einem neuen Teil der stationären Phase. Dabei stellt sich immer wieder ein neues Verteilungsgleichgewicht ein. Wenn sich dieser Vorgang mehrmals wiederholt, werden die einzelnen Komponenten vollständig voneinander getrennt (vierter Schritt) [69, 70].

5.2.2 Das Chromatogramm und seine Aussage

Ein Sensor detektiert die ankommenden Komponenten als Funktion der Zeit. Das Beispiel eines solchen Chromatogramms ist in Abbildung 5.3 schematisch dargestellt. Wenn die Substanzen nach der Trennung vollständig isoliert vorliegen, ist eine qualitative Auswertung möglich. Diese wird anhand der sogenannten Retentionszeit vorgenommen. Dabei handelt es sich um die Zeit vom Start der Messung (Einleitung der Probe) bis zum Signalmaximum des Sensors. Oftmals wird die erwartete Substanz als Referenz chromatografiert und kann dann mit dem Ergebnis verglichen werden.

Die (Brutto-)Retentionszeit t_R setzt sich zusammen aus der Totzeit t_M und der Nettoretentionszeit t_s. Die Totzeit ist die Zeit, die die mobile Phase benötigt, um vom Ort der Probenaufgabe durch die Trennsäule (stationäre Phase bei HPLC und GC) bis zum Detektor zu wandern [69].

$$t_R = t_M + t_s \,. \tag{5.1}$$

Die Totzeit t_M ist für alle zu trennenden Stoffe gleich und beschreibt die Aufenthaltsdauer in der mobilen Phase. Die getrennten Stoffe unterscheiden sich ausschließlich in ihrer Nettoretentionszeit t_s. Diese entspricht der Aufenthaltszeit in der stationären Phase. Je länger sich ein Stoff in der stationären Phase befindet bzw. je stärker er dieser anhaftet, desto später wird er die Trennsäule passiert haben [69].

Im Chromatogramm erkennt man die verschiedenen getrennten Substanzen als separierte Maxima. Abbildung 5.3 zeigt Retentionszeiten (t_{R1} und t_{R2}) und die Nettoretentionszeiten (t_{s1} und t_{s2}) zweier getrennter Substanzen und die Totzeit des chromatografischen Prozesses [70].

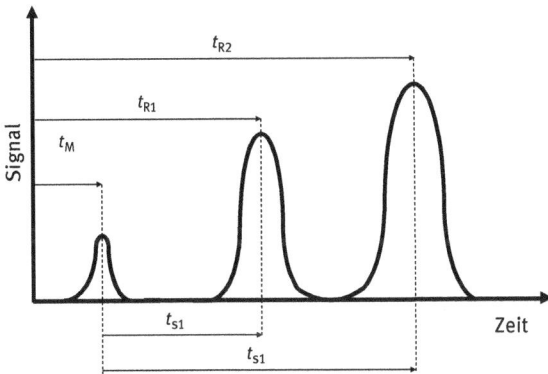

Abb. 5.3: Beispielhaftes Chromatogramm und seine Kenngrößen.

Falls die mobile Phase langsam strömt oder die Trennsäule lang ist, so sind t_M und t_R recht groß. In diesem Fall ist die Charakterisierung einer Substanz schwierig. Aus diesem Grund wurde der Kapazitätsfaktor (auch k'-Wert genannt) eingeführt, welcher von der Trennsäulenlänge und der Fließgeschwindigkeit der mobilen Phase unabhängig ist [69]. Er entspricht dem Verhältnis der Anzahl der Mole eines Stoffes in der stationären Phase zur Anzahl der Mole des Stoffes in der mobilen Phase. Mithilfe der zuvor erläuterten Retentionszeiten lässt sich der Kapazitätsfaktor errechnen.

$$k' = \frac{t_R - t_M}{t_M} \,. \tag{5.2}$$

5.2.3 Gaschromatografie

Gaschromatografie trennt gasförmige Gemische in ihre einzelnen chemischen Verbindungen auf. Als mobile Phase wird ein Gas (auch Trägergas genannt) eingesetzt und als stationäre Phase ein Feststoff oder eine Flüssigkeit. Als Probe kommen Stoffe in Betracht, die unter atmosphärischen Bedingungen gasförmig vorliegen oder sich bei höheren Temperaturen verdampfen lassen. Das Trägergas muss inert sein, um chemische Reaktionen mit der Probe auszuschließen. Die Auswahl des Trägergases ist außerdem vom verwendeten Detektor abhängig. Es kommen z. B. Argon, Stickstoff, Helium oder Wasserstoff zum Einsatz [73].

Der Aufbau eines Gaschromatografen ist in Abbildung 5.4 zu sehen. Die Probe wird in den sogenannten Injektor injiziert, der über einen Heizblock verfügt. Flüssige Proben werden erhitzt und verdampft. Anschließend wird das Trägergas eingeleitet und das Gemisch in die Trennsäule transportiert. Die durch einen GC-Ofen temperierte Säule ist eine lange, dünne Röhre meist aus Quarzglas oder Metall. Diese stellt die stationäre Phase dar. Die Temperierung der Trennsäule ist notwendig, um eine konstante Temperatur des Gemischs zu erreichen. Am Ende der Säule befindet sich ein Detektor, der die Ankunftszeit und die Menge der ankommenden Substanzen misst. Der Detektor erzeugt ein elektrisches Signal, welches als Funktion der Zeit aufgezeichnet und anschließend ausgewertet wird.

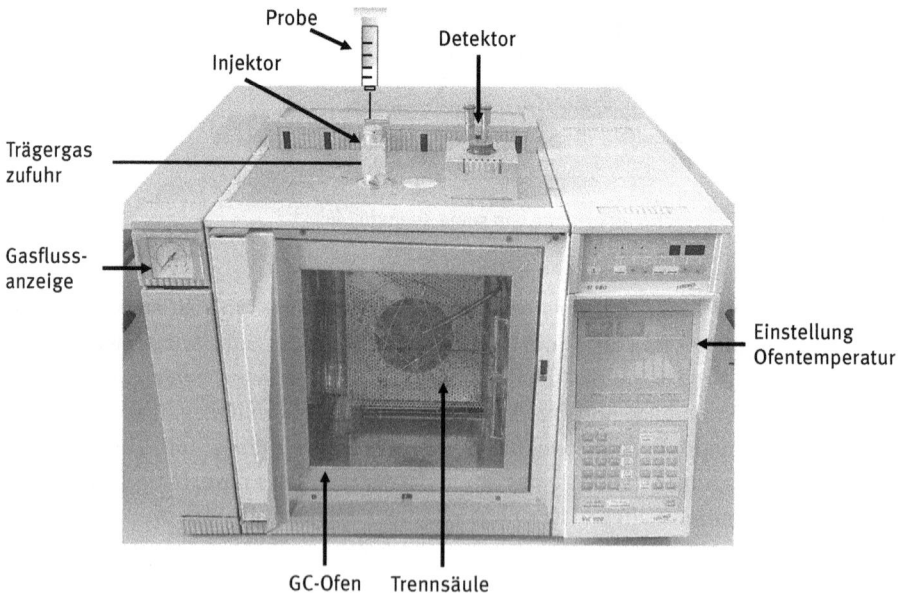

Abb. 5.4: Aufbau eines Gaschromatografen.

Mithilfe der Länge der Trennsäule l und der Retentionszeit der Prüfkomponente t_0 kann die mittlere Trägergasgeschwindigkeit u berechnet werden [69]:

$$u = \frac{l}{t_0} \, . \tag{5.3}$$

Die Trägergasgeschwindigkeit wird üblicherweise so gewählt, dass die Strömung die Trennsäule bei gegebenem Trägergas und gegebener Trennsäulentemperatur mit optimaler Trennleistung durchläuft.

Für die GC kommen ungefähr 25 verschiedene Detektorarten zum Einsatz. Sie lassen sich in konzentrationsabhängige und in massenstromabhängige Detektoren einteilen. Konzentrationsabhängige Detektoren sind z. B. Wärmeleitfähigkeitsdetektoren (WLD) und Elektroneneinfangdetektoren (ECD). Massenstromabhängige Detektoren sind z. B. Flammenionisationsdetektoren (FID, siehe Kapitel 16) und flammenfotometrische Detektoren (FPD) [69].

5.2.4 Dünnschichtchromatografie

Die Dünnschichtchromatografie entmischt Proben durch kapillare Separation der einzelnen Komponenten [74]. Die Trennung ist in Abbildung 5.5 in zwei Schritten schematisch dargestellt. In Schritt 1. wird die aufzutrennende Probe (links) unten auf die namensgebende dünnschichtige Trägerplatte (stationäre Phase) aufgetragen. Anschließend wird diese in die Trennkammer gestellt, deren Boden mit dem sogenannten Fließmittel (mobile Phase) bedeckt ist. Die Trennkammer kann mit einem Deckel geschlossen werden.

Die Kapillarkräfte sorgen in Schritt 2. dafür, dass das Fließmittel in die Platte eintritt und beim Fortschreiten die aufgetragene Probe in Fließrichtung transportiert. In Abbildung 5.5 wird das Fließmittel nach oben gesogen. Hierbei werden die verschiedenen Komponenten der Probe aufgrund der unterschiedlichen Wechselwirkungen mit der stationären Phase aufgetrennt. Dieser Vorgang wird auch als Entwicklung bezeichnet. In Abbildung 5.5 ist die gängigste Entwicklungstechnik dargestellt: die lineare Technik. Die Platte wird hierbei so in die Entwicklungskammer hineingestellt, dass das Fließmittel unterhalb der aufgetragenen Probe und der dadurch definierten Startlinie wiederzufinden ist. Nach einer definierten Dauer wird die Trägerplatte aus der Trennkammer genommen. Die Komponenten der Probe lassen sich durch den Vergleich des Chromatogramms (Position und Größe der Spuren) mit einer Referenzsubstanz (rechts) identifizieren [70].

Die Dünnschichtplatte besteht in der Regel aus mehreren Schichten. Durch diese Schichtung entstehen enge Kanäle, welche sich wie Kapillare verhalten. Das Fließmittel steigt in dieser Kapillare solange an, bis die Gewichtskraft F_G der Flüssigkeitssäule

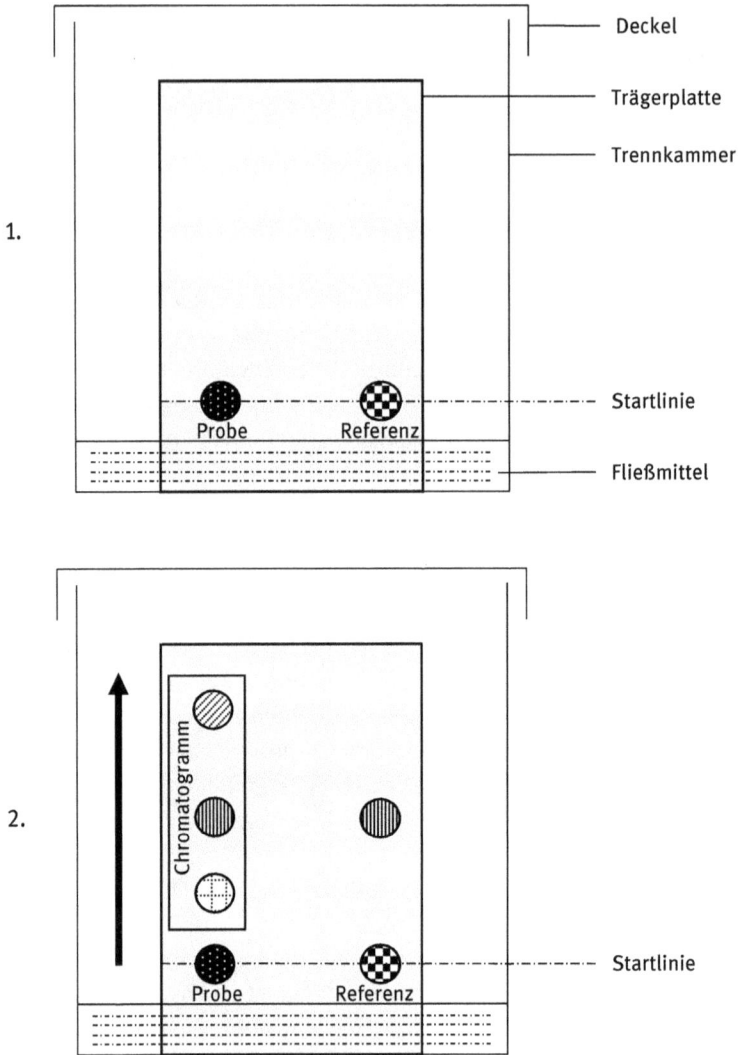

Abb. 5.5: Aufbau eines Dünnschichtchromatografieversuchs.

gleich der aus der Oberflächenspannung resultierenden Kapillarkraft F_K ist. Die Gewichtskraft lässt sich mit dem Volumen der Kapillare V, der Dichte des Fließmittels ρ und der Erdbeschleunigung g berechnen.

$$F_G = V \cdot \rho \cdot g .$$ (5.4)

Die Kapillarkraft lässt sich mithilfe der Oberflächenspannung σ und des Umfangs der Kapillare $U = 2\pi r$ berechnen.

$$F_K = \sigma \cdot U .$$ (5.5)

Mit dem Kapillarradius r und der Steighöhe der Flüssigkeit h ergibt sich folgende Gleichung:

$$\pi r^2 \cdot h \cdot \rho \cdot g = \sigma \cdot 2\pi r . \tag{5.6}$$

Wenn Gleichung 5.6 nach h aufgelöst wird, ergibt es Folgendes:

$$h = \frac{2\sigma}{r \cdot \rho \cdot g} . \tag{5.7}$$

Die Steighöhe h verhält sich proportional zur Oberflächenspannung des Fließmittels und umgekehrt proportional zu seiner Dichte [70].

5.2.5 Hochleistungsflüssigkeitschromatografie

Die Hochleistungsflüssigkeitschromatografie (HPLC) ist ein etabliertes Verfahren zur qualitativen und quantitativen Analyse löslicher Stoffe [69]. Eine HPLC-Apparatur ist in Abbildung 5.6 schematisch dargestellt. Sie besteht aus den vier Hauptkomponenten Pumpe, Einspritzsystem, Trennsäule und Detektor. Die flüssige mobile Phase (das Eluent oder Elutionsmittel) wird mithilfe der Pumpe aus dem Reservoir zum Injektionsventil gefördert und passiert dabei in der Regel einen Entgaser und einen Filter. Die Flussregelung erfolgt über die Pumpe. An der Einspritzstelle wird die zu analysierende, lösliche Probe hinzugefügt. Hier wird das Mischungsverhältnis festgelegt. Das Gemisch aus Eluent und Probe passiert dann die HPLC-Trennsäule. Die darin befindlichen porösen Kieselerdepartikel verursachen die Auftrennung der Probenkomponenten. Je feiner die Partikel sind, desto effizienter erfolgt die Trennung. Nach dem Passieren der Trennsäule werden die Probenbestandteile vom Detektor registriert und das Chromatogramm mit einem Computer aufgezeichnet und ausgewertet. Die Trennsäule und der Detektor sind in der Regel thermisch regelbar, um unter kontrollierten Bedingungen arbeiten zu können [75].

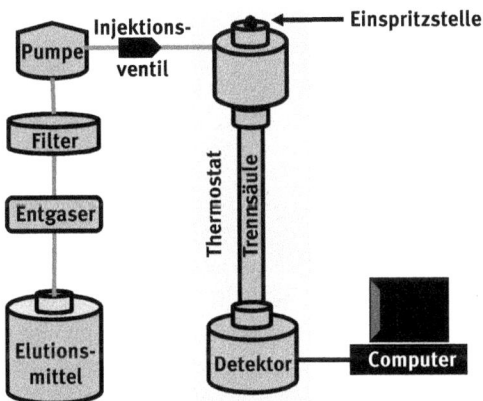

Abb. 5.6: Aufbau einer HPLC-Apparatur.

Je nach Ausführung wird das Eluent mit einem Druck von bis zu 400 bar bei einer Flussrate von 1 ml/min durch die Trennsäule befördert. Die darin befindlichen Kieselerdepartikel haben Teilchendurchmesser zwischen 0,5 und 10 µm und befinden sich in dünnen Säulen von 2 bis 4 mm Innendurchmesser. Der Transport der mobilen Phase durch die Trennmaterialien erfordert die Überwindung eines relativ hohen Gegendrucks. Hierfür werden modernste Hochdruckpumpen eingesetzt.

Die HPLC-Methode eignet sich auch für thermisch labile Komponenten und für Komponenten mit hohen Siededrücken. Alle Teile des Systems müssen dafür möglichst totvolumenfrei miteinander verbunden und druckstabil sein [76].

Der am häufigsten verwendete HPLC-Detektor ist ein UV/VIS-Detektor. Er ist relativ unempfindlich gegen Veränderungen im Trennsystem, weist einen großen linearen Bereich auf und lässt sich in Kombination mit verschiedensten Elutionsmitteln einsetzen. Das Detektorsignal entsteht während der Passage einer chromatografisch getrennten Substanz. Mehrere Peaks ergeben dann das Chromatogramm, die Anzahl der Peaks entspricht der Anzahl der aufgetrennten Probekomponenten [69, 71]. In Abbildung 5.7 sind beispielhafte HPLC-Chromatogramme mit unterschiedlichen Trennschärfen zu sehen. Je schärfer die Peaks ausfallen, desto besser war die Trennung.

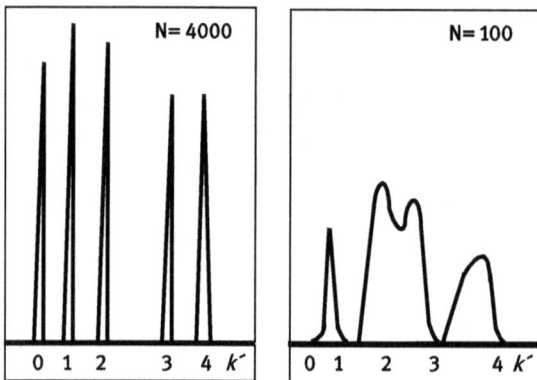

Abb. 5.7: Beispielhafte HPLC-Chromatogramme mit hoher bzw. niedriger Trennschärfe.

5.3 Anwendungen

Die Anwendungen der Chromatografie lassen sich in analytische und präparative (vorbereitende) unterscheiden. Die analytische Chromatografie dient der Identifizierung und Quantifizierung von Stoffen, während die präparative Chromatografie Stoffe zur weiteren Verwendung isoliert. Oftmals schließt sich danach eine massenspektroskopische Untersuchung an.

Die Einsatzgebiete der Chromatografie sind extrem vielfältig. Im Folgenden werden einige typische Anwendungen beschrieben, wobei separat auf die Gaschromatografie, die Dünnschichtchromatografie und die Hochleitungsflüssigkeitschromatografie eingegangen wird.

5.3.1 Gaschromatografie

Durch die große Auswahl an stationären Phasen, Säulenarten und -längen, Temperaturprogrammen und Detektoren ergeben sich sehr viele Anwendungsgebiete für die GC. Diese liegen in der qualitativen Analyse (Substanzidentifizierung), der quantitativen Analyse (gleichzeitige Konzentrationsbestimmung) sowie in der Reinheitskontrolle chemischer Substanzen. Typische Anwendungsbeispiele der GC sind der Tabelle 5.2 zu entnehmen [77–81].

Tab. 5.2: Anwendungsgebiete der Gaschromatografie.

Anwendungsgebiet	Beispiel
Lebensmittelanalytik	Bestimmung von Aromastoffen, Authentizitätsprüfung von Fetten und Ölen, Bestimmung von Zuckern und Zuckeraustauschstoffen, Messung von Kontaminanten und Rückständen, Analyse von gasförmigen oder verdampfbaren Schadstoffen, Analyse von Alkohol und Getränken
Umweltanalytik	Qualitative und quantitative Untersuchung von umweltrelevanten Stoffen in der Luft, im Boden und im Wasser. Analyse von Heiz- und Treibstoffen und deren Verbrennungsprodukten (z. B. Autoabgase)
Kosmetologie	Analyse ätherischer Öle (z. B. Parfüm)
Pharmazie	Analyse von Arzneistoffen
Toxikologie	Detektion, Identifizierung, quantitative Bestimmung von Pharmaka und Giftstoffen in biologischen und anderen Probenmaterialien [79]

5.3.2 Dünnschichtchromatografie

Aufgrund ihrer Variabilität kommt die DC in vielen Bereichen zum Einsatz. Ihr großer Vorteil ist, dass die Probenvorbereitung deutlich einfacher ist als für die GC oder die HPLC, da das Auftragen der Probe auf die Trägerplatte manuell erfolgen kann. Des Weiteren ist das Verfahren vergleichsweise kostengünstig, denn auf einer einzigen Platte können mehrere Proben gleichzeitig untersucht werden [76]. Die DC wird üblicherweise für schnelle und einfach durchzuführende Screenings eingesetzt [78]. In Tabelle 5.3 sind typischen Anwendungen zusammengestellt.

Tab. 5.3: Anwendungsgebiete der Dünnschichtchromatografie.

Anwendungsgebiet	Beispiel
Lebensmittelanalytik	Messung von Pestiziden und Fungiziden im Trinkwasser oder als Rückstände auf Gemüse oder Obst, Kontrolle der Grenzwerte in Nahrungsmitteln, z. B. polyzyklische aromatische Kohlenwasserstoffe in Trinkwasser, Nachweis illegaler Medikamente in Fleisch
Umweltanalytik	Grundwasseranalytik, z. B. Schadstoffe aus Altlasten
Kosmetologie	Bestimmung von Farbstoffen, Konservierungsstoffen, Tensiden, Parfüminhaltsstoffen
Pharmazie und Drogenkunde	Identifizierung, Reinheitsprüfungen und Gehaltsbestimmungen von Wirkstoffen, Prozesskontrollen bei Synthesen
Klinische Chemie, forensische Chemie und Biochemie	Bestimmung von Wirkstoffen und deren Metaboliten in biologischen Matrizen, z. B. zur Erkennung der Stoffwechselstörung Phenylketonurie
Sonstiges	Bestimmung anorganischer Ionen, Bestimmung von m-Nitrobenzoesäure in der Galvanotechnik

Ein typisches Anwendungsfeld der DC stellen Doping- und Drogentests in der Sportmedizin bzw. der forensisch-toxikologischen Analyse dar. Der analytische Nachweis wird zur Identifizierung der illegalen Substanzen, zum Suchtnachweis und zur Suchtüberwachung sowie zur Bestimmung therapeutischer Dosen angewendet. Die Probe wird dafür üblicherweise mit Äthanol verdünnt und manuell mit einer Mikropipette/Glaskapillare auf die Kieselgeltrennplatte (stationäre Phase) aufgebracht. Als Eluent (mobile Phase) kommt ein Aceton-Wasser-Gemisch (Verhältnis 85:15) zum Einsatz. Nach wenigen Minuten ist die chromatografische Trennung beendet. Anschließend wird die DC-Platte mit Luft oder mit einer UV-Lampe getrocknet, um die

Tab. 5.4: Die Analyse von Drogenarten [82].

Drogenart	Inhaltsstoffe
Cannabis (Haschisch, Marihuana)	Cannabinoide (Tetrahydrocannabinol)
Opium	Morphin, Codein, Papaverin, Narkotin
LSD	Lysergsäurediethylamid
Phenylalkylamine	Mescalin, MAD, STP oder DOM
Indolalkaloide	Dimethyltryptamin
Anticholinergika/Halluzinogene	Piperidylbenzylate
Methadonbarbiturate	Secobarbital, Barbital, Arnobarbital
Dopingmittel	Amphetamine

Farbreaktion der Substanz zu erkennen. Bei ungefärbten Substanzen wird die Platte mit verschiedenen Reagenzien besprüht, um die Farbreaktionen sichtbar machen zu lassen [83]. In Tabelle 5.4 sind Inhaltsstoffe von Drogen und Dopingmitteln aufgelistet, die mithilfe der DC gemessen werden können.

5.3.3 Hochleistungsflüssigkeitschromatografie

Die HPLC eignet sich besonders für die Trennung und Bestimmung von schwerflüchtigen und thermolabilen (nicht wärmebeständigen) Verbindungen [78]. Die Substanz wird dafür in einem Lösemittel oder Lösemittelgemisch gelöst. In Tabelle 5.5 sind Anwendungsgebiete der HPLC zusammengestellt [83].

Tab. 5.5: Anwendungsgebiete der Hochleistungsflüssigkeitschromatografie.

Anwendungsgebiet	Beispiel
Lebensmittelanalytik	Kontrolle der Reinheit von Lebensmitteln
Umweltanalytik	Bestimmung von Umweltschadstoffen
Kosmetologie	Analyse der Inhaltsstoffe von Kosmetika
Pharmazie	Bestimmung von Wirkstoffen bei der Arzneimittelentwicklung, -herstellung und -untersuchung
Chemie und Produktion	Reinheits- und Produktkontrolle von Chemikalien und Industrieprodukten Isolierung von Biopolymeren

Ein typisches Anwendungsbeispiel der HPLC ist die Bestimmung einzelner Zuckerkomponenten in einem Frühstücksgetränk. Hierfür kommen oftmals eine Trennsäule aus NH_2-modifiziertem Kieselgel (stationäre Phase) und ein Gemisch aus Acetonitril und Wasser (Verhältnis 80:20) als Eluent (mobile Phase) zum Einsatz. Die aufgetrennten Komponenten werden dann direkt mithilfe eines Refraktionsindexdetektors gemessen [84]. Befinden sich in der zu untersuchenden Probe nur geringe Mengen an Zucker und ein Überschuss an löslichen Begleitsubstanzen, so werden diese vorher mit Ethanol (Proteine und anderen lösliche Kohlenhydrate) oder mit Aminosäuren und Carbonsäuren entfernt, um den Zucker besser erfassen zu können [80].

5.4 Kommerzielle Produkte

Im Folgenden werden exemplarisch kommerzielle Gas-, Dünnschicht- und Hochleistungsflüssigkeitschromatografen vorgestellt. Zu jeder Kategorie werden jeweils zwei Produkte verschiedener Hersteller erläutert.

5.4.1 Gaschromatografie

In Tabelle 5.6 sind die technischen Daten zweier GC unterschiedlicher Firmen zusammengestellt. Das Modell CG-CGA-21 der deutschen Firma Hedinger ist mit 7.735 € ein relativ kostengünstiges System, das primär für Aufgaben der Lehre konzipiert wurde. Das Gerät beinhaltet einen 32-Bit-Rechner mit grafischer Benutzeroberfläche. Die Temperatur im Säulenofen wird mithilfe eines PT500-Sensors und einer digitalen PID-Regelung gesteuert. Ein Flammenionisationsdetektor ist integriert. Das Modell GC-CGA-1 desselben Herstellers enthält eine gepackte Säule und einen Wärmeleitfähigkeitsdetektor und kostet ca. 4.300 € [84].

Ein weiterer Anbieter von GC ist die britische Firma Fisons Instruments. Das Modell GS9130-00 verwendet eine Kapillarsäule und einen Flammenionisationsdetektor. Es ist in Abbildung 5.4 dargestellt. Die Trennschärfe erfüllte bei Markteinführung (1990) höchste Anforderungen. Zu diesem Zeitpunkt hatte das Gerät einen Verkaufspreis von ca. 80.000 €.

Tab. 5.6: Kommerzielle Gaschromatografen.

Spezifikation		
Hersteller	Hedinger	Fisons Instruments SpA
Modell	CG-CGA-21	GC 9130-00
Größe L × B × H [cm]	33 × 45 × 37	Ca. 45 × 35 × 30
Gewicht	25 kg	75 kg
Versorgungs-spannung [VAC]	–	220 V
Säulenart	Kapillarsäule	Kapillarsäule
Detektor	FID	FID
Preis [€]	7.735	79.646
Bemerkung	– Säulenofen: temperaturprogrammierbare Heizung – Injektor: Split/splitlos – Rechner mit 32 Bit CPU, 512 M Byte RAM, CF-Disk 2–16 GByte	– Injektor: Split/splitlos – Carlo Erba Kontrolleinheit für FID – Autosampler Combi PAL
Internetseite	www.der-Hedinger.de	www.fison.com

5.4.2 Dünnschichtchromatografie

In Tabelle 5.7 sind die Spezifikationen zweier kommerzieller DC zusammengestellt. Die sogenannte Standardtrennkammer ist die am häufigsten verwendete Entwicklungskammer der DC. Die stationäre Phase besteht meist aus Kieselgel, Aluminiumoxid, Cellulose oder Polyamid. Der Präparatekasten der deutschen Firma Carl Roth ist für maximal zwei Platten ausgelegt, wobei die kleinste Größe ca. 40 € kostet und die größte 171 €. Außer der Standardtrennkammer gibt es für den Präparatekasten auch Doppeltrogkammern, Simultantrennkammern, Sandwichkammern, Linearkammern und Variokammern [76].

Das Modell TLC-MS der Schweizer Firma CAMAG kann Stoffe innerhalb einer Minute mit besonders geringem Lösungsmittelverbrauch analysieren. Zusätzlich ermöglicht das Gerät eine Übertragung in ein Massenspektrometer für die Substanzidentifizierung. Dieses leistungsstarke Gerät ist von der Probenauftragung auf die DC-Platte bis zur Übertragung der ausgewerteten Daten voll automatisiert und kostet ca. 15.000 €.

Tab. 5.7: Kommerzielle Dünnschichtchromatografen.

Spezifikation		
Hersteller	Carl Roth	CAMAG
Modell	DC-Trennkammer Präparatekasten	TLC-MS Interface 2
Größe L × B × H	Ab 60 × 50 × 100 mm Bis 250 × 140 × 250 mm	275 × 425 × 275 mm
Gewicht	Ca. 1–3,9 kg	14,5 kg
Gasanschluss [bar]	–	Druckluft oder Stickstoff 4–6
Lösemitteldurchfluss	–	50–300 µl/min
Preis	ca. 40–171 €	ca. 14.990 €
Bemerkung	– aus Duran (Laborglas) – mit ausgeschliffener Glasplatte	– halbautomatisches Instrument mit automatischer Elutionskopfbewegung – Reinigung des Elutionswegs mit Druckluft – manuelle Positionierung und Umschaltung
Internetseite	www.carlroth.com	www.camag.com

5.4.3 Hochleistungsflüssigkeitschromatografie

In Tabelle 5.8 findet sich die Gegenüberstellung der Spezifikationen zweier beispielhafter HPLC. Das Modell Combi Flash EZ Prep der deutschen Firma Axel Samrau findet
seine Anwendungen in der medizinischen Chemie, der Agrarchemie und der Polymer-
chemie sowie in der Farbstoff- und Kosmetikindustrie und in der Naturstoffanalytik.
Das Gerät verfügt über eine Hochdruckpumpe, die bis 240 bar druckstabil ist, und ermöglicht einen besonders einfachen und schnellen Säulenwechsel. Der eingebaute

Tab. 5.8: Kommerzielle Hochleistungsflüssigkeitschromatografen.

Spezifikation	HPLC	HPLC
Hersteller	Axel Semrau	Gilson
Modell	Combi Flash EZ Prep	1. PLC 2050 2. PLC 2250 3. PLC 2500
Größe L × B × H	68 × 43 × 43,2 cm	62 × 59 × 66
Gewicht [kg]	43,6	1. 60 2. 70 3. 120
Versorgungsspannung [VAC]	117	110–120
Säulenabmessungen	Bis 250 mm lang, ⌀ 10–50 mm	1. ⌀ 10–30 mm, 2. ⌀ 10–50 mm oder 3. ⌀ 20–100 mm
Temperatur	Zerstäuberzelle bis 120 °C Thermosplitkammer 10–70 °C	5–40 °C
Gasversorgung	Druck 4,2–8,3 bar Verbrauch 2,5 l/min	Druck 2–6 bar Verbrauch 2,5 ml/min
UV-Detektor [nm] (Wellenlängen)	200–800	200–600
Detektor	Lichtstreudetektor	
Systemdruck [bar]	max. 13,8	1. 20 2. 15 3. 7
Flussratenbereich [ml/min]	5–200	1. 15 2. 250 3. 500
Preis	Bis max. 42.199 €	je nach Konfiguration
Bemerkung	– Massenspektrometer mit einem Massenbereich von 50–1.200 – Lösungsmittel: binärer Gradient	
Internetseite	www.axel-semrau.de	www.gilson.com

Lichtstreudetektor (ELSD – Evaporative Light Scattering Detector) ist kompatibel mit einem UV-Detektor. Das System ist netzwerkfähig und kostet ca. 43.000 €.

Die Geräte PLC 2050/2250/2500 des US-amerikanischen Herstellers Gilson werden für die Aufreinigung oder Isolierung von großen und kleinen Molekülen eingesetzt. Das System wird je nach speziellen Anforderungen zusammengestellt. Zu wählen ist dabei eine manuelle oder automatisierte Injektion, die Anzahl an Proben und, ob das System mit einem Massenspektrometer verbunden werden soll.

5.5 Zusammenfassung

Die Chromatografie ist primär ein Verfahren, um Stoffgemische in ihre einzelnen Komponenten aufzutrennen. Der chromatografische Prozess beruht darauf, dass sich die sogenannte mobile Phase, in der die Probe gelöst ist, entlang der stationären Phase bewegt. Aufgrund der charakteristischen Wechselwirkungen der einzelnen Probenbestandteile mit der stationären Phase stellt sich jeweils ein Verteilungsgleichgewicht ein, das dafür sorgt, dass die Komponenten beim Transport voneinander getrennt werden. Ein Detektor registriert die ankommenden Probenbestandteile. Das resultierende Chromatogramm ermöglicht dann die Identifizierung und Quantifizierung der Bestandteile. Die verschiedenen chromatografischen Techniken unterscheiden sich hauptsächlich in den Aggregatzuständen der beiden Phasen und in der Wechselwirkung zwischen Probe und stationärer Phase. Bei einer festen stationären Phase lagern sich die Komponenten der Probe unterschiedlich stark an dieser an (Adsorptionschromatografie). Bei einer flüssigen stationären Phase verteilen sich die Komponenten entsprechend ihrer jeweiligen Löslichkeit auf beide Phasen (Verteilungschromatografie).

Die Gaschromatografie (GC) wird eingesetzt, um gasförmige Proben oder Dämpfe aufzutrennen. Als mobile Phase (Trägergas) kommt z. B. Argon, Stickstoff, Helium oder Wasserstoff zum Einsatz. Die kapillare Trennsäule ist meist aus Quarzglas oder Metall. Die stationäre Phase kann eine flüssige oder feste Beschichtung sein.

Die Dünnschichtchromatografie (DC) ist eine besonders schnelle und einfache Methode, die oftmals allerdings nur eine qualitative Auswertung erlaubt. Eine dünnschichtige Trägerplatte stellt die stationäre Phase dar. Die mobile Phase ist flüssig und heißt auch Fließmittel.

Für die Hochleistungsflüssigkeitschromatografie (HPLC – High Performance Liquid Chromatography) wird die Probe in die flüssige mobile Phase (auch Eluent oder Elutionsmittel) injiziert und mithilfe einer Pumpe durch die Trennsäule gepresst. Der apparative Aufwand ist vergleichsweise hoch, das Verfahren dient in der Regel allerdings auch zur quantitativen Analyse.

Das Anwendungsspektrum der Chromatografie ist sehr groß. Sie kommt u. a. in der Lebensmittelanalytik, der Umweltanalytik, der klinischen und forensischen Analytik, der Kosmetologie sowie in der pharmazeutischen und chemischen Industrie zum Einsatz. Die DC wird aufgrund der schnellen und kostengünstigen Durchführung häufig für Drogen- oder Dopingschnelltests verwendet. Oftmals werden Chromatografen auch nur zur Auftrennung von Gemischen eingesetzt. Die Identifizierung und Messung der Komponenten erfolgt dann anschließend mit anderen Technologien, wie z. B. der Massenspektroskopie.

Chromatografische Geräte sind kommerziell in großer Vielfalt erhältlich. Je nach Anwendungsgebiet bieten die Hersteller verschiedene Spezifikationen an. Die meisten GC sind mit einem Flammenionisationsdetektor (FID) ausgestattet, da dieser besonders gut für die Quantifizierung organischer Verbindungen geeignet ist. Die Preise liegen zwischen 1.000 € und 80.000 €. Einfache DC sind preislich sehr günstig (ca. 100 €), bedienungsfreundlich und schnell in der Auswertung. Voll- und halbautomatische Geräte gibt es ab 15.000 €. HPLC werden (wie GC) häufig in Kombination mit Massenspektrometern betrieben. Typische Preise liegen bei 40.000 €.

6 Paramagnetische Sensoren

6.1 Einleitung

Der Begriff Paramagnetismus wurde im Jahre 1845 durch den Physiker Michael Faraday geprägt. Vor den Entdeckungen von Faraday wurden magnetische Eigenschaften ausschließlich Stoffen mit Eisengehalt und Stoffen mit eisenähnlichen Charakteristika wie Nickel und Kobalt zugeschrieben. Faraday untersuchte systematisch die unterschiedlichsten Körper unter dem Einfluss eines sehr starken Elektromagneten und fand heraus, dass fast alle Körper von dem starken Magnetfeld beeinflusst werden. Dabei entdeckte er Stoffe, die durch das Magnetfeld abgestoßen werden, und solche, die nicht den Ferromagneten zuzuordnen sind, aber trotzdem von dem Magnetfeld angezogen werden. Den erstgenannten ordnete er die Bezeichnung paramagnetisch zu. Für die zweitgenannten legte er die Bezeichnung diamagnetisch fest. Selbst Flüssigkeiten und Gasen konnten paramagnetische oder diamagnetische Eigenschaften zugeordnet werden [85].

In der Sensorik fand der paramagnetische Effekt in den 1930er-Jahren erste industrielle Anwendungen bei der Messung des Sauerstoffgehaltes von Gasgemischen. Bei Untersuchungen der Auswirkung magnetischer Felder auf die Wärmeleitfähigkeit stellte man fest, dass sich insbesondere bei Sauerstoff die Messspannung nicht durch die Wärmeleitfähigkeitsänderung, sondern direkt durch das Magnetfeld beeinflussen lässt. Die ersten Sauerstoffsensoren orientierten sich daher am Messprinzip der Wärmeleitfähigkeitssensoren unter Ausnutzung der thermischen Eigenschaften magnetischer Stoffe [20]. Dieser Effekt stellt eines der drei Messprinzipien dar, welches in diesem Kapitel als thermomagnetisches Verfahren näher erläutert wird. In den 1940er- und 1950er-Jahren wurden mit dem magnetomechanischen und dem magnetopneumatischen Verfahren zwei weitere Messprinzipien zur Sauerstoffmessung entwickelt. Während das thermomagnetische Verfahren heutzutage kaum mehr kommerziell angewendet wird, basieren modernste Sauerstoffsensoren immer noch auf den Messprinzipien der magnetomechanischen bzw. -pneumatischen Verfahren. In den folgenden Unterkapiteln wird zunächst das Messprinzip der drei genannten paramagnetischen Messprinzipien detailliert erläutert. Anschließend werden typische Anwendungsfälle näher beschrieben und beispielhafte kommerzielle Produkte vorgestellt.

Unter Mitwirkung von Jakob Steinmetz, Christian Albers und Jonas Thiel

https://doi.org/10.1515/9783110702040-006

6.2 Messprinzip

6.2.1 Physikalische Grundlagen

Das Messprinzip der paramagnetischen Sensoren beruht auf der von Faraday entdeckten schwach magnetischen Eigenschaft, dem Paramagnetismus. Um das daraus abgeleitete Messprinzip besser verstehen zu können, sollen zunächst die physikalischen Grundlagen des Paramagnetismus und des Diamagnetismus erläutert werden. Im Vergleich zu ferromagnetischen Materialien, wie beispielsweise Eisen, sind die Anziehungskraft von paramagnetischen Stoffen und die Abstoßungskraft von diamagnetischen Stoffen in einem äußeren Magnetfeld gering. Die Ursache liegt darin, dass paramagnetische und diamagnetische Stoffe im Gegensatz zu ferromagnetischen kein resultierendes magnetisches Dipolmoment aufweisen. Erst im externen Magnetfeld orientieren sich die einzelnen magnetischen Dipole und es kommt zur Wechselwirkung. Dabei unterscheiden sich die zwei Magnetismusarten in der Ausrichtung der magnetischen Dipole. Verläuft diese Ausrichtung, wie beim Diamagnetismus, überwiegend antiparallel zum äußeren Magnetfeld, so heben sich die Magnetfelder im Innern des Stoffes teilweise auf. Das Feld ist daher im Innern schwächer als außerhalb und die Stoffe werden abgestoßen. Paramagneten folgen in ihrer Magnetisierung dem äußeren Feld, sodass das Magnetfeld im Inneren stärker ist als außerhalb. Paramagnetische Materialien haben dadurch die Tendenz, in ein Magnetfeld hineingezogen zu werden. Im Unterschied zum Ferromagnetismus erfolgt beim Para- und Diamagnetismus nur eine anteilige parallele bzw. antiparallele Ausrichtung zum äußeren Magnetfeld. Daher ist die Anziehungskraft vergleichsweise klein [85].

Die magnetische Suszeptibilität χ_m ist eine einheitenlose Größe, die Auskunft über die Magnetisierbarkeit von Stoffen durch ein externes Magnetfeld gibt. Sie ist bei paramagnetischen Stoffen positiv, bei diamagnetischen negativ [20]. Diamagnetische Stoffe zeichnen sich durch eine vollständig aufgefüllte äußere Elektronenschale aus, wie es bei Edelgasen der Fall ist, während paramagnetische Stoffe ungepaarte Elektronen besitzen und deren Atome bzw. Moleküle ein magnetisches Moment besitzen. Die magnetische Suszeptibilität χ_m ist wie folgt definiert:

$$\chi_m = \mu_r - 1 \,. \tag{6.1}$$

Die relative magnetische Permeabilität μ_r entspricht dem Verhältnis der magnetischen Permeabilität μ, welche die Stärke der Magnetisierung eines Materials beschreibt, zur magnetischen Feldkonstante $\mu_0 = 4\pi \cdot 10^{-7}$ Vs/Am.

$$\mu_r = \frac{\mu}{\mu_0} \,. \tag{6.2}$$

Grundlegend kann festgehalten werden, dass bei diamagnetischen Stoffen die Grenzwerte der Suszeptibilität und der Permeabilität mit $\chi_m < 0$ bzw. $0 < \mu_r < 1$ beschrieben werden können, während für paramagnetische Stoffe $\chi_m > 0$ und $\mu_r > 1$ gilt. Die Tabelle 6.1 zeigt einen Auszug ausgewählter Gase und deren molare Suszeptibilität χ_{mol}, die wie folgt definiert ist:

$$\chi_{mol} = \chi_m \cdot V_{mol} .$$ (6.3)

V_{mol} gibt das molare Volume einer Substanz an. Dabei wird deutlich, dass Sauerstoff eine sehr hohe molare Suszeptibilität aufweist, was für das Messprinzip den Vorteil bietet, dass Störungen durch andere paramagnetische Gase weitestgehend ausgeschlossen sind. Diese als Querempfindlichkeit bezeichnete eingeschränkte Selektivität führt jedoch zu erheblichen Ungenauigkeiten bei der Messung anderer Gase. Bei einer genügend hohen Konzentration kann allerdings auch Stickstoffmonoxid mithilfe eines paramagnetischen Sensors überwacht werden, da auch dieses Gas eine überdurchschnittlich hohe Suszeptibilität aufweist.

Tab. 6.1: Molare Suszeptibilität ausgewählter Gase.

Gas	$\chi_{mol} \cdot 10^{-9}$ m^3/mol	
Sauerstoff	43,34	
Stickstoffmonoxid	18,36	Paramagnetisch
Stickstoffdioxid	1,88	
Distickstoffmonoxid	−0,24	
Helium	−0,02	Diamagnetisch
Wasserstoff	−0,05	

In den folgenden Unterkapiteln werden die drei bedeutendsten Verfahren der paramagnetischen Messtechnik erläutert: das thermomagnetische Verfahren, das magnetomechanische Verfahren und das magnetopneumatische Verfahren.

6.2.2 Thermomagnetisches Verfahren

Paramagnetische Stoffe weisen in ihren spezifischen magnetischen Merkmalen eine Abhängigkeit von der Temperatur auf. Ab einer bestimmten Temperatur kommt es dabei zu einem vollständigen Verlust ihrer paramagnetischen Eigenschaften [86]. Diesen Effekt macht sich das thermomagnetische Verfahren zunutze. Man unterscheidet dabei das Hitzdrahtverfahren und das Ringkammerverfahren, welche im Folgenden näher erläutert werden.

Hitzdrahtverfahren

Die in Abbildung 6.1 dargestellte Zelle zeigt den prinzipiellen Aufbau eines thermomagnetischen Sauerstoffanalysators nach dem Hitzdrahtverfahren. Die Zelle besteht aus einer großen Kammer, die durch eine Trennwand in zwei Bereiche unterteilt ist. Während der Teilbereich 1 (T1) zur eigentlichen Messung genutzt wird, dient der Teil-

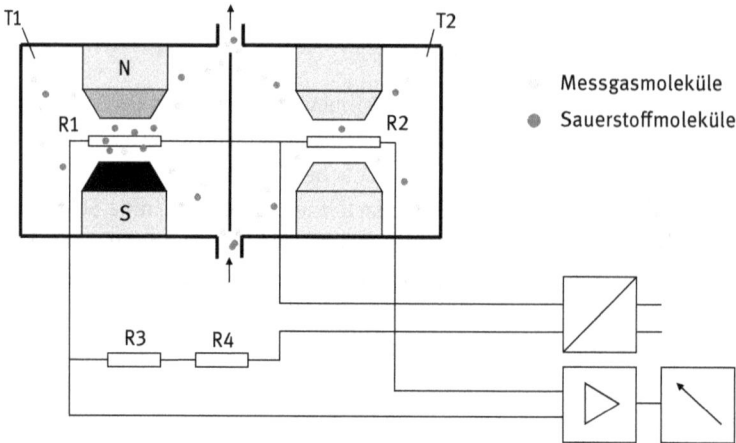

Abb. 6.1: Prinzipieller Aufbau eines thermomagnetischen Sauerstoffsensors nach dem Hitzdrahtverfahren.

bereich 2 (T2) zur Referenzmessung. Die beiden Bereiche unterscheiden sich darin, dass in T1 ein Permanentmagnet angebracht ist, welcher ein inhomogenes Magnetfeld erzeugt, und in T2 nicht. Der Ringwiderstand R1 in der linken Kammerhälfte ist dabei in der Mitte zwischen den beiden Polschuhen platziert. Die beiden Widerstände R1 und R2 sind über eine wheatstonesche Messbrücke mit den Widerständen R3 und R4 zusammengeschaltet und werden durch den Messstrom auf eine Temperatur von ca. 100 °C erhitzt. In beiden Kammern wird nun Wärme durch die erhitzten Ringwiderstände R1 und R2 an das umliegende Gas abgegeben und es resultieren Konvektionsströmungen [20]. Befinden sich Sauerstoffmoleküle im Messgas, werden diese in T1 aufgrund ihrer paramagnetischen Eigenschaften vom Magnetfeld angezogen und sammeln sich im Bereich der größten magnetischen Feldstärke im Zentrum zwischen den Polen. Aufgrund des aufgeheizten Ringwiderstandes R1 kommt es zu einer lokalen Erwärmung der Sauerstoffmoleküle. Dadurch verlieren diese Moleküle ihre magnetischen Eigenschaften und werden durch nachrückende kühlere Sauerstoffmoleküle verdrängt. Dieser Effekt erzeugt eine zusätzliche Strömung in der Kammerhälfte T1, welche als *magnetischer Wind* bezeichnet wird. Der magnetische Wind verstärkt die Abkühlung des Widerstandes R1. Durch die Temperaturdifferenz zwischen R1 und R2 ändert sich auch das Verhältnis der Widerstandswerte. Mit der wheatstoneschen Messbrücke lässt sich diese Widerstandsänderung am Spannungssignal ablesen. Dadurch kann ein direkter Rückschluss auf die Sauerstoffkonzentration des Messgases gezogen werden [86].

Dieser Zusammenhang lässt sich durch die in der folgenden Gleichung dargestellte Proportionalität zwischen Sauerstoffkonzentration c_{O_2} und Widerstandsänderung ΔR beschreiben.

$$\Delta R = \alpha \cdot c_{O_2} . \tag{6.4}$$

Der Proportionalitätsfaktor a hängt von der magnetischen Flussdichte B und der Temperatur T ab [20]. Es ist zu berücksichtigen, dass es sich beim magnetischen Wind um einen sehr kleinen Effekt handelt, welcher anfällig für Störwirkungen ist. Bei der Gaszufuhr des Sensors ist daher darauf zu achten, dass die Kammer nicht zu stark durchströmt wird, da dies zu einer zusätzlichen Abkühlung der Ringwiderstände führen kann, infolgedessen der Effekt des magnetischen Windes beeinträchtigt oder sogar komplett überdeckt wird. Um dem entgegenzuwirken, wird die Kammer üblicherweise per Diffusion beströmt. Dies führt im Vergleich zu den anderen paramagnetischen Verfahren zu einer erhöhten Ansprechzeit $T90$ von über 10 Sekunden [87].

Außerdem ist zu beachten, dass die Zusammensetzung des Messgases das Messergebnis beeinflusst. Insbesondere die Wärmekapazität, Dichte, Zähigkeit sowie die Wärmeleitfähigkeit spielen dabei eine Rolle. Für ein genaues Messergebnis sind daher bei der Kalibrierung des verwendeten Hitzdrahtmessgerätes die Zusammensetzung und die Eigenschaften des Messgases zu berücksichtigen. Dadurch lassen sich die wesentlichen Störeffekte eliminieren und die Messergebnisse auf die magnetischen Einflussfaktoren der Sauerstoffmoleküle beschränken [88].

Ringkammerverfahren

Ein thermomagnetisches Verfahren mit ähnlichem Funktionsprinzip stellt das in Abbildung 6.2 schematisch aufgezeigte Ringkammerverfahren dar. Das Messrohr der symmetrisch aufgebauten Ringkammer besteht aus einem dünnwandigen, horizontal gelagerten Glasröhrchen, welches von einer aus Platin- oder Nickelband bestehenden Heizwicklung umgeben ist. Die Heizwicklung besteht aus zwei symmetrisch angeordneten Messwiderständen (W1 und W2). Analog zum Hitzdrahtverfahren werden W1 und W2 mit zwei Festwiderständen (R1 und R2) zu einer wheatstoneschen Messbrücke zusammengeschaltet. Zusätzlich befindet sich im linken Bereich des Messrohrs ein Dauermagnet, welcher in der Abbildung 6.2 durch die beiden mit N und S gekennzeichneten Trapezflächen dargestellt ist. Dabei ist die linke Hälfte des Magneten außerhalb der Heizwicklung platziert, während die rechte Hälfte den aufgeheizten Widerstand W1 umgibt [89].

Wird nun ein sauerstofffreies Messgas durch die Kammer geleitet, kommt es aufgrund des symmetrischen Aufbaus der Ringkammer links und rechts zu gleichen Teilströmen. Querströmungen durch das Messrohr treten nicht auf. Befindet sich dagegen Sauerstoff im Messgas, werden die paramagnetischen Sauerstoffmoleküle vom Magneten in das Messrohr gezogen und sammeln sich zunächst im Magnetfeld [20]. Im rechten Bereich des Magnetfeldes werden die Moleküle erhitzt, wodurch sich deren Suszeptibilität und damit die paramagnetischen Eigenschaften verringern. Infolgedessen werden die aufgeheizten Sauerstoffmoleküle durch nachrückende kalte verdrängt. Es bildet sich eine Druckdifferenz aus [89]. Die daraus resultierende Gasströmung durch das Messrohr wird wieder als *magnetischer Wind* bezeichnet [87].

Da die paramagnetischen Sauerstoffmoleküle zunächst im Bereich W1 des Magnetfelds gehalten und erhitzt werden, trifft der magnetische Wind bereits erwärmt auf den Widerstand W2. W1 wird daher stärker abgekühlt als W2. Diese Temperaturdifferenz führt zu einer der Sauerstoffkonzentration (nahezu) proportionalen Widerstandsdifferenz [88]. Eine Bestimmung der Sauerstoffkonzentration erfolgt wie beim Hitzdrahtverfahren durch die Messung der Widerstandsdifferenz zwischen W1 und W2 mithilfe der wheatstoneschen Brückenschaltung.

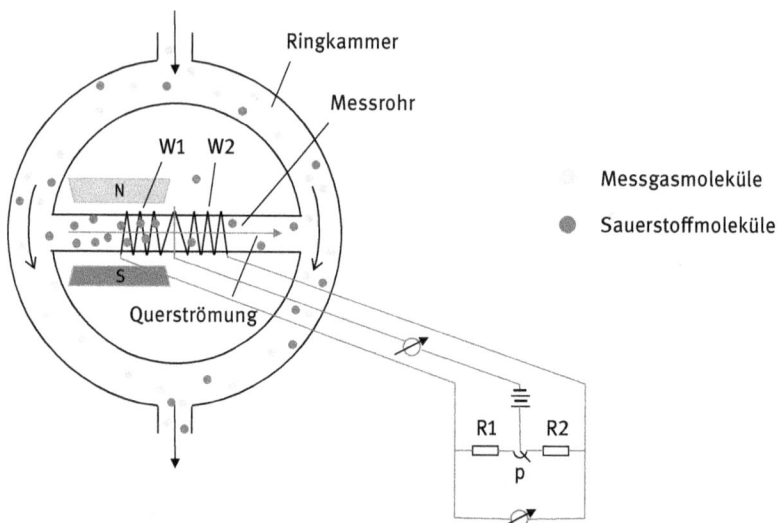

Abb. 6.2: Prinzipieller Aufbau eines thermomagnetischen Sauerstoffsensors nach dem Ringkammerverfahren.

Für das Ringkammerverfahren spielt die Lagejustierung des Messrohrs eine entscheidende Rolle. Durch die Erwärmung des Gases während des Messvorgangs kommt es zu einer thermischen Auftriebsströmung. Diese Konvektion würde sich bei einer Schrägstellung des Messrohrs mit dem magnetischen Wind überlagern. Um diese Störung zu vermeiden, muss der Sensor bei der Installation exakt justiert werden. Zusätzlich ist wie beim Hitzdrahtverfahren der Einfluss der Begleitgase bei der Kalibrierung und Justierung zu berücksichtigen [88].

6.2.3 Magnetomechanisches Verfahren

Das magnetomechanische Verfahren gehört auch heute noch zu den bedeutenden Prinzipien der Sauerstoffmessung. Die Abbildung 6.3 zeigt den schematischen Aufbau der Drehwaage [90].

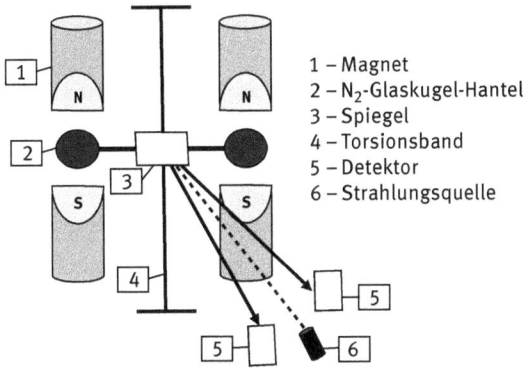

Abb. 6.3: Prinzipieller Aufbau eines magnetomechanischen Sauerstoffsensors.

Eine Hantel, bestehend aus zwei kleinen, mit Stickstoff gefüllten Glaskugeln, ist mithilfe eines Torsionsbands drehbar gelagert. Die beiden Kugeln sind dabei symmetrisch in einem stark inhomogenen Magnetfeld angeordnet. Enthält das umgebende Messgas Sauerstoff, wird dieser in das Magnetfeld hineingezogen. Infolgedessen wird die Hantel mit den Glaskugeln aus dem Magnetfeld herausgedreht. Das Drehmoment M_{O_2}, welches auf die Hantel wirkt, ist für kleine Auslenkungen proportional zur Suszeptibilität χ_M des Messgases und damit zu seiner Sauerstoffkonzentration:

$$M_{O_2} = (\chi_M - \chi_k) \cdot V_k \cdot L_k \cdot H \cdot \frac{dH}{ds} \, . \tag{6.5}$$

Dabei ist V_k das Volumen einer N_2-Glaskugel, χ_k deren Suszeptibilität und L_k der Abstand der Kugeln. H und dH/ds sind das Magnetfeld bzw. dessen Inhomogenität.

Die Hantel dreht sich soweit aus der Ausgangslage, bis das Drehmoment gleich dem Torsionsbanddrehmoment ist [90]. Um diesen Drehwinkel zu erfassen, reflektiert ein Spiegel, der zentrisch auf der Achse der Hantel montiert ist, einen Lichtstrahl, der dann mit Detektoren registriert wird. Üblicherweise wird die Sauerstoffkonzentration allerdings nicht aus dem Drehwinkel berechnet. Die Detektoren sind Teil eines Regelkreises, der ein elektromagnetisches Gegenmoment erzeugt, das die Hantel in die Ausgangslage zurückbringt. Die hierfür benötigte Stromstärke ist ebenfalls proportional zur Sauerstoffkonzentration. Die Hantel ist hierdurch immer an einer definierten Position und nicht durch Erschütterung oder Vibration verstellbar. Dies gilt als großer Vorteil des Messvertahrens [20].

Da das Messergebnis im Wesentlichen durch die Suszeptibilität des Messgases bestimmt wird, also dessen Magnetisierbarkeit im externen Magnetfeld, werden solche Geräte auch Suszeptometer genannt [90].

6.2.4 Magnetopneumatisches Verfahren

Das magnetopneumatische Verfahren nutzt zur Sauerstoffmessung einen Druckanstieg Δp, der mithilfe eines Referenzgases messbar gemacht wird. Zunächst soll das Messprinzip vereinfacht durch das Quincke-Steighöhenverfahren (Abbildung 6.4) erläutert werden. Daran schließt sich eine explizite Beschreibung des Verfahrens an.

Eine Referenzgasströmung aus Stickstoff (N_2) wird auf ein homogenes Magnetfeld geleitet, in dem sich Sauerstoff befindet. Da sich die paramagnetischen Sauerstoffmoleküle im Magnetfeld sammeln, wird die N_2-Gasströmung leicht blockiert. In der Gaszuleitung erhöht sich folglich der Druck. Diese Druckdifferenz wird mithilfe eines Manometers erfasst und erlaubt Rückschluss auf die Sauerstoffkonzentration.

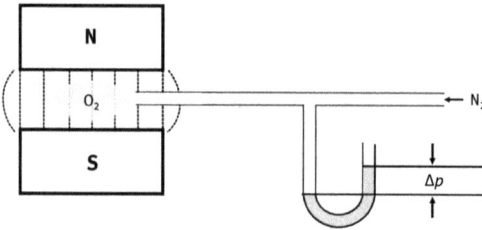

Abb. 6.4: Das Quincke-Steighöhenverfahren.

Abbildung 6.5 zeigt den schematischen Aufbau eines magnetopneumatischen Sensors. Das Referenzgas N_2 strömt von oben in das System ein und wird auf zwei Kapillarleitungen 1 und 2 (Volumenströme $\dot{V}_1$ und $\dot{V}_2$) aufgeteilt. Danach sind die beiden Leitungen über eine Querverbindung miteinander verbunden, in der sich ein Mikroströmungsfühler befindet. Die sich anschließenden Leitungen 3 und 4 (Volumenströme $\dot{V}_3$ und $\dot{V}_4$) führen in die Messkammer. Das Ende der Leitung 4 befindet sich in einem Magnetfeld. Das Messgas wird direkt von oben in die Messkammer eingeleitet und verlässt diese an der Unterseite gemeinsam mit dem Referenzgas. Befindet sich kein paramagnetisches Gas in der Messkammer, sind die Volumenströme in den Leitungen 1 bis 4 gleich:

$$\dot{V}_1 = \dot{V}_2 = \dot{V}_3 = \dot{V}_4 . \tag{6.6}$$

Hat das Messgas allerdings einen Sauerstoffanteil, werden die Sauerstoffmoleküle vom Magnetfeld angezogen, sammeln sich dort und blockieren teilweise den Durchfluss. Durch den entstehenden Druck wird der Volumenstrom $\dot{V}_4$ abgeschwächt und es entsteht ein Querstrom $\Delta \dot{V}$ in die Leitung 3, der über den Mikroströmungsfühler messbar ist. Der entstehende Differenzdruck hängt dabei von der Differenz der Suszeptibilitäten des Messgases χ_{Mg} und des Referenzgases χ_{N_2} sowie dem Magnetfeld H ab:

$$\Delta p = \frac{1}{2}(\chi_{Mg} - \chi_{N_2}) \cdot \mu_0 \cdot H^2 . \tag{6.7}$$

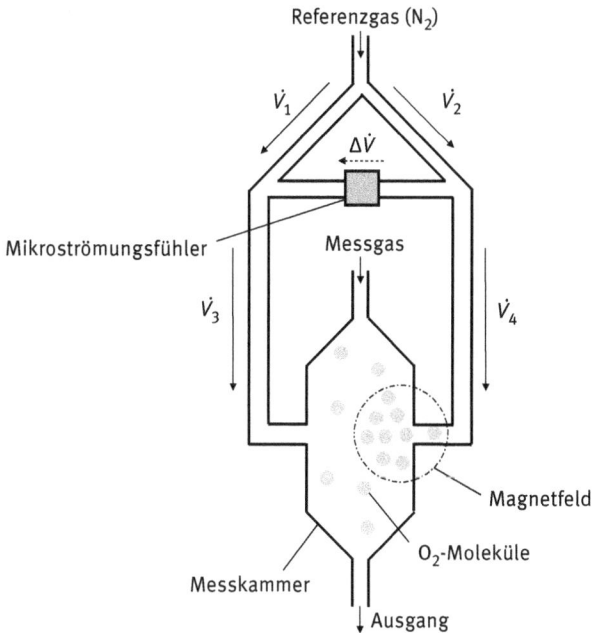

Abb. 6.5: Prinzipieller Aufbau eines magnetopneumatischen Sensors.

Das Messverfahren bietet kurze Ansprechzeiten von bis zu 100 ms, wodurch es auch bei schnell strömenden Gasen Einsatz findet. Weiterer Vorteil dieses Verfahrens ist, dass das Messgas nicht den Mikroströmungsfühler passiert. So kann auch der Sauerstoffgehalt in höchst korrosiven Medien erfasst werden [91].

6.3 Anwendungen

6.3.1 Anwendungsbeispiele

Die paramagnetischen Sensoren werden fast ausschließlich für die Sauerstoffmessung eingesetzt. Dies liegt an der hohen Suszeptibilität des Gases, die eine querempfindlichkeitsfreie Messung erlaubt. In sauerstoffarmen Messumgebungen kann auch Stickstoffmonoxid erfasst werden, da auch dieses Gas eine überdurchschnittlich hohe Suszeptibilität aufweist (siehe Tabelle 6.1). Im Nachfolgenden werden die Anwendungsgebiete des paramagnetischen Verfahrens aufgezeigt.

Rauchgasanalyse
Eine der Hauptanwendungen paramagnetischer Sensoren ist die Analyse von Rauchgas, die beispielsweise für Abfallverbrennungsanlagen vorgeschrieben ist. Nach dem

Bundes-Immissionsschutzgesetz sind derartige Anlagen zu einer kontinuierlichen Überwachung ihrer Emission verpflichtet. Die Messung des Restsauerstoffgehalts ist dabei für die Optimierung und Kontrolle des Verbrennungsprozesses erforderlich [92].

Industrielle Gasproduktion

Sauerstoff wird in der Regel mithilfe von Luftzerlegungsanlagen produziert. Da das Gas unter anderem für künstliche Beatmung zum Einsatz kommt, ist bei diesem Prozess eine permanente Überwachung der Produktqualität von enormer Bedeutung. Die entsprechenden Messeinrichtungen müssen eine hohe Langzeitstabilität und eine hohe Messgenauigkeit aufweisen. Paramagnetische Sensoren erfüllen diese Anforderungen und kommen daher häufig in der industriellen Gasproduktion zum Einsatz. Die Prozessüberwachung kann im produktionstechnischen Niederdruckbereich erfolgen oder in einer Hochdruckausführung, die beim Abfüllen der Druckflaschen eingesetzt wird [93].

Katalysatorüberwachung

Zur Funktionserhaltung von Katalysatoren in der Kohlenwasserstoffverarbeitung ist eine zyklische Reinigung notwendig. Während des Betriebs bilden sich Kohlenstoffablagerungen auf der Katalysatoroberfläche. Diese werden im Reinigungsvorgang abgebrannt. Man spricht dabei auch von der Regeneration des Katalysators. Zur Vermeidung einer Überhitzung und zur Steuerung des Vorgangs werden Sauerstoffsensoren eingesetzt. Das Ende des Verbrennungsprozesses ist durch einen starken Anstieg des Sauerstoffgehalts charakterisiert und kann somit durch den Sensor erfasst werden. Eine wichtige Anforderung an den Analysator stellt dabei eine schnelle Messzeit dar. Außerdem darf das Messgas einen hohen Staubanteil und korrosive Komponenten aufweisen [20].

Biotechnologie

Ein gängiges Verfahren zur Produktion pharmazeutischer und biotechnologischer Stoffe stellt die aerobe Fermentation dar. Dabei werden Mikroorganismen eingesetzt, die den Luftsauerstoff verstoffwechseln [94]. Während des Prozesses kommt es also zu einer Reduzierung des Sauerstoffgehalts. Sauerstoffanalysatoren erlauben eine Steuerung und Optimierung des Prozesses [20].

Chemische Verfahrenstechnik

Wichtigste Anforderung der chemischen Verfahrenstechnik an die Sauerstoffmesstechnik ist die Korrosionsbeständigkeit. Das magnetomechanische und das thermomagnetische Verfahren sind diesbezüglich limitiert. Mit dem magnetopneumatischen Verfahren lässt sich allerdings eine Analyse von dem besonders aggressiven feuchten Chlorgas problemlos realisieren [87].

6.3.2 Thermomagnetische Sauerstoffanalysatoren

Thermomagnetische Analysatoren waren die ersten Sensoren auf Basis des Paramagnetismus. Aufgrund der Vorteile der magnetomechanischen und magnetopneumatischen Analysatoren kommen diese heute allerdings nur noch selten zur Anwendung. Thermomagnetische Ringkammergeräte werden von keinem namhaften Hersteller mehr produziert. Die kostengünstigeren Hitzdrahtgeräte haben allerdings auch heute noch ihren Marktanteil [88]. Beispielhaft zu nennen sind dabei die Sauerstoffanalysatoren der Serie XTP-600 von Michell Instruments sowie die Magnos27 der Firma ABB.

Deren Anwendungsspektrum beschränkt sich auf die Kontrolle von Schutzgasen sowie die Überwachung des Stickstoffgehalts in verschiedenen Anlagen, Prozessen und Gefahrenbereichen. Thermomagnetische Analysatoren werden für folgende Anwendungen eingesetzt [95]:

– Prozesse in der Stahlindustrie
– Sauerstoffüberwachung auf Öltankern und Förderplattformen
– Abgaskontrolle bei Dampfkesselfeuerungen
– Abgaskontrolle bei Kalk-, Zement-, Hoch-, Tief-, Glüh- und Schmelzöfen
– Überwachung des O_2-Gehalts in Arbeits-, Betriebs- und Lagerräumen (z. B. für die Bereiche Papier, Textil, Tabak und Lebensmittel)
– Reingasherstellung von z. B. ClO_2, ClO_3, NO, NO_2

6.3.3 Magnetomechanische Sauerstoffanalysatoren

Wie bei dem magnetopneumatischen Verfahren besteht auch bei dem magnetomechanischen Verfahren keine Abhängigkeit des Messsignals von der Zusammensetzung des Trägergases. Ihre beste Eignung weisen magnetomechanische Analysatoren in der Sauerstoffanalyse von Prozessgasströmen im Bereich verfahrenstechnischer Anlagen auf, bei denen die Reaktionspartner und Reaktionsprodukte einen stark veränderlichen Charakter haben [95]. Da eine hohe Suszeptibilität des zu detektierenden Gases Voraussetzung für die Anwendbarkeit des Verfahrens ist, gibt es nur die Querempfindlichkeit mit anderen paramagnetischen Gasen. Das Messsystem ist aufgrund seiner limitierten Korrosionsbeständigkeit auf trockene Gase beschränkt. Es weist darüber hinaus eine hohe Empfindlichkeit gegenüber Verschmutzung auf. Magnetomechanische Analysatoren werden für folgende Anwendungen eingesetzt:

– Prozessgasmessungen mit schneller Ansprechzeit
– Analyse zur Rauchgasüberwachung
– Inertisierungsanlagen
– Biogas-O_2-Messungen
– Luftzerleger, O_2-Gasreinheit
– Kraftwerke, Metallurgie, Chemie, Petrochemie

6.3.4 Magnetopneumatische Sauerstoffanalysatoren

Das magnetopneumatische Verfahren findet häufig Anwendung bei der Messung der Sauerstoffkonzentration in einer korrosiven Gasatmosphäre, da das Messgas nicht in die Messeinrichtung vordringt und dieser folglich nicht schadet. Dies ermöglicht u. a. den Einsatz für die Rauchgasanalyse oder für Anlagen zur Luftzerlegung [96]. Weitere Anwendungen können der nachfolgenden Auflistung entnommen werden:
– Kesselsteuerung innerhalb einer Rückstandsverbrennungsanlage
– Prozessgasanalysatoren in Anlagen zur Herstellung von Ethylenoxid
– Spurenanalyse von Sauerstoff in Anlagen zur Luftzerlegung
– Prüfstandsysteme in der Automobilindustrie
– in chemischen Anlagen
– Analyse brennbarer und nichtbrennbarer Gase in explosionsgefährdeten Bereichen

6.4 Kommerzielle Produkte

6.4.1 Thermomagnetische Sauerstoffanalysatoren

Beispielhaft für einen auf dem thermomagnetischen Messprinzip basierenden Sauerstoffanalysator wird der Magnos27 der Firma ABB vorgestellt. Der Magnos27 zeichnet sich durch seinen besonders robusten Zellenaufbau aus. Durch den Verzicht auf bewegliche Teile sowie eine Glasversiegelung der Sensorelemente ist der Sensor besonders resistent gegenüber äußeren Einflüssen wie Staub, Schmutz und Vibrationen.

Abb. 6.6: Thermomagnetisches Sauerstoffanalysemodul Magnos27 (mit freundlicher Genehmigung von ABB Automation).

Dies ermöglicht einen Einsatz in besonders rauen Messumgebungen, wie beispielsweise in der Zementindustrie. Ein weiterer Vorteil des Analysators ist der wartungsar-
me und kostengünstige Betrieb. In Abbildung 6.6 ist der äußere Zellenaufbau des Ma-
gnos27 dargestellt. Der Messsensor besteht aus einem Zweikammersystem (Messung
und Referenz) und funktioniert nach dem in Abschnitt 6.2.1 erläuterten Hitzdrahtverfahren. Mit dem Sensor lässt sich die Sauerstoffkonzentration in Rauchgas sowie in
Stickstoff ermitteln. Die Kennzahlen des Magnos27 sind in Tabelle 6.2 aufgeführt.

Tab. 6.2: Technische Daten des thermomagnetischen Sauerstoffanalysemoduls Magnos27.

Technische Daten	
Messkomponente	Sauerstoff (O_2)
Kleinster Messbereich	0...3 Vol.-% O_2
Größter Messbereich	0...100 Vol.-% O_2
Anzahl der Messbereiche	Vier Messbereiche. Sind werksseitig nach Bestellung fest eingestellt.
Linearitätsabweichung	≤ 2 % der Messspanne
Wiederholpräzision	≤ 1 % der Messspanne
Ausgangssignalschwankung	≤ 0,5 % der Messspanne des kleinsten Messbereiches Bei elektronischer $T90$-Zeit = 0 s
Nachweisgrenze	≤ 1 % der Messspanne des kleinsten Messbereiches Bei elektronischer $T90$-Zeit = 0 s
Umgebungstemperatureinfluss	− am Nullpunkt: ≤ 2 % der Messspanne pro 10 °C, − auf die Empfindlichkeit: ≤ 0,5 % des Messwertes pro 10 °C
Erlaubter Messgasdruck	2...100 hPa
Messgasdurchfluss	20...90 l/h
Messgastemperatur	+5...+50 °C
Anzeigeverzögerung ($T90$-Zeit)	$T90$ = 10...22 s, abhängig vom Messgasdurchfluss und vom Anschluss der Messkammer
Preis	ca. 9.000 €

6.4.2 Magnetomechanische Sauerstoffsensoren

Die erste Anwendung des magnetomechanischen Messverfahrens geht auf eine Entwicklung von Pauling aus den 1940er-Jahren zurück [85]. Weitere kommerziell genutzte Geräte wurden in späteren Jahren von Beckmann Instruments (USA), SERVOMEX
(England) und Hartmann & Braun (Deutschland) auf den Markt gebracht. Die präzisen
Messergebnisse führten bald zu einer weiten Verbreitung dieser Gerätetechnik [20].

Ein Hersteller moderner Sauerstoffanalysemodule ist bspw. die Firma ABB Automation. Zum aktuellen Produktportfolio zählt das Magnos206-Analysemodul, dargestellt in Abbildung 6.7, dessen Aufbau auf dem magnetomechanischen Messverfahren basiert. Durch die kurze Messzeit (T90) eignet sich der Magnos206 auch zur Messung schneller Konzentrationsänderungen.

Abb. 6.7: Sauerstoffanalysemodul des magnetomechanischen Analysemoduls Magnos206 (mit freundlicher Genehmigung von ABB Automation).

Das Analysemodul ist für Gase einer Temperatur von +5 °C bis +50 °C geeignet. Der Taupunkt des Messgases muss hierbei aber um mindestens 5 °C niedriger als die geringste Umgebungstemperatur im Messgasweg sein. Andernfalls ist der Einsatz eines Messgaskühlers notwendig. Der Sensor ermöglicht einen Durchfluss von 30 bis 90 Litern pro Stunde. Das Analysemodul ist nicht geeignet für die Analyse von korrosiven Gasen. Eine gute Eignung besteht hingegen zur Analyse von brennbaren Gasen unter atmosphärischen Bedingungen. Das Messgas sollte aber im normalen Betrieb nicht explosionsfähig sein. In der Tabelle 6.3 sind die weiteren Kennzahlen des Magnos206 aufgeführt [86].

Tab. 6.3: Technische Daten des magnetomechanischen Analysemoduls Magnos206.

Technische Daten	
Messkomponente	Sauerstoff (O_2)
Kleinster Messbereich	0...0,5 Vol.-% O_2
Größter Messbereich	0...100 Vol.-% O_2
Anzahl der Messbereiche	Vier Messbereiche; die Grenzen der Messbereiche können frei eingestellt werden. Sie sind werksseitig entweder auf 0...10/15/25/100 Vol.-% O_2 oder gemäß Bestellung eingestellt.
Linearitätsabweichung	≤ 0,5 % der Messspanne, mindestens 0,005 Vol.-% O_2
Wiederholpräzision	≤ 50 ppm O_2 (Zeitbasis für Gaswechsel ≥ 5 min)
Ausgangssignalschwankung	≤ 25 ppm O_2 bei elektronischer $T90$-Zeit (statisch/dynamisch) = 3/0 s
Nachweisgrenze	≤ 50 ppm O_2 bei elektronischer $T90$-Zeit (statisch/dynamisch) = 3/0 s
Umgebungstemperatur	Umgebungstemperatur im zulässigen Bereich Am Nullpunkt: ≤ 0,02 Vol.-% O_2 pro 10 °C Auf die Empfindlichkeit: ≤ 0,3 Vol.-% O_2 pro 10 °C Thermostattemperatur = 64 °C
Erlaubter Messgasdruck	2...100 hPa
Messgasdurchfluss	30...90 l/h
Messgastemperatur	+5...+50 °C
Anzeigeverzögerung ($T90$-Zeit)	≤ 3,5...10 s bei Messgasdurchfluss = 90 l/h und elektronischer $T90$-Zeit (statisch/dynamisch) = 3 s / 0 s,
Preis	ca. 9.000 €

6.4.3 Magnetopneumatische Sauerstoffanalysatoren

Das erste in Serie gefertigte Messgerät auf Basis des magnetopneumatischen Verfahrens wurde von dem Physiker Karl Friedrich Luft im Jahre 1967 entwickelt und daraufhin von der Firma Maihak-Hamburg übernommen und vermarktet. Im Laufe der Zeit wurde das Verfahren von Firmen wie Hartmann & Braun weiterentwickelt und resultiert in dem derzeit wohl bekanntesten Vertreter, dem Oxymat der Firma Siemens (siehe Abbildung 6.8) [20]. Dieser wird in drei verschieden Modellen angeboten, die sich in Sauerstoffmessung, Sauerstoffmessung für Standardapplikationen und Messung von Spurensauerstoff aufteilen. In der Tabelle 6.4 werden die Kennzahlen des gängigen Modells Oxymat 6 aufgeführt, welches für die einfache Sauerstoffmessung eingesetzt wird.

Abb. 6.8: Magnetopneumatisches Gasanalysegerät Oxymat 6 (mit freundlicher Genehmigung der Siemens AG).

Tab. 6.4: Technische Daten des magnetopneumatischen Gasanalysegeräts Oxymat Baureihe 6.

Technische Daten	
Messkomponente	Sauerstoff (O_2)
Kleinster Messbereich	0...0,5 Vol.-% O_2
Größter Messbereich	0...100 Vol.-% O_2
Anzahl der Messbereiche	Vier Messbereiche frei parametrierbar. Messung auch mit unterdrücktem Nullpunkt. Alle Messbereiche sind linear.
Linearitätsabweichung	< 0,1 % des aktuellen Messbereichs
Wiederholpräzision	< 1 % des aktuellen Messbereichs
Ausgangssignalschwankung	< ±0,75 % des kleinstmöglichen Messbereichs
Nachweisgrenze	1 % des aktuellen Messbereichs
Umgebungstemperatur	< 0,5 %/10 K bezogen auf die kleinstmöglichen Messspanne laut Typschild, bei Messspanne 0,5 %: 1 %/10 K
Erlaubter Messgasdruck	500 ... 3.000 hPa absolut (verrohrt)
Messgasdurchfluss	18 ... 60 l/h (0,3 ... 1 l/min)
Messgastemperatur	Min. 0 ... max. 50 °C, jedoch oberhalb des Taupunkts
Anzeigeverzögerung (T90-Zeit)	Min. 1,5 ... 3,5 s je nach Ausführung
Preis	ca. 9.000 €

6.5 Zusammenfassung

Die in diesem Kapitel vorgestellten Messprinzipien und Sensoren nutzen die paramagnetischen Eigenschaften von Gasen. Im Gegensatz zu diamagnetischen werden paramagnetische Stoffe im Magnetfeld angezogen. Verglichen mit Ferromagnetika sind diese Kräfte allerdings recht schwach. Paramagnetische Materialien weisen eine magnetische Suszeptibilität von $\chi_m > 0$ auf. Für ihre relative magnetische Permeabilität gilt $\mu_r > 1$.

Eine hohe magnetische Suszeptibilität des zu detektierenden Gases bietet dabei den Vorteil, dass keine oder nur vernachlässigbare Querempfindlichkeiten mit anderen paramagnetischen Gasen auftreten. Ein Beispiel für ein Gas mit besonders hoher Suszeptibilität ist Sauerstoff. Stickstoffmonoxid kann ebenfalls mithilfe von paramagnetischen Sensoren gemessen werden.

Man unterscheidet drei paramagnetische Messprinzipien:

- Das thermomagnetische Verfahren basiert auf der Abhängigkeit der paramagnetischen Eigenschaften von der Temperatur. Diese führt zu einer Abkühlung von Heizwiderständen durch den sogenannten magnetischen Wind, eine zur Messgasbewegung quer verlaufende Strömung. Das thermomagnetische Verfahren gibt es in den Varianten Hitzdrahtverfahren und Ringkammerverfahren.
- Beim magnetomechanischen Messverfahren fungiert eine über ein Torsionsband gelagerte Hantel aus zwei Glaskugeln im inhomogenen Magnetfeld als Drehwaage. Enthält das umgebende Messgas Sauerstoff, wird dieser vom Magnetfeld angezogen und die Hantel aus ihrer Ausgangslage herausgedreht. Das auftretende Drehmoment ist dabei proportional zur Sauerstoffkonzentration.
- Beim magnetopneumatischen Verfahren wird eine Referenzgasströmung in zwei gleiche Teilströme aufgeteilt, die mit einer zunächst ungenutzten Querleitung verbunden sind. Die Referenzgasleitungen führen beide in die Messkammer, wo das Messgas hinzustößt. Der Ausgang einer Leitung befindet sich allerdings in einem Magnetfeld, wodurch sich paramagnetische Messgase hier sammeln. Dadurch wird die Strömung in dieser Referenzgasleitung aufgestaut und es entsteht ein Strom in der Querleitung, mithilfe dessen die Konzentration des paramagnetischen Gases gemessen werden kann.

Das paramagnetische Messverfahren findet seine Anwendung fast ausschließlich in der Messung von Sauerstoff oder Stickstoffmonoxid. Letzteres funktioniert jedoch nur in einer sauerstoffarmen Messumgebung zuverlässig. Konkret werden die Sensoren in den Bereichen Rauchgasanalyse, Katalysatorüberwachung, Gasproduktion sowie chemische Verfahrenstechnik und Biotechnologie eingesetzt.

Es existiert eine Vielzahl kommerzieller paramagnetischer Sensoren. Die Modelle unterscheiden sich sehr in den zulässigen Messgasparametern Temperatur, Druck und Durchfluss. Typische Nachweisgrenzen sind abhängig vom gewählten Messbereich und liegen für Sauerstoff zwischen 50 ppm und 1 %. Die Preise liegen in der Größenordnung von 9.000 €.

7 Wärmeleitfähigkeitssensoren

7.1 Einleitung

Die ersten Anwendungen von Wärmeleitfähigkeitssensoren in der Gassensorik reichen zurück bis zum Anfang des 20. Jahrhunderts. Hier wurden sie für die Lecksuche an Auftriebskörpern von Luftfahrtschiffen (Zeppelinen) eingesetzt und analysierten primär das Gasgemisch Wasserstoff/Helium. Ein weiteres Einsatzgebiet war die Überwachung der Frischluftversorgung von U-Booten. Wärmeleitfähigkeitssensoren (WLS) zählen damit zu den ältesten physikalischen Messgeräten zur Analyse von Gasen. Dies ist insbesondere ihrem einfachen Aufbau zu verdanken, der ohne aufwendige elektronische Komponenten auskommt. Die Aufgabe von WLS ist der Nachweis bestimmter Gase oder die Analyse eines Gemisches. Dabei werden in der Regel nur zwei Gaskomponenten gemessen. Die zu quantifizierenden Komponenten sind oftmals die Bestandteile der Luft (Stickstoff, Sauerstoff, Kohlendioxid, Luftfeuchtigkeit, Edelgase) sowie Wasserstoff, kurzkettige Alkane, Ammoniak oder Schwefeldioxid [20].

Das Funktionsprinzip beruht auf der Messung einer Wärmeleitfähigkeitsdifferenz zwischen dem Probengas und einem Referenzgas. Dafür benötigt ein WLS zwei Messzellen. Die resistiven Sensoren beider Messzellen sind üblicherweise mit zwei zusätzlichen Widerständen zu einer wheatstoneschen Brücke verschaltet. Die Widerstandsdifferenz zwischen den Messzellen gibt dann Aufschluss über die Gaszusammensetzung des Probengases [97].

Der Einsatz dieser Sensoren erfolgt heutzutage vor allem in der Verfahrenstechnik und als Detektoren in der Gaschromatografie. Für Letztere werden WLS schon seit den 1950er-Jahren verwendet [98]. Seit Ende des 20. Jahrhunderts kommen bevorzugt miniaturisierte Sensoren auf Basis von Siliziummikromechanik zum Einsatz, deren Abmessungen nur noch wenige Millimeter betragen. Im folgenden Abschnitt werden das Messprinzip sowie die Grundlagen der WLS erläutert. Daran anschließend werden typische Anwendungsgebiete und beispielhafte kommerzielle Produkte vorgestellt. Abgeschlossen wird das Kapitel mit einer kurzen Zusammenfassung [20].

7.2 Messprinzip

7.2.1 Wärmeleitfähigkeit

Die Wärmeleitfähigkeit λ ist für jedes Gas eine charakteristische Größe. Sie gibt an, wie gut ein Material Wärme leitet und wie gut es sich zur Wärmedämmung eignet. Je niedriger der Wert der Wärmeleitfähigkeit, desto besser ist die Wärmedämmung. Sie

Unter Mitwirkung von Luca Cancelmo, Niklaas Becker und Jan Schlimme

https://doi.org/10.1515/9783110702040-007

wird in Watt pro Meter und Kelvin angegeben [W · (m K)$^{-1}$] und ihre Werte können entsprechenden Tabellen entnommen werden [99].

Die Wärmeleitfähigkeit λ bestimmt maßgeblich den Wärmestrom $\dot{Q}_{\text{Leitung}}$ durch Wärmeleitung:

$$\dot{Q}_{\text{Leitung}} = \lambda \cdot \frac{A}{s} \cdot \Delta T . \tag{7.1}$$

Dabei ist A die Fläche, durch die die Wärme strömt, s der Strömungsweg bzw. die Dicke des durchströmten Körpers (von Wand zu Wand) und ΔT die Temperaturdifferenz. Gleichung 7.1 gilt für stationäre Bedingungen, d. h., ΔT muss konstant sein. Der Wärmestrom gibt die pro Zeiteinheit übertragene Wärmeenergie an und fließt immer von warm (Quelle) nach kalt (Senke).

In Abbildung 7.1 ist das Prinzip der Wärmeleitung von Gasen dargestellt. Die Quelle (Temperatur T_1) befindet sich an der Position $s = 0$, die Senke ($T_2 < T_1$) an der Position $s = x$. Gasmoleküle ermöglichen den Wärmetransport über Stöße.

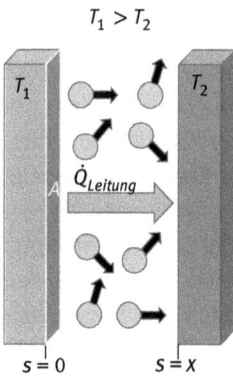

Abb. 7.1: Wärmeübertragung durch Wärmeleitung in einem Gas.

Für die gesamte Wärmeübertragung $\dot{Q}_{\text{ges}}$ müssen neben der Wärmeleitung auch noch Wärmestrahlung $\dot{Q}_{\text{Strahlung}}$ und Konvektion $\dot{Q}_{\text{Konvektion}}$ berücksichtigt werden:

$$\sum \dot{Q}_{\text{ges}} = \dot{Q}_{\text{Leitung}} + \dot{Q}_{\text{Strahlung}} + \dot{Q}_{\text{Konvektion}} . \tag{7.2}$$

Die Wärmeübertragung durch Strahlung beschreibt den Wärmestrom durch elektromagnetische Wellen (insbesondere im infraroten Spektralbereich). Nach dem Stefan-Boltzmann-Gesetz ist sie proportional zur Differenz der Temperaturen in der vierten Potenz:

$$\dot{Q}_{\text{Strahlung}} = \sigma \cdot \varepsilon \cdot A \cdot \left(T_1{}^4 - T_2{}^4 \right) . \tag{7.3}$$

Dabei ist ε der Emissionsgrad, A die emittierende Fläche und σ die Stefan-Boltzmann-Konstante ($5{,}6704 \cdot 10^{-8}$ W $\cdot$ m^{-2} $\cdot$ K^{-4}).

Der Wärmestrom durch Konvektion beschreibt das Mitführen thermischer Energie in einem strömenden Medium. Er ist proportional zur betrachteten Fläche A, zur Differenz der Wandtemperatur T_W und der Fluidtemperatur T_F und zum Wärmeübergangskoeffizienten α, der die Eigenschaft des Fluids beschreibt, Wärme an Oberflächen auszutauschen:

$$\dot{Q}_{Konvektion} = \alpha \cdot A \cdot (T_W - T_F) . \tag{7.4}$$

Bei Temperaturen in der Nähe der Zimmertemperatur (kaum Strahlung) sind die Effekte durch Strahlung und Konvektion vergleichsweise klein und werden daher bei der Ermittlung der Wärmeleitfähigkeit oftmals vernachlässigt [99].

7.2.2 Wärmeleitfähigkeit als Funktion der molaren Masse

Gemäß der kinetischen Gastheorie kann die Wärmeleitfähigkeit annähernd wie folgt berechnet werden [100]:

$$\lambda = \frac{N \overline{v} l_m c_v}{3 N_A} . \tag{7.5}$$

Dabei ist N die Teilchendichte, $\overline{v}$ die mittlere Molekülgeschwindigkeit, l_m die mittlere freie Weglänge, c_v die spezifische Wärme bei konstantem Volumen und N_A die Avogadro-Zahl. Für ein Molekül mit dem Durchmesser d ergibt sich die mittlere freie Weglänge zu

$$l_m = \frac{1}{\sqrt{2 \pi d N}} . \tag{7.6}$$

Die mittlere Molekülgeschwindigkeit eines Gases errechnet sich nach der kinetischen Gastheorie zu:

$$\overline{v} = \sqrt{\frac{8RT}{\pi M N}} , \tag{7.7}$$

wobei R die ideale Gaskonstante ist und M die molare Masse. Um die Abhängigkeit der Wärmeleitfähigkeit von der Gassorte herzuleiten, setzt man Gleichung 7.7 in 7.5 ein. Daraus ergibt sich, dass die Wärmeleitfähigkeit in erster Näherung umgekehrt proportional zur Quadratwurzel der molaren Masse ist. Berücksichtigt man zusätzlich den Einfluss des Moleküldurchmessers (Stoßwirkungsquerschnitts) ergibt sich eine Proportionalität zu $M^{-7/6}$ [100]. Abbildung 7.2 verdeutlicht dies für 11 verschiedene Gase bei 0 °C [101].

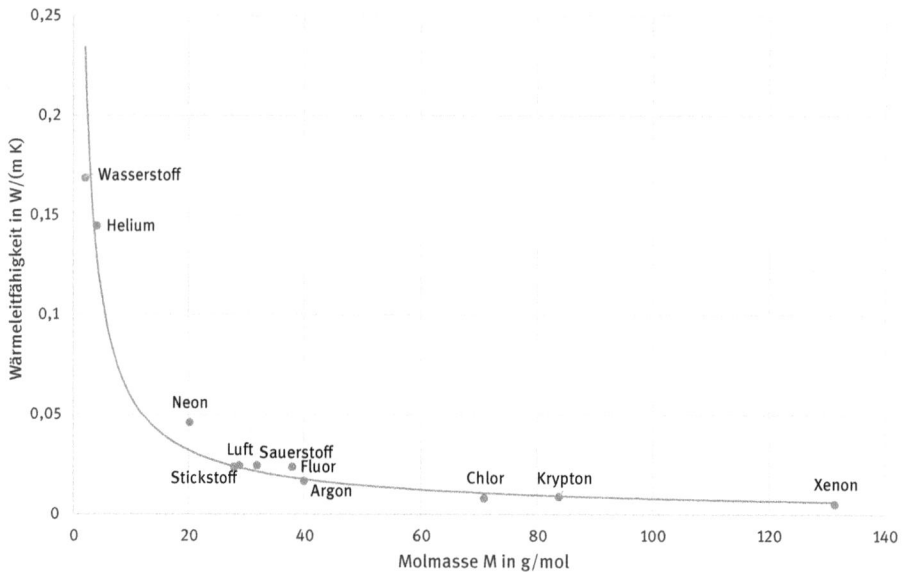

Abb. 7.2: Wärmeleitfähigkeit als Funktion der molaren Masse (0 °C) [101].

7.2.3 Wärmeleitfähigkeit als Funktion der Temperatur und des Drucks

Setzt man Gleichung 7.7 in 7.5 ein, ergibt sich, dass die Wärmeleitfähigkeit proportional zur Quadratwurzel der Temperatur ist. In vergleichsweise kleinen Temperaturbereichen kann näherungsweise eine lineare Abhängigkeit angenommen werden. Bei Temperaturen unter 0 °C oder über 200 °C gibt es allerdings deutliche Abweichungen von der Linearität. Die Tabelle 7.1 listet die Wärmeleitfähigkeiten diverser Gase bei unterschiedlichen Temperaturen und atmosphärischem Druck. Abbildung 7.3 stellt den Zusammenhang für Helium dar.

Um die Abhängigkeit der Wärmeleitfähigkeit vom Druck p herzuleiten, muss man berücksichtigen, dass die Teilchendichte N proportional zu p ist. Da die Wärmeleitfähigkeit selbst proportional zu N ist, die mittlere freie Weglänge Λ allerdings umgekehrt proportional zu N ist (siehe Gleichungen 7.5 und 7.6), erweist sich die Wärmeleitfähigkeit (im Rahmen der Näherung) unabhängig vom Druck. Dies gilt in einem sehr weiten Druckbereich.

Tab. 7.1: Wärmeleitfähigkeit diverser Gase in W/(m K) bei unterschiedlichen Temperaturen und atmosphärischem Druck [102].

Stoff	−150 °C	−100 °C	−50 °C	0 °C	25 °C	100 °C	200 °C	300 °C
Alkohol				0,013	0,015	0,023	0,039	
Ammoniak			0,017	0,022	0,024	0,033	0,047	0,055
Benzol				0,009	0,011	0,017	0,027	0,038
Chlor	0,0023	0,0046	0,0058	0,0081	0,0093	0,012	0,015	0,017
Chloroform				0,0062	0,007	0,010	0,014	
Dichlordifluormethan				0,0085	0,0098	0,0136	0,0187	0,0238
Ether				0,013	0,015	0,025	0,033	
Helium	0,083	0,104	0,124	0,143	0,150	0,174	0,205	0,237
Kohlendioxid		0,0081	0,0110	0,0150	0,0160	0,0220	0,0310	0,0390
Kohlenmonoxid	0,011	0,015	0,019	0,023	0,025	0,030	0,037	0,043
Luft	0,011	0,016	0,020	0,024	0,026	0,031	0,039	0,044
Methan	0,013	0,019	0,024	0,030	0,034	0,044	0,061	0,079
Rauchgas trocken				0,023	0,025	0,030	0,036	0,040
Sauerstoff	0,011	0,016	0,020	0,024	0,026	0,032	0,039	0,045
Schwefeldioxid				0,0086	0,0099	0,014	0,019	0,024
Stickstoff	0,012	0,017	0,021	0,024	0,026	0,031	0,037	0,042
Ges. Wasserdampf				0,0171	0,0186	0,0251	0,0401	0,0696
Wasserstoff	0,073	0,113	0,141	0,171	0,181	0,211	0,249	0,285

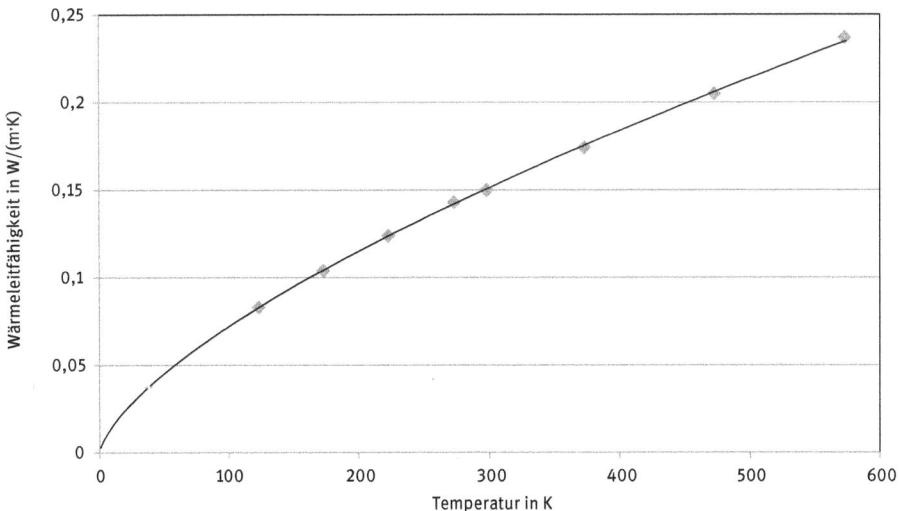

Abb. 7.3: Wärmeleitfähigkeit von Helium in W/(m K) als Funktion der Temperatur bei atmosphärischem Druck [102].

7.2.4 Wärmeleitfähigkeit als Funktion der Gaszusammensetzung

Die Wärmeleitfähigkeit von Gasgemischen kann näherungsweise durch einfache In-
terpolation der λ-Werte der einzelnen Komponenten berechnet werden [101].

$$\lambda(T) = \sum_i x_i \lambda_i(T) \, . \tag{7.8}$$

Dabei bezeichnet λ_i die Wärmeleitfähigkeit und x_i den Stoffmengenanteil des i-ten
Bestandteils des Gasgemisches. Genauer ist allerdings die Regel nach Wassiljewa für
Gemische idealer Gase:

$$\lambda(T) = \sum_i \frac{x_i \lambda_i(T)}{\sum_j x_j \Phi_{ij}(T)} \, . \tag{7.9}$$

Die Korrekturfaktoren $\Phi_{ij}(T)$ ergeben sich dabei nach Mason und Saxena zu [103]

$$\Phi_{ij}(T) = \frac{1}{2\sqrt{2}} \left(1 + \frac{M_i}{M_j} \right)^{-1/2} \cdot \left[1 + \left(\frac{\eta_i(T)}{\eta_j(T)} \right)^{1/2} \cdot \left(\frac{M_j}{M_i} \right)^{1/4} \right]^2 \, , \tag{7.10}$$

wobei M_i und η_i die molare Masse bzw. die Viskosität des i-ten Bestandteils des Gasgemisches sind.

7.2.5 Aufbau und Konzentrationsmessung

Die Konzentrationsmessung mittels WLS beruht in den allermeisten Fällen auf der
Bestimmung der Wärmeleitfähigkeitsdifferenz zwischen dem zu analysierenden Probengas und einem Referenzgas. Dafür werden zwei baugleiche Messzellen (auch Messkammern genannt) in einem thermostatisierten Metallblock integriert. Die Temperatur der Wärmestromsenke bleibt so konstant. Der prinzipielle Aufbau einer Messzelle
ist in Abbildung 7.4 dargestellt. Die wesentlichen Bestandteile sind das Heizelement
(ein temperaturabhängiger Widerstand) und die Zellenwand. Das Heizelement, welches beim koaxialen Aufbau als Heizdraht ausgeführt ist, besteht meist aus Platin
(Pt100) oder Nickel (Ni100). Dieser Widerstand wird mit dem Messstrom I_M aufgeheizt,
bis sich in der Messkammer ein Temperaturgleichgewicht eingestellt hat [20].

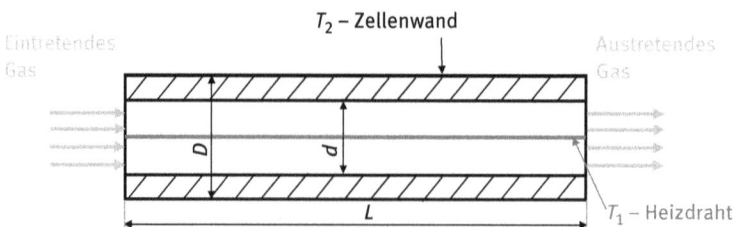

Abb. 7.4: Messzelle zur Ermittlung der Wärmeleitfähigkeit – koaxialer Aufbau.

Da die Messzellenwand eine geringere Temperatur als der Heizdraht aufweist, ergibt sich aufgrund von Wärmeleitung durch das in der Messkammer befindliche Gas ein Wärmestrom vom Zentrum zur Wand gemäß Gleichung 7.1:

$$\dot{Q}_{\text{Leitung}} = \lambda \cdot 2\pi \cdot L \cdot \frac{T_1 - T_2}{\ln\left(\frac{D}{d}\right)} , \tag{7.11}$$

wobei L, D und d die Länge bzw. der äußere und innere Durchmesser der Messkammer sind und T_1 und T_2 die Temperaturen des Heizdrahts bzw. der Zellenwand.

Ändert sich nun die Gaszusammensetzung, so hat dies eine Änderung der Wärmeleitfähigkeit des Gemischs zur Folge. Steigt z. B. der Anteil des Gases mit der höheren Wärmeleitfähigkeit, so wird die Wärme des Heizdrahts schneller abtransportiert und dieser kühlt sich ab. Die veränderte Temperatur des Heizdrahts wird über dessen temperaturabhängigen Widerstand gemessen. Dafür kommt üblicherweise eine wheatstonesche Brückenschaltung zum Einsatz.

Für Materialien mit einem positiven Temperaturkoeffizienten wie Platin gilt für den Heißwiderstand R_{H}

$$R_{\text{H}} = R_{\text{Ref}}(1 + \alpha_0 \cdot (T_{\text{H}} - T_{\text{Ref}})) . \tag{7.12}$$

Der Referenzwiderstand R_{Ref} eines Pt100 beträgt 100 Ω bei einer Referenztemperatur T_{Ref} von 0 °C. Der mittlere Temperaturkoeffizient α_0 von Platin beträgt $3{,}85 \cdot 10^{-3}$ (°C)$^{-1}$ im Temperaturbereich von 0 bis 100 °C.

Die durch den Heizdraht verbrauchte Leistung lässt sich aus dem Zusammenhang

$$P = R_{\text{H}} \cdot I_{\text{M}}^2 \tag{7.13}$$

ermitteln. Wenn davon ausgegangen werden kann, dass das System adiabatisch ist (kein externer Wärmeaustausch), ist die elektrische Leistung P zum Aufheizen des Messwiderstandes gleich dem Wärmestrom $\dot{Q}_{\text{Leitung}}$ und es gilt:

$$\dot{Q}_{\text{Leitung}} = P = \lambda \cdot G \cdot \Delta T . \tag{7.14}$$

Der Geometriefaktor G hängt dabei hauptsächlich von der Form der Messzelle ab. Setzt man nun die Gleichungen 7.12 und 7.13 in 7.14 ein, resultiert daraus der Zusammenhang

$$I_{\text{M}}^2 \cdot R_{\text{Ref}}(1 + \alpha_0 \cdot T_{\text{H}}) \cdot 90\,\% = \lambda \cdot G \cdot \Delta T . \tag{7.15}$$

Der Faktor 90 % berücksichtigt dabei insbesondere die Verluste durch Wärmestrahlung und Konvektion. Gleichung 7.15 umgestellt nach λ liefert die veränderte Wärmeleitfähigkeit:

$$\lambda = 0{,}9 \frac{I_{\text{M}}^2 \cdot R_{\text{Ref}}(1 + \alpha_0 \cdot T_{\text{H}})}{G(T_{\text{H}} - T_2)} . \tag{7.16}$$

Die Bestimmung der Konzentrationen x_i der einzelnen Probenbestandteile (in der Regel zwei) erfolgt dann mithilfe der Gleichungen 7.8 oder 7.9. Oftmals wird die Wärmeleitfähigkeitsdifferenz auch direkt aus der Widerstandsdifferenz der Proben- und der Referenzmesszelle berechnet. In diesem Fall sind die resistiven Sensoren beider Messzellen mit zwei zusätzlichen Widerständen zu einer wheatstoneschen Brücke verschaltet [104].

Außer der koaxialen gibt es noch zwei weitere übliche Geometrien für Wärmeleitfähigkeitsmesszellen: die planparallele und die konzentrische. Der planparallele Aufbau besteht aus einer Heizplatte der Fläche A und einer gleich großen Platte im Abstand s als Temperatursenke. Im konzentrischen Aufbau kommt ein winziger perlenförmiger Thermistor zum Einsatz. Dieser wird an dünnen Drähten zentrisch in einem Röhrchen (Wärmesenke) gehalten und mit Strom versorgt. Dieser Aufbau ermöglicht eine besonders hohe Empfindlichkeit [20].

7.3 Anwendungen

Wärmeleitfähigkeitssensoren finden meist Verwendung bei der Analyse von binären Gasgemischen, wobei die beiden Komponenten eine signifikante Differenz in ihren Wärmeleitfähigkeiten aufweisen sollten. Für Gemische aus drei oder mehr Komponenten kommen die Sensoren aufgrund der nicht immer eindeutigen Zuordnung zur Konzentration nur selten zum Einsatz. Die zu quantifizierenden Komponenten sind oftmals Bestandteile der Luft (Stickstoff, Sauerstoff, Kohlendioxid, Luftfeuchtigkeit, Edelgase), Wasserstoff, kurzkettige Alkane, Ammoniak oder Schwefeldioxid. Ihre Stärke entfalten WLS, wenn die zu detektierenden Gase bekannt sind und nur ihr Verhältnis bestimmt werden muss. Sie werden unter anderem für die folgenden Aufgaben eingesetzt [20]:

- Energiewirtschaft: Kontrolle der Wasserstoffreinheit bei wasserstoffgekühlten Turbogeneratoren (z. B. Wärmekraftwerke)
- Medizintechnik: Lecksuche am Heliumkühlsystem supraleitender Magnete (Kernspintomografie, MRT)
- Brauindustrie: Quantifizierung des Kohlendioxids in Bierproben
- Biogas: Bestimmung der Methankonzentration (Heizwert) von Biogas
- Lebensmittel- und Getränkeindustrie: Messung von Verpackungsgasen
- chemische Verfahrenstechnik: Reinheitskontrolle bei der Luftzerlegung oder für Chlorgasanalysen

Auch als Detektor für die Gaschromatografie kommen WLS häufig zum Einsatz. Ein Gaschromatograf trennt komplexe Substanzgemische mithilfe eines Trägergasstroms in einer Trennsäule zeitlich in die einzelnen Bestandteile auf. Der Auslass der Trennsäule wird dann mit einer der Messzellen des WLS verknüpft. Das für die chromatografische Trennung genutzte Trägergas wird durch die Referenzmesszelle geführt. Fließt reines Trägergas durch die Messzelle, sind die Wärmeleitfähigkeiten in Mess- und Referenzzelle gleich und es wird kein Signal gemessen. Enthält das Trägergas jedoch einen Analyten, so unterscheiden sich die Wärmeleitfähigkeiten, was als Signal aufgezeichnet wird. Das so gemessene Signal ist dabei der Probenkonzentration im Trägergas proportional. Mehr dazu findet sich in Kapitel 5.

WLS erreichen typischerweise eine Nachweisgrenze in der Größenordnung von 1 ppm pro Substanz im Analysengas. Aufgrund dieser gegenüber anderen Detektoren vergleichsweise schlechten Nachweisempfindlichkeit sind WLS nicht für die Spuren-analytik geeignet [104].

7.4 Kommerzielle Produkte

Es gibt zahlreiche kommerzielle Anbieter von Wärmeleitfähigkeitssensoren. Deren Produkte variieren stark, abhängig vom Einsatzgebiet. Grundsätzlich unterscheidet man dabei zwischen Komplettsystemen und einfachen Sensorelementen (ohne Soft-ware, Display oder Gehäuse). Beispielhaft wird im Folgenden das Sensorelement gSKIN-XM 26 9C der schweizerischen Firma greenTEG AG vorgestellt (siehe Abbil-dung 7.5). Es zeichnet sich durch seine sehr hohe Auflösung aus und kommt unter anderem bei der thermischen Optimierung, Bestimmung der Energieeffizienz und bei der industriellen Überwachung thermischer Prozesse zur Anwendung. Der Listenpreis beläuft sich auf ca. 250 €/Stück. Die Tabelle 7.2 fasst die wichtigsten Eigenschaften des Sensors zusammen [105].

Abb. 7.5: Wärmeleitfähigkeitssensor gSKIN-XM 26 9C (mit freundlicher Genehmigung der greenTEG AG).

Nachfolgend wird das Komplettsystem der deutschen Firma LFE Prozessanalysen-technik GmbH & Co. KG vorgestellt. Die Sensoreinheiten werden in verschiedenen Ausführungen angeboten und unterscheiden sich im Wesentlichen durch die Gehäu-seausführung. Hier reichen die Ausführungen von einfachen 19-Zoll-Einschüben über Feldgehäuse bis hin zu Hochtemperatur- und explosionsgeschützten Versionen. Der WLS wird unter anderem eingesetzt für die Langzeitanalyse von H_2 und Edelgasen in binären und quasibinären Gasgemischen. Der kleinste Messbereich geht von 0 bis 5.000 ppm. Die schnelle Ansprechzeit von $T90 \leq 3$ s wird durch den kompakten Auf-bau der Messzelle erreicht (siehe Abbildung 7.6). Das Messsystem zeichnet sich durch eine weitgehende Strömungsunabhängigkeit und die Möglichkeit der dynamischen

Tab. 7.2: Produkteigenschaften des Sensors gSKIN-XM 26 9C [105].

Produkt	Einheiten	gSKIN-XM 26 9C
Sensortyp		Thermoelektrisch
Oberflächenmaterial		Aluminium
Messkopf (a × b × d)	mm	4,4 × 4,4 × 0,5
Messbereich Wärmestromdichte min./max.	kW/m^2	−150/150
Rauschäquivalente Strahlung pro Fläche/absolut [µW]	W/m^2	0,34/6,6
Wärmestromdichte Auflösung pro Fläche/absolut [µW]	W/m^2	0,41/7,9
Temperaturauflösung	µK	~ 140
Min. Sensibilität	µV/(W/m^2)	1,5
Temperaturabhängigkeit	%/°C	0,25
Reaktionszeit (0–95 %)	s	0,7
Elektrischer Widerstand	Ω	< 20
Thermische Leitfähigkeit	W/(m K)	~ 1,1
Max. Druckbelastung bei Einspannung	[kgf]	< 2
Arbeitstemperaturbereich Min./Max.	°C	−50/150
Kalibrierung Temperaturbereich Min./Max	°C	−30/70
Kalibrierungsgenauigkeit	±%	3
Homogenität	±%	1
Linearität unter Spannung	±%	1

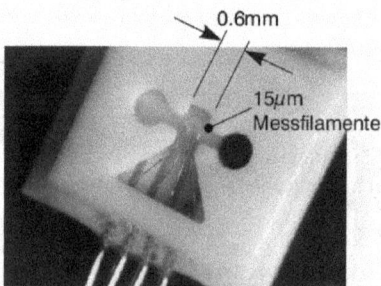

Abb. 7.6: Aufbau der Messzelle eines Wärmeleit-fähigkeitssensors (mit freundlicher Genehmigung der LFE GmbH & Co. KG).

Querempfindlichkeitskorrektur von bis zu drei Gasen aus. Die Kalibrierung findet in der Basisversion durch ein manuell zugeführtes Prüfgas statt.

Typische Anwendungen findet der Sensor in der Untersuchung von metallurgischen Prozessgasen im Hochofen, in der Stahlindustrie zur Überwachung von Wärmebehandlungen, in der Petrochemie oder zur Bestimmung von H$_2$ und O$_2$ in der Wasserelektrolyse [106].

7.5 Zusammenfassung

Wärmeleitfähigkeitssensoren (WLS) nutzen den Wärmestrom von einer Wärmequelle zu einer Wärmesenke durch ein gasförmiges Medium. Die Wärmeleitfähigkeit gibt dabei an, wie gut das Gas Wärme leitet. Sein Wert ist in erster Näherung umgekehrt proportional zur Quadratwurzel der molaren Masse des Gases. Die Wärmeleitfähigkeit eines Gasgemisches kann näherungsweise durch Mittelung der Werte der einzelnen Komponenten berechnet werden. Binäre Gemische von Gasen mit signifikantem Wärmeleitfähigkeitsunterschied können so sehr einfach analysiert werden.

Beim Aufbau von WLS unterscheidet man drei geometrische Varianten der Messzelle:
– Koaxial: Das Heizelement ist ein Heizdraht in einem thermostatisierten Zylinder.
– Planparallel: Das Heizelement ist eine Heizplatte, die sich gegenüber einer gleich großen Platte (Wärmesenke) befindet.
– Konzentrisch: Das Heizelement ist ein winziger perlenförmiger Thermistor, der an dünnen Drähten gehalten wird.

Oftmals wird die Wärmeleitfähigkeitsdifferenz direkt aus der Widerstandsdifferenz der Probe und eines Referenzgases berechnet. In diesem Fall sind die resistiven Sensoren beider Messzellen mit zwei zusätzlichen Widerständen zu einer wheatstoneschen Brücke verschaltet.

WLS finden ihre Anwendung meist bei der Analyse von binären Gasgemischen, wobei die zu detektierenden Komponenten oftmals Bestandteile der Luft, Wasserstoff, kurzkettige Alkane, Ammoniak oder Schwefeldioxid sind. Sie werden unter anderem in der Energiewirtschaft, der Medizintechnik, der Lebensmittel- und Getränkeindustrie oder der chemischen Verfahrenstechnik eingesetzt. Besonders häufig kommen WLS auch als Detektoren für die Gaschromatografie zum Einsatz.

WLS werden in zahlreichen kommerziellen Varianten angeboten und erreichen typische Nachweisgrenzen in der Größenordnung von 1 ppm. Grundsätzlich unterscheidet man zwischen Komplettsystemen und einfachen Sensorelementen. Die Preise liegen in der Größenordnung von einigen Hundert €.

Die besonderen Stärken von Wärmeleitfähigkeitssensoren sind ihr einfacher, kostengünstiger Aufbau, die universelle Einsetzbarkeit und der schnelle und zuverlässige Betrieb. Die größte Schwäche ist, dass in der Regel nur binäre Gemische analysiert werden können, da es für Gemische aus drei oder mehr Komponenten keine eindeutige Zuordnung des Signals zur Konzentration mehr gibt.

8 Halbleitersensoren

8.1 Einleitung

Die ersten Gassensoren auf Halbleiterbasis wurden Anfang der Siebzigerjahre des letzten Jahrhunderts von der japanischen Firma Figaro Engineering entwickelt und vermarktet. Diese einfachen Halbleitersensoren dienten zur Erkennung von Leckagen in Pipelines. Bis heute gelten japanische Wissenschaftler und Figaro als Innovationstreiber im Bereich der Halbleitersensoren.

Anlass für die Entwicklung von Halbleitersensoren war die unerwünschte Reaktion von Halbleiterbauteilen mit der Umgebungsluft: Bei Kontakt mit bestimmten Gasen änderte sich deren elektrischer Widerstand. Dies führte zur Erforschung von Ursachen und Wirkung dieser Reaktionen. Mit den Forschungsergebnissen konnten schließlich die ersten Gassensoren auf Halbleiterbasis entwickelt werden [107].

Anfänglich konnten Halbleitersensoren nur einzelne Gase detektieren, mittlerweile können sie auch Konzentrationsmessungen in Flüssigkeiten durchführen. Derweil können Halbleitersensoren im Zusammenspiel mit Mikroprozessoren auch mehrere verschiedene Gase eines Gasgemisches identifizieren und messen. Messungen von Halbleitersensoren können vollständig automatisiert vorgenommen werden. Dies macht sie speziell für Überwachungsaufgaben in der Industrie interessant. Aufbauend auf den ersten Forschungsarbeiten sind Halbleitergassensoren bis heute Inhalt vieler wissenschaftlicher Arbeiten zur Theorie und Anwendung und finden zunehmend Einsatz in der Stoffanalytik [108].

Im Abschnitt 8.2 werden zunächst die Grundlagen von Halbleitern, Feldeffekttransistoren, dem energetischen Bändermodell sowie von Oberflächenreaktionen erläutert. Darauf aufbauend werden die beiden Messprinzipien anhand eines Beispiels beschrieben. In Abschnitt 8.3 werden typische Anwendungen von Halbleitersensoren dargestellt. Anschließend werden ausgewählte kommerzielle Produkte im Abschnitt 8.4 vorgestellt. Das Kapitel schließt mit einer Zusammenfassung.

8.2 Messprinzip

Halbleitersensoren ändern durch Oberflächenvorgänge ihre elektrischen Eigenschaften. Diese Vorgänge können in zwei verschiedene Messprinzipien eingeteilt werden: resistive und potenziometrische. Beim resistiven Messprinzip wird der elektrische Widerstand des Halbleiters durch die Vorgänge an der Oberfläche verändert. Beim potenziometrischen Messprinzip hingegen wird ein elektrisches Feld durch Oberflächenvor-

Unter Mitwirkung von Christian Matthies, Martin Oelkers und Kevin Huckfeldt

https://doi.org/10.1515/9783110702040-008

gänge erzeugt oder verändert. Die Metalloxidhalbleitersensoren (MOX) basieren auf dem resistiven Messprinzip, chemische Feldeffekttransistoren (ChemFETs) arbeiten nach dem potenziometrischen Messprinzip.

In diesem Abschnitt werden zunächst die Grundlagen von Halbleitern, die Adsorptionsvorgänge und das Bändermodell erläutert. Darauf folgen Erklärungen des resistiven und des potenziometrischen Messprinzips. Abschließend wird eine Übersicht über die wichtigsten messtechnischen Eigenschaften von Halbleitersensoren gegeben.

8.2.1 Physikalische und chemische Grundlagen

Halbleiter

Als Halbleiter werden Materialien bezeichnet, die unter bestimmten Bedingungen sowohl Stromisolator als auch Stromleiter sein können. Typisches Halbleitermaterial sind Elemente der vierten Hauptgruppe des Periodensystems, auch reine (intrinsische) Halbleiter genannt, wie Germanium und Silizium, und Verbindungen, wie z. B. Siliziumcarbid und Zinksulfid.

Die Leitfähigkeit eines Halbleiters ist abhängig von seiner Temperatur. Der spezifische Widerstand von Halbleitern sinkt mit steigender Temperatur. Bei einer Temperatur von $T = 0\,\text{K}$ verhält sich ein Halbleiter wie ein Isolator, mit zunehmender Temperatur steigt jedoch seine Leitfähigkeit. Die Leitfähigkeit von Halbleitern liegt somit zwischen derjenigen von Isolatoren und derjenigen von Leitern. Elektrische Leiter haben einen spezifischen Leitfähigkeitswert größer als 10^4 S/cm, Isolatoren haben einen Wert kleiner als 10^{-8} S/cm [109].

Eine weitere Möglichkeit, die Leitfähigkeit des Halbleiters zu ändern, ist die gezielte Einbringung von Fremd- oder Störatomen. Dieser Vorgang wird Dotierung genannt. Für Elementarhalbleiter werden meist Elemente aus der 3. oder 5. Hauptgruppe als Störatome eingesetzt, welche in ihrer äußeren Elektronenschale ein Elektron weniger bzw. mehr als das Halbleiterelement besitzen. Durch die Dotierung kann die Leifähigkeit eines Halbleiters kontrolliert erhöht werden. Je nachdem aus welcher Hauptgruppe des Periodensystems die Fremdatome genommen werden, wird zwischen P-Dotierung und N-Dotierung unterschieden.

Bei der P-Dotierung wird ein Element der 3. Hauptgruppe in das Atomgitter des Halbleiters eingebracht. Dieses besitzt ein Elektron weniger in der Valenzschale als die Elemente des Halbleiters. Diese eingebrachten Fremdatome werden als Akzeptoren bezeichnet. Ein Akzeptor zeichnet sich dadurch aus, dass er sehr einfach benachbarte Elektronen, in diesem Fall Valenzelektronen des Halbleiterelements, aufnehmen kann. Durch diesen Vorgang fehlt dem Halbleiterelement ein Elektron, mit dem die restlichen Elektronen eine homogene Elektronenpaarbindung eingehen können. Die dadurch entstandene Fehlstelle wird auch als „Loch" bezeichnet und entspricht einer positiven Ladung.

Anders als bei der P-Dotierung werden bei der N-Dotierung Elemente der 5. Hauptgruppe in das Atomgitter des Halbleiters eingebracht. Diese besitzen ein Elektron mehr in der Valenzschale als die übrigen Elemente des Halbleiters. Es steht dem Fremdatom somit ein Elektron mehr zur Verfügung, als es benötigt, um mit seinen Nachbaratomen Elektronenpaarbindungen einzugehen. Ein solches Störatom, auch Donator genannt, stellt dem Atomgitter des Halbleiters ein zusätzliches, frei bewegliches Elektron zur Verfügung. Damit steigt die Leitfähigkeit. Die durch die Dotierung in den Halbleiter eingebrachten Löcher bzw. freien Elektronen können in diesem wandern und ermöglichen durch diese Ladungsverschiebung einen Stromfluss [107].

Feldeffekttransistoren (FET)

Ein Transistor ist ein Halbleiterbauteil und kann zur Steuerung von Strömen und Spannungen genutzt werden. Der Feldeffekttransistor, auch kurz FET genannt, ist ein spezieller Transistor, bei dem im Gegensatz zu den Bipolartransistoren nur ein Ladungstyp am elektrischen Strom beteiligt ist – abhängig von der Bauart: Elektronen oder Löcher (Defektelektronen). Er besitzt drei Kontakte: Source (Emitter), Drain (Kollektor) und Gate (Basis). Die sogenannte „Strecke", die gesteuert werden soll, liegt zwischen Drain und Source und wird auch als „Kanal" bezeichnet. Dieser Kanal kann p- oder n-leitend sein. In diesem Gebiet wird der FET von Ladungsträgern, welche Löcher oder Elektronen sein können, durchflossen, wodurch der Ausgang des FET gesteuert wird. Prinzipiell kann der Feldeffekttransistor als regelbarer Widerstand betrachtet werden.

Die Wirkungsweise eines FET kann in zwei verschiedene Wirkungsmechanismen unterteilt werden:

1. Durch die Änderung der Steuerspannung zwischen Source und Gate wird ein internes elektrisches Feld beeinflusst, welches den Querschnitt des stromführenden Kanals zwischen Source und Drain ändert.
2. Durch Änderung der Steuerspannung wird die im Kanal befindliche Ladungsträgeranzahl variiert und so die Leitfähigkeit des Kanals verändert.

Über die Steuerspannung zwischen Gate und Source wird der Widerstand der Source-Drain-Strecke beeinflusst. Im Idealfall liegt am Gate ausschließlich die Spannung an, ohne dass es zu einem Stromfluss kommt, welches ein wesentliches Merkmal des Feldeffekttransistors ist.

Der zu ändernde Widerstand R ergibt sich dabei aus

$$R = \frac{l}{A}\rho .$$

$$(8.1)$$

Dabei ist l die Länge, A der leitfähige Querschnitt des Halbleiters und ρ der spezifische Widerstand des Materials.

Je nach Wirkungsmechanismus werden FET in zwei Gruppen unterteilt. Die erste Gruppe sind die Sperrschichtfeldeffekttransistoren, bei der die leitfähige Querschnittsfläche A des Transistors über die Sperrschichtweite eines p-n-Übergangs gesteuert wird. Diese ist abhängig von der angelegten Spannung zwischen Source und Gate, wodurch der Sperrschichtfeldeffekttransistor ein spannungsgesteuerter Widerstand ist. Die andere Gruppe sind die Isolierschichtfeldeffekttransistoren. Diese beeinflussen durch ein elektrisches Feld die Konzentration der beweglichen Ladungsträger. Das Gate der Transistoren wird je nach Gruppe unterschiedlich ausgeführt. Bei den Sperrschichtfeldeffekttransistoren stellt die Sperrschicht zusammen mit dem Gate eine in Sperrrichtung betriebene Diode dar, welche die Sperrschichtweite in Abhängigkeit der angelegten Spannung am Gate verändert. Bei der anderen Gruppe sind das Gate und der Kanal zwischen Source und Drain durch eine dünne Oxidschicht getrennt. Dadurch kann nie Strom über das Gate fließen. Über die Oxidschicht werden die zur Leitfähigkeit benötigten Ladungsträger in den Kanal induziert [109].

Bändermodell

Zum besseren Verständnis der Wirkungsweise von Halbleitersensoren wird das Bändermodell herangezogen. Das Modell beschreibt elektronische Energiezustände in einem homogenen Kristallgitter aus einheitlichem Material, wie es bei Halbleitern vorliegt. Die Energiebänder und deren Niveaus können mit den unterschiedlichen Elektronenschalen eines einzelnen Atoms im Kristallgitter verglichen werden. Jede Elektronenschale bildet ein Energieband, in dem sich die Elektronen der jeweiligen Elektronenschale befinden. Je weiter die Elektronenschale vom Kern entfernt ist, desto höher ist das Energieniveau des Energiebandes. Die Valenzelektronen bilden das Valenzband. Oberhalb des Valenzbands befindet sich ein Energiebereich, in dem sich Elektronen frei bewegen können, das Leitungsband. Leitungsband und Valenzband werden durch die Bandlücke getrennt. Elektronen können sich ausschließlich im Valenzband oder Leitungsband aufhalten, aber nie in der Bandlücke. Die Größe der Bandlücke stellt dar, wie viel Energie benötigt wird, um ein Elektron aus dem Valenzband zu lösen und in das Leitungsband zu bewegen. Mithilfe der Bandlücke lässt sich die Leitfähigkeit von Feststoffen wie folgt unterteilen [110]:

- Isolator: Ein Isolator liegt vor, wenn das Valenzband vollständig besetzt ist, sich keine Elektronen im Leitungsband befinden und der Bandabstand $W_G > 3\,\text{eV}$ beträgt. Der Übergang von Elektronen in das Leitungsband ist nur unter erheblicher Energiezufuhr möglich. Es liegt eine sehr geringe Leitfähigkeit vor.
- Halbleiter: Bei Halbleitern ist das Valenzband vollständig besetzt und keine Elektronen befinden sich im Leitungsband. Sie besitzen eine Bandlücke, deren Abstand $W_G < 2,5\,\text{eV}$ beträgt. Bereits durch eine geringe Energiezufuhr können Elektronen vom Valenzband in das Leitungsband übergehen. Frei bewegliche Elektronen im Leitungsband und bewegliche Löcher im Valenzband ermöglichen die elektrische Leitfähigkeit. Je höher die Energiezufuhr, desto mehr Elektronen springen in das Leitungsband und erhöhen die Leitfähigkeit.

- Leiter: Bei Leitern überlappen sich Valenz- und Leitungsband. Es liegt keine Bandlücke vor und Elektronen können ohne zusätzliche Energiezufuhr in das Leitungsband übergehen. Daraus folgt eine hohe spezifische Leitfähigkeit.

Abbildung 8.1 zeigt auf der linken Seite die Herleitung der Energiebänder anhand der
Elektronenschalen und auf der rechten Seite die Bändermodelle für unterschiedliche
elektrische Leitfähigkeiten.

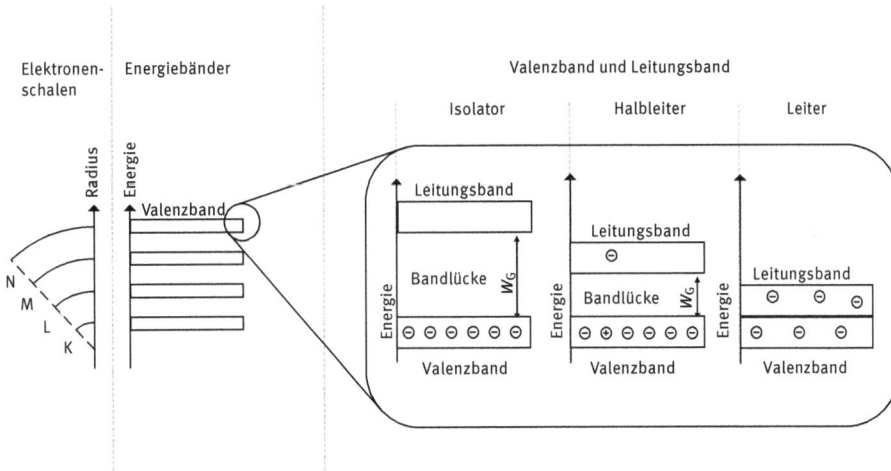

Abb. 8.1: Bändermodell und elektrische Leitfähigkeit.

Adsorption (Physisorption und Chemisorption)

Anders als die Atome im Inneren eines festen Stoffes sind die Atome an der Oberfläche nicht zu allen Seiten hin gebunden. Das Messprinzip der Halbleitersensoren
beruht auf der Adsorption von Atomen an diesen Oberflächenatomen. Dabei lagern
sich Fremdatome aus einer Flüssigkeit oder einem Gas über freie Bindungen an der
Festkörperoberfläche an. Diese Bindungsvorgänge haben nur Einfluss auf die Ober-
flächeneigenschaften des Materials.

Die Adsorption kann dabei in zwei Grenzfälle eingeteilt werden: Chemisorption
und Physisorption.

Bei der Physisorption bilden sich zwischen Fremdatomen und Oberfläche lange
Bindungen mit schwacher Bindungskraft. Die Fremdatome können durch Van-der-
Waals-Kräfte oder Wechselwirkungen zwischen Dipolen (z. B. Wasserstoffbrückenbin-
dungen) an der Oberfläche gehalten werden. Die Physisorption benötigt keine Aktivierungsenergie und ist ein vollständig reversibler Prozess.

Bei der Chemisorption bilden sich hingegen kurze, starke chemische Bindungen
zwischen Oberfläche und Fremdatomen. Dabei kommt es zu signifikanten Verände-

rungen der anlagernden Fremdatome, begleitet mit einem Elektronentransfer. Für die Chemisorption ist in den meisten Fällen eine Aktivierungsenergie z. B. in Form von Wärme erforderlich. Einer Chemisorption geht meistens die Physisorption voraus. Der Prozess ist nicht immer vollständig reversibel.

Die Umgebungstemperatur hat einen wesentlichen Einfluss darauf, welche der beiden Bindungsarten entsteht. Niedrige Temperaturen führen in der Regel zu einer Physisorption, während hohe Temperaturen eine Chemisorption begünstigen. Da Halbleitersensoren auf Chemisorption basieren, müssen diese in der Regel beheizt sein [109].

Die Desorption ist die Umkehrung des Adsorptionsprozesses. Damit Stoffe desorbieren, benötigen Sie genügend Energie, um die Bindungsenergie zu überwinden. Da die Physisorption schwache Bindungskräfte besitzt, findet die Desorption der physisorbierten Stoffe in den meisten Fällen ohne weiteres Zutun statt. Für die Desorption von chemisorbierten Fremdatomen benötigt es wiederum eine hohe Aktivierungsenergie, die oftmals durch die Heizwärme bereitgestellt werden muss [111].

8.2.2 Resistives Messprinzip

Halbleitersensoren, die auf dem resistiven Messprinzip basieren, verändern durch Chemisorption an der Halbleiteroberfläche ihren elektrischen Widerstand. Das Halbleitermaterial bildet die sensitive Schicht, mit der sich Stoffkonzentrationen ermitteln lassen.

Aufbau
Abbildung 8.2 zeigt den Aufbau und die Messschaltung eines Metalloxidhalbleiters, der nach dem resistiven Messprinzip arbeitet [112]. Das Halbleitermaterial (1) ist der Atmosphäre ausgesetzt und bildet die sensitive Schicht des Sensors. Zwei Elektroden (2) sind in das Material eingelassen und stellen den Anschluss zum Halbleitermaterial

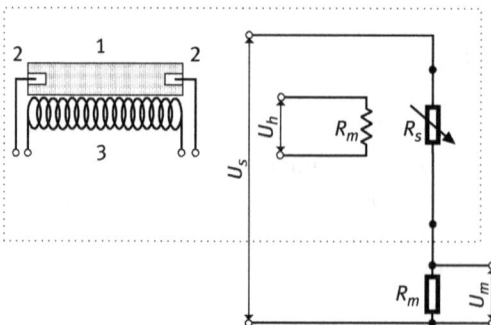

Abb. 8.2: Aufbau und Messschaltung eines Metalloxidsensors.

her. Unter dem Halbleitermaterial befindet sich eine elektrische Heizwendel (3), die das Halbleitermaterial auf die erforderliche Betriebstemperatur erwärmt. Die rechte Seite zeigt die mögliche Messschaltung eines Metalloxidhalbleitersensors. Am Sensor werden die Sensorspannung U_s und die Heizspannung U_h angelegt. Über U_h kann die Betriebstemperatur eingestellt werden. In Reihe mit dem Halbleiterwiderstand R_s ist ein Messwiderstand R_m geschaltet. Durch die Messung von U_m lässt sich die Widerstandsveränderung in R_s ermitteln, die proportional zur Veränderung der Stoffkonzentration ist.

Messbeispiel

Im Folgenden wird die Veränderung des elektrischen Widerstands eines Metalloxidhalbleiters anhand der Messung von Kohlenstoffmonoxid in Luft mit einem n-dotierten Zinnoxidhalbleiter erläutert [113].

Zunächst physisorbiert der in der Luft enthaltene Sauerstoff O_2 an die Halbleiteroberfläche. Der physisorbierte Sauerstoff $O_{2\,phys}$ ist durch Van-der-Waals-Kräfte an die Oberfläche gebunden:

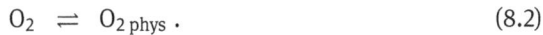

$$O_2 \; \rightleftharpoons \; O_{2\,phys} \cdot \tag{8.2}$$

Erreicht der Sensor seine Betriebstemperatur von ca. 400 °C, chemisorbiert der physisorbierte Sauerstoff an der Oberfläche in zwei Schritten. Zunächst nimmt der Sauerstoff O_2 ein Elektron aus dem Halbleitermaterial auf.

$$O_{2\,phys} + e^- \; \rightleftharpoons \; O_{2\,chem}^- \cdot \tag{8.3}$$

Anschließend spaltet sich der einfach negativ geladene Sauerstoff O_2^- auf und nimmt ein weiteres Elektron vom Halbleitermaterial auf. Es bilden sich zwei Sauerstoffionen, die jeweils negativ geladen sind.

$$O_2^- + e^- \; \rightleftharpoons \; 2\,O_{Oberfläche}^- \cdot \tag{8.4}$$

Dem Halbleitermaterial werden durch Chemisorption jedes Sauerstoffmoleküls zwei Elektronen entzogen. Diese sogenannte Reduktion findet ausschließlich an der Oberfläche des Halbleitermaterials statt und bildet so eine sogenannte Elektronenverarmungszone unter der Oberfläche.

Die Auswirkung der Reduktion auf den Halbleiterwiderstand lässt sich am Bändermodell in Abbildung 8.3 erklären. Die Elektronen werden aus dem Leitungsband des Halbleiters an den chemisorbierten Sauerstoff übertragen. Diese Elektronen stehen dem Elektronentransfer nicht mehr zur Verfügung, der elektrische Widerstand steigt. Die Verarmung von Elektronen unter der Oberfläche wird durch die Krümmung der Energiebänder dargestellt.

Befindet sich in der Umgebungsatmosphäre Kohlenmonoxid CO, oxidiert dieser mit dem chemisorbierten Sauerstoffion. Zunächst physisorbiert Kohlenstoffmonoxid CO an der Oberfläche.

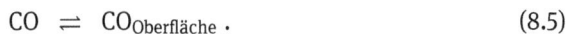

$$CO \; \rightleftharpoons \; CO_{Oberfläche} \cdot \tag{8.5}$$

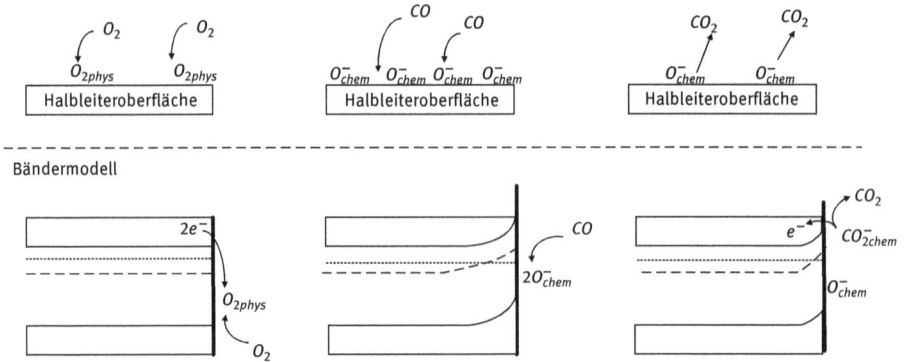

Abb. 8.3: Oberflächenvorgänge und Bändermodell beim Kohlenmonoxidsensor.

Anschließend reagieren das physisorbierte Kohlenstoffmonoxid und das chemisorbierte Sauerstoffion zu einfach negativ geladenem Kohlendioxid $CO_{2\,chem}^{-}$.

$$CO_{phys} + O_{chem}^{-} \ \rightleftharpoons \ CO_{2\,chem}^{-} \ . \tag{8.6}$$

Dieser kann unter Abgabe eines Elektrons an das Halbleitermaterial von der Oberfläche desorbieren.

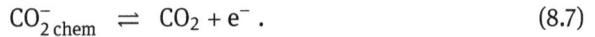

$$CO_{2\,chem}^{-} \ \rightleftharpoons \ CO_2 + e^{-} \ . \tag{8.7}$$

Der Elektronentransfer in das Leitungsband des Halbleiters führt dazu, dass das Leitungsband an der Oberfläche nicht mehr so stark gekrümmt ist. Es sind mehr Elektronen für den Elektronentransfer verfügbar und der elektrische Widerstand sinkt [113, 114].

Reduktion von Sauerstoff und Oxidation von Kohlenstoffmonoxid finden zur gleichen Zeit statt. Je nach Kohlenmonoxidgehalt in der Umgebungsluft stellt sich ein Gleichgewicht zwischen abgegebenen und aufgenommenen Elektronen und damit ein anderer elektrischer Widerstand ein.

Alle Halbleitersensoren nach dem resistiven Messprinzip verändern ihren elektrischen Widerstand, je nachdem ob die Gase bei der Chemisorption oxidieren oder reduzieren. Der Zusammenhang zwischen Halbleiterwiderstand R und Stoffkonzentration C_{Gas} wird mit der sogenannten Sensitivität S ausgedrückt. Ist das zu messende Gas in der Atmosphäre anwesend, wird der Sensorwiderstand R_{Gas} gemessen. Der Sensorwiderstand in reiner Luft R_{Luft} und die Sensitivität S sind sensorspezifische Konstanten, mit deren Hilfe anschließend die Konzentrationsveränderung ΔC_{Gas} des zu messenden Gases ermittelt werden kann [115].

$$S = \frac{\frac{R_{Gas}-R_{Luft}}{R_{Luft}}}{\Delta C_{Gas}} \ . \tag{8.8}$$

8.2.3 Potenziometrisches Messprinzip

Halbleitersensoren, die auf dem potenziometrischen Messprinzip basieren, bilden durch Chemisorption ein elektrisches Feld, welches die elektrische Funktion eines Isolierschichtfeldeffekttransistors beeinflusst. Chemisch sensitive Feldeffekttransistoren, kurz ChemFETs, basieren in den meisten Fällen auf dem potenziometrischen Messprinzip.

Aufbau

Abbildung 8.4 zeigt die zwei grundsätzlichen Bauarten von ChemFETs, den Lundström-FET und den Suspended Gate FET (SGFET). Weiterentwicklungen von ChemFETs sind in den meisten Fällen Kombinationen aus beiden Bauarten. Drain (1) und Source (2) sind über den Halbleiterkanal (3) miteinander verbunden. Das Gate (4) bildet bei beiden Sensoren die sensitive Schicht, an der die Adsorptionsvorgänge stattfinden. Der entscheidende Unterschied ist die Art der Isolierung (5) zwischen Gate und Halbleitermaterial. Bei dem Lundström-FET besteht der Isolator üblicherweise aus Siliziumdioxid (SiO_2). Der SGFET besitzt einen Luftspalt als Isolator. Das bietet gegenüber dem Lundström-FET den Vorteil, dass die sensitive Schicht direkt dem Halbleitermaterial zugewandt ist.

Beide Sensoren können ohne angelegte Spannung am Gate arbeiten. Wird trotzdem eine Spannung angelegt, dient dies der Arbeitspunkteinstellung des Sensors. So kann über die Spannung ein als Referenz dienender Strom zwischen Drain und Source eingestellt werden.

Das Material der sensitiven Schicht hängt von den zu messenden Stoffen oder Stoffwerten ab. Für die Messung von Wasserstoff wird zum Beispiel Palladium verwendet. Ammoniak lässt sich mit einer sensitiven Schicht aus Polymeren messen [116].

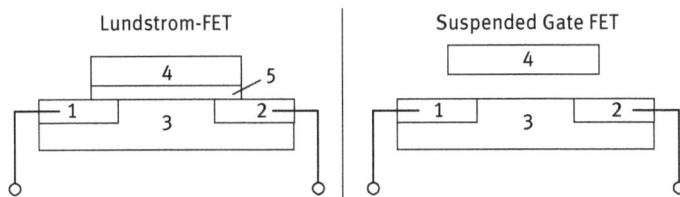

Abb. 8.4: Aufbau eines Lundström-FET und eines Suspended Gate FET.

Messbeispiel

Im Folgenden wird die Veränderung des elektrischen Stroms zwischen Source und Drain mittels Bildung eines elektrischen Feldes durch die Chemisorption von Wasserstoff erläutert. In Abbildung 8.5 wird der Adsorptionsvorgang von Wasserstoff am Lundström-FET und am SGFET mit einer sensitiven Schicht aus Palladium gezeigt.

Das Messprinzip von beiden FET ist grundsätzlich identisch, auf den Einfluss des unterschiedlichen Aufbaus wird explizit eingegangen [116].

Ähnlich den Adsorptionsvorgängen von Kohlenstoffmonoxid am Zinnoxidhalbleiter physisorbiert der Wasserstoff H_2 zunächst an der Palladium-Gate-Oberfläche. Hat die sensitive Schicht eine ausreichende Betriebstemperatur, bei Platin ca. 150 °C, chemisorbiert das physisorbierte Wasserstoffmolekül $H_{2\,phys}$ unter eigener Aufspaltung und der Abgabe von zwei Elektronen an das Palladium zu positiv geladenen Wasserstoffionen H^+:

$$H_2 \; \rightleftharpoons \; H_{2\,phys} \tag{8.9}$$

$$H_{2\,phys} \; \rightleftharpoons \; 2\,H_{chem}^{+} + 2\,e^{-} . \tag{8.10}$$

Die chemisorbierten Wasserstoffionen bilden mit der Oberfläche eine Dipolschicht. Beim SGFET hat das elektrische Feld des Dipols direkten Einfluss auf den Stromfluss zwischen Source und Drain.

Am Lundström-FET müssen die positiv geladenen Wasserstoffionen zunächst in die sensitive Schicht in Richtung des Kanals diffundieren, um einen Einfluss auf den Source-Drain-Stromfluss zu nehmen. Der Vorteil des SGFET liegt in der kürzeren Reaktionszeit auf Konzentrationsänderungen [115]. Die Widerstandsveränderung ist in jedem Fall proportional zur Wasserstoffkonzentration in der umgebenen Atmosphäre [117].

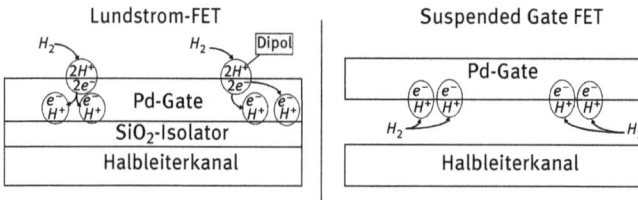

Abb. 8.5: Adsorption von Wasserstoff am Lundström-FET und am SGFET.

8.2.4 Eigenschaften von Halbleitersensoren

Halbleitersensoren für die Ermittlung von Stoffkonzentrationen besitzen teilweise unerwünschte Messeigenschaften in Bezug auf Sensibilität, Selektivität und Stabilität, die man bei einer Anwendung berücksichtigen muss.

Empfindlichkeit

Halbleitersensoren besitzen grundsätzlich eine hohe Empfindlichkeit gegenüber Konzentrationsänderungen. Neben der Auswahl und der Korngröße des Halbleitermaterials haben besonders die Betriebstemperatur und die Luftfeuchtigkeit einen großen Einfluss auf die Empfindlichkeit.

Eine hohe Luftfeuchtigkeit wirkt sich negativ auf die Empfindlichkeit aus. Dieser Einfluss kann vereinfacht damit erklärt werden, dass Wasser an der Halbleiteroberfläche physisorbiert und sich dadurch die sensitive Oberfläche verringert [118–120].

Selektivität

Da die sensitiven Oberflächen der Halbleitersensoren mit nahezu jedem oxidierenden und reduzierenden Stoff reagieren, besitzen sie eine geringe Selektivität. Um die resultierende Querselektivität möglichst gering zu halten, gibt es eine Vielzahl von Möglichkeiten.

Verschiedene Halbleitermaterialien haben einen unterschiedlich starken katalytischen Effekt auf die Chemisorption von Molekülen. Daraus folgen besonders günstige Kombinationen aus Halbleitermaterialien und zu detektierenden Molekülen in Bezug auf die Selektivität. Der gleiche Zusammenhang gilt zwischen Dotierungsmaterial und den zu detektierenden Molekülen [114].

Eine weitere Möglichkeit zur Steigerung der Selektivität ist die Aufbringung einer semipermeablen Membran an der Halbleiteroberfläche, sodass nur das zu messende Gas mit der Oberfläche in Kontakt kommt.

Die Modellierung der Betriebstemperatur von Halbleitersensoren bietet weitere Möglichkeiten zur Selektivitätssteigerung, da die Prozesse der Chemisorption und Desorption von verschiedenen Stoffen bei unterschiedlichen Temperaturen unterschiedlich stark ablaufen [121].

Bei der Verwendung mehrerer Halbleitersensoren mit unterschiedlicher Selektivität lässt sich die Stoffkonzentration der Komponenten in einem Gemisch bestimmen, da jeder Sensor für sich eine charakteristische Affinität zur Adsorption besitzt. Werden schlussendlich die einzelnen Sensorsignale zusammengeführt und verglichen, kann die Stoffkonzentration eines individuellen Stoffes ermittelt werden [121, 122].

Stabilität

Ein Sensor mit geringer Stabilität kann bei gleichbleibender Stoffkonzentration ein abweichendes Messsignal aussenden. Halbleitersensoren besitzen bei der ersten Inbetriebnahme oder nach längerer Auszeit eine geringe Stabilität. Das lässt sich darauf zurückführen, dass sich erst ein Gleichgewicht von Adsorption und Desorption an der Oberfläche einstellen muss. Daher benötigen Halbleitersensoren eine bestimmte Anlaufzeit, die zwischen mehreren Stunden oder Tagen variieren kann [123].

Bei langer Betriebszeit kann es zu einer Verschlechterung der Stabilität kommen. Auch wenn der Sensor durch „Selektivierung" besonders empfindlich für einen spezifischen Stoff ist, lässt sich eine Adsorption von anderen Stoffen nicht gänzlich verhindern. Im ungünstigsten Fall verändern diese Stoffe nicht nur das Messergebnis, sondern sind auch bei erhöhter Betriebstemperatur irreversibel an der Halbleiteroberfläche adsorbiert. Zum Erreichen einer Langzeitstabilität gibt es zwei Möglichkeiten.

1. Die Betriebstemperatur kann für kurze Zeit soweit erhöht werden, dass genügend Energie für die Desorption der Fremdstoffe zur Verfügung steht. 2. Das Sensorelement wird durch ein neues ersetzt.

8.3 Anwendungen

8.3.1 Metalloxidhalbleiter

Metalloxidsensoren basieren auf dem resistiven Messprinzip und werden ausschließlich zur Ermittlung von Stoffkonzentrationen in Gasen verwendet. Als Halbleitermaterialien kommen Eisendioxid (FeO_2), Titandioxid (TiO_2), Zinndioxid (SnO_2) und Zinkoxid (ZnO) zum Einsatz. Tabelle 8.1 zeigt eine Übersicht ausgewählter für die Halbleiteroberfläche oxidierender bzw. reduzierender Gase. Aus dieser Tabelle lassen sich ebenfalls die Anwendungsmöglichkeiten der Metalloxidhalbleitersensoren ableiten. Häufige Anwendung finden Metalloxidhalbleiter unter anderem als elektronische Nasen in der Raumluftüberwachung oder für die Lecksuche bei Gaspipelines.

Tab. 8.1: Übersicht über reaktive Gase an Metalloxidhalbleitern [124].

Oxidierende Gase	Reduzierende Gase
Schwefeldioxid SO_2	Sauerstoff O_2
Kohlenstoffmonoxid CO	Kohlenstoffdioxid CO_2
Wasserstoff H_2	Stickstoffdioxid NO_2
Kohlenwasserstoffe C_xH_x	
Schwefelwasserstoff H_2S	
Ammoniak NH_3	
Ethanol C_2H_5OH	

Elektronische Nase

Eine elektronische Nase hat die Aufgabe, Gerüche zu messen. Dabei misst die elektronische Nase eine Vielzahl von unterschiedlichen, geruchsaktiven und geruchlosen Gasen. Grundsätzlich kommen verschiedene Sensortypen für den Einsatz in elektronischen Nasen infrage. Die geringe Selektivität von Metalloxidhalbleitern bietet für diese Verwendung den Vorteil, auf eine große Anzahl von zu messenden Gasen reagieren zu können. Damit der Sensor trotzdem quantitative Auskunft über die Gaskonzentrationen geben kann, kommen grundsätzlich zwei verschiedene Methoden zur Anwendung.

Zum einen können mehrere unterschiedliche Metalloxidhalbleitersensoren in einem Sensor-Array angeordnet werden, wobei jeder Sensor eine andere Charakteristik aufweist. Aus den einzelnen Sensorcharakteristiken lässt sich ein Kennfeld für das

Sensor-Array erstellen. Über den Abgleich der Sensorwiderstände mit diesem Kennfeld lässt sich die Zusammensetzung der Atmosphäre hinreichend genau ermitteln.

Zum anderen kann ein einzelner Metalloxidsensor mit variabler Betriebstemperatur eingesetzt werden. An Metalloxidsensoren erfolgt die Chemisorption der einzelnen Gase je nach Temperatur unterschiedlich stark. Für jedes Gas gibt es in der Regel eine Temperatur, bei der dessen Chemisorption signifikant für die Widerstandsveränderung verantwortlich ist. Die Sensortemperatur wird gezielt modelliert und die Widerstandsveränderung als Reaktion darauf gemessen.

Aus dieser Widerstandsveränderung lässt sich für jede Betriebstemperatur je eine Stoffkonzentration ermitteln. Für beide Verfahren wird neben den Sensoren auch ein Mikrocontroller benötigt, der die Auswertung der Sensorwiderstände übernimmt. Beide Methoden können auch miteinander in einem temperaturmodellierten Sensor-Array kombiniert werden, dessen Aufbau in Abbildung 8.6 schematisch dargestellt ist.

Elektronische Nasen werden unter anderem in der Lebensmittelindustrie zum Beispiel zur Überwachung der Frische von Fleisch, Gemüse und Fisch oder der Alterung von Käse und Weinen eingesetzt [125]. In der Automobilindustrie werden elektronische Nasen bei der Regelung der Luftqualität im Fahrgastraum über die Lüfterklappensteuerung eingesetzt. In der Medizin werden diese bei der Analyse von Atemluft eingesetzt [126].

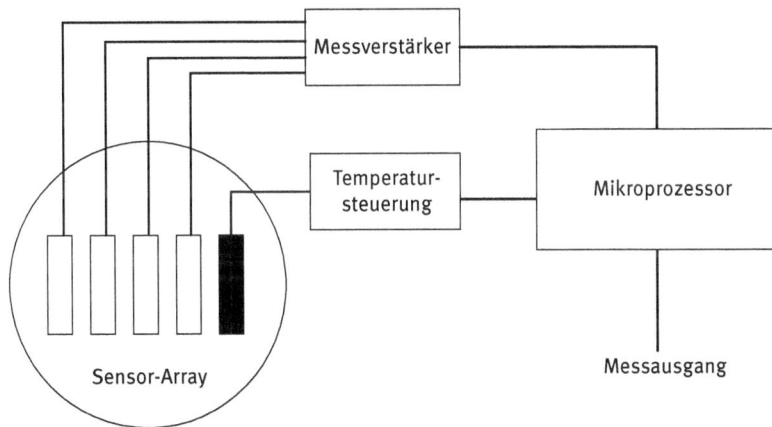

Abb. 8.6: Schematischer Aufbau einer elektronischen Nase mit temperaturmodelliertem Sensor-Array [124].

8.3.2 ChemFET

ChemFETs basieren auf dem potenziometrischen Prinzip und können zur Messung von Stoffkonzentrationen in Gasen und Ionenkonzentrationen in Flüssigkeiten verwendet werden. Im Folgenden werden verbreitete Anwendungen dargestellt [127, 128].

Messen in Gasen

ChemFETs, die zur Messung von Stoffkonzentrationen in Gasen Anwendung finden, werden auch als gasempfindliche FETs, kurz GASFETs bezeichnet. Ihr Einsatzgebiet ähnelt stark dem von Metalloxidsensoren. GASFETs bieten jedoch gegenüber den Metalloxidsensoren den Vorteil, dass die sensitive Schicht nicht aus halbleitendem Material bestehen muss, sondern auch aus Metallen, Salzen oder Polymeren hergestellt werden kann. Neben den oben genannten Metalloxiden kommen zum Beispiel als Metalle Platin (Pt) und Silber (Ag), als Salze Kaliumchlorid (KCl), Kaliumbromid (KBr) oder Kaliumiodid (KI) und als Polymere Polysiloxane, Phthalocyanin, Polyanilin oder Polypyrrol zum Einsatz. Je nach Art der sensitiven Schicht spricht der Sensor auf andere Gase an [129].

Eingesetzt werden GASFETs für die Wasserstoffmessung in der Luft und für die Lecksuche bei Wasserstofftanks und Wasserstoffspeichern. Für diese Anwendungen bieten GASFETs gegenüber Metalloxidsensoren den Vorteil, dass die sensitive Schicht aus Platin mit deutlich niedrigeren Betriebstemperaturen arbeiten kann. In der Zukunft könnten GASFETs aufgrund ihrer geringen Baugröße und Kosten für die Lecksuche bei wasserstoffbetriebenen Automobilen interessant werden.

Mithilfe von GASFETs können auch die Anwesenheit anderer Gase und deren Gaskonzentrationen gemessen werden. Zu diesem Zweck wird auf die Reaktionsfläche des FET eine ionenselektive Membran aufgebracht, welche die Reaktionen von nicht interessierenden Gasen verhindert. Einsatz finden diese Sensoren in der Lebensmittelindustrie, der Abgasüberwachung sowie in der Luftüberwachung von Arbeitsplätzen.

In der Umwelttechnik werden GASFETs zur Bestimmung von Ozonkonzentrationen verwendet. Sie besitzen eine sensitive Schicht aus Salzen oder Gold.

Messen in Flüssigkeit

ChemFETs, die in Flüssigkeiten Ionenkonzentrationen messen, werden als ionensensitive FET, kurz ISFET, bezeichnet. Sie werden hauptsächlich zur pH-Wert-Ermittlung verwendet, finden aber zunehmend auch zur Messung von Stoffkonzentrationen Verwendung.

Der pH-Wert ist ein Maß für die Konzentration von Wasserstoffionen in einer Lösung. Diese Wasserstoffionen adsorbieren an der Oberfläche der sensitiven Schicht und beeinflussen das elektrische Feld, welches den Strom zwischen Drain und Source einstellt. Über die Höhe des Stroms lässt sich der pH-Wert ableiten. Die Messung des pH-Werts mit ISFETs findet vor allem in der Lebensmittelindustrie Anwendung, in der die Verwendung von Glas in weiten Bereichen verboten ist. Der Einsatz von ISFETs stellt ebenfalls eine wichtige Alternative für andere Einsatzgebiete dar, in welchen der Gebrauch von Sensoren, die Glas enthalten, untersagt ist. In der Umwelttechnik werden ISFETs bei der Überwachung des pH-Werts in Gewässern verwendet. Der Herleitung von weiteren Stoffgrößen auf Grundlage von Ionenmessung widmet sich eine Vielzahl an Forschungs- und Entwicklungsarbeiten. Hier soll vor allem das Potenzial von ISFETs in der Biotechnologie erwähnt werden, die zum Beispiel DNA, Enzyme oder Antikörper im Blut nachweisen können. ISFETs können ebenso zur Messung von anderen Stoffkonzentrationen als H^+-Ionen eingesetzt werden. Dazu wird auf der Reaktionsfläche des ISFET eine, dem zu messenden Stoff entsprechende, ionenselektive Membran aufgetragen, welche ungewünschte Ionen abblockt. Der Enzymfeldeffekttransistor (ENFET) wird in der Medizin und unter Laborbedingungen eingesetzt. Die sensitive Schicht besteht aus einem Gel oder Polymer. Verwendung finden diese Sensoren zum Beispiel für die Detektion von Fettsäuren, Harnstoff oder Giftstoffen [130–134].

8.4 Kommerzielle Produkte

Für Halbleitersensoren zur Ermittlung von Stoffkonzentrationen gibt es eine Vielzahl kommerzieller Produkte, die von der Einzelanfertigung bis zur Großserie reichen können. Im folgenden Abschnitt werden kommerzielle Produkte für die verbreiteten Anwendungen von Halbleitersensoren vorgestellt.

Anfang der 1970er-Jahre wurden die ersten kommerziellen Metalloxidgassensoren von der japanischen Firma Figaro eingeführt. Inzwischen gibt es eine Vielzahl von Anbietern für Metalloxidsensoren, wie zum Beispiel die europäischen Firmen Umweltsensortechnik GmbH (Deutschland), ams AG (Österreich) oder SGX Sensortech (Schweiz). Tabelle 8.2 gibt eine Übersicht über Produkte verschiedener Hersteller zur Detektion unterschiedlicher Gase und deren Anwendungsmöglichkeiten.

Die Preise werden primär durch die Einsatzmöglichkeiten bestimmt. Sie sind aber auch davon abhängig sind, ob es sich nur um den Sensor als passives Bauteil handelt oder um ein Sensormodul zur Verwendung mit Mikrocontrollern oder sogar um ein fertiges Produkt zum Einsatz in der Industrie. Die Preise des TGS 2600 von Figaro liegen bei ca. 10 € pro Stück.

Metalloxidhalbleiter werden bevorzugt in tragbaren Gasspürgeräten und mobilen elektronischen Nasen verwendet. Während die Gasspürgeräte nur auf ein oder wenige Gase reagieren, können die elektronischen Nasen eine Vielzahl an Substanzen messen. Abbildung 8.7 zeigt die tragbare elektronische Nase PEN3 der Firma Airsense (Schwerin). Die Luftprobe wird über eine Luftpumpe dem Sensor-Array zugeführt, das mit zehn verschiedenen Metalloxidsensoren bestückt ist. Damit können zehn verschiedene Substanzen erkannt werden und über den Abgleich mit hinterlegten Mustern eine qualitative oder quantitative Aussage getroffen werden. Die Muster werden vom Hersteller mitgeliefert, es gibt auch die Möglichkeit, die elektronische Nase anzulernen. Beim Anlernen wird ein Muster erstellt, in dem eine Messung von einem bekannten Gasgemisch vorgenommen wird. Einsatz findet sie in der Umwelt- und Sicherheitstechnik oder Prozesskontrolle. Tabelle 8.3 zeigt eine Auswahl an tragbaren Gasspürgeräten und elektronischen Nasen. Die Preise von elektronischen Nasen variieren stark. Der PEN3 von Airsense kostet beispielsweise 26.600 €, die Cyranose 320

Tab. 8.2: Halbleitersensoren verschiedener Hersteller.

Modell	Hersteller	Messbare Gase	Messbereich [ppm]	Anwendungsbereich
GGS 3530 T	Umwelt-sensor-technik	Kohlenwasser-stoffe	1–1.000	Überwachung der unteren Explosionsgrenze [135]
GGS 9530T	Umwelt-sensor-technik	Tetrafluorethan (R134a)	1–1.000	Lecksuche [136]
GGS 10530	Umwelt-sensor-technik	CO, H_2, C_4H_{10}	1–100	Überwachung der Luftqualität [137]
TGS 813	Figaro	Kohlenwasser-stoffe	500–10.000	Lecksuche [138]
TGS 821	Figaro	H_2	30–1.000	Transformatorwartung, Batterieüberwachung [139]
TGS 826	Figaro	NH_3	30–300	Lecksuche, Luftüberwachung in Tierställen [139]
TGS 2600	Figaro	VOCs, NH_3, H_2S	1–100	Innenluftüberwachung [140]
MiCS-5524	SGX Sensortech	CO, H_2, C_2H_5OH, NH_3, CH_4	1–1.000	Lecksuche, Überwachung der Luftqualität, Feuermelder [141]
MiCS-2714	SGX Sensortech	H_2, NO_2	0,05–100; 1–1.000	Lecksuche [142]
AS-MLV-P2	ams AG	VOCs, CO	30–500	Überwachung der Luftqualität [143]
SGAS711	Integrated Device Technology	Kohlenwasser-stoffe	20–100	Überwachung der unteren Explosionsgrenze [144]

Abb. 8.7: Portable Electronic Nose, Copyright by Airsense Analytics GmbH.

von Sensigent ca. 8.000 €. Der Preis des Gasspürgerätes DA-5000 von ACE Instruments beläuft sich auf rund 80 €.

Auch wenn es zu den ChemFETs, insbesondere den ISFETs, seit über vierzig Jahren eine Vielzahl von Forschungsarbeiten zu den Anwendungsmöglichkeiten gibt, haben sich bisher nur die pH-Wert-Sensoren auf dem Markt durchsetzen können. Dies liegt zum einen an der Glasfreiheit des Sensors, der ihm in der Lebensmittelindus-

Tab. 8.3: Elektronische Nasen auf Basis von Halbleitersensoren.

Modell	Hersteller	Typ	Messbare Gase	Messbereich	Anwendungsbereich
PEN3	Airsense	Elektronische Nase	Bis zu 10	N/A	Umweltapplikationen, Prozesskontrolle [145]
UST Triplesensor	Umweltsensortechnik	Elektronische Nase	Bis zu 10	N/A	Innenluftqualitätsdetektion, Stickoxidüberwachung an Straßen [146]
Cyranose 320	Sensigent	Elektronische Nase	Bis zu 10	N/A	Lebensmittelindustrie [147]
PEAKER Ex	Umweltsensortechnik	Gasspürgerät	Methan CH_4	1–1.000 ppm	Lecksuche [148]
DA-5000	ACE Instruments	Gasspürgerät	Ethanol	0–4.000 ppm	Atemalkoholbestimmung [149]

trie zum Durchbruch verhalf, zum anderen an der sehr robusten Bauweise, die ihn für die Umwelttechnik unter rauen Umgebungsbedingungen interessant macht. Tabelle 8.4 gibt eine Auflistung von ausgewählten pH-Wert- Sensoren und deren Anwendungsbereichen. Abbildung 8.8 zeigt den pH-Wert-Sensor Tophit CPS471 der Firma Endress+Hauser. Auch die Preise von ChemFETs variieren stark. So kostet etwa der CS526 von Campbell Scientific ca. 1.300 € und der Tophit CPS 471 von Endress+Hauser ca. 200 €.

Tab. 8.4: Auflistung von pH-Wert-Sensoren.

Modell	Hersteller	pH-Wert-Messbereich	Anwendungsbereich
CS526	Campbell Scientific	2–12	Wasserüberwachung [150]
ISFET-MiniFET	PCE Instruments	0–14	Lebensmittelindustrie [151]
ISFET Umweltmessgerät PCE-ISFET	PCE Instruments	0–16	Mobiles Messgerät [152]
Tophit CPS471	Endress + Hauser	0–14	Pharmaindustrie, Biotechnologie [153]

Abb. 8.8: pH-Sensor Tophit CPS471 der Firma Endress+Hauser, Copyright by Endress+Hauser.

8.5 Zusammenfassung

In diesem Kapitel wurden Halbleitersensoren zur Stoffanalyse untersucht. Die vorrangegangenen Abschnitte beschäftigten sich mit dem Messprinzip, den typischen Anwendungen und den kommerziellen Produkten.

Die Funktionsweise von Halbleitersensoren beruht auf der Adsorption von Molekülen an der sensitiven Fläche des Sensors. Hierbei unterscheidet man zwei verschiedene Messprinzipien, die in zwei Sensorarten Anwendung finden: das resistive Messprinzip bei Metalloxidsensoren und das potenziometrische Messprinzip bei ChemFETs.

Beim resistiven Messprinzip bildet das Halbleitermaterial die sensitive Fläche. Bei der Adsorption von Molekülen aus der Umgebung mit der sensitiven Fläche verändert sich der Widerstand des Halbleiters. Die Veränderung des Widerstandes wird durch den Elektronentransfer zwischen Halbleiteroberfläche und Molekülen während der Adsorption hervorgerufen. Über die Widerstandsveränderung lässt sich auf die Stoffkonzentration schließen. Beispielhaft für das resistive Messprinzip sind die Metalloxidhalbleitersensoren.

Das potenziometrische Messprinzip basiert auf der Ausbildung oder der Veränderung eines elektrischen Feldes durch Adsorption. Hierbei bildet das Gate eines Feldeffekttransistors die sensitive Fläche. Durch die Adsorption von Molekülen oder Ionen entstehen Dipole am Gate, die dort ein elektrisches Feld ausbilden. Die Veränderung des elektrischen Feldes am Gate führt zu einer Veränderung des Stromflusses zwischen Source und Drain des Feldeffekttransistors. Über die Veränderung des Stromflusses lässt sich die Stoffkonzentration ermitteln.

Metalloxidsensoren werden zur Ermittlung von Stoffkonzentrationen von Gasen verwendet. Durch die Auswahl des Halbleitermaterials und Einstellung der Betriebstemperatur wird der Sensor für die Detektion eines bestimmten Gases sensibilisiert. Metalloxidsensoren werden unter anderem bei der Lecksuche, Überwachung der Luftqualität oder der unteren Explosionsgrenze eingesetzt. Außerdem finden sie in elektronischen Nasen Anwendung. Mit einem Sensorarray oder der Temperaturmodellierung der einzelnen Sensoren lassen sich eine Vielzahl von Gasen gleichzeitig messen.

Die elektronischen Nasen finden in der Lebensmittelindustrie Anwendung, zum Beispiel bei der Überwachung von Reifeprozessen.

ChemFETs können zur Stoffanalyse in Gasen und Flüssigkeiten eingesetzt werden. Die Auswahl des Materials der sensitiven Fläche am Gate ist entscheidend für die Detektion bestimmter Stoffe. Der Vorteil gegenüber den Metalloxidsensoren ist, dass man bei der Herstellung der sensitiven Reaktionsoberflächen nicht auf Metalloxide beschränkt ist. ChemFETs werden in der Lebensmittelindustrie und Medizintechnik eingesetzt. Besonders die Ermittlung des pH-Wertes über die Konzentrationsmessung von Wasserstoffionen ist weitverbreitet.

Folgende Aufzählung gibt eine Übersicht über die Vor- und Nachteile der Halbleitersensoren:

Vorteile
- hohe Empfindlichkeit
- geringe Baugröße
- kostengünstig
- vielseitig einsetzbar
- mechanisch robust

Nachteile
- geringe Selektivität
- kritische Langzeitstabilität
- Querempfindlichkeit
- Leistungsbedarf für Betriebstemperatur

9 Sensoren auf Basis elektrisch leitfähiger Polymere

9.1 Einleitung

Betrachtet man die Leitfähigkeit von Materialien, so werden Polymere vor allem als Isolatoren gesehen. Im Jahr 2000 erhielten Alan J. Heeger, Alan G. MacDiarmid und Hideki Shirakawa jedoch den Chemienobelpreis für die Entdeckung und Erforschung der elektrischen Leitfähigkeit von Polymeren. Ihre ersten Ergebnisse veröffentlichten sie bereits 1977 in dem Artikel „Synthesis of Electrically Conducting Organic Polymers: Halogen Derivatives of Polyacetylen, $(CH)_x$" [154]. Seit die Entdecker mit diesem Artikel den Anstoß gaben, haben sich die elektrisch leitfähigen Polymere zu einem intensiv bearbeiteten Forschungsfeld entwickelt.

Ging es in der Anfangszeit der Erforschung noch um das Verstehen der wirkenden Leitungsmechanismen und der ihnen zugrunde liegenden Polymerstrukturen [155], so werden heute immer neue Modifikationen untersucht, um weitere Anwendungsfelder zu erschließen. Wie intensiv diese Bemühungen betrieben werden, zeigt die große Zahl der Veröffentlichungen. In den Jahren 2006 bis 2016 wurden insgesamt rund 2.000 Artikel zum Thema elektrisch leitfähige Polymere verfasst. Gut 95 % dieser Artikel befassten sich mit Weiterentwicklungen der Polymere hin zu Hybrid- und Kompositmaterialien [156].

Die Leitfähigkeit von Polymeren reicht allein noch nicht, um daraus sinnvolle Sensorkonzepte abzuleiten. Zweiter wesentlicher Baustein solcher Konzepte ist, dass die Leitfähigkeit durch eine Interaktion mit einem das Polymer umgebenden Analyten beeinflusst werden kann. So wird es möglich, durch eine Messung der Leitfähigkeit Rückschlüsse auf den Analyten und seine Konzentration zu ziehen. Darüber hinaus wurden weitere Eigenschaften der elektrisch leitfähigen Polymere gefunden, die von ihrer Leitfähigkeit und damit dem umgebenden Analyten abhängen und somit auch die Kombination anderer Messverfahren mit dieser besonderen Stoffgruppe ermöglichen. Ein Beispiel hierfür sind die optischen Eigenschaften, welche eine Verwendung der Polymere auch in der Spektroskopie ermöglichen.

Die nachfolgenden Abschnitte haben zum Ziel, die Mechanismen, auf denen Sensoren mit elektrisch leitfähigen Polymeren basieren, zu erklären und damit einen Einblick in mögliche Anwendungsfelder zu geben. Im Abschnitt 9.2 Messprinzip werden die für ein leitfähiges Polymer wesentlichen Strukturmerkmale sowie die Reaktionen, die zu einer Veränderung selbiger führen können, erläutert. Anschließend werden mit den Chemoresistoren und der optischen Messung zwei Möglichkeiten zur messtechnischen Verwendung elektrisch leitfähiger Polymere in der Analytik näher erörtert. Der Abschnitt 9.3 Anwendungen zielt darauf ab, durch die Diskussion einiger konkreter Anwendungsfälle für derartige Messungen, einen Eindruck von den vielfältigen

Unter Mitwirkung von Thomas Heddaeus und Fritz Wegener

https://doi.org/10.1515/9783110702040-009

Möglichkeiten, aber auch den Herausforderungen zu vermitteln, die mit Sensoren auf Basis von elektrisch leitfähigen Polymeren verbunden sind. Ebenfalls behandelt werden kommerziell erhältliche Sensoren nach diesem Prinzip, wobei festzustellen ist, dass bisher nur wenige der zahlreichen Prototypen ihren Weg aus den Forschungslaboren in die Industrie gefunden haben. Den Abschluss bildet eine Zusammenfassung der wichtigsten Sachverhalte sowie die Gegenüberstellung der wesentlichen Vor- und Nachteile elektrisch leitfähiger Polymere bezogen auf den messtechnischen Einsatz.

9.2 Messprinzip

9.2.1 Elektrisch leitfähige Polymere

Gewöhnliche Polymere weisen einen sehr hohen elektrischen Widerstand auf und gelten daher als Nichtleiter. Aufgrund dieser Eigenschaft werden sie bekanntermaßen als Isolatoren eingesetzt. Polymere sind jedoch auch für andere Anwendungsgebiete interessant. Hierzu wurden Verfahren für die Herstellung elektrisch leitfähiger Polymere entwickelt [157].

Die elektrische Leitfähigkeit von Polymeren kann auf zwei Arten signifikant erhöht werden. Zum einen durch das Hinzufügen von Additiven und zum anderen durch eine chemische Modifikation der Polymerketten.

Beim Hinzufügen der sogenannten Additive werden elektrisch leitende Partikel aus Metall, Ruß oder Kohlenstoffnanoröhrchen (Carbon Nanotubes – CNT) in die Polymermatrix eingebettet, die so ein leitfähiges Netzwerk ausbilden [158]. Entscheidend für die elektrische Leitfähigkeit σ ist dabei die Konzentration der Additive, welche durch die in Abbildung 9.1 gezeigte, sogenannte Perkolationskurve beschrieben wird. Diese beginnt bei einer sehr geringen Leitfähigkeit, steigt bei Erreichen der kritischen Konzentration K_C jedoch rapide an. Ab einem Schwellwert weist die dann hohe Leit-

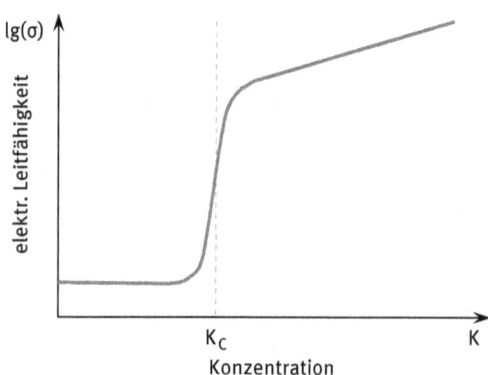

Abb. 9.1: Schematischer Verlauf einer typischen Perkolationskurve.

fähigkeit nur noch eine moderate Steigung auf. Neben der Konzentration ist auch die Form der Additive von besonderer Bedeutung. Da mit faserartigen Additiven die Bildung eines Netzwerkes, welches die gesamte Polymermatrix durchzieht, einfacher ist, reichen geringere Konzentrationen als bei kugelförmigen Additiven aus [158].

Polymere, welche ihre elektrische Leitfähigkeit durch eine chemische Modifikation erreicht haben, werden als Intrinsically Conductive Polymers (ICP), selbstleitende oder intrinsisch leitende Kunststoffe bezeichnet [157, 158]. Diese Polymerketten zeichnen sich durch ihre inhärente Leitfähigkeit aus, welche sich in einem Bereich von 10^{-13} S/cm bis 10^5 S/cm einstellen lässt und somit die Leitfähigkeit von Metallen erreicht [157]. Im Allgemeinen bestehen Polymere aus Makromolekülen, welche durch kovalente Elektronenbindungen eine Kette bilden. Für selbstleitende Kunststoffe werden Polymere mit einer konjugierten Bindung verwendet. Dies bezeichnet eine abwechselnde Einfach- und Doppelbindung zwischen den Kohlenstoffatomen. Hierfür häufig verwendete Polymere sind Polyacetylen, Polypyrrol, Polyanilin und Polythiophen [157, 159, 160].

Am Beispiel des trans-Polyacetylen, dessen chemische Struktur schematisch in Abbildung 9.2 dargestellt ist, wird ersichtlich, dass ein Kohlenstoffatom jeweils nur über drei Bindungspartner verfügt (2-mal Kohlenstoff, 1-mal Wasserstoff), weshalb dessen viertes Valenzelektron eine weitere Bindung zu einem der Kohlenstoffnachbaratome eingeht. Es entsteht eine zusätzliche Elektronenbindung, die π-Bindung, aus welcher sich die Elektronen im Vergleich zur σ-Bindung leichter lösen können.

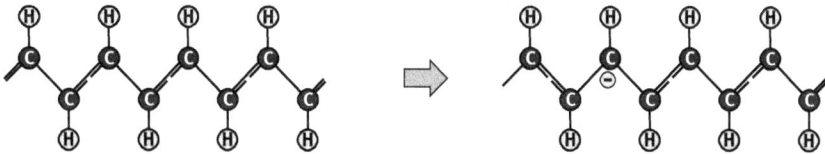

Abb. 9.2: Dotierung und Bewegung der Ladungsträger im elektrischen Feld am Beispiel von trans-Polyacetylen.

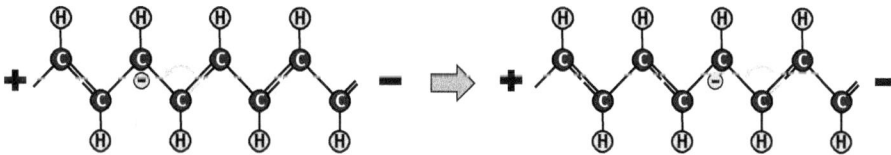

Aufgrund dieser Bindungsalternierung entlang der Polymerkette besteht eine Lücke im Energieband, weshalb die Elektronen ihre π-Bindung nicht verlassen können [157]. Folglich existieren keine freien Ladungsträger und das Polymer ist in diesem Zustand nichtleitend.

Für die Erzeugung beweglicher Ladungsträger werden nun Konjugationsfehler in die Polymerkette eingebaut. Dieses kann durch eine Redoxreaktion oder eine Säure/Base-Reaktion mit dem Polymer erfolgen. Der Kette werden also Elektronen oder Protonen entzogen oder hinzugefügt. Dies ist am Beispiel des trans-Polyacetylen im oberen rechten Teil der Abbildung 9.2 gezeigt. Einige Kohlenstoffatome verfügen nach der Oxidation über ein freies Elektron, welches aus einer aufgelösten π-Bindung stammt. Die konjugierten Bindungen werden in Teilen der Kette aufrechterhalten, diese Abschnitte werden als Domäne bezeichnet [157]. Die an die Fehlstellen angrenzenden Elektronen der π-Bindungen sind beim Anlegen eines elektrischen Feldes in der Lage, zur Fehlstelle überzuspringen, wodurch weitere Elektronenbewegungen in der Kette verursacht werden [157]. Im unteren Teil der Abbildung 9.2 ist dargestellt, wie das grau markierte Elektron sich aus der bestehenden π-Bindung löst und mit dem freien Elektron eine neue π-Bindung eingeht. Die Elektronen der π-Bindung stehen somit als freie Ladungsträger für das Leiten eines Stroms entlang der Kette zur Verfügung. Die leitfähige Polymerkette wird daher auch als π-System bezeichnet.

9.2.2 Interaktion zwischen Polymer und Analyt

Aus den beiden vorgestellten Leitungsprinzipien folgt eine unterschiedliche Reaktion auf einen gasförmigen Analyten. Der Verbund aus Polymer und leitfähigen Partikeln absorbiert das Gas und schwillt infolgedessen an [161]. Aus der Zunahme des Volumens resultiert eine Reduzierung der Konzentration der leitfähigen Partikel. Nach der Perkolationskurve ist hiermit auch eine geringere Leitfähigkeit, also ein höherer Widerstand verbunden.

Bei Kontakt eines gasförmigen Analyten mit einem ICP kommt es zu einer chemischen Interaktion oder einer physischen Adsorption. Dies geschieht nach drei möglichen Prinzipien, welche einzeln oder auch als Kombination auftreten können:
- Mittels einer Redoxreaktion des Polymers mit dem Analyten werden dem π-System Elektronen entzogen oder hinzugefügt [160, 162]. Je nach erfolgter Dotierung wird die Leitfähigkeit so gesteigert oder reduziert. Aus der Oxidation eines positiv dotierten Polymers resultiert beispielsweise eine Zunahme der freien Ladungsträger (Elektronenlöcher) und infolgedessen eine Abnahme des Polymerwiderstands.
- Mittels einer Säure- oder Basereaktion des Polymers mit dem Analyten werden dem Polymerstrang Protonen hinzugefügt bzw. entzogen [160, 162]. Auch dies ist abhängig von der Form der Dotierung und beeinflusst die Leitfähigkeit des π-Systems, da die Anzahl der Ladungsträger variiert wird.

–   Als Folge einer Bindung zwischen Polymer und Analyt ändert sich die Konforma-
tion (räumliche Anordnung) des Polymers [160]. Dies bedeutet eine Veränderung
der räumlichen Ausrichtung der Atome des Polymers, bei welcher sich die dreh-
baren Bindungen zwischen den Atomen neu ausrichten. Trotz der unverän-
ten Anzahl der Ladungsträger ist eine geringe Auswirkung auf die Leitfähigkeit
festzustellen, da deren Mobilität durch die geänderte Ausrichtung der Bindungen
beeinflusst wird. Die Strukturänderung, die das Polymer durch die Reaktion mit
dem Analyten erfährt, äußert sich vor allem durch eine Änderung der optischen
Eigenschaften, welche durch geeignete optische Messverfahren festgestellt werden können.

Die Reaktion des Polymers ist aufgrund signifikanter Widerstandsänderungen gut
messbar. Eine spezifische Unterscheidung von Gasen, welche im Folgenden als Selektivität bezeichnet wird, ist jedoch nicht möglich. Zudem erschwert der Einfluss von
Feuchtigkeit den Einsatz als Gassensor [160].

Eine Steigerung der Selektivität kann durch das gezielte Einbringen von Rezeptoren, wie Boronsäuren, Kronenether, Desoxyribonukleinsäure (DNA), Proteine oder
Metall- bzw. Metalloxidnanopartikel erreicht werden. Diese treten durch ihre chemischen Eigenschaften in Wechselwirkung mit spezifischen Analyten. Die Rezeptoren
können über kovalente Bindungen in der Polymerkette gebunden sein oder sich an
der Kette anlagern. Ebenso ist es möglich, die Rezeptoren über ein Additiv der Polymermatrix hinzuzufügen [162].

Bei einer Anbindung von Rezeptoren an die bestehende Polymerkette werden
die Eigenschaften des π-Systems durch Elektronenzugabe/-entzug, elektrostatische
Wechselwirkungen oder Änderungen der Geometrie beeinflusst. Der Rezeptor ist über
eine kurze Nebenbrücke mit dem Polymer verbunden, weshalb die Reaktion im π-Sys-
tem im Vergleich zum Polymer ohne Rezeptoren deutlich geringer ausfällt [160]. Bei
dieser Anbindung von Rezeptoren tritt jedoch auch eine Verstärkung des Signals auf,
da alle Rezeptoren eines Stranges über das π-System verbunden sind. Geht der Analyt
eine Bindung mit einem der Rezeptoren ein, so beeinflusst dies die Eigenschaften des
gesamten Polymerstranges.

Beim Einbringen von Rezeptoren als Monomere vor der Polymerisation entsteht
ein sogenanntes Copolymerisat (Polymere aus zwei oder mehr verschiedenartigen Mo-
nomereinheiten). Die Rezeptoren sind in die Polymerkette eingebunden und verstärken das Signal daher nicht [160].

Eine weitere Möglichkeit, die Selektivität eines polymerbasierten Gassensors zu
steigern, bietet der Einsatz eines molekular geprägten Polymers (Molecularly Imprinted Polymer – MIP). Mit dieser Technologie ist es möglich, einen Negativabdruck des
zu selektierenden Moleküls in eine Polymermatrix einzubringen. Wie in Abbildung 9.3
dargestellt, wird hierzu eine Vorlage mit denselben Eigenschaften wie denen des Zielmoleküls verwendet, an welcher sich Monomere mit entsprechenden Rezeptoren anlagern [159, 163]. Bei der Bindung zwischen Vorlage und Rezeptor kann es sich um

kovalente, nichtkovalente oder Ligandenbindungen handeln [163]. Durch Polymerisation entsteht ein Netzwerk, welches die Vorlage einhüllt und somit die Negativform des Moleküls annimmt. Nachdem diese dem Polymer hinzugefügt wurde, wird die Vorlage herausgewaschen. Es bleibt ein Hohlraum im Polymer zurück, welcher die komplementären Eigenschaften des Zielmoleküls aufweist [159, 163].

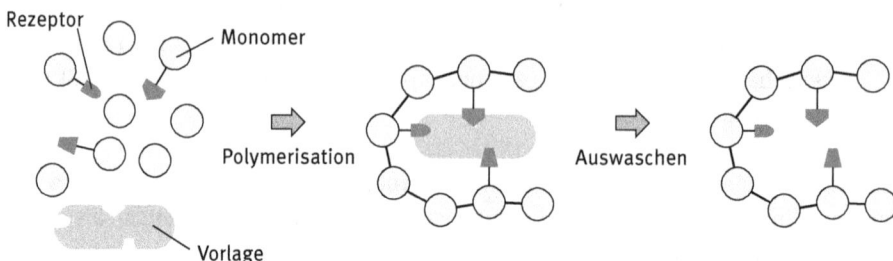

Abb. 9.3: Schematischer Ablauf der Molecular-Imprinting-Technologie.

9.2.3 Chemoresistoren auf Basis elektrisch leitfähiger Polymere

Die häufigste Anwendungsform von ICPs in chemischen Sensoren basiert auf der Abhängigkeit der Leitfähigkeit von der chemischen Reaktion zwischen Analyt und Polymer [164]. Der in der analytischen Chemie verwendete Fachbegriff für derartige Leitfähigkeitsmessungen ist Konduktometrie (siehe auch Kapitel 31) [165].

Häufig werden konduktometrische Verfahren eingesetzt, um den Ablauf einer analytischen Reaktion in einer Lösung zu verfolgen. Hierbei macht man sich zunutze, dass diese Reaktionen mit der Veränderung von Anzahl und Art der vorliegenden Ionen verknüpft sind, wodurch die Leitfähigkeit direkt beeinflusst wird. Man spricht in diesem Zusammenhang von der Leitfähigkeitsmessung auch als Endpunktindikator [165].

Bei diesen klassischen Verfahren gestaltet sich die Bestimmung einer genauen Konzentration jedoch meist schwierig, denn in vielen zu analysierenden Proben liegt nicht nur eine Art von Ionen vor. So enthält beispielsweise unser Trinkwasser Calcium-, Magnesium-, Natrium-, Kalium-, Eisen-, Mangan- sowie Ammoniumkationen und Chlorid-, Cyanid-, Sulfat-, Nitrat-, Nitrit-, Fluorid- und Bromatanionen [166]. Daher ist allein aus der Leitfähigkeit der Lösung kein Rückschluss auf die Konzentration der einzelnen Ionen möglich. Ausschließlich die Gesamtkonzentration an Ionen kann so bestimmt werden [165].

Bei elektrisch leitfähigen Polymeren, die durch eingebrachte Rezeptoren – im Idealfall – nur auf einen bestimmten Analyten reagieren, tritt dieses Problem nicht auf. Die Messung der Leitfähigkeit erlaubt dann direkte Rückschlüsse auf dessen Konzentration. Zur Bestimmung der Leitfähigkeit σ des Polymers wird in der Regel dessen

Widerstand gemessen. Hierbei nutzt man die aus der elektrischen Messtechnik bekannten Verfahren zur Widerstandsmessung [164, 167, 168].

Eine andere Form der konduktometrischen Messung elektrisch leitfähiger Polymere basiert auf einer Elektrodenanordnung aus der Elektrochemie (siehe Teil V: Elektrochemische Sensoren). Dort erfolgt die Messung der Zellspannung einer elektrochemischen Halbzelle mit dem entsprechenden Analyten unter Verwendung einer anderen Halbzelle (Bezugspotenzial), die mit der zu analysierenden zu einer kompletten Zelle verbunden wird [169].

Eine weitere Möglichkeit der Vermessung elektrisch leitfähiger Polymere sind elektrochemische Transistoren. Ausgenutzt wird dabei, dass die Leitfähigkeit des Polymers stark von dessen Oxidation durch das umgebende Analyt abhängt und dass die Oxidationsreaktion erst bei einer bestimmten Gate-Spannung einsetzt. Solange die Gate-Spannung unterhalb dieses Grenzwertes liegt, ist das Polymer nur sehr schlecht leitfähig und zwischen Source- und Drain-Elektrode fließt kein nennenswerter Strom. Erst oberhalb der Grenze beginnt die Oxidation des Polymers, wodurch die Leitfähigkeit und somit auch der Strom zunehmen. Ab einer bestimmten Obergrenze der Gate-Spannung tritt dann ein Sättigungszustand ein und der Strom zwischen Source und Drain kann bei gegebener Spannung nicht weiter gesteigert werden [170]. Durch die sogenannte Dreielektrodenanordnung (Halbleiter-ChemFET, Kapitel 8) kann das Redoxpotenzial des Polymers kontrolliert und auf einem bestimmten Wert gehalten werden [162].

Ein anderes Sensorkonzept, welches auf den elektrochemischen Transistoren aufbaut, nutzt chemosensitive Referenzelektroden im Analyten. Diese reagieren dann beispielsweise auf eine erhöhte Ionenkonzentration mit einer Änderung ihres Potenzials und damit einer Änderung der Gate-Spannung, wodurch sich die Leitfähigkeit des Polymers und hierdurch wiederum der Strom zwischen den Messelektroden ändert. Als Rezeptor dienen hierbei also die Referenzelektroden, während der ICP die Signalübertragung übernimmt [162].

In einfachen Chemoresistoren kann das Problem auftreten, dass der ICP nach der Reaktion mit einem Analyten erst langsam wieder in seinen ursprünglichen Zustand zurückkehrt und während dieser Regenerationsphase nur bedingt nutzbar ist.

9.2.4 Optische Chemosensoren auf Basis elektrisch leitfähiger Polymere

Die Erhöhung der elektrischen Leitfähigkeit von ICPs über den in Abschnitt 9.2.1 beschriebenen Dotierungsprozess beruht auf der Entstehung neuer Elektronenbänder zwischen dem Valenzband und dem Leitungsband des Polymers [171]. Diese Bänder stellen Energieniveaus dar, die von den Elektronen eingenommen werden können. Hierdurch ändern sich jedoch auch die optischen Eigenschaften des Materials, was bei der Betrachtung der Strahlungsabsorption besonders deutlich wird.

Wird elektromagnetische Strahlung von einem Atom absorbiert, so nimmt ein Elektron ein bestimmtes Energiepaket auf und geht von einem Zustand geringerer Energie in einen Zustand höherer Energie über [172]. Dabei können nur bestimmte Energieniveaus eingenommen werden (siehe Teil III: Optische Spektrometrie). Dadurch, dass bei der Dotierung der ICPs neue Energieniveaus entstehen, gibt es für die Elektronen andere Übergangsmöglichkeiten und das Absorptionsverhalten ändert sich. Auch andere optische Eigenschaften des Polymers, wie das Reflexionsverhalten, werden durch die Veränderung der Bandstruktur des Polymers beeinflusst [171].

Da bei der Reaktion von Analyten mit dem Polymer entsprechend Abschnitt 9.2.2 der Dotierungszustand verändert wird, ändern sich ebenfalls die Bandstruktur und infolgedessen auch die optischen Eigenschaften des Materials [171]. Über diesen Zusammenhang lässt sich ein Analyt also auch durch spektroskopische Messungen an ICPs detektieren. Bisher sind die UV-Vis/NIR-Spektroskopie (Kapitel 18), die Fluoreszenzspektroskopie (Kapitel 22), die Ramanspektroskopie (Kapitel 24) und die Surface-Plasmon-Resonance-Spektroskopie mit elektrisch leitfähigen Polymeren getestet worden [168].

Für den messtechnischen Aufbau einer solchen Sensoranordnung existieren verschiedene Möglichkeiten. Die einfachste Variante ist die Aufbringung eines dünnen ICP-Films auf einen Glasträger. Dieser kann dann direkt mit den für die jeweiligen Verfahren geeigneten Messgeräten während des Kontakts mit einem Analyten vermessen werden. Hierfür ist meist ein gerätespezifischer Behälter, Küvette genannt, notwendig, in welchen der Glasträger mit dem aufgebrachten Polymer eingelegt werden muss und der anschließend in das Messgerät verbracht wird [173].

Auf eine Sensoranwendung bezogen liegt hier der größte Nachteil dieser direkten Messung, da Messgerät und Probe nicht räumlich voneinander getrennt werden können und der Sensor so nicht in eine beliebige Umgebung eingebracht werden kann.

Dieses Problem kann durch die Verwendung einer optischen Faser umgangen werden. Diese lässt sich auf verschiedene Weisen mit dem Polymer kombinieren. Wird die Polymerschicht über den Querschnitt der Faser aufgebracht, so übernimmt sie lediglich eine Übertragungsfunktion des optischen Signals von der Lichtquelle über die Schicht zum Messgerät. Auch hier existieren wieder verschiedene Möglichkeiten der Applikation [173].

Abbildung 9.4a zeigt eine Messkammer, in der sich eine auf einen Glasträger aufgebrachte Polymerschicht befindet. Diese Kammer wird über einen Gaseinlass und einen Gasauslass vom Messgas durchströmt. Die Polymerschicht liegt zwischen den Enden zweier optischer Fasern, von denen die eine mit der Lichtquelle, die andere mit dem Spektrometer verbunden ist. Durch diese Anordnung hängt die Übertragung des Lichts von der Quelle zum Spektrometer maßgeblich von den Absorptionseigenschaften der Polymerschicht ab, die wiederum von der Reaktion mit dem Messgas beeinflusst werden. Aus den Messergebnissen des Spektrometers lässt sich damit auf das Gas und seine Konzentration schließen [171].

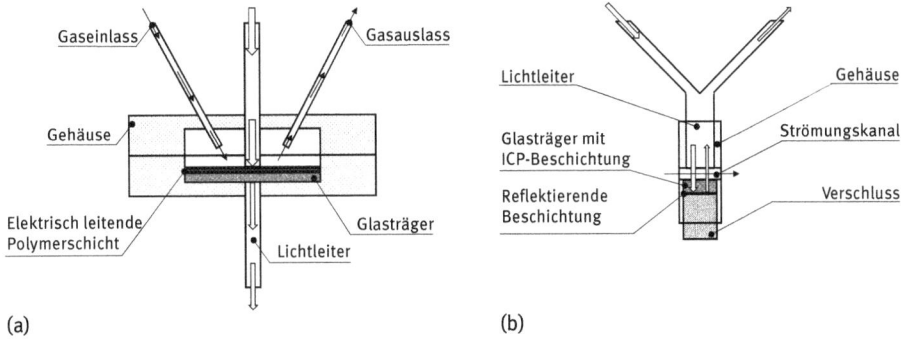

Abb. 9.4: Kombinationen von optischen Fasern mit elektrisch leitfähigen Polymeren [171]; (a) Nutzung der Veränderung des Absorptionsverhaltens, (b) Nutzung der Veränderung des Reflexionsverhaltens; Legende: ⇨ Licht   ⟶ Gas.

Abbildung 9.4b zeigt eine gespaltene optische Faser, an deren Stirnseite ein Gehäuse angebracht ist, in welchem eine ICP-Schicht auf einem Glasträger angeordnet ist. Durch einen Strömungskanal im Gehäuse kann das Messgas an dieser Schicht vorbeiströmen. Eine Übertragung des Lichts von einem Faserast in den anderen ist in dieser Anordnung nur durch eine Reflexion möglich. Hierbei trifft das Licht zunächst auf die Polymerschicht, an der bereits ein erster Anteil reflektiert wird. Der Anteil des Lichts, der in die Polymerschicht eindringt, wird durch Absorption in seiner Intensität geschwächt. Nach Durchlaufen der Polymerschicht und des Glasträgers wird dieser Anteil an einer (zusätzlichen) reflektierenden Schicht zurückgeworfen, durchläuft erneut Träger und Polymer und tritt schlussendlich wieder in die Faser ein. Die Übertragung des Lichts durch diesen Prozess hängt somit direkt mit den Reflexions- und Absorptionseigenschaften der Polymerschicht zusammen. Beide sind jedoch wiederum vom Dotierungszustand und damit vom umgebenden Gas abhängig. Somit lassen die spektroskopischen Messungen auch hier Rückschlüsse auf dieses Gas zu [171].

Es ist jedoch ebenso möglich, die Faser selbst zum sensitiven Element zu machen. Hierfür kann ein Teil des Fasermantels gegen einen Überzug aus einem elektrisch leitfähigen Polymer ausgetauscht werden. Die Leitung des optischen Signals, genauer die Intensität des übertragenen Lichts, hängt dann vom komplexen Brechungsindex der Polymerschicht ab. Dieser setzt sich aus dem realen Brechungsindex $n_{polymer,real}$ und einer Größe zusammen, die ein Maß für die Absorption von Strahlung im Medium darstellt. Der komplexe Brechungsindex ist somit abhängig von der Leitfähigkeit des Polymerfilms, welche durch eine Reaktion mit einem umgebenden Analyten entsprechend den bereits besprochenen Mechanismen verändert wird [174].

Üblicherweise wird über eine LED Licht bekannter Intensität in die Faser eingekoppelt und durch die Übertragungsmechanismen in der Faser in seiner Intensität verändert. Die Intensität des Lichts wird im Empfänger gemessen und mit der Ausgangsintensität verglichen. Aus dem Intensitätsverlust lässt sich auf den komplexen

Brechungsindex des ICP, aus diesem auf die Leitfähigkeit und aus dieser auf die Konzentration des umgebenden Analyten schließen. Je nachdem, wie die Größenverhältnisse zwischen dem realen Brechungsindex des Polymers $n_{polymer,real}$ und dem Brechungsindex von Fasermantel n_{Mantel} und Faserkern n_{Kern} ausfallen, wirkt ein anderer Mechanismus in der modifizierten Faser. Der auf Reflexion und Brechung an den verschiedenen Grenzflächen basierende „Durchlässigkeitsmodus" ist in Abbildung 9.5 gezeigt [174, 175].

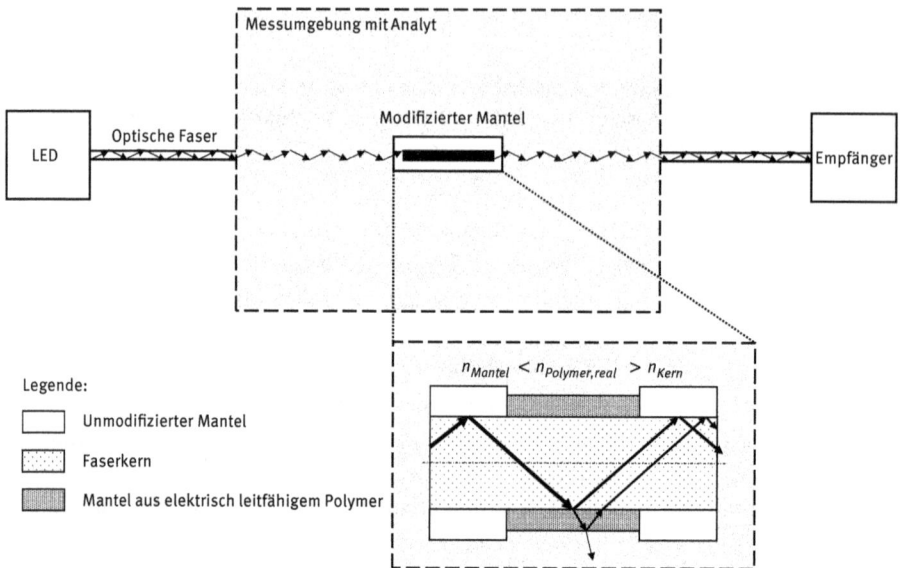

Abb. 9.5: Messaufbau mit modifizierter optischer Faser [174].

9.3 Anwendungen

Eine Besonderheit elektrisch leitfähiger Polymere ist ihre Fähigkeit, auf unterschiedliche Weise mit anderen Stoffen in Wechselwirkung zu treten. Diese Eigenschaft prädestiniert sie für die Verwendung als Sensoren [176]. Des Weiteren bieten Polymere zahlreiche Möglichkeiten, diese Eigenschaften über einen großen Bereich zu variieren [176]. Dies stellt sowohl die Herausforderung als auch die Chance bei der Entwicklung eines auf leitfähigen Polymeren basierenden Sensors dar.

Bei der Entwicklung eines solchen Sensors sind folgende Ziele zu verfolgen [176]:

– **Steigerung der Empfindlichkeit:** Je nach Einsatzgebiet ist eine Messung sehr geringer Konzentrationen des Analyten erforderlich.

– **Einstellen der Selektivität:** Es ist eine hohe Selektivität gewünscht, um eine Beeinflussung der Messung durch Moleküle mit ähnlichen Eigenschaften, wie die des Zielmoleküls, zu vermeiden. Im Idealfall reagiert der Sensor ausschließlich auf das Zielmolekül.

– **Reduktion unerwünschter Interaktion:** Die reaktionsfreudigen Polymere können auch miteinander in Interaktion treten. Dies gilt es durch geeignete Maßnahmen zu unterbinden.

Im Folgenden soll ein kurzer Überblick über Anwendungen elektrisch leitfähiger Polymere in Sensoren gegeben werden. Da die Technologie jedoch nach wie vor Gegenstand der aktuellen Forschung ist, werden beständig neue Anwendungsgebiete erschlossen.

9.3.1 Explosivstoffdetektion

Die Anwendung eines leitfähigen Polymers als Sensor wird im Folgenden am Beispiel der Detektion von Sprengstoffen erläutert. Bewährte Methoden wie der Einsatz von Spürhunden, Metalldetektoren, Ionenmobilitätsspektrometrie oder Röntgenstrahlung haben gemeinsam, dass sie teuer, zeitintensiv oder ungeeignet für den mobilen Einsatz sind [177]. Außerdem neigen viele Systeme irrtümlich zu positiven Ergebnissen, da die Eigenschaften des zu detektierenden Stoffes nicht spezifisch genug erfasst werden [177].

Für den Einsatz eines solchen Sensors ist ein genaues Verständnis der Eigenschaften, des Verhaltens und möglicher Störmechanismen des zu detektierenden Stoffes von Bedeutung. Gegebenenfalls ist es sinnvoll, nicht den gesuchten Stoff selbst zu detektieren, sondern die Identifikation über ein dem gesuchten Stoff anhängendes Molekül vorzunehmen. So enthalten zahlreiche Mischungen von Sprengstoffen Trinitrotoluol (TNT), welches sich aufgrund seiner nitroaromatischen Gruppe zur Detektion mit Polymeren eignet. In TNT ist als Verunreinigung und Zersetzungsprodukt stets Dinitrotoluol (DNT) enthalten, welches sich aufgrund eines signifikant höheren Dampfdruckes flüchtiger verhält als TNT [177]. Aus diesem Grund wird DNT häufig als Zielmolekül für die Detektion von TNT gewählt [159, 177].

Das Erfassen der flüchtigen Sprengstoffkomponente DNT in der Luft ist stark abhängig von Temperatur und Luftfeuchtigkeit. Mit einer Erhöhung der Temperatur geht auch eine Steigerung des Dampfdruckes einher. Höhere Temperaturen begünstigen also die Detektion der Gase. Die Dämpfe des Sprengstoffes neigen zur Ablagerung auf Flächen. Da die Wassermoleküle der Luft ein ähnliches Verhalten aufweisen, können sich die Gase des Sprengstoffes bei hoher Luftfeuchtigkeit schlechter ablagern und verweilen länger in der Luft [177].

Die Umsetzung eines Sensors für DNT lässt sich mit verschiedenen Messverfahren und mit unterschiedlichen Polymeren realisieren. Ein untersuchter Aufbau verwendet dabei die konduktometrische Messmethode [159]. Als leitfähiges Polymer wird Polypyrrol (PPy) eingesetzt, welches neben einer guten Leitfähigkeit und Beständigkeit über hervorragende Eigenschaften für die Gasmessung verfügt. PPy verhält sich allerdings sehr spröde, weshalb zur Verbesserung der mechanischen Eigenschaften Polyvinylalkohol (PVAL) eingesetzt wird. Durch eine Vielzahl an Hydroxylgruppen ist dieses in der Lage, sich sowohl mit PPy als auch mit den im Sprengstoff existierenden Nitrogruppen sowie den Elektroden des Substrats zu vernetzen.

Das PPy fungiert in dieser Anordnung als Elektronendonator, welcher seine Elektronen über das PVAL an den Analyten abgibt. Die nitroaromatische Gruppe des Sprengstoffs dient als Elektronenakzeptor und stellt somit eine essenzielle Funktion für die Detektion bereit [159]. Bei der nitroaromatischen Gruppe handelt es sich dennoch nicht um ein ausreichend spezifisches Merkmal. Diese Gruppe ist ebenso in anderen Stoffen enthalten, weshalb sie für die Identifikation von DNT nicht verwendet werden kann. Um dennoch eine hohe Selektivität des Sensors zu erreichen, werden MIP-Nanopartikel eingesetzt. Diese bilden, wie in Abschnitt 9.2.2 beschrieben, Hohlräume mit den für das DNT-Molekül passenden Rezeptoren aus.

Bei der Validierung des Aufbaus konnte die Konzentration von DNT in einem Bereich von 0,1 bis 150 ppm erfolgreich bestimmt werden [159]. Im Bereich 0,1 bis 70 ppm wurde ein linearer Zusammenhang zwischen Konzentration und Widerstand festgestellt. Der Widerstand nahm bei hohen Konzentrationen um 85 % ab und war somit mit einfachen Mitteln zu messen. Gegenüber störenden Dämpfen wie TNT, Wasser oder Ethanol verhält sich der Sensor, dank der MIP-Technologie, neutral.

9.3.2 Gassensoren

Zur Detektion von Gasen mit einem ICP wird häufig ein einfacher Chemoresistor in Kombination mit dem konduktometrischen Messprinzip (Abschnitt 9.2.3) verwendet [164, 168]. Hierbei kann jedoch nicht einem bestimmten Polymer ein einzelnes zu detektierendes Gas zugeordnet werden. Polyanilin beispielsweise zeigt Reaktionen auf HCl, NH_3, N_2H_4 und $CHCL_3$, aber auch auf Methanol, Ethanol, Propanol, Butanol und Heptanol [178].

Damit ein Gas konduktometrisch detektiert werden kann, muss der Dotierungszustand des ICP bei Kontakt mit dem Gas verändert werden. Im Abschnitt 9.2.2 wurde gezeigt, dass hierfür unter anderem Redoxreaktionen infrage kommen. Daraus ergibt sich die wichtigste Anforderung an das zu detektierende Gas: Es muss entweder Elektronendonator oder -akzeptor sein, um eine Oxidation bzw. Reduktion des Polymers hervorzurufen.

Ist das zu detektierende Gas jedoch besonders reaktionsträge, so lässt sich die Redoxreaktion für die Veränderung des Dotierungszustandes nicht nutzen. Dann müssen andere Interaktionsformen, wie beispielsweise schwache physikalische Wechselwirkungen zwischen Analyten und Polymer, Verwendung finden. Hierüber können beispielsweise Chloroform, Aceton oder auch Benzin detektiert werden [168].

Die Vielfalt an detektierbaren Gasen ist ein großer Vorteil und gleichzeitig grundlegendes Problem bei der Anwendung elektrisch leitfähiger Polymere als Gassensor:

Interessiert die Konzentration eines speziellen Analyten, so muss die Selektivität eingeschränkt werden. Gleichzeitig sind Maßnahmen zu ergreifen, um die Sensitivität, die Stabilität und die Ansprechzeit sowie ggf. die Erholungszeit zu verbessern. Ein weiteres Problem der ICP-basierten Gassensoren ist die Abhängigkeit ihrer Messergebnisse von der Feuchtigkeit in der Messumgebung [168]. Diese Herausforderungen sind Gegenstand der derzeitigen Forschungen, welche in den vergangenen Jahren viele neue Ansätze lieferten.

Am häufigsten wird derzeit Polyanilin (PANI) als gassensitives Sensormaterial eingesetzt. Grund hierfür sind eine im Vergleich zu anderen ICPs einfache Dotierung, eine gute Stabilität der Materialeigenschaften sowie eine einfache Synthetisierung. Hinzu kommt, dass schon anhand des Reaktionsmechanismus des PANI-Sensors auf den detektierten Analyten geschlossen werden kann [178]. Im einfachsten Fall besteht ein solcher Sensor aus einer dünnen Polymerschicht, die auf eine Elektrodenanordnung aufgebracht wird und auf einen Analyten reagiert. Meistens wird das Material allerdings einer Modifizierung unterzogen. Mit geeigneten Polymeren (oder Materialkombinationen) wurden unter anderem HCl, NO_2, NH_3, N_2H_4, H_2S und NH_3 erfolgreich nachgewiesen [179–182].

9.3.3 Leckagedetektion

In Raketen und Satelliten kommt als Treibstoff unter anderem Hydrazin (N_2H_4) zum Einsatz. Da es sich hierbei um eine hochgiftige Substanz handelt, müssen bereits kleinste Leckagen zuverlässig detektiert werden. Im Jahr 2006 wurde eine Sensoranordnung auf Basis des ICP-3-Hexylthiophen (P3HT) vorgestellt, die bei geringen Kosten und kleiner Baugröße Hydrazinkonzentrationen ab wenigen Parts per Billion (ppb) zuverlässig und in Echtzeit erfassen kann [183].

Die Anwesenheit von Hydrazin konnte über eine Abnahme der Leitfähigkeit der Polymerschicht detektiert werden, da beim Kontakt die Ladungsträger innerhalb der Schicht abgebaut wurden. Auf Grundlage dieses Effekts konnten bereits bei einer Konzentration von 52 ppb Hydrazin Steigerungen des Widerstandes um den Faktor 10 beobachtet werden [183].

Neben der guten Sensitivität zeigte dieser Sensor jedoch eine Irreversibilität nach Kontakt mit einer ausreichend großen Menge Hydrazin. Dementsprechend müsste nach einer detektierten Leckage die Sensoreinheit ausgetauscht werden [183].

9.3.4 Ionensensor

Die Mechanismen zur Detektion von Ionen mit elektrisch leitfähigen Polymeren sind vielfältig. Zwar zeigen bereits einige unbehandelte ICP-Filme eine Affinität zu bestimmten Ionen, meist wird jedoch eine Modifikation des Materials vorgenommen.

Hierfür werden sogenannte Liganden in die Polymerkette eingebaut. Diese können eine Bindung mit Ionen eingehen, indem sie Elektronenpaare liefern, welche vom Ion aufgenommen werden [169]. Je nach Wahl des Liganden wird eine Affinität für bestimmte Ionen ausgebildet. Die Anpassungs- und damit auch die Detektionsmöglichkeiten sind sehr vielfältig. So lassen sich heute unter anderem Cu^{2+}, Ca^{2+}, Hg^{2+}, Ag^+, Zn^{2+}, Mg^{2+}, $Cr_2O_7^{2-}$, NH^{4+}, No^{2-}, Pb^{2+}, Cd^{2+} und K^+ detektieren. Häufig kommen hierbei elektrochemische Messverfahren, insbesondere Konduktometrie und Potenziometrie, zum Einsatz. Es sind jedoch auch optische Verfahren wie die Fluoreszenzuntersuchung möglich [168].

9.3.5 pH-Sensor

Auch bei der Messung von pH-Werten können ICPs vielfältige Anwendungen finden. Mittlerweile existieren Ansätze für viele verschiedene Messverfahren. Neben dem bereits von der Gasmessung bekannten Polyanilin kommt hierbei auch häufig Polypyrrol zum Einsatz.

Die einfachste Möglichkeit bildet auch hier die konduktometrische Messung. Im Jahr 1996 wurde ein Low-Cost-Sensor auf Basis von Polypyrrol vorgestellt, welcher auf einen Papierträger aufgebracht wird und selektiv auf Hydroniumionen reagiert. Die Messung kann bei einer Ansprechzeit von ca. 10 min im einfachsten Fall mit einem Multimeter erfolgen und ermöglicht eine Genauigkeit von 0,02 bis 0,13 pH, wobei die beschriebene Anordnung auf einen Bereich von 8–10 pH kalibriert wurde. Die Anordnung zeichnet sich aufgrund der verwendeten Materialien durch besonders geringe Fertigungskosten aus [184].

2005 wurden potenziometrische pH-Sensoren auf Basis von Platinelektroden ummantelt mit Polypyrrol (PPy), Polyethylenimin (PEI), Polyanilin (PANI), Poly(p-Phenylendiamin) (PPPD) oder Polypropylenimin (PPI) untersucht. Sie konnten ein lineares Verhalten in einem weiten pH-Bereich, eine gute Sensitivität, Reversibilität und eine ausreichende Langzeitstabilität für reale Messanwendungen nachweisen [185].

Auch optische Messverfahren ermöglichen eine pH-Messung über ICPs. So sind Konzepte für die UV-Vis-Spektroskopie und die Near-Infrared-Spektroskopie (Kapitel 18) sowie für die Ramanspektroskopie (Kapitel 24) bekannt [168].

9.3.6 Biomedizinische Anwendungen

In den vergangenen Jahren wurden spezielle ICPs für medizinische und biomedizinische Anwendungen entwickelt. Diese sind besonders interessant für den Einsatz in elektrochemischen Sensoren, da sie die Fähigkeit besitzen, den Ablauf von biochemischen Reaktionen über charakteristische Reaktionsprodukte nachzuweisen. Gleichzeitig verfügen sie über eine gute Biokompatibilität, sodass kein gesundheitliches Risiko durch ihre Anwendung besteht und Messungen direkt am Patienten durchgeführt werden können [186].

9.4 Kommerzielle Produkte

Elektrisch leitfähige Polymere sind nach wie vor Gegenstand intensiver Forschungsbemühungen. Dabei werden immer mehr Anwendungsbereiche erschlossen, von denen einige im vorangegangenen Abschnitt näher betrachtet wurden. Trotz des breiten Anwendungsspektrums beschränkt sich die Umsetzung der Konzepte meist auch heute noch auf einzelne Prototypen zu Forschungszwecken. Kommerzielle Produkte auf Basis der ICP sind selten. Eine der wenigen bekannten industriellen Anwendungen der elektrisch leitfähigen Polymere liegt im Bereich der elektronischen Nasen (Electronic Nose). Eine solche soll als Beispiel im Folgenden näher betrachtet werden.

Die Cyranose® 320 von Sensigent ist eine elektronische Nase, welche seit mehr als 16 Jahren in der Forschung, der Qualitätskontrolle sowie in der Produktentwicklung eingesetzt wird [187, 188]. Durch ihre robuste und kompakte Bauweise ($10 \times 22 \times 5$ cm) ist sie für den mobilen Einsatz geeignet [189].

In Abbildung 9.6 ist das Gerät dargestellt. Es umfasst einen Luftprobennehmer, ein Sensorfeld sowie einen Computer, welcher zahlreiche Möglichkeiten der Auswertung und Speicherung von Messdaten bietet.

Abb. 9.6: Cyranose® 320 von Sensigent (mit freundlicher Unterstützung von Sensigent).

Der Luftprobennehmer besteht aus einem Lufteinlass auf der rechten Seite des Gerätes, über welchen eine Pumpe einen konstanten Luftstrom ansaugt, diesen über das Sensorfeld verteilt und durch den Luftauslass wieder hinausbläst. Die Strömungsgeschwindigkeit des Analyten ist ein wichtiger Prozessparameter und kann in drei Stufen eingestellt werden [190].

Das Sensorfeld besteht aus 32 chemischen Sensoren, welche in einem austauschbaren Modul zusammengefasst sind. Das Modul ist auf einen spezifischen Anwendungsbereich abgestimmt und lässt sich einfach durch Module für andere Anwendungsbereiche austauschen [189]. Die Cyranose® 320 wurde für eine Analyse von Gasgemischen konzipiert. Es wurden Sensoren jedoch verwendet, die über eine verhältnismäßig niedrige Selektivität verfügen. Bei diesen handelt es sich unter anderem um dünnschichtige Polymere mit einer Nanoverbundstruktur, welche bei Anwesenheit des entsprechenden Analyten ihren Widerstand ändern [190]. Mit diesen Sensoren ist eine Erfassung von Konzentrationen im ppb-Bereich möglich [188]. Die Eigenschaften des Gemisches werden bei einer Messung also durch einen Vektor mit 32 Einträgen repräsentiert, weshalb eine umfassende Auswertung der Messdaten erforderlich ist, um diese dem Nutzer zugänglich zu machen.

Da es sich um ein differenzielles Messverfahren handelt, ist es nicht möglich, die exakte Zusammensetzung des Gasgemisches zu erfassen [190]. Stattdessen werden die Messwerte mit angelernten Daten, welche im Speicher der Cyranose® 320 hinterlegt sind, verglichen [190]. Für eine gezielte Anwendung sind deshalb zunächst Referenzmessungen erforderlich, um Daten über den Analyten als auch die umgebende Atmosphäre zu sammeln. Diese Daten werden genutzt, um das eigentliche Messsignal zu filtern und den Analyten zu identifizieren [188].

Für die Identifikation oder die Klassifikation des Gasgemisches stehen zahlreiche Algorithmen zur Verfügung, welche auf der Cyranose® 320 selbst oder am PC mit einer entsprechenden Software ausgeführt werden können. Die bereitgestellten Algorithmen umfassen unter anderem eine Diskriminanzanalyse, eine Hauptkomponentenanalyse und eine Nächste-Nachbarn-Klassifikation [189]. Im mobilen Einsatz ist es dem Anwender zudem möglich, mit einem entsprechend programmierten Gerät eine direkte Bewertung der Probe durchzuführen. Hierfür ist ein 5-Sterne-Bewertungssystem vorgesehen, um dem Nutzer im betrieblichen Alltag innerhalb von 5 bis 15 s eine einfache und verlässliche Analyse bereitzustellen [189].

Die Cyranose® bietet nach sachgemäßer Konfiguration eine mobile Komplettlösung für eine einfache und schnelle Klassifikation von Gasgemischen eines spezifischen Anwendungsbereichs. Der Preis liegt bei ca. 8.500 USD.

9.5 Zusammenfassung

Sensoren auf Basis elektrisch leitfähiger Polymere können für die Bestimmung von Gaskonzentrationen und zur Analyse von Gasgemischen genutzt werden. Dabei kommen zwei verschiedene Leitungsmechanismen zum Einsatz: die additive Leitfähigkeit und die intrinsische Leitfähigkeit. Sensoren, die durch das Hinzufügen von Additiven elektrisch leitfähig gemacht wurden, weisen einen sehr direkten Zusammenhang zwischen der Rezeption des Gases und der Transduktion/Umwandlung in einen veränderlichen elektrischen Widerstand auf. Aus der Absorption eines Analyten folgt über die volumetrische Konzentrationsänderung der leitenden Partikel eine Erhöhung des Widerstandes.

Bei den ICPs (Intrinsically Conductive Polymers) folgen aus der Rezeption des Analyten, je nach Anwendungsfall, mehrere chemische und/oder physikalische Umwandlungsprozesse im Polymer, die durch verschiedene Methoden, wie z. B. konduktometrische und optische, erfasst werden können.

Die Leistungsfähigkeit des Sensors bezüglich Sensitivität und Selektivität kann bei beiden Arten von Leitungsmechanismen durch die Wahl des Polymers, dessen Dotierung sowie die MIP-Technologie (Molecularly Imprinted Polymer) angepasst werden.

Wie gut korrekt eingestellte Polymersensoren arbeiten, belegt das Beispiel zur Explosivstoffdetektion. Der robuste und mobil einsetzbare Chemoresistor ermöglicht es, TNT (DNT) im Konzentrationsbereich von 0,1 bis 150 ppm mit hoher Selektivität zu detektieren. Querempfindlichkeiten sind weitestgehend ausgeschlossen. Andere Anwendungsmöglichkeiten finden sich in der Leckagedetektion, als Ionen- oder pH-Sensor sowie in der Biomedizin.

Zurzeit gibt es nur wenige kommerzielle Sensoren auf Basis elektrisch leitfähiger Polymere. Die beispielhafte elektronische Nase nutzt Polymere, denen Kohlenstoffnanoröhrchen hinzugefügt wurden. Das Sensorfeld umfasst 32 einzelne Sensoren, die allerdings recht wenig selektiv sind. Daher ist eine aufwendige, computergestützte Auswertung erforderlich. Den Vorteilen eines vielfältig einsetzbaren, mobilen Gerätes steht ein erhöhter Aufwand an Einarbeitung und Kalibrierung gegenüber. Tabelle 9.1 fasst Vor- und Nachteile von Sensoren auf Basis elektrisch leitfähiger Polymere zusammen.

Tab. 9.1: Vor- und Nachteile von Sensoren auf Basis elektrisch leitfähiger Polymere.

Stärken	Schwächen
– Messung von sehr geringen Konzentrationen möglich (ppb-Bereich)	– Teilweise hohe Erholungszeit nach Messung notwendig
– Hohe Messgenauigkeit	– Anwendung erfordert genaue Kenntnisse über Zielmoleküle
– Sehr hohe Selektivität, welche sich gezielt einstellen lässt	– Geringe Verfügbarkeit von kommerziellen Produkten
– Einfacher Aufbau	– Auswertung ist mathematisch aufwendig
– Geringer Energiebedarf	
– Kompakte Bauweise, welche eine direkte Integration in Schaltkreise ermöglicht	
– Einfache Herstellungsverfahren, welche für unterschiedliche Zielmoleküle gleich sind	

10 Sensoren auf Basis akustischer Oberflächenwellen

10.1 Einleitung

Surface-Acoustic-Wave-(SAW-)Sensoren basieren auf der Ausbreitung akustischer Wellen auf der Oberfläche eines Festkörpers. Die Anlagerung von Molekülen an der Oberfläche führt zu einer messbaren Änderung der Ausbreitungseigenschaften der akustischen Oberflächenwellen (AOW). Sie gehören damit, ähnlich wie die piezo-elektrischen Gassensoren (siehe Kapitel 11), im weiteren Sinne zu den (physikalisch) gravimetrischen Sensoren.

Grundlage für die Entwicklung von SAW-Sensoren waren zwei Forschungsergebnisse:
- die Entdeckung des piezoelektrischen Effekts durch die Brüder Jaques und Pierre Curie im Jahr 1880
- und die Entdeckung der Oberflächenwellen durch Lord John William Strutt Rayleigh bei der Erforschung von Erdbeben im Jahr 1885.

Im Jahr 1944 wurde von F. A. Firestone und J. R. Frederick der erste SAW-Sensor entwickelt. Er setzte piezoelektrisch generierte Oberflächenwellen zur Detektion kleinster Risse in Oberflächen ein. Nach der Entwicklung des sogenannten Interdigitalwandlers (Interdigital Transducer – IDT) im Jahr 1965 durch den US-amerikanischen Forscher William H. King, Jr. konnten erstmals AOW auf der Oberfläche eines piezoelektrischen Substrats mittels eines elektrischen Signals generiert werden. Die erste Anwendung der SAW-Technologie in der Gassensorik erfolgte im Jahr 1979 durch Henry Wohltjen und Raymond Dessy. Mithilfe von gassensitiven Polymeren haben die beiden US-Amerikaner einen empfindlichen Detektor für die Gaschromatografie entwickelt. In den 1980er-Jahren wurden drahtlose SAW-Sensoren entwickelt. Daraus ergab sich eine Vielzahl neuer Anwendungen. Kommerziell erhältlich sind drahtlose SAW-Sensoren seit dem Ende des 20. Jahrhunderts [191].

Der nachfolgende Abschnitt „Messprinzip" behandelt zunächst die physikalischen Grundlagen von SAW-Sensoren. Anschließend werden Gassensoren auf Basis dieses Sensortyps beschrieben und die einzelnen Komponenten eines solchen Sensors näher erklärt. Im Abschnitt „Anwendung" werden aktuelle Einsatzgebiete von SAW-Gassensoren vorgestellt. Anschließend werden im Abschnitt „Kommerzielle Produkte" beispielhafte Produkte verschiedener Hersteller mit ihren Spezifikationen vorgestellt. Abschließend erfolgen eine Zusammenfassung der wichtigsten Inhalte dieses Kapitels und eine Gegenüberstellung der Vor- und Nachteile der SAW-Technologie.

Unter Mitwirkung von Dimitrij Langanz, Andrey Tsapurin und Mohammad Bijani

https://doi.org/10.1515/9783110702040-010

10.2 Messprinzip

10.2.1 Akustische Oberflächenwellen

Grundsätzlich existieren zwei verschiedene Arten von Wellen: Longitudinalwellen und Transversalwellen. Die Wellenarten unterscheiden sich in ihrer Schwingungsrichtung. Longitudinalwellen schwingen in Richtung ihrer Ausbreitung. Dies entspricht der Richtung der x-Achse in der Abbildung 10.1. Schallwellen in Luft sind ein prominentes Beispiel für Longitudinalwellen. Die Schwingungsrichtung von Transversalwellen ist senkrecht zu ihrer Ausbreitungsrichtung orientiert. Dies entspricht der Richtung der y-Achse in der Abbildung 10.1 [192].

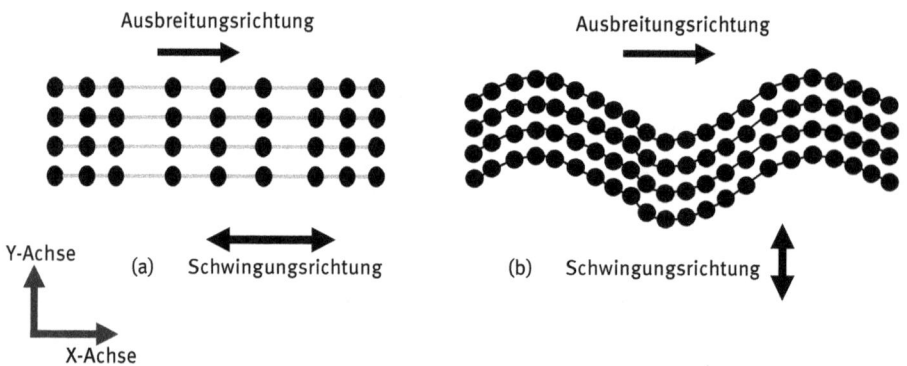

Abb. 10.1: Longitudinalwellen (a), Transversalwellen (b).

Akustische Oberflächenwellen (AOW) sind eine spezielle Art von Schallwellen, die sich auf der Oberfläche eines Festkörpers ausbreiten. Rayleigh-Wellen gehören zu den Oberflächenwellen und stellen die wichtigste Komponente von Erdbebenwellen (seismische Wellen) dar. Sie weisen sowohl einen longitudinalen als auch einen transversalen Anteil auf. Dies entspricht in der Abbildung 10.2 einer Bewegung in Richtung der

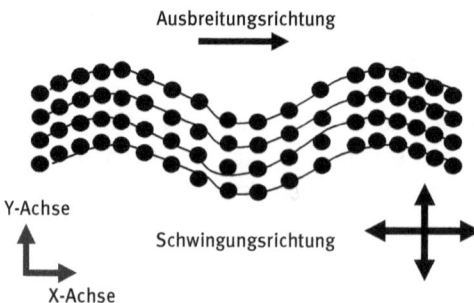

Abb. 10.2: Rayleigh-Wellen.

x-Achse und gleichzeitig in Richtung der y-Achse. Die Oberflächenbewegung ist daher mit der rotierenden Bewegung von Wasserwellen vergleichbar. Allerdings bewegen sich Rayleigh-Wellen im Unterschied zu Wasserwellen an der Grenzfläche retrograd, d. h. entgegen der Richtung der Wellenausbreitung [192].

10.2.2 SAW-Sensor

SAW-Sensoren messen die Ausbreitungsparameter von Rayleigh-Wellen auf der Oberfläche einer piezoelektrischen Platte. Die Ausbreitungsgeschwindigkeit, die Amplitude und die Frequenz der Wellen sind dabei vom Zustand der Oberfläche abhängig. Die Erfassung dieser Parameter ermöglicht die Bestimmung verschiedenster Größen.

Das Messelement eines SAW-Sensors ist das in Abbildung 10.3 dargestellte Filterelement [193]. Es besteht im Wesentlichen aus zwei sogenannten Interdigitalwandlern (Interdigital Transducer – IDT) im Abstand l auf einer piezoelektrischen Platte. Diese Konstruktion wird auch als 2-Port Delay Line (2-Port DL) bezeichnet.

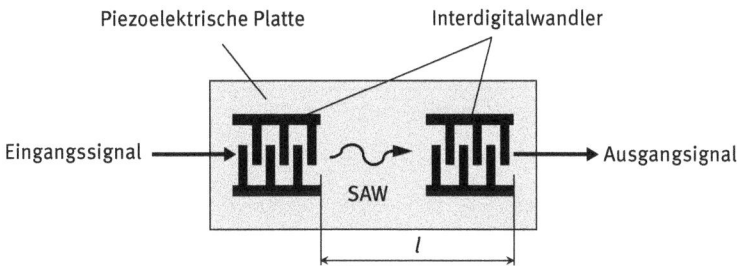

Abb. 10.3: Aufbau des SAW-Filterelements.

Die Interdigitalwandler bestehen jeweils aus mehreren Elektroden, die eine kammartige Geometrie bilden. Die einzelnen Elektroden werden auch als Finger bezeichnet. Die Fingerperiode p ist der Abstand der Mitten zweier benachbarter Elektroden. Die Überlappung der einander gegenüberliegenden Elektroden wird üblicherweise mit A bezeichnet (siehe Abbildung 10.4) [194].

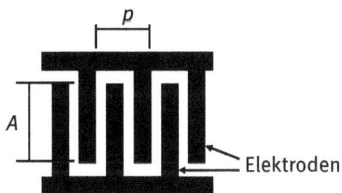

Abb. 10.4: Interdigitalwandler.

Die Interdigitalwandler dienen zur Erzeugung bzw. zur Detektion der akustischen Oberflächenwelle. Der sendende Interdigitalwandler nutzt dabei den inversen piezoelektrischen Effekt, um eine periodische Deformation und damit eine akustische Welle zu generieren. Die angelegte Wechselspannung bewirkt eine periodische An- und Abstoßung der Elektroden. Da die Elektroden fest mit der Platte verbunden sind, wird die Platte periodisch komprimiert und expandiert. Dies entspricht wechselnden mechanischen Spannungen in der Platte (Abbildung 10.5). Diese Spannungen breiten sich als akustische Oberflächenwellen auf der piezoelektrischen Platte aus. Im Abstand l vom sendenden IDT (siehe Abbildung 10.3) befindet sich der empfangende Interdigitalwandler, dessen Elektroden die periodischen Spannungen unter Ausnutzung des direkten piezoelektrischen Effekts als elektrisches Ausgangssignal detektieren [195].

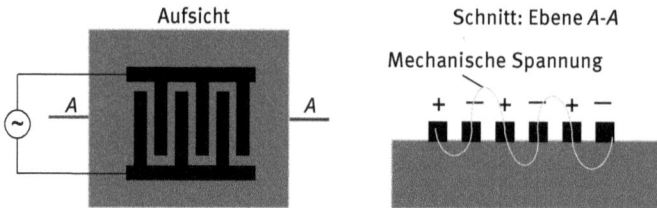

Abb. 10.5: Interdigitalwandler in Aufsicht und Schnittansicht.

Bei der Auswahl der Materialien der Elektroden und der piezoelektrischen Platte muss berücksichtigt werden, dass diese sich abhängig von der Betriebstemperatur des Sensors thermisch ausdehnen bzw. kontrahieren [194]. Als Elektrodenmaterial werden Metalle (Al, Ir, Ti, W, Cu, Pt, Rh), Legierungen (NiCr, CuAl) oder Metallkeramiken (TiN, $CoSi_2$, WC) eingesetzt. Die Schichtdicke der Elektroden beträgt üblicherweise 0,2 bis 0,5 µm [196, 197]. Das Material der piezoelektrischen Platte wird ebenfalls unter Berücksichtigung der Betriebstemperatur des Sensors ausgewählt. Tabelle 10.1 listet einige übliche Materialien, wobei T_{max} die maximale Betriebstemperatur ist, K_t der thermische Ausdehnungskoeffizient und v die Ausbreitungsgeschwindigkeit der akustischen Oberflächenwelle [196].

Die meisten piezoelektrischen Materialien weisen Ausbreitungsgeschwindigkeiten für akustische Oberflächenwellen zwischen 3.000 und 4.000 m/s auf [196]. Deren Frequenz f liegt üblicherweise im Bereich zwischen 10 MHz und 5 GHz. Für deren Wellenlänge λ gilt allgemein [194]

$$\lambda = \frac{v}{f} \,. \tag{10.1}$$

Die angelegte Wechselspannung bestimmt die Frequenz der akustischen Oberflächenwelle. Für eine möglichst effiziente Anregung wird allerdings üblicherweise eine Resonanzverstärkung ausgenutzt. Dafür muss die Fingerperiode p mit der Hälfte der Wel-

Tab. 10.1: Piezoelektrische Materialien für SAW-Sensoren [196].

Material	T_{max} [°C]	K_t [10^{-6} K^{-1}]	v [m/s]
LiNbO$_3$	$\approx$ 300	75/94	3.500
LiTaO$_3$	$\approx$ 300	18/30	3.200
SiO$_2$ (Quarz)	573	0/22/33	3.200
Li$_2$B$_4$O$_7$	$\approx$ 230	–	3.500
AlPO$_4$	580	–	2.700
GaPO$_4$	933	–	2.400
La$_3$Ga$_5$SiO$_{14}$	1.470	–	2.400
AlN	$\geq$ 1.000	–	$\approx$ 6.000

lenlänge übereinstimmen (siehe Abbildung 10.5). Für den Zusammenhang zwischen der sogenannten Synchronfrequenz f_0 und der Fingerperiode gilt dann

$$f_0 = \frac{v}{2p}.$$ (10.2)

Der Abstand zwischen den Mitten der beiden Interdigitalwandler wird als Verzögerungslinie (Delay Line) l bezeichnet (siehe Abbildung 10.3). Die Verzögerungszeit t_v entspricht der Zeit, die die akustische Welle braucht, um diese Distanz zurückzulegen. Unter der Annahme einer gleichförmigen Bewegung gilt

$$t_v = \frac{l}{v}.$$ (10.3)

Die Änderung der Umgebungsbedingungen (Temperatur, Druck, Feuchtigkeit etc.) oder Anlagerungen an der Verzögerungslinie führen zu einer Änderung der Phasengeschwindigkeit und damit der Verzögerungszeit. Auch die Frequenz und die Amplitude der empfangenen Welle kann von diesen Parametern beeinflusst werden. Deren Erfassung ermöglicht damit die Messung einer Vielzahl von Größen [198].

10.2.3 SAW-Gassensor

Für den Einsatz in der Analytik, beispielsweise in der Gassensorik, versieht man die Verzögerungslinie zwischen Sender und Empfänger mit einer sensitiven Schicht. Dies ist in Abbildung 10.6 schematisch dargestellt [199].

Der zu detektierende Stoff lagert sich an dieser Schicht an. Dabei ändern sich die elastischen Eigenschaften der Verzögerungslinie (teilweise auch die elektrischen). Aufgrund dessen wird die akustische Welle zusätzlich gedämpft. Dadurch ändert sich primär ihre Amplitude. Dies beeinflusst allerdings auch ihre Frequenz und ihre Ausbreitungsgeschwindigkeit [115, 200]. Dabei gilt für die relative Frequenzänderung und

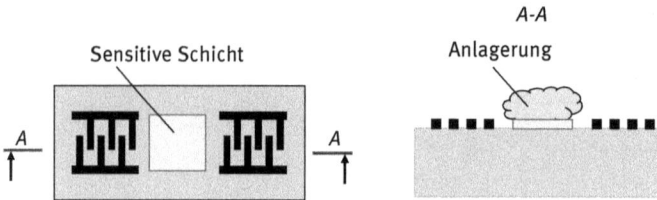

Abb. 10.6: SAW-Gassensor mit sensitiver Schicht in Aufsicht und Schnittansicht.

die relative Geschwindigkeitsänderung

$$\frac{\Delta f}{f} = \frac{\Delta v}{v} \, . \tag{10.4}$$

Die Ausbreitungsgeschwindigkeit (und ihre relative Änderung) können mit recht wenig Aufwand durch die Messung der Verzögerungszeit bestimmt werden (siehe Gleichung 10.3). Die Ermittlung der Konzentration des Analyten erfolgt daher in der Regel auf diesem Weg.

Optimalerweise lagert sich ausschließlich der zu detektierende Stoff an der sensitiven Schicht an. Um diese Selektivität zu gewährleisten, gibt es verschiedene Konzepte, die auch für Halbleitersensoren und piezoelektrische Quarzsensoren zum Einsatz kommen (siehe Kapitel 8 bzw. 11).

Eine besonders häufig eingesetzte Variante des SAW-Gassensors ist in Abbildung 10.7 dargestellt. Der Sensor weist ein zweites SAW-Filterelement ohne sensitive Schicht auf, das als Referenz zur Kompensation der Umgebungseinflüsse dient [192, 201].

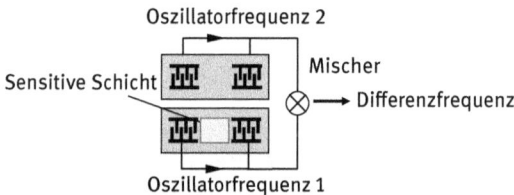

Abb. 10.7: SAW-Gassensor.

Wie oben erwähnt, hat beispielsweise die Temperatur einen signifikanten Einfluss auf die Resonanzfrequenz des Interdigitalwandlers. Die aus einer Temperaturänderung resultierende Frequenzänderung könnte also fälschlicherweise als Resultat einer Anlagerung interpretiert werden. Um diesen Effekt zu eliminieren, werden die beiden

Interdigitalwandler mit einem elektronischen Mischer verbunden, mithilfe dessen die Differenzfrequenz ermittelt wird. Die Bestimmung der Konzentration des Analyten basiert dann auf der Auswertung dieser Differenzfrequenz [201].

10.2.4 Drahtloser SAW-Gassensor

Der kabel- und batterielose SAW-Gassensor weist im Gegensatz zu den bisher vorgestellten Konzepten nur einen Interdigitalwandler auf. In unterschiedlichen Abständen befinden sich links und rechts von diesem parallel angeordnete Metallstreifen, die als Reflektoren für die akustische Oberflächenwelle dienen. Die gassensitive Schicht befindet sich zwischen einem der Reflektoren und dem Interdigitalwandler. Diese Konstruktion ist in Abbildung 10.8b dargestellt und wird üblicherweise als 1-Port Resonator (1-Port Res) bezeichnet.

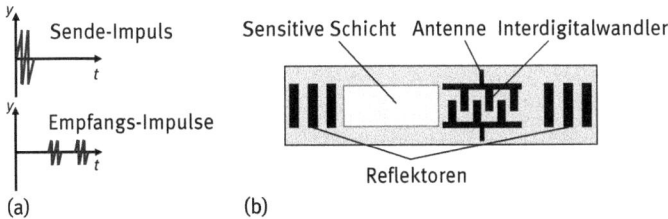

Abb. 10.8: Schematische Darstellung der Ein- und Ausgangsimpulse (a) und des drahtlosen SAW-Gassensors (b).

Zu dem Messsystem gehören außerdem noch ein Lesegerät und eine Leseantenne (siehe Abbildung 10.9) [202, 203]. Zur Durchführung einer Messung sendet das Lesegerät mithilfe der Leseantenne ein Abfragesignal an den Interdigitalwandler, der ja selbst auch eine Antenne darstellt. Dieser empfängt den Hochfrequenzimpuls und wandelt ihn mithilfe des inversen piezoelektrischen Effekts in eine akustische Oberflächenwelle um. Die Welle breitet sich nach links und rechts in Richtung der Reflektoren aus und wird anschließend von diesen zum Interdigitalwandler zurückreflektiert. Ein Teil der Welle (links in Abbildung 10.8) passiert dabei zweimal die sensitive Schicht. Der zweite Teil der Welle (rechts) dient wieder als Referenz zur Kompensation der Umgebungseinflüsse. Aufgrund der unterschiedlichen Längen der Verzögerungslinien haben beide Teilwellen unterschiedliche Verzögerungszeiten (siehe Gleichung 10.3). Infolgedessen findet keine zeitliche Überlappung der beiden Signale statt, wenn die Reflexionen wieder am Interdigitalwandler ankommen (siehe Abbildung 10.8a). Unter Ausnutzung des direkten piezoelektrischen Effekts generiert der Interdigitalwandler dann aus den reflektierten akustischen Wellen elektrische Ausgangsimpulse. Das Lesegerät empfängt diese mithilfe der Leseantenne und verarbeitet sie [202, 203]. Wenn die Messung abgeschlossen ist, startet eine neue [196].

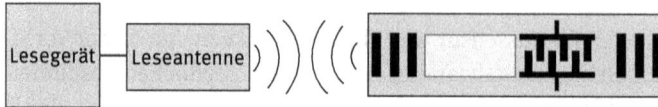

Abb. 10.9: Prinzipielle Darstellung des Messsystems mit dem kabellosen SAW-Gassensor.

In der Europäischen Union sind die beiden Frequenzbereiche 433,07–434,77 MHz und 2,4–2,483 GHz für den Betrieb drahtloser SAW-Sensoren zugelassen. Die maximal zulässige Strahlleistung beträgt 25 mW bzw. 100 mW. Damit ist eine maximale Entfernung zwischen der Leseantenne und dem Sensor von ca. 5 m erreichbar [20, 196].

10.3 Anwendungen

Drahtlose SAW-Sensoren finden ihre Einsatzgebiete inzwischen in vielen industriellen Bereichen. Sie eignen sich insbesondere für Anwendungen in Bereichen, die schwer zugänglich sind oder in denen aus verschiedenen Gründen keine Verdrahtung möglich ist [115, 198]. SAW-Sensoren weisen aufgrund der verwendeten Materialien eine sehr gute thermische Stabilität auf und werden daher häufig bei Hochtemperaturvorgängen verwendet, wie sie beispielweise in der Stahlindustrie auftreten [198].

In der Analytik werden SAW-Sensoren unter anderem zur Detektion von Schadstoffen oder zur Überprüfung der Reinheit von Gasen eingesetzt [204]. In der Tabelle 10.2 findet sich eine Zusammenstellung von Gasen, die mit SAW-Sensoren detektiert werden können. Des Weiteren sind in der Tabelle die Frequenz der akustischen Oberflächenwelle, das Material der sensitiven Schicht, die Nachweisempfindlichkeit und die Betriebsbedingungen aufgeführt [199].

Darüber hinaus werden SAW-Gassensoren auch häufig als Detektoren für die Gaschromatografie eingesetzt (siehe Kapitel 5). Aufgrund ihrer kleinen Dimension waren sie ein wichtiger Beitrag, um Gaschromatografen mobil gestalten zu können.

Tab. 10.2: Daten von SAW-Gassensoren [199].

Analyt	AOW-Frequenz	Sensitive Schicht	Sensitivität η Nachweisempf. (LL)	Betriebsbedingungen
H_2	75 MHz	Palladium (Pd)	LL = 50 ppm	H_2 in N_2 bei Raumtemperatur (@RT)
H_2S	60 MHz	WO_3	$\eta = 0{,}35$ kHz/ppm LL < 1 ppm	H_2 in synthetischer Luft @RT
NO_2	101,764 MHz	WO_3	$\eta \approx 7$ kHz/ppm LL = 0,5 ppm	NO_2 @25 °C, 80 °C
CO_2	250 MHz	Polymers	$\eta \sim 4{,}17$ Hz/ppm	CO_2 in N_2 @RT
CH_4	363 MHz	SnO_2	LL < 500 ppm	CH_4, NO_2, Toluol in Luft @300–450 °C
SO_2	131 MHz	Triethanolamin-(TEA-)Borsäure-Komposite	$\eta \sim 200$ Hz/ppm, LL < 8 ppm	SO_2 in N_2 @12 °C
NH_3	42 MHz	Polypyrrol	$\eta \sim 0{,}13$ kHz/ppm	NH_3 in Mischung aus CO, CH_4, H_2, O_2 @RT
SF_6	42 MHz	Kohlenstoff-nanoröhren	$\eta = 7{,}4$ kHz/ppm LL = 9,5 ppm	SF_6, SO_2 und HF in Luft @RT
O_3	433 MHz	Polybutadien	LL = 63 ppb	O_3 in trockener Luft @RT
O_2	334 MHz	ZnO	LL = 20 %	O_2 in N_2 @500–700 °C
CO	97,2 MHz	Polyanilin/In_2O_3 Komposite	LL = 60 ppm	CO, H_2, NO_2 in synthetischer Luft @RT
Aromaten	700 MHz	Molekular geprägtes Polymer/Polyurethan	LL = 0,5 ppm (Min.)	Benzol, Toluol, Xylol, Ethanol, Butan und Propan in Luft @25–35 °C
VOCs	433 MHz	ZnO	100–5.000 ppm	Azeton, Trichlorethen, Chloroform, Ethanol, Propanol, Methanol in Luft @22 °C
Organo-Phosphor-Verbindungen	434 MHz	Fluor-Alkohol-Polysiloxan (SXFA)	$\eta \sim 20$ mg/m^3 LL < 0,5 mg/m^3	DMMP in N_2 @25 °C, 85 °C
Sprengstoffe/Chem. Kampfstoffe	36–434 MHz	Polymere	$\eta = 8{,}3$ Hz/ppb LL = 3 ppb (Min.)	TNT, DNT, Sarin und DMMP in N_2 @RT

10.4 Kommerzielle Produkte

Die Anwendung der SAW-Technologie in der Gassensorik ist vergleichsweise neu. Aufgrund der besonderen Vorteile dieser Technologie, wie der hohen Messgenauigkeit, dem geringen Energieverbrauch sowie der drahtlosen Anbindung, sehen viele Fachleute allerdings ein großes Entwicklungspotenzial. Im Folgenden werden beispielhaft zwei kommerzielle Produkte vorgestellt, die auf SAW-Sensoren basieren.

10.4.1 Hazmatcad

Der Hazardous Material Chemical Agent Detector (Hazmatcad) der Firma MSA Safety Inc. ist ein mobiles Gerät zur Erkennung chemischer Kampfstoffe. Das Gerät ist in der Lage, die folgenden Stoffgruppen kollektiv zu messen:
- Nervengase (wie Tabun oder Sarin)
- Hautkampfstoffe (wie Senfgas (Lost) oder Lewisit)
- andere toxische Chemikalien

Die identifizierten Chemikalien werden entsprechend als (G), (H) oder (TOX) auf dem Bildschirm angezeigt. Zur Detektion setzt der Hazmatcad ein SAW-Mikrosensor-Array ein. Die Einheit besteht aus drei SAW-Sensoren, die mit spezifischen Polymeren beschichtet sind. Zeit-, Amplituden- und Signalmuster der drei Detektoren ermöglichen es zu bestimmen, ob ein Nervengas oder ein Hautkampfstoff vorhanden ist und in welcher Konzentration. Der Konzentrationsgrad wird dabei als niedrig (LOW), mittel (MED) oder hoch (HIGH) angezeigt [205].

Tab. 10.3: Messbereiche bzw. Nachweisgrenzen des Hazmatcad [205].

Stoffgruppe	Betriebsmodus	Messbereich bzw. Nachweisgrenze
Nervengas (G)	schnelle Reaktionszeit	$0{,}3$–$0{,}9\,mg/m^3$ ($0{,}04$–$0{,}14\,ppm$)
	hohe Nachweisempfindlichkeit	$0{,}06$–$0{,}18\,mg/m^3$ ($0{,}01$–$0{,}03\,ppm$)
Hautkampfstoffe (H)	schnelle Reaktionszeit	$1{,}4\,mg/m^3$ ($0{,}2\,ppm$)
	hohe Nachweisempfindlichkeit	$0{,}28\,mg/m^3$ ($0{,}04\,ppm$)
Hydrogencyanid „TOX" (AC)		$5{,}0\,ppm$
Phosgen „TOX" (CG)		$0{,}3\,ppm$

Der Hazmatcad Plus enthält neben SAW-Sensoren auch elektrochemische Zellen zum Nachweis von Cyanwasserstoff (Hydrogencyanid oder Blausäure), Phosgen (Kohlenoxid-Dichlorid), Halogengasen (Chlor, Fluor) und Hydridgasen (Arsin, Schwefelwasserstoff). Elektrochemische Zellen sind zwar weniger spezifisch als SAW-Sensoren, liefern jedoch zuverlässige Ergebnisse für bestimmte Klassen von Gasen und Dämpfen.

Abb. 10.10: Hazmatcad (mit freundlicher Genehmigung von MSA Safety Inc.) [205].

Die SAW-Sensoren können in zwei verschiedenen Betriebsmodi betrieben werden: schnelle Reaktionszeit ($\tau = 20\,$s) oder hohe Nachweisempfindlichkeit ($\tau = 120\,$s). In Tabelle 10.3 findet sich eine Zusammenstellung der Messbereiche bzw. Nachweisgrenzen.

Der Hazmatcad ist in der Abbildung 10.10 dargestellt. Zu seinen Anwendern gehören unter anderem die Feuerwehr und das Militär. Sein Preis beläuft sich auf ca. 8.000 US\$.

10.4.2 zNose

Die zNose der Firma Electronic Sensor Technology (EST) ist der erste Gaschromatograf (siehe Kapitel 5), der auf der SAW-Technologie basiert. Es erkennt flüchtige organische Verbindungen (VOCs) mit Kohlenstoffketten von C4 bis C25 mit Nachweisgrenzen in der Größenordnung von bis zu einigen Pikogramm (Parts-per-Trillion). Die Analysezeit beträgt dabei zwischen 5 und 60 Sekunden.

Der Sensor verfügt über eine Bibliothek mit mehr als 700 chemischen Signaturen, zu der Benutzer ihre eigenen Daten hinzufügen können. Gemische aus Hunderten verschiedener chemischer und biologischer Komponenten können so gleichzeitig identifiziert werden.

Die Anwendungen dieses Analysators sind außerordentlich vielfältig. Sie reichen von der Sicherheitstechnik (Polizei und Militär) über Wissenschaft und Medizintechnik bis zur Umwelttechnik und Petrochemie. So kann die zNose z. B. zur Beurteilung der Pflanzenqualität verwendet werden. Durch die Messung mikrobieller, flüchtiger organischer Verbindungen (MVOC) von Schimmelpilzen, Bakterien oder Pilzen kann das Gerät den jeweiligen biologischen Kontaminanten erkennen. Dadurch lässt sich das infizierte Material frühzeitig entfernen und hilft, gesundheitsschädliche Auswirkungen auf den Menschen zu verhindern. Biologische Forschungslabors verwendeten diesen drahtlosen, tragbaren Sensor aber auch, um ein chemisches Profil von Gemüsegerüchen zu erstellen.

Die zNose kann ebenfalls für die Analyse von Blut, Urin und anderen biologischen Proben eingesetzt werden. Die SAW-Technologie erkennt auch die Emissionen von Reinigungsprodukten wie antiseptischen Seifen und kann so verwendet werden, um die Aufrechterhaltung einer sterilen Umgebung zu gewährleisten [206]. Der Preis dieses Analysewerkzeug beläuft sich auf ca. 28.000 US$. Die zNose 4600 ist in der Abbildung 10.11 dargestellt.

Abb. 10.11: zNose 4600 (mit freundlicher Genehmigung von Electronic Sensor Technology) [206].

10.5 Zusammenfassung

SAW-Sensoren basieren auf der Ausbreitung von Rayleigh-Wellen auf der Oberfläche einer piezoelektrischen Platte. In seiner einfachsten Ausführung besteht das sogenannte SAW-Filterelement aus zwei Interdigitalwandlern in einem definierten Abstand. Die Interdigitalwandler dienen zur Erzeugung bzw. zur Detektion der akustischen Oberflächenwelle. In beiden Fällen basiert die Funktionalität auf dem piezoelektrischen Effekt. Für den Einsatz in der Analytik befindet sich zwischen dem Sender und dem Empfänger eine sensitive Schicht, an die sich die zu detektierende Komponente selektiv anlagert. Aus der Änderung der Frequenz, der Ausbreitungsgeschwindigkeit und der Amplitude der akustischen Oberflächenwelle lässt sich die Konzentration des gesuchten Stoffs bzw. der gesuchten Stoffgruppe ermitteln. Zur Kompensation der Umgebungseinflüsse wie Temperatur und Druck wird üblicherweise ein zweites SAW-Filterelement ohne sensitive Schicht als Referenz eingesetzt. In seiner kabellosen Variante wird nur ein einziger Interdigitalwandler verwendet, der mit dem elektromagnetischen Puls einer externen Antenne angeregt und ausgelesen wird.

Die Anwendungen von SAW-Sensoren finden sich insbesondere beim Militär und der Feuerwehr. Sie kommen aber auch in der Wissenschaft, der Medizintechnik und der Umwelttechnik zum Einsatz. Sie eignen sich insbesondere für schwer zugängliche Bereiche oder Messorte, an denen keine Verdrahtung möglich ist. Außerdem werden sie als Detektoren für die Gaschromatografie eingesetzt.

Zurzeit gibt es nur eine recht begrenzte Anzahl von kommerziellen Analysatoren, die auf der SAW-Technologie basieren. Aufgrund der hohen Messgenauigkeit (sub-ppm bis ppt), des geringen Energieverbrauchs und ihrer drahtlosen Anbindung gibt es allerdings ein großes Entwicklungspotenzial. Die Preise der existierenden Analysatoren liegen zwischen 8.000 und 30.000 €.

11 Piezoelektrische Quarzsensoren

11.1 Einleitung

Piezoelektrische Quarzsensoren sind massensensitive Sensoren, die zur Bestimmung von Stoffkonzentrationen in Gasen und Flüssigkeiten genutzt werden. Sie gehören im weiteren Sinne zu den gravimetrischen Sensoren und werden auch als Quarz-kristallmikrowaagen (QCM – Quartz Crystal Microbalance), Quarzresonanzsensoren (QMB – Quartz Microbalance) oder akustische Volumenwellenschwinger (BAW – Bulk Acoustic Wave) bezeichnet. Dieser Sensortyp beruht, genau wie die SAW-Sensoren (siehe Kapitel 10), auf dem piezoelektrischen Effekt, welcher 1880 von den Brüdern Paul-Jacques und Pierre Curie entdeckt wurde. Dieser beschreibt die Änderung der elektrischen Polarisation und somit das Auftreten einer elektrischen Spannung an be-stimmten Festkörpern, wenn sie elastisch verformt werden (direkter piezoelektrischer Effekt). Ein Jahr später wurde die Umkehrwirkung des Effekts von Gabriel Lippmann vermutet und kurz darauf auch experimentell von den Curie-Brüdern nachgewiesen (inverser piezoelektrischer Effekt). Im Jahr 1958 wurde von Günter Sauerbrey der Zu-sammenhang zwischen der Änderung der Masse eines Quarzschwingers und seiner Resonanzfrequenz hergeleitet. Dies erlaubte die exakte Messung von Massenbeladun-gen eines Resonators [207].

Im folgenden Abschnitt wird das Messprinzip piezoelektrischer Quarzsensoren erläutert. Dabei wird zunächst auf die theoretischen Grundlagen eingegangen und nachfolgend auf Quarzkristallmikrowaagen und die Ausführung entsprechender Sen-soren. Im Anschluss daran werden typische Anwendungsgebiete dieses Sensortyps präsentiert. Darauffolgend werden beispielhaft kommerzielle Produkte vorgestellt. Ei-ne Zusammenfassung schließt dieses Kapitel ab.

11.2 Messprinzip

11.2.1 Piezoelektrizität

Der (direkte) piezoelektrische Effekt beschreibt das Entstehen einer elektrischen Po-larisation in bestimmten Materialien als Auswirkung einer mechanischen Beanspru-chung [208]. Umgekehrt verformen sich diese, auch Piezoelektrika genannten Mate-rialien bei Anlegen einer elektrischen Spannung (inverser Piezoeffekt). Alle Materia-lien mit permanentem elektrischen Dipol sowie alle nichtleitenden ferroelektrischen Materialien sind piezoelektrisch. Kennzeichnend für piezoelektrische Kristalle ist, dass deren Strukturen kein Inversionszentrum aufweisen [209]. Anders ausgedrückt

Unter Mitwirkung von Julien Rene Liebschwager, Cedric Michel Signe Takem und Calvin Cyril Tienadjana

https://doi.org/10.1515/9783110702040-011

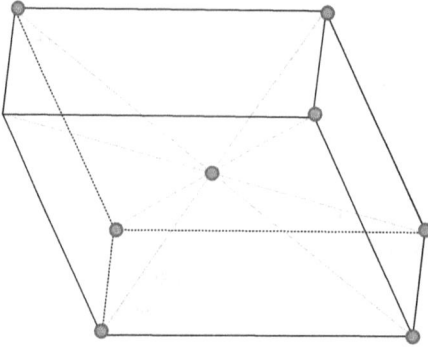

Abb. 11.1: Elementarzelle eines Raumgitters mit Inversionszentrum im Schwerpunkt.

darf es keinen Punkt geben, an dem eine Punktspiegelung die kristalline Elementarzelle in sich selbst überführt. In der Abbildung 11.1 ist das Inversionszentrum eines Raumgitters dargestellt [210].

Die Abbildung 11.2 illustriert den direkten piezoelektrischen Effekt am Beispiel von Quarz (Siliziumdioxid – SiO_2). Auf der linken Seite der Abbildung ist die Kristallstruktur ohne mechanische Einwirkung zu sehen. In diesem Fall liegen die Ladungsschwerpunkte der positiven Siliziumionen (größerer Hohlkreis) und der negativen Sauerstoffionen (kleiner Vollkreis) im Zentrum übereinander. Das Material zeigt keine elektrische Polarisation. Auf der rechten Seite der Abbildung ist die Kristallstruktur unter Einwirkung einer mechanischen Kraft zu sehen. Aufgrund der nicht vorhandenen Inversionssymmetrie verschieben sich in diesem Fall die positiven und negativen Ionen sowie deren Ladungsschwerpunkte. Diese Verschiebung führt zu einer Polarisation des Werkstoffes (oben: negative Partialladung; unten: positive Partialladung) [209]. Der inverse piezoelektrische Effekt beschreibt die Ausdehnung bzw. Kompression des Materials durch das Anlegen einer Spannung. Wird ein piezoelektrischer Werkstoff mit einer Wechselspannung angeregt, fängt er an zu schwingen.

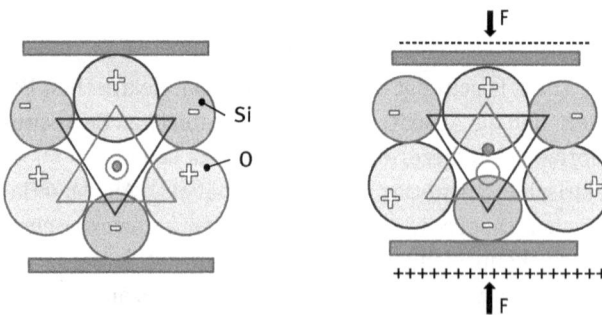

Abb. 11.2: Piezoelektrischer Effekt.

Es wird zwischen natürlichen und künstlichen Piezoelektrika unterschieden. Künstlich hergestellte Piezoelektrika werden auch als Piezokeramiken bezeichnet. Sie bestehen aus polykristallinen Sintermaterialen, wobei die kristallinen Zellen durch Korngrenzen voneinander getrennt sind. Der piezoelektrische Effekt ist bei Piezokeramiken zunächst nicht vorhanden und entsteht erst, wenn das Material unter Einwirkung eines starken elektrischen Felds bis knapp unter die sogenannte Curie-Temperatur erhitzt und wieder abgekühlt wird. Die eingeprägte Ladungsorientierung bleibt danach zum großen Teil erhalten.

Die Curie-Temperatur ist vom Werkstoff abhängig und kennzeichnet die Temperatur, bei der die ferromagnetischen Eigenschaften des Materials verschwinden. Es lassen sich künstliche Piezoelektrika herstellen, bei denen der piezoelektrische Effekt deutlich stärker ist als bei natürlichen, wie Quarz oder Turmalin [209]. Die künstlichen Piezoelektrika bestehen aus Mischoxiden von Ba, Ti, Pb, Nb und anderen Elementen [211]. In der Tabelle 11.1 sind einige relevante Piezoelektrika aufgelistet. Bei den Turmalinen steht X für Calcium, Natrium oder Kalium. Y steht für Magnesium, Lithium, Aluminium, Mangan bzw. zwei- oder dreiwertiges Eisen. Z repräsentiert Aluminium, Magnesium, Chrom, Vanadium oder dreiwertiges Eisen. T kann Silizium, Aluminium, Bor oder Beryllium sein.

Tab. 11.1: Piezoelektrika.

Natürliche Piezoelektrika	Chemische Formel
Rochellesalz (Seignettesalz)	$NaKC_4H_4O_6.4\,H_2O$
Ammoniumdihydrogenphosphat	$NH_4H_2PO_2$
Kaliumhydrogenphosphat	KH_2PO_4
α-Quarz	SiO_2
Turmalin	$XY_3Z_6[(BO_3)_3T_6O_{18}(OH, F, O)_4]$
Künstliche Piezoelektrika	
Bariumtitanat	$BaTiO_3$
Blei-Zirkonat-Titanat (PZT)	$Pb[Zr_xTi_{1-x}]O_3\ (0 \leq x \leq 1)$
Bleimetaniobat	$PbNb_2O_6$

Aufgrund seiner nahezu grenzenlosen Verfügbarkeit in Form von Sand ist Quarz (SiO_2) das am häufigsten verwendete piezoelektrische Material. Abbildung 11.3 zeigt SiO_2 in kristalliner Form (a) und in amorpher Form als Glas (b). Der Unterschied zwischen den beiden Werkstoffen liegt darin, dass Glas nur über eine kristalline Nahordnung in Form der Tetraeder verfügt, jedoch keine kristalline Fernordnung aufweist wie Quarz.

- **(a) SiO$_2$, Quarz (Kristallin)**

- **(b) SiO$_2$, Glas (Amorph)**

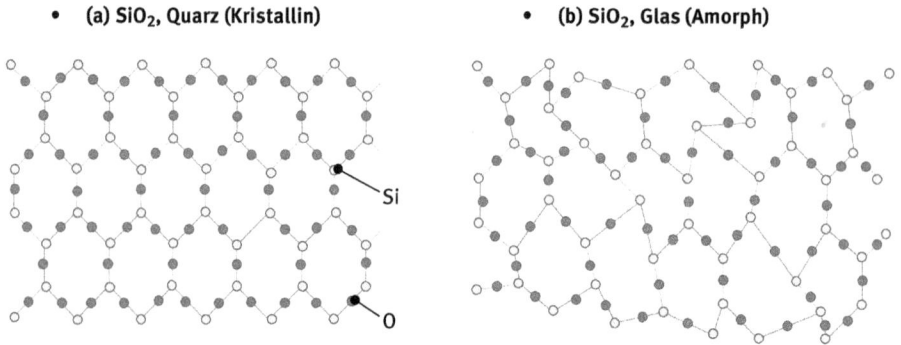

Abb. 11.3: Atomare Struktur von Quarz (a) und Glas (b) (basierend auf SiO$_2$).

11.2.2 Quarzkristallmikrowaagen

Der Kern jeder Quarzkristallmikrowaage (QCM) ist ein piezoelektrischer Quarzkristall in Form einer dünnen Scheibe mit zwei Elektroden. Als Elektrodenmaterialien werden Gold (Au), Platin (Pt), Silber (Ag), Chrom (Cr), Indiumzinnoxid (ITO) oder Titan (Ti) eingesetzt. Der Quarzkristall und die Elektroden werden zusammen auch als Quarzkristallresonator (QCR: Quartz Crystal Resonator) bezeichnet.

Das Anlegen einer elektrischen Spannung an das Elektrodenpaar führt durch den inversen piezoelektrischen Effekt zu einer Deformation des Kristalls. Wird an die Elektroden eine Wechselspannung angelegt, so wird der Quarzkristall periodisch deformiert und so in Schwingung versetzt. Diese Schwingung breitet sich durch den Quarz

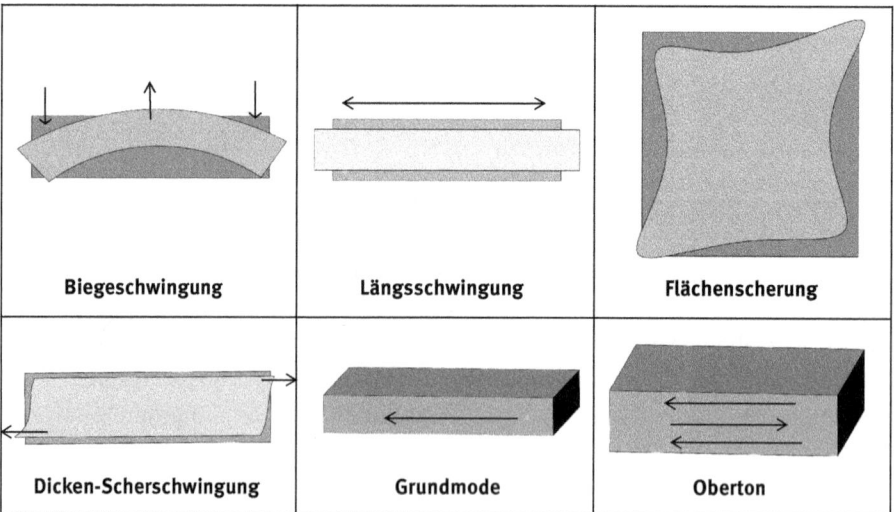

Abb. 11.4: Schwingungsmoden von Quarzkristallen.

hindurch aus und bildet eine stehende Welle. In der Abbildung 11.4 sind die wichtigsten Schwingungsmoden dargestellt, die durch eine elektrische Anregung von geeignet platzierten und geformten Elektroden erzeugt werden können. In der unteren Zeile ist die für QCM besonders relevante Dicken-Scherschwingung zu sehen, deren Welle senkrecht zur Oberfläche der Quarzscheibe orientiert ist (Prinzip, Grundmode, Oberton).

Quarze sind anisotrope Werkstoffe. Das bedeutet, dass ihre Eigenschaften richtungsabhängig sind. Quarzkristalle für QCM-Anwendungen müssen daher für das Erreichen einer gewünschten Resonanzfrequenz in einem bestimmten Winkel bezüglich ihrer Kristallachsen geschnitten sein. Kristalle im sogenannten AT-Schnitt eignen sich besonders gut für den Dicken-Schermodus. Ihre Resonanzfrequenzen liegen in der Grundmode meistens zwischen 5 und 10 MHz. Damit lassen sich besonders kleine Frequenzänderungen messen, was einer hohen Messgenauigkeit entspricht. Darüber hinaus weist ihre Resonanzfrequenz vorteilhafterweise nur eine geringe Temperaturempfindlichkeit auf [212].

Im Fall der Dicken-Scherschwingung hängt die Resonanzfrequenz f_0 primär von der Dicke d_q der Quarzscheibe ab. Es gilt

$$f_0 = \frac{z}{2d_q} \sqrt{\frac{\mu_q}{\rho_q}} \, , \tag{11.1}$$

dabei ist z die Mode (Obertonzahl), ρ_q die spezifische Dichte von Quarz ($2.648\,\text{kg/m}^3$) und μ_q sein Schermodul ($2{,}957 \cdot 10^{10}\,\text{N/m}$). Der Wurzelausdruck entspricht der Ausbreitungsgeschwindigkeit im Quarz und $2d_q$ ist die Wellenlänge der Grundmode (siehe Abbildung 11.4 links unten). Für eine Schichtdicke von 167 µm liegt die Grundresonanzfrequenz ($n = 1$) damit beispielsweise bei ca. 10 MHz [207].

Die Anwendung eines QCR in der chemisch-analytischen Konzentrationsmessung basiert auf der Anlagerung des zu detektierenden Stoffs an seine Oberfläche. Durch diese zusätzliche Dämpfung der Schwingung ändert sich die Resonanzfrequenz des Quarzkristalls. Nach der Formel von Günter Sauerbrey ist die Änderung der Resonanzfrequenz Δf des Quarzkristalls dabei proportional zu der auf seiner Oberfläche angelagerten Masse Δm [213]:

$$\Delta f = -\frac{2f_0^2}{A\sqrt{\rho_q \mu_q}} \Delta m \, , \tag{11.2}$$

dabei ist A die piezoelektrisch aktive Kristallfläche. Für einen 5 MHz-Schwingquarz bedeutet das, dass eine Masseanlagerung von 17,7 ng auf einer Fläche von 1 cm^2 eine Frequenzänderung von 1 Hz hervorruft [20]. Die beiden oben genannten Gleichungen gelten genaugenommen nur unter folgenden Bedingungen [207]:

– Die angelagerte Masse muss im Vergleich zur Masse der Quarzplatte klein sein.
– Die angelagerte Masse muss starr sein (nicht beweglich).
– Die Verteilung der Masse über die Elektrodenfläche muss gleichmäßig sein.

Um aus der an der Oberfläche angelagerten Masse Δm die Konzentration C der Substanz (in mol/l) zu berechnen, bedient man sich der folgenden Gleichung:

$$C = \frac{\Delta m}{MV}\,,\tag{11.3}$$

dabei ist V das Volumen des Untersuchungsraums (in l) und M die molare Masse der gesuchten Substanz (in g/mol) [214].

Da die Anlagerung eine starre Schicht bilden muss, wurden QCM-Sensoren zunächst bevorzugt für die Untersuchung gasförmiger Proben eingesetzt (und zur Staubmessung). Wird ein Quarz in flüssiger Umgebung zu Schwingungen angeregt, erfolgt jedoch durch die umgebende Flüssigkeit eine charakteristische Dämpfung der Schwingung. Diese Dämpfung, auch Dissipation genannt, wird durch Reibung herbeigeführt und hängt maßgeblich von den viskoelastischen Eigenschaften der angelagerten Masse ab. Sie entspricht dem Kehrwert der Güte Q der Resonanz. Mit der vollen Resonanzbreite auf halber Höhe Δf gilt: $D = 1/Q = \Delta f/f_0$. Die Dissipation wird verwendet, um QCM-Sensoren auch in Flüssigkeiten betreiben zu können. Dafür wird nach dem Abschalten der Wechselstromanregung das Abklingen der Oszillation aufgezeichnet. Durch die quasisimultane Messung von Frequenzänderung und Dissipation bei unterschiedlichen Resonanzfrequenzen ist es möglich, die Massendichte und die Viskoelastizität des Adsorbats zu ermitteln. QCM-Systeme, die in der Lage sind, die Dissipation zu erfassen, werden QCM-D genannt. Moderne QCM-D-Systeme zeichnen nicht nur den Grundton, sondern auch den dritten, fünften und siebten Oberton der Schwingung auf. Die Abbildung 11.5 zeigt das Resonanz- und Dämpfungsverhalten eines QCM-D für verschiedene Schichtarten [126, 215]. Zu unterscheiden sind dabei die folgenden drei Fälle:

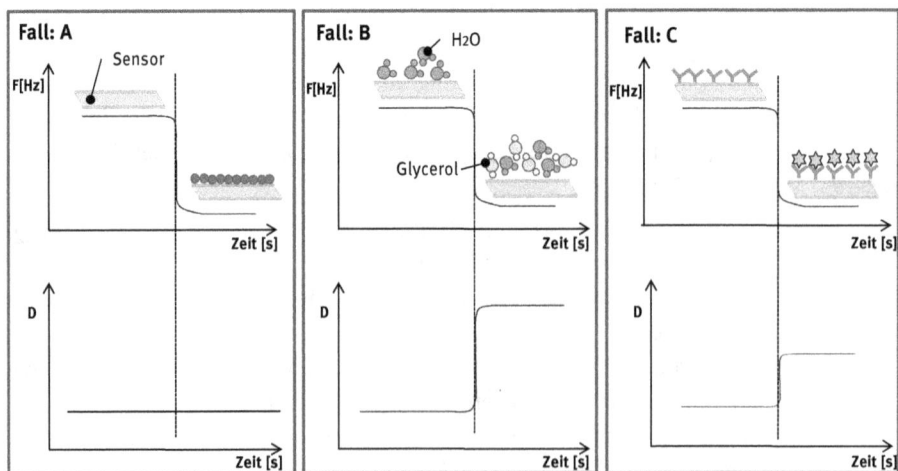

Abb. 11.5: Resonanzfrequenz und Dämpfung eines QCM-D für verschiedene Schichtarten (A: dünne, starre Schicht; B: Newton'sche Flüssigkeit; C: Nicht-Newton'sche Flüssigkeit) [126, 215].

- (A) dünne, starre Schicht (z. B. Gasmoleküle):
  Verschiebung der Resonanzfrequenz und konstante Dämpfung
- (B) Newton'sche Flüssigkeit (belastungsunabhängige Viskosität, wie z. B. Wasser):
  Abnahme der Resonanzfrequenz und betragsgleiche Zunahme der Dämpfung
- (C) Nicht-Newton'sche Flüssigkeit (viskoelastischer Stoff, wie z. B. Polymere oder Biofilme):
  Abnahme der Resonanzfrequenz und Zunahme der Dämpfung mit unterschiedlichen Amplituden

11.2.3 QCM-Chemosensor

QCM-Chemosensoren sind Instrumente zur Identifizierung und/oder Quantifizierung von Substanzen. Der Quarzkristall ist dabei in der Regel kreisförmig oder rechteckig. Die Abbildung 11.6 zeigt den schematischen Aufbau eines QCM-Sensors mit den Komponenten seiner elektrischen Anschlüsse.

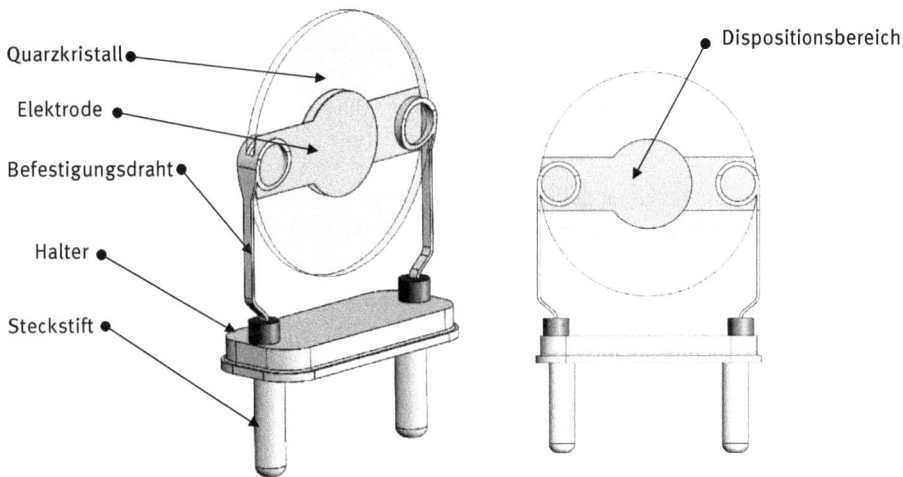

Abb. 11.6: Schematischer Aufbau eines QCM-Sensors.

Für den Einsatz als Chemosensor ist die Kristalloberfläche mit einer sensitiven Schicht versehen, an der sich selektiv der zu detektierende Stoff bzw. die zu detektierende Stoffgruppe anlagert. Das Beschichten wird auch als „Funktionalisierung der Oberfläche" bezeichnet. Bei QCM-Sensoren für biologische Anwendungen basiert die Selektivität der Beschichtung oftmals auf dem sogenannten Schlüssel-Schloss-Prinzip. Die Abbildung 11.7 verdeutlicht dies durch eine Probe, die einen spezifischen rechteckigen Analyten mit einem charakteristischen dreieckigen Ausschnitt aufweist. Auf die Sensoroberfläche wird dann eine Rezeptorschicht aufgebracht, die die komplementäre Geometrie des charakteristischen Ausschnitts aufweist und an der sich so ausschließlich der spezifische Analyt anlagern kann.

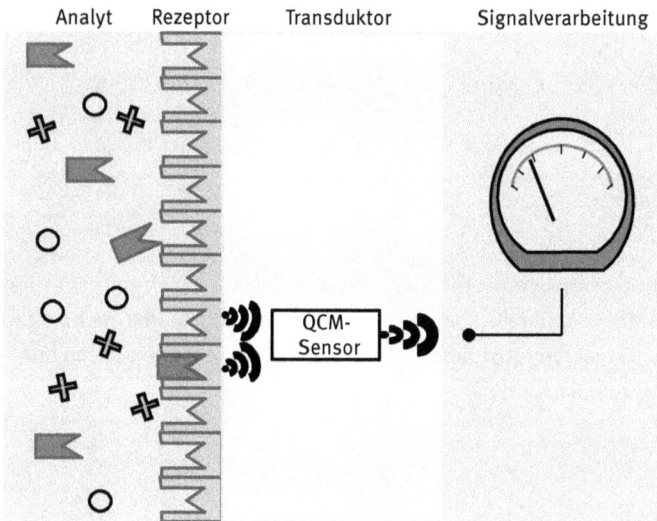

Abb. 11.7: QCM-Chemosensor mit Beschichtung nach dem Schlüssel-Schloss-Prinzip.

Zu jedem QCM-Chemosensor gehört eine elektronische Steuerung. Diese passt die Erregerfrequenz an die Umgebungsbedingungen (Temperatur, Luftdruck, Luftfeuchtigkeit etc.) an, erfasst die Frequenzänderung und die Dämpfung und wertet das Signal aus. Die Messung selbst kann entweder statisch oder im Fluidstrom erfolgen. Im ersten Fall wird das zu analysierende Fluid (Gas oder Flüssigkeit) in eine Messkammer injiziert oder auf den Sensor aufgetragen. Die Abbildung 11.8 verdeutlicht dies. Falls die Anwendung einen Fluidstrom erfordert, fließt die Probe für eine bestimmte Zeit lang an dem Sensor vorbei.

Die Anzahl der QCM-Sensoren in Messsystemen kann variieren. Neben einzelnen Sensoren gibt es Systeme, die aus mehreren Sensoren aufgebaut sind. Diese auch Multichannel-QCM genannten Sensoren bieten die Möglichkeit, die Konzentration mehrerer verschiedener Analyten gleichzeitig zu erfassen. Mit deren Einführung erschlossen sich viele neue Anwendungen.

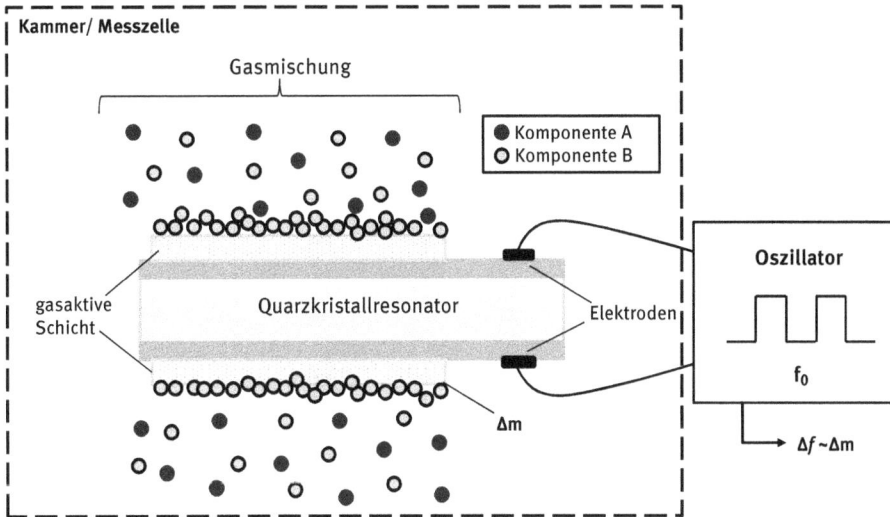

Abb. 11.8: Messung mit QCM-Chemosensor in einer Messkammer.

11.3 Anwendungen

QCM-Sensoren haben in den letzten Jahren enorm an Bedeutung gewonnen. Sie werden heute in der Forschung, der Medizintechnik und in industriellen Prozessen eingesetzt. In folgenden Anwendungen werden QCM-Sensoren zur Analyse gasförmiger Stoffe verwendet:

- **Feuchtigkeitsmessung:** Überwachung der Raumluftqualität zur Steuerung von Heizungen, Lüftungen und Klimaanlagen, Kontrolle von Produktionsprozessen sowie Feuchtigkeitsmessung in der Landwirtschaft und in elektrischen Geräten. Als Beschichtungsfilm wird Graphenoxid (GO), Polyethylenimin-Graphenoxid-Nanokomposit oder ZnO-Kolloid verwendet.
- **Nachweis organischer, gesundheits- oder umweltgefährdender Verbindungen:** Ein mit Nanostrukturen aus Polymer und bakterieller Cellulose beschichteter QCM-Sensor kann beispielsweise Formaldehyd quantifiziert detektieren [207].
- **Geruchsmessung/elektronische Nase:** Untersuchung der Korrelation zwischen der molekularen Gaszusammensetzung und dem Geruch. Hier werden mehrere QCM-Sensoren für verschiedene Stoffgruppen eingesetzt [216].

Für folgende Anwendungen werden QCM-Sensoren in flüssigen Medien eingesetzt [207]:

- **Überwachen der Zellgesundheit:** Zellen reagieren auf Stressfaktoren durch Veränderungen des Zytoskeletts. QCM-D-Sensoren können zur Echtzeituntersuchung von lebenden, primären Endothelzellen (Innenseite der Blutgefäße) verwendet werden, um so Moleküle zu identifizieren, die Zellaktivitäten beeinflussen.

- **Analyse der Blutgerinnung:** Die QCM-D-Technik kann zur Messung des Fibrinogenspiegels und der Thromboplastinzeit verwendet werden. Diese Faktoren sind entscheidend bei der Blutgerinnung. Mit den Daten können Aussagen über die Blutgerinnung in Zusammenhang mit der Blutzusammensetzung gemacht werden.
- **Alzheimerdiagnose:** Ein Indikator für die Alzheimerkrankheit ist die Ablagerung von β-Amyloid (Aβ) in Form von senilen Plaques in den Wänden von zerebralen (Gehirn) und meningealen (Hirnhaut) Blutgefäßen. Mit QCM-Sensoren kann die Ablagerungsrate bestimmt werden und damit die Bindung von Aβ-Aggregaten an die Lipidmembranen bewertet werden.
- **Krebsdiagnose:** QCM-Sensoren können verwendet werden, um bestimmte Krebsbiomarker im Blut zu erkennen.
- **Erregernachweis:** Das QCM-D-Verfahren kann zum Nachweis von Bakterien oder Viren, wie beispielsweise Salmonellen-, Tuberkulose- und Vogelgrippeviren, verwendet werden. Zur QCM-Detektion von Salmonellen wird die Bindung der Salmonella-Zellen an den immobilisierten Salmonella-Antikörper genutzt.
- **Nachweis organischer Verbindungen (Umweltverschmutzung):** Mit Phthalocyanin beschichtete QCM-Sensoren werden zur Überwachung verschiedener organischer Klassen von Schadstoffen in wässrigen Medien verwendet. Insbesondere chlorierte aliphatische und aromatische Verbindungen lassen sich so detektieren.

11.4 Kommerzielle Produkte

Es existiert eine Vielzahl kommerziell erhältlicher, piezoelektrischer Quarzsensoren. Die QCR werden dabei in verschiedenen Formen, Größen, Schnitten und Dicken sowie mit verschiedenen Beschichtungen und Elektroden angeboten. Grundsätzlich muss man bei den Produkten zwischen einzelnen QCM-Sensoren und QCM-Systemen unterscheiden. Letztere bestehen in der Regel aus einem Array mit mehreren Sensoren, die aufgrund unterschiedlicher Beschichtungen jeweils unterschiedliche Stoffe oder Stoffgruppen detektieren können.

Im Folgenden werden jeweils drei QCM-Sensoren und QCM-Systeme vorgestellt. In der linken Spalte der Tabellen 11.2 und 11.3 sind jeweils die Produktspezifikationen aufgeführt und in der rechten finden sich Abbildungen der Sensoren bzw. der Systeme.

Tab. 11.2: Kommerzielle QCM-Sensoren.

Modell S-CBAAB-6MG01 (Taitien Electronics Ltd.)
- Durchmesser: 13,98 ± 0,03 mm
- Grundfrequenz: 6 MHz
- Frequenztoleranz: keine Angaben
- Schnitt: AT
- Elektrode: Cr+Au
- Betriebstemperatur: +25 °C bis +75 °C
- Anwendungen
  - Biotechnologie
  - Verdampfung in Vakuum

(Mit freundlicher Genehmigung von Taitien Electronics/LOT-QuantumDesign GmbH)

Model PSA-SL-0901T (Nihon Dempa Kogyo Co. Ltd.)
- Durchmesser: 8,7 mm
- Grundfrequenz: 9,176 MHz
- Frequenztoleranz: keine Angaben
- Schnitt: AT
- Elektrode: Cr+Au
- Betriebstemperatur: +5 °C bis +85 °C
- Anwendungen
  - Biotechnologie
  - Gasanalyse

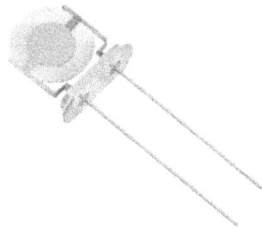

(Mit freundlicher Genehmigung von Nihon Dempa Kogyo/Digi-Key Electronics)

Model 750-1003-G10 (Inficon Inc.)
- Durchmesser: 14 mm
- Grundfrequenz: 6 MHz
- Toleranz: ±0,005 MHz
- Schnitt: AT
- Elektrode: Au/Au
- Betriebstemperatur: 70 °C ± 11 °C
- Anwendungen
  - Biotechnologie
  - Gasanalyse
  - Leckdetektion in Vakuum

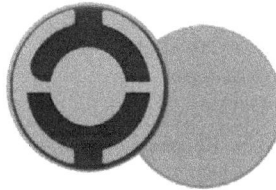

(Mit freundlicher Genehmigung von Inficon Inc.)

Tab. 11.3: Kommerzielle QCM-Systeme.

Model qCell T (3T Analytik GmbH & Co. KG)
- Frequenzbereich: 10 MHz
- Auflösung: 0,86 ng/Hz
- Genauigkeit: keine Angaben
- Temperaturbereich: +4 °C bis +80 °C
- Temperaturkontrollgenauigkeit: 0,1 °C
- Anzahl der Messzellen: 1
- Anwendungen:
  - Adsorptionsprozesse
  - Desorptionsprozesse
  - Aggregationsprozesse
  - Bindungsprozesse
  - Abbauprozesse

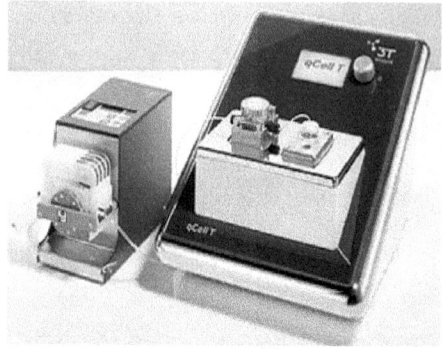

(Mit freundlicher Genehmigung von 3T Analytik)

Model QCM-I (MicroVacuum Ltd.)
- Frequenzbereich: 1–80 MHz
- Auflösung: ≤ 1 ng/cm^2
- Genauigkeit: ~ $2 \cdot 10^{-1}$ Hz
- Temperaturbereich: +4 °C bis +80 °C
- Temperaturkontrollgenauigkeit: ± 0,02 °C
- Anzahl der Messzellen: 1 bis 4
- Anwendungen:
  - Adsorptionsprozesse
  - Desorptionsprozesse
  - Aggregationsprozesse
  - Bindungsprozesse
  - Abbauprozesse

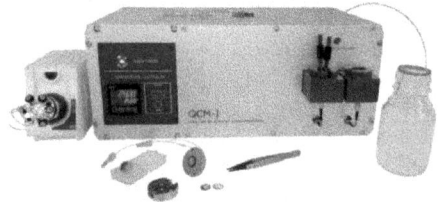

(Mit freundlicher Genehmigung von MicroVacuum Ltd.)

Model Q-Sense Pro (Q-Sense)
- Frequenzbereich: 1–70 MHz
- Auflösung: 0,5 ng/cm^2
- Genauigkeit: ~ 0,16 Hz
- Temperaturbereich: +4 °C bis +70 °C
- Temperaturkontrollgenauigkeit: ± 0,02 °C
- Anzahl der Messzellen: 1 bis 8
- Anwendungen:
  - Adsorptionsprozesse
  - Desorptionsprozesse
  - Aggregationsprozesse
  - Bindungsprozesse
  - Abbauprozesse

(Mit freundlicher Genehmigung von Q-Sense Ltd./Biolin Scientific)

11.5 Zusammenfassung

Quarzkristallmikrowaagen (QCM) basieren auf dem inversen piezoelektrischen Effekt. Wird an die Elektroden eine Wechselspannung angelegt, so wird der Quarzkristall periodisch deformiert und so in Schwingung versetzt. Im Fall der besonders relevanten Dicken-Scherschwingung hängt die Resonanzfrequenz primär von der Dicke der Quarzscheibe ab und liegt in der Grundmode meistens zwischen 5 und 10 MHz. Die Anwendung eines Quarzkristallresonators (QCR) in der chemisch-analytischen Konzentrationsmessung basiert auf der Anlagerung des zu detektierenden Stoffs an seiner Oberfläche. Durch diese zusätzliche Dämpfung der Schwingung ändert sich die Resonanzfrequenz des Quarzkristalls. Die Änderung ist dabei proportional zu der auf seiner Oberfläche angelagerten Masse. Mithilfe des Untersuchungsraumvolumens und der molaren Masse der gesuchten Substanz kann dann dessen Konzentration berechnet werden. Für den Einsatz als Chemosensor zur Identifizierung und/oder Quantifizierung von Substanzen ist die Kristalloberfläche mit einer sensitiven Schicht versehen, an der sich selektiv der zu detektierende Stoff bzw. die zu detektierende Stoffgruppe anlagert. Zur sogenannten Funktionalisierung der Oberfläche kommt häufig das Schlüssel-Schloss-Prinzip zum Einsatz.

QCM-Sensoren werden in der Forschung, Medizintechnik und Industrie eingesetzt. Die Analyse gasförmiger Proben dient unter anderem der Feuchtigkeitsbestimmung sowie dem Nachweis gesundheits- oder umweltgefährdender Verbindungen. Durch die QCM-Untersuchung von Blutproben können die Zellgesundheit und die Blutgerinnung untersucht werden oder es können Krankheiten wie Alzheimer oder Krebs diagnostiziert werden. QCM-Sensoren werden auch als Detektoren in elektronischen Nasen eingesetzt.

Es gibt ein großes Angebot kommerzieller, piezoelektrischer Quarzsensoren. Dabei ist grundsätzlich zwischen einzelnen QCM-Sensoren und QCM-Systemen zu unterscheiden. Letztere bestehen in der Regel aus einem Array mit mehreren Sensoren, die aufgrund unterschiedlicher Beschichtungen jeweils unterschiedliche Stoffe oder Stoffgruppen detektieren können. Die typische Massenempfindlichkeit liegt bei 0,5 bis 1 ng/cm^2.

12 Gravimetrische Staubsensoren

12.1 Einleitung

Unter Staub versteht man im Allgemeinen die Verteilung von Teilchen eines Feststoffs im gasförmigen Medium, wie z. B. in der Luft. Rauch- und Rußpartikel zählen beispielsweise zu seinen Bestandteilen. Der Staub kann dabei natürlicher oder anthropogener Herkunft sein und aus organischen oder anorganischen Materialien bestehen. Je nach Anwendung wird Staub nach seiner Art (z. B. Gesteinsstaub, Vulkanasche, Brandrauch) oder nach Partikelgröße differenziert. Bei der Partikelgröße unterscheidet man zwischen Grobstaub mit Partikeldurchmessern von $d_p > 10\,\mu m$ und Feinstaub mit $d_p < 10\,\mu m$ (kurz PM10). Des Weiteren können lungengängige Staubpartikel mit $d_p < 2{,}5\,\mu m$ (kurz PM2,5) und ultrafeine Staubpartikel mit $d_p < 1{,}5\,\mu m$ vorkommen. Der Straßenverkehr und Industrieanlagen stellen mit einem Anteil von 60–80 % an der PM10-Emission die wichtigsten Quellgruppen für anthropogenen Feinstaub dar. Die Wirkung von Staub auf den Menschen und die Umwelt kann sehr unterschiedlich sein. Der schädliche Einfluss von Feinstaub sowie ultrafeinen Staubpartikeln auf die Atemorgane ist jedoch bekannt und in vielen wissenschaftlichen Studien nachgewiesen. Dies führte dazu, dass europaweit einheitliche Grenzwerte eingeführt wurden. Im April 1999 erließ der *Europäische Rat zum Schutz der Gesundheit und der Umwelt* die Richtlinie 1999/30/EG. Darin wurden die Immissionsgrenzwerte für Partikelgröße PM10 festgelegt, die seit 2005 gültig sind. Im Jahr 2007 wurde eine weitere Richtlinie 2008/50/EG für die Grenzwerte der PM2,5 beschlossen. Die Partikel PM10 und PM2,5 machen im Schnitt 80 % bzw. 50 % der gesamten Staubbelastung aus. Im Jahr 2010 betrug der maximale Richtwert für PM2,5 25 $\mu g/m^3$, dieser war aber nicht bindend. 2015 erreichte man die Reduzierung der Emissionen auf diesen Grenzwert. Das nächste Ziel war es, bis 2020 einen Maximalwert von 20 $\mu g/m^3$ zu erreichen. Die Analysen haben jedoch gezeigt, dass die Einhaltung dieses Grenzwerts sich schwierig gestaltet. Eine kontinuierliche Kontrolle von Emissionswerten ist daher unabdingbar [20].

Für die Kontrolle von Staubemissionen werden vornehmlich spezielle gravimetrische Sensoren eingesetzt. Deren Messverfahren unterscheidet sich grundsätzlich von der in Kapitel 29 beschriebenen nasschemischen Gravimetrie (Fällungsanalyse).

Im nachfolgenden Abschnitt wird das Messprinzip gravimetrischer Staubsensoren detailliert erläutert. Im Anschluss daran werden die typischen Anwendungen dieser Sensoren und, nachfolgend, beispielhafte kommerzielle Produkte vorgestellt. Eine Zusammenfassung der wichtigsten Inhalte schließt dieses Kapitel ab.

Unter Mitwirkung von Johann Klein und Mirko Landmann

https://doi.org/10.1515/9783110702040-012

12.2 Messprinzip

Bei den gravimetrischen Staubsensoren handelt es sich um kompakte, hochgradig automatisierte Messsysteme zur Bestimmung der Staubkonzentration in Abgaskanälen oder Kaminen. Dabei wird ein Teilvolumenstrom des staubbeladenen Abgases dem Hauptvolumenstrom an einer repräsentativen Messstelle entnommen. Die Geschwindigkeitsverteilung und die Staubkonzentration im Abgaskanal können über den Querschnitt stark variieren. Aus diesem Grund muss die Wahl der Messpunkte innerhalb einer geraden Messstrecke mit gleichen Querschnittsabmessungen erfolgen. Die Kriterien für die Auswahl dieser Messpunkte sind in der Norm DIN EN 13284-1 definiert. Die Probeentnahme erfolgt dabei unter isokinetischen Bedingungen. Dies bedeutet, dass die Geschwindigkeit des Teilvolumenstroms in der Entnahmesonde und die der Hauptströmung im Abgaskanal annähernd gleich sind. Dazu muss die Entnahmesonde über einen Durchmesser von mindestens 8 mm verfügen. Dadurch werden mögliche Entmischungserscheinungen und daraus resultierende Verfälschungen der Messung verhindert. Des Weiteren ist die Kenntnis der Strömungsverhältnisse in der Entnahmesonde notwendig. Sollte die Geschwindigkeit im Abgaskanal nicht bekannt sein, wird diese mithilfe einer Staudrucksonde oder eines Prandtl-Staurohrs mit angeschlossenem Differenzdruckmanometer ermittelt. Die Messung soll dabei nach DIN EN 13284-1 während der Probenahme kontinuierlich oder in Intervallen von 5 Minuten erfolgen.

Vor Beginn der Messungen ist es notwendig, die Filterhülse bzw. den Planfilter aus dem Filterkopf der Entnahmeeinrichtung einer Vorbehandlung zu unterziehen und anschließend auszuwägen. Nach DIN EN 13284-1 müssen die Teile eine Stunde lang bei 180 °C im Trockenschrank getrocknet und anschließend mindestens 8 Stunden im Exsikkator auf Raumtemperatur abgekühlt werden. Dies betrifft alle Komponenten, die einer Wägung unterzogen werden. In der folgenden Abbildung 12.1 wird die gravimetrische Messung mit ihren Komponenten dargestellt [20]. Nach der Vorbehandlung der Komponenten wird deren Masse m_{vor} vor der Messung mittels Präzisionswaage bestimmt. Das Messsystem ist anschließend für die Staubmessung bereit. Nach der Probenahme wird der enthaltene Staub auf dem Planfilter abgeschieden. Zusätzlich wird der gemessene Teilvolumenstrom V_S aus dem Abgaskanal erfasst. Zur Bestimmung des Staubgehalts muss die Differenz der Massewägung vor und nach der Beaufschlagung des Planfilters mit Staubpartikeln bestimmt werden. Dafür erfolgt vorab die Nachbehandlung der beteiligten Komponenten unter denselben Bedingungen wie die Vorbehandlung. So werden Filterhülse bzw. Planfilter für eine Stunde bei 160 °C in den Trockenschrank verbracht und anschließend im Exsikkator innerhalb von 8 Stunden auf Raumtemperatur abgekühlt. Dies entspricht der Überführung der Probe in die Wägeform. Schließlich wird die Masse m_{nach} des mit Staub beaufschlagten Planfilters bei Raumtemperatur bestimmt. Über einfache Differenzbildung zwischen Vor- und Nachbehandlung des Filters lässt sich der Staubgehalt Δm berechnen [20]:

$$\Delta m = m_{nach} - m_{vor} \, . \qquad (12.1)$$

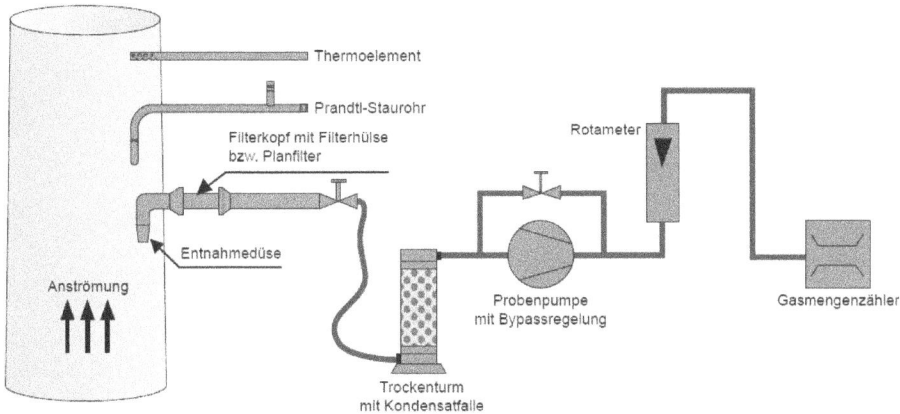

Abb. 12.1: Prinzip der gravimetrischen Messung nach DIN EN 13284-1 (mit freundlicher Genehmigung der Dr. Födisch Umweltmesstechnik AG) [217].

Bezieht man den errechneten Staubgehalt auf das gemessene Volumen V_S, erhält man die gesuchte Staubkonzentration x in mg/m^3:

$$x = \frac{\Delta m}{V_S} . \tag{12.2}$$

12.3 Anwendungen

Gravimetrische Staubsensoren werden für die Überwachung staubförmiger Emissionen und Immissionen eingesetzt. Emissionen sind dabei die von einer Quelle ausgehenden Freisetzungen in die Atmosphäre. Immissionen resultieren auf Emissionen und beschreiben die Einwirkung der abgegebenen Stoffe auf Mensch und Umwelt. Das Erfassen und Bewerten von Emissionen und Immissionen sind wesentliche Aufgaben der Luftqualitätsüberwachung. Im Bundes-Immissionsschutzgesetz werden die allgemeinen Regelungen und Grenzwerte zum Schutz von Mensch und Umwelt vor Luftverunreinigungen festgelegt. Immissionen sind dabei am Wirkungsort zu messen und Emissionen am Entstehungsort [20].

Die Arbeitsplatzüberwachung der Staubkonzentration hat insbesondere in den folgenden Industriezweigen eine hohe Bedeutung [20]:

- Baustellen
- Schüttgüter
- Tunnelbau
- Holzverarbeitung
- Bergbau (über/unter Tage) sowie
- Automobil- und Zulieferindustrie

In der Prozessüberwachung werden Staubsensoren für die folgenden Messaufgaben eingesetzt [20]:
– Emissionen aus Maschinen
– Filterüberwachung
– Ölnebeldetektion
– Schweißrauchdetektion sowie
– Analyse von Zu- und Abluft

Wenn der Staub aus brennbarem Material besteht, wie z. B. Kohle, Mehl, Holz, Kakao, Kaffee, Stärke oder Cellulose, sind Gemische aus Staub und Luft explosionsfähig. Auch anorganische Stoffe und Elemente wie Magnesium, Aluminium und sogar Eisen und Stahl sind in dieser Form explosiv. Die Detektion von explosionsfähigen Konzentrationen stellt daher eine wichtige Aufgabe für Staubsensoren im Rahmen des Staubexplosionsschutzes dar.

Eine besondere Aufgabe von Staubsensoren stellt die Kontrolle von produktionstechnischen Reinräumen (Cleanrooms) dar. Diese haben eine besondere Bedeutung in der Mikroelektronik. Aber auch bei der Herstellung von Medizinprodukten, optischen Elementen, Kunststoffspritzteilen und Feinmechanik muss die Staubkonzentration genau kontrolliert werden [20].

12.4 Kommerzielle Produkte

Aufgrund der vielfältigen Anwendungsgebiete existiert eine große Anzahl von kommerziellen Anbietern gravimetrischer Staubsensoren. Im Weiteren werden beispielhaft die Produkte dreier namhafter deutscher Unternehmen vorgestellt.

Dr. Födisch Umweltmesstechnik AG
Das GDM 13 der Dr. Födisch Umweltmesstechnik AG ist ein kompaktes und hochautomatisiertes Messsystem mit der weltweit ersten integrierten Heißwägung. Dadurch entfällt die aufwendige Vor- und Nachbehandlung der zu wägenden Komponenten. Dies ermöglicht die Auswertung der Messdaten direkt vor Ort ohne zusätzliche labortechnische Untersuchungen. Das Messsystem besteht dabei aus Messeinheit, Pumpe, Entnahmesonden, Präzisionsheißwaage und speziellem Zubehör. In der Abbildung 12.2 werden die einzelnen Komponenten dargestellt.

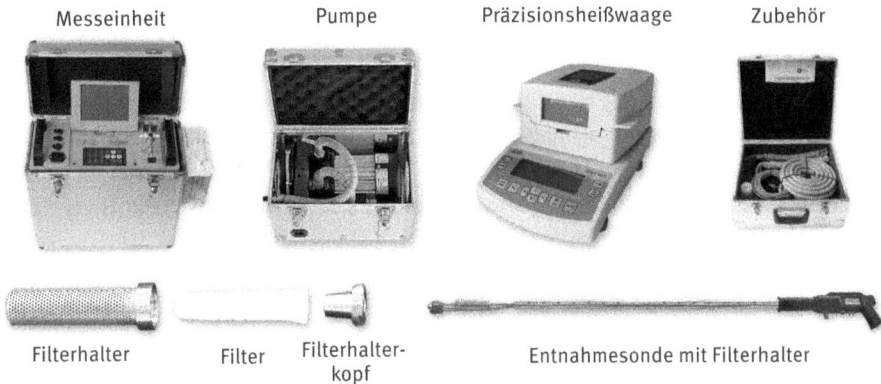

Abb. 12.2: Messsystem GDM 13 (mit freundlicher Genehmigung
der Dr. Födisch Umweltmesstechnik AG) [217, 218].

Sick AG

Mit dem Produkt SHC500 Gravimat der Firma Sick AG ist es möglich, gravimetrische Messungen zur Kalibrierung von Staubmessgeräten und Vergleichsmessungen an Filteranlagen durchzuführen. Dieses Messgerät ermöglicht automatische Datenerfassung, Systemsteuerung, Messung des Anströmwinkels der Entnahmesonde und Erkennung von Wirbeleffekten im Abgaskanal. In der Abbildung 12.3 wird der SHC500 Gravimat mit seinen Bestandteilen dargestellt.

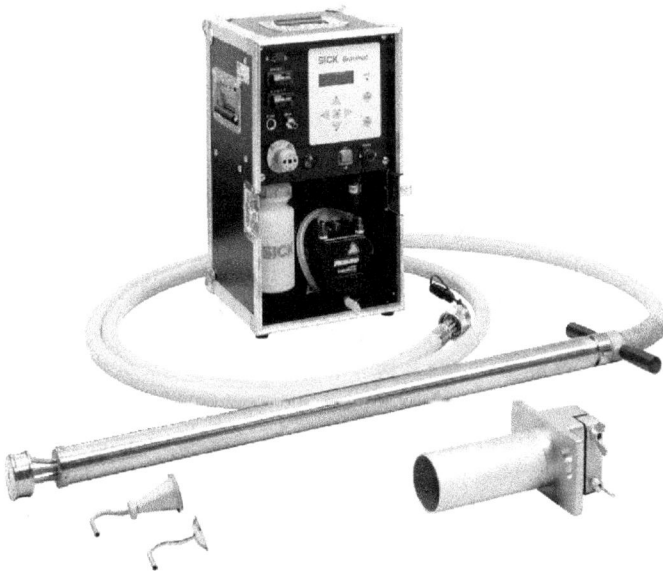

Abb. 12.3: Staubmessgerät SHC500 Gravimat mit Entnahmesonde und zwei Düsen
(mit freundlicher Genehmigung der Sick AG) [219].

DURAG GmbH

Mit dem Produkt D-RC 120 bietet DURAG GmbH ein automatisches Probenahmegerät für die Justierung oder Kalibrierung von Staubmessgeräten. Mit knapp 9 kg Gesamtgewicht und einfacher Handhabung lässt sich das Gerät für In- und Out-Stack-Probenahme mit hoher Messgenauigkeit problemlos einsetzen. Die Probenahme aus dem Abgaskanal erfolgt bei D-RC 120 isokinetisch mit vollautomatisierter Regelung der Absaugung. In der Abbildung 12.4 wird der D-RC 120 von DURAG GmbH gezeigt.

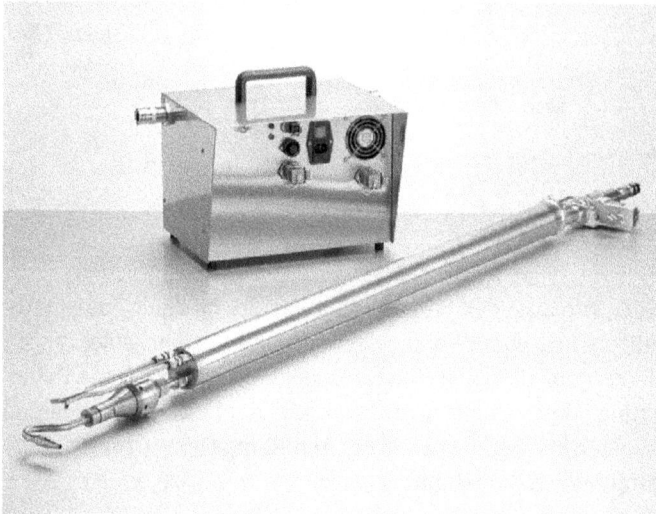

Abb. 12.4: Staubmesssensor D-RC 120 der Firma DURAG GmbH
(mit freundlicher Genehmigung der DURAG GmbH) [220].

Vergleich

Der Vergleich der drei gravimetrischen Staubsensoren konzentriert sich auf die Messeinheit (siehe Tabelle 12.1). Zusätzlich gibt es Unterschiede in den zum System gehörenden Sonden und dem Zubehör.

Zusammenfassend ist festzustellen, dass das D-RC 120 den größten Messbereich anbietet (0,1 bis 2.000 mg/m^3). Hervorzuheben ist weiterhin der integrierte Wägeprozess des GMD 13. Während beim SHC500 und D-RC 120 dieser Schritt separat und mithilfe eines weiteren Messsystems durchgeführt werden muss, ist beim GMD 13 eine Waage inkludiert, welche vor Ort direkt die gesuchten Messergebnisse liefern kann. Ein weiterer nennenswerter Unterschied ist für den Nutzer in der Bedienung und Anzeige zu finden. Tabellarisch von links nach rechts nimmt der Nutzerkomfort durch fehlende Grafikanzeige und Userinterface ab.

Tab. 12.1: Vergleich zwischen drei gravimetrischen Sensoren [217, 219, 220].

Technische Daten	GMD 13	SHC500	D-RC 120
Dynamischer Druck	0 hPa bis 10 hPa	0 hPa bis 20 hPa	0,01 hPa bis 10 hPa
Statischer Druck	−300 hPa bis 300 hPa	–	–
Luftdruck	700 hPa bis 1.100 hPa	–	400 hPa bis 1.300 hPa
Volumenstrom (Probenentnahme)	0,3 m^3/h bis 3,6 m^3/h	0,7 m^3/h bis 3,0 m^3/h	0,5 m^3/h bis 4,0 m^3/h
Optimale Staub-konzentration für den Betrieb	1 mg/m^3 bis 100 mg/m^3	0,1 mg/m^3 bis 200 mg/m^3	0,1 mg/m^3 bis 2.000 mg/m^3
Feuchtigkeit	0 Vol.-% bis 40 Vol.-%	–	0 Vol.-% bis 95 Vol.-%
Messgas-temperatur	Maximal 280 °C	Ohne Luftkühlung bis 250 °C Mit Luftkühlung bis 400 °C Hochtemperatur-ausführung bis 600 °C	Bis 500 °C
Integrierter Wägeprozess	Halbautomatisiert, Wägegenauigkeit < 1,0 mg	–	–
Spannungs-versorgung	230 V, 50 Hz	230 V, 50/60 Hz Optional: 115 V, 50/60 Hz	230 V, 50/60 Hz Optional: 115 V, 50/60 Hz
Leistungsaufnahme	200 W	400 W	–
Elektrische Anschlüsse	2 × 0–20 mA Analogeingang	2 × 0–20 mA Analogeingang	1 × 12 V Ausgang für Signalhorn 1 × 4–20 mA Analogeingang 1× RS 485 mit USB-Konverter für PC-Kommunikation
Bedienung und Anzeige	schwenkbare Grafikanzeige integriert in der Messeinheit; komplette Auswertung der Messergebnisse; Sprachen: Deutsch, Englisch, weitere optional (lateinische Schriftzeichen)	Vierzeiliges LC-Display und Funktionstasten	Bediensoftware
Umgebungs-temperatur	0 °C bis 50 °C	−10 °C bis 50 °C	−10 °C bis 60 °C

Tab. 12.1: (Fortsetzung)

Technische Daten	GMD 13	SHC500	D-RC 120
Schutzart	–	Geschlossen: IP 65 Geöffnet: IP 54	IP 33
Abmessungen der Messeinheit	$500 \times 440 \times 220$ [mm]	$310 \times 550 \times 290$ [mm]	$350 \times 280 \times 250$ [mm]
Masse der Messeinheit	13 kg	24 kg	8,5 kg
Preis ca.	17.520,00 €	15.000,00 €	18.671,00 €

12.5 Zusammenfassung

Gravimetrische Sensoren bestimmen den Staubgehalt eines Gases durch Differenzbildung der Massewägungen eines Planfilters vor und nach der Beaufschlagung mit Staubpartikeln. Hierfür wird eine Präzisionswaage eingesetzt. Gleichzeitig muss der Teilvolumenstrom aus dem Abgaskanal exakt erfasst werden.

Gravimetrische Staubsensoren werden für die Kontrolle staubförmiger Emissionen und Immissionen eingesetzt. Ihre Anwendungen finden sich insbesondere in der Arbeitsplatzüberwachung, der Steuerung industrieller Prozesse, der Kontrolle von produktionstechnischen Reinräumen (Cleanrooms) und im Staubexplosionsschutz.

Für die verschiedenen Anwendungen gibt es eine Vielzahl von kommerziellen gravimetrischen Staubsensoren. Die minimal nachweisbare Konzentration liegt dabei zwischen 0,1 und 1 mg/m^3, wobei die Volumenströme zwischen 0,3 und 4 m^3/h liegen müssen. Die Preise variieren zwischen 15.000 und 20.000 €.

Der wesentliche Vorteil gravimetrischer Sensorik liegt in der hohen Messgenauigkeit. Dadurch eignet sie sich bei korrekter Messdurchführung sogar zur Kalibrierung anderer Messsysteme. Ein weiterer Vorteil besteht darin, dass die Messdurchführung lokal vor Ort (in situ) erfolgen kann. So können unmittelbar geeignete Maßnahmen veranlasst werden, sollten zum Beispiel Emissionsgrenzen überschritten sein. Die Nachteile liegen in der Anwenderabhängigkeit. Es ist wichtig, dass der Anwender über Erfahrung mit dem Messverfahren verfügt, da sich ansonsten auch unerwünschte Stoffe der Wägeform beisetzen können. Gravimetrische Messungen sind daher unter strikter Berücksichtigung der europäischen Normen und der VDI-Richtlinien durchzuführen. Ist die Durchführung unsachgemäß, können die Messungen stark fehlerbehaftet sein.

13 Refraktometrie

13.1 Einleitung

Jeder hat wahrscheinlich schon einmal die folgenden Phänomene beobachtet: Ein Strohhalm in einem Glas mit Wasser wirkt abgeknickt statt gerade und ein Fisch in einem Teich befindet sich für einen Betrachter an einer anderen Position, als er es in Wirklichkeit ist. Diese Phänomene sind auf die optische Brechung von Licht zurückzuführen. Jenes Verhalten von Lichtstrahlen wurde vom niederländischen Mathematiker Willebrord Snell van Roijen im 17. Jahrhundert erstmals mathematisch formuliert und ist seitdem als das Snelliussche Brechungsgesetz bekannt [221]. Dieses Gesetz bildet die Grundlage der Refraktometrie und deren optischer Messsysteme, der sogenannten Refraktometer.

Die Refraktometrie hat die Aufgabe, Substanzen hinsichtlich ihrer Identität, Konzentration oder Reinheit zu unterscheiden [78]. Der Wissenschaftler Ernst Abbe benutzte ab dem Jahr 1869 diese Methode zur Analyse von Harzen und Balsamen und konstruierte das nach ihm benannte Abbe-Refraktometer [222].

Zum Verständnis der Refraktometrie erfolgt zunächst eine Beschreibung des Messprinzips. Dieses beinhaltet die physikalischen Grundlagen der Lichtbrechung und der Totalreflexion sowie Funktion und Aufbau verschiedener Refraktometer. Anschließend werden die Anwendungsgebiete der Refraktometrie dargestellt. Nachfolgend wird ein Überblick über die kommerziellen Refraktometer gegeben. Zum Abschluss erfolgt eine Zusammenfassung der vorangegangenen Abschnitte.

13.2 Messprinzip

Im folgenden Abschnitt werden zunächst die physikalischen Grundlagen der Lichtbrechung erklärt. Anschließend folgt eine Beschreibung der Funktion und des Aufbaus unterschiedlicher Refraktometer.

13.2.1 Physikalische Grundlagen

Lichtbrechung
Für das Verständnis der Lichtbrechung betrachten wir die Grenzfläche zwischen zwei verschiedenen Medien. Bei den in der Einleitung genannten Beispielen handelt es sich um die Grenzfläche zwischen Luft und Wasser. Die Medien sind durch ihre jeweiligen Brechungsindizes n_1 und n_2 charakterisiert. Der Brechungsindex eines Mediums ist

Unter Mitwirkung von Mohammadhossein Ahmadi, Tarek Ammura und Dominik Rasche

https://doi.org/10.1515/9783110702040-013

ein Maß für die Verlangsamung der Phasengeschwindigkeit des Lichts in Relation zur Geschwindigkeit im Vakuum [223]. Die Brechungsindizes n_1 und n_2 entsprechen dem Verhältnis der Lichtgeschwindigkeit im Vakuum c zur Lichtgeschwindigkeit c_1 bzw. c_2 in dem jeweiligen Medium [224]:

$$n_{Medium} = \frac{c_{Vakuum}}{c_{Medium}} \, . \tag{13.1}$$

Das Medium mit einem höheren Brechungsindex n (im genannten Beispiel Wasser: $n_{Wasser} = 1{,}3334$) wird als optisch dichter, das mit einem kleineren Brechungsindex n (im Beispiel Luft: $n_{Luft} = 1{,}00028$) als optisch dünner bezeichnet [225].

In Abbildung 13.1 trifft ein Lichtstrahl unter dem Einfallswinkel α auf die Grenzfläche zwischen Medium 1 und Medium 2. Der Einfallswinkel α wird dabei zum Lot auf die Grenzfläche bezogen. An dieser Grenzfläche wird der Lichtstrahl zum Teil unter dem Winkel α' zurückgespiegelt und zum Teil tritt er unter dem Winkel β in das Medium 2 ein [226].

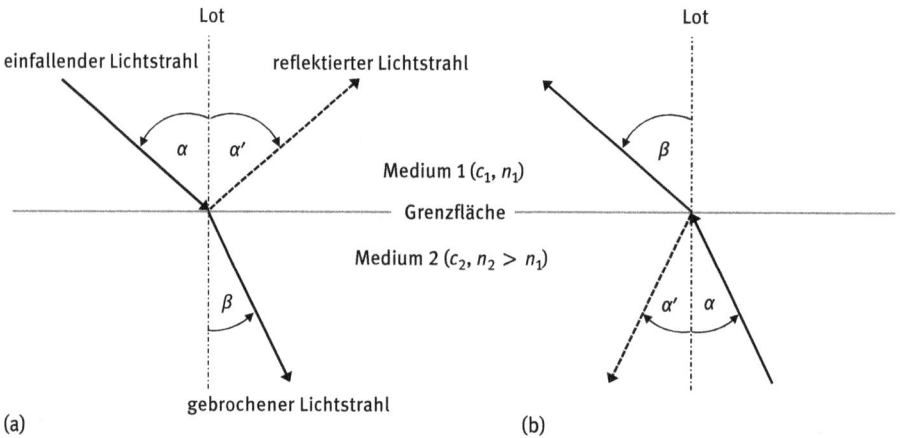

Abb. 13.1: a) Brechung und Reflexion beim Übergang von einem optisch dünneren Medium 1 in ein optisch dichteres Medium 2; b) Brechung und Reflexion beim Übergang von einem optisch dichteren Medium 2 in ein optisch dünneres Medium 1.

Für den reflektierten Teil des Lichtstrahls gilt nach dem Reflexionsgesetz, dass der Einfallswinkel α gleich dem Reflexionswinkel α' ist [227]:

$$\alpha = \alpha' \, . \tag{13.2}$$

Von Interesse für das Messprinzip ist jedoch die Brechung des Lichtstrahls. Tritt wie in Abbildung 13.1a ein Lichtstrahl von einem optisch dünneren Medium durch die Grenz-

fläche in ein optisch dichteres Medium, erfolgt eine Brechung des Lichts zum Einfallslot hin. Der Einfallswinkel α ist dann größer als der Brechungswinkel β ($\alpha > \beta$). Bei
einem umgekehrten Strahlengang, wie in Abbildung 13.1b, wird ersichtlich, dass der
Einfallswinkel α kleiner als der Brechungswinkel β ausfällt [228]. Folglich lässt sich
festhalten, dass ein Lichtstrahl beim Übergang von einem optisch dichteren in ein optisch dünneres Medium vom Einfallslot weg gebrochen wird ($\alpha < \beta$) [229]. Die Ursache
liegt darin, dass die Brechungsindizes umgekehrt proportional zu den jeweiligen Ausbreitungsgeschwindigkeiten von Licht c_1 bzw. c_2 in den Medien sind. Dieses Verhalten
an den Grenzflächen beliebiger Medien lässt sich durch das nach Willebrord Snell van
Roijen benannte Snelliussche Brechungsgesetz beschreiben. Es gilt [230]:

$$\frac{\sin \alpha}{\sin \beta} = \frac{c_1}{c_2} = \frac{n_2}{n_1} \ . \tag{13.3}$$

Grenzwinkel der Totalreflexion
Wird beim Übergang eines Lichtstrahls von einem optisch dichteren in ein optisch
dünneres Medium der Einfallswinkel α weiter erhöht (siehe Abbildung 13.2), vergrößert sich folglich auch der Brechungswinkel. Die Reflexionen von Lichtstrahl (a) und
Lichtstrahl (b) wurden in der Abbildung 13.2 der Übersichtlichkeit halber vernachlässigt. Lichtstrahl (b) weist dabei einen Brechungswinkel von annähernd $\beta = 90°$ auf
und wird als streifender Lichtstrahl bezeichnet. In diesem Fall wird der Einfallswinkel als Grenzwinkel der Totalreflexion α_{gr} bezeichnet. Bei einem Einfallswinkel von
$\alpha > \alpha_{gr}$ erfolgt keine Brechung mehr: Es kommt ausschließlich zu einer (totalen) Reflexion des Lichtstrahls (c) [231].

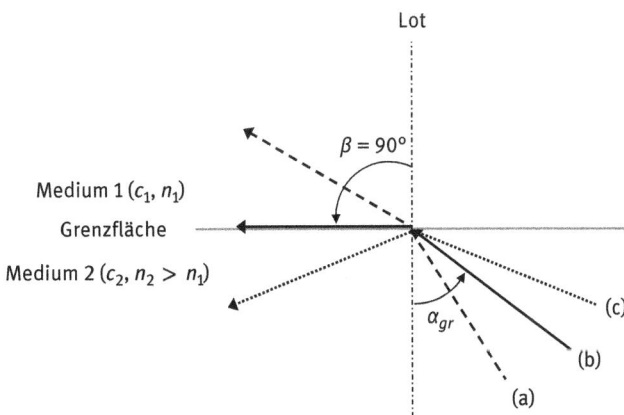

Abb. 13.2: Brechungsverhalten beim Vergrößern des Einfallswinkels (a → b → c).
Fall (b) entspricht dem Grenzwinkels α_{gr} der Totalreflexion.

Brechungsindex als Funktion der Konzentration

Der Zusammenhang zwischen dem Brechungsindex einer Substanz und ihrer Zusammensetzung, Konzentration oder Reinheit lässt sich nicht universell angeben. Für jede Anwendung muss in der Regel empirisch eine individuelle Eichkurve ermittelt werden, die anwendungsspezifische Skalen berücksichtigt [231, 232]. Abbildung 13.3 zeigt als Beispiel die internationale Eichkurve für den Zuckergehalt einer wässrigen Lösung [233].

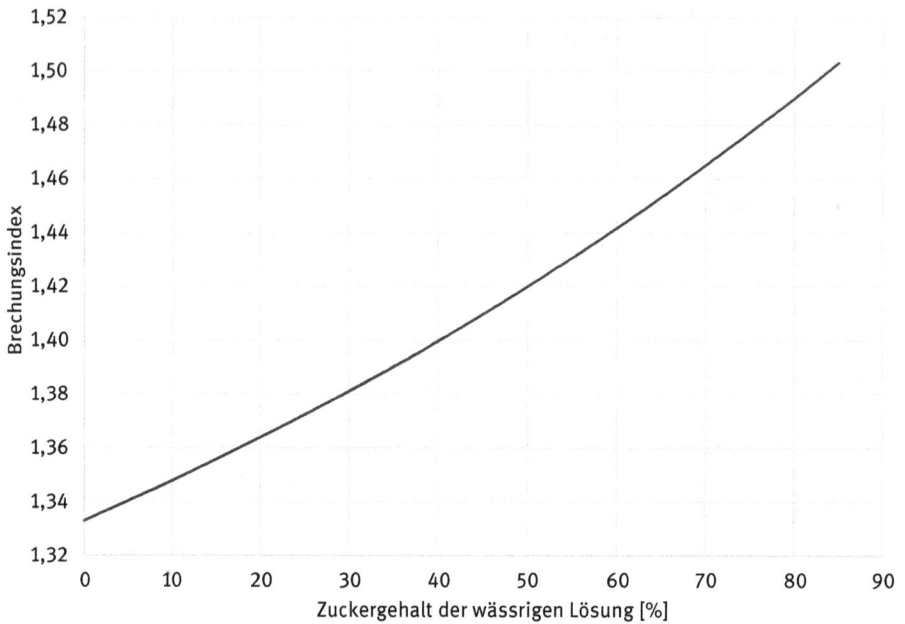

Abb. 13.3: Internationale Eichkurve für den Zuckergehalt einer wässrigen Lösung [233].

Der Brechungsindex n einer Substanz weist zusätzlich Abhängigkeiten auf, die bei der Refraktometrie berücksichtigt werden müssen. Zum einen ist der Brechungsindex n von der Wellenlänge λ des einfallenden Lichts abhängig. Diese Abhängigkeit $n = n(\lambda)$ wird Dispersion genannt [234]. Licht unterschiedlicher Wellenlänge wird also im Allgemeinen unterschiedlich stark gebrochen. Zum anderen ist er von der Temperatur abhängig, welche einen Einfluss auf die Dichte $\rho = \rho(T)$ der Messsubstanz hat [235]. Diese Abhängigkeiten werden bei der Bestimmung der Brechungsindizes mit einem Refraktometer üblicherweise dadurch berücksichtigt, dass der Brechungsindex bei einer bestimmten Lichtwellenlänge und bei einer bestimmten Probentemperatur gemessen wird. In den meisten Fällen bezieht man sich auf die Natrium-D-Linie mit einer Wellenlänge von $\lambda = 589$ nm und einer Temperatur von $T = 20\,°C$. Dies entspricht der Schreibweise n_D^{20} [224].

13.2.2 Funktion und Aufbau

Refraktometer gibt es in verschiedenen Bauweisen. Im folgenden Abschnitt werden drei Aufbauten näher betrachtet und erläutert: das nach Ernst Karl Abbe (1840–1905) benannte Abbe-Refraktometer, das Handrefraktometer und das nach Carl Pulfrich (1858–1927) benannte Pulfrich-Refraktometer.

Abbe-Refraktometer

Ein Abbe-Refraktometer ermittelt den Brechungsindex einer Probe mithilfe der Messung des Grenzwinkels der Totalreflexion. Sein Aufbau ist in Abbildung 13.4 schematisch dargestellt.

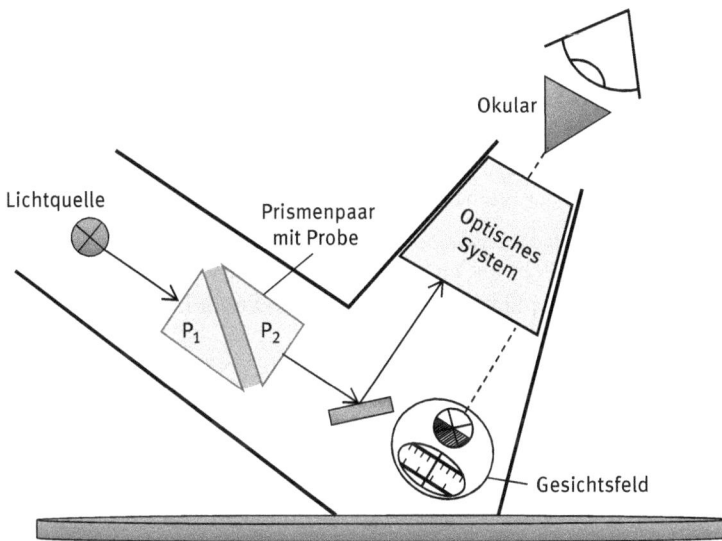

Abb. 13.4: Schematischer Aufbau eines Abbe-Refraktometers.

Das Herzstück eines Abbe-Refraktometers bildet ein Prismenpaar, welches aus einem aufklappbaren Beleuchtungsprisma P_1 und einem Messprisma P_2 besteht. Durch Aufklappen des Beleuchtungsprismas können mithilfe einer Pipette wenige Tropfen der zu untersuchenden flüssigen Probe auf das Messprisma aufgetragen werden. Das Zuklappen des Beleuchtungsprismas sorgt anschließend für eine gleichmäßig verteilte, dünne Schicht zwischen den beiden Prismen.

Modellabhängig wird als Lichtquelle Tageslicht oder monochromatisches Licht mit annähernd gleicher Wellenlänge wie die der Natrium-D-Linie von $\lambda \approx 589$ nm verwendet. Die Lichtstrahlen treffen in Abbildung 13.5 zunächst auf das Beleuchtungsprisma P_1. Die Oberfläche von P_1, die mit der Messprobe in Kontakt steht, ist aufgeraut. Dadurch wird ein diffuses, in alle Richtungen streuendes Licht erzeugt und die Messprobe vollständig ausgeleuchtet [235]. Wie in Abbildung 13.5 zu sehen ist, wird ein streifend einfallender Lichtstrahl (a) mit dem Grenzwinkel der Totalreflexion β_{gr} von der Messprobe in das optisch dichtere Messprisma P_2 hineingebrochen. Lichtstrahl (b) fällt mit einem kleineren Einfallswinkel als Lichtstrahl (a) auf das Messprisma P_2. Infolgedessen wird der Lichtstrahl (b) unter einem kleineren Winkel als dem Grenzwinkel β_{gr} in das Messprisma P_2 hineingebrochen. Alle Strahlen, die in das Messprisma P_2 hineingebrochen werden, werden mithilfe einer Linse im optischen System gebündelt und erzeugen einen Hell-Dunkel-Bereich im sogenannten Gesichtsfeld des Refraktometers, welches durch das Okular betrachtet wird. Die Lichtstrahlen, die unter dem Grenzwinkel β_{gr} in das Messprisma P_2 hineingebrochen werden, bilden die Grenzlinie dieses Bereiches. Der helle Bereich wird durch die Lichtstrahlen erzeugt, die unter einem kleineren Winkel als dem Grenzwinkel β_{gr} in das Messprisma P_2 hineingebrochen werden [78]. Im letzten Schritt einer Messung muss, wie in Abbildung 13.5 angedeutet, die Grenzlinie des Hell-Dunkel-Bereiches mithilfe eines Drehknopfes auf den Schnittpunkt eines Fadenkreuzes ausgerichtet werden. Die darunter befindliche Skala wird dadurch angepasst. Nachdem die Grenzlinie auf das Fadenkreuz eingestellt wurde, lassen sich auf der Skala der Brechungsindex und weitere anwendungsspezifische Messgrößen, wie beispielsweise der Saccharosegehalt, der Messprobe ablesen [78].

Beim Verwenden von Tageslicht als Lichtquelle kommt es während einer Messung aufgrund der Dispersion von Licht zu einem farbigen Saum in dem Hell-Dun-

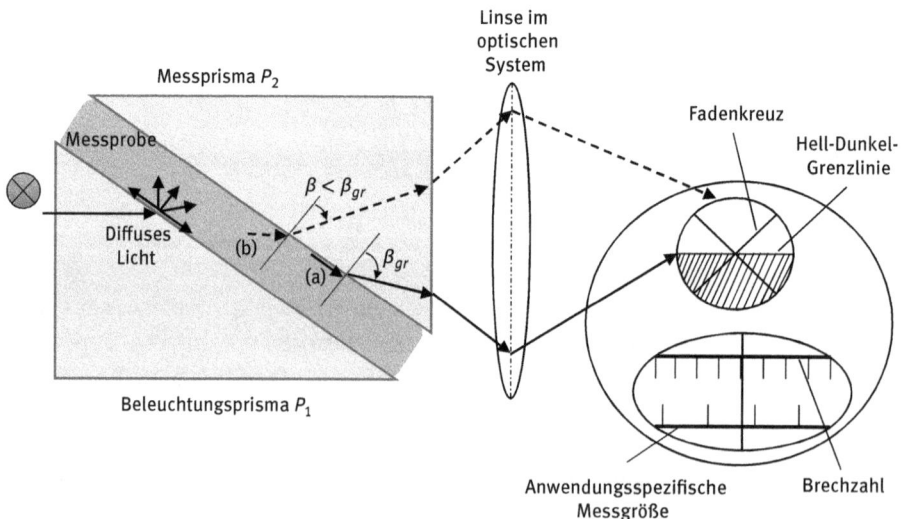

Abb. 13.5: Strahlengang im Prismenpaar und dessen Abbildung im Gesichtsfeld eines Abbe-Refraktometers.

kel-Bereich. Dieser kann durch zusätzlich integrierte Farbkompensatoren in Form von Amici-Prismen eliminiert werden. Die Prismen lassen gelbes Licht der Wellenlänge $\lambda \approx 589\,$nm ungebrochen durch, wohingegen Licht anderer Wellenlängen gebrochen wird und dadurch auf dem Hell-Dunkel-Bereich nicht mehr sichtbar ist [233].

Handrefraktometer
Das Handrefraktometer ist ein kompaktes und mobiles Refraktometer, welches ebenfalls nach dem Prinzip des Grenzwinkels der Totalreflexion funktioniert. Der schematische Aufbau und der Strahlengang sind in Abbildung 13.6 dargestellt.

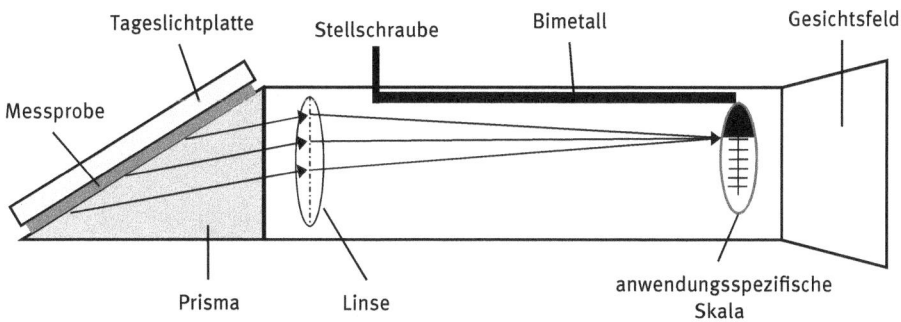

Abb. 13.6: Schematischer Aufbau eines Handrefraktometers und dessen Strahlengang.

Zwischen einer aufklappbaren Tageslichtplatte und einem Prisma befindet sich die Messprobe. Einfallendes Tageslicht tritt durch die Tageslichtplatte diffus in die Messprobe ein. Zwischen der Messprobe und dem Prisma wird das Licht an der Grenzfläche abhängig vom Brechungsindex der Messprobe unterschiedlich stark gebrochen. Eine integrierte Linse bündelt anschießend die Lichtstrahlen. Dadurch entsteht auf einer Skala ein Hell-Dunkel-Bereich, dessen Grenzlinie je nach Brechungsindex der Messprobe eine andere Position aufweist. Über das Gesichtsfeld können der Brechungsindex und weitere anwendungsspezifische Messgrößen abgelesen werden. Ein Bimetallstreifen, der sich temperaturabhängig ausdehnt, passt die Skala automatisch an die Probentemperatur an [236].

Pulfrich-Refraktometer
Das Pulfrich-Refraktometer verwendet statt eines Prismas einen Glasquader mit einem bekannten Brechungsindex. Auf dessen Oberseite befindet sich ein Glaszylinder, in welchen die zu untersuchende Messprobe eingefüllt wird [235]. In Abbildung 13.7 ist der schematische Aufbau eines Pulfrich-Refraktometers und dessen Strahlengang dargestellt.

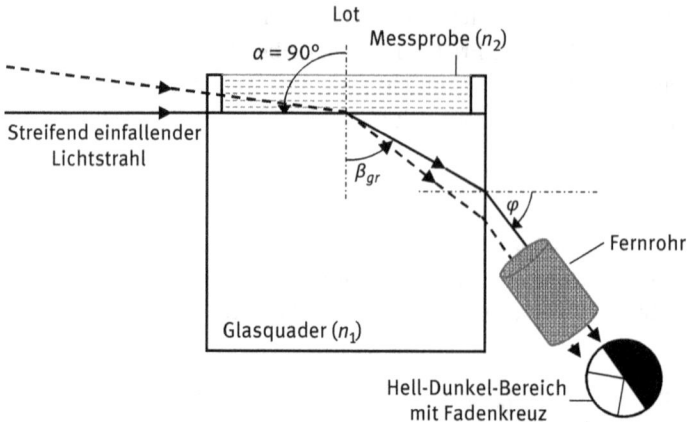

Abb. 13.7: Schematischer Aufbau eines Pulfrich-Refraktometers und dessen Strahlengang.

Wie das Abbe-Refraktometer beruht auch das Pulfrich-Refraktometer auf der Bestimmung des Grenzwinkels der Totalreflexion. Abweichend ist hier der Einsatz von monochromatischem Licht notwendig. Streifend in die Probe einfallende Lichtstrahlen ($\alpha \approx 90°$) werden an der Grenzfläche der Messprobe und des Glasquaders unter dem Grenzwinkel der Totalreflexion β_{gr} in den Glasquader hineingebrochen. Beim Austritt dieser Lichtstrahlen aus dem Glasquader, werden sie unter dem Winkel φ erneut gebrochen. Auf diese Lichtstrahlen wird anschließend ein schwenkbares Fernrohr ausgerichtet, sodass sich die entstandene Grenzlinie des Hell-Dunkel-Bereichs im Schnittpunkt eines Fadenkreuzes befindet. Ist das Fernrohr ausgerichtet, lässt sich der Austrittswinkel φ von einer Skala ablesen. Bei bekanntem Brechungsindex n_1 des verwendeten Quaders lässt sich der Brechungsindex n_2 der Messprobe mit der folgenden Gleichung berechnen [235]:

$$n_2 = \sqrt{n_1{}^2 + \sin^2 \varphi} \, . \tag{13.4}$$

Mit dessen Hilfe kann auf die gewünschten Probeneigenschaften geschlossen werden.

13.3 Anwendungen

Während alle Refraktometer grundsätzlich auf derselben physikalischen Grundlage basieren, unterscheiden sie sich doch in ihren jeweiligen Anwendungsgebieten. Traditionellerweise dient das Refraktometer der Bestimmung der Zuckerkonzentration in wässrigen Lösungen. Die dafür verwendete Maßeinheit ist %Brix oder Grad Brix (°Brix). Sie gibt den Gewichtsprozentgehalt von Zucker (Saccharose) in Wasser an. So ist ein 1 %Brix äquivalent zu einer Konzentration von 1 g Zucker in 100 g Wasser [237].

Mithilfe des Refraktometers und der Brix-Skala wird heutzutage in der Lebensmittelindustrie der Zuckergehalt von Lebensmitteln ermittelt, wie beispielsweise der von Äpfeln. Mit dem Zuckergehalt kann anschließend auf den Reifegrad der Lebensmittel geschlossen und damit der Zeitpunkt der Ernte bestimmt werden. So werden in der Apfelverarbeitung die geschälten Äpfel zunächst gerieben und der dabei austretende Fruchtsaft aufgefangen. Nach der Reinigung des Messprismas eines Handrefraktometers mit destilliertem Wasser wird mithilfe einer Pipette eine geringe Menge des Apfelsaftes auf das Messprisma aufgetragen. Durch die Lichtbrechung kann anschließend der Zuckergehalt der Äpfel in %Brix direkt von der Skala abgelesen werden [238]. In der Tabelle 13.1 wird eine Übersicht von Richtwerten zur Bestimmung der Reife verschiedener Lebensmittel aufgelistet.

Tab. 13.1: %Brix-Werte zur Reifebestimmung von Lebensmitteln [239].

Lebensmittel	Schlecht	Mäßig	Gut	Hervorragend
Erdbeere	8 %Brix	12 %Brix	16 %Brix	18 %Brix
Apfel	6 %Brix	10 %Brix	14 %Brix	18 %Brix
Traube	8 %Brix	12 %Brix	18 %Brix	22 %Brix
Kirsche	6 %Brix	8 %Brix	14 %Brix	16 %Brix
Tomate	4 %Brix	6 %Brix	10 %Brix	14 %Brix
Spargel	4 %Brix	6 %Brix	8 %Brix	10 %Brix

Für unvergorenen Traubensaft ist es in deutschsprachigen Ländern üblich, den Zuckergehalt – das sogenannte Mostgewicht – in Grad Oechsle (°Oe) anzugeben. Das Mostgewicht in °Oe entspricht der Differenz der Dichten des Mostes und des Wassers (gemessen bei 20 °C) multipliziert mit 1.000. Wenn die Dichten in kg pro Liter angegeben sind, gibt dieser Wert also an, um wie viel Gramm ein Liter Most mehr wiegt als ein Liter Wasser. Aus dem Mostgewicht lässt sich mithilfe der offiziellen Eichtabelle der Weinverordnung der zu erwartende Alkoholgehalt des durchgegorenen Weins bestimmen. Das Refraktometer dient ebenso zur Ermittlung des Alkohol- oder Extraktgehalts in Bier, Würzen, Wein oder Spirituosen.

Ein weiteres Anwendungsgebiet der Refraktometer ist die Honigindustrie. Mit einem Refraktometer kann der Wassergehalt im Honig direkt bestimmt werden, da dessen Brechungsindex empfindlich vom Wassergehalt abhängt. Bei höherem Wasseranteil sinkt der Brechungsindex, während er bei niedrigerem Wasseranteil steigt. Der Wassergehalt gibt Aufschluss darüber, ob der Honig sicher vor Gärung ist und somit „reif" ist. Als Richtwert gilt ein Maximalgehalt von 17 % [240].

Neben der Lebensmittelindustrie gibt es eine Vielzahl von weiteren Anwendungsgebieten der Refraktometrie. Diese sowie die zugehörigen zu analysierenden Substanzen und die einhergehenden Anforderungen werden in Tabelle 13.2 beschrieben.

Tab. 13.2: Anwendungsgebiete von Refraktometern [241].

Anwendungsgebiete	Analysierte Substanzen	Besondere Anforderungen
Pharmazeutische Industrie:		
Charakterisierungsprüfungen in der Forschung und Entwicklung; Identitätsprüfung, Reinheitskontrolle und Konzentrationsbestimmung von Rohstoffen, Zwischen- und Endprodukten	Pharmazeutika, Infusionslösungen, Dialysepräparate, Blutseren	Präzision, Normenkonformität
Chemische Industrie:		
Charakterisierungsprüfungen in der Forschung und Entwicklung; Identitätsprüfung, Reinheitskontrolle und Konzentrationsbestimmung von Rohstoffen, Zwischen- und Endprodukten; Verfolgung chemischer Prozesse während der Produktion	Organische Lösungsmittel, aliphatische oder aromatische Kohlenwasserstoffe, Alkohole, Salzlösungen, Säuren, Basen, Beizen, Industrieöle, Farben und Lacke, Harze; Kleberbestandteile, Tenside, Löschmittel, Polymerprodukte, Silikone, Kunststoffrohstoffe	Exakte Temperierung in einem weiten Temperaturbereich, weiter Messbereich, Vielzahl von Skalen, Variabilität der Messmethoden, Möglichkeit von Intervallmessungen
Petrochemische, Automobil- und Flugzeugindustrie; Metallverarbeitung und Gebäudetechnik:		
Identitätsprüfung und Konzentrationsbestimmung; Warenausgangskontrolle Stabilitätsprüfung	Schmieröle, Treibstoffe, Getriebeöle, Wachse, Gleitmittel, Kühlschmierstoffe, Enteisungs- und Frostschutzmittel, Batteriesäure, AdBlue, Tenside, Reiniger, Scheibenwischkonzentrat	Einfache Handhabung, Verfügbarkeit der Brix-Skala, Möglichkeit der Temperaturkompensation
Lebensmittelindustrie:		
Qualitäts- und Reinheitskontrolle von Rohstoffen und Endprodukten; Bestimmung der Zuckerkonzentration	Zucker, Konfitüre, Honig, Sirup, Würzsoße, Senf und Mayonnaise, Convenience-Produkte, Milchprodukte, Babynahrung, Eiprodukte, Öle, Stärkehydrolyseprodukte	Schnelle Messung bei einfacher Handhabung, leichte Reinigung, Verfügbarkeit der Brix-Skala, Routineanalytik mit hohem Probenaufkommen

: Anwendungen ——— **175**

Tab. 13.2: (Fortsetzung)

Anwendungsgebiete	Analysierte Substanzen	Besondere Anforderungen
Hersteller von Aromen, Duftstoffen und ätherischen Ölen:		
Qualitätskontrolle von Roh- und Hilfsstoffen; Überwachung der Produktion von Zwischen- und Endprodukten	Ätherische Öle (z. B. Orangen-, Limonen-, Lavendel- und Pfefferminzöl), Glycerinsäure, Aromen und Parfüme für Lebensmittel-, Kosmetik- und Tabakindustrie	Kleine Probenvolumina mit hoher Aggressivität, hohe Genauigkeit
Getränkeindustrie:		
Routineanalytik mit hohem Probenaufkommen; Qualitäts- und Reinheitskontrolle von Rohstoffen und Endprodukten; Bestimmung der Zuckerkonzentration in Säften und alkoholfreien Getränken; Ermittlung des Alkohol- oder Extraktgehalts in Bier, Würzen, Wein oder Spirituosen; Qualitätskontrolle von Milcherzeugnissen	Frucht- und Gemüsesäfte, diätische Getränke, Bier, Würzen, Wein, Spirituosen, Destillate, Liköre, Zuckerkonzentrate, Milchprodukte, Aromen und Farbstoffe	Schnelle Messung bei einfacher Handhabung, leichte Reinigung, Verfügbarkeit der Brix-Skala
Krankenhäuser und Apotheken:		
Wareneingangs- und Warenausgangskontrolle; Kontrolle von Arzneimitteln nach Pharmakopöen; Analyse von Körpersekreten	Arzneien, Infusionslösungen, Blutseren, Dialysepräparate, Urine	Einfache Handhabung, Verfügbarkeit der Brix-Skala, Möglichkeit der Temperaturkompensation

13.4 Kommerzielle Produkte

Aufgrund des breiten Anwendungsspektrums bieten die Hersteller von Refraktometern unterschiedlichste Ausführungen und Varianten an. Die Produktpalette der Firma A.KRÜSS Optronic GmbH umfasst beispielsweise Abbe-Refraktometer und Handrefraktometer sowie zusätzliche digitale Refraktometer und Prozessrefraktometer. Im folgenden Abschnitt werden ein Abbe- und ein Handrefraktometer der Firma A.KRÜSS Optronic GmbH vorgestellt.

13.4.1 Abbe-Refraktometer

Das Abbe-Refraktometer wird in einer analogen (AR4) und in einer digitalen (AR2008) Variante angeboten. In Abbildung 13.8 sind beide dargestellt.

Beide Geräte können den Zuckergehalt im Bereich von 0–95 %Brix und den Brechungsindex zwischen 1,30 und 1,72 n_D von flüssigen, viskosen und auch festen Proben ermitteln.

Beim analogen Abbe-Refraktometer AR4 lässt sich der Messwert mithilfe eines Okulars ablesen. Die Skala ist manuell zu justieren. An das AR4 lässt sich ein Thermostat anschließen, womit die Messprobe temperiert und der Brechungsindex bei bestimmten Temperaturen gemessen werden kann. Ein integriertes Digitalthermometer kann die Temperatur der Messprobe in einem Bereich von 0–99 °C messen und auf dem Display anzeigen.

Das digitale Abbe-Refraktometer AR2008 kann mithilfe einer seriellen Schnittstelle die aufgenommenen Messwerte samt Datum und Uhrzeit direkt auf einen PC übertragen. Optional kann auch bei dieser Variante ein Thermostat angeschlossen werden, um die Messprobe zu temperieren. Das integrierte Digitalthermometer weist ebenfalls einen Messbereich von 0–99 °C auf. Des Weiteren lässt sich beim digitalen Refraktometer eine automatische Temperaturkompensation für die Brix- Skala zuschalten. In der Tabelle 13.3 sind die technischen Daten der beiden Geräte im Vergleich aufgelistet:

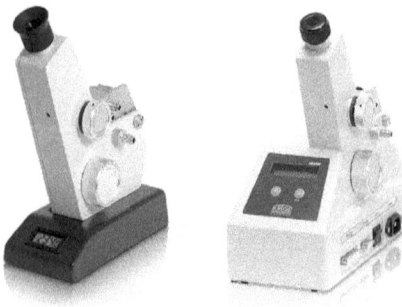

Abb. 13.8: Analoges (AR4) und digitales (AR2008) Abbe-Refraktometer (© A.KRÜSS Optronic GmbH) [242].

Tab. 13.3: Technische Daten des analogen (AR4) und digitalen (AR2008) Abbe-Refraktometers der Firma © A.KRÜSS Optronic GmbH [243].

Spezifikation	AR4	AR2008
Skalen	Konzentration von Saccharose [%Brix] Brechungsindex (n_D)	
Messbereich	1,30–1,72 (n_D) 0–95 [%Brix]	
Genauigkeit	±0,0002 n_D ±0,1 %Brix	
Auflösung	0,0005 n_D 0,25 %Brix	0,0001 n_D 0,1 %Brix
Temperaturmessbereich	0–99 °C	
Temperaturmessgenauigkeit	±0,5 °C	±0,3 °C
Temperaturmessauflösung	0,1 °C	
Messprisma	Optisches Glas	
Lichtquelle	LED (λ = 598 nm)	
Maße (B × H × T)	100 mm × 270 mm × 190 mm	120 mm × 290 mm × 250 mm
Gewicht	2,5 kg	5 kg
Preis	917 €	4.385 €

13.4.2 Handrefraktometer

Handrefraktometer können wegen ihrer kompakten und robusten Bauweise mobil eingesetzt werden. Von der Firma A.KRÜSS Optronic GmbH gibt es sie in verschiedenen, analogen und digitalen Ausführungen. In Abbildung 13.9 sind ein analoges und ein digitales Handrefraktometer dargestellt.

Die analogen Handrefraktometer haben den Vorteil, dass sie ohne Batterie betrieben werden können. Die verschiedenen Modelle unterscheiden sich größtenteils in

Abb. 13.9: Analoges (HRB32-T) und digitales Handrefraktometer (DR201-95) (© A.KRÜSS Optronic GmbH) [244, 245].

Tab. 13.4: Technische Daten verschiedener analoger Handrefraktometer der Firma A.KRÜSS Optronic GmbH [244].

Modell	Skala	Messbereich	Messgenauigkeit
HRB32-T	Brix	0–32 %Brix	±0,2 %Brix
HRB92-T	Brix	58–92 %Brix	±0,5 %Brix
	Baumé	38–43 °Bé	±0,5 °Bé
	Wassergehalt in Honig	12–27 % Wassergehalt	±0,5 % Wassergehalt
HRH30-T	Wassergehalt in Honig	12–30 % Wassergehalt	±0,1 % Wassergehalt
HRND	Brechungsindex	1,333–1,517	±0,0005
HRS28-T	Salzgehalt (NaCl)	0–28 %	±0,2 %
HRKFZ-T	Äthylen- und Propylenglycol (Frostschutz)	–50–0 °C	±5 °C
	Batteriesäue	1,10–1,30 g/cm^3	±0,01 g/cm^3

Tab. 13.5: Technische Daten digitaler Handrefraktometer der Firma A.KRÜSS Optronic GmbH [245].

Spezifikation	DR101-60	DR201-95	DR301-95
Skalen	Brechungsindex (n_D) Konzentration von Saccharose, Glukose, Fruktose und Invertzucker [%Brix]		Brechungsindex (n_D) Konzentration von Saccharose, Glukose, Fruktose und Invertzucker [%Brix] Salzgehalt [‰]
Messbereich	1,3330–1,4419 n_D 0–60 %Brix	1,3330–1,5318 n_D 0–95 %Brix	
Genauigkeit	±0,0005 n_D ±0,25 %Brix	±0,0002 n_D ±0,2 %Brix	±0,00015 n_D ±0,1 %Brix
Auflösung		0,0001 n_D 0,1 %Brix	
Temperatur-messbereich		10–40 °C	
Temperatur-messgenauigkeit		±0,5 °C	
Temperatur-messauflösung		0,1 °C	
Messprisma		Optisches Glas	
Lichtquelle		LED (λ = 589 nm)	
Maße (B × H × T)	110 mm × 62 mm × 32 mm	130 mm × 80 mm × 40 mm	180 mm × 100 mm × 60 mm
Gewicht	160 g	200 g	500 g
Preis	254,– €	k. A.	815,– €

der integrierten, anwendungsspezifischen Skala. Eine Auswahl der analogen Handrefraktometer und deren Modellspezifikationen sind in Tabelle 13.4 aufgelistet. Der Preis für die analogen Handrefraktometer beginnt ab ca. 100 €.

Mithilfe digitaler Handrefraktometer können Messungen auf Knopfdruck durchgeführt und die Ergebnisse innerhalb von einer Sekunde auf einem integrierten Bildschirm ausgegeben werden. Über einen Temperatursensor kann die Temperatur der Messprobe ermittelt werden. Die drei Modelle unterscheiden sich hauptsächlich in ihren verwendeten Skalen. Die technischen Daten sind in Tabelle 13.5 aufgeführt.

13.4.3 Übersicht Refraktometerhersteller

Neben der Firma A.KRÜSS Optronic GmbH gibt es noch eine Vielzahl weiterer Hersteller von Refraktometern. Eine Auswahl findet sich in der Tabelle 13.6.

Tab. 13.6: Übersicht von Refraktometerherstellern.

Hersteller	Adresse	Kontakt	Refraktometer
A.KRÜSS Optronic GmbH	Alsterdorfer Str. 276–278 22297 Hamburg Deutschland	www.kruess.com	Abbe-Refraktometer, digitale Refraktometer, Handrefraktometer
SCHMIDT+HAENSCH GmbH & Co	Waldstraße 80/81 13403 Berlin Deutschland	www.schmidt-haensch.de	Abbe-Refraktometer, digitale Refraktometer, Handrefraktometer
KERN & SOHN GmbH	Ziegelei 1 72336 Balingen Deutschland	www.kern-sohn.com	Abbe-Refraktometer, digitale- und analoge Refraktometer
PCE Deutschland GmbH	Im Langel 4 59872 Meschede Deutschland	www.pce-instruments.com	Abbe-Refraktometer, digitale Refraktometer, Handrefraktometer (Honig, Saft, Wein, Salz)

13.5 Zusammenfassung

Die Refraktometrie basiert auf der Tatsache, dass sich Licht in verschiedenen Medien unterschiedlich schnell ausbreitet. Als Resultat dessen ändert sich beim Übergang des Lichts von einem Medium in ein anderes die Ausbreitungsrichtung. In der Optik wird dies als Lichtbrechung an der Grenzfläche zweier Medien bezeichnet. Der Brechungswinkel hängt dabei von den Brechungsindizes der beteiligten Medien ab. Der Brechungsindex gibt das Verhältnis der Phasengeschwindigkeit des Lichts im Vakuum bezogen auf die Phasengeschwindigkeit des Lichts im entsprechenden Medium an. Medien mit einem größeren Brechungsindex werden als optisch dichter, Medien mit einem kleineren Brechungsindex als optisch dünner bezeichnet. Der Brechungsindex ist somit eine Materialeigenschaft.

In der Refraktometrie wird diese Materialeigenschaft mithilfe von Refraktometern bestimmt, um so Aussagen über die Identität, die Konzentration oder die Reinheit einer zu untersuchenden Substanz zu treffen. Die hier behandelten Refraktometer, das Abbe-, das Pulfrich- und das Handrefraktometer, funktionieren allesamt nach dem Prinzip des Grenzwinkels der Totalreflexion und unterscheiden sich lediglich in ihrem Aufbau. Der Grenzwinkel der Totalreflexion ist ein Spezialfall in der Optik. Beim Übergang der Lichtstrahlen von der zu untersuchenden Substanz in das bekannte Messmedium werden nur Lichtstrahlen mit einem Einfallswinkel kleiner/gleich dem Grenzwinkel der Totalreflexion in das Messmedium hineingebrochen. Dadurch entsteht auf dem Gesichtsfeld der Refraktometer ein Hell-Dunkel-Bereich, dessen Grenzlinie dem Grenzwinkel der Totalreflexion entspricht. Über eine Skala können abschließend der Brechungsindex und weitere anwendungsspezifische Messgrößen abgelesen werden.

Während Refraktometer zunächst für die Bestimmung des Zuckergehaltes in wässrigen Lösungen zum Einsatz kamen, könnten die heutigen Anwendungsgebiete nicht vielfältiger sein. Das Spektrum erstreckt sich von der Lebensmittelindustrie, in der mit der Brix-Skala nach wie vor der Zuckergehalt von verschiedensten Lebensmitteln bestimmt wird, über die pharmazeutische Industrie bis hin zur Automobilindustrie, um nur einen Ausschnitt des gesamten Spektrums zu nennen.

Die Firma A.KRÜSS Optronic GmbH ist einer von mehreren Herstellern von Refraktometern. Zu ihrem Bestand gehören das analoge sowie das digitale Abbe-Refraktometer mit optionalem Umwälzthermostat zum Temperieren der Messprobe. Des Weiteren wird die Produktpalette um Handrefraktometer in analoger und digitaler Ausführung ergänzt. Die Preise liegen zwischen 100 € für ein analoges Handrefraktometer und mehreren 1.000 € für ein digitales Abbe-Refraktometer. Die Auflösungen liegen zwischen 0,1 %Brix und 0,5 %Brix (entspricht 1–5 ‰ Zucker in Wasser).

14 Polarimetrie

14.1 Einleitung

Elektromagnetische Wellen kann man linear polarisieren, d. h., durch geeignete Maßnahmen legt man für die Orientierung ihrer elektrischen Feldstärke eine bestimmte
Schwingungsrichtung fest. Das Messverfahren der Polarimetrie nutzt die Veränderung
der Polarisationsrichtung durch gewisse transparente Stoffe für die Detektion oder
Analyse dieser Substanzen. Der französische Physiker Dominique Francois Jean Arago
machte 1811 eine Entdeckung, die für die Entwicklung dieser Messtechnik fundamen-
tal bedeutend war. Er zerschnitt einen Quarzkristall und stellte in Untersuchungen
fest, dass die Polarisationsrichtung von linear polarisiertem Licht beim Durchgang
durch den Quarz gedreht wird. Einige Jahre später beobachtete der französische Wissenschaftler Jean-Baptiste Biot, dass die Polarisationsebene auch durch bestimmte
Gase und Flüssigkeiten gedreht werden kann. Biot nannte diese Eigenschaft „optische Aktivität" und stellte die Hypothese auf, dass sie vom Aufbau der chemischen
Verbindung abhängt. Darauf aufbauend untersuchte der Chemiker Louis Pasteur die
optische Aktivität von Kristallformen verschiedener Salze der Trauben- und Weinsäure und entwickelte hierfür ein spezielles Messgerät: das Polarimeter [246, 247].

Im folgenden Abschnitt Messprinzip wird zunächst auf die physikalischen Grundlagen des Messverfahrens, wie Polarisation und optische Aktivität eingegangen. Darauf aufbauend wird die Funktionsweise von Polarimetern erläutert. Im Anschluss
daran werden typische Anwendungsgebiete dieser Messtechnik aufgezeigt und diskutiert. Es folgt ein Abschnitt, der beispielhaft kommerzielle Produkte vorstellt und
deren Spezifikationen vergleicht. Zum Abschluss werden die wichtigsten Informationen zusammengefasst und die Vor- und Nachteile von Polarimetern gegenübergestellt.

14.2 Messprinzip

Zur Erklärung des polarimetrischen Messprinzips werden im Folgenden zunächst die
physikalischen Grundlagen des Messverfahrens erläutert. Die entsprechenden Unterkapitel beschäftigen sich mit Polarisation, optischer Aktivität und Chiralität. Daran
schließt sich eine Beschreibung des typischen Messaufbaus und der Funktionsweise
von Polarimetern an.

Unter Mitwirkung von Assadullah Hidari und Moritz Kischkat

https://doi.org/10.1515/9783110702040-014

14.2.1 Polarisation

Elektromagnetische Strahlung, im sichtbaren Spektralbereich Licht genannt, ist eine Transversalwelle. Der elektrische und der magnetische Feldstärkevektor sind senkrecht zur Ausbreitungsrichtung orientiert und stehen zudem senkrecht aufeinander. Abbildung 14.1 verdeutlicht dies und zeigt die elektrische Feldstärke $\vec{E}$ und die magnetische Feldstärke $\vec{H}$ zu einem bestimmten Zeitpunkt als Funktion des eindimensionalen Orts.

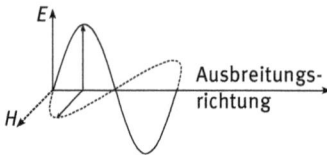

Abb. 14.1: Elektrische Feldstärke $\vec{E}$ und magnetische Feldstärke $\vec{H}$ einer elektromagnetischen Welle zu einem bestimmten Zeitpunkt als Funktion des eindimensionalen Orts.

Die Orientierung des elektrischen Feldes wird als Polarisationsrichtung der elektromagnetischen Strahlung bezeichnet. Wenn keine Feldrichtung bevorzugt ist, wird das Licht als unpolarisiert bezeichnet. Die Polarisationsrichtung ändert sich dann willkürlich und ist gleich auf alle Winkel verteilt (siehe Abbildung 14.2a).

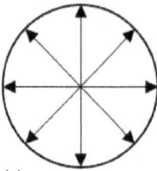
(a)

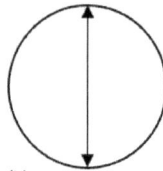
(b)

Abb. 14.2: Orientierung der elektrischen Feldstärke: a) unpolarisiertes Licht, b) linear polarisiertes Licht.

Bei linear polarisiertem Licht hat der elektrische Feldstärkevektor zu jeder Zeit dieselbe Richtung (siehe Abbildung 14.2b). Mithilfe eines polarisationsselektiven Elements (z. B. Nicol'sches Prisma oder makromolekulare Folie) kann aus unpolarisiertem Licht linear polarisiertes gewonnen werden. Dabei werden nur die Anteile der Welle durchgelassen, die Schwingungsanteile entlang der vorgegebenen Richtung enthalten. Für die Polarimetrie wird in der Regel linear polarisiertes Licht einer bestimmten Wellenlänge (monochrom) eingesetzt.

Bei zirkular polarisiertem Licht ändert sich die Richtung des elektrischen Feldstärkevektors in der senkrecht zur Ausbreitungsrichtung stehenden Ebene mit konstanter Winkelgeschwindigkeit, wobei der Betrag der Amplitude konstant bleibt. Der Feldstärkevektor beschreibt dann senkrecht zur Ausbreitungsrichtung eine links- oder rechtsdrehende Schraube. Bei elliptisch polarisiertem Licht ändert sich Betrag der Amplitude.

14.2.2 Optische Aktivität

Linear polarisiertes Licht kann als Summe von zwei kohärenten, zirkular polarisierten Strahlen mit gegenläufigem Drehsinn angesehen werden, deren Amplituden und Winkelgeschwindigkeiten gleich sind. Die Polarisationsanteile senkrecht zur (linearen) Polarisationsrichtung eliminieren sich dann zu jedem Zeitpunkt gegenseitig. Abbildung 14.3a zeigt die Drehrichtungen des rechtszirkular (*r*) und des linkszirkular (*l*) polarisierten Anteils sowie die Orientierung des aus der Überlagerung resultierenden linear polarisierten Lichts (*P*). Beim Durchgang linear polarisierter Strahlung durch ein optisch nicht aktives Medium ändert sich die Richtung der linearen Polarisation nicht [78, 247].

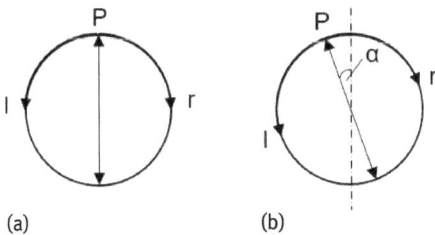

Abb. 14.3: a) Lineare Polarisation als Summe zweier zirkular polarisierter Anteile (*P* lineare Polarisation, *r* rechtszirkulare Polarisation, *l* linkszirkulare Polarisation); b) durch optisch aktives Medium um Winkel *α* gedrehte Polarisationsebene.

Ein optisch aktives Medium weist für gegenläufig zirkular polarisierte Strahlungsanteile unterschiedliche Brechungsindizes auf. Diese Eigenschaft wird als zirkulare Doppelbrechung bezeichnet und ist nicht mit dem Effekt der linearen Doppelbrechung zu verwechseln. Letztere wird in Nicol'schen Prismen zur Erzeugung linear polarisierter Strahlung genutzt. Beim Quarz ist die zirkulare Doppelbrechung ungefähr um den Faktor 100 schwächer als die lineare Doppelbrechung.

Passiert linear polarisierte Strahlung eine optisch aktive Substanz, ändert sich die Phasenbeziehung der beiden zirkular polarisierten Anteile. Da der Brechungsindex n das Verhältnis der Vakuumlichtgeschwindigkeit c_V zur Geschwindigkeit c_M im Medium darstellt,

$$n = \frac{c_V}{c_M} \, , \tag{14.1}$$

erfahren die beiden Anteile in der Folge verschiedene Ausbreitungsgeschwindigkeiten. Hierdurch resultiert eine Phasenverschiebung φ zwischen den gegenläufig zirkular polarisierten Anteilen. Nach dem Materialdurchgang ergibt die Überlagerung beider Anteile wieder linear polarisierte Strahlung. Die Phasendifferenz der beiden Anteile zeigt sich allerdings als eine Drehung der Polarisation um den Winkel α gegenüber der Richtung vor dem Materialdurchgang, wobei der Winkel der Hälfte der Phasendifferenz der zirkular polarisierten Anteile entspricht,

$$\alpha = \frac{\varphi}{2} \, . \tag{14.2}$$

Abbildung 14.3b verdeutlicht dies. Der Drehwinkel ist proportional zur Strecke, die das Licht im doppelbrechenden Medium zurückgelegt hat. Bei Quarz beträgt dieser Winkel $\pm 21{,}7°$ pro mm Materialdicke ($\pm$, da der Effekt sowohl rechts- als auch linksdrehend auftritt) [227].

14.2.3 Chiralität

Ob ein Stoff optisch aktiv ist oder nicht, hängt von seinen Symmetrieeigenschaften ab. Alle Reinstoffe (Nichtgemische), deren Moleküle eine Drehspiegelachse besitzen, sind optisch inaktiv. Diese können durch die Spiegelung an einer Ebene und eine Drehung um eine Achse, die von der Spiegelebene rechtwinklig geschnitten wird, in sich selbst abgebildet werden. Moleküle, die keine Drehspiegelachse besitzen, sind in der Regel optisch aktiv. Solche Stoffe werden chiral genannt (Chiralität: griechisch Händigkeit). Chirale Moleküle können aber durchaus andere Symmetrien aufweisen und sind daher nicht zwangsläufig asymmetrisch.

Enantiomere sind chirale Moleküle, bei denen Bild und Spiegelbild nicht deckungsgleich sind. Sie weisen beispielsweise eine zueinander gespiegelte Molekülgruppe auf. Enantiomere stimmen in allen physikalischen Eigenschaften überein außer in der Richtung, in der sie die Schwingungsrichtung linear polarisierten Lichts drehen. Ein Beispiel ist die Milchsäure. Milchsäuren unterscheiden sich durch die räumliche Anordnung der OH-Gruppe am zentralen Kohlenstoffatom. Bei der L-Milchsäure steht die OH-Gruppe links (L für laevo: griechisch links). Bei der D-Milchsäure steht die OH-Gruppe rechts (D für dextro: griechisch rechts). Der Buchstabe trifft nur eine Aussage über die räumliche Anordnung, nicht aber über die Drehrichtung: Die L-Milchsäure ist rechtsdrehend (+), die D-Milchsäure ist linksdrehend (−) [246, 248]. Abbildung 14.4 zeigt die Strukturformeln der rechtsdrehenden L(+)-Milchsäure und der linksdrehenden D(−)-Milchsäure in der Keilstrichvariante. Ein Keil stellt eine Bindung dar, die aus der Papierebene heraussteht, eine gestrichelte Linie eine Bindung, die in die Papierebene hineingeht.

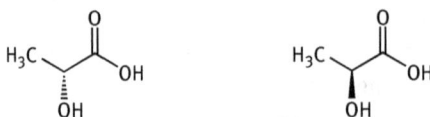

Abb. 14.4: Strukturformeln von D(−)-Milchsäure (links) und L(+)-Milchsäure (rechts).

Viele pharmakologische Wirkstoffe und biologisch relevante Substanzen sind chiral und somit optisch aktiv und lassen sich daher mithilfe der Polarimetrie detektieren. Dies betrifft kleinere Moleküle wie Aminosäuren und Zucker genauso wie biologische Makromoleküle wie Enzyme oder Rezeptoren.

14.2.4 Spezifischer Drehwinkel

Der spezifische Drehwinkel, auch spezifische Drehung oder Drehvermögen genannt, ist ein Maß für die optische Aktivität einer chemischen Substanz oder ihrer Lösung. Er wird üblicherweise in Grad gemessen und hat ein Vorzeichen, das die Drehrichtung angibt (positiv: Rechtsdrehung in Ausbreitungsrichtung; negativ: Linksdrehung). Er hängt primär von dem individuellen optisch aktiven Stoff ab. Daneben wird er von den folgenden Faktoren beeinflusst:
- Temperatur des doppelbrechenden Mediums
- Wellenlänge des polarisierten Lichts
- Anzahl der optisch aktiven Moleküle, die vom Licht passiert werden (Konzentration und Länge der Probe)
- im Falle von Lösungen: Art des Lösungsmittels

Wenn die Wellenlänge λ des Lichts und die Temperatur T der Probe gegeben sind, berechnet sich der spezifische Drehwinkel einer Substanz (für diese Wellenlänge und diese Temperatur) nach dem Biot-Gesetz (nach Jean-Baptiste Biot) folgendermaßen [78]:

$$[\alpha]_\lambda^T = \frac{\alpha}{c \cdot l} \; . \tag{14.3}$$

Dabei ist α der mit einem Polarimeter gemessene (unspezifische) Drehwinkel einer Probe in Grad, c deren Massenkonzentration und l die durchstrahlte Strecke (Probendicke).

In der Literatur ist der spezifische Drehwinkel in der Regel für die D-Linie des Natriumlichts (Wellenlänge 589 nm) und eine Temperatur von 20 °C oder von 25 °C angegeben ($[\alpha]_D^{20}$ bzw. $[\alpha]_D^{25}$). In Tabelle 14.1 sind beispielhaft Substanzen und deren spezifische Drehwinkel für verschiedene Lösungsmittel aufgeführt [249].

Tab. 14.1: Substanzen und deren spezifische Drehwinkel für verschiedene Lösungsmittel [249].

Substanz	Lösungsmittel	$[\alpha]_D^{20}/(\frac{ml}{dm \cdot g})$
D-Glucose im Lösungsgleichgewicht	Wasser	+52,5°
Saccharose	Wasser	+66,4°
α-D-Glucose	Wasser	+112,2°
β-D-Glucose	Wasser	+17,5°
Vitamin D	Ethanol	+102,5°
Vitamin D	Chloroform	+52,0°
Vitamin D	Aceton	+82,6°

Der sogenannte molare spezifische Drehwinkel (auch molare Drehung oder Molrotation) ermöglicht einen besseren Vergleich unterschiedlicher optisch aktiver Verbindungen und ist folgendermaßen definiert:

$$\alpha_\mathrm{m} = [\alpha]_\mathrm{D}^{20} \cdot M \,.$$ (14.4)

Die molare Masse M des Moleküls entspricht der Summe der molaren Massen der einzelnen Atome. Der molare spezifische Drehwinkel hat die Einheit $\mathrm{m}^2/\mathrm{mol}$ [250].

Wenn der spezifische Drehwinkel und die Schichtdicke bekannt sind, kann aus dem mit einem Polarimeter gemessenen Drehwinkel die Massenkonzentration der Probe bestimmt werden [78].

14.2.5 Polarimeter

Ein Polarimeter ist ein Gerät zur Messung der Drehung der Polarisationsrichtung von monochromatischem, linear polarisiertem Licht durch optisch aktive Substanzen. Als Strahlungsquelle kommen Lampe mit Farbfilter, Laser oder Leuchtdioden zum Einsatz.

Das Polarimeter ist meistens aus zwei Nicol'schen Prismen aufgebaut. Zwischen diesen polarisationsselektiven Elementen befindet sich die Küvette mit der zu analysierenden Probenlösung. Das erste Prisma ist üblicherweise feststehend und repräsentiert den Polarisator, der aus der unpolarisierten Strahlung der Lichtquelle linear polarisierte Strahlung selektiert. Das zweite Prisma ist hinter der Messprobe drehbar gelagert und dient als Analysator dazu, die durch die optisch aktive Komponente der Probenlösung gedrehte Lage der Polarisationsrichtung festzustellen. In der einfachsten Polarimetervariante dreht der Beobachter den Analysator, bis maximale Helligkeit oder Dunkelheit erreicht ist. Eine Skala ermöglicht dann die Ablesung des Drehwinkels, aus dem mithilfe der Gleichung 14.3 die Konzentration der optisch aktiven Substanz ermittelt werden kann.

Eine häufig verwendete Variante ist das in Abbildung 14.5 schematisch dargestellte Halbschattenpolarimeter nach Ferdinand Franz Lippich. Bei diesem wird die Polarisationsebene für einen Teil der linear polarisierten Strahlung unter Verwendung eines Hilfsprismas um 1° bis 10° gedreht, bevor es auf die Probe trifft. In Abbildung 14.5 ist dies die obere Hälfte. Dadurch werden für den Betrachter zwei Halbbilder sichtbar. Stehen Polarisator und Analysator senkrecht zueinander, erscheint die eine Hälfte der Fläche dunkel. Steht der Analysator senkrecht zum Hilfsprisma, wird die andere Hälfte als dunkel wahrgenommen. Der Beobachter regelt dann durch Drehen des Analysators beide Halbfelder auf die gleiche Helligkeit. Danach wird die Probe in den Strahlengang eingebracht. Nachdem wieder beide Halbfelder auf gleiche Helligkeit geregelt wurden, kann der Drehwinkel abgelesen werden. Der Vorteil dieses Verfahrens ist, dass der Vergleich zweier Intensitäten für das menschliche Auge wesentlich leichter und damit genauer ist als das Erkennen maximaler Helligkeit oder Dunkelheit [78, 247, 251].

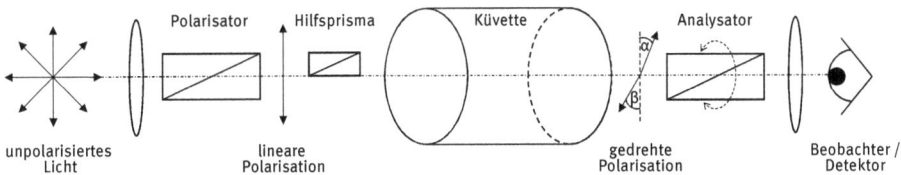

Abb. 14.5: Schematischer Aufbau des Halbschattenpolarimeters nach Lippich.

Die beschriebenen Anordnungen sind nur zwei von vielen Möglichkeiten, ein Polarimeter aufzubauen. Bei anderen Anordnungen wird der Polarisator gedreht, während der Analysator feststeht, oder es können beide Komponenten drehbar sein. Alternativ kann ein polarisierendes Element rotieren. Ein Detektor anstelle des Betrachters registriert dann eine sinusförmige Variation der Helligkeit. Aus der Phasenverschiebung gegenüber dem Signalverlauf ohne Probe kann dann der Drehwinkel bestimmt werden.

Unabhängig von der Anordnung ist beim Befüllen der Küvette darauf zu achten, dass sich keine Luftblasen im durchleuchteten Volumen bilden. Die abgefüllten Küvetten sollten außerdem vor der Durchführung der Messung für 2 bis 3 Minuten abgelegt werden, sodass sich eventuell vorhandene Schlieren oder Wirbel auflösen und ein Temperaturausgleich stattfinden kann [252].

14.3 Anwendungen

Es gibt eine Vielzahl von Anwendungen für die Polarimetrie. Sie kommt allerdings hauptsächlich in der Lebensmittelanalytik zur quantitativen Bestimmung der Konzentration von Saccharose (Saccharimetrie), Invertzucker und Glucose zum Einsatz. Außerdem kann mit ihrer Hilfe der Stärkegehalt bestimmt werden, wobei jedoch Störungen durch andere optisch aktive Verbindungen, wie Milchsäure, Weinsäure, Proteine, Aminosäuren oder Alkaloide, auftreten können [78]. Außerhalb der Lebensmittelanalytik findet die Polarimetrie unter anderem in der pharmazeutischen und chemischen Industrie sowie in Krankenhäusern und Apotheken Anwendung. In Tabelle 14.2 sind Anwendungsgebiete mit Beispielen aufgelistet [253].

Tab. 14.2: Anwendungsgebiete der Polarimetrie [253].

Anwendungsgebiete	Untersuchte Substanzen	Besondere Erfordernisse
Pharmazeutische Industrie		
– Bestimmung der Konzentration von Zucker als Bestandteil von Arzneiwirkstoffen – Reinheitskontrolle und Konzentrationsermittlung – Bestimmung der stereochemischen Zusammensetzung und Mutarotation	Zucker, Aminosäuren und Proteine, Blutseren, Vitamine, Steroide, Antibiotika, Hormone, Schmerzmittel, Amphetamine etc.	Präzision, Normenkonformität
Chemische Industrie		
– Reinheitskontrolle und Konzentrationsbestimmung – Verfolgung chemischer Prozesse bei der Produktion optisch aktiver Substanzen – Reaktionskinetische Untersuchungen	Biopolymere, synthetische Polymere, Glycerinaldehyde, unterschiedliche Kohlenwasserstoffe etc.	Exakte Temperierung bei unterschiedlichen Temperaturen, Variabilität der Messmethoden
Lebensmittel- und Getränkeindustrie		
– Charakterisierung, Qualitäts- und Reinheitskontrolle von Rohstoffen und Endprodukten – Bestimmung der Zuckerkonzentration in Getränken und Süßwaren	Zucker, Milchsäure, Stärke (Polysaccharide) in Lebens- und Futtermitteln, Aromen, Laktose in Milch, Glukose in Wein, Zuckerzusammensetzung in Honig etc.	Schnelle Messung bei unkomplizierter Handhabung, robuste, säurebeständige Messröhren
Zuckerindustrie		
– Bestimmung der Zuckerkonzentration von Rohstoffen, Vor-, Zwischen- und Endprodukten – Verfolgung chemischer Prozesse, z. B. bei der Invertzuckerherstellung – Reinheitskontrolle	Zuckerrohr, Rübenschnitzel, Melasse, Raffinade, Sirup, Invertzucker etc.	Verfügbarkeit der internationalen Zuckerskala, Wartungsfreiheit

Tab. 14.2: (Fortsetzung)

Anwendungsgebiete	Untersuchte Substanzen	Besondere Erfordernisse
Hersteller von Aromen, Duftstoffen und ätherischen Ölen		
– Qualitätskontrolle von Roh- und Hilfsstoffen – Überwachung der Produktion von Zwischen- und Endprodukten	Ätherische Öle, wie z. B. Orangen-, Lavendel-, Limonenöl für Lebensmittel- und Kosmetikindustrie etc.	Hohe Chemikalienbeständigkeit, Verfügbarkeit von Mikroküvetten
Krankenhäuser und Apotheken		
– Wareneingangs-/ Warenausgangskontrolle – Kontrolle von Arzneimitteln nach Pharmakopöen	Arzneiwirkstoffe sowie Roh- und Hilfsstoffe	Robustheit, unkomplizierte Handhabung, günstiger Preis
Ausbildung in der Industrie oder an Hochschulen		
– Einsatz bei praktischen Übungen und Versuchen zur Kinetik der Rohrzuckerinversion – Mutarotation der Glukose		Unkomplizierte Handhabung, günstiger Preis

14.4 Kommerzielle Produkte

Es existiert ein großes Angebot kommerzieller Polarimeter. Dabei wird gerätespezifisch in einem Wellenlängenbereich zwischen 365 nm und 589 nm gemessen. Je nach Hersteller und Modell wird die Probenlösung in einer Küvette untersucht oder mithilfe einer Pipette aufgetragen. Die Messgenauigkeit des Drehwinkels α variiert herstellerspezifisch und liegt üblicherweise zwischen $\pm0{,}003°$ und $\pm0{,}005°$. Viele Geräte stehen als stationäre oder portable Ausführung zur Verfügung. Die Produktpreise reichen von einigen Hundert € für einfache Handgeräte bis zu mehreren Tausend € für automatisierte Systeme, die temperaturstabilisiert und hochempfindlich sind. Im Folgenden werden beispielhaft drei Produkte von zwei Herstellern vorgestellt. In den Tabellen 14.3 bis 14.5 finden sich die wesentlichen Produktspezifikationen. Die Abbildungen 14.6 bis 14.8 zeigen Fotos der Polarimeter.

Tab. 14.3: Polarimeterspezifikationen: ADP600-Serie der Firma Xylem Inc.

Hersteller	Xylem Inc.
Modell	ADP600-Serie
Messbereich	±89° (−355 bis +355 über Methodenauswahl) (−225 bis +225 Grad Z)
Auflösung (°A)	0,0001
Genauigkeit (°A)	±0,003 (bei 546, 589 nm)/± 0,005 (bei 325, 365, 405, 436 nm)
Temperaturbereich	15–35 °C
Temperaturkontrolle/Genauigkeit	Peltier/±0,2 °C
Temperaturkompensation	Keine, Zucker, Quarz, benutzerdefiniert
Bereich optische Dichte	0,0 bis 3,0 OD
Messmethoden	Spezifische Drehung, % Konzentration, Reinheit, % Umkehrung von Zucker, % Inversion (A-B)
Messtemperaturen	20 & 25 °C (über Methode einstellbar zwischen 20–30 °C)
Messzeit	15–60 Sekunden bei 546/589 nm und 20/20 °C (Gerät/Probe)
Röhrenlänge	5–200 mm
Röhrendurchmesser	3–8 mm
Lichtquelle	UV/VIS-Lampe (6 V, 2 A > 1.000 Std.) und Schmalbandfilter

Abb. 14.6: ADP600 Polarimeter (mit freundlicher Genehmigung der Xylem Inc.).

Abb. 14.7: AP-300 Polarimeter (mit freundlicher Genehmigung der Atago Co. Ltd.).

Tab. 14.4: Polarimeterspezifikationen: AP-300 der Firma Atago CO. Ltd.

Hersteller	Atago Co. Ltd.
Modell	AP-300
Messbereich	−89° bis +90°
Auflösung	0, 0001°
Genauigkeit	±0,002° bis ±0,010°
Temperaturbereich	10–30 °C
Temperaturkontrolle/Genauigkeit	±0,5 °C
Temperaturkompensation	18 bis 30 °C für internationale Zuckerskala
Bereich optische Dichte	Keine Angabe
Messmethoden	Keine Angabe
Messtemperaturen	Keine Angabe
Messzeit	Keine Angabe
Röhrenlänge	50, 100, 200 mm
Röhrendurchmesser	8 mm
Lichtquelle	Halogenlampe

Tab. 14.5: Polarimeterspezifikationen: Repo-Serie der Firma Atago Co. Ltd.

Hersteller	Atago Co. Ltd.
Modell	Repo-Serie (tragbar)
Messbereich	−5° bis +5°
Auflösung	0,01°
Genauigkeit	±0,1° (bei 20 °C)
Temperaturbereich	15 bis 40 °C
Temperaturkontrolle/Genauigkeit	Keine Angabe
Temperaturkompensation	Brix: 15 bis 40 °C
Bereich optische Dichte	Keine Angabe
Messmethoden	Keine Angabe
Messtemperaturen	Keine Angabe
Messzeit	12 Sekunden
Röhrenlänge	mit Pipette aufgetragene Schicht
Röhrendurchmesser	keine
Lichtquelle	LED

Abb. 14.8: Repo-2 Polarimeter (mit freundlicher Genehmigung der Atago Co. Ltd.).

14.5 Zusammenfassung

Der elektrische und der magnetische Feldstärkevektor einer elektromagnetischen Welle sind senkrecht zur Ausbreitungsrichtung orientiert und stehen zudem senkrecht aufeinander. Die Orientierung des elektrischen Feldes wird als Polarisationsrichtung der elektromagnetischen Wellen bezeichnet. Wenn sich die Polarisationsrichtung nicht ändert, spricht man von linear polarisierter Strahlung. Der Durchgang linear polarisierter Strahlung durch ein optisch aktives Medium hat eine Drehung der Polarisationsrichtung zur Folge. Der Drehwinkel ist dabei proportional zur Konzentration der optisch aktiven Moleküle und zur Probenlänge.

Ein Polarimeter ist ein Gerät zur Messung der Drehung der Polarisationsrichtung durch eine optisch aktive Substanz. Es besteht im Wesentlichen aus zwei polarisationsselektiven Komponenten (genannt: Polarisator und Analysator), zwischen denen sich die zu untersuchende Probe befindet. Beim Halbschattenpolarimeter nach Lippich wird ein Teil der linear polarisierten Strahlung durch ein zusätzliches Element leicht gedreht. Die resultierenden Halbbilder müssen für die Messung dann durch Drehung des Analysators auf gleiche Helligkeit geregelt werden.

Die Polarimetrie findet ihre Anwendungen insbesondere in der Lebensmittelindustrie. Sie wird dort bevorzugt zur Bestimmung des Zuckergehalts eingesetzt (z. B. Saccharimetrie). Darüber hinaus findet sie unter anderem Verwendung in der pharmazeutischen und der chemischen Industrie zur Reinheitskontrolle und Konzentrationsermittlung.

Es gibt eine Vielzahl kommerzieller Polarimeter, wobei man grundsätzlich zwischen stationären und portablen Geräten unterscheidet. Diese messen typischerweise im Wellenlängenbereich von 325 bis 589 nm. Die Messgenauigkeit für den Drehwinkel beträgt zwischen ±0,003° und ±0,005°. Die Preise reichen von einigen Hundert € für einfache Handgeräte bis zu mehreren Tausend € für hochempfindliche, automatisierte Systeme.

In der folgenden Tabelle 14.6 sind die Stärken und Schwächen des polarimetrischen Messverfahrens gegenübergestellt.

Tab. 14.6: Stärken und Schwächen von Polarimetern.

Stärken	Schwächen
– kompakt	– Messbedingungen müssen genau eingehalten werden.
– wartungsarm	– Es kann nur für Stoffproben mit einem Drehsinn
– kostengünstig	von $-90° < \alpha < 90°$ eine Aussage getroffen werden.
– unkomplizierte Bedienung	(portable Version nur $-5° < \alpha < 5°$)
– geringes Gewicht	

15 Flammenionisationsdetektoren

15.1 Einleitung

Flammenionisationsdetektoren (FID) dienen zur Bestimmung der Kohlenstoffmassenkonzentration von Gasen. Dafür wird sich der Umstand zunutze gemacht, dass organische Substanzen bei der Verbrennung in einer Wasserstoffflamme elektrisch messbare Ionen bilden. Der FID dient dabei lediglich zur Bestimmung der Gesamtkonzentration, aber nicht zur Identifikation von Stoffen. Daher ist die Zusammensetzung der zu analysierenden Probe in der Regel bekannt [71, 254].

Die ersten FIDs wurden im Jahr 1957 von zwei unterschiedlichen Teams unabhängig voneinander entwickelt. I. G. McWilliam und R. A. Dewar vom britischen Chemieunternehmen Imperial Chemical Industries (ICI) wollten den Effekt nutzen, dass sich die elektrische Leitfähigkeit einer Wasserstoffflamme durch organische Substanzen beeinflussen lässt. Anstoß hierfür war der Bedarf an neuen Detektoren für die damals bereits existierende Gaschromatografie, welche eine höhere Genauigkeit und Nachweisgrenze aufweisen sollten [255]. Zeitgleich arbeiteten auch J. Harley und V. Pretorius von der Universität Pretoria/Südafrika an dem Thema. Harley und Pretorius veröffentlichen bereits 1956 im Journal Nature einen Artikel mit dem Namen „A New Detector for Vapour Phase Chromatography". Technische Details wurden jedoch erst später veröffentlicht [256]. Der FID wurde auf einer empirischen Basis entwickelt, da zu diesem Zeitpunkt keinerlei Erkenntnisse über das Erfassen von Ionen und über die entsprechenden Prozesse in der Flamme vorhanden waren. Daher musste zunächst in Erfahrung gebracht werden, welche Ionen sich in der Verbrennungszone unter welchen Bedingungen bilden und welche chemischen Vorgänge überhaupt ablaufen [254].

Aufgrund des linearen Ansprechverhaltens über einen großen Bereich und der hohen Sensitivität sowie der leisen Betriebslautstärke setzte sich der FID durch und wurde zu dem am häufigsten eingesetzten Detektor in der Gaschromatografie (siehe Kapitel 5) [254].

In diesem Kapitel wird zunächst das generelle Messprinzip von FIDs erläutert. Dieses beinhaltet die physikalischen und chemischen Grundlagen, den Aufbau und die rechnerische Ermittlung der Kohlenstoffmassenkonzentration. Anschließend werden die verschiedenen Anwendungsgebiete dieser Sensorart erläutert und Beispiele kommerzieller Produkte vorgestellt. Eine Zusammenfassung schließt das Kapitel ab.

Unter Mitwirkung von Alexander Mundt und Maximilian Schuster

https://doi.org/10.1515/9783110702040-015

15.2 Messprinzip

Der Flammenionisationsdetektor (FID) basiert auf den chemischen Vorgängen bei der Verbrennung von Wasserstoff und organischen Verbindungen und der damit einhergehenden Ionisation. Diese hat einen Stromfluss zur Folge, dessen Messung die Berechnung die Kohlenstoffmassenkonzentration der Probe erlaubt. Im folgenden Abschnitt werden zunächst die physikalischen und chemischen Grundlagen erklärt. Danach werden der typische Aufbau und die Funktionsweise eines FIDs beschrieben. Abschließend wird die Umrechnung des Detektorsignals in die Kohlenstoffmassenkonzentration erläutert.

15.2.1 Physikalische und chemische Grundlagen

Jedes Atom ist zunächst einmal elektrisch neutral. Dies liegt an der gleichen Anzahl der positiv geladenen Protonen im Kern und der negativ geladenen Elektronen in der Hülle des Atoms. Im Falle einer Ionisierung werden durch die Zufuhr von Energie ein oder mehrere Elektronen aus dem Verband herausgelöst. Seltener können auch zusätzliche aufgenommen werden. Aufgrund des daraus resultierenden Defizits (oder Überschusses) an Elektronen ist das Rumpfatom elektrisch positiv (oder negativ) geladen und wird als Ion bezeichnet [227].

Die Ionisation kann auf verschiedene Weisen hervorgerufen werden. Bei der Verbrennung von organischen Verbindungen ist die entstehende thermische Energie für die Bildung der Ionen verantwortlich. Die Verbrennung von Wasserstoff (H_2) in Sauerstoff (O_2) wird bei diesem Verfahren häufig als Startreaktion genutzt. In der Gleichung 15.1 ist die Verbrennungsreaktion dargestellt. Die Edukte H_2 und O_2 werden unter Freisetzung der thermischen Energie ΔE_{therm} in gasförmiges Wasser (H_2O) umgewandelt [257].

$$2\,H_2 + O_2 \quad \rightarrow \quad 2\,H_2O + \Delta E_{\text{therm}}\,. \tag{15.1}$$

Während dieser Reaktion kommt es nicht zu einer Ionisierung. Diese findet erst dann statt, wenn neben Wasserstoff und Sauerstoff zusätzlich organische Verbindungen verbrannt werden. Dabei werden zunächst durch eine sogenannte Pyrolysereaktion Radikale gebildet. Die Pyrolyse bezeichnet eine temperaturbedingte Zersetzung der organischen Verbindungen. Radikale sind Moleküle oder Atome, welche mindestens ein ungebundenes Elektron aufweisen. Bei einer Radikalreaktion werden Bindungen in einem Molekül aufgelöst, was die Bildung von mehreren Radikalen zur Folge hat. Diese sind in der Regel elektrisch neutral und werden mit einem Punkt hinter der Summenformel des Moleküls dargestellt. Dies wird im Folgenden anhand des Beispiels von Benzol (C_6H_6) verdeutlicht. Durch hohe Temperaturen entsteht das Kohlenwasserstoffradikal $CH^\bullet$ in der Flamme [258, 259].

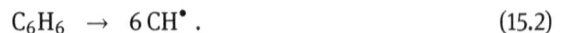

$$C_6H_6 \quad \rightarrow \quad 6\,CH^\bullet\,. \tag{15.2}$$

Gelangt dieses Reaktionsprodukt an den äußeren Rand der Flamme, welcher einen relativ hohen Sauerstoffanteil aufweist, kommt es zur Oxidation der Kohlenwasserstoffradikale und es entstehen Ionen [258]:

$$6\,CH^{\bullet} + 3\,O_2 \ \rightarrow \ 6\,CHO^+ + 6\,e^- \,. \tag{15.3}$$

Die Pyrolyse und die nachfolgende Ionisation finden nur bei ca. einem von 10^6 C-Atomen statt. Die Menge der gebildeten Ionen ist jedoch in einem weiten Konzentrationsbereich proportional zur Gesamtmenge des Stoffes. Durch eine Messung des Ionenstroms ist somit eine Berechnung der Kohlenstoffmenge möglich. Dabei sollte beachtet werden, dass verschiedene organische Verbindungen unterschiedlich ionisieren. Zur genauen Berechnung muss demzufolge bekannt sein, welche Kohlenstoffverbindung verbrannt wurde [71, 254, 260].

15.2.2 Aufbau und Funktionsweise

Mit einem FID können ausschließlich Gase analysiert werden. Aus der Messung der elektrischen Leitfähigkeit der bei der Verbrennung erzeugten Ionen kann die Anzahl der insgesamt vorliegenden Kohlenstoffatome bestimmt werden. Ist der organische Stoff bzw. die Zusammensetzung des Gasgemisches bekannt, kann dann auf die Massenkonzentrationen des zu untersuchenden Stoffes geschlossen werden.

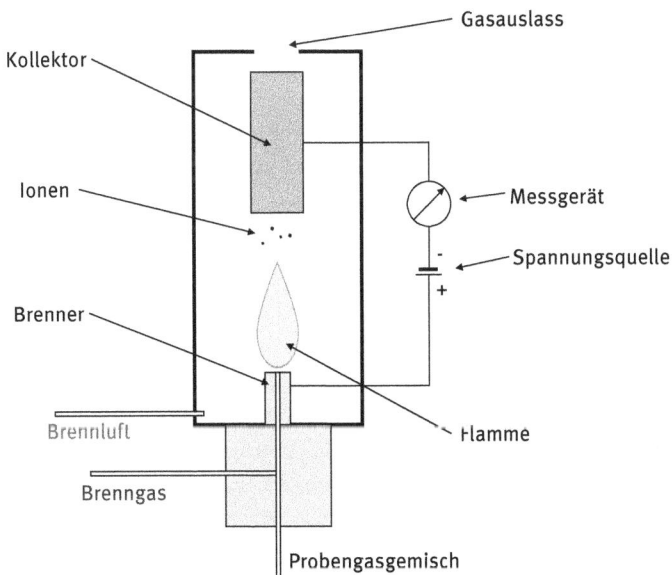

Abb. 15.1: Schematischer Aufbau eines Flammenionisationsdetektors.

Der schematische Aufbau eines FIDs ist der Abbildung 15.1 zu entnehmen. Ein FID besitzt drei Zuleitungen, jeweils eine Zuleitung für das Probengasgemisch, das Brenngas und die Brennluft. Zudem besitzt ein FID einen Gasauslass, einen Brenner und den sogenannten Kollektor. Zwischen dem Brenner und dem Kollektor ist eine elektrische Gleichspannung von 300 bis 400 V angelegt. Der Kollektor ist dabei negativ gepolt, der Brenner positiv [71].

Zunächst wird dem Probengasgemisch Brenngas beigemischt und über den Brenner in den Detektor geleitet. Bei dem Brenngas handelt es sich meist um reinen Wasserstoff, da Wasserstoff selbst kaum ionisiert. Alternativ kommen auch Wasserstoff-Helium- oder Wasserstoff-Stickstoff-Gemische zum Einsatz. Welches Brenngas verwendet wird, ist vom Hersteller festgelegt. Die Brennluft stellt den notwendigen Sauerstoff für die Verbrennung zur Verfügung. Sowohl Brennluft als auch Brenngas müssen einen Reinheitsgrad von 99,998 % aufweisen, damit die Messung nicht durch Unreinheiten beeinflusst wird. Bei der Verbrennung organischer Substanzen, welche eine C-C- oder eine C-H-Bindung aufweisen, entstehen Ionen (siehe beispielsweise Reaktionsgleichung 15.3). Wegen der Verbrennung der Probe handelt es sich beim FID um einen destruktiv arbeitenden Detektor.

Aufgrund der negativen Polung des Kollektors, werden die CHO^+-Ionen von diesem angezogen und gleichzeitig vom Brenner abgestoßen. Das führt dazu, dass ein elektrischer Strom fließt, dessen Stromstärke proportional zur Ionenanzahl ist. Die fließenden Ströme liegen dabei im Pikoamperebereich. Die typische Nachweisgrenze eines FIDs liegt bei 10^{-11} g/s. Der lineare Bereich erstreckt sich von der Nachweisgrenze ausgehend über bis zu sechs Größenordnungen. Der FID ist ein massenabhängiger Detektor, da bei der Erhöhung des Massenstromes das Detektorsignal proportional steigt [71, 169, 261].

Die Messung findet dabei ohne Zeitverzögerung statt. Die Nachweisempfindlichkeit liegt im Pikogrammbereich. Vor der Durchführung einer Messung muss der FID justiert werden. Dafür werden die Prüfgase mit den Bezeichnungen Nullgas und Spangas (ohne Probe) in den Detektor geleitet. Das Nullgas dient zur Justierung des Nullpunktes der Kalibrierkurve und kann synthetische, also gereinigte Luft sein. Diese sollte einen Reinheitsgrad von 99,998 % aufweisen. Im Idealfall wird im Nullpunkt keine Spannung gemessen, da es zu keiner Ionisierung kommt. In der Realität ist aber z. B. aufgrund des Reinheitsgrades meist ein geringes Hintergrundsignal zu messen. Das Spangas dient zur Prüfung und Justierung eines bestimmten Punkts der Kalibrierkurve und ist ein Gemisch aus Propan und synthetischer Luft oder ein Propan-Stickstoff-Sauerstoff-Gemisch. Dessen TVOC-Konzentration (Total Volatile Organic Compounds) muss bekannt sein, d. h. die gesamten flüchtigen organischen Verbindungen in Milligramm je Kubikmeter (mg C/m^3). Nachdem die beiden bekannten Punkte der Kalibrierkurve geprüft wurden, kann die Analyse der Gase beginnen. Der Druck der Gaszufuhr und der Volumenstrom müssen die Vorgabewerte des Herstellers einhalten. Eine Änderung der Werte nach der Kalibrierung ist nicht möglich [261, 262].

15.2.3 Berechnung der Kohlenstoffmassenkonzentration

Der FID dient zur Bestimmung der Kohlenstoffmassenkonzentration des Probengases. Diese wird in Milligramm Kohlenstoff pro Kubikmeter (mg C/m^3) angegeben. Als
Detektorsignal wird allerdings oftmals die Volumenkonzentration des Kohlenstoffs in
Parts per Million (ppm) angegeben. Hierfür werden entsprechende Umrechnungsfor-
meln benötigt. Zunächst ist es notwendig, die Kohlenstoffmassenkonzentration des
Spangases $c_{c,\text{Span}}$ zu bestimmen. Die Berechnung wird mit folgender Gleichung vorgenommen [262].

$$c_{c,\text{Span}} = c'_{\text{Span}} \cdot \frac{n_{\text{Span}} \cdot M_c}{V_m} . \tag{15.4}$$

Die Volumenkonzentration des Spangases c'_{Span} ist dabei vom Hersteller vorgegeben.
Des Weiteren werden die Anzahl der Kohlenstoffatome pro Spangasmolekül n_{Span},
die molare Masse von Kohlenstoff $M_c = 12$ g/mol sowie das molare Volumen $V_m =$
22,4 l/mol benötigt. Das Letztere ist das molare Volumen für ideale Gase bei einer
Temperatur von 0 °C und einem Druck von 1.013 hPa. Alle berechneten Werte beziehen sich auf diese Umgebungsbedingungen.

Mit dem Ergebnis aus Gleichung 15.4 kann dann die Kohlenstoffmassenkonzentration des Probengases $c_{c,i}$ berechnet werden [262]:

$$c_{c,i} = \frac{S_i}{\frac{S_{\text{Span}}}{c_{c,\text{Span}}} \cdot R_{c,i}} . \tag{15.5}$$

Dabei werden die Detektorsignale vom Probengas S_i sowie vom Spangas S_{Span} genutzt. Für die genaue Berechnung wird zudem der sogenannte kohlenstoffbezogene
Responsefaktor $R_{c,i}$ genutzt [262].

Dabei handelt sich um eine dimensionslose Kennzahl, welche die unterschiedlichen Verhaltensweisen des Spangases im Vergleich zum Probengas berücksichtigt.
Der kohlenstoffbezogene Responsefaktor ist u. a. von der Temperatur in der Flamme, den Detektoreigenschaften und den Molekülstrukturen abhängig. In der Abbildung 15.2 ist das Signal als Funktion der Kohlenstoffmassenkonzentration für zwei
Gase dargestellt. Der Grund für die unterschiedlichen Steigungen liegt darin, dass die
Gase mit unterschiedlicher Ionisierung auf die Verbrennung reagieren. Daher können auch beim gleichen Wert des Detektorsignals unterschiedliche Kohlenstoffmas-
senkonzentrationen vorliegen [254, 262].

Für den Responsefaktor muss entweder der vom Hersteller angegebene Wert genutzt werden oder er muss über eine Probemessung mithilfe der folgenden Gleichung
ermittelt werden.

$$R_{c,i} = \frac{\left(\frac{S_i}{c_{c,i}}\right)}{\left(\frac{S_{\text{Span}}}{c_{c,\text{Span}}}\right)} . \tag{15.6}$$

Dabei werden die Detektorsignale S_i und S_{Span} bei bekannten Kohlenstoffmassenkon-
zentrationen $c_{c,i}$ und $c_{c,\text{Span}}$ aufgenommen.

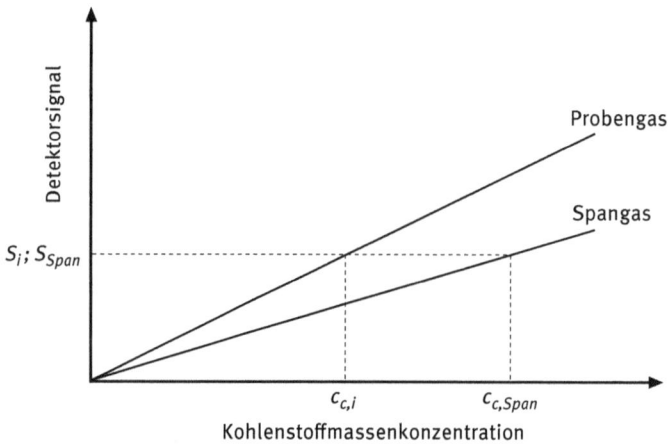

Abb. 15.2: Abhängigkeit des Detektorsignals von der Kohlenstoffmassenkonzentration für Span- und Probengas.

Selbstverständlich ist es auch möglich, aus den FID-Messdaten die Massenkonzentration der Substanz zu berechnen [262].

15.3 Anwendungen

Aufgrund seiner hohen Nachweisempfindlichkeit und der Linearität des Messbereiches eignet sich der FID für viele Anwendungen, die den Nachweis kohlenstoffhaltiger Verbindungen erfordern. Bei der Verwendung des FIDs muss bedacht werden, dass es sich um ein destruktives Verfahren handelt und dass eine gasförmige Phase vorliegen muss. Der Detektor wird zum einen in Verbindung mit anderen Verfahren und zum anderen eigenständig verwendet. Nachfolgend werden diese beiden Anwendungsfälle beschrieben und entsprechende Einsatzbereiche vorgestellt [71].

15.3.1 Nutzung in Verbindung mit anderen Verfahren

Der Flammenionisationsdetektor wird primär als Detektor für die Gaschromatografie eingesetzt. Diese basiert auf der Auftrennung des strömenden Probengemisches in seine einzelnen Bestandteile aufgrund unterschiedlicher Strömungsgeschwindigkeiten. Die Abbildung 15.3 stellt den Aufbau eines Gaschromatografen schematisch dar. Die zu untersuchende Probe wird mithilfe des Injektors in das sogenannte Trägergas gemischt. Das Gemisch aus Trägergas und Probengas durchströmt dann die Trennsäule. Da die Temperatur einen großen Einfluss auf die Analyse hat, ist die Säulentemperatur mithilfe eines Ofens präzise einstellbar [71].

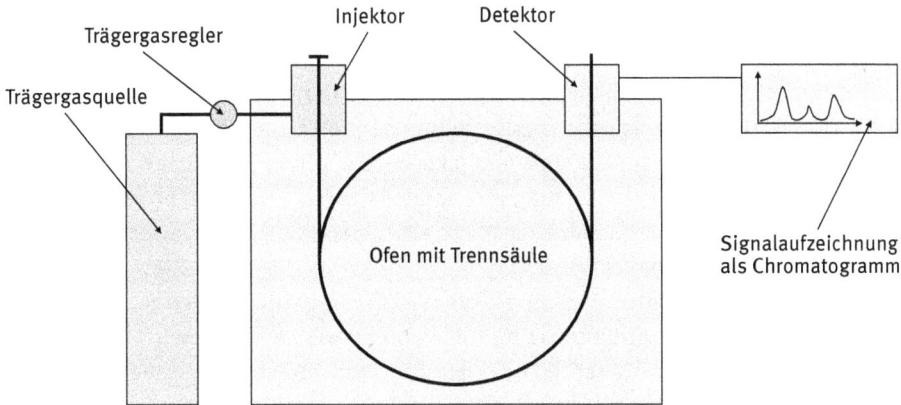

Abb. 15.3: Schematischer Aufbau eines Gaschromatografen.

Die einzelnen Substanzen treten dabei in Wechselwirkung mit der Wand der Trennsäule. Dadurch werden sie unterschiedlich lange zurückgehalten. Das führt dazu, dass die einzelnen Komponenten des Gemisches unterschiedlich lange benötigen, um die Trennsäule zu passieren. An deren Ende werden die ankommenden Bestandteile dann von einem Detektor erfasst. Weitere Informationen zur Gaschromatografie sind dem Kapitel 5 zu entnehmen [71, 169].

Der Gaschromatograf kann mit verschiedenen Detektoren betrieben werden. Der FID wird üblicherweise für die Analyse von Kohlenwasserstoffen verwendet. Weitere Vorteile des Detektors in Kombination mit dem Gaschromatografen sind dessen Robustheit und die Möglichkeit der Selbstreinigung durch Verbrennung. Grundsätzlich sind die Anwendungsgebiete der Gaschromatografie in Kombination mit FIDs vielseitig und reichen von der Produktüberwachung und Routineanalysen qualitativer und quantitativer Art bis hin zur Charakterisierung und Identifikation von Substanzen in den Bereichen Umweltschutz, klinische Chemie oder Lebensmittelchemie [71, 169, 257]. Ein Beispiel für den stationären Einsatz ist die Abwasseruntersuchung. Der Gaschromatograf verdampft dabei die Probe und trennt sie in die einzelnen Komponenten auf. Der FID prüft dann auf kohlenstoffhaltige Ketten, z. B. Mineralölkohlenwasserstoffe.

Außerdem werden Chromatografen mit FIDs zur Referenzmessung der Kohlenstoffmonoxidkonzentration in Abgasen von Automobilen und Industrieanlagen genutzt. Dazu werden die organischen Komponenten und das Kohlendioxid (CO_2) von dem zu messenden Kohlenmonoxid (CO) chromatografisch getrennt. Das Kohlenmonoxid wird dann mit dem im FID genutzten Wasserstoff zu Methan (CH_4) reduziert und gemessen. Aus der Menge des gemessenen Methans kann auf die Menge an Kohlenmonoxid geschlossen werden [263].

15.3.2 Eigenständige Nutzung

Grundsätzlich kann der FID auch als eigenständiges Gerät genutzt werden. Dabei ist zu beachten, dass für eine genaue Berechnung der Kohlenstoffmassenkonzentration die Bestandteile des Gases bekannt sein müssen und genau genommen nur eine Art von Kohlenstoffmolekül pro Messung vorhanden sein darf. Ist dies nicht der Fall, muss entweder eine Vergleichsrechnung gemacht werden oder ein Trennverfahren oder eine Gasanalyse vorgeschaltet werden.

Im Bereich der Gasüberwachung kann der FID vielseitig eingesetzt werden. Generell ist er für die kontinuierliche und diskontinuierliche Nutzung geeignet. Es ist möglich, den FID stationär an eine Gasleitung anzuschließen und somit die Kohlenstoffmassenkonzentration dauerhaft zu detektieren. Aufgrund der Nutzung einer Flamme während des Messverfahrens muss allerdings auf den Explosionsschutz geachtet werden. Auch eine diskontinuierliche Messung mit einem mobilen Gerät ist möglich. Aufgrund der hohen Genauigkeit kann die Detektion als Referenzverfahren genutzt werden. Dabei wird der FID stationär in einem Labor betrieben [264].

In der Tabelle 15.1 sind Beispiele für die eigenständige Nutzung von FIDs aufgezeigt [265].

Tab. 15.1: Eigenständige Einsatzgebiete des Flammenionisationsdetektors [263–265].

Anwendungsgebiet	Beispiel	Art der Nutzung
Gasüberwachung	Bestimmung der Kohlenstoffkonzentration in industriell hergestelltem Gas	Stationär oder mobil als eigenständiges Gerät
	Überwachung von lösungsmittelhaltigen Gasen in Anlagen	Stationär oder mobil als eigenständiges Gerät
Emissionsüberwachung	Leckagedetektion von Gasleitungen	Mobil als eigenständiges Gerät
	Überwachung der Luftqualität auf toxische Konzentrationen	Stationär oder mobil als eigenständiges Gerät

15.4 Kommerzielle Produkte

Aufgrund des großen Anwendungsspektrums existiert ein großes Angebot kommerzieller FIDs. Grundsätzlich wird dabei zwischen stationären Geräten und mobilen Geräten unterschieden, wobei der Funktionsumfang für beide Kategorien in der Regel ähnlich ist. Die meisten Geräte dienen der Messung der Kohlenstoffmassenkonzentration und können für viele Anwendungen genutzt werden. Es gibt allerdings auch Geräte für spezielle Einsatzgebiete.

Nachfolgend werden einige beispielhafte Produkte vorgestellt. Die TESTA GmbH und die Ratfisch Analysensysteme GmbH vertreiben FIDs für ein breites Spektrum an Anwendungen. Die Hermann Sewerin GmbH konzentriert sich speziell auf die Lecksuche.

15.4.1 TESTA GmbH

In Abbildung 15.4 sind der stationäre FID *iFID Rack* und der mobile Sensor *iFID Mobile* dargestellt. Beides sind Produkte der deutschen Firma TESTA GmbH.

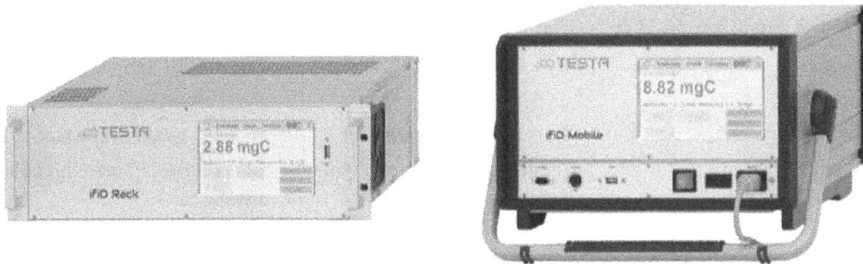

Abb. 15.4: Links: stationärer FID (iFID Rack), rechts: mobiler FID (iFID Mobile) (mit freundlicher Genehmigung der TESTA GmbH).

Die beiden FIDs zeichnen sich durch einfache Bedienung und große Anwendungsvielfalt aus. Eine weitere Besonderheit ist der Single-Range-Messbereich, welcher ohne eine Messbereichsumschaltung auskommt. Die Detektoren können für alle in Abschnitt 15.3 beschriebenen Anwendungsgebiete genutzt werden. In der Tabelle 15.2 sind technische und wirtschaftliche Daten aufgelistet [266–268].

Tab. 15.2: Daten vom iFID Rack und iFID Mobile der Firma TESTA GmbH [267, 268].

Daten	TESTA iFID Rack	TESTA iFID Mobile
Preis (ca.)	17.500 €	17.500 €
Maße (H × B × T)	200 × 410 × 420 mm	200 × 410 × 420 mm
Gewicht	23 kg	15 kg
Technische Daten		
Messbereich	0–10.000 ppm	0–10.000 ppm
Anzahl der Messbereiche	1	1
Min. Nachweisgrenze	100 ppm	100 ppm
Ansprechgeschwindigkeit $T90$	1 s	1 s
Probenfluss	60 l/h	60 l/h
Detektortemperatur	300 °C	300 °C
Ausgabe des Detektors	mg C/m^3	mg C/m^3
Anzeige- und Bedienvorrichtung	TFT-Touchscreen	TFT-Touchscreen
Ausgangssignal	Analog: 0–10 V oder 0/4–20 mA Digital: USB, Ethernet	Analog: 0–10 V oder 0/4–20 mA Digital: USB, Ethernet
Stromversorgung	Netzanschluss: 110–240 V, 50–60 Hz	Netzanschluss: 110–240 V, 50–60 Hz
Hilfsgase		
Brenngas	H_2 5.0 oder HeH_2	H_2 5.0 oder HeH_2
Spangas	C_3H_8 oder CH_4	C_3H_8 oder CH_4
Nullgas	N_2 oder synthetische Luft	N_2 oder synthetische Luft
Brennluft	Umgebungsluft (gereinigt über Katalysator)	Umgebungsluft (gereinigt über Katalysator)

15.4.2 Ratfisch Analysensysteme GmbH

Im Produktportfolio der deutschen Firma Ratfisch Analysensysteme GmbH finden sich drei Analysatoren für die kontinuierliche Gesamtkohlenwasserstoffmessung in Gasen: RS53-T, RS55-T und RS55-T/2. Die Abbildung 15.5 zeigt Vorder- und Rückseite der RS53-T-Modellvariante.

Beim RS53-T handelt es sich um eine portable Variante, wohingegen die anderen beiden Modelle für den stationären Gebrauch konzipiert sind. Eingesetzt werden die Geräte für Emissionsmessungen, Prozessoptimierungen oder für die Überwachung der maximalen Arbeitsplatzkonzentration. Die Geräte besitzen eine automatische Messbereichsumschaltung, die in 5 Stufen unterteilt ist. Dadurch weisen die Geräte beim kleinsten Messbereich (0–10 ppm) eine sehr niedrige Nachweisgrenze von $< 0,2$ ppm auf. In Tabelle 15.3 sind die Daten der drei Geräte aufgelistet [269–272].

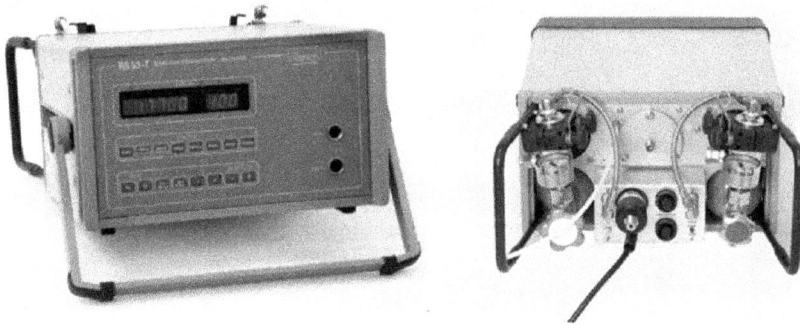

Abb. 15.5: Gesamtkohlenwasserstoffanalysator RS53-T (mit freundlicher Genehmigung der Firma Ratfisch Analysesysteme GmbH).

Tab. 15.3: Daten des RS53-T, RS55-T und RS55-T/2 der Ratfisch Analysensysteme GmbH [270–272].

Daten	RS53-T	RS55-T	RS55-T/2
Preis (ca.)	19.300 €	17.800 €	26.000 €
Maße (H × B × T)	200×360×500 mm	267×482×500 mm	267×482×500 mm
Gewicht	20 kg	26,5 kg	26,5 kg
Technische Daten			
Messbereich	0–100.000 ppm	0–100.000 ppm	0–100.000 ppm
Anzahl der Messbereiche	5	5	5
Min. Nachweisgrenze	< 0,2 ppm	< 0,2 ppm	< 0,2 ppm
Ansprechgeschwindigkeit $T90$	1 s	1–2 s	1–2 s
Probenfluss	90 l/h	220 l/h	220 l/h
Detektortemperatur	200 °C	200 °C	160 °C
Ausgabe des Detektors	–	–	–
Anzeige- und Bedienvorrichtung	Digitalanzeige, LED	Digitalanzeige, LED	Digitalanzeige, LED
Ausgangssignal	0–10 V, 4–20 mA	0–10 V, 4–20 mA	0–10 V, 4–20 mA
Stromversorgung	Netzanschluss: 115–230 V, 50–60 Hz	Netzanschluss: 115–230 V, 50–60 Hz	Netzanschluss: 115–230 V, 50–60 Hz

15.4.3 Hermann Sewerin GmbH

Das ebenfalls deutsche Unternehmen Hermann Sewerin GmbH bietet schwerpunktmäßig Gasmessgeräte für die Lecksuche an, aber auch Gaswarngeräte für Deponie- und Biogasanwendungen oder Prüfeinrichtungen.

Der tragbare PortaFID M3K wurde speziell für die oberirdische Überprüfung von erdverlegten Gasleitungen und zum Aufspüren von Leckagen entwickelt. Im Betrieb wird das Gerät mittels Tragegeschirr vor der Brust befestigt und die Brenngasflasche

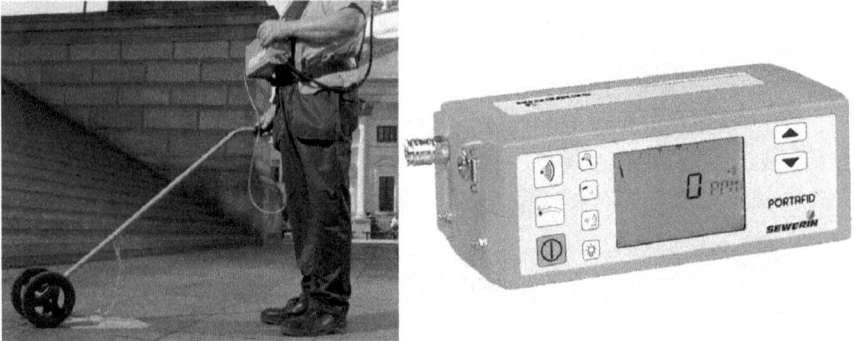

Abb. 15.6: PortaFID M3K (mit freundlicher Genehmigung der Hermann Sewerin GmbH).

Tab. 15.4: Daten des PortaFID M3K der Hermann Sewerin GmbH [274].

Daten	PortaFID M3K
Preis (ca.)	5.800 €
Maße (H × B × T)	270 × 140 × 105 mm
Gewicht	1,7 kg
Technische Daten	
Messbereich	0–10.000 ppm
Anzahl der Messbereiche	4
Min. Nachweisgrenze	1 ppm
Ansprechgeschwindigkeit $T90$	Bei direkter Gasaufgabe von 1.000 ppm, ca. 3,5 s
Probenfluss	> 50 l/h
Ausgabe des Detektors	ppm
Anzeige- und Bedienvorrichtung	LCD
Stromversorgung	NiMH-Akku

mit einem Volumen von 0,4 l auf den Rücken geschnallt (siehe Abbildung 15.6). Die Gasleitungen werden dann mittels einer Teppich- oder Glockensonde abgesucht. Der Messwert wird auf der LCD-Anzeige des Gerätes ausgegeben. Die Tabelle 15.4 beinhaltet die Produktdaten des PortaFID M3K [273, 274].

15.5 Zusammenfassung

Der Flammenionisationsdetektor ist ein Sensor zur Bestimmung der Kohlenstoffmassenkonzentration. Das Messprinzip nutzt die Tatsache, dass bei der Verbrennung von Wasserstoff keine Ionen entstehen. Werden dem sogenannten Brenngas allerdings organische Verbindungen zugesetzt, entstehen durch eine Pyrolysereaktion Radikale.

Gelangen diese an den äußeren Rand der Flamme, reagieren sie dort mit dem Umge-
bungssauerstoff in einer Oxidationsreaktion zu Ionen. Diese Ionen haben eine positive
elektrische Ladung. Zur Bestimmung der Konzentration wird der durch die Ionisation entstehende Ionenstrom zwischen dem Brenner und dem sogenannten Kollektor
gemessen. Dieser Strom ist über mehrere Größenordnungen proportional zur Ionen-
zahl. Der FID kann ausschließlich Gasgemische analysieren. Um die exakte Kohlenstoffmassenkonzentration ermitteln zu können, muss bekannt sein, um welchen organischen Stoff es sich bei dem Probengas handelt.

Vor der Analyse des Probengases muss der Sensor kalibriert werden. Dafür wird
mithilfe des sogenannten Nullgases, das keine Kohlenwasserstoffe enthält, der Nullpunkt des Detektors ermittelt. Das sogenannte Spangas, dessen Kohlenstoffmassenkonzentration bekannt ist, wird verwendet, um einen Punkt der linearen Kalibrierkurve zu bestimmen.

Mit den Ergebnissen der Kalibrierung kann dann die Kohlenstoffmassenkonzentration unbekannter Proben in Milligramm Kohlenstoff pro Kubikmeter (mg C/m^3) berechnet werden. Dafür wird neben den stoffspezifischen Konstanten in der Regel noch
der Responsefaktor benötigt. Dieser korrigiert die unterschiedlichen Eigenschaften
des Spangases und des Probengases.

Die Anwendungsbereiche des FID sind sehr vielfältig. Er wird beispielsweise sehr
häufig als Detektor für die Gaschromatografie verwendet. Nachdem das Gasgemisch
im Chromatografen in seine einzelnen Bestandteile auftrennt wurde, ermittelt der FID
die Kohlenstoffmassenkonzentration der verschiedenen Komponenten. Außerdem
werden FID als eigenständige Sensoren eingesetzt. Sie finden ihre Anwendungen z. B.
in der Gas-, Emissions- und Abwasserüberwachung.

Es gibt ein großes Angebot an kommerziellen FIDs. Sie werden als mobile oder stationäre Geräte angeboten und sind vielfältig einsetzbar. In Einzelfällen werden Geräte
für sehr spezielle Anwendungen angeboten. Preislich liegen die Detektoren zwischen
5.000 € und 30.000 €.

Tabelle 15.5 beinhaltet eine Zusammenstellung der Stärken und Schwächen von
FIDs.

Tab. 15.5: Stärken und Schwächen des FIDs.

Stärken	Schwächen
– Nutzbar für alle organischen Stoffe	– Aufwendige Kalibrierung vor der eigentlichen
– Großer Messbereich, da der Detektor eine hohe Linearität aufweist	Messung
– Geringe Nachweisgrenze von typischerweise 10^{-11} g/s	– Berechnung nach der Messung notwendig
– Ausgereiftes Verfahren aufgrund von langjähriger Erfahrung	– Destruktiv arbeitender Detektor
	– Stromquelle wird zur Nutzung benötigt
	– Betriebsgas wird benötigt

16 Photoionisationsdetektoren

16.1 Einleitung

Photoionisationsdetektoren (PID) basieren auf der Ionisierung von Gasen durch ultraviolette Strahlung (seltener Röntgenstrahlung) und der anschließenden Messung der Ionenströme. Sie wurden entwickelt, um die Konzentration schädlicher, organischer Gase zu bestimmen, und dienen primär als Warnsystem zum Schutz von Personen. Vor der Entwicklung von PID wurden häufig Flammenionisationsdetektoren (FID) für diese Aufgabe eingesetzt (siehe Kapitel 15). Da FID jedoch kontinuierlich mit Brenngas versorgt werden müssen, können sie nicht an allen Einsatzorten betrieben werden, unter anderem aufgrund von Sicherheitsproblemen beim Transport des hochentzündlichen Gases [275]. Da der Photoionisationsdetektor für die Ionisierung der Moleküle elektromagnetische Strahlung einsetzt, entfällt dieses Problem und der Einsatz ist an vielen Orten möglich. Auch die Entwicklung von tragbaren, einfach zu bedienenden Geräten wurde hierdurch gefördert. Die erste kommerzielle Anwendung der PID fand im Jahr 1973 zur Lecksuche in einer chemischen Produktionsanlage statt. Drei Jahre später wurde der PID erstmals als Detektor für die Gaschromatografie (siehe Kapitel 5) eingesetzt. Heutzutage ist eine Vielzahl von Geräten für die unterschiedlichsten Anwendungen verfügbar und regelmäßig kommen Neuentwicklungen auf den Markt, die immer kürzere Ansprechzeiten und höhere Messgenauigkeiten aufweisen [275]. Vor dem Hintergrund immer strengerer Gesundheits- und Sicherheitsrichtlinien kann davon ausgegangen werden, dass ihre Bedeutung in der Zukunft noch weiter zunehmen wird.

Im Folgenden wird zunächst auf das Messprinzip des Photoionisationsdetektors eingegangen. Entsprechende Unterkapitel beschäftigen sich mit den physikalischen Grundlagen, dem eigentlichen Messverfahren sowie der Funktion und dem Aufbau des Sensors. In der technischen Umsetzung des Funktionsprinzips bestehen dabei teilweise große Unterschiede zwischen den verschiedenen Produkten.

Der sich daran anschließende Teil befasst sich mit den möglichen Anwendungsfeldern von Messgeräten, welche mit PID-Sensoren ausgestattet sind.

Im Abschnitt Kommerzielle Produkte werden anschließend zwei erwerbliche Sensorsysteme vorgestellt. Dabei handelt es sich um ein portables und um ein fest installiertes Gerät. An dieser Stelle sind auch Leistungsdaten und explizite Einsatzgebiete der Messgeräte beschrieben.

Das abschließende Fazit liefert eine kurze Zusammenfassung und evaluiert die Vor- und Nachteile von Photoionisationsdetektoren.

Unter Mitwirkung von Sascha Meyer, Florian Kolka und Leander Böhme

https://doi.org/10.1515/9783110702040-016

16.2 Messprinzip

16.2.1 Physikalische Grundlagen

Der Photoionisationsdetektor nutzt den physikalischen Effekt der Photoionisation, welcher auftritt, wenn ein atomares oder molekulares Gas geeigneter elektromagnetischer Strahlung ausgesetzt wird. Die Photoionisation ist ein photoelektrischer Effekt, der die Wechselwirkung von Photonen mit den Elektronen der Materie behandelt. Bei der Photoionisation absorbiert ein Molekül bzw. Atom das Lichtteilchen und gibt dessen gesamte Energie an ein Valenzelektron ab. Ist die Photonenenergie ausreichend hoch, wird das Elektron aus seiner Bindung herausgelöst. Durch das Abspalten des Elektrons ist das Molekül bzw. Atom nach außen hin nicht mehr elektrisch neutral, sondern besitzt eine positive Ladung und wird dadurch zum Ion. Das abgespaltene Elektron bewegt sich frei im Raum [20, 275, 276]. Der beschriebene Vorgang ist in Abbildung 16.1 für ein beliebiges Molekül schematisch dargestellt.

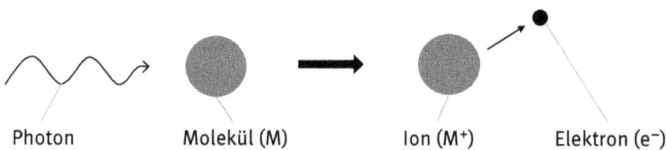

Photon   Molekül (M)   Ion (M⁺)   Elektron (e⁻)

Abb. 16.1: Prinzip der Photoionisation.

Die für die Ionisierung eines Moleküls oder Atoms erforderliche Energie wird als Ionisierungsenergie oder Ionisationspotenzial bezeichnet und ist für jeden Stoff charakteristisch. Die Ionisierungsenergie hängt von den Bindungskräften des Elektrons im Atomverbund ab und liegt in der Größenordnung von 4 eV bis 25 eV [277]. Es ist zu beachten, dass die Energie üblicherweise nicht wie in anderen Bereichen der Physik in Joule, sondern in der Einheit Elektronenvolt (eV) angegeben wird. Auf die Ionisierungsenergien bestimmter Moleküle wird in Abschnitt 16.2.3 näher eingegangen.

Die Energie des Photons muss also mindestens genau so groß sein wie die Ionisierungsenergie des Moleküls, damit eine Ionisierung möglich ist. Wird ein Photon ausreichender Energie von einem Molekül oder Atom absorbiert, so wird seine Energie übertragen und zum großen Teil in kinetische Energie des Elektrons umgewandelt. Die Photonenenergie E lässt sich mit der Lichtfrequenz f und dem planckschen Wirkungsquantum $h = 6,626\,070\,040 \cdot 10^{-34}$ J s, berechnen [20, 278]:

$$E = f \cdot h . \tag{16.1}$$

Die Frequenz lässt sich wiederum durch die Lichtgeschwindigkeit (Vakuum: $c = 299.792.458$ m/s) und die Wellenlänge λ ausdrücken [277, 278]:

$$f = \frac{c}{\lambda} . \tag{16.2}$$

Durch Einsetzen der Gleichung 16.1 in Gleichung 16.2 ergibt sich

$$E = \frac{h \cdot c}{\lambda} \, . \tag{16.3}$$

Dabei ist zu beachten, dass die Lichtgeschwindigkeit vom Medium und den Umgebungsbedingungen abhängt. In Luft unter atmosphärischen Bedingungen wird die Abweichung von der Vakuumlichtgeschwindigkeit allerdings oftmals vernachlässigt [277]. Die Photonenenergie wird also primär durch die Wellenlänge bestimmt [275].

Die folgende Tabelle 16.1 listet die Photonenenergie, Wellenlänge und Frequenz für verschiedene Wellenlängenbereiche elektromagnetischer Strahlungen [277].

Tab. 16.1: Photonenenergie in Abhängigkeit von Frequenz und Wellenlänge [277].

Wellenlängenbereich	Frequenz [Hz]	Wellenlänge	Photonenenergie [eV]
Infrarotstrahlung	$2 \cdot 10^{11}$ bis $4 \cdot 10^{14}$	1,5 mm bis 800 nm	10^{-3} bis 1,5
Sichtbares Licht	$4 \cdot 10^{14}$ bis $7,5 \cdot 10^{14}$	800 nm bis 400 nm	1,5 bis 3,1
Ultraviolette Strahlung	$7,5 \cdot 10^{14}$ bis $1 \cdot 10^{16}$	400 nm bis 100 nm	3,1 bis 12,4

Die Grenzen zwischen den verschiedenen Wellenbereichen sind allerdings nicht einheitlich definiert. Daher können in anderen Literaturquellen leicht abweichende Werte gefunden werden.

16.2.2 Messverfahren

Wie oben beschrieben, ist es möglich, durch die Zufuhr von Energie ein Molekül zu ionisieren. Dabei entstehen ein positiv geladenes Ion und ein Elektron. Übertragen auf den Photoionisationsdetektor bedeutet dies, dass ein elektrisch neutraler, gasförmiger Stoff unter Aufnahme von Strahlungsenergie ein Elektron abspaltet und selbst positiv geladen wird [20].

Die meisten gasförmigen Stoffe benötigen dafür eine Energie zwischen 8 eV und 12 eV. Dies entspricht dem Wellenlängenbereich von 100 nm bis 160 nm (siehe Tabelle 16.1). Diesen Bereich bezeichnet man auch als Vakuum-UV-Bereich (VUV). Im Photoionisationsdetektor werden als Strahlungsquelle üblicherweise Gasentladungslampen eingesetzt, welche je nach den zu detektierenden Stoffgruppen mit unterschiedlichen Edelgasfüllungen versehen sind, wie zum Beispiel Xenon, Krypton oder Argon. Je nach Füllung emittiert das Gas Strahlung in verschiedenen Wellenlängenbereichen. So ist es möglich, unterschiedliche Moleküle zu ionisieren und zu detektieren. Eine kurze Übersicht der zu detektierenden Stoffgruppen liefert Tabelle 16.2 [20].

In Abbildung 16.2 ist vereinfacht die Funktionsweise eines PID dargestellt. Die UV-Lampe kann unterschiedliche Edelgase und Fenstermaterialien kombinieren und

Tab. 16.2: Ionisierungsenergien verschiedener Stoffgruppen [20].

Spektralbereich	Stoffgruppe
Bis 9,5 eV	Aromatische Kohlenwasserstoffe (Benzol etc.), Amine
9,5–10,6 eV	Ammoniak, Ethanol, Aceton
10,6–11,7 eV	Acetylen, Formaldehyd, Methanol

somit verschiedene Wellenlängen emittieren. Bei den Gasfüllungen spielen sowohl die verwendeten Gase eine Rolle als auch der Druck, unter dem die Gase im Inneren der Lampe stehen. Durch die Variation des Drucks können die Strahlungsintensitäten beeinflusst werden. Auf die Photonenenergie hat der Druck keinen Einfluss. Zu dem in Abbildung 16.2 dargestellten Austrittsfenster ist zu bemerken, dass es sich hierbei nicht um einfaches Quarzglas handelt, da Quarz keine Strahlung mit Wellenlängen im VUV-Bereich hindurchlässt. Daher werden üblicherweise Salzkristallgläser verwendet. Diese ermöglichen es auch, Strahlung, die die Messungen möglicherweise verfälschen würde, herauszufiltern. Häufig verwendete Fenstermaterialien sind Lithiumfluorid (LiF), Magnesiumfluorid (MgF_2), Calciumfluorid (CaF_2) oder Aluminiumoxid (Al_2O_3) [275].

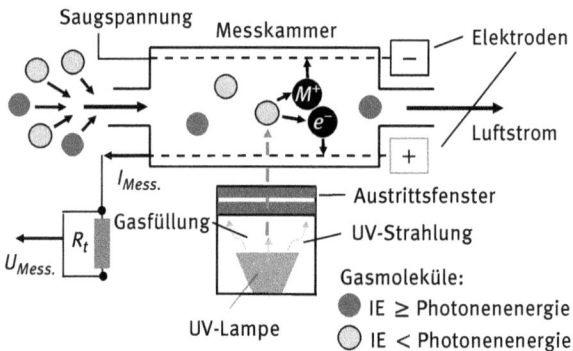

Abb. 16.2: Hauptkomponenten eines PID [275].

Durch das Fenster gelangt die von der Gasentladungslampe emittierte UV-Strahlung in die Ionisations- oder Messkammer, welche die zu untersuchende Probe und zwei Elektroden enthält. Ionisiert und somit detektiert werden nur diejenigen Moleküle aus der Probe, deren Ionisierungsenergie geringer ist als die Photonenenergie (in Abbildung 16.2 hellgrau). Alle anderen Moleküle (dunkelgrau) verlassen die Ionisationskammer unverändert [275]. Nach dem Auftreffen der UV-Strahlung auf ein Gasmolekül reagiert dieses zu einem Ion und einem Elektron (schwarz). Durch das Anlegen der sogenannten Saugspannung an die Elektroden entstehen elektromagnetische Anziehungskräfte, welche die Elektronen zur Anode und die Ionen zur Kathode ziehen.

Hierdurch wird ein Messstrom erzeugt, welcher verstärkt und anschließend mittels Amperemeter gemessen wird. Die Saugspannung liegt üblicherweise im Bereich von 100 V bis 300 V. In diesem Spannungsbereich kommt es zu einem Sättigungsphänomen, bei welchem der Ionenstrom unabhängig von der angelegten Spannung ist und allein von der Konzentration der Teilchen im Gas abhängt [275].

Photoionisationsdetektoren müssen in der Regel mithilfe eines bekannten Gases kalibriert werden. Für die Kalibrierung wird eine Gaskonzentration möglichst nah an der zu erwartenden Konzentration des zu messenden Gases genutzt. Auf die Auswahl des Kalibriergases wird im Abschnitt 16.3 genauer eingegangen. Dies ist nicht oder seltener erforderlich, wenn der Ionenstrom proportional zur Konzentration des Gases ist, die sogenannte PID-Kennlinie also (nahezu) linear ist. Die Häufigkeit der Kalibrierung hängt u. a. vom Aufbau des Sensors, von der Lampe und dem Anwendungsbereich ab [20, 275].

16.2.3 Funktion und Aufbau

Der Photoionisationsdetektor wurde für die Überprüfung der Luft auf flüchtige organische Verbindungen konzipiert. Diese werden international als Volatile Organic Compounds (VOCs) bezeichnet. Das Verfahren erfasst dabei breitbandig die Existenz dieser Kohlenwasserstoffe und ist in der Regel nicht in der Lage, die VOCs in der Messluft genauer zu spezifizieren. Bei Kenntnis der vorliegenden Messumgebung ist es aber möglich, die Zusammensetzung des detektierten Gases zu prognostizieren [279].

Bei modernen Photoionisationsdetektoren gelangt die zu analysierende Luftprobe entweder mittels Diffusion durch eine perforierte Membran oder durch den Sog einer elektrisch angesteuerten Pumpeneinheit in die Messkammer [20, 275]. Eine für den Anwender wichtige Leistungsgröße des PID ist hierbei die Ansprechzeit $T90$, welche in Sekunden angegeben wird. Dieser Wert beschreibt, ab wann 90 % des Endsignals einer Messung erreicht werden. Grundsätzlich können konstruktive Maßnahmen, wie zum Beispiel eine kleine Dimensionierung der Messkammer sowie ein starker Sog am Messgaseinlass, zu niedrigen Ansprechzeiten führen [20, 275, 280].

Nach der Ionisation der jeweiligen VOCs in der Messkammer wird der gemessene Ionenstrom an einen Mikroprozessor weitergeleitet, der anhand hinterlegter Kalibrierwerte die Gaskonzentration ermittelt und ausgibt [20]. Bei der Detektierung gefährlicher VOCs in der Messluft gibt ein PID-Sensor üblicherweise ein optisches oder akustisches Signal aus, um den Anwender zu warnen. Ist die Messung fehlerhaft oder nicht möglich, können die entsprechenden Ausgabekomponenten genutzt werden, um den Anwender über den kritischen Gerätezustand zu informieren [275, 278].

Zur Erzeugung der UV-Strahlung haben sich in der Praxis sowohl Hohlkathodenlampen als auch elektrodenlose Lampen bewährt. Die Hohlkathodenlampe (HKL) erzeugt aufgrund ihrer Form eine nahezu punktförmige Strahlung, die durch eine Sammellinse fokussiert werden kann. Dadurch sind höchste Leistungsdichten möglich.

Diese Technik erfordert aber viel Platz und kommt daher vorzugsweise in ortsgebundenen Geräten zum Einsatz. Für portable PID ist die elektrodenlose Lampe sinnvoll, da diese in kompakter Bauform hergestellt werden kann. Um UV-Strahlung mit spezifischer Photonenenergie erzeugen zu können, sind die Lampen mit einem Gas, wie z. B. Argon, Krypton oder Xenon, gefüllt. Messfehler lassen sich verringern, indem die UV-Lampen nur eine maximale Photonenenergie von ca. 11,2 eV erzeugen. Unbedenkliche Luftbestandteile wie Stickstoff oder Sauerstoff können so aufgrund ihrer höher liegenden Ionisierungsenergien nicht ionisiert werden [8, 20].

Tabelle 16.3 verdeutlicht, welche chemische Verbindungen mit welcher UV-Lampe gemessen werden können [8]. Das größte Messspektrum ermöglicht die mit Argon gefüllte UV-Lampeneinheit. Diese erzeugt Strahlung mit einer Photonenenergie von 11,2 eV und ermöglicht so die Detektion aller Gase mit Ionisierungsenergien unterhalb dieses Grenzwertes. Die mit Krypton gefüllte UV-Lampe bietet eine Strahlung mittlerer Photonenenergie. Sie eignet sich für die Detektion von Gasen, deren Ionisierungsenergie unterhalb der Photonenenergie von 10,0 eV liegt, wie z. B. Heptan mit 9,9 eV oder Anthracen mit 7,4 eV. Das kleinste Messspektrum erlaubt die Xenonlampe. Sie erzeugt Strahlung mit einer Photonenenergie von 8,4 eV. Diese eignet sich beispielsweise zur Detektion von Naphthalin und Anthracen. Die Auswahl der UV-Lampe ermöglicht somit ein Begrenzen oder Erweitern des Messspektrums [8].

Tab. 16.3: Photonenenergien von UV-Lampen und Ionisierungsenergien (IE) detektierbarer Verbindungen [8].

UV-Lampe und Photonenenergie [eV]	Chemische Verbindung		IE [eV]
Nicht messbare Luftbestandteile u. a.	Stickstoff	N_2	15,6
	Wasser	H_2O	12,6
	Sauerstoff	O_2	12,1
Argonlampe [11,2 eV]			
	Methanol	CH_4O	10,8
	Isopropanol	C_3H_8O	10,2
	Hexan	C_6H_{14}	10,1
Kryptonlampe [10,0 eV]			
	Heptan	C_7H_{16}	9,9
	Aceton	C_3H_6O	9,7
	Pyridin	C_5H_5N	9,3
	Benzol	C_6H_6	9,2
	Toluol	C_7H_8	8,8
Xenonlampe [8,4 eV]			
	Naphthalin	$C_{10}H_8$	8,1
	Anthracen	$C_{14}H_{10}$	7,4

16.3 Anwendungen

16.3.1 Einsatzgebiete

Ein Photoionisationsdetektor kann flüchtige Kohlenwasserstoffe in sehr geringen Konzentrationen nachweisen. Sein Einsatzbereich erstreckt sich von der Erdöl verarbeitenden Industrie über den Arbeits- und Gesundheitsschutz bis hin zum Umweltschutz. Hauptfokus liegt dabei auf der Detektion von VOCs, die ab einer bestimmten Konzentration für Mensch und Umwelt schädlich sind [275].

Ein PID ist beispielsweise ideal geeignet zur Überwachung von treibstoff- und erdöltechnischen Förder- und Raffinerieanlagen, da es den gesammelten Nachweis von Benzol, Toluol, Ethylbenzol und Xylol, kurz BTEX, sowie Erdölkohlenwasserstoffen ermöglicht. So können PID-Messungen an der Erdoberfläche unterirdische Leckagen von Speichern und Tanks feststellen. Diese Messungen ersparen umfangreiche manuelle Prüfungen an schwer zugänglichen Stellen [275].

Es kann ebenfalls sinnvoll sein, mit dem PID kontinuierliche Gefahrenstoffmessungen mit fest installierten Geräten durchzuführen. Diese kommen zum Beispiel in schwer zugänglichen Bereichen zum Einsatz und führen über eine Kontrolleinheit gesteuerte, periodische Messungen durch. Kritische Bereiche sind zum Beispiel Mülldeponien, Industrieanlagen und Militärstützpunkte. Dadurch können erforderliche Sanierungsmaßnahmen bestimmt und Zugangsbeschränkungen aufgrund von toxischer Luftbelastung verhängt werden [275].

Im Tiefbau, wie beispielsweise im Bergbau, Tunnelbau oder bei Kanalisationsarbeiten, kann es aufgrund von unzureichendem Luftaustausch zu VOC-Ansammlungen kommen. Mitarbeiter tragen daher oft portable PIDs am Körper, die in festgelegten Intervallen automatische Messungen durchführen. Sollte ein Grenzwert in der Messluft überschritten werden, wird der Arbeiter akustisch und visuell vom Gerät gewarnt und so zum schnellstmöglichen Verlassen des Gefahrenbereichs aufgefordert. Die visuelle Warnung ist vor allem in lauten Arbeitsbereichen sinnvoll [20, 275, 280, 281].

Tab. 16.4: Arbeitsplatzgrenzwerte von VOCs [280, 281].

Bezeichnung	CAS-Nr.	C_{vol} [ppmV]	C_{masse} [mg/m³]
Aceton	267-64-1	500	1.200
Chlorbenzol	108-90-7	5	23
Cyclohexan	110-82-7	200	700
Ethylbenzol	100-41-4	20	88
Isobutan	75-28-5	1.000	2.400
n-Octan	111-65-9	20	106
Styrol	202-851-5	20	86
Toluol	108-88-3	50	190

Photoionisationsdetektoren geben die gemessenen Gasanteile üblicherweise als Volumenkonzentration in Parts per Million (ppmV) an. Tabelle 16.4 zeigt exemplarisch die durch die Bundesanstalt für Arbeitsschutz und Arbeitsmedizin festgelegten Arbeitsplatzgrenzwerte für einige flüchtige chemischer Verbindungen (als Volumenkonzentration C_{vol} und Massenkonzentration C_{masse}), welche mit PID-Sensoren gemessen werden können. Die CAS-Nr. ist ein internationaler Bezeichnungsstandard für chemische Stoffe, um Verwechslungen bei abweichenden Stoffbenennungen auszuschließen [280, 281].

Der PID wird häufig auch als Detektor für die Gaschromatografie eingesetzt (siehe Kapitel 5). Durch die Auftrennung der Bestandteile einer Probe mithilfe des Chromatografen und die Detektion der einzelnen Komponenten mit dem PID ist ein außerordentlich selektiver Nachweis möglich.

16.3.2 Messgenauigkeit und Kalibrierung

Die absolute Messgenauigkeit von PID nimmt bei steigender Messgaskonzentration ab. Dieser Umstand begründet sich vor allem darin, dass das Gerät die Gaskonzentration unter der Annahme einer linearen Abhängigkeit des Messsignals von der Konzentration bestimmt. Faktisch ist die lineare Abhängigkeit bei hohen Messkonzentrationen allerdings nicht mehr gegeben [20, 275, 280].

Umgebungseinflüsse wie Temperatur, Luftfeuchtigkeit und Luftdruck haben Einfluss auf das Messergebnis. Im Allgemeinen können dabei die in Tabelle 16.5 gelisteten Aussagen für den PID-Sensor getroffen werden, wobei ↑ für steigende und ↓ für sinkende Werte steht.

Tab. 16.5: Wirkung von Umgebungseinflüssen auf die Messergebnisse des PID-Sensors [280].

Parameter		Wirkung
Temperatur	T ↑	Messwert ↓
Relative Luftfeuchtigkeit	φ ↑	Messwert ↓
Luftdruck	p ↑	Messwert ↑

Moderne Messgeräte können durch die Erfassung von Temperatur, relativer Luftfeuchtigkeit und Luftdruck die entsprechende Abhängigkeit automatisch kompensieren. Voraussetzung ist hierbei allerdings die Kenntnis des zu messenden Gases [275].

PID sind regelmäßig nach Herstellerangaben zu kalibrieren. Prinzipiell empfiehlt sich eine Kalibrierung vor jedem Einsatz. Dafür wird dem PID im Messablauf ein spezielles Kalibriergas zugeführt und geprüft, ob der Messwert vom vorgegebenen Wert des Herstellers abweicht. Zum Einsatz kommt dabei häufig Isobuten, da dieses Gas im mittleren Empfindlichkeitsbereich der Sensoren liegt, einfach über längere Zeiträume lagerfähig ist, eine verhältnismäßig geringe Toxizität aufweist und leicht und kostengünstig verfügbar ist. Die Verwendung von anderen Prüf- oder Kalibriergasen ist bei vielen angebotenen Geräten jedoch auch möglich. Um korrekte Ergebnisse zu erhalten, müssen die Messergebnisse dann allerdings mit Korrekturfaktoren multipliziert werden [20, 275, 280].

Außerdem müssen die Messgeräte vor ihrem Einsatz auf das zu erwartende Gas eingestellt werden. Hierdurch werden die Messergebnisse des Geräts mit den Korrekturfaktoren für die unterschiedlichen Gase multipliziert. Häufig hat der Hersteller bereits eine Vielzahl von Korrekturfaktoren im Gerät gespeichert, sodass der Anwender lediglich das zu erwartende Gas auswählen muss. Die Notwendigkeit von Korrekturfaktoren ergibt sich aus dem Umstand, dass unterschiedliche Gase bei der Ionisation unterschiedliche Messströme hervorrufen. Es ist zu beachten, dass die Korrekturfaktoren vom Aufbau der Messgeräte abhängig sind und für jeden Gerätetyp individuell vom Hersteller ermittelt werden müssen. Tabelle 16.6 zeigt Korrekturfaktoren (Richtwerte) für Gasentladungslampen mit den aufgeführten Ionisierungsenergien [20, 275, 280].

Tab. 16.6: Korrekturfaktoren für PID.

Bezeichnung	9,8 eV	10,6 eV	11,7 eV	IE [eV]
Aceton	1,2	1,1	1,4	9,71
Chlorbenzol	0,55	0,5	0,6	9,25
Ethylbenzol	0,52	0,5	0,5	8,77
Isobuten	1	1	1	9,24
Isopropanol	500	6	2,7	10,12

Zusätzlich zur Kalibrierung muss ein PID regelmäßig gewartet werden. Das Wartungsintervall orientiert sich dabei meist an der Lebensdauer der UV-Lampe und liegt je nach Hersteller bei 5.000 bis 10.000 Einsatzstunden [20].

16.4 Kommerzielle Produkte

16.4.1 Stationäre Geräte

Beim Statox-501-PID-Messgerät handelt es sich um ein stationäres Gaswarngerät des Herstellers Compur, das organische Lösemittel und Treibstoffe detektieren kann. Häufig wird dieses Gerät in der Erdöl verarbeitenden Industrie eingesetzt. Durch eine fest eingebaute Gasentladungslampe können alle flüchtigen Substanzen in der Messluft erkannt werden, die sich mit 10,6 eV oder weniger ionisieren lassen. Seine Ansprechzeit beträgt $T90 < 10\,\text{s}$ [282].

Das Gerät arbeitet im Diffusionsbetrieb (also ohne Pumpe) und liefert ein lineares Spannungssignal. Das Kontrollmodul kann die Messwerte und eventuelle Alarmsignale an ein Prozessleitsystem sowie andere Geräte übermitteln. Mitarbeiter im gefährdeten Bereich können so schnell und effektiv zum Verlassen aufgefordert werden. Die Leistungsdaten des Gerätes können Tabelle 16.7 entnommen werden [282].

Tab. 16.7: Technische Daten des Gaswarngerätes Statox 501 PID von der Firma Compur [283].

Stationäres Gaswarngerät Statox 501 PID	
Messbare Gase	Flüchtige Substanzen, Ionisierungspotenzial kleiner 10,6 eV
Messprogramme	0–10 ppm; 0–100 ppm; 0–1.000 ppm; 0–10.000 ppm
Messprinzip	Photoionisation
Ansprechzeit	z. B. Isobuten $T90 < 10$ s
Zulässige Umgebungsbedingungen	
Betriebstemperatur	–30 °C bis +60 °C
Luftfeuchte	0–95 % r. F., nicht kondensierend
Luftdruck	700–1.300 hPa
Technische Daten	
Abmessungen H × B × T	160 × 130 × 60 mm
Gewicht	ca. 1 kg
Betriebsempfehlung	mit Statox 501 oder 502 Control Modul
Spannungsversorgung	4,6–5,6 VDC
Stromaufnahme	ca. 50 mA Einschaltstrom, bis 150 mA
Anschluss	3-Draht
Gehäuseschutzart	mindestens IP 54
Ex Schutz	II 2G Ex e[ib]mb IIC T4 Gb

16.4.2 Mobile Geräte

Bei dem in Abbildung 16.3 abgebildeten Dräger X-pid 9000/9500 handelt es sich um einen mobilen Photoionisationsdetektor für toxische Gefahrstoffe [283]. Der X-pid ist für den Betrieb in zwei verschiedenen Betriebsmodi ausgelegt: „Sucher" und „Analyse". Im Messmodus „Sucher" findet eine kontinuierliche Breitbandmessung statt, die die Gesamtkonzentration leichtflüchtiger organischer Verbindungen detektiert, vergleichbar mit einem PID-Gasmessgerät. Im Modus „Analyse" werden vorab ausgewählte Gefahrstoffe präzise gemessen. Das Gerät wird in zwei verschiedenen Varianten geliefert. Während der X-pid 9000 nur die Zielstoffe Benzol und 1,3-Butadien detektieren kann, sind beim X-pid 9500 weitere 18 Zielstoffe qualifiziert und quantifiziert, u. a. Toluol und verschiedene Chlorverbindungen; zudem lässt sich die Datenbank bei dieser Variante individuell erweitern. Der Preis liegt in der Größenordnung von 20.000 €. Einfache

Abb. 16.3: Dräger X-pid 9000/9500 (mit freundlicher Genehmigung der bentekk GmbH).

Tab. 16.8: Technische Daten des Mehrgasmessgerätes Dräger X-pid 9000/9500 [285].

Mobiles Mehrgasmessgerät Dräger X-pid 9000/9500	
Messbare Gase	Flüchtige Substanzen, Ionisierungsenergie > 10,6 eV
Messprogramme	Sucher, Analyse
Messprinzip	Photoionisation (Analysemodus zusätzlich Gaschromatografie)
Ansprechzeit	**Modus „Sucher"**
	z. B. Isobuten $T90 \approx 45$ s (ohne Schlauch)
	Modus „Analyse"
	keine (sofern Stoffkonzentration bei Analysebeginn anliegt)
Zulässige Umgebungsbedingungen	
Betriebstemperatur	−10 °C bis +35 °C
Luftfeuchte	0–90 % r. F. (bis 95 % kurzzeitig)
Luftdruck	700–1.300 hPa
Technische Daten	
Abmessungen H × B × T	281 × 132 × 56 mm
Gewicht	ca. 880 g
Betriebszeit	Typisch 6 h (verringert sich bei niedrigen Temperaturen)
Spannungsversorgung	4,6–5,6 VDC
Gehäuseschutzart	IP 54
Ex Schutz	II 1G Ex ia IIC T4 Ga

mobile Geräte sind ab ca. 1.000 € verfügbar. Die spezifischen Leistungsdaten des X-pid 9000/9500 können Tabelle 16.8 entnommen werden [284].

16.5 Zusammenfassung

Der Photoionisationsdetektor (PID) ist ein physikalischer Sensor zur Detektion und Überwachung flüchtiger organischer Verbindungen in der Umgebungsluft. Das Messgerät basiert auf dem Effekt der Photoionisation. Hierbei emittiert eine Gasentladungslampe UV-Strahlung bestimmter Photonenenergie. Moleküle mit einem Ionisierungspotenzial unterhalb der Photonenenergie können so ionisiert werden.

Bei der Ionisation wird das Photon absorbiert und seine Energie in kinetische Energie eines Valenzelektrons umgewandelt, wodurch das Elektron aus dem Molekülverbund herausgelöst wird. So entstehen ein positiv geladenes Ion und ein Elektron, die beide im elektrischen Feld einer Saugspannung beschleunigt werden und einen Messstrom generieren. Dieser wird vom Messgerät mithilfe hinterlegter Kalibrierwerte eines bekannten Kalibriergases in eine Gaskonzentration umgerechnet und üblicherweise als Volumenkonzentration in ppm ausgegeben.

Ausschlaggebend für die Funktionalität und die Qualität der Messung ist der Einsatz der passenden UV-Lampe. Durch gezielte Auswahl kann der Messbereich verringert oder vergrößert werden, sodass ein eindeutigeres Messergebnis mit nur wenigen Störquellen ermöglicht wird. Die Ansprechzeit des Sensors liegt in der Größenordnung von einigen Sekunden. Die Umgebungseinflüsse von Temperatur, Luftfeuchtigkeit und Luftdruck können durch entsprechende Sensoren kompensiert werden.

Zum Einsatz kommt der PID vornehmlich in der Erdölindustrie und im Arbeitsschutz. Die Erdölindustrie führt kontinuierliche Messungen von Benzol, Toluol, Ethylbenzol und Xylol, auch als BTEX-Stoffe bekannt, an Förderstätten und Speicheranlagen durch, um ober- und unterirdische Leckagen zu detektieren. Im Bereich des Arbeitsschutzes, wie z. B. im Tunnel- oder Bergbau, trägt in der Regel jeder Mitarbeiter einen Sensor an der Arbeitskleidung, da in diesen Bereichen häufig flüchtige organische Komponenten (VOC) durch Ausgasungen und unzureichende Frischluftversorgung vorkommen können. Die Preise von Photoionisationsdetektoren liegen zwischen tausend und mehreren Zehntausend €.

Die Vorteile des PID sind die Erfassung von VOCs bereits ab einer sehr geringen Konzentration von wenigen ppm und der technisch einfache und kompakte Aufbau. Der Nachteil besteht darin, dass es bei hohen Konzentrationen sowie den genannten Umgebungseinflüssen zu erhöhten Messunsicherheiten kommen kann und dass die einfachen Sensoren üblicherweise keine spezifischen Konzentrationen einzelner Gase angeben können, sondern nur die Summe aller flüchtigen organischen Komponenten.

17 Pyknometrie

17.1 Einleitung

Die Pyknometrie (aus dem griechischen „πυκνός (puknós)"= „dicht gedrängt") stellt ein Verfahren zur Bestimmung der Dichte dar. In diversen Anwendungsfällen ist es möglich, anhand der Dichte die Konzentration bestimmter Bestandteile eines untersuchten Stoffgemischs zu ermitteln. Im Wesentlichen beruht dieses Verfahren auf der präzisen Bestimmung des Volumens einer Stoffprobe und ihrer anschließenden Wägung. Die auf diesem Verfahren basierenden Messgeräte werden allgemein Pyknometer genannt. Zur Bestimmung der Dichte oder des spezifischen Gewichts von Flüssigkeiten werden die Messgeräte auch Aräometer genannt. Aerometer hingegen messen die Dichte von Gasen.

Die Messung der Dichte als Quotient von Masse und Volumen geht auf Archimedes zurück (287–212 v. Chr.). Das erste Pyknometer konstruierte der persische Universalgelehrte Abu Raihan Biruni (973–1048). Betrachtet man das Verfahren der Pyknometrie im Zusammenhang mit der Stoffanalytik, so stellt es ein indirektes Verfahren dar. Möchte man beispielsweise die Volumenkonzentration einer Lösung oder den Luftanteil poröser Feststoffe ermitteln, liefert die Pyknometrie die für die Berechnung notwendigen Dichten und/oder Volumina. Als Begründer der analytischen Pyknometrie gilt der russische Chemiker und Erfinder Dmitri Ivanovitsch Mendelejev (1834–1907).

Im Weiteren gliedert sich dieses Kapitel in vier Unterkapitel. Im Abschnitt Messprinzip werden zunächst die physikalischen Grundlagen und im Anschluss daran der Aufbau, das Messverfahren und die Funktionsweise verschiedener Pyknometertypen erläutert. Dabei wird zwischen Glas- und Metallpyknometern einerseits und Gas- und Feststoffpyknometern andererseits unterschieden. Anschließend werden typische Anwendungsfälle in der Analytik dargestellt. Darauf folgt die Vorstellung exemplarischer, kommerzieller Pyknometer mit ihren wichtigsten Eigenschaften. Einen Abschluss findet das Kapitel mit einer Zusammenfassung.

17.2 Messprinzip

Im folgenden Abschnitt werden zunächst die physikalischen Grundlagen der Pyknometrie betrachtet. Anschließend werden der Messaufbau und das Messverfahren erläutert, zuerst für Glas- und Metallpyknometer, danach für Gas- und Feststoffpyknometer.

Unter Mitwirkung von Michael Kruk, Max Hochartz und Zohair Salih

https://doi.org/10.1515/9783110702040-017

17.2.1 Physikalische Grundlagen

Die Dichte ρ ist eine physikalische Stoffgröße und wird für homogene Stoffe als Masse m pro Volumen V definiert [286]. Sie wird auch Massendichte genannt:

$$\rho = \frac{m}{V} \, .$$ (17.1)

Anschaulich formuliert beschreibt die Massendichte, wie schwer ein Körper im Verhältnis zu seiner Größe ist. Werden zwei Stoffe gleichen Volumens verglichen, hat der Stoff mit dem größeren Gewicht auch die höhere Massendichte. Bei konstantem Volumen (V = const) entspricht das Verhältnis der Massen dem Verhältnis der Dichten:

$$\frac{m_1}{m_2} = \frac{\rho_1}{\rho_2} \, .$$ (17.2)

Aufgrund der thermischen Ausdehnung ändert sich das Volumen eines Stoffes mit der Temperatur [287]. Dieser Effekt ist bei Gasen und Flüssigkeiten von besonderer Bedeutung, bei Feststoffen oftmals vernachlässigbar. Darüber hinaus ist die Dichte aufgrund der Kompressibilität von Stoffen vom vorherrschenden Druck abhängig. Dementsprechend müssen bei der Bestimmung der Dichte von Flüssigkeiten oder Gasen die herrschenden Druck- und Temperaturverhältnisse bekannt sein.

Neben der Massendichte gibt es noch einige spezielle Dichtedefinitionen. Die sogenannte Reindichte, auch absolute Dichte genannt, entspricht der Dichte eines Körpers ohne das Volumen eventuell enthaltener Hohlräume [286]. Sie wird üblicherweise bestimmt, indem die Probe solange zerkleinert wird, bis sie keine Poren mehr enthält. Mit dem Volumen ohne Hohlräume V_{oH} ergibt sich die Reindichte dann zu

$$\rho_{rein} = \frac{m}{V_{oH}} \, .$$ (17.3)

Das Gegenstück zur Reindichte ist die Rohdichte. Sie beschreibt die Dichte eines porösen Körpers inklusive des Volumens enthaltener Hohlräume. Die Reindichte und die Rohdichte von nicht porösen Körpern sind identisch. Der Quotient aus Roh- und Reindichte ist die sogenannte relative Dichte.

Die Schüttdichte ist die Dichte eines Gemenges aus körnigem Feststoff (z. B. Getreide oder Kies) und kontinuierlichem Fluid, bei dem die Hohlräume vom Fluid gefüllt sind. Dieses Fluid kann auch Luft sein. Die Stampfdichte unterscheidet sich dadurch von der Schüttdichte, dass das Gemenge vor dem Messen verdichtet wurde. Darüber hinaus gibt es noch weitere Dichtearten, dieser Abschnitt soll aber lediglich eine Übersicht, über die für die Pyknometrie relevanten Arten geben.

Die physikalische Grundlage des Gaspyknometers ist das Gesetz von Boyle-Mariotte, welches auch als boylesches Gesetz bezeichnet wird [288]. Es stellt einen Spezialfall der thermischen Zustandsgleichung idealer Gase dar und sagt aus, dass sich der Druck eines idealen Gases bei konstanter Temperatur und konstanter Stoffmenge umgekehrt proportional zum Volumen verhält ($p \sim 1/V$). Das Produkt aus

Druck und Volumen ist daher konstant ($p \cdot V$ = const). Damit ergibt sich der Zusammenhang

$$\frac{p_1}{p_2} = \frac{V_2}{V_1} \, . \tag{17.4}$$

17.2.2 Messaufbau und Messverfahren

Glas- und Metallpyknometer

Glas- und Metallpyknometer dienen primär zur präzisen Reproduzierung von Volumina [289]. Das Pyknometer wird dafür nacheinander im leeren und gefüllten Zustand gewogen. Anschließend kann die Dichte des zu prüfenden Stoffs berechnet und Stoffkonzentrationen können ermittelt werden [290].

Vor der Verwendung eines Pyknometers muss sichergestellt werden, dass dieses gründlich gesäubert und trocken ist. Ist die Masse des leeren Pyknometers nicht bekannt, muss diese mit eingesetztem Stopfen bestimmt werden (m_0). Anschließend wird der Stopfen entfernt und das Pyknometer bis zum Überlaufen mit destilliertem Wasser gefüllt. Das gefüllte Pyknometer wird ohne Stopfen auf 20 °C temperiert. Bei diesem Vorgang kann etwas Wasser verdunsten, weshalb solange Wasser nachgefüllt wird, bis der Flüssigkeitsstand konstant bleibt. Sobald dies der Fall ist, wird der Stopfen auf das Pyknometer gesetzt, sodass Flüssigkeit aus der Kapillare austritt. Die ausgetretene Flüssigkeit muss sorgfältig abgetrocknet werden. Hierbei ist darauf zu achten, keine Fingerabdrücke auf dem Pyknometer zu hinterlassen, da diese das Messergebnis beeinflussen können. Danach wird das gefüllte Pyknometer gewogen (m_1). Aus der Differenz der beiden Massen ergibt sich die Masse des Wassers m_W:

$$m_W = m_1 - m_0 \, . \tag{17.5}$$

Anschließend wird das Volumen des Pyknometers (V_{Pt}) bestimmt. Dafür wird die Dichte des Wassers bei der entsprechenden Messtemperatur benötigt. Diese kann einer Tabelle entnommen werden. Die Dichte von Wasser bei 20 °C beträgt beispielsweise ρ_{w20} = 0,9982 g/cm^3. Das Volumen wird dann folgendermaßen bestimmt:

$$V_{Pt} = \frac{m_1 - m_0}{\rho_W} \, . \tag{17.6}$$

Im Anschluss wird das Pyknometer mit einem flüchtigen Lösemittel wie Methanol ausgespült und mit Pressluft trocken geblasen.

Für die Untersuchung einer Prüfflüssigkeit wird diese in das Pyknometer gefüllt. Dabei wird so vorgegangen wie bei der Volumenbestimmung mit Wasser. Wichtig ist, dass die Prüftemperatur der Temperatur der Volumenmessung entspricht. Anschließend wird das Pyknometer mit der Prüfflüssigkeit gewogen. Aus der Differenz dieser Masse m_2 und der Masse des leeren Pyknometers mit Stopfen lässt sich die Masse der Prüfflüssigkeit berechnen:

$$m_{Pf} = m_2 - m_0. \tag{17.7}$$

Mithilfe des Volumens des Pyknometers wird dann die Dichte der Prüfflüssigkeit (ρ_{Pf}) bestimmt:

$$\rho_{Pf} = \frac{m_2 - m_0}{V_{Pt}} = \frac{m_2 - m_0}{m_1 - m_0} \cdot \rho_W \,. \tag{17.8}$$

Die Dichte eines (Prüf-)Festkörpers lässt sich ebenfalls mithilfe eines Pyknometers ermitteln. Dafür wird der Festkörper in das Pyknometer gelegt und (beides zusammen) gewogen (m_3). Anschließend wird das Pyknometer (inkl. Festkörper) bis oben mit temperiertem Wasser gefüllt und gewogen (m_4). Unter Verwendung der Masse des leeren Pyknometers (m_0) und der Masse des ausschließlich mit Wasser gefüllten Pyknometers (m_1) ergibt sich dann für die Dichte des Festkörpers:

$$\rho_{Pf} = \frac{m_3 - m_0}{(m_1 - m_0) - (m_4 - m_3)} \cdot \rho_W \,. \tag{17.9}$$

Die Dichte einer idealen Lösung lässt sich auf ähnliche Art und Weise bestimmen. Bei der beispielhaften Untersuchung einer Mischung aus Wasser und der oben erwähnten Prüfflüssigkeit entspricht die Masse der Lösung m_L der Summe der Massen des Wasseranteils und des Prüfflüssigkeitsanteils:

$$m_L = m_{Wasser} + m_{Pf} \,.$$
$$m_L = \rho_W \cdot V_W + \rho_{Pf} \cdot V_{Pf} \,. \tag{17.10}$$

Da bei dieser Betrachtung von einer idealen Lösung ausgegangen wird, addieren sich die Teilvolumina zum Gesamtvolumen. Das Gesamtvolumen entspricht dem Volumen des Pyknometers. Daraus folgt für die Dichte der Lösung die Gleichung

$$\rho_L = \frac{m_L}{V_L} = \frac{\rho_{Pf} \cdot V_{Pf} + \rho_W \cdot V_W}{V_W + V_{Pf}} \,.$$
$$\rho_L = \rho_{Pf} \cdot \frac{V_{Pf}}{V_{Pf} + V_W} + \rho_W \cdot \frac{V_W + V_{Pf} - V_{Pf}}{V_W + V_{Pf}} \tag{17.11}$$
$$\rho_L = \rho_{Pf} \cdot \frac{V_{Pf}}{V_{Pf} + V_W} + \rho_W \cdot \left(1 - \frac{V_{Pf}}{V_W + V_{Pf}} \right)$$

Die Volumenkonzentration σ_{Pf} der Prüfflüssigkeit in Wasser ist folgendermaßen definiert:

$$\sigma_{Pf} = \frac{V_{Pf}}{V_{Pf} + V_W} \,. \tag{17.12}$$

Damit lässt sich die Gleichung für die Dichte der Lösung weiter vereinfachen:

$$\rho_L = \rho_{Pf} \cdot \sigma_{Pf} + \rho_W \cdot (1 - \sigma_{Pf}) \,. \tag{17.13}$$

Die Stoffmengenkonzentration c_{Pf} lässt sich mit dem Volumen des Pyknometers und der Stoffmenge n_{Pf} der zu prüfenden Flüssigkeit berechnen:

$$c_{Pf} = \frac{n_{Pf}}{V_{Pt}} \,. \tag{17.14}$$

Die Stoffmenge n_{Pf} ergibt sich aus der ermittelten Masse (m_{Pf}) der zu prüfenden Flüssigkeit und der dazugehörigen molaren Masse (M_{Pf}):

$$n_{Pf} = \frac{m_{Pf}}{M_{Pf}} \ . \tag{17.15}$$

In Abbildung 17.1 ist ein Glaspyknometer nach dem französischen Chemiker und Physiker Joseph Louis Gay-Lussac dargestellt [291]. Es besteht aus einem Glasbehälter und einem Stopfen mit einer Bohrung. Der Prüfstoff wird in den Glasbehälter gefüllt, bis dieser überläuft. Anschließend wird der Glasbehälter mit dem Stopfen verschlossen. Der Überschüssige Prüfstoff kann dann durch die Bohrung im Stopfen austreten. Wichtig ist, dass der Stopfen an der Unterseite konkav geformt ist, damit eventuelle Lufteinschlüsse ebenfalls über die Bohrung im Stopfen entweichen können.

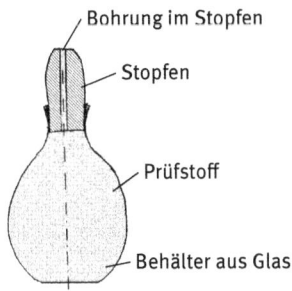

Abb. 17.1: Schematischer Aufbau eines Glaspyknometers nach Gay-Lussac.

Neben der Bauart nach Gay-Lussac gibt es noch weitere Pyknometertypen. Abbildung 17.2 zeigt schematisch Glaspyknometer nach Reischauer (a), Bingham (b), Sprengel (c), Lipkin (d), Hubbard (e) und Jaulmes (f). Alle funktionieren nach demselben Prinzip.

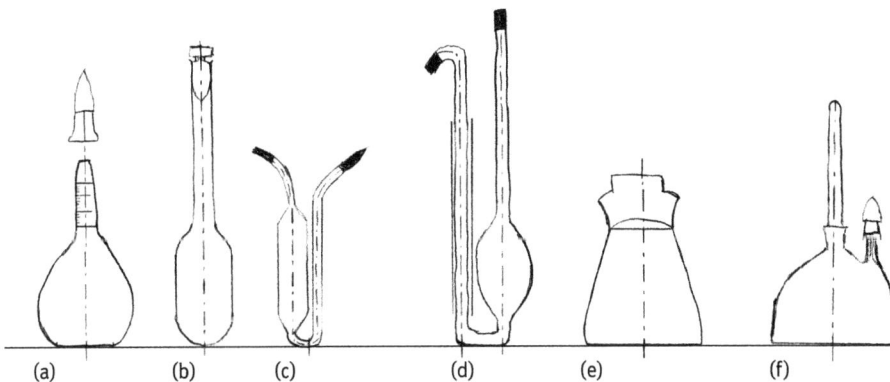

Abb. 17.2: Schematischer Aufbau verschiedener Glaspyknometer:
a) Reischauer; b) Bingham; c) Sprengel; d) Lipkin; e) Hubbard; f) Jaulmes.

In Abbildung 17.3 ist ein Metallpyknometer dargestellt. Im Gegensatz zum Glaspyknometer nach Gay-Lussac ist die Unterseite des Stopfens allerdings kegelförmig. Die Funktion, eingeschlossene Luft abzutransportieren, wird allerdings in gleichem Maße erfüllt. Der Behälter selbst besteht aus nicht rostendem Stahl. Das Funktionsprinzip ist identisch.

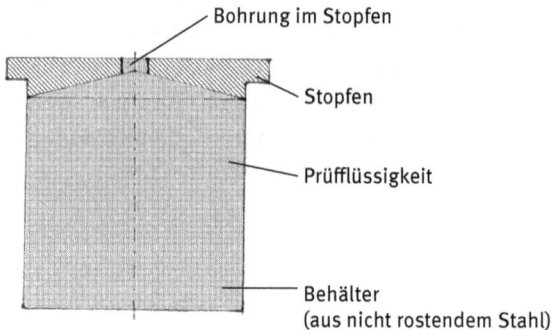

Abb. 17.3: Schematischer Aufbau eines Metallpyknometers.

Metallbehälter haben den Vorteil, dass sie weniger fragil als Glasbehälter sind. Der Nachteil ist, dass sich der Metallbehälter von außen nicht einsehen lässt. Das geeignetste Pyknometer ist je nach Art der zu untersuchenden Probe auszuwählen.

Gas- und Feststoffpyknometer

Gaspyknometer sind nach dem verdrängten, gasförmigen Medium benannt und eignen sich besonders gut für die Untersuchung poröser Feststoffe. Viele poröse Feststoffe lassen sich aufgrund ihrer Eigenschaften nicht vollständig in die Flüssigkeit der Glas- oder Metallpyknometer eintauchen oder die Flüssigkeit kann nicht vollständig in die Poren eindringen. Damit wäre nicht ausgeschlossen, dass verschlossene Poren oder Einschlüsse das Ergebnis verfälschen [292].

Bei Gaspyknometern unterscheidet man zwei verschiedene Messverfahren. Die Dichte kann entweder bei konstantem Volumen oder bei konstantem Druck ermittelt werden. Die Messung bei konstantem Volumen ist jedoch einfacher und wird daher häufiger angewendet.

Der schematische Aufbau eines Gaspyknometers für die Messung bei konstantem Volumen ist in Abbildung 17.4 dargestellt. Es besteht im Wesentlichen aus zwei Kammern. In der Probenkammer befindet sich der zu untersuchende Prüfkörper. Die mit einem Sperrventil angeschlossene Referenzkammer bleibt leer. Die Probenkammer verfügt weiterhin über einen Gaseinlass mit Ventil und die Referenzkammer über einen Gasauslass mit Ventil. An die Probenkammer ist außerdem ein Drucksensor angeschlossen [293].

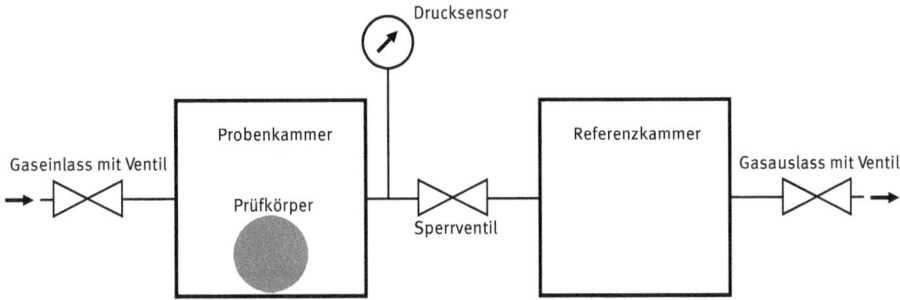

Abb. 17.4: Schematische Darstellung eines Gaspyknometers für die Messung bei konstantem Volumen.

Vor der Messung wird die genaue Masse des Prüfkörpers m_K ermittelt. Anschließend wird der Prüfkörper in die Probenkammer platziert und diese verschlossen. Um einen Druckausgleich zwischen den Kammern und der Umgebung herzustellen, sind dabei sowohl das Sperrventil zwischen den Kammern als auch das Ventil für den Gasauslass geöffnet. Es herrscht daher im gesamten System der Umgebungsdruck p_0. Nun werden die beiden Ventile geschlossen und das Gaseinlassventil geöffnet. Das Prüfgas (häufig inerte Gase wie Helium) strömt dann in die Probenkammer. Wenn der gewünschte Überdruck p_1 erreicht ist, wird das Gaseinlassventil geschlossen [293]. Nun wird das Sperrventil geöffnet und das Prüfgas expandiert in die Referenzkammer. Es stellt sich der Druck p_2 ein. Mit dem Probenkammervolumen V_P und dem Referenzkammervolumen V_R berechnet sich das Volumen des Prüfkörpers V_K dann zu

$$V_K = V_P - \frac{p_2}{p_1 - p_2} \cdot V_R . \tag{17.16}$$

Nun kann die Reindichte des Prüfkörpers $\rho_{K,\text{rein}}$ berechnet werden:

$$\rho_{K,\text{rein}} = \frac{m_K}{V_K} . \tag{17.17}$$

Der schematische Aufbau eines Gaspyknometers für die Messung bei konstantem Druck ist in Abbildung 17.5 dargestellt. Dieses besteht im Wesentlichen aus zwei identischen Zylindern, die über einen Differenzdrucksensor miteinander verbunden sind und deren Innendrücke und Volumina sich jeweils mithilfe eines Kolbens einstellen lassen. Der den Prüfkörper aufnehmende Probenzylinder und der Referenzzylinder weisen dabei anfangs jeweils das Volumen V_1 auf.

Werden nun die Kolben in die Zylinder gefahren, wird das darin befindliche Prüfgas komprimiert, nicht jedoch der Prüfkörper. Wenn in beiden Zylindern derselbe Druck herrscht (Druckdifferenz = 0), kann aus der Differenz der Verfahrwege der Kolben a, der Querschnittsfläche A_0 der Zylinder sowie dem Volumen des Probenzylinders vor und nach der Kompression (V_1 bzw. V_2) das Volumen des Prüfkörpers V_K ermittelt werden:

$$V_K = \frac{a \cdot A_0 \cdot V_1}{V_1 - V_2} . \tag{17.18}$$

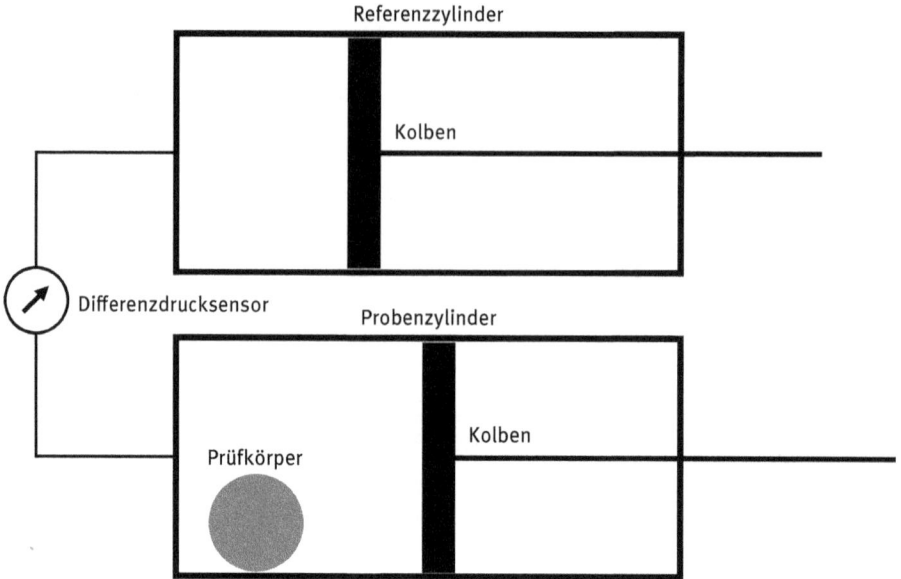

Abb. 17.5: Schematische Darstellung eines Gaspyknometers für die Messung bei konstantem Druck.

Anschließend wird unter Verwendung von Gleichung 17.14 die Reindichte des Prüfkörpers errechnet [294].

Feststoffpyknometer dienen zur Bestimmung der Dichte von Festkörpern. Ähnlich wie bei Glaspyknometern wird dabei der Prüfkörper in ein Medium eingetaucht und verdrängt dieses. Bei dem dabei verwendeten Medium handelt es sich meist um feines Pulver mit kugelförmigen Partikeln. Aufgrund der kleinen Partikelgröße verhält sich das Pulver fluidähnlich [292]. Der schematische Aufbau eines Feststoffpyknometers ist in Abbildung 17.6 dargestellt.

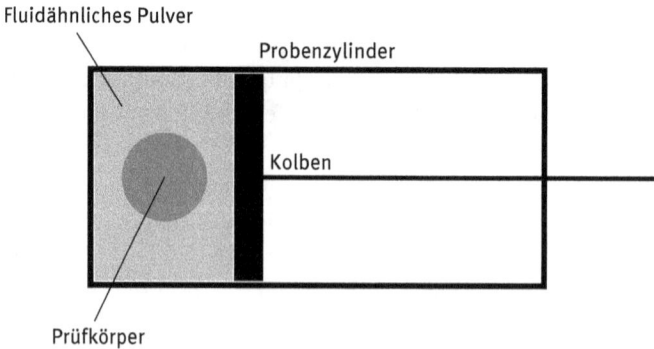

Abb. 17.6: Schematische Darstellung eines Feststoffpyknometers.

Das Gerät beinhaltet einen Probenzylinder mit einem Kolben. Zur Ermittlung der Dichte wird zuerst das fluidähnliche Prüfpulver alleine in den Zylinder gefüllt und anschließend komprimiert. Danach wird der Prüfkörper zusammen mit dem Pulver in dem Zylinder platziert. Durch Vibration und Rotation des Probenzylinders kann sichergestellt werden, dass der Prüfkörper vollständig von dem Pulver umschlossen wurde. Der Kolben wird nun mit identischer Kraft wie bei der Referenzmessung vorgefahren. Dabei dringt das Pulver auch in Vertiefungen und Einkerbungen [292]. Anschließend kann unter Berücksichtigung der Geometrie des Probenzylinders aus den unterschiedlichen Verfahrwegen das Hüllvolumen, also das Volumen des Prüfkörpers einschließlich der Poren, bestimmt werden. Mithilfe der Masse des Prüfkörpers lässt sich dann die sogenannte Hülldichte berechnen. Die wahre Dichte des Prüfkörpers lässt sich mit einem Feststoffpyknometer nicht ermitteln.

Hat man sowohl ein Gaspyknometer als auch ein Feststoffpyknometer zur Verfügung, kann der Porenvolumenanteil von porösen Stoffen bestimmt werden. Dafür wird zunächst mithilfe des Gaspyknometers das Volumen des Prüfkörpers ohne die Poren bestimmt. Ermittelt man dann mit dem Feststoffpyknometer das Hüllvolumen des Prüfkörpers $V_{K\,Hüll}$, entspricht die Differenz der beiden Volumina dem Porenvolumen:

$$V_{Po} = V_{K\,Hüll} - V_K \,. \tag{17.19}$$

Der Porenvolumenanteil (in % ausgedrückt) gibt den Anteil der Hohlräume am gesamten Volumen an.

17.3 Anwendungen

Mithilfe von Pyknometern können sowohl Flüssigkeiten als auch Festkörper und Gase untersucht werden. Ihre zahlreichen Anwendungen finden sich unter anderem in der chemischen Industrie, der Lebensmittelindustrie und der Kunststoffindustrie, im Bauwesen und in der Umweltforschung sowie im Tief- und Straßenbau. Darüber hinaus hat die Pyknometrie als Referenzverfahren auch Einzug in verschiedene Normen und Richtlinien gehalten. Im Folgenden werden einige Anwendungen näher betrachtet, die der Analytik oder der Konzentrationsmessung dienen.

Untersuchung von Bodenproben

Bodenproben eines Baugrunds werden üblicherweise mithilfe von Glas- oder Gaspyknometern untersucht. Dabei kann neben vielen bautechnischen Größen auch der Wassergehalt des Bodens bestimmt werden. Dieser entspricht dem Verhältnis des Wassergewichts einer Erdprobe zum Gewicht der getrockneten Probe. Er wird üblicherweise in Prozent angegeben. Das Verfahren ist in der DIN 18124 beschrieben [295].

Untersuchung von Rohöl und anderen Mineralölerzeugnissen

Das Verfahren zur Bestimmung der Dichte flüssiger oder fester Mineralölerzeugnisse und von Rohöl mit einem Pyknometer ist in der DIN EN ISO 3838 festgelegt. Die Dichte oder die relative Dichte von Rohölerzeugnissen gibt Auskunft über deren Qualität, Herkunft und Ursprung und kann bei Ölverschmutzungen auch zur Identifizierung der Quelle beitragen [296, 297]

Untersuchung von Frucht- und Gemüsesäften

Auch in der Lebensmittelindustrie ist die Anwendung der Pyknometrie durch Normen festgelegt. In der EN 1131 ist die Bestimmung der relativen Dichte von Frucht- und Gemüsesäften beschrieben. Die Pyknometrie stellt die amtliche Referenzmethode zur Bestimmung des Extraktgehalts dar. Unter Extrakt wird der Anteil an nichtflüchtigen Stoffen verstanden und entspricht weitgehend der Trockensubstanz einer Probe. Zur Anwendung kommen hier insbesondere Reischauer-Pyknometer [298].

Bestimmung der Trockensubstanz von Honig und Konfitüre

Bei Lebensmitteln, die überwiegend Zucker enthalten, kann der Anteil an Trockensubstanz anhand der Dichte eines definierten Probenextrakts ermittelt werden. Dafür wird das Dichteverhältnis von Probenextrakt zu destilliertem Wasser bei 20 °C pyknometrisch bestimmt. Aus diesem Wert wird der Trockensubstanzanteil der Probe mithilfe von empirisch aufgestellten Formeln berechnet oder anhand von Tabellen ermittelt [78].

Spirituosen- und Weinanalytik

In der Spirituosenanalytik ist die Pyknometrie eine amtliche Methode zur Bestimmung des Alkoholgehalts. Unter Alkoholgehalt wird der Anteil an Ethanol bei 20 °C verstanden. Geringe Mengen eventuell vorhandener Nebenprodukte wie Methanol bleiben unberücksichtigt. Die Bestimmung des Alkoholgehalts erfolgt nach Destillation der Probe. Anschließend wird die relative Dichte des Destillates pyknometrisch ermittelt. Den zugehörigen Alkoholgehalt entnimmt man dann entsprechenden Alkoholtafeln. Der Alkoholgehalt von Weinen schwankt je nach Jahrgang, Sorte und Kellerbehandlung. Dieser Wert ermöglicht daher (zusammen mit anderen Analysendaten) Rückschlüsse auf die Herkunft, Echtheit und auf eine eventuelle, verbotene Zuckerung.

Mit der Pyknometrie kann auch der Extraktgehalt von Spirituosen bestimmt werden. Dieser wird entweder aus der relativen Dichte der Probe oder derjenigen des Destillats oder des Destillationsrückstands ermittelt. Bei Spirituosen kann vom Extraktgehalt auch auf die zu erwartende Alkoholausbeute geschlossen werden [299].

Sonstige Anwendungen

Gas- und Feststoffpyknometer werden standardmäßig zur Charakterisierung einer Vielzahl fester, halbfester und pulverförmiger oder poröser Feststoffproben eingesetzt. Der Gesamtwassergehalt und (soweit möglich) die Kern- und Oberflächenfeuchte von Baustoffen wie Zement, Sand und Asphalt werden beispielsweise so bestimmt. Auch die Porosität kann so gemessen werden. Diese entspricht dem Volumenanteil, der nicht von fester Bodensubstanz gefüllt ist, und ist oftmals mit der Summe des Luft- und Wasseranteils gleichzusetzen.

Pyknometer werden ebenso in der Schaumstoffproduktion eingesetzt. Die Dichte von Schaumstoff charakterisiert dessen chemische Zusammensetzung und erlaubt eine Identifizierung der Zusatzstoffe, die zur Verbesserung der Brandfestigkeit des Schaumstoffs verwendet werden [300].

Mit der wahren Dichte lässt sich zudem die Zusammensetzung von pharmazeutischen und kosmetischen Wirk- und Hilfsstoffen für eine effektive Steuerung der Produktionsprozesse bestimmen [301].

Die Untersuchung der Reaktionsgeschwindigkeit von porösen Katalysatormaterialien wird durch Messungen der Partikeldichte und -volumen maßgeblich unterstützt [302].

In der Agrarindustrie dient die Dichtemessung mittels Pyknometer zur Bestimmung des Wassergehalts von Getreide, Futtermitteln, Tabak, Düngemitteln und Insektiziden [303–305].

17.4 Kommerzielle Produkte

Für das im vorherigen Abschnitt beschriebene, breite Spektrum an praktischen Anwendungen existiert eine Vielzahl an kommerziell erhältlichen Pyknometern. Im Folgenden werden jeweils ein Glas-, ein Metall-, ein Gas- und ein Feststoffpyknometer genauer vorgestellt. Dabei wird auf die wesentlichen Varianten, Merkmale und technischen Spezifikationen eingegangen. Ein besonderes Augenmerk gilt den prüfbaren Stoffen und den erreichbaren Genauigkeiten.

Glaspyknometer

Glas- und Metallpyknometer können grundsätzlich sowohl zur Bestimmung der Dichte von Flüssigkeiten als auch von Feststoffen verwendet werden. Vorrangig werden diese jedoch zur Analyse von Flüssigkeiten eingesetzt. Das Produktspektrum der Glaspyknometrie ist aufgrund der unterschiedlichen Anwendungen und der angepassten Lösungen sehr vielfältig. Produziert werden die Messsysteme von den meisten Laborglasherstellern in verschiedenen Ausführungen. Je nach Anwendung sind Formvarianten nach Gay-Lussac, Hubbard, Reischauer, Chatelier, Boot, Jaulmes, Lipkin, Bingham oder nach Sprengel erhältlich sowie spezielle Pyknometer für Festkörper und bituminöse Massen. Die Varianten unterscheiden sich im Wesentlichen in ihrer Form, welche die spezifischen Eigenschaften (Viskosität, Flüchtigkeit, Dampfdruck etc.) des zu prüfenden Stoffes berücksichtigt. Die Variante nach Hubbard eignet sich beispielsweise insbesondere für viskose oder zähe Flüssigkeiten, die keinen hohen Dampfdruck aufweisen wie Vaseline, Cremes, Anstrichstoffe und bituminöse Massen (DIN 12806). Die Variante nach Gay-Lussac eignet sich für nicht besonders viskose, nichtflüchtige Flüssigkeiten (DIN 12797). Die Variante nach Reischauer kann insbesondere für Kohlenwasserstoffe sowie für Flüssigkeiten mit hohem Dampfdruck (etwa 1 bar bei 90 °C) angewendet werden (DIN 12801) [306].

Von den meisten Pyknometern sind die Varianten mit integriertem Thermometer oder mit Weithalsflasche erhältlich. Für Mineralien und asphaltartige Materialien sind Varianten mit speziell ausgeführtem Kopf erhältlich. Die gängigen Volumina sind 5, 10, 25, 50 und 100 cm^3, wobei das tatsächliche Volumen mit einer Genauigkeit von ±0,001 cm^3 dauerhaft in den Glaskörper eingraviert ist. Weithalsflaschen sind bis zu einem Volumen von 1.000 cm^3 erhältlich. Pyknometer, Stopfen und Thermometer werden standardmäßig als Einheit kalibriert und erhalten die gleiche Gerätekennzeichnung. Somit sind diese nicht austauschbar. Je nach Art, Hersteller, Ausstattung und Zertifikat (Konformitätsbewertung, Kalibrierung, Justierung) bewegen sich die Preise für Glaspyknometer zwischen 30 und 300 € [307].

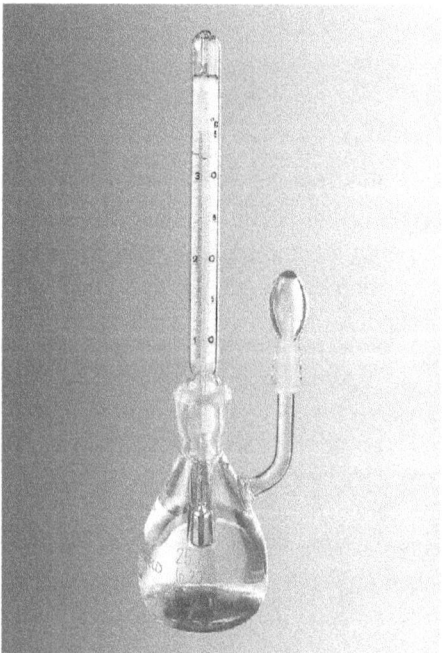
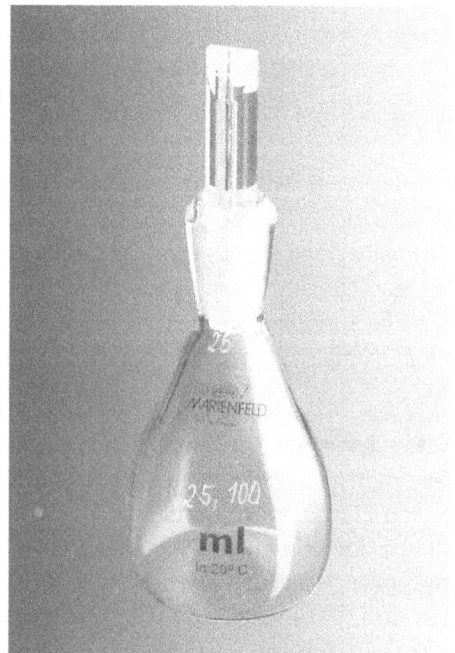

(a)   (b)

Abb. 17.7: a) Glaspyknometer mit Schliffthermometer; b) Glaspyknometer mit eingeschliffenem Glasstopfen (mit freundlicher Genehmigung der Paul Marienfeld GmbH & CO. KG).

Die deutsche Firma DWK Life Sciences GmbH gehört mit der Marke DURAN zu den weltweit bekanntesten Laborglasherstellern und bietet Glaspyknometer in mehreren Varianten an. Weitere bekannte Produzenten von Glaspyknometern sind die deutschen Firmen BRAND GmbH + CO. KG und Paul Marienfeld GmbH & CO. KG. Die Messflaschen bestehen meist aus Borosilikatglas 3.3 (DIN ISO 3585). Dieses zeichnet sich durch eine minimale Wärmeausdehnung, eine hohe Temperaturwechselbeständigkeit sowie eine hohe mechanische Festigkeit aus. Des Weiteren besitzt der Glaswerkstoff eine sehr gute chemische Resistenz [308]. Abbildung 17.7a zeigt beispielshaft das Glaspyknometer nach Gay-Lussac von Paul Marienfeld mit integriertem Schliffthermometer. Dieses verfügt über eine Seitenkapillare mit Glaskappe auf Schliffkern. Es ist in typischen Volumina erhältlich. Der Messbereich des Thermometers beträgt 10–35 °C. Abbildung 17.7b zeigt eine birnenförmige Variante mit eingeschliffenem Glasstopfen. Die genannten Geräte werden zur Bestimmung der Dichte von Flüssigkeiten eingesetzt [309]. Der Preis beider Varianten bewegt sich zwischen 22 (justiert mit Stopfen) und 70 € (justiert mit Thermometer) [310].

Metallpyknometer
Metallpyknometer werden bevorzugt eingesetzt zur Bestimmung der Dichte von Beschichtungsstoffen und anderen Materialien mit niedriger und mittlerer Viskosität sowie von pastösen Substanzen. Die Anwendungen finden sich in verschiedensten Industriebereichen: Lack, Lebensmittel, Reinigungsmittel, Kosmetik und chemische Industrie. Die meistverwendeten, metallischen Werkstoffe sind eloxiertes Aluminium und rostfreier Stahl. Geräte aus eloxiertem Aluminium sind allerdings chemisch nicht beständig. Bei der Untersuchung von Säuren und Alkalien sollten daher nur Pyknometer aus rostfreiem Stahl oder aus chemisch beständigem Glas eingesetzt werden [311, 312]. Das Schweizer Technologieunternehmen Proceq SA ist Marktführer unter den Anbietern von Lösungen zur zerstörungsfreien Prüfung. Ein weiterer Anbieter ist der deutsche Hersteller Erichsen GmbH & Co. KG. Proceq bietet das ZPM 3030 Metallpyknometer (Abbildung 17.8) mit gelochtem Deckel zur Bestimmung der Dichte von Flüssigkeiten mit niedriger Viskosität an. Dieses Gerät kommt speziell in

Abb. 17.8: Metallpyknometer ZPM 3030 mit gelochtem Deckel (mit freundlicher Genehmigung der Firma Proceq SA).

den oben genannten Industriebereichen zum Einsatz sowie als Laborprüfgerät für experimentelle Zwecke. Es besteht aus Edelstahl und wird mit einer Toleranz von ±0,2 % (±0,1 % mit Eichzertifikat) gefertigt. Die Geräte wiegen je nach Füllvolumen (50, 100 ml) zwischen 144 und 174 Gramm [311].

Gaspyknometer

Die Gaspyknometrie zeichnet sich durch Schnelligkeit, Genauigkeit, geringen Aufwand und leichte Automatisierbarkeit aus. Dies spiegelt sich in einer Vielzahl kommerziell erhältlicher Geräte wider. Im Folgenden sollen einige dieser Geräte vorgestellt und die jeweiligen Merkmale erläutert werden.

Ein bekannter Anbieter von Gaspyknometern ist die US-amerikanische Micromeritics Instruments Corporation. Die Geräte der AccuPyc Serie sind vollautomatische Gaspyknometer, welche das Volumen messen und die Reindichte von Pulvern, Feststoffen und Schlämmen berechnen können. Laut Hersteller sind die meisten Messungen in weniger als 3 Minuten abgeschlossen. Die AccuPyc-Serie ermöglicht u. a. die Vermessung von Metallpulvern, Erdproben, Pulverlack, Petrolkoks, Pharma- und Kosmetikprodukten, feuerfesten Stoffen und zelligem Kunststoff.

Für das Multivolumengaspyknometer AccuPyc II 340 (Abbildung 17.9) gibt der Hersteller eine maximale Messabweichung von 0,03 % plus 0,03 % der maximalen Probengröße an. Der Fehler der Reproduzierbarkeit liegt bei ±0,01 % der maximalen Probengröße oder besser. Das Messgerät besteht aus einer (integrierten) Steuereinheit und einem Analysemodul. Für Anwendungen mit hohem Durchsatz sind zusätzliche Analysemodule erhältlich. Es lassen sich bis zu fünf Analysemodule an eine Steuerungseinheit anschließen, wobei jedes Modul einen eigenen Gasanschluss hat. Das Gerät entfernt Wasser und flüchtige Bestandteile und verhindert durch die programmierbare, automatische Wiederholung und Datenerfassung viele, mögliche Fehler. Der Messvorgang wird solange wiederholt bis die geforderte Toleranz erreicht ist.

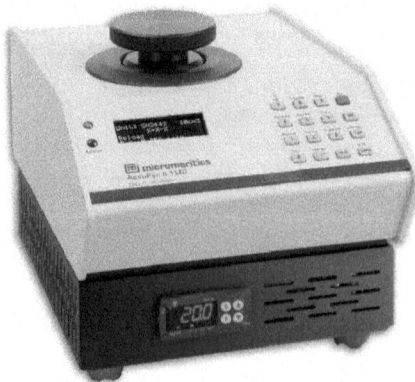

Abb. 17.9: Gaspyknometer AccuPyc II 340 (mit freundlicher Genehmigung von Micromeritics GmbH).

Standardmäßig beträgt das Messvolumen bis zu $100\,cm^3$. Mit optionalen Modulen (Probenmesszellen) kann das Messvolumen auf maximal $2.000\,cm^3$ erhöht werden. Neben einer Großvolumenvariante bietet der Hersteller spezielle Varianten für Hochdruckanwendungen (bis zu 34 bar), für offene und geschlossene Schaumstoffe sowie für die Vermessung von pharmazeutischen Produkten und halbfesten bituminösen Stoffen (Asphalt). Letztere ermöglicht mithilfe von Peltier-Elementen eine exakte thermoelektrische Temperaturreglung [303].

Ein weiterer Hersteller von Gaspyknometern ist die Quantachrome Instruments Corporation. Diese ist inzwischen eine Marke des bekannten österreichischen Instrumenteherstellers Anton Paar GmbH. Quantachrome bietet zwei Geräte mit integrierten Volumenausdehnungskammern zur Messung des wahren Volumens und der wahren Dichte an. Die Einsatzgebiete und prüfbaren Stoffe decken sich mit denen der AccuPyc-Serie von Micromeritics. Das UltraPyc 1200e (Abbildung 17.10a) und das PentaPyc 5200e (Abbildung 17.10b) messen Proben von bis zu $135\,cm^3$ mit einer Messabweichung kleiner als $\pm 0,03\,\%$ und einem Fehler der Wiederholbarkeit kleiner als $\pm 0,015\,\%$. Das kleinere Modell Micro UltraPyc 1200e bietet die gleichen Möglichkeiten für Probenvolumina zwischen 0,025 und $4,5\,cm^3$. Das ideale Expansionsvolumen wird abhängig von der Probenzellgröße von einem Mikroprozessor automatisch ausgewählt. Eine weitere Variante ist das UltraFoam 1200e, welches speziell für die Dichtebestimmung von Pulvern und Festkörpern sowie für die Charakterisierung von Schaumstoffen und die Untersuchung des Kompressionsverhaltens von Schaumstoffen konzipiert ist. Für die Messung ist jeweils hochreines Helium oder Sauerstoff erforderlich [313].

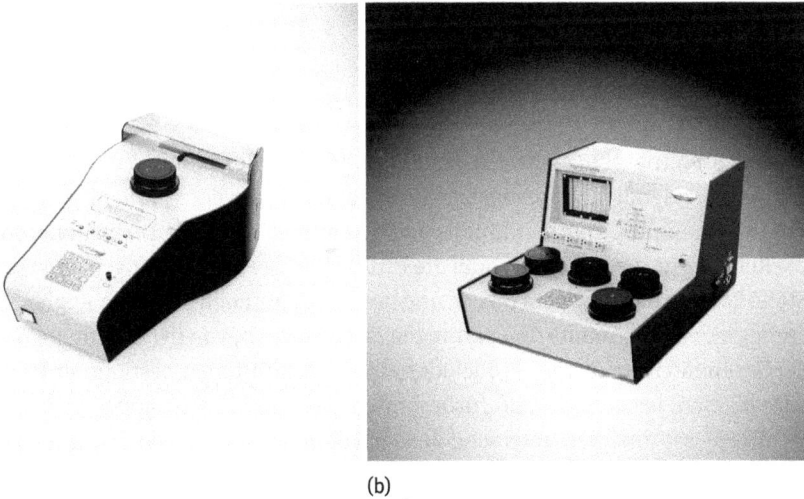

(a) (b)

Abb. 17.10: Gaspyknometer UltraPyc 1200e (a) und PentaPyc 5200e (b) des Herstellers Quantachrome Instruments Corporation (mit freundlicher Genehmigung von Anton Paar GmbH).

Feststoffpyknometer

Das Feststoffpyknometer GeoPyc 1365 der Micromeritics Instruments Corporation ist in Abbildung 17.11 dargestellt. Mit diesem lässt sich die Rohdichte bestimmen, bei deren Berechnung die inneren Poren und das Volumen zwischen den Stoffpartikeln inkludiert sind. Das Gerät basiert auf einer speziellen Verdrängungsmesstechnik, bei der ein hochfließfähiger Feststoff aus feinen, steifen Kugeln als Eintauchmedium für die Messproben dient. Es erfasst automatisch die Verdrängungsdaten, bestimmt das Volumen und die Dichte der Festkörperprobe und zeigt die Ergebnisse an. Die Messtechnik ermöglicht die Bestimmung des Hüllvolumens und der Hülldichte von zusammenhängenden (monolithischen) Proben ebenso wie die Bestimmung der Rohdichte und des Rohvolumens von festen und halbfesten, pulverförmigen Materialien. Des Weiteren verfügt das Gerät über eine TAP-Dichte-Funktion. Die TAP-Dichte entspricht der Stampfdichte, bei der der Feststoff durch definiertes Stampfen und Rütteln verdichtet wird. Mit der TAP-Dichte-Funktion kann das Gerät das Packvolumen messen und die Rohdichte von Proben in körnigen und pulverförmigen Materialien berechnen. Der maximale Fehler der Reproduzierbarkeit wird bei einem Probenvolumen von mindestens 25 % des Messkammervolumens mit ±1,1 % angegeben [301, 314].

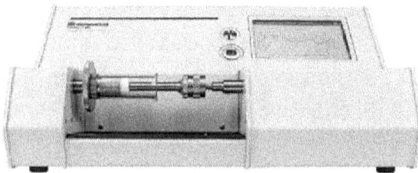

Abb. 17.11: Feststoffpyknometer GeoPyc 1365 (mit freundlicher Genehmigung der Micromeritics GmbH).

17.5 Zusammenfassung

Die Pyknometrie ist in erster Linie ein Verfahren zur Bestimmung der Dichte von Stoffen. Die Massendichte homogener Stoffe ist dabei als der Quotient von Masse und Volumen definiert. Darüber hinaus existieren noch spezielle Dichtedefinitionen wie die Reindichte, die Rohdichte oder die Hülldichte. Die pyknometrisch untersuchbaren Stoffe können dabei sowohl flüssig und gasförmig als auch im festen Aggregatzustand vorliegen. Für bestimmte Anwendungen ist es möglich, von der ermittelten Dichte auf die Zusammensetzung der Probe oder auf Konzentrationen bestimmter Bestandteile zu schließen. Letzteres betrifft insbesondere Fest- und Flüssigstoffgemische.

Die Messprinzipien unterscheiden sich dabei je nach Art des zu untersuchenden Stoffs. Für Flüssigkeiten und in einer Flüssigkeit vollständig versenkbare Feststoffe werden Glaspyknometer, z. B. nach Gay-Lussac, oder Metallpyknometer verwendet. Dabei wird die Dichte über die exakte Bestimmung des Volumens und die Wägung in verschiedenen Zuständen ermittelt (z. B. trocken und mit Flüssigkeit gefüllt bzw. mit zugegebenen Festkörpern und Flüssigkeit gefüllt). Die Ermittlung der Dichte von porösen Festkörpern geschieht üblicherweise mithilfe eines Gaspyknometers, welches die Dichte über unterschiedliche Drücke nach Verdrängung durch den Prüfkörper ermittelt. Dabei unterscheidet man Gaspyknometers für die Messung bei konstantem Volumen und solche für die Messung bei konstantem Druck. Feststoffpyknometer dienen zur Bestimmung der Dichte von Festkörpern. Ähnlich wie bei Glaspyknometern wird dabei der Prüfkörper in ein Medium eingetaucht und verdrängt dieses. Bei dem Medium handelt es sich allerdings um feines Pulver und nicht um Flüssigkeit.

Die Anwendungsgebiete der Pyknometrie sind sehr vielfältig und das Spektrum ist nahezu industrieübergreifend. Dabei ist das Verfahren in den meisten Fällen seit Jahren genormt und standardisiert. Für die Analytik und Konzentrationsbestimmung werden Pyknometer unter anderem für die folgenden Aufgaben eingesetzt:

- Bestimmung des Wassergehalts von Bodenproben
- Untersuchung von Rohöl und anderen Mineralölerzeugnissen
- Ermittlung des Extraktgehalts von Frucht- und Gemüsesäften
- Bestimmung der Trockensubstanz von Honig und Konfitüre
- Messung des Extrakt- und des Alkoholgehalts von Spirituosen und Weinen
- Ermittlung der chemischen Zusammensetzung von Schaumstoffen
- Messung des Wassergehalts von Baustoffen und Agrarprodukten

Es existiert eine Vielzahl kommerziell erhältlicher Pyknometer, wobei die verschiedenen Glas-, Metall-, Gas- und Feststoffpyknometer in der Regel in unterschiedlichen Varianten und Größen verfügbar sind. Die maximale Messabweichung für die Volumenbestimmung liegt zwischen 0,03 % und 0,2 % der maximalen Probengröße. Die Preise liegen zwischen 20 und 300 €.

Die Pyknometrie hat sowohl Vor- als auch Nachteile. Zu den Vorteilen zählt die hohe Präzision der Messung, wenn diese korrekt durchgeführt wurde. Außerdem sind die Laborgeräte relativ günstig und die Berechnung der Dichte erfolgt über einfache Gleichungen mit wenigen Variablen. Negativ zu bewerten ist jedoch die aufwendige Versuchsdurchführung, insbesondere bei Glas- und Metallpyknometern. Um eine korrekte Messung durchzuführen, muss sehr sorgfältig gearbeitet werden, um das Messergebnis nicht zu verfälschen. Dadurch lässt sich das Verfahren nur recht schwierig automatisieren. Deutlich einfacher durchführbar ist die Messung mit Gaspyknometern. Diese sind als eigenständige Messgeräte verfügbar und die Berechnung der Dichte kann, falls gewünscht, vollautomatisch erfolgen.

Teil III: Optische Spektrometrie

18 Transmissionsspektrometrie

18.1 Einleitung

Die Transmissionsspektroskopie (auch Absorptionsspektrometrie genannt) basiert auf der Wechselwirkung von elektromagnetischer Strahlung mit Materie. Abhängig vom Wellenlängenbereich der verwendeten Strahlung unterscheidet man dabei zwischen der UV-VIS-Spektroskopie (vom englischen: UV = ultraviolet und VIS = visible, also sichtbares Licht) und der Infrarotspektroskopie (IR-Spektroskopie) [315].

Die Anfänge der UV-VIS-Spektroskopie reichen zurück bis ins 17. Jahrhundert. Das damals noch Fotometrie genannte Verfahren beschäftigt sich mit der Konzentrationsbestimmung gelöster Substanzen durch Messung ihrer Lichtabsorption. Die Grundlage dafür ist, dass Farbstofflösungen nur einen Teil des Lichts transmittieren, der Rest wird absorbiert. Der französische Naturwissenschaftler Pierre Bouguer formulierte im Jahre 1729 unter Zuarbeit des schweizerisch-elsässischen Wissenschaftlers Johann Heinrich Lambert ein Gesetz, welches in seiner ursprünglichen Form die Schwächung der Strahlungsintensität mit der Weglänge beim Durchgang durch eine absorbierende Substanz beschreibt. Im Jahre 1852 erweiterte der deutsche Naturwissenschaftler August Beer das Bouguer-Lambert'sche Gesetz, indem er die Abhängigkeit der Transmission von der Konzentration der absorbierenden Substanz feststellte. Dieser Zusammenhang wird seitdem als Lambert-Beer'sches Gesetz bezeichnet und stellt die Basis aller spektroskopischen Verfahren dar.

Die Anfänge der IR-Spektroskopie liegen ungefähr im Jahr 1800. Zu dieser Zeit untersuchte der deutsch-britische Astronom Friedrich Wilhelm Herschel erstmalig die spektrale Energieverteilung des Sonnenlichts. Das Licht wurde dafür mithilfe eines Prismas in seine spektralen Anteile aufgespalten. Anschließend wurde mit mehreren Quecksilberthermometern die Temperatur der verschiedenen Anteile gemessen. Das überraschende Versuchsergebnis war, dass das Temperaturmaximum im unsichtbaren langwelligen Strahlungsbereich lag. Herschel nannte diesen Bereich jenseits des Roten „infrarot" (bis in die 1960er-Jahre auch als „ultrarot" bezeichnet).

Im Jahr 1830 wurde das Thermoelement erfunden, welches einen deutlich verbesserten Nachweis unsichtbarer IR-Strahlung ermöglichte. Die Kombination mehrerer Thermoelemente zu einer sogenannten Thermosäule erhöhte die spektrale Auflösung signifikant.

In den 1930er-Jahren gab die US-amerikanische Regierung ein Forschungsprojekt in Auftrag, dass die Bestimmung des Vitamingehalts der Nahrung von Soldaten zum Ziel hatte. Dabei wurde entdeckt, dass einige Vitamine, insbesondere Vitamin A, im UV-Bereich Strahlung absorbieren. Das erste kommerzielle UV-VIS-Spektrometer war

Unter Mitwirkung von Fidel Hincal, Phuoc Hai Nam Nguyen und Hasan-Baki Özkan

https://doi.org/10.1515/9783110702040-018

das 1941 von dem US-Amerikaner Arnold Orville Beckman entwickelte „DU Spectro-photometer".

Das erste moderne IR-Spektrometer wurde im Jahr 1937 von den deutschen BASF-Chemikern Erwin Lehrer und Karl Friedrich Luft entwickelt. Der vollautomatische „Ultra-Rot-Absorptions-Schreiber" (URAS) konnte die Konzentration von mehr als 100 Gasen schnell und zuverlässig bestimmen. Die BASF beschrieb den URAS treffend als ein „äußerst vielseitiges Gerät, um reibungslose Produktionsprozesse und erhöhte Arbeitssicherheit nicht nur in der chemischen Industrie, sondern auch in Bergbau, Straßentunneln und medizinischen Einrichtungen zu gewährleisten" [316].

Ab 1944 gab es konsequente Weiterentwicklungen der IR-Spektrometer, insbesondere in den USA. Diese setzten vornehmlich Beugungsgitter oder Prismen (Monochromatoren) ein und wurden daher dispersive Spektrometer genannt. Dabei handelte es sich in der Regel um Zweistrahlgeräte, d. h., sie hatten eine Probenkammer und eine Referenzkammer, sodass die Spektren der Probe und der Referenz gleichzeitig aufgenommen werden konnten.

Ein vorteilhaftes, alternatives Konzept stellt die Fourier-Transformations-IR-Spektrometrie (FTIR) dar. Anders als bei dispersiven Messgeräten wird bei FTIR-Spektrometern das Spektrum nicht durch schrittweise Änderung der Wellenlänge aufgenommen. Stattdessen wird es durch Fourier-Transformation eines gemessenen Interferogramms berechnet. Die FTIR-Spektrometer haben seit Ende der 1970er-Jahre zunehmend die dispersiven Geräte aus den Laboren verdrängt. Heutzutage sind sie die meistverwendeten Spektrometer im Bereich der Infrarotspektroskopie [316, 317].

Die Entwicklung des Lasers im Jahre 1960 durch den US-amerikanischen Physiker Theodore Maiman hatte für Spektrometer einen enormen Innovationssprung zur Folge. Er eröffnete ganz neue Möglichkeiten der spektroskopischen Analyse und ermöglichte eine enorme Verbesserung der Nachweisselektivität und -sensitivität [318].

Im Folgenden wird zunächst das Messprinzip der Transmissionsspektrometrie erläutert. Nach einer Erklärung der physikalischen Grundlagen werden die wichtigsten Varianten von Transmissionsspektrometern näher erläutert. Im Anschluss daran werden Anwendungen der Transmissionsspektroskopie vorgestellt. Darauf folgt eine Vorstellung von beispielhaften, kommerziellen Spektrometern. Den Abschluss bildet eine Zusammenfassung der wichtigsten Inhalte dieses Kapitels.

18.2 Messprinzip

18.2.1 Physikalische Grundlagen

Die optische Spektroskopie basiert auf der Wechselwirkung von elektromagnetischer Strahlung mit Materie. Stimmt die Energie des eingestrahlten Lichts mit der Energiedifferenz eines energetischen Übergangs des bestrahlten Stoffs überein, kann der Stoff das einfallende Photon absorbieren und so dessen Energie aufnehmen.

Die Energie E elektromagnetischer Strahlung (eines Photons) ist dabei proportional zu ihrer Frequenz f und berechnet sich mithilfe des Planck'schen Wirkungsquantums h wie folgt:

$$E = h \cdot f .$$ (18.1)

Die Wellenlänge λ der Strahlung kann als Quotient der Lichtgeschwindigkeit im Medium c und der Frequenz f ausgedrückt werden [319]:

$$\lambda = \frac{c}{f} .$$ (18.2)

Durch die Absorption des Photons kommt es zu einer Änderung des energetischen Zustands des Stoffs. Wenn dabei keine chemische Reaktion stattfindet, spricht man von einem Resonanzphänomen. Die aus der Absorption resultierende Anregung des Stoffs kann verschiedener Art sein und hängt primär vom Wellenlängenbereich der Strahlung ab. Beim Einwirken geeigneter ultravioletter oder sichtbarer Strahlung werden die Valenzelektronen des Atoms bzw. Moleküls angeregt, ihre Orbitale zu wechseln. Handelt es sich bei der Strahlung um nahes oder mittleres Infrarotlicht, können gemischte Rotations-Schwingungs-Zustände von Molekülen angeregt werden. Die Absorption von Strahlung aus dem fernen Infraroten oder Mikrowellenbereich hat molekulare Rotationen zur Folge. Die verschiedenen Wellenlängenbereiche und die entsprechenden Wechselwirkungen sind in Tabelle 18.1 zusammengestellt [315, 320].

Tab. 18.1: Wellenlängenbereiche und molekulare/atomare Wechselwirkungen [320].

Bezeichnung	Wellenlängenbereich	Wechselwirkung
Ultraviolettes Licht	100–380 nm	Atomare/molekulare elektronische Übergänge
Sichtbares Licht	380–780 nm	Atomare/molekulare elektronische Übergänge
Nahes Infrarot	0,78–3 µm	Harmonische molekulare Rotations-Schwingungs-Übergänge
Mittleres Infrarot	3–50 µm	Fundamentale molekulare Rotations-Schwingungs-Übergänge
Fernes Infrarot	50–1.000 µm	Molekulare Rotationsübergänge
Mikrowellen	1–1.000 mm	Molekulare Rotationsübergänge
Radiowellen	1–10 m	Kernspinübergänge

Ein sogenanntes Absorptionsspektrum zeigt die Absorptionsstärke des untersuchten Stoffs als Funktion der Energie, Frequenz oder Wellenlänge. Es ist absolut charakteristisch für die Materie, die von der Strahlung durchquert wird und eignet sich daher zur Analyse der Probe. Abbildung 18.1 zeigt die Absorption verschiedener Gase und Dämpfe als Funktion der Wellenlänge im Wellenlängenbereich zwischen 0,7 und 6 µm. Aufgetragen ist die relative Absorptionslinienstärke in logarithmischem Maßstab als Funktion der Wellenlänge (untere Abszisse) bzw. der Wellenzahl (obere Abszisse).

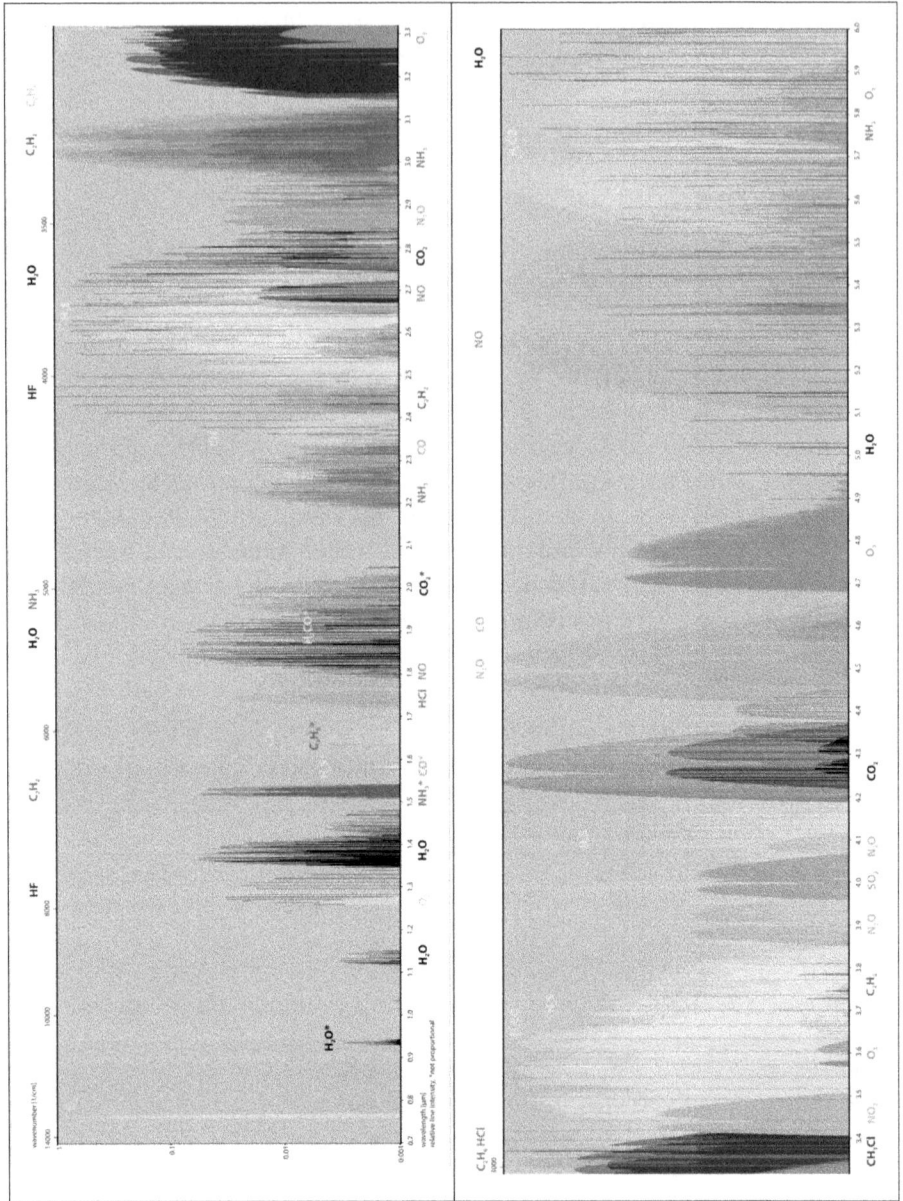

Abb. 18.1: IR-Absorptionsspektren unterschiedlicher Gase und Dämpfe
(mit freundlicher Genehmigung der nanoplus GmbH).

Die Transmission T einer Probe (auch Transmissionsgrad genannt) ist ein Maß
für deren optische Durchlässigkeit und entspricht dem Verhältnis der Intensitäten der
durchgelassenen Strahlung I_1 und der einfallenden Strahlung I_0:

$$T = \frac{I_1}{I_0} = 1 - A \,. \tag{18.3}$$

Der Anteil der Strahlungsintensität, der von der Probe absorbiert wird, heißt Absorption A (oder Absorptionsgrad). Transmission und Absorption sind einheitenlos, ihre Summe ist unter Vernachlässigung der Streuung (und verschiedener anderer Effekte) gleich eins.

Die Absorptionsstärke einer Probe kann durch ihren Absorptionskoeffizienten α (Einheit: 1/cm) ausgedrückt werden. Das Lambert-Beer'sche Gesetz beschreibt dann die Abschwächung der Intensität der Strahlung in Abhängigkeit von der Schichtdicke l der absorbierenden Substanz:

$$I_1 = I_0 \cdot \mathrm{e}^{-\alpha \cdot l} = I_0 \cdot \mathrm{e}^{-\sigma \cdot N \cdot l} \,. \tag{18.4}$$

Dabei ist σ der (effektive) Absorptionswirkungsquerschnitt der absorbierenden Teilchen in der Probe (Einheit: cm^2/Molekül) und N deren Teilchendichte. Diese gibt die Anzahl der absorbierenden Teilchen geteilt durch das Gesamtvolumen an und ist somit eine Konzentrationsangabe.

Eine andere Formulierung des Lambert-Beer'schen Gesetzes basiert auf der sogenannten Extinktion E. Diese entspricht dem negativen, dekadischen Logarithmus des Kehrwerts der Transmission:

$$E = -\lg\left(\frac{I_1}{I_0}\right) = \varepsilon \cdot c \cdot l \,. \tag{18.5}$$

Der molare, dekadische Extinktionskoeffizient ε gibt dabei an, wie viel Strahlung eine Substanz in molarer Konzentration von 1 mol/L über eine Strecke von 1 cm bei einer bestimmten Wellenlänge absorbiert (Einheit: L/(mol $\cdot$ cm)). Diese Notation des Lambert-Beer'schen Gesetzes erlaubt eine direkte Bestimmung der Stoffmengenkonzentration c (Einheit: mol/m^3).

Die Abbildung 18.2 verdeutlicht die Transmission durch eine partiell transparente Probe und das Lambert-Beer'sche Gesetz.

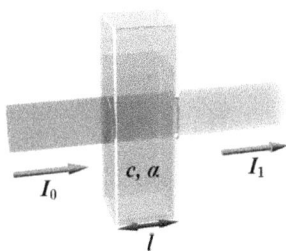

Abb. 18.2: Transmission durch eine partiell transparente Probe und Lambert-Beer'sches Gesetz.

Zusammenfassend ist also festzustellen, dass durch die Untersuchung der Wechselwirkung zwischen Materie und elektromagnetischer Strahlung auf die Konzentration bestimmter Anteil einer Probe geschlossen werden kann. Die entsprechenden Geräte werden als optische Spektrometer bezeichnet.

Allen Transmissionsspektrometern (auch Absorptionsspektrometer) ist gemein, dass sie dafür die Strahlungsintensitäten vor und hinter einer Probe messen und die Konzentration der absorbierenden Komponente unter Verwendung des Lambert-Beer'schen Gesetzes bestimmen. Dafür gibt es eine Vielzahl experimenteller Ansätze, wobei man grundsätzlich zwischen dispersiven, nicht dispersiven und interferometrischen Varianten (z. B. Fourier-Transformations-Infrarotspektrometer) unterscheidet.

18.2.2 Dispersive Spektrometer

Kennzeichnend für ein dispersives Spektrometer ist, dass dessen Aufbau ein dispersives Element enthält, das dazu dient, die Strahlung der gewünschten Wellenlänge zu selektieren. Dabei kann es sich um ein Prisma, ein Beugungsgitter oder etwas Ähnliches handeln.

Bei den apparativ einfachsten, dispersiven Spektrometern wird Strahlung der selektierten Wellenlänge auf eine Probe gerichtet und die Intensität der transmittierten Strahlung hinter der Probe erfasst. Diese experimentelle Anordnung wird als Einstrahlspektrometer bezeichnet. Wenn das dispersive Element eine spektrale Durchstimmung der Strahlungsquelle erlaubt, kann damit ein Transmissionsspektrum aufgezeichnet werden, das zur Ermittlung der Zusammensetzung einer Probe und zur Berechnung der Konzentrationen der einzelnen Komponenten verwendet werden kann.

Eine Weiterentwicklung des Einstrahlspektrometers stellt das in Abbildung 18.3 schematisch dargestellte Zweistrahlspektrometer dar. Die nachfolgende Beschreibung gilt sowohl für die UV-VIS-Spektroskopie als auch für die IR-Spektroskopie.

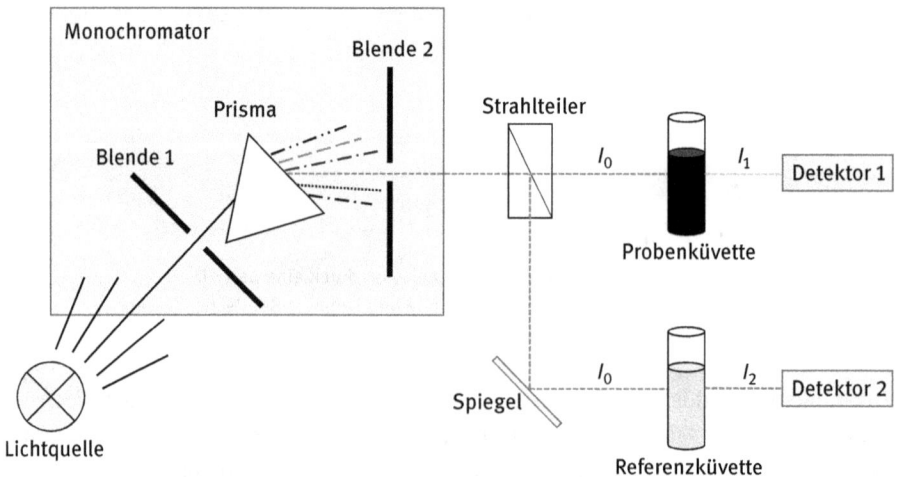

Abb. 18.3: Schematischer Aufbau eines dispersiven Zweistrahlspektrometers.

Je nachdem in welchem Spektralbereich gemessen wird, muss eine passende Lichtquelle ausgewählt werden. Die UV-VIS-Spektroskopie arbeitet üblicherweise im Wellenlängenbereich zwischen 100 und 780 nm. Als Strahlungsquelle für sichtbares Licht kann eine gewöhnliche Halogenlampe verwendet werden. Strahlung im UV-Bereich wird hingegen meist mit einer Gasentladungslampe erzeugt. Die IR-Spektroskopie nutzt in der Regel den Bereich von 0,7 bis 50 µm. Als Strahlungsquelle werden oftmals Wärmestrahler eingesetzt. Sowohl im UV-VIS- als auch im IR-Spektralbereich gibt es außerdem eine große Auswahl an Lasern und LEDs [319, 320].

Das Prisma in Abbildung 18.3 dient dazu, in Kombination mit den beiden Blenden den gewünschten Wellenlängenbereich aus dem polychromen Emissionsspektrum des Strahlers zu selektieren und so monochromes Licht zu generieren. Alternativ zum Prisma kann ein solcher Monochromator auch andere dispersive Elemente, wie z. B. ein Beugungsgitter, einsetzen. Durch Verkippung des Prismas bzw. des Beugungsgitters ermöglicht der Monochromator die Messung an verschiedenen Wellenlängen nacheinander [321, 322].

Mithilfe eines Strahlteilers werden dann zwei Strahlen erzeugt, die idealerweise annähernd gleiche Intensitäten aufweisen. Bei dem Strahlteiler kann es sich um eine einfache Glasplatte, einen halbdurchlässigen Spiegel oder eine Kombination aus zwei Prismen handeln. Die beiden Strahlen durchlaufen dann die Küvette mit der Probe bzw. die Referenzküvette. Feste Proben werden zur Untersuchung in einem Lösungsmittel gelöst. In der Referenzküvette befindet sich dann ausschließlich das Lösungsmittel.

Die Detektoren 1 und 2 erfassen dann die transmittierten Intensitäten I_1 hinter der Probenküvette bzw. I_2 hinter der Referenz. Wenn der molare, dekadische Extinktionskoeffizient ε und die Dicke der Küvetten l bekannt sind, kann mit dem Lambert-Beer'schen Gesetz (Gleichung 18.5) die Konzentration der absorbierenden Substanz berechnet werden. Um Intensitätsverluste, die nicht durch die Probe, sondern durch die Küvette, das Lösungsmittel oder die Luft hervorgerufen werden, zu erfassen und zu kompensieren, wird I_2 als Bezugsintensität herangezogen und nicht I_0. Damit ergibt sich für die „effektive" Transmission:

$$T = \frac{I_1}{I_2} \, . \tag{18.6}$$

Im Fall eines Einstrahlspektrometers werden die Messungen an der Probenküvette und der Referenzküvette üblicherweise nacheinander durchgeführt. Kommen anstatt der beiden einzelnen Detektoren jeweils Arrays zum Einsatz, muss der Monochromator nicht mehr spektral durchgestimmt werden. Das gesamte Spektrum kann dann instantan erfasst werden.

In allen Spektrometervarianten sollten die Materialien, die von Strahlung passiert werden, also Strahlteiler, Küvetten etc., eine gute Transmission im gewählten Spektralbereich aufweisen. Für sichtbares Licht und UV-Strahlung wird oftmals Quarzglas verwendet. Für die IR-Spektroskopie sind beispielsweise Calciumfluorid und Lithiumfluorid geeignet. Um Absorptionen durch Luft zu vermeiden, lassen sich einige Spektrometer evakuieren oder mit Stickstoff spülen [315, 321].

18.2.3 Nicht dispersive Spektrometer

Im Gegensatz zu den dispersiven Spektrometern enthalten nicht dispersive Analysatoren kein dispersives Element (Prisma, Beugungsgitter o. Ä.). Der schematische Aufbau eines nicht dispersiven IR-Spektrometers (NDIR-Spektrometer) ist in Abbildung 18.4 dargestellt [321, 323, 324].

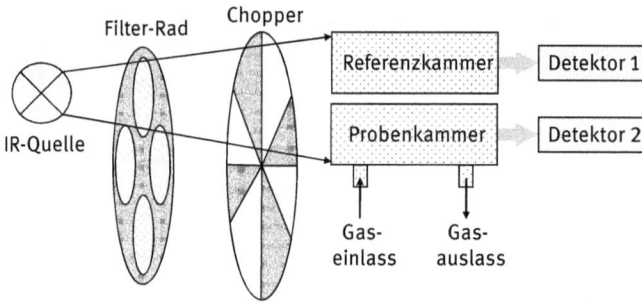

Abb. 18.4: Schematischer Aufbau eines nicht dispersiven IR-Spektrometers.

Die Hauptkomponenten des NDIR-Sensors sind eine Infrarotquelle, eine Probenkammer (auch Messzelle oder Lichtröhre genannt), ein optischer Filter und ein Infrarotdetektor.

Die Transmission des Filters (oftmals ein Interferenzfilter) ist so gewählt, dass aus der spektral breitbandigen Emission der Strahlungsquelle ein Wellenlängenbereich selektiert wird, in dem das zu detektierende Gas eine starke Absorption aufweist. Da Gase keinen absolut eindeutigen Absorptionsbereich haben (siehe Abbildung 18.1), müssen die Filterspezifikationen unter Berücksichtigung der Absorptionen der anderen Komponenten ausgewählt werden. Im Idealfall absorbieren andere Gase kein Licht im Transmissionsbereich des Filters. In der Praxis ist eine gewisse Querempfindlichkeit allerdings unvermeidlich. Manchmal wird deshalb alternativ oder zusätzlich eine Gaszelle als spektraler Filter eingesetzt. Diese ist mit einem bestimmten Gas oder einem Gasgemisch gefüllt und dient dazu, bestimmte Wellenlängen durch Absorption aus dem Spektrum zu eliminieren. Sie kann vor oder hinter den Messkammern platziert werden [325].

Das Gas in der Probenkammer absorbiert im selektierten Wellenlängenbereich dann gemäß dem Lambert-Beer'schen Gesetz. Der Detektor erfasst die gedämpfte Intensität, aus welcher unter Verwendung von Gleichung 18.5 die Gaskonzentration bestimmt werden kann.

Die IR-Strahlung wird manchmal moduliert, damit thermische Hintergrundsignale identifiziert und vom Nutzsignal abgezogen werden können. Dafür wird beispielsweise ein mechanischer Zerhacker (englisch: Chopper) eingesetzt.

Es gibt auch NDIR-Konfigurationen, die mehrere optische Filter einsetzen. Diese sind oftmals auf ein drehbares Rad montiert und ermöglichen die Messung in verschiedenen Wellenlängenbereichen. Auf diese Art und Weise können Querempfindlichkeiten gezielt eliminiert werden oder es kann ein Multigasdetektor realisiert werden. [326].

Analog zum dispersiven Zweistrahlspektrometer gibt es auch bei den nicht dispersiven Spektrometern eine Variante mit Referenzkammer (siehe Abbildung 18.4). Diese wird parallel zur Probenkammer durchstrahlt und ist oftmals mit Stickstoff gefüllt, da N_2 keine signifikante Absorption im Infraroten aufweist. Das Transmissionssignal durch die Referenzkammer dient dann als Bezugsintensität zur Ermittlung der Konzentration [327].

18.2.4 Fourier-Transformations-Infrarotspektrometer

Die Fourier-Transformations-Infrarotspektrometer (FTIR-Spektrometer) zählen im weiteren Sinne ebenfalls zu den Transmissionsspektrometern. Da das Spektrum nicht durch kontinuierliche Verstimmung der Wellenlänge gemessen wird, sondern alle Wellenlängen gleichzeitig erfasst werden (quasi als Momentaufnahme über den gesamten Spektralbereich), werden die entsprechenden Geräte manchmal auch, wie in der Nachrichtentechnik, Multiplex-(also Mehrkanal-)Instrumente genannt.

In seiner gebräuchlichsten Variante besteht ein FTIR-Spektrometer aus einer polychromatischen Strahlungsquelle, einem Michelson-Interferometer und einem Strahlungsdetektor. Oftmals wird noch ein Helium-Neon-Laser als spektrale Referenz integriert. Der Strahlteiler des Interferometers erzeugt dann aus der spektral breitbandigen Emission der Lichtquelle zwei Strahlen, die idealerweise gleiche Intensitäten aufweisen. Diese werden einmal von einem festen und im anderen Strahl von einem beweglichen Spiegel reflektiert und interferieren nach Transmission des Strahlteilers bzw. nach Reflexion an diesem am Ort des Detektors. Der bewegliche Spiegel wird dabei üblicherweise mithilfe eines motorisierten Antriebs periodisch zwischen zwei Positionen hin und her bewegt. Dadurch ändert sich die Länge eines der Interferometerarme periodisch. Daraus resultiert eine sich periodisch ändernde Phasenverschiebung zwischen den beiden Teilstrahlen. Infolgedessen wird jede Wellenlänge des Lichts aufgrund von abwechselnder konstruktiver und destruktiver Interferenz periodisch ausgelöscht und verstärkt. Die spektrale Zusammensetzung der aus dem Interferometer austretenden Strahlung ist daher eine Funktion der Position des beweglichen Spiegels. Ein Detektor misst die Strahlungsintensität der Summe der spektralen Anteile [320, 321, 325].

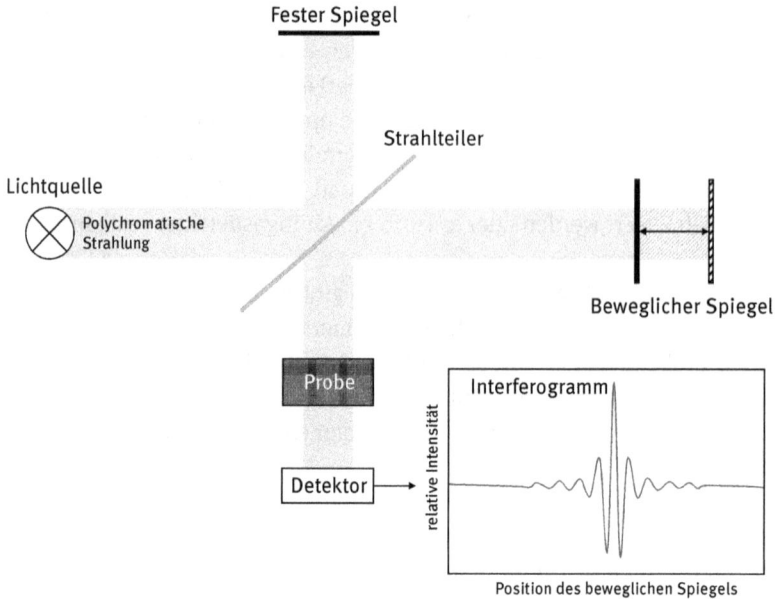

Abb. 18.5: Schematischer Aufbau eines Fourier-Transformations-Infrarotspektrometers.

Die Strahlungsintensität als Funktion der Position des Spiegels (in cm) wird als „Interferogramm" bezeichnet. Die aus der Mathematik bekannte Fourier-Transformation wandelt diese Rohdaten dann in ihre inverse Domäne um. Das Ergebnis ist die Strahlungsintensität als Funktion der Wellenzahl (in cm^{-1}). Die Wellenzahl entspricht dabei gerade dem Kehrwert der Wellenlänge. Die Aufnahme eines Referenzspektrums ohne Probe ermöglicht dann die Bestimmung der Transmission für jede Wellenlänge durch einfache Normierung gemäß Gleichung 18.3. Der schematische Aufbau eines FTIR-Spektrometers ist in Abbildung 18.5 dargestellt [319, 321, 328].

18.3 Anwendungen

Alle drei vorgestellten transmissionsspektroskopischen Konzepte (dispersive und nicht dispersive Spektrometer sowie FTIR-Spektrometer) ermöglichen grundsätzlich eine quantitative und qualitative Analyse und haben somit das Potenzial, Komponenten eines Gemisches zu identifizieren und deren Konzentrationen zu bestimmen. Für eine optimale Nachweisempfindlichkeit und -selektivität müssen allerdings bei einigen Spektrometern bestimmte Randbedingungen eingehalten werden. Diese können die Art und Anzahl der Komponenten betreffen oder den vorliegenden Konzentrationsbereich. Viele einfache und kostengünstige Spektrometer sind in der Regel auf die Detektion eines Stoffs oder einer Stoffgruppe beschränkt und können auch nur sehr eingeschränkt Querempfindlichkeiten kompensieren [316, 318, 329].

18.3.1 UV/VIS-Spektrometer

Die UV-VIS-spektrometrische Analyse wird üblicherweise an Lösungen durchgeführt. Es können jedoch auch Feststoffe und Gase untersucht werden.

Sofern das zu detektierende Molekül keine chromophore Gruppe (Farbträger) aufweist, muss die Substanz durch chemische Reaktion in eine gefärbte Verbindung überführt werden. Dann lassen sich sowohl qualitative als auch quantitative Analysen durchführen. Typische qualitative Analyseaufgaben sind unter anderem die folgenden:

- Vorhandensein bestimmter Substanzen (z. B. Schwermetalldetektion in Gewässern für die Umweltanalytik)
- Detektion von Substanzen nach Auftrennung durch Chromatografie (siehe Kapitel 5)
- Reinheitsprüfung (zum Beispiel von Proteinen oder DNA/RNA)
- Schmelzpunktkurven von Proteinen und Nukleinsäuren
- Unterscheidung von gesättigten und ungesättigten Verbindungen (z. B. Fettsäuren)
- Unterscheidung der Keto- und der Enolform von Substanzen
- Identifizierung von Carbonylbanden
- Aufklärung von Bindungsverhältnissen und Substituenteneinflüssen
- Detektion von Enzymaktivitäten

Die UV-VIS-Spektroskopie stellt aber auch eine Standardmessmethode für quantitative Untersuchungen dar. Dabei werden besonders häufig Übergangsmetallionen, organische Verbindungen oder biologische Makromoleküle detektiert.

In der Lebensmittelanalytik werden UV-VIS-Spektrometer beispielsweise zur quantitativen Bestimmung von Riboflavin (Vitamin B2) in Multivitamingetränken oder von Benzoesäure (Konservierungsstoff E 210) in Fischsalat eingesetzt. Darüber hinaus können durch die Analyse enzymatischer Reaktionen auch die Konzentrationen der in Tabelle 18.2 genannten Stoffe gemessen werden.

UV-VIS-Spektrometer werden auch standardmäßig in der Arzneistoff- und Pharmaanalytik eingesetzt, u. a. für die Ermittlung der UVA-Schutzwirkung von Sonnencreme. Hier muss nachgewiesen werden, dass die Transmission der UVA-Strahlung im Bereich von 320 bis 360 nm mindestens um 90 % durch die Creme reduziert wird [330].

Tab. 18.2: UV-VIS-spektrometrisch erfassbare Analyten der Lebensmittelindustrie.

Acetat	Cholesterin	Glucose	Hydroxybuttersäure	Oxalsäure
Alkohol	Citrat	Glutamin	Isocitronensäure	Saccharose
Ameisensäure	Formaldehyd	Glycerin	Lactat	Sorbit
Ascorbinsäure	Fructose	Harnstoff	Lactose	Stärke
Bernsteinsäure	Galactose	Hydrazin	Maltose	Xylit

18.3.2 IR-Spektrometer

Die Infrarotspektroskopie ist als analytisches Werkzeug sowohl in der organischen als auch in der anorganischen Chemie weitverbreitet. Viele Instrumente identifizieren die zu messende Substanz dabei automatisch anhand einer Datenbank von Tausenden von Referenzspektren (siehe Abbildung 18.1). Typische Anwendungen sind beispielsweise die Qualitätskontrolle von industriellen Produktionsprozessen oder die langfristige, unbeaufsichtigte Messung von Kohlendioxidkonzentrationen in Gewächshäusern und Wachstumskammern.

Die IR-Spektroskopie wird auch regelmäßig in der forensischen Analytik verwendet. Sie kann Farbpigmente von Gemälden und anderen Kunstgegenständen analysieren, um Fälschungen zu identifizieren. Weiterhin wird sie zur Bestimmung des Blutalkoholgehalts eines mutmaßlich betrunkenen Fahrers eingesetzt.

Infrarotspektroskopie ist auch für die Messung des Polymerisationsgrades bei der Kunststoffherstellung nützlich. Änderungen des Polymercharakters werden dabei durch Messen über die Zeit bewertet. Dies ermöglicht eine genaue Kontrolle chemischer Reaktionen und Prozesse.

Weitere wichtige Anwendungen finden sich in der Lebensmittelanalytik, bei der Herstellung von Halbleitermikroelektronik oder in der Gaslecksuche. Die Geräte für die letztgenannte Anwendung erkennen Kohlenwasserstoffe, die aus Erdgas- oder Rohölleitungen austreten. FTIR-Spektrometer werden zudem als Detektoren für die Chromatografie und die Thermogravimetrie eingesetzt.

Mit ausgefeilter Computertechnologie können inzwischen auch Proben in wässriger Lösung analysiert werden. Das stellte bisher eine große Herausforderung dar, da Wasser starke Absorptionen im gesamten infraroten Spektralbereich aufweist und so die Spektren der zu detektierenden Stoffe überlagert.

Zu den neuesten Entwicklungen gehört ein Miniatur-IR-Spektrometer, das mit einer cloudbasierten Datenbank verbunden ist. Damit ließen sich NIR-spektroskopische Chips realisieren, die in Smartphones und andere Geräte eingebettet werden können [331].

18.4 Kommerzielle Produkte

Im Folgenden sollen zwei beispielhafte kommerzielle Transmissionsspektrometer näher beschrieben werden. Die Gascard der britischen Firma Edinburgh Sensors Ltd. (eine Division von Edinburgh Instruments) ist ein NDIR-Sensor für CO_2 und andere Gase. Das MIR8025 von Newport ist ein FTIR-Spektrometer.

18.4.1 Gascard von Edinburgh Sensors Ltd.

Die Gascard von Edinburgh Sensors Ltd., bestehend aus dem Sensorkopf, dem Gasflusssystem und der Elektronik, ist komplett auf einer Eurocard-Platine montiert. Der Sensorkopf besteht aus der infraroten Strahlungsquelle, der Messzelle, zwei Infrarotfiltern und dem Doppelelementdetektor. Die heiße Wendel einer Wolframlampe emittiert spektral breitbandige, infrarote Strahlung, die durch das Gas in der Messzelle geleitet wird. Die Strahlung passiert dann die beiden übereinander angeordneten IR-Filter und trifft auf die Detektoren, die die Intensität messen.

Die beiden Filter wurden so konfiguriert, dass das zu messende Gas im Transmissionsbereich eines der Filter starke Absorption zeigt und im Bereich des anderen nicht. In Abwesenheit des zu detektierenden Gases (d. h. CO_2, CO oder CH_4) ist die Intensität, die die beiden Detektoren erreicht, annähernd gleich und maximal. Wenn das Messgas in der Probe vorhanden ist, unterscheiden sich die Signale der beiden Detektoren abhängig von dessen Konzentration. Der integrierte Mikroprozessor berechnet dann aus den beiden Detektorsignalen die Konzentration des zu detektierenden Gases und kompensiert dabei automatisch Schwankungen der Strahlungsintensität und spektrale Verschiebungen der IR-Quelle sowie Verunreinigungen der optischen Elemente. Zusätzliche Druck- und Temperatursensoren dienen dazu, die Einflüsse des Luftdrucks und der Umgebungstemperatur zu berücksichtigen.

Der Messbereich für CO_2 reicht von 0,0001 % bis 0,2 % (1–2.000 ppm). Die Messgenauigkeit wird mit ±2 % beziffert. Standardmäßig beträgt die Reaktionszeit (T90) 10 Sekunden [332].

Die Abbildung 18.6 zeigt die Gascard II von Edinburgh Sensors Ltd. in der Variante zur Detektion von CO_2. Sie kostet in der OEM-Version ca. 2.200 €.

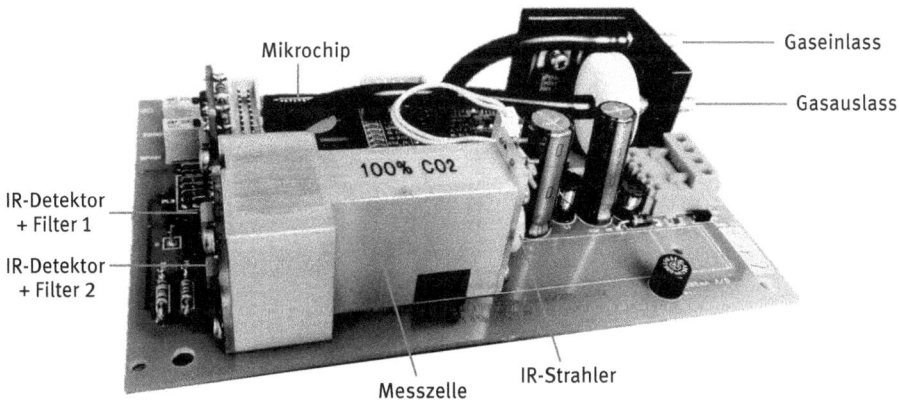

Abb. 18.6: Gascard II zur Detektion von CO_2 von Edinburgh Sensors Ltd.

18.4.2 FTIR Spektrometer MIR8025 der Newport Corporation

Das FTIR-Spektrometer MIR8025 von Newport ist mit einem Strahlteiler aus Kaliumbromid (KBr) und KBr-Eingangs- und Ausgangsfenstern ausgestattet. Die Spiegel- und Strahlteileranordnung des Spektrometers besteht aus Eckwürfelspiegeln und Retroreflektoren.

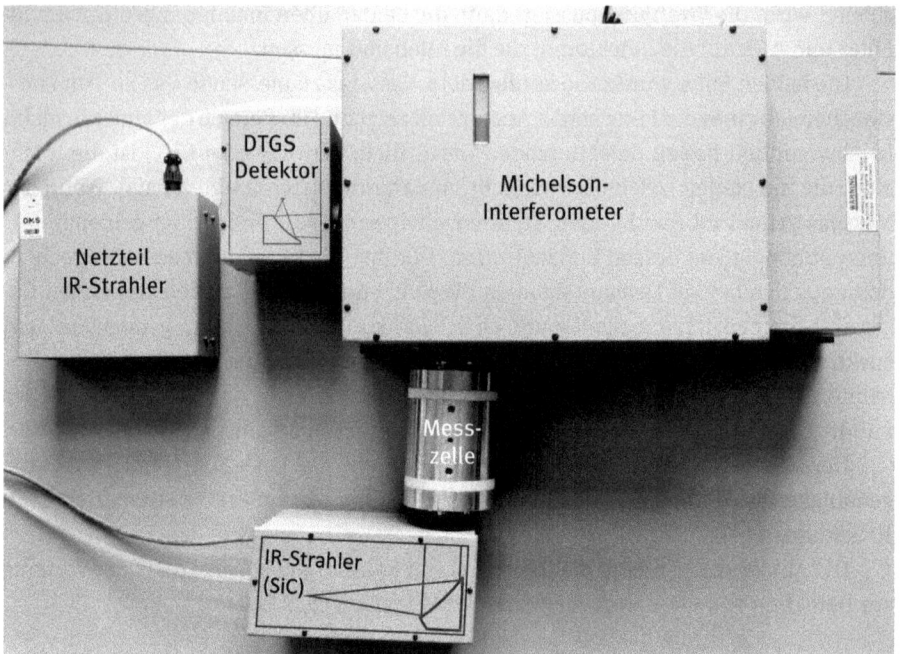

Abb. 18.7: FTIR-Spektrometer MIR8025 der Newport Corporation.

In Kombination mit einer Siliziumkarbid-(SiC-)IR-Lichtquelle (Modell 80007, Newport) und einem Detektor auf Basis von deuteriertem Triglycinsulfat (DTGS – Modell 80008, Newport) deckt das Spektrometer den Spektralbereich von $700\,\mathrm{cm}^{-1}$ bis $6.000\,\mathrm{cm}^{-1}$ ab ($1,7\,\mu m$ bis $14\,\mu m$) mit einer höchstmöglichen Auflösung von $0,5\,\mathrm{cm}^{-1}$ (entspricht $0,6\,nm$ bei einer Wellenlänge von $3.333\,nm$).

Die Steuerung und Datenerfassung des Instruments erfolgen mit der matlabbasierten Software des Herstellers (MIRMat, Newport) auf einem Personal Computer, der über USB mit dem FTIR-Spektrometer verbunden ist. Das Spektrometer und die SiC-Lichtquelle können mit N_2 gespült werden, um die unerwünschte Absorption von Wasserdampf (H_2O) und CO_2 zu reduzieren [333].

Die Abbildung 18.7 zeigt das FTIR-Spektrometer MIR8025 der Newport Corporation mit Aluminiummesszelle zwischen der Strahlungsquelle und dem Monochromator. Es kostet inklusive SiC-IR-Strahler und DTGS-Detektor ca. 30.000 €.

18.5 Zusammenfassung

Die Transmissionsspektrometrie (auch Absorptionsspektrometrie genannt) basiert auf der Absorption elektromagnetischer Strahlung durch eine Substanz und der Detektion der Strahlungsintensitäten vor und hinter der absorbierenden Probe. Die Konzentration des zu detektierenden Stoffs wird dann mithilfe des Lambert-Beer'schen Gesetzes aus dem Transmissionsgrad (Intensität hinter der Probe geteilt durch Intensität vor der Probe) berechnet.

Die entsprechenden Geräte werden Transmissionsspektrometer genannt und nach dem verwendeten Wellenlängenbereich oder ihrem konzeptionellen Aufbau unterschieden.

Die UV-VIS-Spektroskopie nutzt ultraviolettes Licht (Wellenlängenbereich: 100–380 nm) oder sichtbares Licht (380–780 nm). Infrarotspektrometer verwenden Strahlung im nahen Infraroten (0,78–3 µm), im mittleren Infraroten (3–50 µm) oder im fernen Infraroten (50–1.000 µm).

Konzeptionell unterscheidet man zwischen dispersiven, nicht dispersiven und interferometrischen Varianten. Dispersive Spektrometer sind dadurch gekennzeichnet, dass ihr Aufbau ein dispersives Element wie ein Prisma oder ein Beugungsgitter enthält, das dazu dient, durch schrittweises Verstimmen der Wellenlänge ein Spektrum aufzunehmen. Nicht dispersive Analysatoren enthalten kein dispersives Element. In der Regel beinhaltet ihr Aufbau allerdings einen optischen Filter, dessen spektrale Transmission so gewählt ist, dass das zu detektierende Gas stark absorbiert. Bei beiden Varianten unterscheidet man zwischen Einstrahl- und Zweistrahlspektrometern. Bei Ersteren werden die Messungen an Probe und Referenz nacheinander durchgeführt, bei Letzteren parallel.

Fourier-Transformations-Infrarotspektrometer (FTIR-Spektrometer) bestehen aus einer polychromatischen Strahlungsquelle, einem Michelson-Interferometer und einem Strahlungsdetektor. Die Überlagerung der Reflexionen an dem festen und dem beweglichen Spiegel entspricht der Summe der spektralen Strahlungsanteile als Funktion der Position des beweglichen Spiegels. Durch Fourier-Transformation wird dieses Interferogramm dann in eine Funktion der Wellenzahl (Kehrwert der Wellenlänge) umgewandelt.

UV-VIS-Spektrometer finden ihre Anwendungen unter anderem in der Umweltanalytik zur Detektion von Schwermetallen in Gewässern, in der Biotechnologie zur Reinheitsprüfung von Proteinen oder DNA/RNA, zur Unterscheidung von gesättigten und ungesättigten Fettsäuren und als Detektoren für die Chromatografie. Darüber hinaus werden sie sehr häufig in der Lebensmittelanalytik eingesetzt, z. B. zur quantitativen Bestimmung von Vitamin B2 in Multivitamingetränken oder von Konservierungsstoff E 210 in Fischsalat.

Infrarotspektrometer kommen beispielsweise zur Qualitätskontrolle von industriellen Produktionsprozessen, als Detektoren für die Chromatografie und die Thermogravimetrie oder in der forensischen Analytik zum Einsatz. Weitere Anwendungen sind die Bestimmung des Blutalkoholgehalts, die Messung des Polymerisationsgrades bei der Kunststoffherstellung oder die Lecksuche in der Erdgas- oder Rohölindustrie.

Es gibt eine große Auswahl kommerzieller Transmissionsspektrometer. Günstige NDIR-Spektrometer sind sehr kompakt (komplett auf einer Eurocard-Platine), allerdings üblicherweise auf den Nachweis eines oder weniger Gase spezialisiert. Die Nachweisgrenze liegt im Parts-per-Million-Bereich und die Preise starten bei ca. Tausend €.

Typische FTIR-Spektrometer erlauben die Untersuchung des Spektralbereiches von 1,7 bis 14 µm mit einer höchstmöglichen Auflösung von 0,5 cm^{-1} (entspricht 0,6 nm bei einer Wellenlänge von 3.333 nm). Sie kosten inklusive einer spektral breitbandigen Siliziumkarbid-IR-Lichtquelle und eines hochempfindlichen Detektors auf Basis von deuteriertem Triglycinsulfat ca. 30.000 €.

19 Photoakustische Spektrometrie

19.1 Einleitung

Photoakustische Spektrometer (auch Spektrophone genannt) basieren auf dem photoakustischen (optoakustischen) Effekt. Dieser nutzt die Absorption elektromagnetischer Strahlung und die Umwandlung der absorbierten Energie in eine Schallwelle. Der photoakustische Effekt wurde im Jahr 1880 von dem schottischen (später US-amerikanischen) Erfinder und Unternehmer A. G. Bell entdeckt. Nur ein Jahr später veröffentlichte der deutsche Wissenschaftler W. C. Röntgen einen Artikel über die Photoakustik an Gasen [334].

Im Jahre 1968 verwendeten die US-amerikanischen Wissenschaftler E. L. Kerr und J. G. Atwood erstmals Laser für die photoakustische Spektroskopie [335]. Mithilfe eines CO_2-Gaslasers untersuchten sie ein Gemisch aus CO_2 und N_2 und realisierten so das erste photoakustische Laserspektrometer. Mitte der 1990er-Jahre entwickelte das dänische Unternehmen Brüel & Kjær Sound & Vibration Measurement A/S den ersten Gasanalysator auf Basis der photoakustischen Spektrometrie. Die Unternehmenssparte hat mehrfach den Eigentümer gewechselt, diese sogenannten „Gasmonitore" sind in modernisierter Form aber noch immer kommerziell erhältlich [325].

Aktuell wird das Verfahren hauptsächlich zur Analyse von Gasgemischen und zur Detektion kleinster Konzentrationen angewendet. Mit modernen photoakustischen Spektrometern lässt sich ein Teilchen in 10^9 Fremdteilchen nachweisen. Dies entspricht einer Konzentration von 1 ppb (Parts per Billion) [334].

In den nachfolgenden Abschnitten wird zunächst das Messprinzip photoakustischer Spektrometer erklärt. Dabei wird auch der typische experimentelle Aufbau dargestellt und die Funktion der einzelnen Komponenten beschrieben. Im Anschluss daran werden Anwendungsbereiche des Verfahrens vorgestellt. Daran schließt sich ein Abschnitt an, der sich mit kommerziellen, photoakustischen Spektrometern beschäftigt. Dabei werden ihre Funktionsweisen und die wichtigsten Komponenten vorgestellt und die Spezifikationen der Analysatoren verglichen. Abschließend erfolgt eine Zusammenfassung des Kapitels.

19.2 Messprinzip

Das Messprinzip von Spektrometern auf Basis der photoakustischen (auch optoakustischen) Spektroskopie (PAS/OAS) beruht auf dem photoakustischen (PA-)Effekt. Der Signalentstehungsprozess ist in der Abbildung 19.1 schematisch dargestellt.

Unter Mitwirkung von Hülya Sahbudak, Mohammad Shtiwi und Till Vieth

https://doi.org/10.1515/9783110702040-019

Strahlungs-Absorption

↓

Stoß-Relaxation

↓

Temperaturerhöhung

↓

Ausdehnung

↓

Druckerhöhung

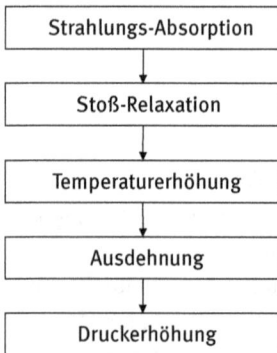

Abb. 19.1: Schematische Darstellung des photoakustischen Effekts.

Der PA-Effekt basiert auf der Absorption elektromagnetischer Strahlung. Der absorbierende Stoff kann dabei in gasförmiger, flüssiger oder fester Form vorliegen. Durch die Absorption erhöht sich die innere Energie des entsprechenden Moleküls. Stößt das angeregte Probenteilchen dann gegen ein anderes, findet eine nicht strahlende Relaxation zurück in den Grund- oder Gleichgewichtszustand statt. Dabei wird die absorbierte Energie in kinetische Energie der Stoßpartner umgewandelt. Dies entspricht einer Temperaturerhöhung im betroffenen Volumen. Die sich anschließende lokale Ausdehnung hat dann eine Druckerhöhung zur Folge. Wenn die Einstrahlung moduliert erfolgt, kommt es zu einer Druckmodulation, also einer Schallwelle [334].

Im Folgenden wird zunächst der photoakustische Effekt detailliert erläutert. Anschließend wird auf den typischen Aufbau eines PA-Spektrometers eingegangen. Dabei werden der verschiedenen Komponenten des Sensors diskutiert und konstruktive Alternativen vorgestellt.

19.2.1 Photoakustischer Effekt

Näherungsweise setzt sich die Gesamtenergie E_{ges} eines Moleküls im thermischen Gleichgewicht aus seiner Rotationsenergie E_{rot}, seiner Vibrationsenergie E_{vib}, seiner elektronischen Energie E_{el} und seiner kinetischen Energie E_{kin} zusammen:

$$E_{ges} = E_{rot} + E_{vib} + E_{el} + E_{kin} , \tag{19.1}$$

wobei die Summe der ersten drei im Allgemeinen als innere Energie des Moleküls bezeichnet wird [335].

Wird eine Probe mit elektromagnetischer Strahlung der passenden Frequenz v bestrahlt, können die Moleküle die Photonen absorbieren und so aus dem energetischen Grundzustand E_1 in einen angeregten Zustand E_2 angeregt werden. Dafür muss gelten:

$$h \cdot v = E_2 - E_1 . \tag{19.2}$$

Hierbei ist h das Planck'sche Wirkungsquantum. Für die PAS bedient man sich oft der Vibrations- oder Rotationsübergänge der Probenmoleküle. Abbildung 19.2 zeigt das Termschema einer einzelnen, absorbierenden Gaskomponente, die energetisch ein einfaches Zweiniveausystem darstellt.

Die in der Probe absorbierte Intensität I_{abs} ergibt sich (unter Vernachlässigung der Streuung und anderer Phänomene) aus dem Lambert-Beer'schen Gesetz zu

$$I_{abs} = I_0 \cdot (1 - e^{-\alpha \cdot L}) \,, \tag{19.3}$$

wobei I_0 die eingestrahlte Intensität und L die Probenlänge ist. Dies gilt für den Fall der linearen Absorption (also keine Sättigungseffekte, Multiphotonabsorption o. Ä.) [325]. Der Absorptionskoeffizient α des Übergangs E_1 nach E_2 ist bestimmt durch

$$\alpha = \sigma \cdot (N_1 - N_2) \,. \tag{19.4}$$

N_1 und N_2 sind die Besetzungsdichten des Grundzustands E_1 bzw. des angeregten Zustands E_2 und σ ist der Absorptionswirkungsquerschnitt des Übergangs. Wenn der obere Zustand E_2 thermisch unbesetzt ist, ist $(N_1 - N_2)$ in einem Zweiniveausystem gleich der Gesamtteilchendichte der absorbierenden Moleküle, also der Anzahl der in einem Volumen befindlichen Teilchen dividiert durch das Volumen.

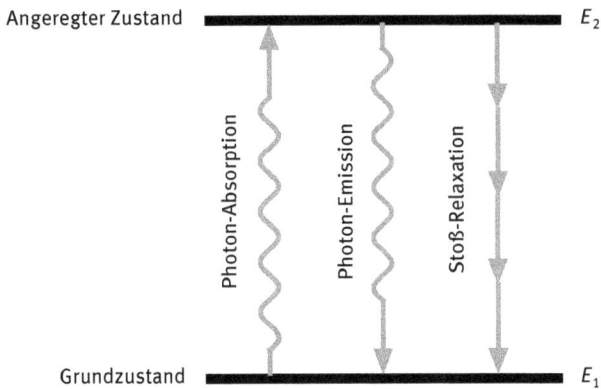

Abb. 19.2: Zweiniveausystem: Anregung sowie strahlende und nicht strahlende Relaxation.

Aus dem angeregten Zustand E_2 können die Moleküle strahlend oder strahlungslos in den Grundzustand E_1 zurückfallen. Die strahlende Relaxation bedeutet, dass das absorbierte Lichtquant nach Ablauf einer gewissen Zeit (der Lebensdauer des angeregten Zustands) wieder reemittiert wird [336]. Auf diesem Prinzip basiert die Fluoreszenzspektroskopie (siehe Kapitel 22).

Die PAS nutzt den Anteil der Energie, der durch unelastische Stöße in kinetische Energie der Stoßpartner umgewandelt wird. Dabei wird durch die Kollision eines angeregten Moleküls mit einem anderen die Energiedifferenz zwischen dem angeregten

Zustand und dem Grundzustand ($E_2 - E_1$) in Translationsenergie der Stoßpartner umgewandelt. Das heißt, dass sich die Geschwindigkeit der kollidierenden Moleküle des Gases erhöht. Es findet also eine Umverteilung der Energie von innerer (Rotationsbzw. Vibrationsenergie) in kinetische Energie statt.

Eine Zunahme der mittleren Geschwindigkeit der Moleküle ist aber äquivalent mit einer Erhöhung der Temperatur T des Gases. Solange die Probe näherungsweise als ein ideales Gas angesehen werden kann, gilt

$$p \cdot V = N \cdot k \cdot T \,, \tag{19.5}$$

wobei p der Druck, V das Volumen, N die Teilchenzahl und k die Boltzmann-Konstante ist. Eine Temperaturerhöhung hat also bei konstantem Volumen (konstanter Dichte) einen Druckanstieg zur Folge.

Wenn die Einstrahlung unterbrochen wird, führt die Diffusion der Moleküle nach kurzer Zeit zur Ableitung der Wärme (u. a. über die Messzellenwände) und damit zur Reduzierung des Drucks auf den Ausgangswert. Eine modulierte Einstrahlung bewirkt somit eine periodische Druckänderung mit der Modulationsfrequenz der Strahlungsquelle – das sogenannte photoakustische Signal [337, 338].

Bei niedrigen Modulationsfrequenzen und solange man Sättigungseffekte vernachlässigen kann, ist das photoakustische Signal proportional zum Absorptionskoeffizienten α des molekularen Übergangs (gemäß Gleichung 19.4 proportional zur Teilchendichte = Konzentration) und zur Strahlungsintensität I_0. Der Proportionalitätsfaktor wird oft als Zellkonstante bezeichnet und hängt primär von der Geometrie der Messzelle ab, aber auch vom Strahlprofil und der Modulationsform der Lichtquelle.

Die Detektion dieser Schallwelle mit einem Mikrofon eliminiert den Untergrund (Atmosphärendruck), da nur Änderungen des Drucks detektiert werden. Die sich üblicherweise anschließende phasenempfindliche Messung des Mikrofonsignals mit einem Lock-in-Verstärker liefert dann idealerweise ein konstantes, untergrundfreies Signal. Die Abbildung 19.3 demonstriert schematisch die zeitliche Entwicklung des Drucks, der Mikrofonspannung und des Lock-in-Signals, die aus einer harmonisch modulierten Einstrahlung resultieren.

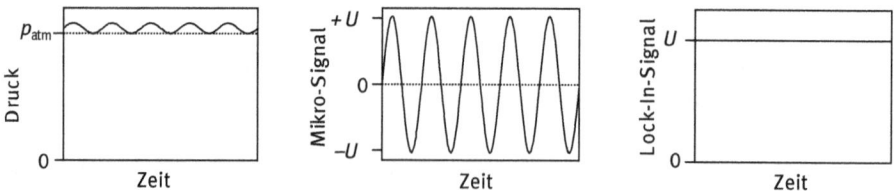

Abb. 19.3: Zeitlicher Verlauf der Druckänderung in der Messzelle, der Mikrofonspannung und des Lock-in-Signals.

Die PAS weist die folgenden Vorteile gegenüber anderen spektroskopischen Verfahren auf [325, 334]:

- Die Signale werden im Gegensatz zur Transmissionsspektroskopie (siehe Kapitel 18) ohne störenden Untergrund gemessen.
- Durch die Modulation der Strahlung mit einer Resonanzfrequenz der Messzelle lässt sich das photoakustische Signal gegenüber möglichen Störsignalen verstärken (Faktor 100–1.000) und so die Nachweisempfindlichkeit erhöhen.
- Durch resonante Anregung sind keine langen Absorptionswege erforderlich. Dies ermöglicht den Einsatz kleinerer Messzellen im Vergleich zur Transmissionsspektroskopie (siehe Kapitel 18).
- Das PA-Signal ist über viele Größenordnungen linear. Es ist keine elektronische Linearisierung des Messbereichs notwendig.
- PAS ist ein vergleichsweise kostengünstiges Messverfahren, da einfache Mikrofone deutlich preiswerter sind als Detektoren für infrarote Strahlung.

19.2.2 Aufbau eines photoakustischen Spektrometers

Der typische Aufbau eines photoakustischen Spektrometers ist in der Abbildung 19.4 dargestellt. Das wichtigste Element ist dabei die photoakustische Messzelle. Um diese mit der zu analysierenden Gasprobe zu befüllen, ist sie mit einem Gaseinlass und einem Gasauslass versehen. Damit die zu absorbierende Strahlung die Zelle passieren kann, weist sie außerdem ein Eintritts- und ein Austrittsfenster auf. Zur Erzeugung eines photoakustischen Signals muss die Strahlung moduliert werden. Falls die Strahlungsquelle nicht direkt moduliert werden kann, wird hierfür häufig ein mechanischer Chopper eingesetzt. Ein Mikrofon detektiert dann das photoakustische Signal, das anschließend mit einem Lock-in-Analysator phasenempfindlich ausgewertet wird.

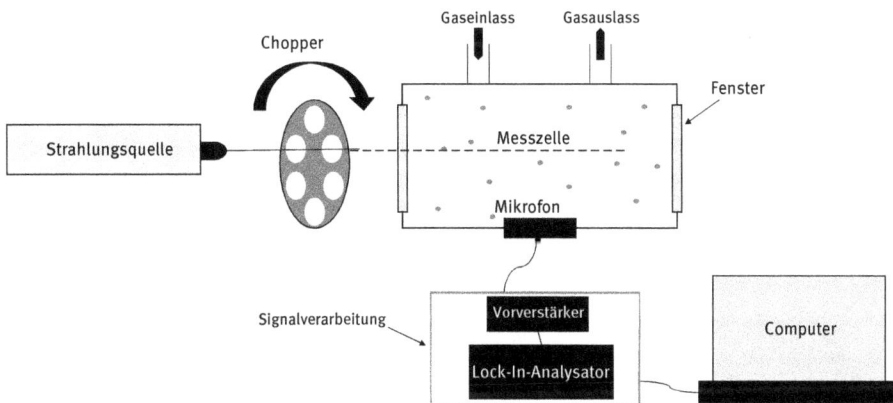

Abb. 19.4: Aufbau eines photoakustischen Spektrometers.

Zur Detektion der Schallwelle kommen verschiedene Konzepte zum Einsatz. Als Lichtquelle eignen sich Laser oder nicht kohärente Strahler. In der Tabelle 19.1 sind häufig verwendete Strahlungsquellen und Detektoren mit einer kurzen Erläuterung aufgelistet.

Tab. 19.1: Strahlungsquellen und Detektoren eines photoakustischen Spektrometers [325, 339].

Komponenten des PA-Spektrometers		Erläuterung
Strahlungs-quellen:	Nicht kohärente Lichtquelle + optische Filter	Die Filter weisen enge Spektralbänder für Zielgase bzw. für Störgase auf und werden speziell für jede Anwendung konfiguriert. In der Regel kommen Interferenzfilter zum Einsatz.
	Halbleiterlaser	Durch die kleine Bauform lassen sich kleine Geräte realisieren. Durch die direkte Modulierbarkeit kann auf Chopper verzichtet werden, was den Aufbau mechanisch stabil macht. Zu den Halbleiterlasern gehören auch Quantenkaskadenlaser. Besonders große Spektralbereiche lassen sich durch externe Resonatoren realisieren, die allerdings mechanisch empfindlich sind.
	Seltener	– Optisch-parametrischer Oszillator: Durch großen Wellen-längenbereich und hohe optische Leistung im mittleren Infraroten vielseitig einsetzbar. Allerdings recht teuer und groß. – Gaslaser (CO, CO_2 o. Ä.): Durch Emission bei festen Spektrallinien nur eingeschränkt einsetzbar. – Faserlaser u. a.
Detektoren:	Kondensator-mikrofon	Die Druckschwankungen des PA-Signals lassen eine extrem dünne Membran schwingen und verändern so die Kapazität des Mikrofons. Man unterscheidet Hochspannungs-mikrofone, Elektretmikrofone und MEMS-Mikrofone.
	Quartz enhanced PAS	Die Laserstrahlung wird im Zwischenraum einer Quarz-stimmgabel fokussiert und mit deren Resonanzfrequenz (oft im Ultraschallbereich) moduliert. Das PA-Signal lässt die Gabel schwingen. Der Piezoeffekt generiert eine Spannung.
	Cantilever enhanced PAS	Ein extrem dünner Ausleger (Cantilever) bewegt sich aufgrund der Druckschwankungen des PA-Signals wie ein schwingendes Blatt. Die Auslenkung des Cantilever wird mit einem Michelson-Interferometer gemessen.
	Piezoelektrischer Sensor	Die elastische Verformung des Sensors durch das PA-Signal generiert eine elektrische Spannung. Wird oft für die Tomografie eingesetzt.

19.3 Anwendungen

Photoakustische Spektrometer werden aufgrund der großen Fortschritte in der Lasertechnik für viele analytische Aufgabenstellungen eingesetzt. Neue Detektionsmethoden haben ebenfalls zur Verbreitung der Technologie beigetragen. So werden zur Erfassung des Schalls inzwischen nicht nur Mikrofone eingesetzt, sondern auch hochempfindliche optische Schalldetektoren auf Basis von Michelson-Interferometern oder von faseroptischen Interferometern [339]. Piezoelektrische Detektoren ermöglichen darüber hinaus die Aufnahme von Ultraschallwellen. Die PAS wird heute zur Untersuchung von Gasen, Flüssigkeiten, Feststoffen und von menschlichem Gewebe verwendet wird. Ihre Anwendungen finden sich unter anderem in der industriellen und medizinischen Analytik, der Umwelttechnik sowie in der Biologietechnologie.

Überwachung von Automobilemissionen

Der Verkehr ist einer der größten Schadstoffquellen. Dies trifft insbesondere auf den automobilen Bereich zu. Um zu überprüfen, ob Emissionsnormen eingehalten werden, ist eine genaue Analyse der Abgase erforderlich. Die PAS wird dabei zur Detektion der folgenden Abgasbestandteile eingesetzt: CO, CO_2, N_2O, NO_x, Formaldehyd, Acetaldehyd, CH_4, Ethanol (insbesondere bei Fahrzeugen für E10-Kraftstoff), THC (Total Hydrocarbons, engl.: Gesamtmenge der Kohlenwasserstoffe), H_2S, SO_2, Sauerstoff und Wasserdampf [340].

Überwachung von Anästhesiegasen

Die regelmäßige Belastung des medizinischen Fachpersonals durch Anästhesiegase in Operationsräumen führt zu Symptomen wie Kopfschmerzen, Müdigkeit, Schwindel und Übelkeit. Auf Dauer kann die Einwirkung Leber- und Nierenerkrankungen, Sterilität, Krebs oder Fehlverläufe von Schwangerschaften (z. B. Missbildungen bei Neugeborenen) zur Folge haben. Die folgenden Anästhesiegase können mithilfe der PAS im OP gemessen werden: Isofluran, Sevofluran, Desfluran und Lachgas [341].

Überwachung der Treibhausgasemissionen in der Landwirtschaft

Durch die Massentierhaltung der Landwirtschaft werden große Mengen an Treibhausgasen in die Atmosphäre freigesetzt. Um dies zu kontrollieren, können insbesondere die Methanemissionen in und außerhalb der Ställe mithilfe der PAS genau erfasst werden [342].

Sicherheit von Frachtcontainern

Aufgrund langer Transportwege sind Frachtcontainer wechselnden Umweltbedingungen wie Temperatur und Luftfeuchtigkeit ausgesetzt. Dadurch können gefährliche Chemikalien und Begasungsmittel freigesetzt werden, die unter anderem zur Bekämpfung von Schädlingen und Mikroorganismen im Frachtgut eingesetzt werden. In höherer Konzentration, gefährden diese Chemikalien die Gesundheit nicht nur von Hafenarbeitern und Containerentladern, sondern von jedem Mitarbeiter der Logistikunternehmen, einschließlich der Fahrer, Abfertiger und sogar von Endverbrauchern, die Produktboxen öffnen. Darüber hinaus belasten diese Stoffe die Umwelt. Um dies zu vermeiden, können unter anderem die folgenden Gase und Dämpfe mithilfe der PAS gemessen: Klebestoffe, Lösungsmittel, Schädlingsbekämpfungsmittel [343].

Grenzschutz

Die Anwendungen beim Grenzschutz konzentrieren sich darauf, Spuren von Drogen und Sprengstoffen oder chemische Marker für diese illegalen Substanzen (in der Regel flüchtige organische Verbindungen – VOC) zu identifizieren. Zum Einsatz kommen entsprechende Messgeräte insbesondere bei den Sicherheitskontrollen am Flughafen, bei der Schnellüberprüfung am Gepäckförderband oder bei der Frachtkontrolle an Grenzübergangsstellen. Diese Substanzen sind in der Regel gut versteckt, in luftdichten Verpackungen eingeschweißt und sogar in der Ladung mit Stoffen gemischt, die aromatische Gerüche freisetzen, um das Auffinden zu erschweren. Daher ist eine selektive und hochempfindliche Messtechnik erforderlich.

Substanzen, die mithilfe der PAS bestimmt werden können, sind typische Drogen wie MDA (Methylendioxyamphetamine), Kokain und Amphetamin oder deren chemische Grundstoffe Ephedrin, Safrol, Acetanhydrid und Benzylmethylketon oder Sprengstoffe wie Nitrotoluol und Nitroglycerin [344].

Zustandsüberwachung von Transformatoren

In elektrischen Transformatoren wird Öl als Kühl- und Isoliermittel verwendet. Durch Alterungs- und Abnutzungserscheinungen entstehen dabei bestimmte gasförmige Kohlenwasserstoffe. Diese sind meist im Öl gelöst und können im Extremfall zu Transformatorenausfällen mit katastrophalen Folgen führen. Damit dies frühzeitig erkannt wird und entsprechende Maßnahmen ergriffen werden können, muss in regelmäßigen Abständen eine Gasprobe aus dem Öl extrahiert und analysiert werden. Mithilfe der PAS können die folgenden relevanten Gase hochempfindlich detektiert werden: CO, CO_2, CH_4, C_2H_6, C_2H_4 und C_2H_2 [345].

Diagnostische Atemtests

Bestimmte Krankheiten lassen sich mithilfe einer Analyse der Ausatemluft diagnostizieren. Von diesen sogenannten Atemtests gibt es zwei Varianten:
– Für die Diagnose gastroenterologischer Erkrankungen (den Verdauungstrakt betreffend) wird dem Patienten ein Substrat verabreicht, das in dem entsprechenden Organ zu CO_2 (u. a.) metabolisiert, über die Blutbahn in die Lunge transportiert und dann abgeatmet wird. Ist das Substrat mit einem seltenen (aber stabilen) Iso-

top markiert, findet sich dieses seltene Isotop auch im ausgeatmeten CO_2 wieder. Für die zur Diagnose erforderliche, isotopenselektive Analyse kann die PAS eingesetzt werden.

- Die Ausatemluft des Menschen beinhaltet ein hochkomplexes Gemisch von flüchtigen Kohlenwasserstoffen, die im Körper durch metabolische Prozesse erzeugt werden. Bestimmte Erkrankungen (unter anderem Lungenkrebs) verändern dieses Gemisch dabei auf eine charakteristische Art und Weise. Gesunde und kranke Menschen atmen bestimmte Biomarker in unterschiedlichen Stoffkonzentrationen aus. Mithilfe photoakustischer Detektoren können bestimmte Biomarker selektiv nachgewiesen werden. Auf diese Art und Weise kann zur Diagnose bestimmter Erkrankungen beigetragen werden [346]. Diese Diagnosemethode kann beispielsweise zum Erkennen von Asthma bronchiale eingesetzt werden. Dafür wird der Stickstoffmonoxidgehalt der Atemluft gemessen [347].

Blutzuckermessung für Diabetiker

Zur Ermittlung des Blutzuckergehalts insbesondere von Diabetikern gibt es ein nicht invasives Verfahren, das auf PAS basiert. Dafür wird infrarote Laserstrahlung mit einer Wellenlänge im Absorptionsbereich von Glukose auf die Hautoberfläche gerichtet. Da die Strahlung 50 bis 100 Mikrometer in die Epidermis eindringt, können so Glukosemoleküle in der interstitiellen Flüssigkeit angeregt werden. Deren Konzentration entspricht annähernd der Blutzuckerkonzentration. Aufgrund der Absorption wird eine kleine Temperaturerhöhung verursacht, welche proportional zur Glukosekonzentration ist und eine Ausdehnung des Gewebes bewirkt. Diese Stoßwelle breitet sich aus und kann dann als akustisches Signal auf der Hautoberfläche oder in der angrenzenden Luft mit Schalldetektoren gemessen werden [348].

Photoakustische Tomografie

Die photoakustische Tomografie (PAT) ist ein bildgebendes, analytisches Verfahren mit Anwendungen in der medizinischen Diagnostik und der Biologietechnologie. Dafür wird der menschliche Körper an der zu untersuchenden Stelle mit kurzen Lichtimpulsen bestrahlt. Die Wellenlänge der Strahlung wird so gewählt, dass sie von den spezifischen Molekülen des Gewebes (z. B. Krebszellen) absorbiert werden. Durch die absorbierte Energie wird eine kleine Temperaturerhöhung verursacht, welche eine Ausdehnung des Gewebes bewirkt. Diese Stoßwelle breitet sich aus und kann mit mehreren Ultraschalldetektoren auf der Hautoberfläche als akustisches Signal aufgenommen werden. Gegenüber herkömmlichen tomografischen Methoden wie Röntgen, Ultraschall oder Magnetresonanztomografie bietet die PAT unter anderem den Vorteil, dass sie ohne Kontrastmittel durchgeführt werden kann und keine gefährliche Strahlungsbelastung erzeugt. Die PAT ermöglicht nicht nur die Untersuchung von Gewebe und Organen, sondern es können auch einzelne Zellen dreidimensional visualisiert werden [349, 350].

Überwachung der Raumluftqualität

Verunreinigungen der Raumluft sind bekanntermaßen verantwortlich für Atemwegserkrankungen, Allergien, Vergiftungen und bestimmte Krebsarten. Zu den besonders gefährlichen Substanzen gehören dabei bestimmte flüchtige organische Verbindungen, Asbest, Radon, Tabakrauch, Verbrennungsprodukte. Besonders gefährdet sind dabei Säuglinge, Kinder und ältere Menschen oder Menschen, die bereits an Atemwegserkrankungen oder allergischen Erkrankungen leiden. Unter den flüchtigen organischen Verbindungen ist Formaldehyd aufgrund seiner häufigen Verwendung besonders gefährlich. So wird es beispielsweise häufig in Pressholzprodukten eingesetzt (z. B. Möbel, Fußböden). Darüber hinaus ist es selbst in geringen Konzentrationen hochgiftig und krebserregend. Während die Formaldehydkonzentration in der Natur häufig im einstelligen ppb-Bereich liegt, kann sie in Innenräumen hundertmal höher sein. Photoakustische Analysatoren können Formaldehyd in Parts-per-Trillion-Konzentrationen mit einer Reaktionszeit von weniger als einer Minute erfassen [351].

19.4 Kommerzielle Produkte

Im Folgenden sollen einige kommerzielle, photoakustische Spektrometer vorgestellt werden. Als Beispiele dienen die Multigasanalysatoren ONE PULSE und ONE SHED des finnischen Unternehmens Gasera Ltd. und die Gasmonitore INNOVA 1314i und INNOVA 1512 der ursprünglich dänischen Firma LumaSense Technologies A/S.

19.4.1 Multigasanalysatoren ONE PULSE/ONE SHED von Gasera Ltd.

Das Unternehmen Gasera hat mit der „Cantilever enhanced PAS" eine proprietäre Detektionstechnik für photoakustische Signale entwickelt. Dabei bewegt sich ein extrem dünner Ausleger (Cantilever) aufgrund der Druckschwankungen im umgebenden Gas wie ein schwingendes Blatt. Die Auslenkung des Cantilever wird dann mithilfe eines Michelson-Interferometers gemessen. Der Vorteil der Cantilever enhanced PAS liegt insbesondere darin, dass die Empfindlichkeit nicht wie bei herkömmlichen Membranmikrofonen durch elektrisches Rauschen und die Nichtlinearität der Auslenkung begrenzt ist. Darüber hinaus ist der Sensor praktisch unempfindlich gegen Temperatur- und Feuchtigkeitsschwankungen und leidet nicht unter Verschleiß.

Der photoakustische Multigasanalysator GASERA ONE SHED basiert auf der Kombination aus hochempfindlichen Cantilever-Detektoren und einem Quantenkaskadenlaser mit externem Resonator. Durch den großen spektralen Durchstimmbereich der Strahlung im mittleren Infrarotbereich können vier Gase selektiv und gleichzeitig gemessen werden. Die Nachweisempfindlichkeiten liegen im ppb-Bereich.

Der photoakustische Multigasanalysator GASERA ONE PULSE basiert auf einem nicht kohärenten IR-Strahler und einem Satz optischer Filter, die in einem Filterrad installiert sind. Eine hohe Selektivität wird erreicht, indem mehrere verschiedene Fil-

Abb. 19.5: Multigasanalysator GASERA ONE PULSE (ONE SHED ähnlich)
(mit freundlicher Genehmigung der Gasera Ltd.).

ter mit engen Spektralbändern für Zielgase bzw. für Störgase ausgewählt werden. Der chemometrische Algorithmus berechnet die Konzentrationen aus den Signalen bei bis zu zehn verschiedenen Wellenlängen und Kalibrierungsdaten von Reingasverbindungen. So können Zielgase auch bei störenden Querempfindlichkeiten wie hoher Luftfeuchtigkeit schnell und genau gemessen werden. Die Interferenzfilter können dabei für viele Anwendungen konfiguriert werden. Der hochempfindliche Cantilever-Detektor ermöglicht Nachweisgrenzen im ppb-Bereich. In den Abbildungen 19.5 und 19.6 ist der Analysator bzw. dessen schematischer Aufbau dargestellt.

Der GASERA ONE PULSE kostet ca. 22.000 € für ein zu detektierendes Gas und bis zu ca. 48.000 € für zehn Gase. Der Preis der laserbasierten Analysatoren liegt zwischen ca. 30.000 € (für ein Gas) und über 70.000 € (mit durchstimmbarem QCL-Laser beispielsweise SHED). Die Tabelle 19.2 beinhaltet die wesentlichen, technischen Daten der beiden photoakustischen Multigasanalysatoren von Gasera.

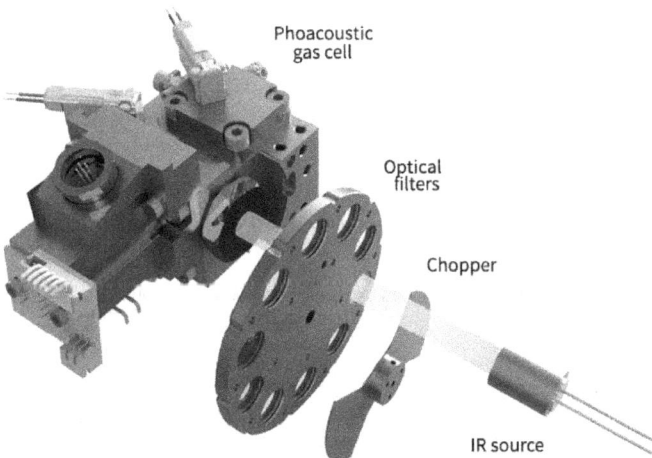

Abb. 19.6: Aufbau des Multigasanalysators GASERA ONE PULSE
(mit freundlicher Genehmigung der Gasera Ltd.).

Tab. 19.2: Technische Daten der Multigasanalysatoren ONE PULSE und ONE SHED von Gasera Ltd.

Hersteller	GASERA	
Modell	GASERA ONE PULSE	GASERA ONE SHED
Anwendungen	– Tierhaltung – Treibhausgasforschung – Arbeits- und Gesundheitsschutz – Photokatalyse – Kühlmittelleckage, SF_6-Leckage – Bodenanalyse	– Kühlmittelemissionen – Abgasuntersuchung – Sealed Housing for Evaporative Determination (SHED) – Prüfkammeruntersuchungen für die Messung der Kohlenwasserstoffabgabe von Pkws, Motorrädern und Pkw-Komponenten (Sealed Housing for Evaporative Determination – SHED)
Messbare Gase	– Anästhetika: Desfluran, Enfluran, Isofluran, Sevofluran usw. – Treibhausgase: CF_4, C_2F_6, R13, R-134a, CO_2, N_2O usw. – Prüfgase: SF_6, R-134a, HFO-1234yf – Gasförmige Kohlenwasserstoffe: CH_4, C_2H_2, C_2H_4, C_2H_6 usw. – Anorganische Stoffe: CO, CO_2, H_2O, NO, NO_2, N_2O, NF_3, NH_3, SF_6, SO_2 – Flüchtige organische Verbindungen: Aceton, Benzol, Ethanol, Formaldehyd, Methanol, Toluol, Xylole usw.	– Flüchtige organische Verbindungen: Ethanol und Methanol – Kältemittel: R-134a und HFO-1234yf
Messbereich	Von Sub-ppb bis Sub-ppm	Im ppb-Bereich
Temperatur-stabilität	Die Änderung der Umgebungstemperatur innerhalb des Betriebstemperaturbereichs verursacht keine Drift	Die Änderung der Umgebungstemperatur innerhalb des Betriebstemperaturbereichs verursacht keine Drift
Druckstabilität	Die Änderung des Messgasdrucks innerhalb des Druckbereichs verursacht keine Drift	Die Änderung des Messgasdrucks innerhalb des Druckbereichs verursacht keine Drift
Reaktionszeit	5 Sekunden bis einige Minuten	40 Sekunden bis einige Minuten
Lichtquelle	Infrarotstrahler + optische Filter	Quantenkaskadenlaser mit externem Resonator
Detektor (Mikrofon)	Cantilever-Membran (MEMS-basiertes Mikrofon)	Cantilever-Membran (MEMS-basiertes Mikrofon)
Quelle	www.gasera.fi [352, 353]	

19.4.2 Gasmonitore INNOVA 1314i/INNOVA 1512 der LumaSense Technologies A/S

Das dänische Unternehmen Innova AirTech Instruments S/A wurde 1996 als Spin-off des dänischen Mikrofonherstellers Brüel & Kjær Sound & Vibration Measurement A/S gegründet und war das erste Unternehmen, das das Konzept der PAS in einem kommerziellen Produkt umsetzte. Innova wurde im Jahr 2007 von der ebenfalls dänischen Firma LumaSense Technologies S/A erworben, welche wiederum seit 2018 zum US-amerikanischen Konzern Advanced Energy Industries, Inc. gehört. Die photoakustischen Gassensoren, Gasmonitore genannt, sind in modernisierter Form aber noch immer kommerziell erhältlich, wobei die Serie inzwischen nach der ursprünglichen Firma INNOVA benannt ist.

Die photoakustischen Gasmonitore INNOVA 1314i und INNOVA 1512 basieren beide auf einer nicht kohärenten, infraroten Strahlungsquelle und optischen Filtern. Die

Abb. 19.7: Gasmonitor INNOVA 1314i (mit freundlicher Genehmigung von LumaSense Technologies A/S).

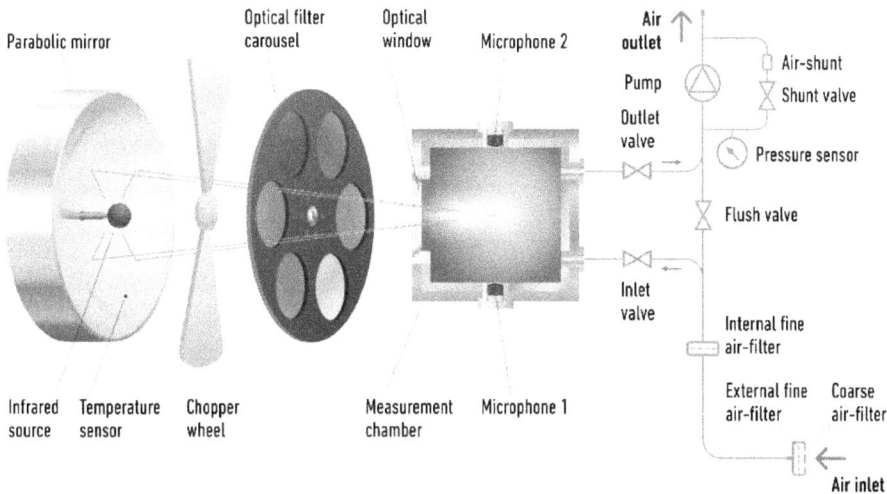

Abb. 19.8: Aufbau der Gasmonitore INNOVA 1314i/1512
(mit freundlicher Genehmigung von LumaSense Technologies A/S).

Tab. 19.3: Technische Daten der Gasmonitore INNOVA 1512 und INNOVA 1314i der LumaSense Technologies A/S.

Hersteller	LumaSense Technologies A/S (ehemals Innova A/S)	
Modell	Gasmonitor INNOVA 1512	Gasmonitor INNOVA 1314i
Nutzungsbereich	– Arbeitssicherheitsmessungen von akkumulierenden toxischen oder krebserregenden Stoffen – Überwachung von Anästhetika in Krankenhäusern – Emissionsüberwachung von Treibhausgasen in der Landwirtschaft – Emissionsüberwachung von Abgasen aus chemischen Prozessen – Messungen der Luftqualität in Innenräumen – Ventilation und Luftaustausch mit Prüfgas	– Emissionsüberwachung von Abgasen chemischer Prozesse speziell bei Verwendung von Ammoniak – Emissionsüberwachung von Kraftfahrzeugabgasen, z. B. die Produktion von Ammoniak und N_2O von Dieselmotoren – Qualitätskontrolle zur Kontrolle von Spurenverunreinigungen in der Reingasproduktion – Stationäre Messungen zur Industriehygiene und des Arbeitsschutzes, z. B. zur Überwachung von Gefahrstoffen in öffentlichen Räumen oder Arbeitsbereichen
Messbare Gase	Es sind mehr als 300 verschiedene Gase messbar. Beispiele: SF_6, R134a, Sevofluran, Ethylenoxid, Kohlendioxid, Lachgas, Phosgen	Es sind mehr als 300 verschiedene Gase messbar. Beispiele: Lachgas, Halothan, Isofluran, Kohlendioxid, SF_6, Methylmethacrylat, Freon 134a
Messbereich	Üblich im ppb-Bereich	Üblich im ppb-Bereich
Temperaturstabilität	± 10 % der Nachweisgrenze/°C	± 10 % der Nachweisgrenze/°C
Druckstabilität	± 0,5 % der Nachweisgrenze/mbar	± 0,5 % der Nachweisgrenze/mbar
Reaktionszeit	Die Reaktionszeit ist abhängig vom ausgewählten Modus und beträgt ca. 26 s bis 150 s	Die Reaktionszeit ist abhängig vom ausgewählten Modus und beträgt ca. 26 s bis 150 s
Lichtquelle	Infrarotstrahler + optische Filter	Infrarotstrahler + optische Filter
Detektor (Mikrofon)	2 Kondensatormikrofone	2 Kondensatormikrofone
Quelle	www.innova.lumasenseinc.com [354, 355]	

photoakustischen Signale werden von zwei Kondensatormikrofonen detektiert. Durch die Installation von bis zu fünf Filtern kann die Konzentration von bis zu fünf Komponenten und Wasserdampf in Luftproben gemessen werden. Die Nachweisgrenze ist gasabhängig, liegt jedoch typischerweise im ppb-Bereich. Der Einfluss von Temperatur- und Druckschwankungen wird dabei durch den Einsatz entsprechender Sensoren kompensiert. Da Wasser in der Umgebungsluft fast immer vorhanden ist und bei den meisten Wellenlängen Infrarotlicht absorbiert, trägt es ungewollt zum photoakustischen Signal bei. Daher sind beide Gasmonitore mit einem speziellen (6.) Filter ausgestattet, der die Wasserkonzentration misst und es so ermöglicht, Wasserdampfstörungen auszugleichen. Durch die Auswahl entsprechender Filter kann diese Technik auch verwendet werden, um Querempfindlichkeiten anderer Gase zu kompensieren.

In den Abbildungen 19.7 und 19.8 ist der Gasmonitor INNOVA 1314i bzw. dessen schematischer Aufbau dargestellt (INNOVA 1314i ist ähnlich). Die Tabelle 19.3 beinhaltet die wesentlichen, technischen Daten der beiden photoakustischen Gasmonitore von LumaSense Technologies A/S.

19.5 Zusammenfassung

Das Messprinzip photoakustischer (auch optoakustischer) Spektrometer beruht auf dem photoakustischen Effekt. Ausgangspunkt hierfür ist die Absorption elektromagnetischer Strahlung durch den zu detektierenden Stoff. Dadurch erhöht sich die innere Energie der entsprechenden Moleküle. Durch eine Stoßrelaxation zurück in den Grund- oder Gleichgewichtszustand wird die absorbierte Energie dann in kinetische Energie der Stoßpartner umgewandelt. Da die mittlere Geschwindigkeit der Moleküle ein Maß für die Temperatur ist, entspricht dies einer Temperaturerhöhung des bestrahlten Volumens. Die sich anschließende Ausdehnung hat dann eine Druckerhöhung zur Folge. Wenn die Einstrahlung moduliert erfolgt, kommt es zu einer Druckmodulation, deren Amplitude proportional zur Konzentration der absorbierenden Teilchen ist. Diese Schallwelle kann mit einem Mikrofon detektiert und ausgewertet werden.

Die photoakustische Spektrometrie hat gegenüber anderen spektroskopischen Verfahren den besonderen Vorteil, dass das Signal durch die Modulation der Strahlung mit einer Resonanzfrequenz der Messzelle verstärkt werden kann. Damit lässt sich die Nachweisempfindlichkeit des Spektrometers um mehrere Größenordnungen verbessern.

Photoakustische Spektrometer werden insbesondere für die Analyse gasförmiger Stoffgemische eingesetzt. Typische Anwendungen sind hier unter anderem die folgenden:
- Überwachung von Automobilemissionen
- Detektion von Anästhesiegasen in Operationssälen
- Messung der Treibhausgasemissionen in der Landwirtschaft
- Kontrolle der Emissionen von Frachtcontainern
- Grenzschutz (Detektion von Drogen und Sprengstoffen)
- Zustandsüberwachung von Transformatoren
- diagnostische Atemtests
- nicht invasive Blutzuckermessung
- Überwachung der Raumluftqualität
- Lecksuche insbesondere für Kühlmittel, Erdgas oder Rohöl

Die photoakustische Tomografie kann als analytisches, bildgebendes Verfahren andere Methoden wie Röntgen, Ultraschall oder Magnetresonanztomografie ersetzen.

Es existieren zurzeit nur wenige kommerzielle Anbieter photoakustischer Sensoren und Analysatoren. Dazu gehören die dänische Firma LumaSense Technologies (inzwischen Teil von Advanced Energy Industries, Inc.) und das finnische Unternehmen Gasera Ltd. Beide Unternehmen bieten Gasanalysatoren an, die auf einer nicht kohärenten, infraroten Lichtquelle und mehreren optischen Filtern (6 bzw. 10) basieren. Die Produkte von LumaSense detektieren das photoakustische Signal mithilfe zweier Mikrofone. Die Gasera-Analysatoren setzen hierfür deren proprietäre Cantilever-Technologie in Kombination mit einem Michelson-Interferometer ein. Der Einfluss von Luftfeuchtigkeit kann in beiden Fällen erkannt und eliminiert werden. Die Reaktionszeiten liegen anwendungsabhängig bei einigen Sekunden bis zu einigen Minuten, die Nachweisgrenzen im ppb-Bereich.

Außer dem Gerät auf Basis des nicht kohärenten Strahlers bietet Gasera einen Analysator an, der als Strahlungsquelle einen Quantenkaskadenlaser mit externem Resonator einsetzt und so die Konzentration von bis zu vier Komponenten detektieren kann.

Die Analysatoren kosten zwischen 20.000 € und 70.000 €, abhängig von der Anzahl der zu messenden Gase und (bei den laserbasierten Systemen) der Art des eingesetzten Lasers. Die Tabelle 19.4 fasst abschließend die Stärken und Schwächen photoakustischer Analysatoren zusammen.

Tab. 19.4: Stärken und Schwächen photoakustischer Spektrometer.

Stärken	Schwächen
– Direktes Messverfahren ohne Untergrund	– Externer Schall kann die Messung stören
– Bis zu fünf unterschiedliche Komponenten gleichzeitig messbar	– Die meisten Analysatoren beinhalten einen Chopper zur Modulation. Dieser macht den Aufbau mechanisch empfindlich.
– Hohe Selektivität durch mehrere optische Filter	
– Hohe Messempfindlichkeit/Messgenauigkeit, oft im ppb-Bereich	– Filterrad macht Aufbau u. U. mechanisch empfindlich.
– Nur kleines Probenvolumen erforderlich	– Querempfindlichkeiten durch Wasser etc. müssen grundsätzlich messtechnisch eliminiert werden.
– Relativ kompakte Bauform	– Messung bei niedrigen Drücken schwierig.

20 Cavity-Ring-Down-Spektrometrie

20.1 Einleitung

Die Transmissionsspektroskopie (auch Absorptionsspektroskopie; siehe Kapitel 18) hat sich als ein sehr nützliches Werkzeug in der analytischen und physikalischen Chemie erwiesen. Dabei wird die Lichtintensität hinter einer Probe gemessen und mit derjenigen davor verglichen. Die Cavity-Ring-Down-Spektroskopie (CRDS) stellt eine Variante der Transmissionsspektroskopie dar, bei der sich die Probe in einem optischen Resonator befindet. Dadurch besitzt die CRDS eine deutlich höhere Messempfindlichkeit als die Transmissionsspektroskopie und wird daher häufig zur Messung extrem geringer Konzentrationen von Stoffen oder zur Messung von Stoffen mit nur schwacher Absorption eingesetzt. Sie findet zum Beispiel in der Atmosphärenphysik oder in der medizinischen Diagnostik Verwendung [356].

Ihren Ursprung hat die CRDS in den 1980er-Jahren, als J. M. Herbelin et al. erste Versuche unternahmen, den Reflexionsgrad hoch reflektierender Spiegel zu messen, indem sie diese als externen optischen Resonator (Kavität) im Strahlengang eines Lasers positionierten [357]. Im Jahre 1984 untersuchten D. Z. Anderson et al. den zeitlichen Verlauf der Intensitätsabnahme hinter einem solchen externen Resonator nach dem Abschalten eines Dauerstrichlasers [358]. Im Jahr 1988 verwendeten A. O'Keefe und D. A. G. Deacon eine solche Kavität zur Absorptionsmessung von Gasproben, indem erstmals die Abklingrate der Absorption statt der absoluten Absorption gemessen wurde. Dies resultierte in einer deutlich höheren Nachweisempfindlichkeit (bis zu vier Größenordnungen) im Vergleich zur klassischen Transmissionsspektroskopie [359].

Seitdem wird die CRDS häufig in Forschung und Industrie verwendet. Ihr relativ einfacher Aufbau verbunden mit der hohen Sensitivität führte zur Entwicklung zahlreicher Apparaturen. So existieren mittlerweile verschiedene Varianten der CRDS. Es gibt einerseits simple, robuste Versionen mit eingeschränkter Sensitivität, andererseits hochkomplexe und teure, die eine extrem hohe Empfindlichkeit bieten [356].

Im Weiteren wird zunächst das Messprinzip der CRDS vorgestellt. Dabei liegt der Fokus auf der Konzentrationsbestimmung und Analytik von Gasen. Auf Messungen in Feststoffen wird nicht im Detail eingegangen, sodass hier auf weiterführende Literatur zurückzugreifen ist. Darauffolgend werden beispielhaft Anwendungsmöglichkeiten der CRDS aufgezeigt und deren Besonderheiten beschrieben. Anschließend verschafft der Abschnitt Kommerzielle Produkte einen Überblick über die auf dem Markt erhältlichen Analysatoren und deren Spezifikationen. Eine Zusammenfassung schließt das Kapitel ab.

Unter Mitwirkung von Rouven Kanitz und Moritz Laack

https://doi.org/10.1515/9783110702040-020

20.2 Messprinzip

Mithilfe der Cavity-Ring-Down-Spektroskopie (CRDS) lassen sich die Teilchendichten der Bestandteile einer Probe bestimmen. Die Analyse von Gasgemischen ist das häufigste Einsatzgebiet der CRDS. Es ist aber auch möglich, Flüssigkeiten und Feststoffe zu untersuchen [356, 360, 361].

20.2.1 Übersicht

Die wesentlichen Komponenten eines CRD-Spektrometers sind der Laser, der Resonator und der Detektor. Der Resonator besteht aus zwei hoch reflektierenden Spiegeln (oftmals konkav) und dem eingeschlossenen Hohlraum, der namensgebenden Kavität (*engl. cavity*). In diesem Hohlraum, auch Zelle genannt, befindet sich die zu untersuchende Probe. Zur Darstellung der Ergebnisse und für weiterführende Berechnungen gehören zum Versuchsaufbau zudem ein Speicheroszilloskop und ein Computer. In der Abbildung 20.1 ist der schematische Aufbau dargestellt.

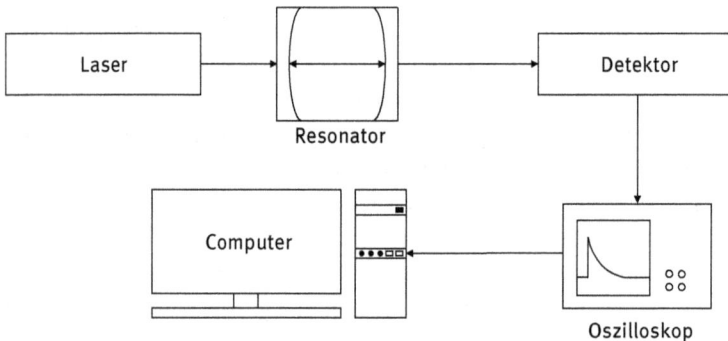

Abb. 20.1: Schematischer Aufbau der CRDS.

Für die Durchführung einer spektroskopischen Untersuchung sendet die Laserquelle kurze Pulse entlang der optischen Achse des Resonators. Zur Gewährleistung der Genauigkeit ist es dabei wichtig, dass die Pulse nur äußerst geringen Intensitätsschwankungen unterliegen [362–364].

Das Licht wird durch den ersten Spiegel in den Resonator eingestrahlt und erfährt im Inneren eine Vielzahl von Reflexionen. Bei jedem Umlauf transmittiert ein Bruchteil des Laserpulses durch den hinteren Spiegel in Richtung des lichtempfindlichen Detektors [359]. Dieser registriert die ankommende Energiemenge und leitet ein entsprechendes Signal an das Speicheroszilloskop weiter.

Das Speicheroszilloskop zeichnet die periodischen ankommenden Signale auf. Da die Umlaufzeit des Pulses in der Kavität in der Regel deutlich länger ist als die Pulsdauer, ist eine Regression des diskreten Signalverlaufs erforderlich, um die kontinuierliche Abklingkurve (*engl. ring-down*) des Laserpulses im Resonator zu ermitteln. Eine genauere Betrachtung des Sensoraufbaus und der Signalentstehung folgt in Abschnitt 20.2.2.

Durch einen Vergleich dieser Abklingkurve mit der Abklingkurve des leeren Resonators berechnet der Computer den Absorptionskoeffizienten der Probe [356]. Aus diesem lassen sich dann Rückschlüsse auf die Teilchendichten der absorbierenden Bestandteile der Probe ziehen [365]. Die entsprechende Berechnung ist im Teilabschnitt 20.2.4 hergeleitet.

Neben der beschriebenen, gepulsten CRDS gibt es unter anderem auch die Continuous Wave CRDS (CW-CRDS), die Phase Shift CRDS (PS-CRDS) und die Cavity Enhanced Absorption Spectroscopy (CEAS). Diese Varianten unterscheiden sich neben der Art des verwendeten Lasers auch im Versuchsaufbau von der klassischen CRDS. Bei der CW-CRDS kommt ein kontinuierlicher Laser zum Einsatz. Die PS-CRDS hingegen zielt auf die Messung der Phasenverschiebung eines definierten Eingangssignals durch die Interaktion mit der Probe ab. Die CEAS unterscheidet sich dahin gehend von der gepulsten CRDS, dass statt der Abklingzeit das Transmissionsverhalten der Kavität gemessen wird [356]. Der Fokus liegt im Weiteren auf der Vorstellung der CRDS mit einem Pulslaser, da diese Variante am häufigsten verwendet wird [365].

20.2.2 Sensoraufbau und Signalentstehung

Der Weg des Laserpulses von der Quelle bis zum Detektor ist in Abbildung 20.2 schematisch dargestellt. Das erste Detektorsignal in der Abbildung wird durch den obersten Pfeil repräsentiert. Es entspricht dem Teil des eingestrahlten Lichts, das bereits beim ersten Auftreffen auf den (Auskoppel-)Spiegel transmittiert wird. Das zweite Detektorsignal entsteht durch Transmission beim zweiten Auftreffen. Alle nachfolgenden verstehen sich entsprechend [356].

Beide Spiegel des Resonators weisen an der Innenseite ein hohes Reflexionsvermögen auf, wodurch der Großteil des eingestrahlten Laserpulses für lange Zeit innerhalb der Zelle reflektiert wird und nur wenig transmittiert [362]. Der Abstand L der Spiegel (Resonatorlänge) sowie die jeweiligen Krümmungsradien r_1 und r_2 müssen so aufeinander abgestimmt sein, dass der Resonator eine sogenannte optische Stabilität aufweist. Das Kriterium der optischen Stabilität bedeutet im Wesentlichen, dass ein achsnaher Lichtstrahl auch nach einer Vielzahl von Reflexionen die Zelle nicht verlässt. Zur Einhaltung des Stabilitätskriteriums muss die folgende Bedingung erfüllt sein [366]:

$$0 \leq g_1 \cdot g_2 \leq 1 \,. \tag{20.1}$$

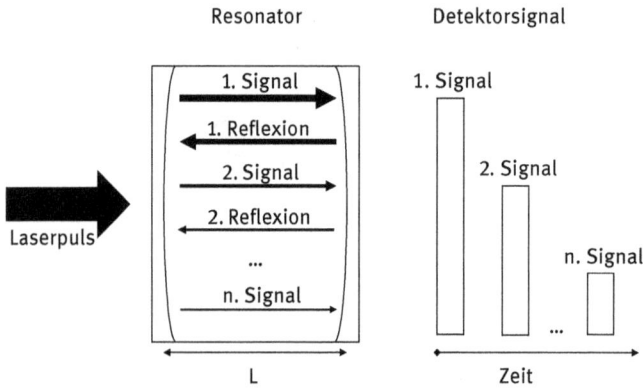

Abb. 20.2: Signalentstehung der CRDS mit einem Pulslaser.

Die sogenannten Resonatorparameter g_i werden dabei folgendermaßen berechnet:

$$g_i = 1 - \frac{L}{r_i} \,. \tag{20.2}$$

Gilt $r_1 = r_2 = r$, ist die optische Stabilität für $0 < L < r$ oder $r < L < 2r$ erfüllt. Spezielle Konfigurationen wie symmetrisch konfokal ($r_1 = r_2 = L$), konzentrisch ($r_1 = r_2 = L/2$) und planparallel ($r_1 = r_2 = \infty$) gelten nach diesen Bedingungen als grenzstabil [356, 365].

Wie in der Abbildung 20.2 angedeutet, erfährt der eingestrahlte Laserpuls *im* Resonator einige Hundert bis mehrere Tausend Reflexionen, bis er vollständig abgeklungen ist [362]. Bei jedem Umlauf transmittiert ein Bruchteil des Pulses aus der Zelle in Richtung des Detektors [359]. Ist die Pulsdauer kleiner als die Umlaufzeit t des Resonators, ähnelt der registrierte Signalverlauf des Detektors der diskreten Darstellung in der Abbildung 20.2. Um den Resonator einmal zu passieren (hin und zurück), braucht der Lichtpuls die Umlaufzeit

$$t = \frac{2L}{c} \,. \tag{20.3}$$

Mit c ist hier die Lichtgeschwindigkeit bezeichnet. Die detektierten Pulse haben einen zeitlichen Abstand in Höhe der Umlaufzeit [356, 365]. Die Höhe der Balken im rechten Teil der Abbildung 20.2 entspricht der jeweils aktuellen Intensität I des Laserpulses, welche aufgrund von Absorptions- und Streuungsverlusten innerhalb der Zelle im Laufe der Zeit abnimmt [359]. Der lichtempfindliche Detektor ist in der Regel ein Photomultiplier (*engl. Photomultiplier Tube, PMT*) oder eine Photodiode [356, 365, 367]. Welcher der beiden Detektoren zum Einsatz kommt, hängt von der geforderten Reaktionszeit, dem Wellenlängenbereich des zu detektierenden Lichtpulses und dem erforderlichen Signal-zu-Rausch-Verhältnis ab [356, 365]. Bei einer PMT lösen die eintreffenden Photonen aufgrund des photoelektrischen Effekts Elektronen heraus, welche im elektrischen Feld beschleunigt werden. Treffen diese Elektronen auf weitere Elektroden, welche Dynoden genannt werden, erhöht sich die Gesamtzahl der Elektronen entsprechend. Nach mehrfacher Verstärkung treffen diese Elektronen auf die Anode und fließen über einen Messwiderstand. An dem Messwiderstand fällt eine Spannung ab, welche proportional zur elektrischen Stromstärke und damit zum Eingangssignal ist [368, 369]. Eine Photodiode ist ein Halbleiterbauelement, das Licht durch den inneren Photoeffekt in einen elektrischen Strom umwandelt. Die Kopplung mit einem Speicheroszilloskop ermöglicht die Betrachtung des Signalverlaufs über der Zeit.

20.2.3 Physikalische Grundlagen

Im Folgenden werden die physikalischen Grundlagen der Cavity-Ring-Down-Spektroskopie vorgestellt. Dabei wird auf die Strahlungsmechanismen an einem Spiegel und in einer Probe eingegangen. Ein Spiegel ist kennzeichnet durch den Grad der Reflexion R, der Transmission T und der Verluste S. Letztere setzen sich aus der Absorption und der Streuung zusammen. Es gilt dabei

$$1 = R + T + S \, . \tag{20.4}$$

Für den zu untersuchenden Resonator wird der Gesamtverlust L als Summe der Transmission T und der Verluste S zusammengefasst, da diese nicht für die Reflexion zur Verfügung stehen.

$$L = T + S \, . \tag{20.5}$$

Es ist anzumerken, dass die Kennwerte des Spiegels sowohl von der Wellenlänge als auch dem Winkel des einfallenden Lichts abhängen. Da die Abhängigkeit nur einen geringen Einfluss auf die Kennwerte der CRDS hat, wird diese im Folgenden vernachlässigt. Aus den Gleichungen 20.4 und 20.5 ergibt sich der Ausdruck für den Reflexionsgrad R eines Spiegels [358].

$$R = 1 - L \, . \tag{20.6}$$

Passiert monochromatische Strahlung (Strahlung gleicher Wellenlänge) mit der Intensität I_0 eine Probe der Dicke d, absorbieren die Probenmoleküle einen Teil der Strahlung. Die Intensität I hinter der Probe lässt sich anhand des Lambert-Beer'schen Gesetzes berechnen. Der Absorptionskoeffizient α des Stoffes innerhalb der Probe besitzt die Einheit cm^{-1}.

$$I = I_0 \cdot e^{\alpha d} \, . \tag{20.7}$$

Der Absorptionskoeffizient bei einer bestimmten Wellenlänge λ entspricht dabei der Summe der Produkte aus den Absorptionswirkungsquerschnitten $\sigma_i(\lambda)$ (Einheit: m^2) und den Teilchendichten N_i (in m^{-3}) aller i absorbierenden Komponenten der Probe.

$$\alpha(\lambda) = \sum_i \sigma_i(\lambda) N_i \, . \tag{20.8}$$

Trägt nur eine Komponente zur Absorption bei und befinden sich alle Teilchen im Grundzustand, vereinfacht sich der Zusammenhang.

$$\alpha(\lambda) = \sigma(\lambda)N \, , \tag{20.9}$$

hierbei ist N die Gesamtteilchendichte der absorbierenden Komponente und gibt damit deren Konzentration an [356].

20.2.4 Bestimmung der Teilchendichte

Bei der gepulsten CRDS wird ein Laserpuls mit der (Anfangs-)Intensität I_0 in den Resonator der Länge L eingestrahlt. Das Lambert-Beer'sche Gesetz (Gleichung 20.7) gibt dann an, welche Intensität nach dem einfachen Weg durch den Resonator gemessen werden kann. Zusätzlich tritt die zweimalige Intensitätsminderung durch den Transmissionsgrad T der beiden Spiegel auf. Für das erste Signal ergibt sich damit

$$I_1 = I_0 T^2 e^{-\alpha d} \, , \tag{20.10}$$

wobei α der wellenlängenabhängige Absorptionskoeffizient der Probe ist und d deren Dicke. Der zweite Puls, der die Kavität verlässt, hat diese zweimal zusätzlich passiert und wurde von den beiden Spiegeln jeweils einmal reflektiert, ehe er durch den zweiten Spiegel transmittiert. Mit dem Reflexionsgrad R der beiden Spiegel ergibt sich für dessen Intensität I_2:

$$I_2 = I_1 R^2 e^{-2\alpha d} \, . \tag{20.11}$$

Für die Intensität nach n Spiegelungen ergibt sich folgender Zusammenhang:

$$I_n = I_1 R^{2n} e^{-2n\alpha d} \, . \tag{20.12}$$

Die Anzahl der erfolgten Spiegelungen n wird im Folgenden durch die Zeit t ausgedrückt, die ein Photon braucht, um die Kavität n-mal hin und zurück zu durchlaufen. Diese entspricht dem Verhältnis des zurückgelegten Wegs $n \cdot 2L$ und der Lichtgeschwindigkeit c:

$$t = n\frac{2L}{c} \, . \tag{20.13}$$

Die Gleichung 20.13 lässt sich nach der Anzahl der Spiegelungen n umstellen und in die Gleichung 20.12 einsetzen.

$$I(t) = I_1 R^{2n} e^{-\frac{tc}{L}\alpha d} \, . \tag{20.14}$$

Der Ausdruck R^{2n} lässt sich als Exponentialfunktion $e^{2n \ln R} = e^{\frac{tc}{L} \ln R}$ schreiben. Daraus ergibt sich

$$I(t) = I_1 e^{\frac{tc}{L}(\ln R - \alpha d)} \, . \tag{20.15}$$

Da der Reflexionsgrad R der Spiegel nahezu 1 ist, gilt die Näherung

$$\ln R \approx -(1 - R) .\tag{20.16}$$

Damit ergibt sich für die Intensität:

$$I(t) = I_1 e^{-\frac{tc}{L}(1-R+\alpha d)} .\tag{20.17}$$

Die Zeit bis zum Abklingen des ersten Signals auf I_1/e wird als Abklingzeit τ bezeichnet. Sie ist ein Maß für die Absorption der Probe.

$$\tau = \frac{L}{c(1 - R + \alpha d)} .\tag{20.18}$$

Die Abklingzeit τ_0 des leeren Resonators ($\alpha = 0$) ergibt sich zu:

$$\tau_0 = \frac{L}{c(1 - R)} .\tag{20.19}$$

In Abbildung 20.3 sind die Abklingkurven (*Ring-Down-Kurven*) für einen leeren Resonator und einen Resonator mit Probe qualitativ über der Zeit dargestellt. Die zu messende, zeitabhängige Intensität $I(t)$ ist bezüglich der ersten gemessenen Intensität I_1 normiert, sodass zum Zeitpunkt $t = 0$ gilt: $I(t = 0) = I_1$. Ein leerer Resonator führt zu einem langsameren Abklingen und somit zu einer größeren Abklingzeit τ_0.

Für den Fall mehrerer, absorbierender (oder streuender) Komponenten mit den wellenlängenabhängigen Absorptionswirkungsquerschnitten $\sigma_i(\lambda)$ und den Teilchendichten $N_i(x)$ ergibt sich gemäß Gleichung 20.8 folgender, allgemeingültiger Ausdruck

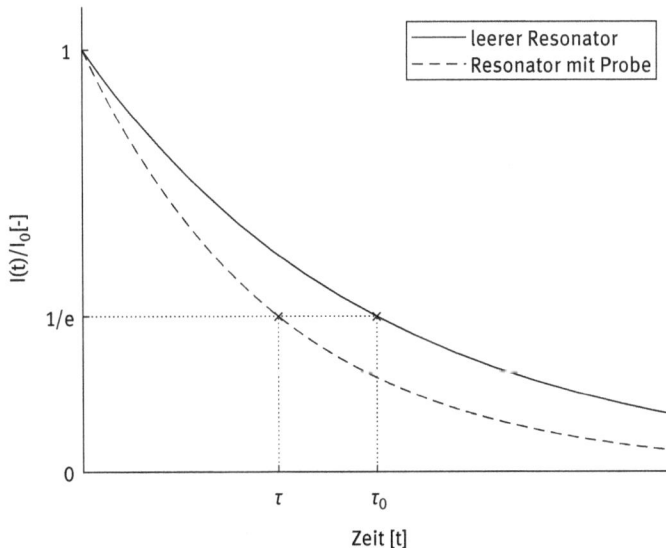

Abb. 20.3: Abklingkurven des Resonators.

für die Abklingzeit als Funktion der Wellenlänge:

$$\tau(\lambda) = \frac{L}{c\left(1 - R(\lambda) + \sum_i \sigma_i(\lambda) \int_0^d N_i(x)\, dx\right)} \ . \tag{20.20}$$

Dabei werden die Verteilungen der Teilchendichten $N_i(x)$ über die Probendicke d genauso berücksichtigt wie die Wellenlängenabhängigkeit des Reflexionsgrades. Für einen kleinen Spektralbereich können die Wellenlängenabhängigkeiten des Reflexionsgrades R und der Absorptionsquerschnitte σ_i vernachlässigt werden.

Die sogenannten Kavitätsverluste $1/c\tau(\lambda)$ entsprechen gemäß Gleichung 20.18 der Summe aus den Spiegelverlusten $((1 - R)/L)$ und den Absorptionsverlusten $(\alpha(\lambda)d/L)$:

$$\frac{1}{c\tau(\lambda)} = \frac{1 - R}{L} + \alpha(\lambda)\frac{d}{L} \ . \tag{20.21}$$

Aufgelöst nach den (wellenlängenunabhängigen) Absorptionsverlusten ergibt sich unter Verwendung von Gleichung 20.19:

$$\alpha\frac{d}{L} = \frac{1}{c\tau} - \frac{1 - R}{L} = \frac{1}{c\tau} - \frac{1}{c\tau_0} = \frac{\tau_0 - \tau}{c\tau_0\tau} \ . \tag{20.22}$$

Hieraus wird deutlich, dass für die Bestimmung der Absorptionsverluste lediglich die beiden Abklingzeiten τ und τ_0 gemessen werden müssen [356]. Durch die Messung bei verschiedenen Wellenlängen lassen sich die Teilchendichten mehrerer, absorbierender Bestandteile einer Probe ermitteln.

Die minimal detektierbaren Absorptionsverluste lassen sich durch das Einsetzen von $\tau = \tau_0 - \Delta\tau_{min}$ in die Gleichung 20.22 herleiten. Dabei ist $\Delta\tau_{min}$ die minimal messbare Abweichung von der Abklingzeit des leeren Resonators τ_0.

$$\left[\alpha\frac{d}{L}\right]_{min} = \frac{\tau_0 - (\tau_0 - \Delta\tau_{min})}{c\tau_0(\tau_0 - \Delta\tau_{min})} = \frac{\Delta\tau_{min}}{c\tau_0(\tau_0 - \Delta\tau_{min})} \ . \tag{20.23}$$

Da $\Delta\tau_{min} \ll \tau_0$, kann die Subtraktion von $\Delta\tau_{min}$ im Nenner näherungsweise vernachlässigt werden. Durch Einsetzen von Gleichung 20.19 ergibt sich dann:

$$\left[\alpha\frac{d}{L}\right]_{min} = \frac{\Delta\tau_{min}}{c\tau_0^2} = \frac{1 - R}{L} \cdot \frac{\Delta\tau_{min}}{\tau_0} \ . \tag{20.24}$$

Durch eine größere Resonatorlänge L, einen höheren Reflexionsgrad R der Spiegel oder das genauere Bestimmen der Abklingzeit lässt sich die Sensitivität (bis zu einem gewissen Grad) also steigern. Beispielhaft ergibt sich für eine Bestimmungsgenauigkeit $\Delta\tau_{min}/\tau_0 = 1\,\%$ in Kombination mit einer Resonatorlänge von $L = 10\,cm$ und einem Reflexionsgrad von $R = 99{,}99\,\%$ ein minimal detektierbarer Absorptionsverlust von $10^{-7}\,cm^{-1}$ [356].

Ist die Kavität vollständig mit der Probe gefüllt ($d = L$), vereinfacht sich Gleichung 20.22 zu

$$\alpha = \frac{\tau_0 - \tau}{c\tau_0\tau} \ . \tag{20.25}$$

Die minimal detektierbare Teilchendichte N_{min} bei gegebenem Absorptionswirkungs-querschnitt σ ergibt sich dann unter Verwendung der Gleichung 20.9 und der Vereinfachung $\tau_0 \cong \tau$ (da $\Delta\tau_{min} \ll \tau_0$) zu

$$N_{min} = \frac{\tau_0 - \tau}{c\tau_0\tau\sigma} \cong \frac{\Delta\tau_{min}}{c\tau_0^2\sigma} . \tag{20.26}$$

Der minimal detektierbare Absorptionswirkungsquerschnitt σ_{min} bei gegebener Teilchendichte N entspricht unter denselben Bedingungen

$$\sigma_{min} \cong \frac{\Delta\tau_{min}}{c\tau_0^2 N} . \tag{20.27}$$

20.3 Anwendungen

Aufgrund der hohen Nachweisempfindlichkeit, der moderaten Kosten und der geringen bis mittleren Komplexität wird die CRDS inzwischen in vielen Bereichen eingesetzt. Neben der Analyse der atmosphärischen Zusammensetzung und von Verbrennungsgasen kommt die CRDS auch im medizinischen Bereich oder in der analytischen Chemie zum Einsatz.

20.3.1 Analyse der atmosphärischen Zusammensetzung

Die CRDS eignet sich insbesondere für die Detektion schwach absorbierender Komponenten in der Atmosphäre [370–372]. Im Vergleich zur traditionellen Transmissionsspektroskopie hat sie einen großen Vorteil. Da Transmissionsspektrometer nicht unterscheiden können, ob Intensitätsverluste von Absorption oder Streuung (z. B. Mie- oder Rayleigh-Streuung) herrühren, können „Transmissionsspektren" durch die genannten Effekte erheblich verfälscht sein. Die Identifizierung der atmosphärischen Bestandteile und die Ermittlung ihrer Konzentrationen werden dadurch erheblich erschwert. Bei der CRDS kann der Einfluss dieser Streuungseffekte durch die Verwendung verschiedener Wellenlängen reduziert werden [356, 373].

Die CRDS wird bevorzugt für die Detektion von Stickoxiden (NO_x) in der Atmosphäre eingesetzt [372]. Das Nitratradikal (NO_3) steuert beispielsweise den nächtlichen Schadstoffabbau, indem es flüchtige organische Verbindungen oxidiert, welche anschließend aus der Atmosphäre entfernt werden können [374, 375]. Ein Problem bei der Messung der Konzentration von NO_3 ist allerdings die Gleichgewichtsreaktion mit NO_2:

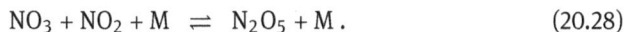

$$NO_3 + NO_2 + M \;\rightleftharpoons\; N_2O_5 + M . \tag{20.28}$$

Moleküle, wie beispielsweise Kohlenwasserstoffe oder Schwefelverbindungen, die nicht an der Reaktion beteiligt sind, die aber durch die Reaktion des NO_3-Radikals zu eigenen chemischen Reaktionen angeregt werden, sind dabei mit dem Formelbuchstaben M zusammengefasst.

Da sich bei niedrigen Temperaturen bevorzugt Distickstoffpentoxid (N_2O_5) bildet, werden zwei parallele Kavitäten zur Analyse genutzt [374, 375]. In der ersten Zelle wird die Konzentration der NO_3-Radikale bei Umgebungstemperatur gemessen. Für die Analyse in der zweiten Kavität erwärmt ein Vorwärmer die Luft auf eine Temperatur von 70 °C bis 80 °C. Dabei zerfällt N_2O_5 wieder in die Komponenten NO_3 und NO_2. Auch in dieser Zelle erfolgt eine Messung der Konzentration der NO_3-Radikale. Über die Differenz beider Messungen lässt sich dann der Anteil des N_2O_5 bestimmen [356].

Die CRDS ist prädestiniert für diese Untersuchung, da das Radikal im Spektralbereich des roten Lichts (~ 660 nm) absorbiert, wo es eine große Auswahl an Laserquellen und hoch reflektierenden Spiegeln gibt [356, 376].

20.3.2 Analytische Chemie

Auf dem Gebiet der analytischen Chemie ist häufig auch die Untersuchung flüssiger Proben erforderlich [356]. Die zusätzlichen Oberflächen der Probenküvette und die höhere Moleküldichte der Probe stellen allerdings eine besondere Herausforderung für die CRDS dar. Die vergleichsweise starke Absorption sowie die zusätzlichen Reflexionen und Transmissionen an den Küvettenoberflächen führen zu erhöhten Strahlungsverlusten und damit zu einer erheblich reduzierten Abklingzeit. Die Abklingkurve muss daher aus deutlich weniger Messpunkten ermittelt werden, was eine reduzierte Nachweisempfindlichkeit zur Folge hat. CRDS-Untersuchungen an flüssigen Proben stellen deutlich erhöhten Anforderungen an die Laserquelle, den Detektor und das Speicheroszilloskop im Vergleich zur CRDS für gasförmige Proben [356].

Die verschiedenen Möglichkeiten, Flüssigkeiten in der Kavität zu untersuchen, sind in der Abbildung 20.4 dargestellt [376]. Bei Option (a) wird die Kavität vollkommen mit der zu untersuchenden Flüssigkeit gefüllt, während bei den Optionen (b) und (c) jeweils eine gefüllte Küvette im Brewster-Winkel bzw. im Nullwinkel in die Kavität eingebracht wird. Die Anordnung im Brewster-Winkel hat den Vorteil, dass die Reflexionsverluste minimiert werden [361]. Im Unterschied dazu tritt bei der Küvette im Nullwinkel zwar Reflexion auf, das Licht verbleibt aber auf der optischen Achse.

In der analytischen Chemie wird die CRDS unter anderem für die Untersuchung der Reaktionskinetik oder für die Erforschung chemischer Bindungen in Lösungen eingesetzt. So konnte 2002 erstmals das fünfte Obertonspektrum der C-H-Schwingung von flüssigem Benzol gemessen werden [361]. Auch die Reaktionskinetik von Nitratradikalen mit Terpenen in Lösungen wurde mithilfe der CRDS untersucht. Dabei wurde ein Versuchsaufbau ähnlich zur Variante B aus der Abbildung 20.4 verwendet. Die Nitratradikale wurden mittels Photolyse erzeugt und senkrecht zum Laserpuls der Wellenlänge λ ~ 635 nm in die Küvette eingebracht. Als Ergebnis war mit fortschreitender Reaktion der Terpenmoleküle mit den Nitratradikalen eine abnehmende Absorption

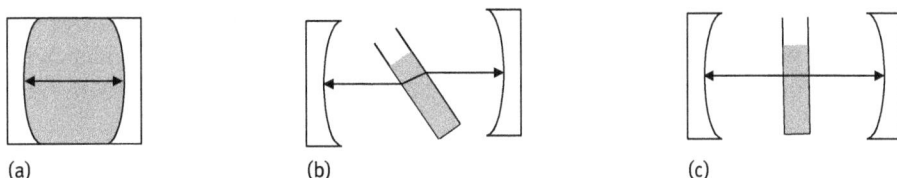

Abb. 20.4: Anordnungen zur Untersuchung von flüssigen Proben mithilfe der CRDS: (a) vollständig gefüllte Kavität; (b) Küvette im Brewster-Winkel; (c) Küvette im Nullwinkel.

der Terpene im Lösungsmittel zu beobachten. Da die Reaktionsrate in der Größenordnung der Ring-Down-Zeit liegt, ließ sich die Geschwindigkeitskonstante anhand der Aufzeichnung einer einzigen Abklingkurve ermitteln. Eine Wiederholung dieses Experiments für verschiedene Konzentrationen der Terpene in der Lösung ermöglichte die Untersuchung des Zusammenhangs zwischen der Konzentration und der Reaktionsgeschwindigkeit [377].

20.3.3 Analyse von Verbrennungsgasen

Die CRDS eignet sich aufgrund ihrer hohen Nachweisempfindlichkeit auch zur Untersuchung von Verbrennungsprozessen und wird unter anderem für die In-situ Konzentrationsmessung (während des Reaktionsvorgangs) in Flammen eingesetzt. In Flammen läuft eine Vielzahl chemischer Reaktionen ab, an denen oftmals mehrere Hundert Komponenten beteiligt sind. Mithilfe der CRDS können die Konzentrationen von stabilen Komponenten, wie Stickoxide oder Rußpartikel, aber auch von Radikalen in der Flamme und in deren Randbereichen ortsaufgelöst erfasst werden [356].

Die Untersuchungen mit der CRDS sind dabei in der Regel auf laminare Flammen beschränkt, da die Konzentrationen in turbulenten Flammen sowohl zeitlich als auch räumlich variieren. Die besten Ergebnisse erhält man für Flammen mit homogener Konzentrationsverteilung entlang der Laserachse oder für Flammen mit Achsensymmetrie.

Für die meisten Anwendungen werden gepulste Laserquellen verwendet, wobei die Flamme üblicherweise senkrecht zur Laserachse orientiert ist [378]. Zur Messung des Sauerstoffgehalts wird die Absorption bei einer Wellenlänge von 750 nm genutzt [379].

Für die Untersuchungen an Flammen werden in der Regel konzentrische Resonatoren ($r_1 = r_2 = L/2$) oder planparallele Resonatoren ($r_1 = r_2 = \infty$) eingesetzt. Während Letztere einen Laserstrahl mit annähernd konstantem Durchmesser entlang der Kavitätslänge erzeugen, führen konzentrische Kavitäten zu einem fokussierten Laserstrahl und erlauben somit eine bestmögliche räumliche Messauflösung über die Flamme.

Eine besondere Herausforderung der CRDS an Flammen stellt die Tatsache dar, dass sich an den Spiegeln Kondensat ansammeln kann. Um dies zu vermeiden, werden die Spiegeloberflächen oftmals während des Versuchs mit inertem Gas (N_2 oder Ar) gespült [380].

20.3.4 Medizinische Applikationen

Neben den Hauptbestandteilen Stickstoff, Sauerstoff, Kohlendioxid und Wasserdampf enthält der menschliche Atem eine Vielzahl endogener (im Inneren hergestellter) flüchtiger organischer Komponenten (Volatile Organic Compounds – VOCs). Einige von denen können als diagnostische Biomarker dienen. Dies sind messbare biologische Indikatoren, die auf krankhafte Prozesse im menschlichen Organismus hinweisen können. Die quantitative Analyse des Atems kann so wichtige Indizien über den Gesundheitsstatus des Menschen liefern. Im Vergleich zur Untersuchung von Fluidproben (Blut/Urin) wird die Analyse des Atems präferiert, da diese nicht invasiv ist. Darüber hinaus ist die Analyse von Gasen in der Regel einfacher als die von Fluiden.

In der Tabelle 20.1 ist eine Auswahl von Krankheiten mit ihren potenziellen Atembiomarkern aufgelistet.

Tab. 20.1: Verschiedene Krankheiten und potenzielle Atembiomarker.

Krankheit	Potenzielle Biomarker
Asthma, Lungenerkrankungen, Bluthochdruck	Stickstoffmonoxid (NO)
Infektionen der Atemwege, Blutarmut	Kohlenstoffmonoxid (CO)
Vitamin-E-Mangel bei Kindern	Ethan
Tumormarker bei Lungenkrebs	Butan

Ein Beispiel für einen Biomarker ist Stickstoffmonoxid (NO), das einen wichtigen Hinweis auf Atemwegserkrankungen liefern kann. Im Jahre 1991 wurde erstmals endogenes Stickstoffmonoxid im menschlichen Atem mittels Massenspektrometrie festgestellt [381]. Personen mit einer Asthmaerkrankung weisen eine erhöhte Stickoxidkonzentration im Atem auf. Eine sinkende Konzentration des Stickoxids über einen Behandlungszeitraum kann eine Aussage über die Wirksamkeit eines entzündungshemmenden Medikaments liefern [382]. Stickoxid findet man in einer Konzentration von wenigen Parts per Billion (ppb) im menschlichen Atem [383].

Im Gegensatz zur Entnahme von Proben aus der atmosphärischen Luft ist die Probennahme von Atem relativ aufwendig. Die Anteile der VOCs im Atem können über den Zeitraum der Entnahme und abhängig vom Massenstrom des Atems variieren. Zudem ist eine Kontamination durch Umgebungsluft zu vermeiden, da diese die Anteile massiv verfälschen kann.

Aufgrund der hohen Messgenauigkeit ist die CRDS besonders geeignet, um die Konzentration der VOCs im Atem zu bestimmen. Sie bietet im Gegensatz zu anderen Verfahren den Vorteil, für viele verschiedene Komponenten anwendbar zu sein. Zusätzlich besitzt die CRDS oftmals eine höhere Genauigkeit, da konventionelle Analysetechniken häufig von der Querempfindlichkeit mit anderen Gasen betroffen sind. Die auf CRDS basierenden Verfahren haben sich bei der Untersuchung von biogenen Gasen bewährt und sind inzwischen auch kommerziell erhältlich [356].

20.4 Kommerzielle Produkte

Die CRDS ist eine recht junge Technologie. Zurzeit existieren daher nur wenige Anbieter kommerzieller Spektrometer. Das verfügbare Produktspektrum bietet neben Gasanalysatoren auch einige Geräte zur Messung von Isotopen in Gasen oder Flüssigkeiten. Neben der Anzahl und Art der detektierbaren Komponenten unterscheiden sich die Spektrometer unter anderem auch in ihrer Genauigkeit.

Im Folgenden werden drei beispielhafte kommerzielle CRD-Spektrometer kurz vorgestellt. Der G2401 Gas Concentration Analyzer des 1998 gegründeten US-amerikanischen Unternehmens Picarro, Inc. ist ein ortsfestes Spektrometer, das primär für die Untersuchung der atmosphärischen Zusammensetzung eingesetzt wird. Er kann die Konzentrationen von Kohlenstoffmonoxid (CO), Kohlenstoffdioxid (CO_2), Methan (CH_4) und Wasserdampf (H_2O) simultan erfassen. In der Abbildung 20.5 ist ein Foto dieses Gasmessgeräts dargestellt.

Das 2001 gegründete US-amerikanische Unternehmen Tiger Optics bietet eine Vielzahl spektrometrischer Analysatoren für die Konzentrationsuntersuchung von Gasen an. Die spezifischen Anwendungen sind dabei sehr breit gefächert und reichen von der Reinheitsbestimmung von Wasserstoff für Brennstoffzellen bis zur Feuchtig-

Abb. 20.5: CRD-Spektrometer G2401 (mit freundlicher Genehmigung der Picarro, Inc.).

keitsmessung von Gasen. Außerdem gibt es Produkte, die Gasgemische analysieren können. Mithilfe des ortsfesten Analysators Prismatic™ 2 können die Konzentrationen von CH_4, H_2O, CO, CO_2, NH_3 und H_2S gleichzeitig bestimmt werden. Dies erlaubt den Einsatz für viele Anwendungen in der Forschung und Entwicklung oder der medizinischen Diagnostik (unter anderem Atemanalytik), in denen ein kontinuierliches Gasmonitoring erforderlich ist. Abbildung 20.6 zeigt den Prismatic™ 2.

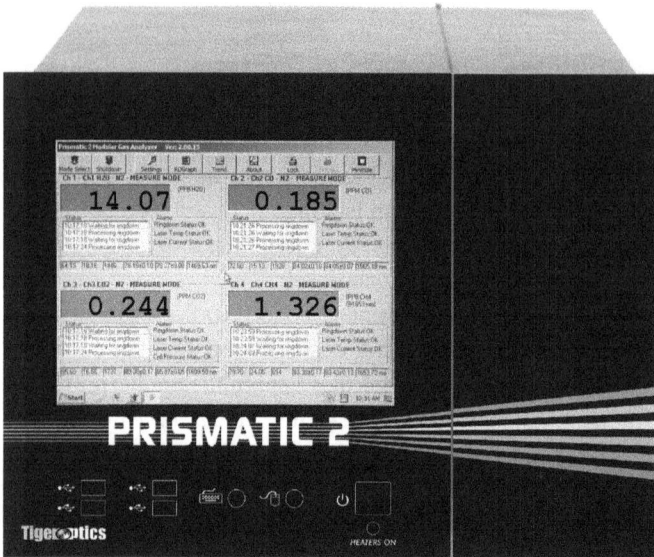

Abb. 20.6: CRD-Spektrometer Prismatic 2 (mit freundlicher Genehmigung der Tiger Optics, LLC).

Vereinzelt gibt es auch schon CRD-Spektrometer für mobile Anwendungen. Der G4301 GasScouter von Picarro ist ein solches Beispiel. Die Abbildung 20.7 zeigt zwei Fotos. Diese Kofferausführung arbeitet auf Batteriebasis und ermöglicht die Messung der Konzentrationen von Kohlenstoffdioxid, Methan und Wasserdampf, um beispielsweise Leckagen in Gasleitungen ausfindig zu machen. Der Messbereich liegt bei 0–30.000 ppm für CO_2 und H_2O sowie bei 0–800 ppm für CH_4. Die Messwerte haben eine Genauigkeit von 40 ppb (CO_2), 0,3 ppb (CH_4) und 10.000 ppb (H_2O).

Tabelle 20.2 listet die Spezifikationen der kommerziellen Produkte von Picarro und Tiger Optics. Die aufgeführten Spektrometer sind für den Einsatz in Laborumgebungen oder anderen ortsfesten Anwendungsbereichen vorgesehen. Die Einsatztemperaturen liegen für alle Geräte zwischen 10 °C und 40 °C. Die Analysatoren von Picarro kosten zwischen 50.000 US-Dollar und 130.000 US-Dollar [384].

Tab. 20.2: Spezifikationen kommerzieller CRD-Spektrometer (Datenblätter abgerufen unter [385, 386]).

Tiger Optics

Bezeichnung	Detektierbare Gase	Maße [mm]	Masse [kg]	Detektionsspanne [ppm]	Min. Detektionslimit (3σ) [ppb]	Präzision (1σ) [ppb]
Prismatic 2	CH_4 NH_3 H_2O H_2S CO CO_2	445 × 311 × 753	32,0	CH_4: 0–10 NH_3: 0–15 H_2O: 0–50 H_2S: 0–500 CO: 0–1.000 CO_2: 0–2.000	CH_4: 0,75 NH_3: 1,1 H_2O: 5 H_2S: 40 CO: 100 CO_2: 150	CH_4: 0,25 NH_3: 0,4 H_2O: 2 H_2S: 15 CO: 35 CO_2: 50
HALO 3 NH3	NH_3	218 × 222 × 599	15,4	NH_3: 0–35	NH_3: 2,5	NH_3: 0,8
Spark H2O	H_2O	218 × 222 × 599	14,5	H_2O: 0–2.000	H_2O: 12	H_2O: 4
T-I Max	HF HCl NH_3	218 × 222 × 599	15,0	HF: 0–1 HCl: 0–4 NH_3: 0–40	HF: 0,02 HCl: 0,1 NH_3: 0,3	HF: ± 0,02 HCl± 0,2 NH_3: ± 0,3
LaserTrace 3	H_2O	121 × 178 × 686	17,2	H_2O: 0–4,5	H_2O: 0,18	H_2O: 0,06
CO-rekt	CO CO_2 H_2O CH_4	559 × 445 × 386	37,2	CO: 0–2.000 CO_2: 0–1.500 H_2O: 0–16 CH_4: 0–8	CO: 150 CO_2: 500 H_2O: 1 CH_4: 1,6	CO: 50 CO_2: 170 H_2O: 0,4 CH_4: 0,6
Tiger-i 2000	CO_2 CH_4	218 × 222 × 599	15,0	CO_2: 0–3.000 CH_4: 0–20	CO_2: 2 CH_4: 10	CO_2: 1,5 CH_4: 7,5
ALOHA+ H2O	H_2O	218 × 222 × 670	15,4	H_2O: 0–20 in NH_3 H_2O: 0–6 in N_2 H_2O: 0–3 in He H_2O: 0–4 in Ar	H_2O: 1,6 in NH_3 H_2O: 0,5 in N_2 H_2O: 0,3 in He H_2O: 0,4 in Ar	H_2O: 0,6 in NH_3 H_2O: 0,2 in N_2 H_2O: 0,1 in He H_2O: 0,15 in Ar

Tab. 20.2: (Fortsetzung)

Bezeichnung	Detektierbare Gase	Maße [mm]	Masse [kg]	Detektionsspanne [ppm]	Min. Detektionslimit (3σ) [ppb]	Präzision (1σ) [ppb]
G2103	NH_3	432 × 179 × 446	21,3	NH_3: 0–10	NH_3: < 0,09	NH_3: 0,5 + 0,1 %
PI2114	H_2O_2	432 × 179 × 533	33,2	H_2O_2: 0–100	H_2O_2 < 3	H_2O_2: 3
G5310	N_2O CO	430 × 320 × 690	43,0	N_2O: 1–1.500 CO: 1–1.500	k. A.	N_2O: < 500 CO: < 400
G2301	CO_2 CH_4 H_2O	432 × 179 × 445	27,4	CO_2: 0–1.000 CH_4: 0–20 H_2O: 0–70.000	k. A.	CO_2: < 70 CH_4: < 0,5 H_2O: < 80
G2401	CO_2 CO CH_4 H_2O	432 × 178 × 446	26,9	CO_2: 0–1.000 CO: 0–5 CH_4: 0–20 H_2O: 0–70.000	k. A.	CO_2: < 50 CO: < 15 CH_4: < 1 H_2O: < 30.000
G2508	N_2O CH_4 CO_2 NH_3 H_2O	432 × 178 × 446	22,6	N_2O: 0–400 CH_4: 0,5–15 CO_2: 200–20.000 NH_3: 0–2 H_2O: 0–70.000	k. A.	N_2O: < 25 + 0,05 % CH_4: < 10 + 0,05 % CO_2: < 600 + 0,05 % NH_3: < 6 + 0,05 % H_2O: < 500 + 0,05 %xs
G2203	CH_4 C_2H_2	432 × 178 × 446	27,4	CH_4: 0–20 C_2H_2: 0–0,5	k. A.	CH_4: 3 C_2H_2 < 0,6
G2204	CH_4 H_2S	432 × 179 × 445	27,4	CH_4: 0–20 H_2S: 0–300	k. A.	CH_4: 2 H_2S: 3
G2108	HCl H_2O	432 × 179 × 446	33,2	HCl: 0–1.000 H_2O: 0–40.000	k. A.	HCl: 0,045 H_2O: 20.000
G2307	H_2CO CH_4 H_2O	432 × 179 × 446	26,9	H_2CO: 0–30 CH_4: 0–20 H_2O: 0–30.000	H_2CO: 0,3 CH_4: 6 H_2O: k. A.	H_2CO: 1,2 + 0,1 % CH_4: 20 + 0,2 % H_2O: 10.000 + 0,1 %
G2205	HF	432 × 179 × 446	31,8	0–1,0	0,03	0,03 + 0,5 %

Picarro

Abb. 20.7: CRD-Spektrometer G4301 GasScouter (mit freundlicher Genehmigung der Picarro, Inc.).

20.5 Zusammenfassung

Ein Cavity-Ring-Down-(CRD-)Spektrometer besteht im Wesentlichen aus einer Laserquelle, einem optischen Resonator (zwei hoch reflektierende Spiegel) und einem Strahlungsdetektor. Für die Datenaufzeichnung und -verarbeitung sind noch ein Speicheroszilloskop und ein Computer erforderlich.

Die Probe wird für die Untersuchung in dem optischen Resonator platziert. Im Falle der am häufigsten eingesetzten, gepulsten CRDS sendet die Laserquelle dann einen Laserpuls, der eine Vielzahl an Reflexionen im Resonator erfährt. Bei jeder Reflexion an dem (Auskoppel-)Spiegel (dem Detektor zugewandt) transmittiert ein geringer Anteil der Strahlung. Der Detektor registriert diese Signale und leitet sie an das Speicheroszilloskop weiter, das dann den zeitlichen Verlauf aufzeichnet. Durch den Vergleich dieser Abklingkurve (*engl. Ring Down Signal*) des Laserpulses im Resonator mit der Abklingkurve des leeren Resonators (ohne Probe) berechnet der Computer den Absorptionskoeffizienten der Probe. Durch die Messung bei verschiedenen Wellenlängen lassen sich die Teilchendichten der absorbierenden Bestandteile der Probe ermitteln.

Die Anwendungen von CRD-Spektrometern im Bereich der Gasmesstechnik reichen von der Analyse der atmosphärischen Zusammensetzung über die Untersuchung von Verbrennungsprozessen bis hin zur medizinischen Diagnostik. Auf dem Gebiet der Atmosphärenanalyse kommt die CRDS unter anderem für die Detektion von Stickoxiden oder von Feinstaub zum Einsatz. Bei Verbrennungsprozessen ermöglicht dieses Messverfahren beispielsweise die Konzentrationsmessung von Atomen und Radikalen in Flammen. Im medizinischen Bereich können mithilfe der CRDS Biomarker im menschlichen Atem gemessen werden. Diese biogenen Indikatoren können Aufschluss über krankhafte Prozesse des Organismus geben und liefern so wichtige Indizien zum Gesundheitszustand des Menschen. Anhand des Atembiomarkers Ethan kann beispielsweise ein Vitamin-E-Mangel bei Kindern frühzeitig festgestellt werden.

In der analytischen Chemie kommt die CRDS auch für flüssige Proben zum Einsatz. Das Verfahren wird hier unter anderem für die Untersuchung chemischer Bindungen in Lösungen oder für die Untersuchung der Reaktionskinetik eingesetzt. Aus den höheren Moleküldichten von Flüssigkeiten (im Vergleich mit Gasen) und den damit verbundenen stärkeren Absorptionen sowie den zusätzlichen Reflexionen und Transmission an der Probenküvette resultieren allerdings erheblich kürzere Ring-Down-Zeiten. Um trotzdem mit hoher Empfindlichkeit messen zu können, werden hohe Anforderungen an den Laser, die Detektoren und das Speicheroszilloskop gestellt.

Derzeit existieren nur wenige Hersteller kommerzieller CRD-Spektrometer. Diese unterscheiden sich im Wesentlichen in der Art und Anzahl der detektierbaren Gase sowie in der Nachweisempfindlichkeit und der Messgenauigkeit. Neben Spektrometern für ortsfeste Anwendungen gibt es auch ein paar wenige mobile Geräte. CRD-Spektrometer können die Konzentrationen von bis zu sechs Komponenten eines Gemisches messen, wobei die Nachweisgrenzen zwischen 0,02 ppb und 500 ppb liegen. Die Präzision reicht von wenigen ppb bis zu mehreren Tausend ppb. CRD-Analysatoren kosten zwischen 50.000 und 130.000 US-Dollar.

Zusammenfassend liegen die Stärken der Cavity-Ring-Down-Spektroskopie in der hohen Sensitivität zu moderaten Kosten bei geringer bis mittlerer Komplexität des Verfahrens.

21 Atomemissionsspektrometrie

21.1 Einleitung

Die Atomemissionsspektrometrie (AES) oder optische Emissionsspektrometrie (OES) ist ein Verfahren zur qualitativen und quantitativen Analyse von festen, flüssigen und gasförmigen Stoffen. Sie ist ein vergleichendes Verfahren. Das bedeutet, dass das Messgerät nur die Stoffe detektieren kann, für die es kalibriert worden ist.

Für eine emissionsspektrometrische Untersuchung wird die Probe durch Energiezufuhr – oftmals in einer Plasmaflamme oder in einem Lichtbogen – auf ein höheres Energieniveau angeregt. Beim Rückfall auf niedrigere Energieniveaus wird Licht einer charakteristischen Wellenlänge emittiert, das mithilfe eines optischen Gitters (oder Ähnlichem) spektral aufgespalten und anschließend detektiert wird. Die Auswertung des Spektrums erlaubt dann die Bestimmung der Stoffzusammensetzung. Varianten der AES sind die Flammen-Atomemissionsspektrometrie (F-AES), die optische Emissionsspektrometrie mit induktiv gekoppeltem Plasma (ICP-OES) und die Mikrowellen-Plasmafackel-Atomemissionsspektrometrie (MPT-AES).

Die AES wurde im Jahre 1860 von dem deutschen Chemiker Robert Wilhelm Bunsen und dem deutschen Physiker Robert Kirchhoff in Heidelberg entwickelt. Sie vertraten die Hypothese, dass Stoffe die Wellenlängen absorbieren, die sie auch selbst emittieren. Hierbei fanden sie heraus, dass Elemente anhand ihrer unterschiedlich farbigen Spektrallinien identifiziert werden können. Anfangs waren so ausschließlich qualitative Messungen möglich. Die beiden Wissenschaftler entwickelten diese Analysemethode allerdings derart weiter, dass auch die Anteile der Komponenten einer Probe bestimmt werden konnten. Der französische Chemiker Paul Émile Lecoq de Boisbaudran entdeckte dabei sogar einige neue Elemente, wie zum Beispiel Dysprosium, Gallium und Samarium. Die Fortschritte in der Halbleiterelektronik und die daraus resultierende Verkleinerung der Bauelemente kamen der Technologie weiter zugute. S. Greenfield und V. A. Fassel entwickelten unabhängig voneinander Atomemissionsspektrometer, die sie im Jahr 1970 vorstellten. Seit 1985 finden AES und OES routinemäßige Anwendung zum Beispiel in der Umweltanalytik und in der Metall- und Chemieindustrie. Sie gehören zu den wichtigsten Techniken der Multielementanalytik, weil mit ihnen bis zu 70 Elemente in unterschiedlichsten Materialien bestimmt werden können. Der größte Vorteil gegenüber anderen Verfahren sind die Schnelligkeit und die Nachweisempfindlichkeit. So können selbst Spurenanteile des jeweiligen Stoffes im ppb-Bereich detektiert werden [387].

Im folgenden Abschnitt wird das Messprinzip der OES vorgestellt. Dafür werden das bohrsche Atommodell und die optischen Phänomene Absorption und Emission erläutert. Darauf aufbauend werden die häufigsten Bauformen von Emissionsspektro-

Unter Mitwirkung von Florian Lawrenz, Sven Jantke und Hendrik Lösing

https://doi.org/10.1515/9783110702040-021

metern und ihre Komponenten diskutiert. Anschließend werden die technischen Anwendungsgebiete der OES vorgestellt und anhand von einigen Beispielen veranschaulicht. Im nachfolgenden Abschnitt werden beispielhaft kommerzielle Atomabsorptionsspektrometer unterschiedlicher Hersteller beschrieben. Abschließend erfolgen eine Zusammenfassung und eine Gegenüberstellung der Vor- und Nachteile der OES.

21.2 Messprinzip

Das Messprinzip eines Emissionsspektrometers basiert auf der Erfassung und Analyse des Lichts, das von angeregten Atomen ausgestrahlt wird. Dessen spektrale Zusammensetzung ist für jedes Element charakteristisch und erlaubt die Bestimmung der stofflichen Zusammensetzung einer Probe [387].

Im Folgenden werden zunächst die physikalischen Grundlagen zum bohrschen Atommodell sowie zur Absorption und Emission von Strahlung präsentiert. Dann erfolgt eine Vorstellung der verschiedenen Anregungsmechanismen, die für die AES/OES zum Einsatz kommen. Abschließend werden die am häufigsten verwendeten Anordnungen von OE-/AE-Spektrometern beschrieben.

21.2.1 Physikalische Grundlagen

Ein Atom besteht aus dem Atomkern und der Atomhülle. Im Atomkern befinden sich neben den Neutronen die positiv geladenen Protonen und in der Atomhülle die negativ geladenen Elektronen. Die positiven und negativen Ladungen sind betragsmäßig gleich groß, wodurch das Atom elektrisch neutral ist. Die Neutronen im Atomkern sind für die Stabilität des Atomkerns verantwortlich. Die Ordnungszahl des Elements im Periodensystem entspricht der Anzahl an Protonen (= Anzahl der Elektronen). Die relative Atommasse entspricht der Summe der Anzahl der Protonen und der Neutronen [388].

Gemäß dem bohrschen Atommodell besteht die Atomhülle aus mehreren Elektronenschalen, die sich in bestimmten Abständen vom Atomkern befinden und die jeweils einem Energieniveau entsprechen. Dabei sind die Niveaus energetisch umso höher, je weiter sie vom Kern entfernt sind. Jede Schale (jedes Niveau) kann dabei nur eine bestimmte Anzahl von Elektronen aufnehmen. Die innerste Schale (K-Schale) kann zwei Elektronen aufnehmen. Ist diese Schale vollständig mit Elektronen besetzt, wird die nächstliegende Schale (L-Schale) aufgefüllt. Insgesamt existieren sieben Schalen (K–Q), denen die Schalennummern n (1–7) zugeordnet sind. Mit der Formel

$$z = 2 \cdot n^2 \tag{21.1}$$

lässt sich die maximal aufnehmbare Anzahl von Elektronen z für jede Schale berechnen.

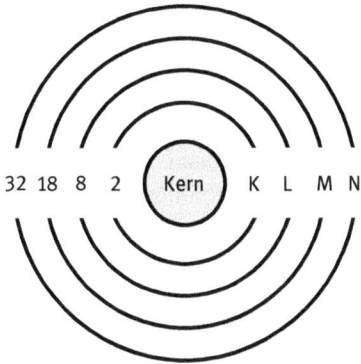

Abb. 21.1: Bohrsches Atommodell.

In der Abbildung 21.1 ist das bohrsche Atommodell mit den Schalen K bis N und deren maximaler Anzahl an Elektronen dargestellt [388].

Durch Absorption von Licht der richtigen Energie (d. h. Frequenz oder Wellenlänge) können Elektronen eines Atoms von einer inneren Schale mit niedrigem Energieniveau auf den freien Platz einer äußeren Schale mit höherem Niveau angeregt werden. Atome streben allerdings stets den unter den gegebenen Bedingungen niedrigstmöglichen energetischen Zustand an. Das führt dazu, dass die Elektronen nach einer gewissen Zeit vom angeregten Energieniveau auf das niedrigere zurückfallen. Die Differenz zwischen den Energieniveaus wird dabei oftmals als Lichtquant (Photon) emittiert. Die Strahlungsenergie entspricht sowohl bei der Absorption als auch bei der Emission jeweils der Energiedifferenz der Energieniveaus [388].

Abbildung 21.2 zeigt ein Elektron aus der K-Schale, das durch Absorption eines Lichtteilchens in die L-Schale angeregt wird (links). Nach einiger Zeit wechselt das Elektron unter Emission eines Photons wieder zurück in die K-Schale (rechts).

Der Vollständigkeit halber sei erwähnt, dass das bohrsche Atommodell die Vorgänge im Atom nur grob erklärt. Die Quantenmechanik liefert dazu eine fundierte Erklärung. Für die hier besprochenen Vorgänge reicht uns jedoch das einfache Modell von Niels Bohr.

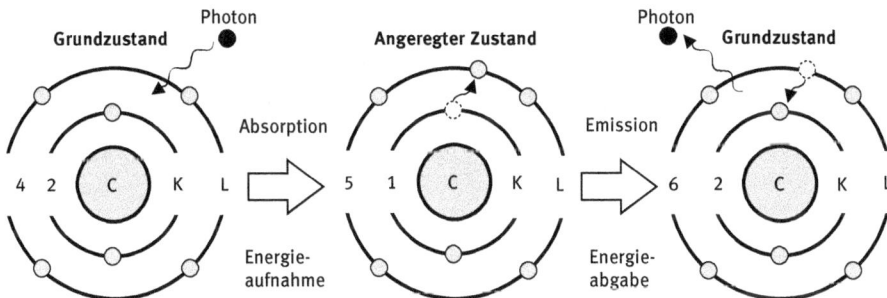

Abb. 21.2: Absorption und Emission am Beispiel eines Kohlenstoffatoms.

Im Gegensatz zu molekularen Übergängen erfolgen die Emission und die Absorption bei Atomen (im gasförmigen Zustand) in einem sehr engen Wellenlängenbereich. Die spektrale Aufspaltung des Spektrums mit einem dispersiven Element wie einem Beugungsgitter oder Prisma hat dann scharfe Linien zur Folge. Dabei zeigen Absorptionsspektren dunkle Striche in einem kontinuierlichen Transmissionsspektrum, Emissionsspektren hingegen komplementäre helle Linien. Abbildung 21.3 zeigt als Beispiel Atomemissionsspektren der Alkalimetalle (linke Spalte von oben nach unten: Lithium, Natrium, Kalium, Rubidium, Cäsium) und der Erdalkalimetale (rechte Spalte: Beryllium, Magnesium, Calcium, Strontium, Barium) jeweils 400 bis 750 nm. Die OES/AES basiert auf der Auswertung dieser für jedes Element charakteristischen Emissionsspektren.

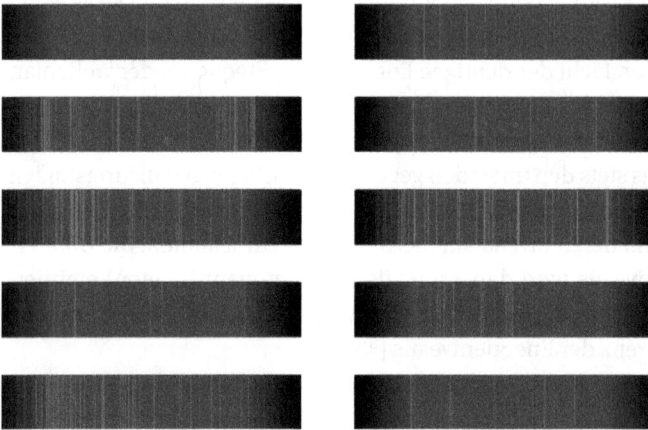

Abb. 21.3: Atomemissionsspektren der Alkalimetalle (links) und Erdalkalimetale (rechts) jeweils 400 bis 750 nm (BélaBéla, CC BY-SA 4.0).

21.2.2 Atomanregung

Neben der Anregung durch optische Absorption können die Atome bei der OES auch durch die Zufuhr von Wärme oder elektrisch angeregt werden. Für die elektrische Anregung wird die flüssige Probe mithilfe eines Zerstäubersystems versprüht. Die Anregung erfolgt dann mithilfe einer Plasmaflamme, in der die in der Lösung enthaltenen

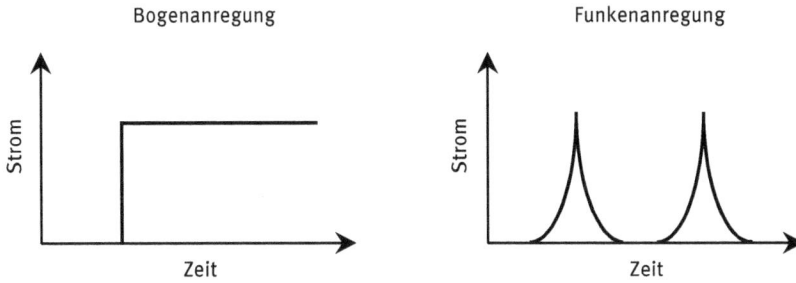

Abb. 21.4: Strom-Zeit-Diagramme der Bogen- und der Funkenanregung.

Elemente bei 5.000 bis 10.000 Kelvin zur Lichtemission angeregt werden, oder mit einer elektrischen Entladung. Diese kann je nach Gerätekonzept und Aufgabenstellung auf zwei unterschiedliche Arten durchgeführt werden.

In mobilen Spektrometern wird in der Regel die Bogenanregung bei konstantem Strom eingesetzt. Diese Methode erzeugt über die Dauer der Messung zwischen zwei Elektroden einen konstanten, elektrisch leitenden Kanal, indem die Atome der zu untersuchenden Probe in einem Lichtbogen verdampft werden. In stationären Geräten werden die Atome mithilfe von Entladungsfunken angeregt. Dafür werden periodisch geschaltete, kurze Stromimpulse verwendet. Dieses Verfahren gewährleistet eine bessere Stabilität und Reproduzierbarkeit. Aufgrund der einstellbaren Frequenz und des zeitlich periodischen Ablaufes liefert die Methode außerdem genauere Messergebnisse als die Bogenentladung [389].

Beide Anregungsmethoden sind in der Abbildung 21.4 in einem Strom-Zeit-Diagramm dargestellt. Tabelle 21.1 listet die jeweiligen Vor- und Nachteile [390].

Tab. 21.1: Vor- und Nachteile der Bogen- und der Funkenanregung [391].

	Bogenanregung	Funkenanregung
Vorteile	– Kurze Messung – Keine bzw. geringe Probenvorbereitung – Einfache Handhabung – Kein Schutzgas notwendig – Robust, einfache Elektronik	– Sehr genaue Analyse – Alle Legierungselemente lassen sich messen – Alle Metallarten sind analysierbar
Nachteile	– Eingeschränkte Genauigkeit und Reproduzierbarkeit – Analyse der Nichteisenmetalle nur eingeschränkt möglich	– Höherer apparativer Aufwand – Argon als Schutzgas notwendig – Probenvorbereitung aufwendiger

21.2.3 Paschen-Runge-Anordnung

Die nach dem Physiker Friedrich Paschen und dem Mathematiker Carl Runge benannte Anordnung ist die am häufigsten verwendete OES-Bauform. Sie basiert auf dem Spektrometer nach Henry Augustus Rowland und setzt konkave Reflexionsgitter ein. Durch diese sogenannten Rowland-Gitter wird das Licht nicht nur spektral aufgespalten, es wird auch gleichzeitig in einem definierten Abstand gebündelt. Dadurch werden keine Linsen oder ähnliche optische Element mehr benötigt. Das konkave Beugungsgitter besitzt üblicherweise zwischen 1.800 und 3.600 Einkerbungen pro Millimeter.

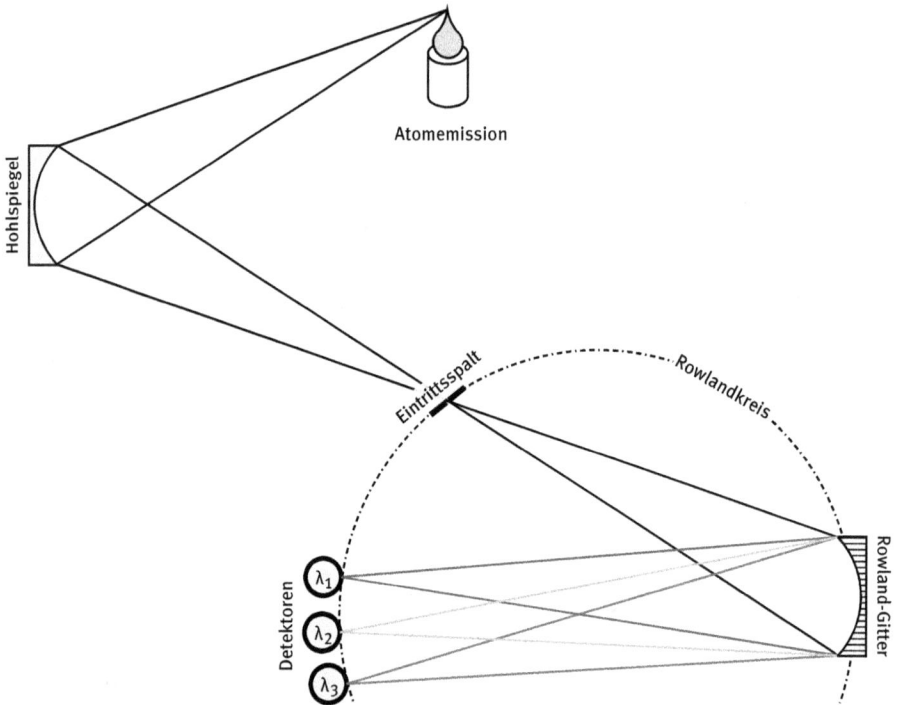

Abb. 21.5: Paschen-Runge-Anordnung eines OES.

Ein typischer experimenteller Aufbau ist schematisch in Abbildung 21.5 zu sehen. Die Emission der Probe wird mithilfe eines Hohlspiegels auf den Eintrittsspalt fokussiert. Die Spaltbreite wird dabei so gewählt, dass bei hoher Auflösung so viel Licht wie möglich durchgelassen wird. Hinter dem Spalt wird die sich divergent ausbreitende Strahlung mithilfe des konkaven Beugungsgitters in die einzelnen Wellenlängen zerlegt und gleichzeitig gebündelt. Der Eintrittsspalt, das Gitter und die Strahlungsdetektoren müssen dafür auf einem Kreis liegen, dem sogenannten Rowland-Kreis. Abschließend wird die Strahlung von einem oder mehreren Detektoren erfasst, die üblicherweise hinter entsprechenden Austrittsspalten angeordnet sind. Der Einsatz mehrerer Detektoren ermöglicht dabei die simultane Messung bei verschiedenen Wellenlängen, wobei die Anzahl der Detektoren die spektrale Auflösung des Emissionsspektrums bestimmt. Wird nur ein Detektor verwendet, realisiert man die Aufnahme eines Spektrums sequenziell durch Drehen des Beugungsgitters [392]. Die Vor- und Nachteile simultaner und sequenzieller Messung sind in Tabelle 21.2 aufgeführt.

Tab. 21.2: Gegenüberstellung der simultanen und sequenziellen OES-Messung.

	Simultane Messung	**Sequenzielle Messung**
Vorteile	– Hohe Analysegeschwindigkeit – Keine beweglichen Komponenten	– Flexible Wellenlängenauswahl – Hohe Analysegenauigkeit
Nachteile	– Eingeschränkte Wellenlängenwahl – Eingeschränkte Analysegenauigkeit	– Niedrige Analysegeschwindigkeit – Bewegliches Gitter erforderlich

Die Paschen-Runge-Anordnung ermöglicht eine Detektion von 40 oder mehr Probeelementen in kurzer Zeit. Sie hat im Vergleich zu anderen Bauformen große Vorteile bezüglich Wellenlängenstabilität und Lichtausbeute. Außerdem entfallen Absorptionen durch Prismen, Linsen oder andere optische Komponenten. Allerdings muss beim Kauf eines Gerätes für simultane Messung festgelegt werden, welche chemischen Elemente auf welchen Wellenlängen gemessen werden. Ein nachträgliches Umstellen der Anordnung ist recht aufwendig und kostenintensiv [390].

21.2.4 Echelle-Anordnung

OES-Geräte neuerer Generation basieren bevorzugt auf der Echelle-Anordnung. Das Wort stammt aus dem Französischen (échelle = Sprossenleiter) und beschreibt das eingesetzte Reflexionsbeugungsgitter. Dessen Einkerbungen sind als Stufen mit verspiegelten Vorderseiten ausgebildet. Das Echelle-Gitter weist im Vergleich zu einem Rowland-Gitter nur wenige Einkerbungen auf (für sichtbares Licht ca. 20–100 je Millimeter) und erlaubt eine hohe spektrale Auflösung [392]. Abbildung 21.6 zeigt eine schematische Darstellung.

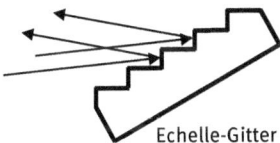

Echelle-Gitter   **Abb. 21.6:** Echelle-Gitter.

Es gibt verschiedene Varianten der Echelle-Anordnung für die OES. Eine besonders einfache ist schematisch in Abbildung 21.7 dargestellt. Wie bei der Paschen-Runge-Anordnung wird die Emission der Probe auf den Eintrittsspalt fokussiert. Hinter dem Spalt wird die sich divergent ausbreitende Strahlung mithilfe eines konkaven Hohlspiegels parallelisiert und auf das Echelle-Gitter gelenkt. Dort wird das Licht durch Beugung in seine spektralen Anteile zerlegt und in Richtung eines weiteren Hohlspiegels reflektiert. Dieser bündelt die spektral sortierte Strahlung dann auf die Detektoren [390].

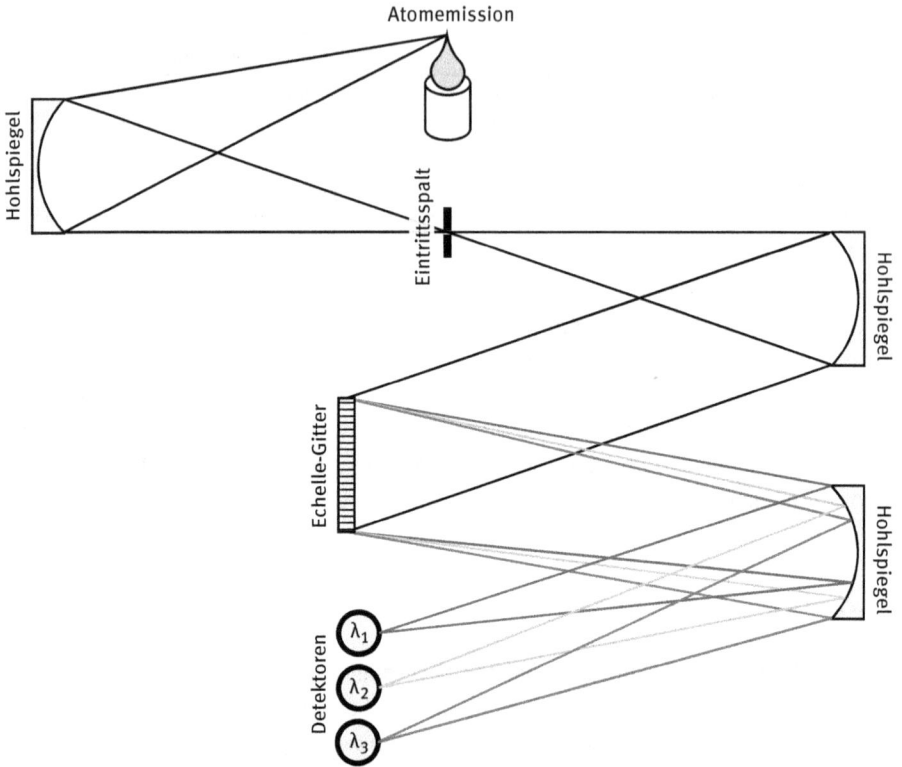

Abb. 21.7: Echelle-Anordnung eines OES.

Eine häufige Variante der Echelle-Anordnung setzt für die spektrale Aufspaltung eine Kombination aus einem Prisma und einem Echelle-Gitter ein, wobei das Prisma dazu dient, die sich im Spektrum des Gitters überlappenden Beugungsordnungen zu trennen. Ist die Beugungsebene des Prismas senkrecht zu derjenigen des Gitters orientiert, entsteht eine zweidimensionale, spektrale Sortierung, bei der die einzelnen Beugungsordnungen zeilenförmig untereinander angeordnet sind. Passiert die Strahlung das Prisma zweimal (einmal vor und einmal nach dem Echelle-Gitter), wird dieser Effekt noch verstärkt. Zur Detektion wird dann oftmals ein zweidimensionales Array eingesetzt.

Spektrometer nach der Echelle-Anordnung ermöglichen es, chemische Elemente mit hoher Auflösung und ohne eine zuvor festgelegte Wellenlängenbelegung zu detektieren.

21.2.5 Strahlungsdetektoren und Spektrenauswertung

Für die Erfassung des Lichts der Spektrallinien und die Umwandlung in ein elektrisches Signal können verschiedene Sensortypen verwendet werden. Eine Möglichkeit stellen Photomultiplier (Photoelektronenvervielfacher) dar. Durch ihre Entwicklung in den 1930er-Jahren wurde die quantitative Spektrometrie erst ermöglicht [393]. Mithilfe eines Photomultipliers können schwache Lichtsignale in eine elektrische Spannung umgewandelt werden. Abbildung 21.8 zeigt den schematischen Aufbau. Beim Auftreffen von Photonen auf die Oberfläche der Photokathode werden durch den äußeren photoelektrischen Effekt Elektronen herausgelöst und in Richtung der Anode beschleunigt. In der Folge treffen sie auf eine sogenannte Dynode, welche die Elektronen durch Herausschlagen weiterer Elektronen vervielfachen. Dieser Vorgang wird mehrfach wiederholt, sodass nach Durchlaufen des Vervielfachers eine elektrische Spannung zwischen Photokathode und Anode gemessen werden kann [390].

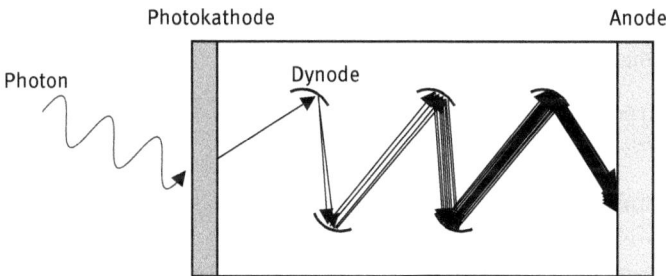

Abb. 21.8: Aufbau eines Photomultipliers.

Spektrometer mit Photomultipliern sind sehr empfindlich, haben aber den Nachteil, dass sie für jede Wellenlänge einen separaten Detektor benötigen. So können ausschließlich stoffliche Zusammensetzungen gemessen werden, für die das Gerät konfiguriert wurde. Soll eine Probe mit einer anderen stofflichen Zusammensetzung gemessen werden, muss die Anordnung der Sensoren im Gerät aufwendig umgebaut und neu eingestellt werden. Aus diesem Grund kommen heutzutage bevorzugt Charge-coupled Devices (CCDs) zum Einsatz. CCDs sind Sensoren, welche die Lichtintensität auf Basis des inneren photoelektrischen Effekts erfassen. Sie sind üblicherweise als Streifen aus mehreren Detektoren oder als zweidimensionale Arrays gestaltet. Durch die hohe räumliche Auflösung des Messbereichs kann das gesamte Lichtspektrum erfasst werden. Im Falle von Spektrometern der Paschen-Runge-Anordnung werden mehrere CCD-Sensoren entlang des Rowland-Kreises angeordnet

(siehe Abbildung 21.9). Um eine lückenlose Erfassung des Spektrums zu gewährleisten, werden die Sensoren jeweils überlappend platziert. Durch diese Anordnung
muss ein Gerät nicht mehr für bestimmte stoffliche Zusammensetzungen konfiguriert
werden [390].

Neben den CCD-Sensoren werden vereinzelt auch Active-Pixel-Sensoren (APS),
wegen der CMOS-Technik meist als CMOS-Sensoren bezeichnet, verwendet. Das
Hauptanwendungsfeld von CMOS-Sensoren ist die Bilderfassung in Digitalkame-
ras und Smartphones. In Emissionsspektrometern kommen sie aufgrund ihrer hohen
Lichtempfindlichkeit insbesondere bei großen Wellenlängen zum Einsatz.

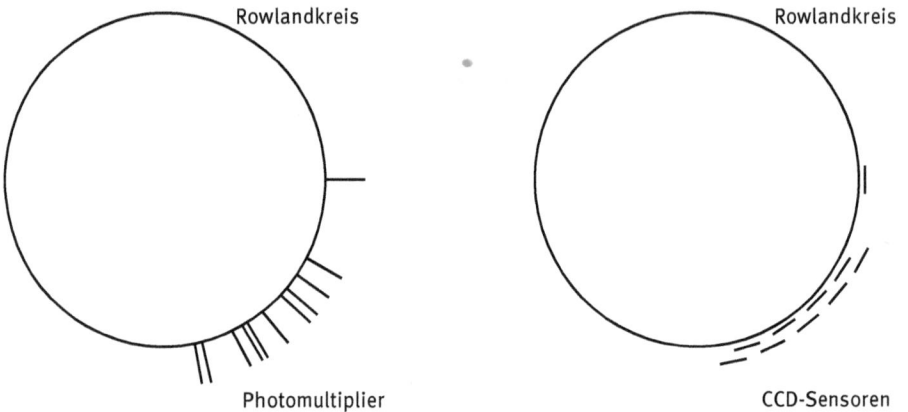

Abb. 21.9: Anordnung der Strahlungsdetektoren am Rowland-Kreis.

Nachdem das von der Probe emittierte Licht in ein elektrisches Signal umgewandelt
worden ist, wird durch elektronische Datenverarbeitung die Probenzusammensetzung ermittelt. Dafür kommen Computer mit entsprechender Analysesoftware auf
Basis von Spektrendatenbanken zum Einsatz. Je nach Gerät sind die für die Auswertung benötigten Computer bereits in das Emissionsspektrometer integriert und geben
das Messergebnis direkt über einen Bildschirm aus.

21.3 Anwendungen

Die Anwendungsbereiche der Emissionsspektrometrie unterteilen sich in solche für
stationäre und für mobile Geräte. Die stationäre Spektrometrie ermöglicht eine außerordentlich hohe Messgenauigkeit und wird zum größten Teil in Laboren durchgeführt.
Dafür müssen die Proben bestimmte Anforderungen an die Abmessungen und Geometrie erfüllen. Darüber hinaus müssen sie elektrisch leitend sein, falls die Anregung der
Atome über eine elektrische Entladung erfolgt.

Mobile Spektrometer sind in der Lage, an verschiedenen Stellen eines Objekts Proben zu nehmen und diese zu analysieren. So können auch Objekte untersucht werden, die für eine Laboruntersuchung zu groß sind. Darüber hinaus sind sie robust und für den Einsatz im Freien geeignet. Diese Geräte bieten allerdings in der Regel eine deutlich geringere Genauigkeit als stationäre Messgeräte. Bei beiden Gerätevarianten müssen die Anwender darauf achten, dass alle erwarteten Elemente identifiziert werden können [388].

21.3.1 Anwendungsgebiete

Die Emissionsspektrometrie findet ihre Anwendung in der Umwelt-, Werkstoff-, Lebensmittel- und geochemischen Analytik, insbesondere zur Bestimmung der Konzentrationen metallischer Bestandteile. Im Folgenden werden einige Anwendungsbereiche der Werkstoffanalytik und der chemischen Analyse genauer beschrieben. In den allermeisten Fällen ist das Ziel einer emissionsspektroskopischen Analyse, die Qualität oder die Reinheit von Stoffen zu prüfen [388].

Werkstoffanalytik

Die Hauptanwendungsfelder der OES in der Werkstoffanalytik sind die Identifizierung von Stoffen oder die Qualitätskontrolle für den Anlagen- und Maschinenbau. Für die Identifizierung von Stoffen wird die OES zum Beispiel im Bereich der Altmetallverwertung eingesetzt. Hierbei wird der angelieferte Schrott im Vorweg analysiert und aufgrund der inhaltlichen Zusammensetzung sortiert. Ziel dieser Untersuchung ist es, den optimalen Prozess in den Hüttenwerken zu gewährleisten. Dabei kommen vor allem mobile Geräte zum Einsatz. Darauf aufbauend wird die OES zur Qualitätskontrolle der Schmelze im Schmelzofen und zur Untersuchung der recycelten Stähle eingesetzt. Dafür kommen sowohl stationäre als auch mobile Geräte zum Einsatz.

Bei der Metallografie werden mithilfe von Emissionsspektrometern Analysen über die Zusammensetzung von Stahlerzeugnissen erstellt. Die Analysen dienen der Qualitätssicherung von bezogenem Rohmaterial. Ein anderer Anwendungsfall für Stahlanalysen ist die Ursachenforschung bei Materialversagen. Auch hier kann durch die Analyse nachgewiesen werden, ob die stoffliche Zusammensetzung der untersuchten Probe der geforderten Zusammensetzung entspricht [390].

Chemische Analyse

In der Pharmazie wird die OES insbesondere zur Reinheitsprüfung angewendet, um sicherzustellen, dass die vorgeschriebenen, hohen Qualitätsanforderungen eingehalten werden. So kann die Verwendung von chemischen Katalysatoren oder Metallsalzen in der Produktion zu unerwünschten Resten von Metallionen in Arzneistoffen führen. Rückstände von Elementen wie Aluminium, Palladium, Bor oder Silber in der Probe können aber mit der OES auch in Spurenanteilen eindeutig erkannt werden.

Auch Behältnisse aus Kunststoffmaterialien, die bevorzugt für Lebensmittel eingesetzt werden, können mittels OES auf Metalle wie Barium, Calcium, Zink, Aluminium, Chrom, Titan und Vanadium untersucht werden.

Die Wasseranalytik ist ein weiterer, wichtiger Anwendungsbereich der Emissionsspektrometrie. Sie kommt unter anderem für die durch die Trinkwasserverordnung vorgeschriebene Bewertung von Grundwasser und Quellwasser zum Einsatz. Ein Hauptaugenmerk der Analyse liegt dabei auf den Stoffen Chrom und Eisen. Das Gleiche gilt für die Umweltanalytik, welche die Zusammensetzung von Böden, Pflanzen, Abfällen und Düngemitteln betrifft [231].

21.3.2 Probenvorbereitung und Analysendurchführung

Die Durchführung einer emissionsspektrometrischen Analyse der stofflichen Zusammensetzung einer Probe soll im Folgenden anhand des Beispiels einer Metallprobenuntersuchung erläutert werden.

Bei einer stationären Analyse im Labor ist dem zu untersuchenden Werkstoff zunächst eine Probe zu entnehmen. Die Probengröße ist dabei an die Probenaufnahme des Gerätes anzupassen. Um zu verhindern, dass die Messergebnisse durch Verunreinigungen oder Korrosion an der Oberfläche verfälscht werden, wird die Probe vor der Analyse angeschliffen. Dabei ist auf eine feine und gleichmäßige Oberflächenbeschaffenheit zu achten.

Für die Durchführung der Analyse wird die Probe, wie in Abbildung 21.10 dargestellt, in die Aufnahme des Emissionsspektrometers eingespannt. Unterhalb der Probe befindet sich eine Bohrung, durch die der Plasmastrahl auf das Bauteil geleitet werden kann. Die Bohrung wird während der Analysendurchführung mit Argon gespült, um eine Kontamination durch Luftbestandteile zu verhindern. Darüber hinaus verhindert das Argon chemische Reaktionen der Probe mit der Atmosphäre, die durch die lokale, hohe Wärmezufuhr ansonsten ablaufen würden.

Das Ergebnis der Analyse wird über einen mit dem Emissionsspektrometer verbundenen Computer mit entsprechender Analysesoftware ausgegeben. Um ein repräsentatives Ergebnis zu erhalten, wird die Analyse an unterschiedlichen Stellen der Probe wiederholt und gemittelt. Somit können leichte Unregelmäßigkeiten im Metall ausgeglichen werden.

Um eine zuverlässige Auswertung der Analyse zu gewährleisten, wird in regelmäßigen Abständen eine Eichung des Gerätes durchgeführt. Dazu werden Normproben, deren genaue chemische Zusammensetzung bekannt ist, analysiert und die Messergebnisse mit den Sollwerten verglichen. Wenn Abweichungen festzustellen sind, ist eine Korrektur in der Analysesoftware vorzunehmen, bis die erforderlichen Toleranzen eingehalten werden.

Abb. 21.10: Probenaufnahme eines stationären Emissionsspektrometers.

21.3.3 Messergebnisse

Nach Abschluss der OES-Messung werden die Ergebnisse dem Nutzer tabellarisch zur Verfügung gestellt. Die beispielhafte Auswertung der emissionsspektroskopischen Analyse eines hochlegierten Stahls ist in Tabelle 21.3 zusammengestellt. Die Tabelle zeigt zwei Messungen des Werkstoffs mit den jeweiligen Masseanteilen der einzelnen Elemente. Die Analyse wurde mit dem stationären Emissionsspektrometer Foundry Master der Firma Oxford Instruments plc. durchgeführt.

Tab. 21.3: Emissionsspektroskopische Analyse eines hochlegierten Stahls.

Messung	Element/Masseanteil in %							
	Fe	C	Si	Mn	P	S	Cr	Mo
1	66,9	0,109	0,562	1,87	0,021	< 0,005	21,2	0,059
2	66,9	0,109	0,560	1,87	0,021	< 0,004	21,2	0,061
	Ni	Al	Co	Cu	Nb	Ti	V	W
1	8,98	0,004	0,047	0,184	0,002	0,013	0,038	< 0,020
2	8,97	0,003	0,046	0,184	0,003	0,012	0,038	< 0,019

21.4 Kommerzielle Produkte

Die folgenden Unternehmen stellen kommerzielle, optische Emissionsspektrometer her (kein Anspruch auf Vollständigkeit):
- Agilent Technologies Inc.
- Analytik Jena AG
- Angstrom Advanced Inc.
- BC Scientific Equipment Pty Ltd.
- Hitachi High-Tech Analytical Science Ltd.
- HORIBA Europe GmbH
- Oxford Instruments plc.
- PerkinElmer Inc.
- Shimadzu Deutschland GmbH

Aufgrund der vielfältigen Einsatzgebiete existiert eine weitgefächerte Auswahl an Geräten und Messmethoden. Bei optischen Emissionsspektrometern mit induktiv gekoppeltem Plasma unterscheidet man dabei zwei Anordnungen des optischen Systems: Die Atomemission kann axial aufgenommen werden, d. h. am Ende der Plasmafackel (in deren verlängerter Achse), oder radial, d. h. von der Seite der Fackel. Die Anordnung hat einen erheblichen Einfluss auf die Nachweisgrenze. Diese liegt bei axialen

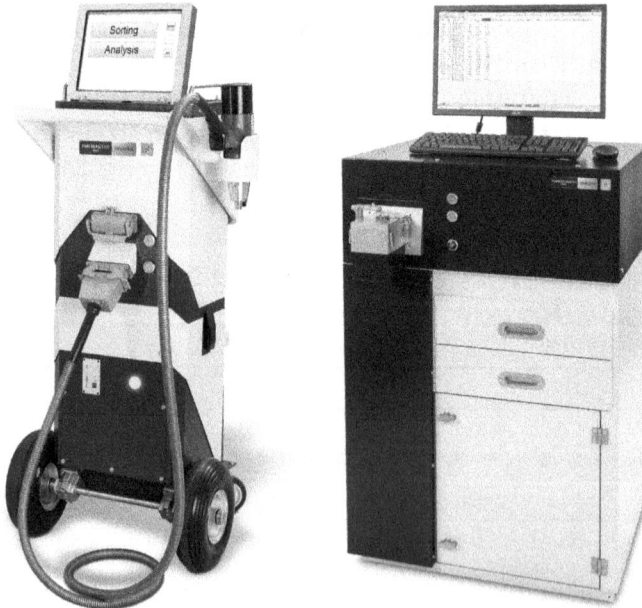

Abb. 21.11: Hitachi Test Master Pro (links), Hitachi Foundry Master Pro 2 (rechts) (mit freundlicher Genehmigung der Hitachi High-Tech Analytical Science GmbH).

Emissionsspektrometern zwischen 0,09 ppb und 10 ppb und bei radialen zwischen 1 ppb und 100 ppb [394]. Außerdem unterscheidet man zwischen mobilen und stationären Spektrometern. Ihre Kaufpreise variieren je nach Aufbau, Einsatzgebiet und Genauigkeit. Die Preisspanne beginnt für mobile Geräte bei 60.000 US-Dollar und endet für stationäre Geräten bei über 100.000 US-Dollar [394].

Abbildung 21.11 zeigt links ein Messgerät für mobile Anwendungen (Test Master Pro) und rechts ein stationäres Gerät (Foundry Master Pro 2). Beide stammen von dem japanischen Unternehmen Hitachi High-Tech Analytical Science und werden vor allem für die Qualitätskontrolle in der Metall verarbeitenden Industrie eingesetzt. Sie detektieren unerwünschte Elemente im Schrott und unterstützen so Analysen beim Wareneingang. Außerdem werden sie für die finale Qualitätskontrolle beim Warenausgang und für sicherheitsrelevante Untersuchungen eingesetzt. Sie bieten die Möglichkeit, die Zusammensetzung der Probe mit einer Datenbank genormter Stahlsorten abzugleichen und den Stahl so eindeutig zu identifizieren [394].

In Tabelle 21.4 sind wesentlichen Parameter und Eigenschaften der beiden Emissionsspektrometer einander gegenübergestellt.

Tab. 21.4: Gegenüberstellung eines mobilen und eines stationären Emissionsspektrometers [394].

	Mobiles Gerät (Hitachi Test Master Pro)	Stationäres Gerät (Hitachi Foundry Master Pro 2)
Abmessungen (H × B × T)	1.000 mm × 650 mm × 1.115 mm	1.140 mm × 730 mm × 850 mm
Gewicht	70 kg	180 kg
Optisches System	Paschen-Runge-Anordnung	Paschen-Runge-Anordnung
Sensoren	Multi-CCDs	Multi-CMOS
Wellenlänge	185–672 nm	130–780 nm
Brennweite	400 mm	350 mm

21.5 Zusammenfassung

Die optische Emissionsspektrometrie (OES) oder Atomemissionsspektroskopie (AES) ist ein qualitatives und quantitatives Messverfahren zur Bestimmung von Probenzusammensetzungen und Stoffkonzentrationen. Die Probenatome werden hierfür durch eine elektrische Entladung angeregt. Gemäß dem bohrschen Atommodell werden dabei Elektronen in eine weiter außen liegende, höher energetische Schale bewegt. Nach einer gewissen Zeit fallen die Elektronen auf innen liegende, energetisch niedrigere Schalen zurück und emittieren die Energiedifferenz der beiden Zustände in Form von Licht. Die Energien dieser Photonen, d. h. die Wellenlängen der Spektrallinien, sind charakteristisch für jedes chemische Element. Durch spektrale Analyse des emittierten Lichts lassen sich die verschiedenen Bestandteile einer Probe eindeutig identifizieren.

Man unterscheidet zwei Bauformen von Emissionsspektrometern, bei denen jeweils unterschiedliche dispersive Elemente für die spektrale Aufspaltung zum Einsatz kommen. Die Paschen-Runge-Anordnung nutzt dafür ein konkaves Reflexionsgitter (Rowland-Gitter), das das Licht gleichzeitig in einem definierten Abstand fokussiert. Die Echelle-Anordnung basiert auf einem Echelle-Beugungsgitter, dessen Einkerbungen als Stufen mit verspiegelten Vorderseiten ausgebildet sind.

Für die Detektion der Strahlung kommen in modernen Emissionsspektrometern meist CCD- oder CMOS-Sensoren zum Einsatz und seltener Photomultiplier. Eine nachgeschaltete Signalverarbeitung durch eine Computersoftware errechnet dann auf Basis einer Spektralliniendatenbank aus dem gemessenen Lichtspektrum die stoffliche Zusammensetzung der Probe.

Emissionsspektrometer kommen unter anderem in der Umwelttechnik sowie in der Werkstoff- und Lebensmittelindustrie zum Einsatz. Dabei wird zwischen stationären und mobilen Geräten unterschieden. Mobile Spektrometer finden ihre Anwendung oftmals in der industriellen Produktion zur flexibel gestaltbaren Kontrolle und Überwachung der Prozesse. Aufgrund ihres kompakten Aufbaus sowie externer Störungen und Verluste sind sie allerdings nicht so messgenau wie stationäre Spektrometer. Diese werden überwiegend im Labor eingesetzt und ermöglichen extrem hohe Nachweisempfindlichkeiten.

Aufgrund der vielfältigen Einsatzgebiete existiert eine weitgefächerte Auswahl an kommerziellen Emissionsspektrometern. Die Nachweisgrenzen liegen zwischen 0,09 ppb und 100 ppb. Die Preise variieren zwischen 60.000 US-Dollar für mobile Geräte und über 100.000 US-Dollar für stationäre Geräte.

Tabelle 21.5 fasst abschließend die Vor- und Nachteile der OES zusammen.

Tab. 21.5: Vor- und Nachteile der OES [387].

Vorteile	Nachteile
– Einfache Analysendurchführung und Bedienung	– Messung beschädigt und verändert Probe
– Parallele Bestimmung von bis zu 70 Elementen	– Teilweise aufwendige Probenvorbereitung
– Präziser Nachweis	– Regelmäßige Kalibrierung erforderlich
– Vergleichsweise kostengünstig	– Umbau auf andere Wellenlängen ist
– Hoher Automatisierungsgrad	aufwendig.
– Kurze Analysedauer	– Spülgas notwendig
– Exzellente Langzeitstabilität	– Keine kontinuierliche Messung
– Großer dynamischer Messbereich	– Aufbau ist mechanisch empfindlich
– Hohe Messempfindlichkeit im niedrigen ppb-Bereich	
– Kleine Probenmenge erforderlich	

22 Fluoreszenzspektrometrie

22.1 Einleitung

Die Fluoreszenzspektroskopie, als Messtechnik auch Fluoreszenzspektrometrie genannt, ist ein Analyseverfahren auf Basis der Fluoreszenz zum Nachweis von Inhaltsstoffen oder auch zur Ermittlung von Stoffkonzentrationen in einer Probe [395, 396].

Fluoreszenz bezeichnet die Eigenschaft bestimmter Moleküle, Energie aufzunehmen (z. B. in Form von Lichtabsorption) und diese in Form von Licht wieder auszustrahlen. Anhand der Wellenlängen von absorbierter und emittierter Strahlung sind Rückschlüsse auf die Eigenschaften und die Zusammensetzung der Probe möglich. Die Fluoreszenzspektrometrie gehört damit zu den emissionsspektrometrischen Verfahren. Im Unterschied zur klassischen Emissionsspektrometrie (siehe Kapitel 21) sind die emittierten Photonen aber meist energieärmer als die vorher absorbierten. Außerdem erfolgt die Anregung in der Regel optisch und nicht elektrisch, wie bei der AES oder OES.

Fluoreszenz ist nach dem Mineral Fluorit benannt, an dem das Phänomen zuerst beobachtet wurde. Eine der frühesten schriftlichen Erwähnungen stammt von Bernardino de Sahagún aus den Jahren 1560–1564, demzufolge bereits aztekische Heiler von dem blauen Leuchten des Aufgusses der Heilpflanze Lignum Nephriticum wussten [397]. Ab Mitte des 19. Jahrhunderts führten neue Forschungen (insbesondere in der Physik) zu einem besseren Verständnis der Fluoreszenz. Im Jahr 1845 wurde sie von Sir F. W. Herschel am Beispiel von Chinin beschrieben [398]. Ihm folgte Sir G. G. Stokes, der unter anderem die optischen Eigenschaften von Fluorit untersuchte. Angelehnt an die ebenfalls nach einem Mineral benannte Wortschöpfung Opaleszenz, prägte er im Jahr 1852 den Begriff Fluoreszenz [399].

Als ein Wegbereiter der Fluoreszenzspektroskopie gilt A. Jablonski, dessen Forschung im 20. Jahrhundert wesentlich zur Entwicklung des Messverfahrens beitrug [400]. Das erste kommerzielle Fluoreszenzspektrometer wurde in den 1940er-Jahren in den USA entwickelt. In den darauffolgenden Jahrzehnten kam es kontinuierlich zu Weiterentwicklungen, die die Anwendungsmöglichkeiten stark ausbauten [401]. Heutzutage wird die Fluoreszenzspektroskopie in vielen Bereichen eingesetzt, wobei der Schwerpunkt, wie damals, in der Medizin und Biotechnologie liegt [400].

In den folgenden Abschnitten wird zuerst näher auf das Messprinzip und die physikalischen Grundlagen eingegangen. Diese beinhalten auch die verschiedenen Aufbau- und Verfahrensvarianten sowie eine Erläuterung der einzelnen Komponenten. Anschließend werden beispielhaft Anwendungsmöglichkeiten (unter anderem aus den Gebieten Medizin und Lebensmittelindustrie) vorgestellt. Der darauffolgende

Unter Mitwirkung von Marc Dannenberg, Iris Kaiser und Christian Peters

https://doi.org/10.1515/9783110702040-022

Abschnitt beschreibt einige ausgewählte, kommerzielle Fluoreszenzspektrometer, inklusive ihrer spezifischen Verwendungszwecke. Abschließend werden die wichtigsten Informationen dieses Kapitels zusammengefasst.

22.2 Messprinzip

In diesem Abschnitt werden zunächst die physikalischen Grundlagen erläutert, die zum Verständnis der Fluoreszenz notwendig sind. Anschließend folgt eine detaillierte Beschreibung des Messprinzips und des Messaufbaus. Dabei werden auch die Funktionen der einzelnen Komponenten erläutert.

22.2.1 Fluoreszenz

Fluoreszenz beschreibt eine Form der Lumineszenz, bei der ein Stoff, zum Beispiel durch elektromagnetische Wellen angeregt, spontan Licht emittiert. Im Folgenden wird nur die Anregung durch Licht behandelt. Es sei aber erwähnt, dass die Anregung auch durch chemische Reaktionen oder elektrischen Strom erfolgen kann. Fluoreszierende Stoffe werden unter dem Begriff Fluorophore zusammengefasst [402].

Wird ein solcher Körper mit Licht der richtigen Wellenlänge bestrahlt, versetzt die Absorption der Photonen die Elektronen der Moleküle in einen angeregten Zustand S_1. Das Elektron befindet sich dann gemäß dem bohrschen Atommodell auf einer Elektronenschale mit größerer Entfernung zum Atomkern. Abbildung 22.1 links verdeutlicht dies anhand eines vereinfachten Dreiniveauschemas (Jablonski-Diagramm). Bei der Rückkehr zum Grundzustand (S_0) wird die Energie in Form von Licht wieder abgegeben. Die Aufenthaltsdauer auf dem erhöhten Energieniveau beträgt in der Regel nur wenige Nanosekunden. Die Fluoreszenz ist von der Phosphoreszenz abzugrenzen, bei der die Emission noch Stunden nach der Anregung stattfinden kann [400].

Moleküle können durch die Absorption von Licht zusätzlich zur elektronischen Anregung in Schwingung versetzt werden. Die Energie der Schwingungszustände, auch vibronische Zustände genannt, kann unter anderem durch Schwingungsdämpfung reduziert werden, bevor die restliche Anregungsenergie evtl. als Licht emittiert wird. Der Übergang auf ein niedrigeres Niveau durch Schwingungsdämpfung wird als strahlungsfreier Übergang bezeichnet.

Strahlungsfreie Übergänge, auch Desaktivierung genannt, fassen alle Prozesse zusammen, welche die zur Lichtemission verfügbare, absorbierte Energie reduzieren, zum Beispiel wenn die aufgenommene Energie in Wärme umgewandelt wird, bevor sie als Fluoreszenzstrahlung ausgesandt werden kann [402]. Durch die Desaktivierung wird weniger Energie in Form von Licht emittiert als absorbiert wurde. Die emittierte Strahlung ist daher energieärmer und hat entsprechend eine größere Wellenlänge λ_{em} als die Erregerstrahlung λ_{abs}. Dieser Zusammenhang ist als Stokes-Regel bekannt [400]. Auf diesem Effekt beruhen beispielsweise Textmarker: Ihre Farbe absorbiert unsichtbares, hochfrequentes Licht und emittiert niederfrequenteres Licht im sichtbaren Spektrum. Für das menschliche Auge scheint die Farbe zu leuchten [403].

Wird ein Fluorophor über den Zustand S_1 hinaus beispielsweise auf S_2 erregt, reduzieren strahlungsfreie Übergangsprozesse das Niveau wieder auf S_1, sodass erneut nur die Energiedifferenz zwischen dem niedrigsten elektronisch angeregten Zustand S_1 und S_0 als Licht abgestrahlt wird (siehe Abbildung 22.1 rechts). Dieses Phänomen ist als Kasha-Regel bekannt und gilt bis auf wenige Ausnahmen. Daher ist die emittierte Wellenlänge in den meisten Fällen unabhängig von der Erregerstrahlung, solange Letztere energiereicher/kurzwelliger ist [400].

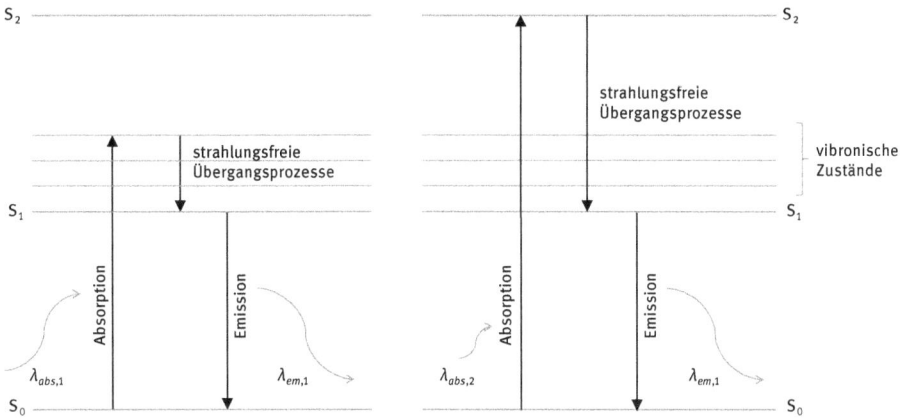

Abb. 22.1: Jablonski-Diagramm zur Veranschaulichung der Fluoreszenz.

Ein wichtiger Begriff in der Messung von Fluoreszenz ist die Quantenausbeute Q (auch Fluoreszenzausbeute). Sie beschreibt das Verhältnis der Anzahl von emittierten zu absorbierten Photonen und lässt sich folgendermaßen berechnen:

$$Q = \frac{\Gamma}{\Gamma + k_{nr}} \, . \tag{22.1}$$

Darin beschreibt Γ die Emissionsrate und k_{nr} die Rate der strahlungsfreien Übergänge [400]. Die Quantenausbeute ist also umso kleiner, je größer die Rate der strahlungsfreien Übergänge ist. Sie ist bis auf einige Sonderfälle kleiner (oder gleich) als 1 und gibt die Wahrscheinlichkeit an, mit der die Anregung eines Fluorophors tatsächlich zur Emission eines Fluoreszenzphotons führt.

Obwohl sich das Molekül nur für einen Zeitraum von etwa 0,1 ns bis 100 ns im angeregten Zustand S_1 befindet, können währenddessen verschiedene Vorgänge chemischer und physikalischer Art stattfinden. Diese Vorgänge haben einen großen Einfluss auf die analytische Anwendung der Fluoreszenz, weil die Lebensdauer des angeregten

Zustands das emittierte Spektrum und die Quantenausbeute beeinflusst. Die Intensität der Fluoreszenzstrahlung berechnet sich folgendermaßen:

$$F = 2{,}3 \cdot Q \cdot I_0 \cdot \varepsilon \cdot c \cdot d \,. \tag{22.2}$$

Dabei sind I_0 die Intensität der Anregungsstrahlung, ε der molare, dekadische Extinktionskoeffizient des Absorptionsübergangs, c die Konzentration des fluoreszierenden Stoffs und d die Schichtdicke des Probenbehälters. Die Intensität der Fluoreszenzstrahlung ist demnach direkt proportional zur Intensität der Anregungsstrahlung (solange keine Absorptionssättigung vorliegt) [7].

In Abbildung 22.2 sind beispielhaft die normierten Intensitäten der Anregung und Emission als Funktion der Wellenlänge dargestellt. Durch die energieärmere Emission verschiebt sich der Wellenlängenbereich hin zu größeren Wellenlängen.

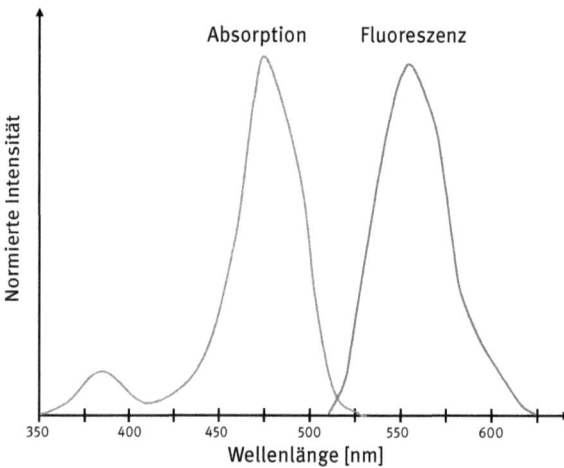

Abb. 22.2: Anregungs- und Emissionsspektrum eines Fluorophors.

22.2.2 Messverfahren und Aufbau

Das Grundprinzip der Fluoreszenzspektroskopie beruht auf der Anregung einer Probe mit einer bestimmten elektromagnetischen Erregerwellenlänge λ_{abs}. Dadurch sendet die Probe Licht mit einem charakteristischen Emissionsspektrum aus, das abhängig von der Zusammensetzung der Probe ist. Die emittierten Wellenlängen λ_{em} werden üblicherweise rechtwinklig zur anregenden Strahlung aufgenommen, um Überlagerungen mit der Erregerstrahlung zu vermeiden [404]. Der prinzipielle Aufbau eines Fluoreszenzspektrometers ist in Abbildung 22.3 dargestellt und wird im Folgenden genauer beschrieben.

Als Lichtquelle werden häufig Hochdruckgasentladungslampen verwendet, die eine konstante Strahlungsenergie aufweisen [7]. Xenonbogenlampen eignen sich

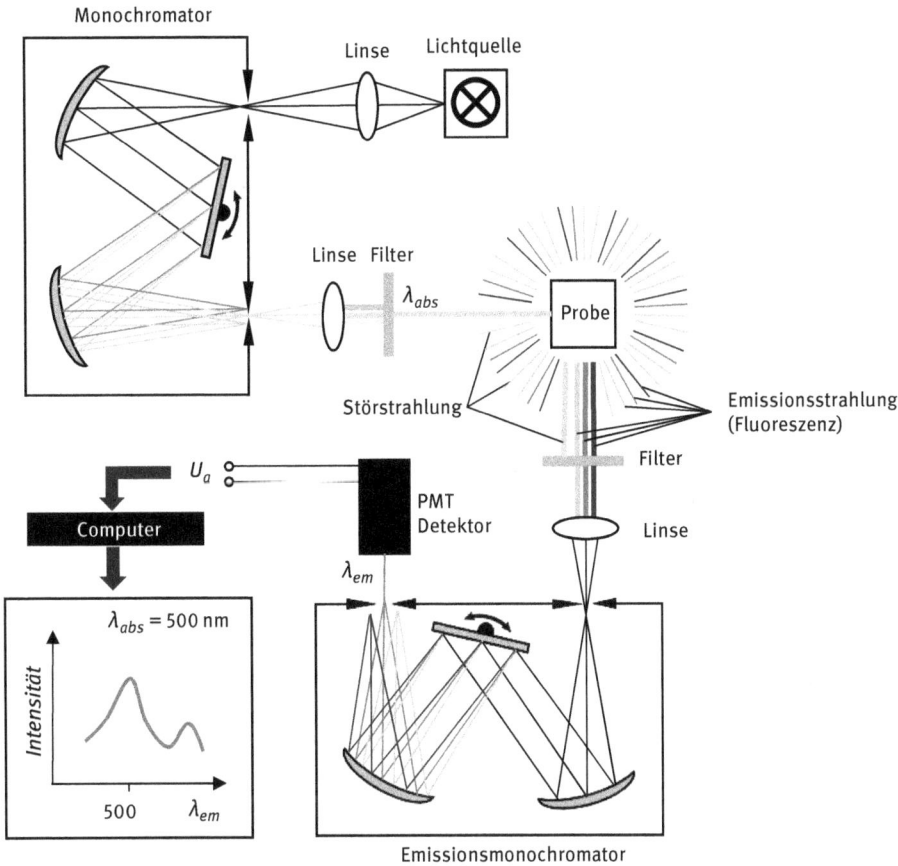

Abb. 22.3: Prinzipieller Aufbau eines Fluoreszenzspektrometers.

durch eine relativ gleichbleibende Intensität im Wellenlängenbereich von 280 bis
700 nm besonders gut. Weitere Lichtquellen sind: Xenonblitzlampen, Quecksilber-
dampflampen, LEDs und Laserdioden. Die Lichtquellen unterscheiden sich im elektromagnetischen Spektrum und in der Intensität der Wellenlängen [400]. Beispielsweise weist eine Quecksilberdampflampe im Bereich von 250 bis 580 nm mehrere
intensive Emissionslinien auf [7]. Von Laserdioden wird hingegen nur eine spezifische Wellenlänge abgestrahlt.

Um die geforderte Erregerwellenlänge zu selektieren und das Streulicht zu reduzieren, werden hinter der Lichtquelle ein Monochromator und/oder ein optischer
Filter eingesetzt. Die spektrale Aufspaltung basiert bei einem Prisma auf Brechung,
bei Gittermonochromatoren auf Beugung. Durch eine drehbare Lagerung des Prismas oder Gitters kann die gewünschte Wellenlänge ausgewählt werden [395]. In der
Fluoreszenzspektroskopie werden meistens Gittermonochromatoren verwendet, da
die von der Wellenlänge abhängigen Brechungswinkel des Prismas eine aufwendige-

re Strahlführung erfordern. Außerdem ist die Lichtablenkung bei Prismen in erheblichem Maße von der Temperatur abhängig [13]. Da sich Monochromatoren aufgrund ihres Auflösungsvermögens nicht ideal verhalten, wird dahinter manchmal zusätzlich ein Filter eingesetzt, um verbliebene und unerwünschte Wellenlängen zu eliminieren. Die Filter erfüllen dabei eine der folgenden Funktionen:

a) Durchlass eines bestimmten Wellenlängenbereichs (Bandpassfilter)
b) Sperren eines bestimmten Wellenlängenbereichs (Bandsperrfilter)
c) Durchlass ab einer bestimmten Wellenlänge (Langpassfilter)
d) Durchlass bis zu einer bestimmten Wellenlänge (Kurzpassfilter) [405]

Für den Fall, dass nur eine einzige Erregerwellenlänge gewünscht ist, kann auf einen Monochromator verzichtet und nur ein optischer Filter verwendet werden [400]. Bei einer Laserdiode als Lichtquelle entfällt aufgrund der spezifischen Wellenlänge des Lasers die spektrale Selektierung durch Monochromatoren und Filter.

Wenn die Probe nun mit der erforderlichen Erregerwellenlänge bestrahlt wird, fluoresziert sie. Damit die Erregerstrahlung das Messergebnis nicht verfälscht, wird das Emissionsspektrum der Probe (Fluoreszenz) in einem 90°-Winkel dazu erfasst. Die restliche Überlagerung durch Störstrahlung, Streulicht oder Ähnliches wird durch Emissionsfilter und/oder einen Emissionsmonochromator entfernt [400].

Zum Detektieren der Fluoreszenzintensität werden fast ausschließlich Photomultiplierröhren (PMT) verwendet, die auch als Sekundärelektronenvervielfacher bezeichnet werden [400]. Das Prinzip dieses Detektors beruht darauf, dass durch einfallendes Licht auf eine Photokathode N_{Ph} Photoelektronen pro Sekunde gelöst werden. Durch eine an der Vakuumröhre anliegende Hochspannung U_1 werden die Photoelektronen in Richtung der sogenannten Dynoden beschleunigt, wo beim Auftreffen 3 bis 10 Sekundärelektronen pro Photoelektron ausgeschlagen werden. Die Anzahl η der ausgelösten Sekundärelektronen ist spannungsabhängig. Dieser Vorgang wiederholt sich mit der Anzahl n der Dynoden. Der Elektronenstrahl trifft anschließend mit η^n Elektronen pro Photoelektron auf die Anode und erzeugt einen Spannungsimpuls U_a an einer Kapazität C_a:

$$U_a = \frac{N_{Ph} \cdot \eta^n \cdot e}{C_a} \, , \tag{22.3}$$

wobei die Elementarladung $e = 1{,}602 \cdot 10^{-19}$ C ist [406]. Der Detektor eignet sich bei einer hohen Spannung gut für die Verstärkung niedriger Lichtintensitäten [407]. Für die Untersuchung eines Wellenlängenbereichs wird das Detektorsignal als zeitliche Funktion über den Drehwinkel des Monochromators aufgenommen [406]. Das Signal des PMT als Funktion der Wellenlänge wird mit einem Computer ausgewertet und anschließend grafisch dargestellt.

Zunehmend werden aber auch ladungsgekoppelte Bauelemente (Charge-coupled Device – CCD) in der Fluoreszenzspektroskopie eingesetzt [400]. Dabei handelt es sich um eine Zeile oder Matrix (engl. Array) lichtempfindlicher Photodioden. Sie ermöglichen die simultane Messung des gesamten, spektral aufgelösten Emissionsspektrums. Dafür wird üblicherweise ein Polychromator eingesetzt. Dieser unterscheidet sich vom Monochromator darin, dass mehrere Austrittsspalte an verschiedenen Wellenlängen vorhanden sind oder eine breite „Austrittszeile".

Der Grundaufbau des CCD-Chips ist ein p-dotierter Halbleiter, der mit einer isolierenden Schicht überzogen und auf einer Trägerelektrode befestigt ist. Auf der Isolierschicht ist eine transparente Elektrode angeordnet, an der eine positive Spannung angelegt ist. Dadurch entsteht ein locharmer Potenzialtopf unter der Isolierschicht. Trifft nun ein Photon auf das Pixel entsteht durch den inneren Photoeffekt ein Elektronenlochpaar im dotierten Halbleiter. Das entstandene Loch wird durch die untere Elektrode, an der eine negative Spannung anliegt, abgezogen und das Elektron wandert zur Isolationsschicht, wo es im Potenzialtopf hängen bleibt. Durch weitere Photonen erhöht sich die Menge an Elektronen im Potenzialtopf proportional zur einstrahlenden Lichtmenge. Um die Informationen der einzelnen Pixel in der Anordnung auszulesen, sind diese gekoppelt. Durch einen getakteten Vorgang erfolgt ein Ladungstransport zum Ende der Reihe. Hier werden die Ladungen der Pixel mittels eines AD-Wandlers digitalisiert und können durch einen Computer mit Software ausgewertet werden. Die Größe der Pixel beträgt zwischen 3 und 10 µm, die Anzahl von Pixeln auf einem Chip ist abhängig von dessen Größe [368].

In kompakten Geräten werden auch einzelne Photodioden als Detektoren verwendet. Ähnlich wie beim CCD-Chip werden die Dioden nebeneinander angeordnet, um das gesamte Emissionsspektrum zu detektieren. Photodioden sind Halbleiterdioden mit einem pn-Übergang. Im p-Gebiet liegt ein Elektronenmangel vor und im n-Gebiet ein Elektronenüberschuss. Zwischen den beiden Gebieten bildet sich eine Raumladungszone (RLZ) aus. In dieser Zone diffundieren wenige Elektronen in das p-Gebiet ein und es entstehen Löcher im n-Gebiet. Wird nun eine Spannung in Sperrrichtung der Diode angelegt, fließt quasi kein Strom, da die RLZ verstärkt wird. Durch eine Beleuchtung der Diode entstehen Elektronenlochpaare, die aufgrund der angelegten Spannung und Polung in Sperrrichtung abfließen. Dieser elektrische Strom ist in seiner Stärke proportional zur Lichtmenge, die eingestrahlt wurde [368].

Aus den gemessenen Fluoreszenzwellenlängen kann der Stoff (die Stoffzusammensetzung) identifiziert werden. Aus den Strahlungsintensitäten ergeben sich die Konzentrationen.

22.3 Anwendungen

Die Anwendung der Fluoreszenzspektroskopie wird als Fluoreszenzspektralanalyse oder Spektrofluorimetrie bezeichnet. Diese ist mit der Fluorofotometrie unter dem Begriff Fluorimetrie zusammengefasst. Die Fluoreszenzspektroskopie ist eine analytische Methode zum Nachweis und zur Identifizierung von Substanzen durch Messung von Fluoreszenzspektren. Bei der Fluorofotometrie handelt es sich hingegen um eine analytische Methode zur Bestimmung der Konzentrationen anhand der Messung von Fluoreszenzintensität [7]. Fluorimetrie zeichnet sich als Analysetechnik durch eine hohe Empfindlichkeit, Spezifität und Einfachheit sowie durch geringe Kosten im Vergleich zu anderen Techniken aus. Sie wird unter anderem in den Bereichen Umwelttechnik, industrielle Analytik, medizinische Diagnostik, DNA-Sequenzierung, Forensik, genetische Analyse und Biotechnologie eingesetzt [408].

Das Anregungs- und das Emissionsspektrum einer Verbindung werden oft als Fluoreszenzsignatur oder Fingerabdruck bezeichnet, da sie charakteristisch für den jeweiligen Stoff sind. Dadurch ist die Fluorimetrie eine hochspezifische Analysetechnik [408].

Fluoreszenz ist besonders bei Stoffen mit folgenden, starren Molekülaufbauten zu beobachten:

a) aromatische Verbindungen (Aromaten)
b) Verbindungen mit konjugierten Doppelbindungen
c) Carbonylverbindungen
d) kondensierte Heterocyclen [7]

Die Fluorimetrie zeichnet sich durch niedrige Nachweisgrenzen aus, die oftmals unter denen der (UV)-Transmissionsspektroskopie (Absorptionsspektroskopie) liegen. In Tabelle 22.1 sind Nachweisgrenzen für einige organische Verbindungen und einige Elemente angegeben [408].

Tab. 22.1: Nachweisgrenzen für ausgewählte Stoffe der Fluorimetrie [408].

Verbindung/Element	Nachweisgrenze in 10^{-9} g/ml
Aromatische Kohlenwasserstoffe	
Benzopyren	3
Benzoperylen	5
Dibenzanthracen	7
20-Methyl-Cholanthren	8
Heterocyclische Verbindungen	
Warfarin	1
Tetrahydrocannabinol	1
Adenin	30
Elemente	
Phosphor	0,0006
Quecksilber	2
Wolfram	40

Nachfolgend wird der Einsatz von Fluoreszenzspektrometern in ausgewählten Anwendungsbereichen näher beschrieben.

Umweltanalytik

In der Umweltanalytik wird die Fluoreszenzspektroskopie unter anderem zum Nachweis von Ölteppichen auf Gewässern und zur Ermittlung der Verschmutzungsquelle eingesetzt [408]. Dabei wird ausgenutzt, dass Erdöle sich hinsichtlich ihrer Zusammensetzung abhängig von ihrer Herkunft unterscheiden [409]. Für die Analyse werden die aromatischen Kohlenwasserstoffe im Erdöl untersucht. Durch unterschiedliche Substituenten kann sich deren Fluoreszenzcharakteristik signifikant verändern. Bei aktivierenden Substituenten wie Amino-, Hydroxy- oder Methoxygruppen führt dies in der Regel zu einer intensiveren Fluoreszenz, wohingegen deaktivierende Substituenten wie Nitro- oder Carbonylgruppen die Fluoreszenz reduzieren oder auslöschen [7].

Für die Analyse wird die Wasseroberfläche mit ultraviolettem Licht bestrahlt. Ist das Wasser durch Öl verschmutzt, schwimmt dies an der Oberfläche und absorbiert einen Teil der UV-Strahlung. Ein Detektor erfasst dann die Fluoreszenz des Öls und wertet diese aus. Diese Systeme können 1 Milliliter Öl pro Quadratmeter Wasseroberfläche erkennen. Nach der Auswertung durch eine Software kann angegeben werden, wie viele Prozent der untersuchten Wasseroberfläche mit Öl bedeckt sind [410]. So können mithilfe der Fluoreszenzspektroskopie frühzeitig Umwelt- und Anlagenschäden vermieden werden.

Detektion von Heterocyclen

Als heterocyclische Verbindungen werden Kohlenstoffringe bezeichnet, die ein oder mehrere Fremdatome im Ring aufweisen. Diese Fremdatome werden als Heteroatome bezeichnet und sind zum Beispiel Stickstoff, Sauerstoff oder Schwefel. Heterocyclische Verbindungen sind pflanzlichen Ursprungs und weit in der Natur verbreitet. Bekannt sind einige dieser Verbindungen für ihre Wirkung auf den menschlichen Organismus. Zu dieser Gruppe zählen unter anderem das in der Tabakpflanze enthaltene Nicotin, allerdings auch natürliche Giftstoffe, die als Rauschmittel missbraucht werden können, wie Atropin, Kokain, Koffein oder die Opiate. Auch einige Pflanzenschutzmittel weisen heterocycle Bestandteile auf [409].

Die Fluoreszenz tritt bei stickstoffhaltigen Heterocyclen meist erst nach einer Protonierung auf [7]. Dabei werden positive Ladungen (Protonen) an die Verbindung angelagert [411]. Mithilfe der Fluoreszenzspektrometrie können so Pflanzenschutzmittelrückstände in Lebensmitteln (z. B. in Honig) oder Rauschmittel detektiert werden.

DSP-Toxine

Die Fluoreszenzspektrometrie wird auch zur Spezifizierung von DSP-Toxinen genutzt. Damit können z. B. Schalentiergifte (u. a. von Muscheln) erkannt werden. Diese zeigen allerdings im Ausgangszustand keine Fluoreszenz [412]. Um die Moleküle trotzdem fluorimetrisch analysieren zu können, müssen diese derivatisiert werden [7]. Beim Derivatisieren wird die Molekülverbindung mit einem Fluorophor als Reagenzpartner zu einem Reaktionsprodukt umgesetzt, das die Grundstruktur der Ausgangsverbindung weitestgehend behält, aber fluoreszierende Eigenschaften erhält [395]. Für diese Methode eignen sich viele Reagenzien mit Amino-, Thiol-, Carbonyl- oder Carboxylgruppen [7].

Lebensmittelindustrie

Ein wichtiges Anwendungsgebiet der Fluoreszenzspektrometrie ist die Qualitätssicherung in der Lebensmittelindustrie. Insbesondere landwirtschaftliche Erzeugnisse können so bezüglich ihrer Güte beurteilt werden.

Bei Obst und Gemüse wird die Fluoreszenzspektrometrie eingesetzt, um den Phenolgehalt oder den Polyphenolgehalt zu bestimmen. Phenole bzw. Polyphenole sind sekundäre Pflanzenstoffe, die zum Geschmack, Duft und Aussehen der Frucht beitragen. Durch die Verarbeitung und Lagerung nach der Ernte können diese Stoffe verloren gehen, was die Qualität mindert. Die Phenole werden für die Analyse durch UV-Strahlung zur Fluoreszenz angeregt. Zur Messung der Emission direkt an der Oberfläche des Obsts wird eine Sonde mit einer optischen Faser verwendet. Die Faser dient ebenfalls zur Leitung der UV-Erregerstrahlung. Da die Frucht als Ganzes betrachtet wird, ist das resultierende Emissionsspektrum nicht nur vom Phenolgehalt, sondern von vielen anderen Faktoren abhängig (zum Beispiel Desaktivierungsprozesse, Fluoreszenz anderer Inhaltsstoffe und Reabsorption). Um die Fluoreszenzspektren dennoch auswerten zu können, ist in der Regel zu Beginn eine Kalibrierung durch ein anderes Messverfahren erforderlich (zum Beispiel Chromatografie). Der Abgleich der Spektren mit den chromatografisch gemessenen Phenolgehalten ermöglicht dann die korrekte Auswertung [413].

Das Verfahren wird ebenfalls genutzt, um Schimmelbefall im geernteten Getreide nachzuweisen. Dafür werden die von Schimmelpilzen gebildeten, giftigen Mykotoxine detektiert. Für diese gesundheitsschädlichen Stoffe gibt es strenge, gesetzliche Obergrenzen. Da nicht alle Mykotoxine fluoreszieren, muss zuvor die vorliegende Art bestimmt werden. Aufgrund der Tatsache, dass die Toxine auch im Inneren der Getreidekörner vorkommen können, werden diese in der Regel vor der Messung gemahlen. Anderenfalls lässt sich nur eine Aussage über die Konzentration an der Oberfläche des Getreidekorns treffen [414].

Eine weitere Anwendung der Fluoreszenzspektroskopie in der Lebensmittelindustrie ist die Analyse und Überwachung von Milchprodukten während der Herstellung und Lagerung. Milchprodukte beinhalten verschiedene natürliche oder chemisch modifizierte, fluoreszierende Verbindungen. Dazu gehören Maillard-Reaktionsprodukte, Aminosäuregruppen, Riboflavin, Vitamin A, Chlorophylle, Porphyrine, Nicotinamidadenindinucleotid (NADH) und Lipidoxidationsprodukte. Durch eine fluorimetrische Messung kann außerdem die Anzahl der somatischen Zellen bestimmt werden. Dies sind in der Mehrzahl Leukozyten (weiße Blutkörperchen). Werden Milchkühe von pathogenen Bakterien infiziert, so reagiert der Körper mit einer verstärkten Immunreaktion, wodurch die Anzahl an Leukozyten rasant ansteigt. Sobald die Zellzahl einen bestimmten Wert überschreitet, darf die Milch nicht mehr konsumiert werden. Darüber hinaus können auch verschiedene Keime (u. a. Escherichia (E.) coli) in der Milch fluorimetrisch detektiert werden [415].

Bei der fluoreszenzspektrometrischen Untersuchung von Lebensmitteln ist zu berücksichtigen, dass die Emission sehr komplex sein kann, wodurch fortgeschrittene statistische Modelle zur Bewertung eingesetzt werden müssen. Die Untersuchung erfolgt allerdings im Gegensatz zu anderen Verfahren (zum Beispiel der photometrischen Analyse) grundsätzlich zerstörungsfrei, was den praktischen Nutzen erhöht [413]. Außerdem lassen sich mithilfe der Fluoreszenzspektrometrie deutlich geringere Stoffkonzentrationen nachweisen als mit der Photometrie (bis zu vier Zehnerpotenzen) [416].

Medizintechnik

Die laserinduzierte Fluoreszenzspektroskopie wird auch in der medizinischen Krebsdiagnostik eingesetzt. Dafür wird dem Patienten ein Arzneimittel (zum Beispiel Hematoporphyrinderivat) verabreicht, das vom Tumor selektiv zurückgehalten wird. Bei anschließender Lichtanregung mit einer geeigneten Wellenlänge geht von dem im Tumor lokalisierten Arzneimittel Fluoreszenz aus. Dabei können Hohlorgane (zum Beispiel die Mundhöhle) oberflächlich untersucht werden. Für die Untersuchung von innerem Gewebe werden Kanülen mit Lichtleitern verwendet. Das Ergebnis dieser Anwendung wird zum Nachweis und zur Lokalisierung des Tumors genutzt. Ein großer Vorteil ist, dass die Diagnose in Echtzeit durchgeführt werden kann. Außerdem gibt es aufgrund der nichtionisierenden Strahlung der Laserlichtquelle keine stärkeren Nebenwirkungen auf den menschlichen Körper [417, 418].

In der Zahnmedizintechnik kann die Fluoreszenzspektroskopie zur Kariesdiagnose angewendet werden. Dafür wird der Zahn mit Licht einer Wellenlänge von 655 nm angeregt. Die Zahnhartsubstanz beginnt zu fluoreszieren. Zur Erfassung der Fluoreszenz wird eine Photodiode benutzt. Um möglichst wenig Fehler bei der Erfassung zu bekommen, blockiert ein Empfangsfiltersystem das kurzwelligere (hochenergetische) Anregungslicht und andersartiges Streulicht (Tageslicht oder künstliche Beleuchtung). Die vom Detektor erfasste Strahlung wird dann von einer entsprechenden Elektronik ausgewertet. So kann der Demineralisationsgrad der Zahnhartsubstanz bestimmt werden. Dieser gibt an, inwieweit ein Zahn von Karies befallen ist. Das Ergebnis bezieht sich allerdings auf den gesamten Zahn. Um Teilbereiche des Zahns genauer untersuchen zu können, wurde die intraorale Kamera mithilfe des Fluoreszenzverfahrens weiterentwickelt. Dafür wird die Zahnoberfläche mit einer Leuchtdiode bei einer Wellenlänge von 405 nm angestrahlt. Die fluoreszierende Zahnhartsubstanz wird durch das Kamerasystem erfasst. Gesunde Zahnhartsubstanz fluoresziert dabei im grünen Spektralbereich, durch Karies veränderte im roten Bereich. Mithilfe einer Auswertesoftware kann der Zahnarzt genau sehen, welche Stellen des Zahns kariös sind und wie weit die Zerstörung der Zahnhartsubstanz fortgeschritten ist. Der Vorteil der fluorimetrischen Zahndiagnostik ist, dass sie nichtinvasiv ist, also ohne Verletzung oder Durchdringung von Gewebe [419].

22.4 Kommerzielle Produkte

Es existiert eine Vielzahl von Fluorometerherstellern und eine große Auswahl von anwendungsspezifischen Geräten. Im Folgenden werden beispielhaft sechs Unternehmen und deren Produkte vorgestellt.

TURNER Designs, Inc. ist ein US-amerikanischer Hersteller von Fluorometern für Umwelt- und Industrieanwendungen (turnerdesigns.com). Spezialisiert hat sich der Hersteller auf die Messung von fluoreszierenden Markierungsstoffen, Algenpigmenten und natürlich vorkommenden Fluoreszenzverbindungen. Turner bietet folgende Geräteklassen an [420]:

a) Tauchfluorometer
b) Laborfluorometer
c) Feld- und Handfluorometer
d) Durchflussfluorometer

Die PROMEGA Corporation ist ebenfalls ein US-amerikanisches Unternehmen, das Produktlösungen zur Protein-, Gen-, Zell- und Wirkstoffanalyse für Forschung und Industrie anbietet (promega.com). Das Produktportfolio zur Fluorimetrie umfasst Hand- und Laborgeräte [421].

Die japanische JASCO Corporation bietet eine breite Produktpalette für die optische Spektroskopie an (jasco.de). Für die Fluorimetrie werden ausschließlich stationäre Geräte angeboten, die speziell auf experimentelle Bedürfnisse abgestimmt sind [422].

Thermo Fisher Scientific, Inc. ist eine führende US-amerikanische Technologiefirma, die sich auf Forschung in den Biowissenschaften, Lösung komplexer analytischer Probleme und medizinische Diagnostik spezialisiert hat (thermofisher.com). Im Bereich der Fluorimetrie werden Tischgeräte zur DNA- und Proteinmessung, Laborgeräte mit Mikroplattenleser zur Zellanalyse sowie Geräte für geringe Probenmengen (wenige Mikroliter) angeboten [423].

Ein weiterer Hersteller von Produkten für die instrumentelle Analytik insbesondere in den Life Sciences ist das japanische Unternehmen SHIMADZU (shimadzu.de). Für die Fluoreszenzspektroskopie werden Laborgeräte und Software vertrieben [424].

Die US-amerikanische Firma ISS, Inc. bietet wissenschaftliche Instrumente für die Forschung sowie für medizinische und industrielle Anwendungen an (iss.com). Die Fluoreszenzproduktreihe enthält stationäre Geräte, die durch einen modularen Aufbau individuell mit Zubehörteilen erweitert und modifiziert werden können [425].

Nachfolgend wird jeweils ein Fluorometer jeder Geräteklasse näher vorgestellt: Tauchfluorometer (C3 von TURNER Designs), Laborfluorometer (PC1 von ISS), Feldfluorometer (NanoDrop von Thermo Fisher Scientific), Handfluorometer (AquaFlash von TURNER Designs) und Durchflussfluorometer (Enviro-T2 von TURNER Designs).

Tauchfluorometer

Das C3™ Tauchfluorometer der Firma TURNER Designs (Abbildung 22.4) wird zur Analyse von Stoffen im Wasser eingesetzt. Dazu wird das Instrument mit bis zu drei optischen Sensoren ausgestattet, um spezifische Stoffe detektieren zu können. Zur Anregung werden LEDs eingesetzt.

Abb. 22.4: C3™ Tauchfluorometer (mit freundlicher Genehmigung von TURNER Designs).

Das Tauchfluorometer kann bis zu einer Tiefe von 600 Metern eingesetzt werden und hat bei einem Durchmesser von 10 cm eine Länge von 23 cm. Die Einsatztemperatur liegt zwischen −2 °C und 50 °C. Das Gewicht des Instruments liegt bei ca. 1,7 kg. Die

Tab. 22.2: C3 von TURNER Designs: Nachweisgrenzen, Messbereiche, Anregungs- und Fluoreszenzwellenlängen.

Stoff	Nachweisgrenze	Messbereich	λ_{abs}	λ_{em}
Gefärbte gelöste organische Substanzen (CDOM)	0,1 ppb	0–1.500 ppb	365 nm	470 nm
Fluoreszierende gelöste organische Substanzen (FDOM)	0,5 ppb	0–3.000 ppb	365 nm	470 nm
Chlorophyll in vivo[*] (blau angeregt)	0,03 µg/l	0–500 µg/l	460 nm	696 nm
Chlorophyll in vivo[*] (rot angeregt)	0,3 µg/l	> 500 µg/l	635 nm	> 695 nm
Fluoreszenzfarbstoff	0,01 ppb	0–500 ppb	460 nm	545 nm
Öl – Rohöl	0,2 ppm	0–1.500 ppm	365 nm	410 nm
Öl – fein (raffinierter Brennstoff)	0,4 ppm	0–20 ppm	255 nm	350 nm
Optische Aufheller zur Abwasser-überwachung	0,6 ppb	0–2.500 ppb	365 nm	445 nm
Phycocyanin (Süßwasser-Cyanobakterien)	2 ppb	0–4.500 ppb	590 nm	≥ 645 nm
Phycoerythrin (Salzwasser-Cyanobakterien)	0,1 ppb	0–750 ppb	525 nm	≥ 590 nm
p-Toluolsulfonsäure (PTSA)	0,1 ppb	0–650 ppb	365 nm	405 nm
Rhodaminfarbstoff	0,01 ppb	0–1.000 ppb	530 nm	590 nm
Tryptophan zur Abwasserüberwachung	3 ppb	0–5.000 ppb	275 nm	350 nm
Trübung	0,05 NTU	0–1.500 NTU	850 nm	850 nm

[*] Als „in vivo" werden wissenschaftliche Prozesse bezeichnet, die im lebendigen Organismus ablaufen. Prozesse im Reagenzglas werden als „in vitro" bezeichnet.

Signalausgabe ist digital oder analog möglich und erfolgt über ein Kabel. Durch einen internen Speicher können bis zu 60.000 Datensätze aufgezeichnet werden. Das Gerät muss mit einer Spannung zwischen 8 und 30 Volt versorgt werden und hat eine Nennleistung von 5 Watt. In Tabelle 22.2 sind die Nachweisgrenze der detektierbaren Stoffe, Anregungs- und die Emissionswellenlängen angegeben [426]. Der Preis liegt bei ca. 7.000 €.

Laborfluorometer

Das PC1™ Laborfluorometer der Firma ISS (Abbildung 22.5) kann durch seinen modularen Aufbau optimal auf die jeweilige Anwendung angepasst werden. Als Lichtquelle wird in diesem Gerät eine 300-W-Xenonbogenlampe verwendet, optional können auch ozonfreie Lampen, Laser, Laserdioden oder LEDs eingesetzt werden. Zur Einstellung der Wellenlängen zwischen 200 und 1.200 nm verwendet dieses Gerät einen konkaven Einfachgittermonochromator. Die Wellenlänge lässt sich mit einer Toleranz von $\pm0,2$ nm und einer Reproduzierbarkeit von $\pm0,25$ nm einstellen. Die Einstellgeschwindigkeit beträgt 160 nm/s. Alternativ ist dieses Instrument auch als Doppelgittermonochromator erhältlich. Als Detektor ist standardmäßig ein PMT verbaut, der Einbau von gekühlten PMT und Mikrokanalplatten mit CCD ist möglich. Mit den Abmessungen 885 mm (L) × 600 mm (B) × 330 mm (H) und einem Gewicht von 43 kg ist dieses Gerät nur für den stationären Gebrauch vorgesehen. Die Betriebsspannung beträgt 110–240 Volt, 50/60 Hz [427]. Der Preis liegt in der einfachsten Ausstattung bei ca. 6.500 €.

Abb. 22.5: PC1™ Photon Counting Spectrofluorimeter (mit freundlicher Genehmigung von ISS).

Tisch-/Feldfluorometer

Im Gegensatz zu den Laborgeräten sind Tischgeräte kleiner, leichter und deshalb mobil einsetzbar. Ein Beispiel ist das NanoDrop™ 3300 Fluoreszenzspektrometer der Firma Thermo Fisher Scientific (Abbildung 22.6). Es ist 14 cm breit und 20 cm tief und hat ein Gewicht von 1,5 kg. Eine Besonderheit dieses Gerätes ist das geringe benötigte Probevolumen von 1 Mikroliter. Die Probe wird zwischen zwei Glasplättchen gelagert, womit auf eine Küvette verzichtet werden kann. Als Lichtquelle verwendet der

NanoDrop™ drei LEDs, die eine Wellenlänge von 265 nm, 470 nm und (durchstimmbar) 460–650 nm abstrahlen. Detektiert wird die Fluoreszenz (400–750 nm) mit einem 2.048-Element-CCD-Array. Dadurch kann auf einen teuren Monochromator verzichtet werden. Die Genauigkeit beträgt bei diesem Gerät ±1 nm. Eine USB-Schnittstelle ermöglicht es, das Gerät an einen Computer anzuschließen. Die Versorgungsspannung beträgt 5 V DC. Beispiele für die Anwendungen des NanoDrop™ sind: Nukleinsäurequantifizierung, DNA-Quantifizierung, RNA-Quantifizierung, Proteinquantifizierung [428]. Das Gerät kostet ca. 6.500 €.

Abb. 22.6: NanoDrop™ 3300 Fluoreszenzspektrometer (mit freundlicher Genehmigung von Thermo Fischer).

Handfluorometer

Abbildung 22.7 zeigt das Handfluorometer AquaFlash Handheld Active Fluorometer der Firma TURNER Designs. Durch die kleinen Abmessungen von 184 mm (L) × 89 mm (B) × 44,5 mm (H) und ein Gewicht von 0,4 kg ist dieses Gerät perfekt für den mobilen Einsatz geeignet. Als Lichtquelle wird eine spezifische LED zur Anregung von Chlorophyll verwendet (siehe Tabelle 22.2). Als Detektor wird eine Photodiode eingesetzt. Die Sensitivität des Geräts beträgt weniger als 0,3 µg/l für Chlorophyll. Die Messergebnisse werden direkt im Gerät verarbeitet und erlauben eine schnelle und genaue Schätzung der Gesamtsyntheseeffizienz von Algen. Die Probe wird für die Messung in eine Küvette mit quadratischem Querschnitt (10 × 10 mm) gefüllt. Das Handgerät wird durch vier AAA-Batterien mit Energie versorgt und kann bis zu 1.000 Datensätze speichern. Die Daten werden über ein Display ausgegeben. Die Hochfahrzeit des Gerätes liegt bei 5 Sekunden [429, 430]. Die Anschaffungskosten betragen ca. 400 €.

Abb. 22.7: AquaFlash Handheld Active Fluorometer (mit freundlicher Genehmigung von TURNER Designs).

Durchflussfluorometer

Das in Abbildung 22.8 dargestellte Enviro-T2 In-Line Fluorometer der Firma TUR-NER Designs ist ein Durchflussfluorometer zur kontinuierlichen Überwachung des Algen- und Cyanobakteriengehalts. Anwendung findet das Instrument in Wasser-aufbereitungsanlagen, wobei es in Süß- und Salzwasser betrieben werden kann. Die Nachweisgrenze für die genannten Stoffe liegt bei 0,3 µg/l. Als Lichtquelle kann zwischen einer blauen LED zur Fluoreszenzanregung aller Algengruppen und einer roten LED zum optimalen Nachweis von Cyanobakterien gewählt werden. Als Detektor wird eine Photodiode verwendet. Das Gerät kann über einen analogen Ausgang an ein SCADA-System, einen Datenlogger oder einen Schaltschrank angeschlossen werden. Zum Betrieb ist eine 12-V-DC-Spannungsversorgung nötig. Die Leistungsaufnahme beträgt im Nennbetrieb 0,8 Watt. Das Fluorometer wird mit einem 1-Zoll-Rohrgewinde angeschlossen und ist für eine dynamische Druckstufe bis 100 PSI (6,9 Bar) geeignet [431, 432]. Der Preis liegt bei ca. 1.800 €.

Abb. 22.8: Enviro-T2 In-Line Fluorometer
(mit freundlicher Genehmigung von TURNER Design).

22.5 Zusammenfassung

Die Fluoreszenzspektrometrie gehört zu den emissionsspektrometrischen Analyseverfahren. Dabei werden die Elektronen der äußersten Atomschale einer Probe in einen erhöhten Energiezustand versetzt. Fallen die Elektronen in den niedrigeren energetischen Zustand zurück, wird die Energiedifferenz als Licht einer bestimmten Wellenlänge emittiert. Im Unterschied zur Atomemissionsspektrometrie (AES) und zur optischen Emissionsspektrometrie (OES) erfolgt die Anregung dabei in der Regel optisch (durch Absorption) und nicht elektrisch (durch Entladung). Außerdem haben die emittierten Photonen eine größere Wellenlänge als die vorher absorbierten. Der Grund hierfür liegt in der für die Fluoreszenz typischen Desaktivierung. Dabei reduzieren strahlungsfreie Übergangsprozesse die Energie der Elektronen auf den niedrigsten angeregten Zustand. Von diesem aus erfolgt dann der strahlende (fluoreszierende) Übergang auf das Ausgangsniveau. Daher ist die emittierte Wellenlänge in den meisten Fällen unabhängig von der Erregerstrahlung.

Die Fluoreszenzwellenlängen sind charakteristisch für jeden Stoff. Durch eine spektrale Analyse lassen sich die einzelnen Bestandteile eines Stoffgemischs eindeutig identifizieren. Über die Strahlungsintensitäten können die Konzentrationen der Anteile bestimmt werden.

Ein Fluorometer (auch Fluorimeter) nutzt zur Selektion der gewünschten Erregerwellenlänge aus dem Spektrum der Strahlungsquelle und gleichzeitig zur Reduzierung von Streulicht einen Monochromator und/oder einen optischen Filter. Die Emission der Probe wird dann üblicherweise im 90°-Winkel zur Erregerstrahlung gemessen, um Überlagerungen zu vermeiden. Ein weiterer optischer Filter und/oder ein Monochromator sorgen für eine weitere Reduzierung von Störstrahlung. Als Strahlungsdetektoren kommen Photomultiplier, CCD-Sensoren oder Photodioden zum Einsatz. Mithilfe eines Computers werden dann die Konzentrationen der einzelnen Probenbestandteile auf Basis einer Spektraldatenbank ermittelt.

Die Fluoreszenzspektrometrie findet ihre zahlreichen Anwendungen unter anderem in der Umweltanalytik, der Lebensmittelindustrie und der Medizintechnik. In der Umweltanalytik können mit ihrer Hilfe geringste Ölverunreinigungen in Gewässern nachgewiesen werden. In der Lebensmittelindustrie lassen sich Schimmelpilze im Getreide detektieren oder die Qualität von Milchprodukten oder Frucht und Gemüse überprüfen. In der Medizintechnik wird die Fluoreszenzspektroskopie in der Krebsdiagnostik und zur Erfassung des Kariesbefalls von Zähnen genutzt.

Es gibt eine große Auswahl an kommerziellen Fluorometern. Diese werden in die folgenden Geräteklassen unterteilt: Tauchfluorometer, Laborfluorometer, Feldfluorometer, Handfluorometer und Durchflussfluorometer. Es lassen sich Nachweisgrenzen zwischen 0,01 ppb und 3 ppb erreichen. Die Preise dieser Geräte liegen zwischen 400 € und 7.000 €.

Zusammenfassend ist festzuhalten, dass sich die Fluoreszenzspektrometrie durch einfache Bedienbarkeit, niedrige Nachweisgrenzen, schnelle Messzeiten und moderate Preise auszeichnet. Eine Einschränkung stellt die Tatsache dar, dass nur fluoreszierende Stoffe erfasst werden können. Es besteht allerdings die Möglichkeit, einem Stoff durch chemische Reaktion mit einem Fluorophor fluoreszierende Eigenschaften zu verleihen. Im Falle der sogenannten Derivatisierung bleibt die Grundstruktur des Ausgangsstoffes dabei erhalten.

23 Kernspinresonanzspektrometrie

23.1 Einleitung

Mit der *Kernspinresonanzspektroskopie*, auch *Magnetresonanzspektroskopie* oder *Nuclear-Magnetic-Resonance- (NMR-)Spektroskopie* genannt, ist es möglich, die Konfiguration der Atomkerne in den Molekülen einer Substanzprobe zu untersuchen. Die Analyse erfolgt zerstörungsfrei und, ohne die molekularen Strukturen der Probe zu verändern oder die Moleküle chemisch aufzuspalten. Die daraus resultierende Wiederverwendbarkeit der Substanz ist ein großer Vorteil.

Das NMR-Verfahren basiert auf der Bestrahlung von Atomkernen mit elektromagnetischen Wellen und daraus resultierenden nuklearen Reaktionen und Emissionen. Dem ursprünglich schweizerischen, später US-amerikanischen Physiker *Felix Bloch* (1905–1983) und dem US-amerikanischen Physiker Edward Mills Purcell (1912–1997) gelang im Jahr 1946 unabhängig voneinander erstmals der experimentelle Nachweis von *Kernspinresonanz*signalen. Für ihre Forschungsergebnisse erhielten sie im Jahr 1952 den Nobelpreis für Physik. In den folgenden Jahren hat sich die Forschung zunächst mit eindimensionalen NMR-Experimenten beschäftigt, in welchen das NMR-Signal als Funktion der Frequenz aufgezeichnet wurde. Man erhält als Ergebnis ein 2-D-Diagramm. Ab 1970 konnten auch zweidimensionale NMR-Experimente durchgeführt werden, bei denen die Signalintensität über zwei Frequenzachsen aufgetragen wurde (3-D-Diagramm).

Die NMR-Spektrometrie hat sich in den zurückliegenden Jahrzehnten hinsichtlich ihrer Methodik und Effizienz deutlich weiterentwickelt. Bis in die 1970er-Jahre gab es nur die *Continuous-Wave-(CW-)Methode* (*CW-Verfahren*), bei der die Molekülprobe mit einer zeitlich kontinuierlichen, elektromagnetischen Welle bestrahlt wird. Diese ist allerdings aufgrund der erforderlichen Durchstimmung der Frequenz sehr zeitaufwendig.

In den darauffolgenden Jahren ist eine zweite Messmethode entwickelt worden, die *Impuls-Fourier-Transform-Methode* (*Impulsverfahren*). Bei dieser Methode erfolgt eine kurzzeitige Anregung mit einem breitbandigen Frequenzspektrum. Mit einer einzelnen Messung können so die Kernspinresonanzsignale verschiedener Atomsorten gemessen werden. Daher ist das Impulsverfahren in der heutigen NMR-Spektrometrie inzwischen Standard.

Im Folgenden wird zunächst das Messprinzip der NMR-Spektrometrie erläutert. Nach den physikalischen Grundlagen erfolgen detaillierte Beschreibungen des Continuous-Wave-Verfahrens und des Impulsverfahrens. Anschließend werden wichtige Anwendungsgebiete der Technologie vorgestellt. Diese untergliedern sich in Lebensmittelanalytik (*Food Screening*), Strömungsmesstechnik (*MRV*), Festkörperanalytik

---

Unter Mitwirkung von Tobias Franz und Michael Clasen

https://doi.org/10.1515/9783110702040-023

(*MAS*) und medizinische Diagnostik (*MRT*). Abschließend werden exemplarische, kommerzielle NMR-Spektrometer vorgestellt und die wichtigsten Inhalte des Kapitels zusammengefasst.

23.2 Messprinzip

Atomkerne können ihnen zugeführte Energie aufnehmen und sie anschließend wieder abgeben. Mithilfe dieser Reaktion können Signale gemessen werden, aus denen die Anzahl bestimmter Atomkerne in einer Molekülstruktur ermittelt werden kann. Oftmals dienen Wasserstoff der Atommassenzahl 1 (^{1}H) oder Kohlenstoff der Atommassenzahl 13 (^{13}C) für diesen Zweck. Im Folgenden wird die Theorie der NMR beispielhaft anhand von ^{1}H-Kernen erläutert. Darauf aufbauend werden das Continuous-Wave-Verfahren, das Impulsverfahren und die wichtigsten Messparameter anhand von Beispielmessungen vorgestellt.

23.2.1 Physikalische Grundlagen

Gemäß der Theorie der Quantenmechanik verfügt jeder Atomkern über einen Drehimpuls $\vec{L} = (L_x, L_y, L_z)^T$ um die eigene Kernachse, den sogenannten Kernspin. Für dessen Betrag gilt

$$|\vec{L}| = \hbar \sqrt{I(I+1)} \,, \tag{23.1}$$

wobei die Kernspinquantenzahl I die Werte $I = 0, \frac{1}{2}, 1, \frac{3}{2} \ldots$ annehmen kann [433].

Atomkerne, die eine gerade Anzahl an Protonen und eine gerade Anzahl an Neutronen enthalten, haben eine Kernspinquantenzahl $I = 0$ und sind daher nicht NMR-aktiv (Spektren höherer Ordnung sollen hier nicht betrachtet werden). Dies betrifft zum Beispiel ^{12}C, ^{16}O und ^{32}S. Der Exponent gibt jeweils die Atommassenzahl an (= Anzahl der Nukleonen). Alle anderen Atomkerne sind NMR-aktiv:

- Atomkerne, die eine ungerade Anzahl an Protonen und eine ungerade Anzahl an Neutronen enthalten, weisen ganzzahlige Kernspinquantenzahlen auf: ^{2}H ($I = 1$), ^{14}N ($I = 1$), ^{10}B ($I = 3$) etc.
- Alle anderen Atomkerne (gerade/ungerade und ungerade/gerade) weisen halbzahlige Kernspinquantenzahlen auf: ^{1}H ($I = \frac{1}{2}$), ^{11}B ($I = \frac{3}{2}$), ^{13}C ($I = \frac{1}{2}$), ^{17}O ($I = \frac{5}{2}$) etc.

In einem statischen, äußeren Magnetfeld mit der Flussdichte B_0 in z-Richtung richtet sich der Drehimpulsvektor $\vec{L}$ eines NMR-aktiven Atomkerns entweder parallel oder antiparallel zum Feld aus. Die Drehimpulskomponente in z-Richtung ergibt sich dabei zu

$$L_z = m\hbar \,, \tag{23.2}$$

wobei die magnetische Quantenzahl m ganz- bzw. halbzahlige Werte zwischen $+I$ und $-I$ annehmen kann. Das reduzierte plancksche Wirkungsquantum $\hbar$ errechnet sich folgendermaßen aus dem planckschen Wirkungsquantum h:

$$\hbar = \frac{h}{2\pi} \, . \tag{23.3}$$

Die (dem Betrag nach) maximalen z-Komponenten des Drehimpulsvektors ergeben sich somit für $m = -I$ und $m = +I$. Für den ^{1}H-Atomkern kann m demnach die Werte $+\frac{1}{2}$ und $-\frac{1}{2}$ annehmen.

Neben der Ausrichtung verursacht das Magnetfeld eine Kreiselbewegung des Atomkerns um die Magnetfeldachse. Diese Bewegung wird als *Präzession* bezeichnet und erfolgt mit der nach dem irischen Physiker Joseph Larmor benannten *Larmor-Frequenz* (ω_L: Larmor-Kreisfrequenz):

$$v_L = \frac{\omega_L}{2\pi} = \frac{\gamma}{2\pi} B_0 \, . \tag{23.4}$$

Dabei ist γ das gyromagnetische Verhältnis des Atomkerns [433]. In Abbildung 23.1 (links) sind die beiden möglichen Ausrichtungen des Drehimpulses des H^1-Atomkerns und die zugehörigen Präzessionen dargestellt.

Abhängig von ihrer Ausrichtung nehmen die Atomkerne dabei unterschiedliche Energiezustände ein. Diese werden nach dem niederländischen Physiker Pieter Zee-

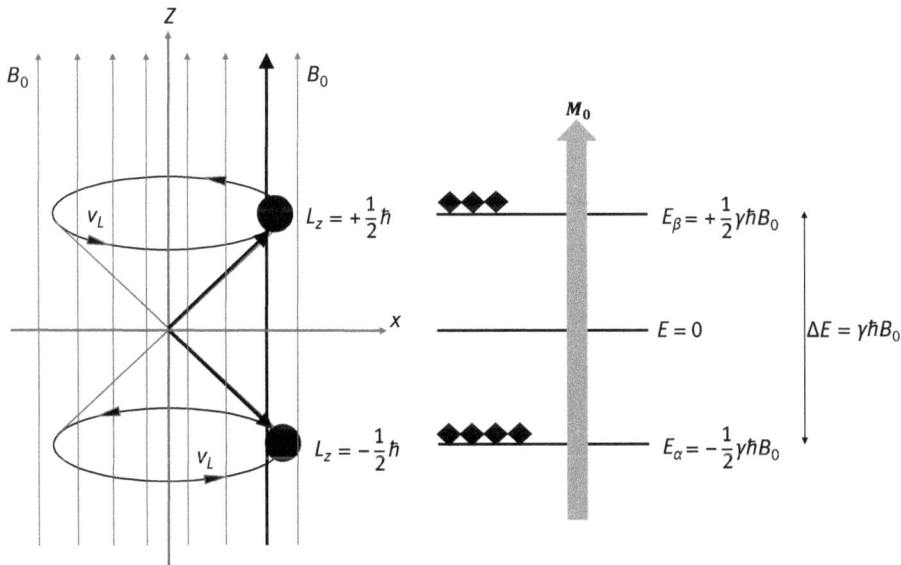

Abb. 23.1: Ausrichtung des Drehimpulses P_z zweier präzedierender H^1- Atomkerne im Magnetfeld (links). Prinzip der Magnetisierung M_0 aufgrund der statistischen Häufigkeiten der Energieniveaus E_α und E_β (rechts).

man als Kern-Zeeman-Niveaus bezeichnet:

$$E = -m\hbar\gamma B_0 \, . \tag{23.5}$$

^{1}H-Atomkerne können somit die Energieniveaus $E_\alpha = -\frac{1}{2} \cdot \gamma\hbar B_0$ und $E_\beta = +\frac{1}{2} \cdot \gamma\hbar B_0$ einnehmen. Infolge des Energieunterschieds zwischen der parallelen und der antiparallelen Orientierung gibt es im thermischen Gleichgewicht einen Besetzungsunterschied zwischen den beiden Orientierungen. Die Besetzung entspricht näherungsweise einer Boltzmann-Verteilung und bewirkt eine Überbesetzung des tieferen Energieniveaus E_α. Die statistisch ungleichmäßige Verteilung von E_α und E_β ist in Abbildung 23.1 (rechts) schematisch durch die schwarzen Rauten dargestellt. Durch die Überbesetzung des höheren Energieniveaus entsteht ein resultierender Magnetisierungsvektor M_0 in positiver Richtung der z-Richtung. Dieser stellt die Grundlage für die NMR-Messung dar, insbesondere für das Impulsverfahren.

Kernresonanzphänomene beruhen auf der Anregung von Kernspinübergängen zwischen E_α und E_β. Die dazu benötigte Energie berechnet sich zu

$$\Delta E = E_\beta - E_\alpha = \hbar\gamma B_0 = \hbar\omega_L = h \cdot \nu_L \, . \tag{23.6}$$

Die Larmor-Frequenz liegt für die meisten Atomkerne im Radiowellenbereich (oberhalb der Rundfunkfrequenzen). Gängige NMR-Spektrometer arbeiten daher mit Frequenzen zwischen 300 und 1.000 MHz, was magnetische Flussdichten zwischen 7 Tesla und 24 Tesla erfordert. Eine Übersicht über Resonanzfrequenzen von H^1- und C^{13}-Atomkernen bei verschiedenen magnetischen Flussdichten wird in Tabelle 23.1 gegeben.

Tab. 23.1: Larmor-Frequenzen von ^{1}H- und ^{13}C-Atomkernen bei verschiedenen magnetischen Flussdichten B_0 [433].

B_0 (T)	Larmor-Frequenz (MHz)	
	^{1}H $\gamma = 26{,}7522 \cdot 10^7$ (Ts)$^{-1}$	^{13}C $\gamma = 6{,}7283 \cdot 10^7$ (Ts)$^{-1}$
2,35	100	25,15
4,70	200	50,32
5,87	250	62,90
7,05	300	75,47
9,40	400	100,61
11,75	500	125,76
14,10	600	150,90
16,44	700	176,05
17,62	750	188,62
18,79	800	201,19
21,14	900	226,34
23,49	1.000	251,48

Die Kernspinresonanzspektrometrie ermöglicht es allerdings nicht nur, NMR-aktive, chemische Elemente im molekularen Aufbau anhand ihrer Larmor-Frequenz zu erkennen. Mit ihrer Hilfe können ganze Moleküle identifiziert werden. Dabei nutzt man insbesondere die Tatsache, dass Wasserstoffatome in den allermeisten organischen Molekülen an mehreren Stellen vorhanden sind. Die Resonanzfrequenzen der einzelnen ^{1}H-Atomkerne variieren allerdings leicht, abhängig vom Molekülaufbau und von ihrer Position im Molekül. Die verschiedenen Moleküle besitzen daher mehrere charakteristische ^{1}H-Resonanzlinien. Anhand derer lassen sich Moleküle eindeutig identifizieren. Ein beispielhaftes Kernspinresonanzspektrogramm findet sich in Abschnitt 23.2.4.

23.2.2 Continuous-Wave-Verfahren

Bei der Continuous-Wave-(CW-)Methode wird eine Probe, die sich in einem statischen Magnetfeld B_0 befindet, mit zeitlich konstanten (kontinuierlichen) elektromagnetischen Wellen senkrecht zum Magnetfeld bestrahlt. Wenn die eingestrahlte Frequenz der Larmor-Frequenz v_L entspricht, ist die Kernspinresonanzbedingung erfüllt und die Atomkerne können zu folgenden, gleich wahrscheinlichen Übergängen angeregt werden:
- Absorption: eingestrahlte Energie aufnehmen und in das nächsthöhere Energieniveau aufsteigen
- Emission: Energie abgeben und in das nächstniedrigere Energieniveau absteigen

Dies ist in Abbildung 23.2 dargestellt. Die Auswahlregel für diese Übergänge lautet $\Delta m = \pm 1$. Bei beiden Prozessen ändert sich die Orientierung des Spins und somit die Drehimpulskomponente L_z.

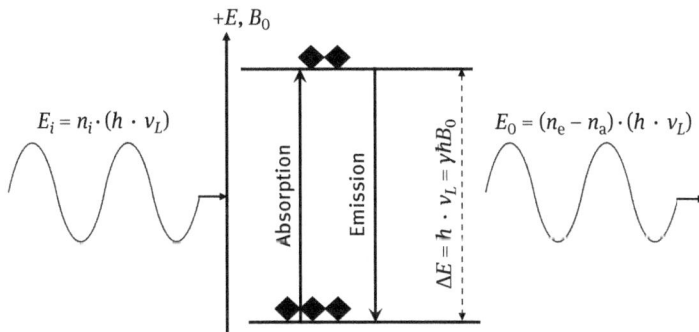

Abb. 23.2: CW-Methode: Einstrahlung einer kontinuierlichen elektromagnetischen Welle der Larmor-Frequenz v_L. Absorptions- und Emissionsübergänge zwischen den Energieniveaus einer Probe.

Mit der Anzahl der einfallenden Photonen n_{in} ergibt sich die eingestrahlte Gesamtenergie zu

$$E_{in} = n_{in} \cdot (h \cdot \nu_L) \,. \tag{23.7}$$

Die Gesamtenergie der Emission entspricht näherungsweise

$$E_{out} = E_{in} + (n_E - n_A) \cdot (h \cdot \nu_L) \,, \tag{23.8}$$

wobei n_E und n_A die Anzahl der Emissionen bzw. der Absorptionen sind. Als Folge der unterschiedlichen Besetzung der Energieniveaus – der energetisch tiefere Zustand ist leicht höher populiert – überwiegen die Absorptionen.

Das Kernspinresonanzsignal ist umso höher, je größer die Differenz zwischen der Anzahl an Emissionen und Absorptionen ist. Anhand dessen kann die Konzentration oder die Dichte von Atomkernen in der Probe abgeleitet werden. Da die Resonanzfrequenz charakteristisch für die Atomkernsorte ist, lassen sich auf diese Art und Weise Stoffe auch identifizieren.

Aufgrund seiner normalen Bewegung (z. B. in Lösung) kann sich der Atomkern allerdings neu orientieren, bevor er das absorbierte Lichtquant wieder emittiert. Die Richtung der Emission weicht demzufolge in der Regel von derjenigen der Einstrahlung ab. Um die Empfindlichkeit des Spektrometers zu erhöhen, wird die emittierte Strahlung daher oftmals, wie bei der Fluoreszenzspektrometrie (siehe Kapitel 22), orthogonal zur Einstrahlung gemessen. So kann die Empfängerspule keine Strahlung direkt von der Sendespule detektieren.

Für die Durchführung der CW-Methode gibt es zwei unterschiedliche Vorgehensweisen:

a) *Field Sweep Method (variierende Feldkonstantenmethode):* Bei einer festen Sendefrequenz wird die Magnetfeldstärke durchgestimmt.

b) *Frequency Sweep Method (variierende Senderfrequenzmethode):* Bei einer festen Magnetfeldstärke wird die Sendefrequenz durchgestimmt.

Die CW-Methode eignet sich insbesondere für den Nachweis empfindlicher Atomkerne mit einem großen gyromagnetischen Verhältnis γ (siehe Tabelle 23.1), die häufig in der Natur vorkommen, wie beispielsweise Wasserstoff ^{1}H (natürliche Häufigkeit: 99,98 %), Fluor ^{19}F (100 %) und Phosphor ^{31}P (100 %). Der Nachweis unempfindlicher Kerne, die zudem seltener in der Natur vorkommen, wie Kohlenstoff ^{13}C (1,1 %) oder Stickstoff ^{15}N (0,37 %) erweist sich als schwerer.

Aufgrund der Durchstimmung der Feldstärke bzw. der Frequenz sind die CW-Methoden mit einem erheblich höheren Zeitaufwand verbunden als das nachfolgend beschriebene Impulsverfahren. Bei der *Frequency Sweep Method* kann die Senderfrequenz außerdem nur zwischen den Einzelmessungen variiert werden. Damit müssen zwangsläufig mehrere Wiederholungen erfolgen, um alle Atomkernsorten erfassen zu können.

Der schematische Aufbau eines CW-NMR-Spektrometers ist in Abbildung 23.3 dargestellt. Die Hauptbestandteile sind der Probenkopf, der Magnet und die NMR-Konsole. Letztere ist aus dem Frequenzgenerator, einem Sender und einem Empfänger aufgebaut [13].

Für die Erzeugung des konstanten Magnetfelds werden Elektro- oder Permanentmagnete verwendet. Zum Senden und Empfangen werden zwei separate Spulen eingesetzt. In einigen Varianten sind die beiden Spulen wie oben erwähnt orthogonal zueinander orientiert [13]. Das induzierte Kernspinresonanzsignal der Probe wird üblicherweise verstärkt und zur Auswertung mit einem Computer aufgezeichnet [433].

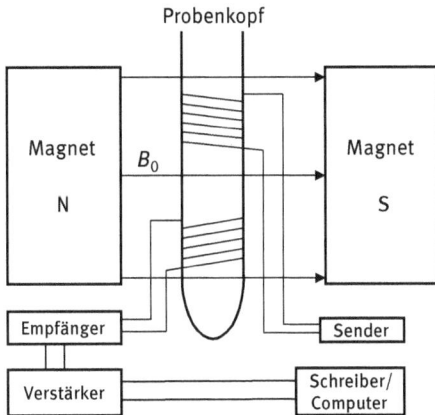

Abb. 23.3: Schematischer Aufbau eines CW-Kernspinresonanzspektrometers.

23.2.3 Impuls-Fourier-Transform-Verfahren

Beim Impulsverfahren wird die sich in einem statischen Magnetfeld B_0 befindliche Probe unter Verwendung eines Hochfrequenzgenerators mit elektromagnetischen Impulsen hoher Leistung und einer Dauer von wenigen Mikrosekunden bestrahlt. Diese sogenannten *Hard Pulses* enthalten nicht nur die gewählte Generatorfrequenz ν_G, sondern ein Frequenzband um diese herum, dessen Breite von der Dauer Δt des Impulses abhängt:

$$\nu_1 = \nu_G \pm \Delta t^{-1} \,. \tag{23.9}$$

Die Atomkerne mit einem Kernspin präzedieren zunächst im statischen Magnetfeld um die z-Achse. Mikroskopisch haben sie dabei eine statistisch verteilte Phasenverschiebung voneinander, durch welche sich ihre Drehimpulskomponenten in x- und y-Richtung aufheben [434]. Makroskopisch bedeutet dies, dass der resultierende Magnetisierungsvektor M_0 ausschließlich in z-Richtung zeigt (Abbildung 23.1 rechts).

Wenn der elektromagnetische Rechteckimpuls auf das Probenmaterial trifft, werden die Atomkerne durch die jeweils resonanten Frequenzanteile gleichzeitig in Anregung versetzt. Dadurch werden sie in ihrer Präzession synchronisiert, sie kreiseln nun in Phase zueinander um die z-Achse. Dadurch heben sich die Drehimpulskomponenten in x- und y-Richtung nicht mehr auf und es entsteht eine oszillierende, makroskopische *Transversal-* oder *Quermagnetisierung M_y*. Dies kann auch als eine Ablenkung des makroskopischen Magnetisierungsvektors M_0 um den Raumwinkel θ betrachtet werden:

$$\theta = \gamma B_i \Delta t \,, \tag{23.10}$$

wobei der Winkel vom magnetischen Anteil B_i des elektromagnetischen Impulses, dem gyromagnetischen Verhältnis γ der jeweiligen Atomkernsorte und der Dauer Δt des Impulssignals abhängt. Bei korrekter Wahl von Pulsdauer und Pulsleistung kann die Magnetisierung in die Transversalebene senkrecht zum externen Magnetfeld gebracht werden. Dies entspricht $\theta = 90°$.

Nach Beendigung des Pulses oszilliert die Quermagnetisierung für kurze Zeit senkrecht zum externen Magnetfeld. Dabei präzedieren die Kernspins der verschiedenen Atomkernsorten mit ihren individuellen Larmor-Frequenzen. Diese Oszillationen induzieren einen elektrischen Strom in der Induktionsspule, die zum Senden des Anregungspulses gedient hat. Das empfangene Signal (*Free Induction Decay* – FID) entspricht dabei der Überlagerung der Anteile der verschiedenen Atomkernsorten.

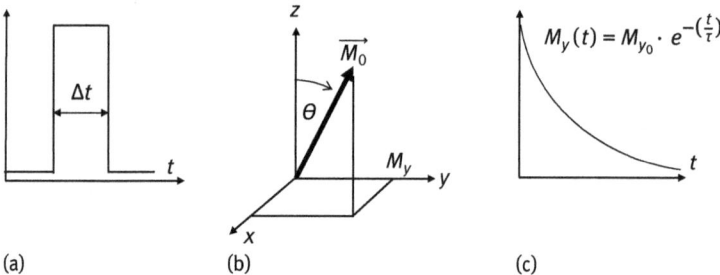

Abb. 23.4: Schematische Darstellung des Impuls-NMR-Verfahrens: (a) Rechteckimpuls mit Dauer Δt, (b) Quermagnetisierung M_y, (c) zeitlich abklingende Quermagnetisierung.

Durch allmähliche Dephasierung der einzelnen Kernspins und deren Rückkehr vom angeregten Zustand zum thermischen Gleichgewicht geht die Synchronizität allerdings nach einiger Zeit wieder verloren. Die Atomkerne präzedieren wieder statistisch verteilt und der makroskopische Magnetisierungsvektor M_0 zeigt ausschließlich in z-Richtung ($M_y = 0$). Dies entspricht einem Ablenkungswinkel von $\theta = 0°$. Dieser zeitliche Abklingvorgang wird als *Relaxation* bezeichnet und durch die Relaxationszeit τ charakterisiert.

$$M_y(t) = M_{y_0} \cdot e^{-\left(\frac{t}{\tau}\right)} \,. \tag{23.11}$$

In Abbildung 23.4 wird der Ablauf des Impulsverfahrens schematisch dargestellt.

Da sich die Zeitsignale der verschiedenen Atomkernsorten überlagern, sind die jeweiligen Frequenzen und Amplituden schwer erfassbar. Mithilfe der Fourier-Transformation ist es allerdings möglich, zeitabhängige Signale $f(t)$ in frequenzabhängige Signale zu überführen:

$$I(v) = \int_{-\infty}^{+\infty} f(t) \cdot e^{\{-ivt\}} \, dt \ . \qquad (23.12)$$

Durch diese mathematische Transformation kann man die zur Dichte der jeweiligen Atomkerne proportionale Intensität $I(v)$ bei den Larmor-Frequenzen v der jeweiligen Atomkernsorte ablesen [13].

Um die Signale zu verstärken und so die Messempfindlichkeit zu erhöhen, wird die Reaktion der Probe über mehrere Anregungsimpulse gemittelt. Bei der Untersuchung einer Molekülstruktur aus chemischen Hauptelementen genügt oftmals eine recht niedrige Anzahl von Scans. Für eine Reinheitsanalytik, mittels welcher geringste Konzentrationen erfasst werden sollen, sind oftmals mehrere 100 Scans erforderlich [433] [13].

Das Impulsverfahren ist heutzutage Standard bei Kernspinresonanzspektrometern. Durch die Verwendung supraleitender Magnete sind im Vergleich zum CW-Verfahren bessere Signal-zu-Rausch-Verhältnisse und somit eine höhere Messempfindlichkeit bei kürzeren Messzeiten möglich [435].

In Abbildung 23.5 ist der typische Aufbau eines solchen Spektrometers dargestellt. Das konstante Magnetfeld wird von einem Kryomagneten **(1)** erzeugt. Damit dessen Spule **(a)** ihre supraleitende Eigenschaft annimmt, muss sie unter ihre Sprungtemperatur abgekühlt werden. Dafür ist sie von zwei Dewar-Gefäßen **(d)** umschlossen. Im Inneren des ersten Gefäßes befindet sich flüssiges Helium (Siedepunkt: −269 °C). Damit der Kühlprozess effektiv abläuft und das Helium nicht zu schnell verdampft, wird es von einem zweiten Dewar-Gefäß **(d)** umhüllt, welches mit flüssigem Stickstoff (Siedepunkt: −196 °C) gefüllt ist [13].

Der Kryomagnet **(1)** hat die Form eines Hohlzylinders. In dessen Zentrum befinden sich der Probenkopf **(2)** und die Probe **(3)**, die mithilfe des Probenwechslers **(4)** von oben in den Zylinder eingeführt wird. Um den Probenkopf ist die Spule gewickelt, die zur Anregung der Atomkerne und zur Detektion des Kernspinresonanzsignals dient.

Die gekühlte und daher supraleitende Spule wird zunächst mit einer Stromquelle verbunden, die das für die Messung benötigte Magnetfeld erzeugt. Danach wird die Stromzufuhr unterbrochen und die beiden Enden der Spule werden kurzgeschlossen. Es resultiert ein (quasi) verlustfrei fließender Gleichstrom [13], wodurch das Magnetfeld erhalten bleibt. Der gesamte Aufbau ist gedämpft, um Vibrationen zu minimieren, welche die Messungen nachteilig beeinflussen könnten.

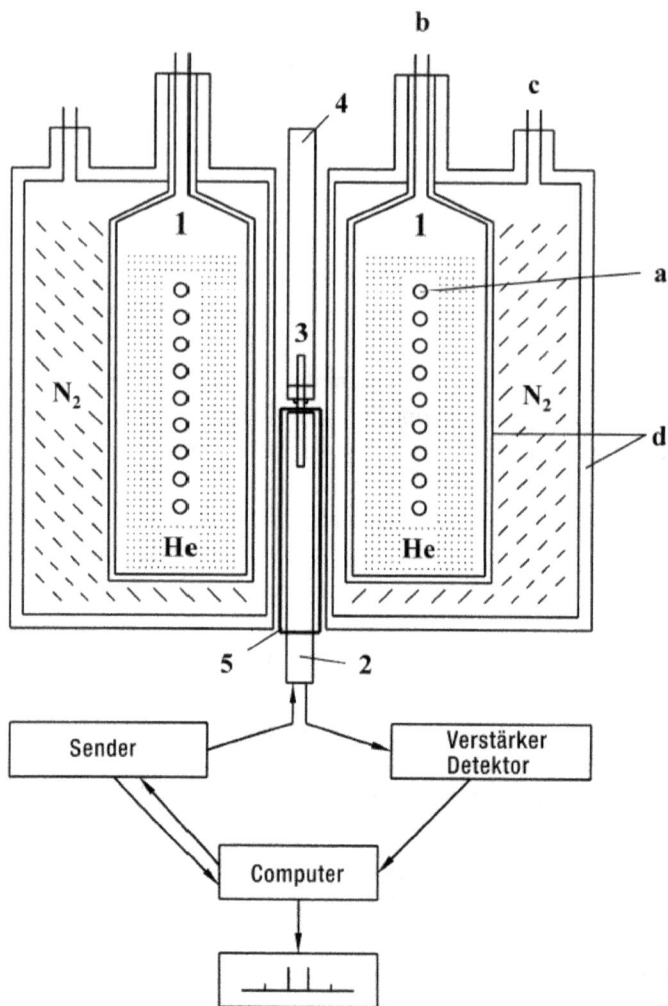

Abb. 23.5: Typischer Aufbau eines Impuls-NMR-Spektrometers in Anlehnung an [433].
Mit freundlicher Genehmigung des Verlags Wiley-VCH GmbH & Co. KGaA
(**1** Kryomagnet: **a** Magnetspule; **b/c** Einfüllstutzen für flüssiges Helium (He) bzw. Stickstoff (N_2);
d inneres und äußeres Dewar-Gefäß; **2** Probenkopf, **3** Probe, **4** Probenwechsler, **5** Shim-Einheit).

23.2.4 Kernspinresonanzspektrogramm

Ein Kernspinresonanzspektrogramm stellt die Intensität des Kernspinresonanzsignals als Funktion der Frequenz dar. Das Ablesen absoluter Resonanzfrequenzen einer Probe ν_{Probe} ist allerdings schwierig, da die Larmor-Frequenzen im MHz-Bereich liegen, die Abstände der einzelnen Atomkernsorten jedoch im kHz-Bereich oder darunter.

Für eine bessere Übersichtlichkeit werden die Signale daher üblicherweise relativ zu einem Referenzsignal mit der Resonanzfrequenz v_{Ref} dargestellt. Als Referenzsubstanz hat sich Tetramethylsilan (TMS) bewährt. Dieses wird der Messprobe in kleinen Mengen beigemischt. Im Spektrogramm wird auf der Ordinate dann die Differenz Δv zwischen der Referenzresonanzfrequenz und der Probenresonanzfrequenz in Relation zur Referenzresonanzfrequenz dargestellt. Diese dimensionslose Kennzahl wird als chemische Verschiebung bezeichnet:

$$\delta_{Probe} = \frac{\Delta v}{v_{Ref}} = \frac{v_{Probe} - v_{Ref}}{v_{Ref}} . \tag{23.13}$$

Gemäß der IUPAC-Empfehlung von 1972 [433] wird die chemische Verschiebung in *Parts per Million* (ppm) angegeben.

$$[\delta_{Probe}] = \frac{Hz}{MHz} = ppm . \tag{23.14}$$

Die chemische Verschiebung hat den zusätzlichen Vorteil, dass die Resonanzfrequenzen der Probe für andere Flussdichten und Referenzfrequenzen recht einfach ermittelt werden können.

Abbildung 23.6 zeigt schematisch das Kernspinresonanzspektrogramm eines Flüssigkeitsgemischs aus Bromoform $CHBr_3$, Methylenbromid CH_2Br_2 und Methylbromid CH_3Br (nur die ^{1}H-Signale). Die Referenzfrequenz von TMS liegt für eine magnetischen Flussdichte von $B_0 = 2,11$ T bei $v_{Ref} = 90$ MHz. Auf der unteren Ordinate ist die Frequenzdifferenz Δv aufgetragen. Sie startet rechts bei null (*Offset* für TMS) und steigt nach links in 150-Hz-Schritten an. Auf der oberen Ordinate ist die chemische Verschiebung δ_{Probe} aufgetragen.

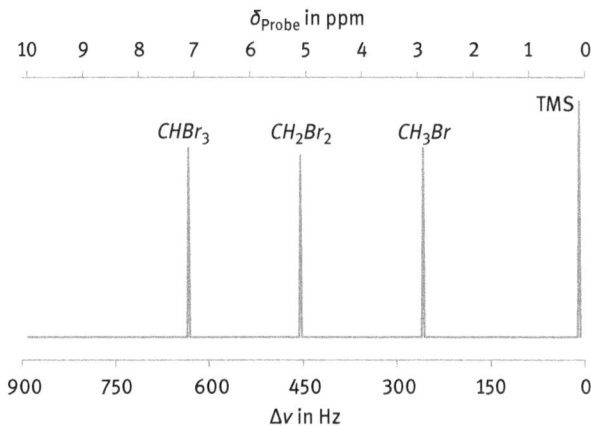

Abb. 23.6: Schematisches Kernspinresonanzspektrogramm eines Gemisches aus $CHBr_3$, CH_2Br_2, CH_3Br und TMS als Referenz (Offset: 90 MHz). Mit freundlicher Genehmigung des Verlags Wiley-VCH GmbH & Co. KGaA [433].

Es lässt sich erkennen, dass die Resonanzfrequenz und die chemische Verschiebung umso größer werden, je weniger ^{1}H-Kerne in einem Molekül vorhanden sind [433]. Die Fläche unterhalb einer Resonanz gibt die Intensität des Signals an und ist proportional zu der Anzahl (Dichte) der ^{1}H-Kerne.

23.3 Anwendungen

Kernspinresonanzspektrometer werden zur Bestimmung von Molekülstrukturen, zur Untersuchung molekularer Wechselwirkungen und zur Analyse der stofflichen Zusammensetzung flüssiger und fester Proben eingesetzt. Im Folgenden werden die vier Anwendungsbereiche Lebensmittelanalytik, Strömungsmesstechnik, Festkörperanalytik und medizinische Diagnostik näher betrachtet.

23.3.1 Lebensmittelanalytik (Food Screening)

Ein Anwendungsbeispiel der Kernspinresonanzspektrometrie für die Untersuchung flüssiger Proben stellt das sogenannte *Juice* und *Wine Profiling* dar. In der Lebensmittelindustrie werden sogenannte *Food-Screening*-Geräte auf Basis des NMR-Verfahrens hauptsächlich zur Qualitätskontrolle eingesetzt. Sie eignen sich beispielsweise für die spektrale Untersuchung von Wein- oder Saftproben. Um die Qualität des Produkts zu prüfen, werden Konzentrationen oder Mischungsverhältnisse chemischer Inhaltsstoffe bestimmt und mit Richtwerten verglichen.

Für das *Wine Profiling* werden unter anderem die Konzentrationen von Polyphenolen, Konservierungsstoffen, höheren Alkoholen, Aminosäuren, Ethanol, Glukose/Fruktose oder Weinsäure gemessen. Auf diese Weise kann nicht nur die Qualität, sondern auch die Herkunft und bisweilen sogar der Jahrgang eindeutig identifiziert werden. In Tabelle 23.2 sind die Ergebnisse einer beispielhaften NMR-Messung der Polyphenolkonzentrationen einer Rieslingprobe dargestellt. Die rechte Spalte bewertet die Messdaten in Bezug auf eine Referenz-NMR-Datenbank. Die Konzentrationen der Shikimisäure und von Trigonellin sind demnach überhöht.

Das *Juice Profiling* befasst sich mit der Analyse von Säften. Typische Qualitätsparameter sind hier der Gehalt an Zucker (Glukose, Fruktose, Saccharose), Fruchtsäure (Zitronensäure), Verderblichkeitsindikatoren (Ethanol, Lactate) oder Stoffwechselprodukte (Galacturonsäure, Phlorin). In Abbildung 23.7 ist das Kernspinresonanzsignal von Phlorin eines bestimmten Orangensafts im Vergleich zu Richtwerten dargestellt. Es ist die Signalintensität als Funktion der chemischen Verschiebung aufgetragen. Das Ergebnis der Analyse ist im Vergleich zu den Richtwerten überhöht, was auf eine mindere Qualität schließen lässt.

Tab. 23.2: Polyphenolkonzentrationen einer Rieslingweinprobe
(mit freundlicher Genehmigung der Bruker Corporation).

Stoff	Messwert	Einheit	Nachweis-grenze	Bewertung	Weinprofil in der NMR-Referenzdatenbank		
Caftarsäure	68	mg/L	15	☺	17	▁▂▄█▂▁	119
Epicatechin	< 30	mg/L	30	☺	< 30 mg/L in Ref. Datenbank		
Gallussäure	< 25	mg/L	25	☺	< 25	▏▁▁▁	33
Shikimisäure	95	mg/L	20	☹	< 20	▁▂▄▆▄	91
Trigonellin	14	mg/L	10	☺	< 10	▁▁█▁▁	19

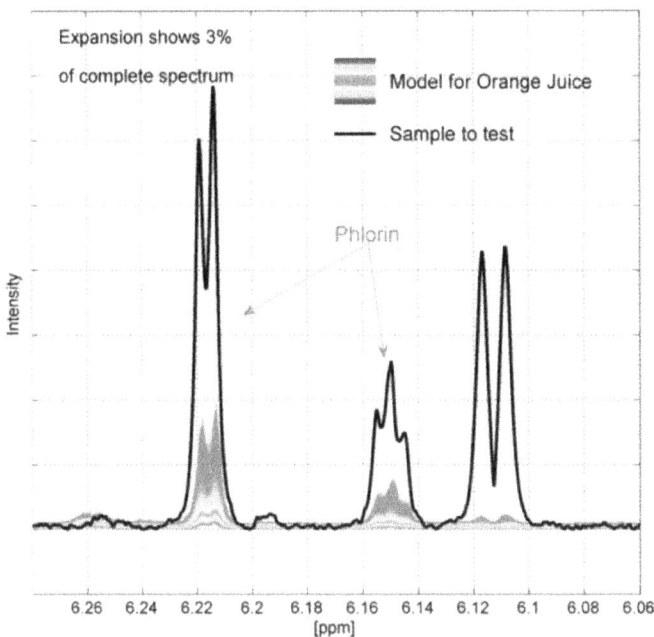

Abb. 23.7: Kernspinresonanzspektrogramm zur Bestimmung des Phloringehalts
einer Orangensaftprobe: Messung (schwarz), Verteilung der NMR-Referenzdatenbank (Farbverlauf)
(mit freundlicher Genehmigung der Bruker Corporation).

23.3.2 Strömungsmesstechnik (MRV)

Eine weitere Anwendung der Kernspinresonanzspektrometrie für die Analyse flüssiger
Proben findet sich in der industriellen Strömungsmesstechnik. Die *Magnetresonanz-
Velocimetrie (MRV)* ist ein Verfahren zur Messung der Strömungsgeschwindigkeit von
Fluiden. Wie bei der NMR-Spektrometrie werden die Spins der Atomkerne des Fluids
mithilfe eines konstanten Magnetfeldes einheitlich ausgerichtet. Dadurch erhält das

Medium eine makroskopische Magnetisierung. Durch die Einstrahlung einer Pulsse-
quenz im Radiofrequenzbereich werden die Orientierung und die Phase der Protonen-
spins manipuliert. Die daraus resultierenden periodischen Induktionssignale werden
dann mithilfe einer Spule detektiert. Da die angeregten Atomkerne nach und nach
die Messsektion des MR-Velocimeters verlassen, werden die Signale sukzessiv schwächer. Die Signalabnahme ist dabei proportional zur Durchflussgeschwindigkeit. Wenn
kein Signal mehr detektiert wird, haben alle angeregten Atomkerne die Messspule infolge der Strömung verlassen. Die mittlere Durchflussgeschwindigkeit berechnet sich
dann entsprechend der Gleichung für die mittlere Geschwindigkeit als der Quotient
aus Spulenlänge und Abklingzeit.

Ein besonderer Vorteil der MRV gegenüber anderen Verfahren der Strömungsmesstechnik ist die Möglichkeit, bestimmte Strömungskomponenten identifizieren zu
können. Dabei macht man es sich zunutze, dass Wasserstoffatome in den allermeisten
organischen Molekülen an mehreren Stellen vorhanden sind, die Resonanzfrequenzen der einzelnen ^{1}H-Atomkerne abhängig vom Molekülaufbau und von ihrer Position
im Molekül variieren. Die verschiedenen Moleküle besitzen daher mehrere charakteristische ^{1}H-Resonanzlinien, anhand derer sie sich identifizieren lassen.

Mithilfe der MRV lassen sich so z. B. Multiphasenströmungen von Offshorebohrinseln bestehend aus Öl, Gas und Wasser analysieren. Die Bestimmung des Wasseranteils stellt dabei eine wichtige wirtschaftliche Entscheidungsgröße bzgl. der weiteren
Ölförderung dar. Konventionelle Verfahren der Strömungsmesstechnik erfordern eine
Trennung der unterschiedlichen Phasen, was kosten- und zeitintensiver wäre [434].

Abschließend sei erwähnt, dass die Blutströmungsgeschwindigkeit mit MRT-
Geräten im Unterschied zur industriellen MRV durch die Auswertung von Phasenin-
formationen des Magnetresonanzsignals bestimmt wird (siehe Abschnitt 23.3.1).

23.3.3 Festkörperanalytik (MAS)

Das sogenannte *Magic Angle Spinning* (MAS; engl. für Rotation im magischen Winkel)
wird in der Kernspinresonanzspektrometrie eingesetzt, um hochauflösende Untersuchungen von Festkörperproben zu ermöglichen, die anders nicht möglich sind.

In der kondensierten Phase erfährt ein Kernspin verschiedenartige Wechselwirkungen, wobei viele *anisotrop* (richtungsabhängig) sind. Diese führen zu breiten und
wenig charakteristischen Spektrallinien, die die Auswertung erschweren oder sogar
unmöglich machen. In Flüssigkeiten, z. B. Lösungen organischer Verbindungen, heben sich die meisten dieser Wechselwirkungen aufgrund der zeitgemittelten, molekularen Bewegung gegenseitig auf. Diese Orientierungsmittelung wird durch das MAS
für Feststoffe nachgeahmt.

Bei dem Verfahren wird die zylinderförmige Festkörperprobe im sogenannten
„magischen Winkel" von $\theta_r = 54{,}74°$ zur Richtung des statischen Magnetfelds $\vec{B}_0$

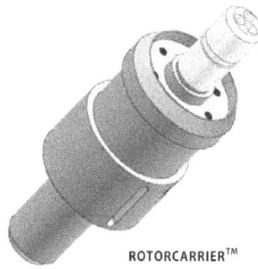

Abb. 23.8: Magic Angle Spinning einer Festkörperprobe mit dem ROTORCARRIER (mit freundlicher Genehmigung von JEOL (Germany) GmbH).

geneigt und mit einer Frequenz von bis zu 130 kHz um die eigene Achse rotiert [436]. Abbildung 23.8 zeigt eine entsprechende Anlage des japanischen Herstellers JEOL (ROTORCARRIER).

Mithilfe der *MAS*-Technik lassen sich die wesentlichen Anisotropieeffekte kompensieren und es können so hochaufgelöste Linienspektren wie bei Flüssigkeitsuntersuchungen aufgenommen werden. Die resultierenden Kernspinresonanzspektrogramme werden gelegentlich in Diagrammen überlagert, um bestimmte Strukturen des Festkörpers erkennen zu können. Abbildung 23.9 zeigt das zweidimensionale Kernspinresonanzspektrogramm einer Festkörperprobe. Dabei sind die Signalintensitäten von Aluminium (^{27}Al) und Phosphor (^{31}P) als Höhenlinie dargestellt [437].

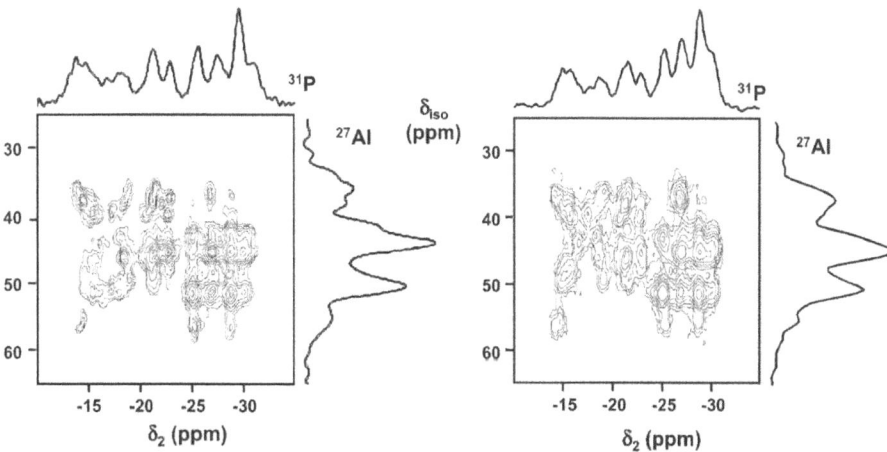

Abb. 23.9: Zweidimensionale Kernspinresonanzspektrogramme von Festkörperproben: Signalintensitäten von Aluminium (^{27}Al) und Phosphor (^{31}P) als Höhenlinie einer Funktion der chemischen Verschiebung δ. In Anlehnung an [437].

23.3.4 Medizinische Diagnostik (MRT)

Das bekannteste Anwendungsgebiet von Kernspinresonanzen ist das bildgebende Verfahren der *magnetischen Resonanztomografie (MRT)*. Dieses zeichnet sich durch eine hohe räumliche Auflösung aus und dient primär der medizinischen Diagnostik [438]. In Kombination mit der Kernspinresonanzspektrometrie können allerdings noch zusätzliche Informationen über das Gewebe gewonnen werden, beispielsweise indem Zwischenprodukte des biochemischen Stoffwechsels in einem Spektrum dargestellt werden [438].

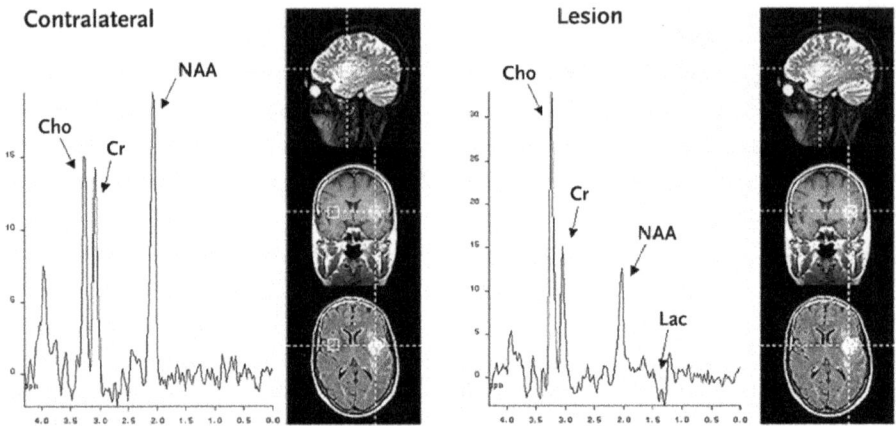

Abb. 23.10: Drei Schichtbilder des menschlichen Gehirns (von oben nach unten: Sagittal-, Coronal-, Transversalschnitt) und Kernspinresonanzspektrogramme (links: gesundes Gewebe; rechts: Tumorgewebe). Mit freundlicher Genehmigung des Verlags Wiley-VCH GmbH & Co. KGaA [433].

Durch die Feststellung von Unterschieden im Stoffwechsel von gesunden und kranken Zellen findet die NMR-Spektrometrie unter anderem in der Krebsdiagnostik Anwendung [433] [435]. Abbildung 23.10 zeigt jeweils drei Schichtbilder des menschlichen Gehirns (Sagittal-, Coronal- und Transversalschnitt) sowie Kernspinresonanzspektrogramme zweier Lokationen im Gehirn. Die linke Seite der Abbildung betrifft gesundes Gewebe (*Contralateral*) und die rechte Seite potenziell krankes Gewebe (*Lesion*). Die Quadrate in den linken Schichtbildern kennzeichnen den Messort im gesunden Gewebe. Das gestrichelte Fadenkreuz weist auf den potenziellen Tumor hin.

Die Spektrogramme wurden mithilfe des sogenannten PRESS-Verfahrens aufgenommen (**P**oint **RE**solved **S**pectro**S**copy) [433]. Dabei sind die Signale von vier diagnostischen Biomarkern gekennzeichnet. Niedrige Konzentrationen von N-Acetylaspartat (NAA: $C_6H_9NO_5$) und Kreatin-/Kreatinphosphat (Cr: $C_4H_9N_3O_2$) sowie erhöhte Konzentrationen von Cholin (Cho: $C_5H_{14}NO$) und Laktat (Lac: $C_3H_5O_3^-$) sind ein Indiz für einen Tumor [433]. Der Tumorverdacht kann durch den Vergleich der beiden Spektrogramme also bestätigt werden.

Neben der reinen Diagnostik kann mithilfe der NMR-Spektrometrie auch die Reaktion des Stoffwechsels des Tumors auf verabreichte Medikamente beobachtet werden. So können Chemo- und Strahlentherapie optimal abgestimmt werden [439]. Die NMR-Spektrometrie wird neben der Krebsdiagnostik unter anderem auch zur Detektion spektraler Muster der folgenden Erkrankungen eingesetzt [439]: neuronale Schädigung und Membrandysfunktion durch chronischen Alkoholkonsum, Schizophrenie, HIV, Alzheimer und Muskelerkrankungen.

23.4 Kommerzielle Produkte

Kommerzielle Kernspinresonanzspektrometer werden unter anderem von den folgenden Herstellern angeboten: Agilent Technologies Inc., Bruker Corp., JEOL Ltd., Tecmag Inc., Anasazi Instruments Inc., Thermo Fisher Scientific Inc., Nanalysis Corp. und Oxford Instruments. Heutzutage basieren quasi alle Spektrometer auf dem Impulsverfahren (siehe Abschnitt 23.2.3). Dabei unterscheidet man Spektrometer mit Permanentmagneten (recht selten) und solche mit Kryomagneten. Die Letzteren setzen Elektromagneten aus supraleitenden Legierungen ein, die mithilfe von flüssigem Helium und flüssigem Stickstoff auf Temperaturen in der Nähe des absoluten Nullpunkts abgekühlt werden. Sie erlauben deutlich höhere Magnetfeldstärken (> 2,5 T) und somit eine bessere spektrale Auflösung und eine höhere Messempfindlichkeit.

Das japanische Unternehmen JEOL Ltd. ist einer der weltgrößten Hersteller elektrooptischer Geräte und bietet verschiedenste Varianten von NMR-Systemen an. Die Spektrometer der JNM-ECZR-Serie arbeiten nach dem Impulsverfahren und eignen sich für die Untersuchung von Flüssigkeiten und Festkörpern. Ihr Aufbau entspricht im Wesentlichen dem in Abbildung 23.5 dargestellten.

Abb. 23.11: Kryomagneten der JNM-ECZR-Serie
(mit freundlicher Genehmigung von JEOL (Germany) GmbH).

Die Geräte setzen Kryomagneten ein und sind für Anregungsfrequenzen zwischen 400 MHz und 800 MHz verfügbar (siehe Abbildung 23.11). Sie erfordern Raumhöhen zwischen 2,50 m (400 MHz) und 3,50 m (800 MHz), wobei die Probe jeweils von unten eingeführt wird. Das proprietäre Smart Transceiver System vereinigt den Radiofrequenzgenerator, den Radiofrequenzsender und -empfänger und viele andere Komponenten auf einer einzigen Platine und ermöglicht so eine besonders kompakte Bauform. Es stehen standardmäßig acht Sendefrequenzen zur Verfügung. Eine Erweiterung auf maximal 30 Frequenzen ist möglich.

Die Messungen zum Nachweis der ^{1}H-, ^{13}C-, ^{19}F- und ^{15}N-Atomkerne laufen nacheinander ab (*Multi Sequencer*). Mithilfe der auf Mustererkennung basierenden Software DELTA können die aufgenommenen Spektren dann analysiert werden. Dafür werden die Messspektren mit Daten einer Referenzdatenbank verglichen (Natural Organic Compound NMR Database – CH-NMR-NP). Wie in Abbildung 23.12 zu erkennen ist, wird zunächst ein Musterfilter mit chemischen Verschiebungen von Atomkernkonfigurationen über die Messaufnahme gelegt. Werden Signalmuster erkannt, lässt sich ein Teil der Molekülstruktur rekonstruieren. Anschließend werden für jeden erkannten Molekülbestandteil synthetische Spektren berechnet und zur Validierung mit dem Messspektrum verglichen. Der Prozess aus Mustererkennung und Simulation wird solange schleifenartig wiederholt, bis eine zufriedenstellende Übereinstimmung zwischen Messung und Rekonstruktion festgestellt werden kann.

Die Preise für Kernspinresonanzspektrometer variieren sehr und reichen von unter 10.000 € für besonders einfache Modelle mit Permanentmagneten bis zu mehreren Millionen € für Systeme mit Kryomagneten, die bei Frequenzen von bis zu 900 MHz arbeiten.

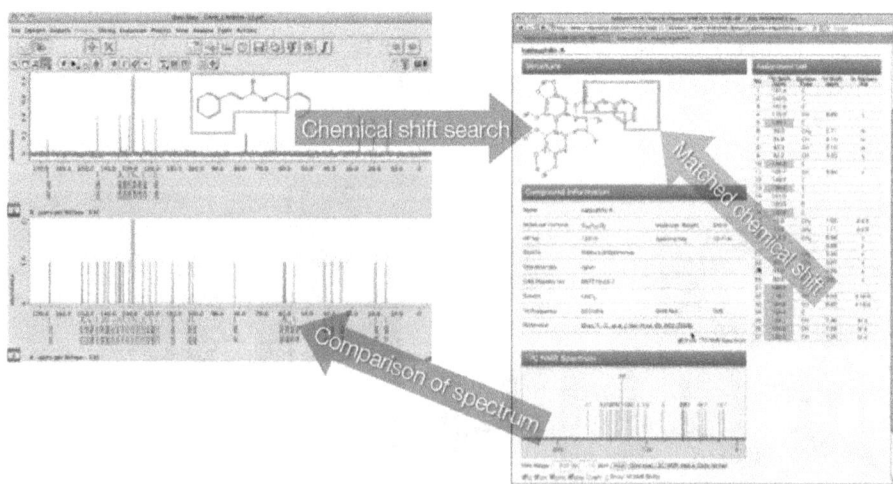

Abb. 23.12: Ablauf einer Messauswertung
(mit freundlicher Genehmigung von JEOL (Germany) GmbH).

23.5 Zusammenfassung

Die Kernspinresonanzspektrometrie, auch Magnetresonanzspektroskopie oder Nuclear-Magnetic-Resonance-(NMR-)Spektroskopie genannt, ist ein Verfahren zur zerstörungsfreien Untersuchung der Struktur oder der Zusammensetzung einer Probe. Das Verfahren basiert darauf, dass sich der Drehimpulsvektor (Spin) eines NMR-aktiven Atomkerns, wie Wasserstoff mit der Atommassenzahl 1 (^{1}H), parallel oder antiparallel zu einem externen Magnetfeldfeld ausrichtet und mit der Larmor-Frequenz um die Magnetfeldachse präzediert. Mit den beiden Ausrichtungsmöglichkeiten sind allerdings unterschiedliche Energiezustände verbunden, zwischen denen im thermischen Gleichgewicht ein Besetzungsunterschied besteht. Durch die Einstrahlung elektromagnetischer Wellen der Larmor-Frequenz können Kernspinübergänge zwischen den beiden Niveaus angeregt werden. Da die Resonanzfrequenzen der einzelnen ^{1}H-Atomkerne abhängig vom Molekülaufbau und von ihrer Position im Molekül leicht variieren, besitzen verschiedene Moleküle charakteristische ^{1}H-Resonanzlinien, anhand derer sich Moleküle identifizieren lassen. Man unterscheidet zwei Varianten der Kernspinresonanzspektrometrie:

- *Continuous-Wave*-Methode (CW): Die Probe wird in einem statischen Magnetfeld mit kontinuierlichen, elektromagnetischen Wellen senkrecht zum Magnetfeld bestrahlt. Dabei wird entweder bei einer festen Sendefrequenz die Magnetfeldstärke durchgestimmt oder bei einer festen Magnetfeldstärke die Sendefrequenz. Wenn die eingestrahlte Frequenz der Larmor-Frequenz entspricht, ist die Kernspinresonanzbedingung erfüllt und die Probe emittiert ein kleines Signal, das eine leicht höhere Energie aufweist als die eingestrahlte Welle. Die Intensität dieses Kernspinresonanzsignals ist umso größer, je höher die Konzentration bzw. die Dichte der jeweiligen Atomkernsorte in der Probe ist. Diese Methode hat den Nachteil, dass sie recht lange dauert.
- *Impuls-Fourier-Transform-Methode*: Die Probe befindet sich im statischen Feld eines Kryomagneten und wird mit einem kurzen elektromagnetischen Impuls angeregt. Dieser Impuls entspricht spektral einem Frequenzband, dessen Breite primär von der Dauer des Impulses abhängt. Durch die jeweils resonanten Frequenzanteile werden die verschiedenen NMR-aktiven Atomkernsorten gleichzeitig in Anregung versetzt. Das heißt, sie werden in ihrer Präzession synchronisiert und kreiseln in Phase zueinander um die z-Achse. Dadurch entsteht eine oszillierende, makroskopische Quermagnetisierung. Diese kann mithilfe einer Induktionsspule gemessen werden, wobei das Signal der Überlagerung der Anteile der verschiedenen Atomkernsorten entspricht. Eine Fourier-Transformation überführt das Signal als Funktion der Zeit in ein Spektrum und ermöglicht die Auswertung. Durch allmähliche Dephasierung der einzelnen Kernspins und deren Rückkehr zum thermischen Gleichgewicht geht die Synchronizität und damit die Quermagnetisierung nach einiger Zeit wieder verloren.

Kernspinresonanzspektrometer werden zur Bestimmung von Molekülstrukturen, zur Untersuchung molekularer Wechselwirkungen und zur Analyse der stofflichen Zusammensetzung flüssiger und fester Proben eingesetzt. Ein Anwendungsbeispiel für die Untersuchung flüssiger Proben stellt das sogenannte *Juice* und *Wine Profiling* der Lebensmittelindustrie dar. Dieses dient primär zur Qualitätssicherung bei der Herstellung von Saft und Wein. Dabei werden Konzentrationen oder Mischungsverhältnisse chemischer Inhaltsstoffe bestimmt, mit Richtwerten verglichen und das Produkt wird anhand der Ergebnisse bewertet.

Eine weitere Anwendung der Kernspinresonanzspektrometrie für die Analyse flüssiger Proben findet sich der industriellen Strömungsmesstechnik. Dabei macht man es sich zunutze, dass Wasserstoffatome in den allermeisten organischen Molekülen an mehreren Stellen vorhanden sind, die Resonanzfrequenzen der einzelnen ^{1}H-Atomkerne allerdings abhängig vom Molekülaufbau und von ihrer Position im Molekül variieren. Die verschiedenen Moleküle besitzen daher mehrere charakteristische ^{1}H-Resonanzlinien, anhand derer sie sich identifizieren lassen. Auf diese Art und Weise werden häufig Multiphasenströmungen von Offshorebohrinseln bestehend aus Öl, Gas und Wasser analysiert. Der Wasseranteil gibt dann Aufschluss darüber, ob der Ort sich als wirtschaftlich für eine Bohrung erweist.

Die Untersuchung fester Proben ist vergleichsweise aufwendig, da die Kernspins verschiedene anisotrope Wechselwirkungen erfahren, was zu breiten und wenig charakteristischen Linien führt. Um trotzdem hochaufgelöste Linienspektren zu erhalten, wird das Magic Angle Spinning (MAS) eingesetzt. Dabei wird die zylinderförmige Probe im „magischen" Winkel von 54,74° zur Richtung des statischen Magnetfelds geneigt und mit hoher Geschwindigkeit um die eigene Achse rotiert. In der Folge heben sich die meisten dieser Wechselwirkungen in der zeitgemittelten Bewegung gegenseitig auf.

In der medizinischen Diagnostik kann die Kernspinresonanzspektrometrie mit der Magnetresonanztomografie (MRT) kombiniert werden. Dieses etablierte, bildgebende Verfahren wird auf diese Art und Weise in die Lage versetzt, Zwischenprodukte des biochemischen Stoffwechsels zu erfassen und zu lokalisieren. Die gemessenen spektralen Muster werden unter anderem zur optimalen Abstimmung der Chemo- und Strahlentherapie in der Krebsdiagnostik und -behandlung eingesetzt.

Diverse Hersteller bieten kommerzielle Kernspinresonanzspektrometer an. Die allermeisten basieren dabei auf dem Impulsverfahren, wobei man Spektrometer mit Permanentmagneten und solche mit Kryomagneten unterscheidet. Die Letzteren sind deutlich teurer, erlauben allerdings wesentlich höhere Magnetfeldstärken und somit eine bessere spektrale Auflösung und eine höhere Messempfindlichkeit. Die Preise für Kernspinresonanzspektrometer variieren sehr und reichen von unter 10.000 € bis zu mehreren Millionen €. Kernspinresonanzspektrometer sind heutzutage unverzichtbare Werkzeuge für die Analytik.

24 Raman-Spektrometrie

24.1 Einleitung

Die Raman-Spektrometrie wurde nach dem indischen Physiker Chandrashekhara Venkata Raman benannt, der das zugrunde liegende Streuphänomen im Jahr 1928 erstmals beschrieb. Die Raman-Streuung basiert auf der unelastischen Streuung von Licht an Molekülen oder Festkörpern. Im Gegensatz zur elastischen Streuung (z. B. Rayleigh-Streuung) hat das Streulicht dabei eine andere Frequenz als das eingestrahlte Licht. Die Frequenzunterschiede zum eingestrahlten Licht entsprechen charakteristischen Energiedifferenzen von Rotations-, Schwingungs- oder Phononzuständen. Ähnlich wie bei den zuvor behandelten Spektroskopievarianten (siehe Kapitel 18 bis 23) lassen sich aus dem Spektrum Rückschlüsse auf die Zusammensetzung einer untersuchten Probe ziehen.

Die Differenz zwischen der Absorptionsfrequenz und der Emissionsfrequenz (bzw. den entsprechenden Wellenlängen) wird nach dem irischen Mathematiker und Physiker Sir George Gabriel Stokes als Stokes-Verschiebung bezeichnet. Sie ist ein Resultat der aus der Fluoreszenz bekannten Stokes-Regel (siehe Kapitel 22). Die in einem Raman-Spektrum auftretenden Linien heißen auch Stokes-Linien.

Raman verwendete für seine Untersuchungen Sonnenlicht, um die Moleküle anzuregen, und fotografische Platten zur Aufzeichnung des Spektrums. Im Jahr 1930 erhielt er für diese Arbeit den Physiknobelpreis.

Das erste kommerzielle Raman-Spektrometer basierte auf einer Quecksilberdampflampe mit einer Wellenlänge von 435,8 nm als Strahlungsquelle. Es wurde 1953 vorgestellt und erlaubte die Identifizierung von mehr als 40.000 Verbindungen.

Die Entwicklung des Lasers im Jahr 1960 ermöglichte es, die Probenmoleküle mit der doppelten oder sogar dreifachen Lichtintensität anzuregen. Dadurch eröffnete sich eine Vielzahl neuer Anwendungen für die Raman-Spektrometrie. Das erste kommerzielle Raman-Spektrometer mit Laser als Anregungsquelle wurde 1966 eingeführt. Ende der 1980er-Jahre initiierten Neuentwicklungen, wie der Charge-coupled-Device-Detektor, die holografischen Filter und das Fourier-Transform-Raman-Spektrometer, wichtige Weiterentwicklungen der Technologie. Die Standardisierung der Komponenten erlaubte dabei erhebliche Preissenkungen. Der Anwendungsbereich von Raman-Spektrometern erweiterte sich von der reinen Grundlagenforschung zur alltäglichen Verwendung u. a. in der chemischen Industrie bei der Wareneingangskontrolle mit einem Raman-Handspektrometer [440].

Im anschließenden Abschnitt wird das Messprinzip der Raman-Spektrometrie erläutert. Nach den Grundlagen des physikalischen Phänomens der Streuung wird die Raman-Streuung beschrieben. Der Abschnitt zur Raman-Aktivität erläutert, welche

Unter Mitwirkung von Linda Bloch, Olessya Kozlenko und Tobias Tröger

https://doi.org/10.1515/9783110702040-024

Vibrationsübergänge mithilfe der Raman-Spektroskopie beobachtet werden können. Anschließend wird ein beispielhaftes Raman-Spektrum diskutiert und der typische Aufbau eines Raman-Spektrometers erklärt.

Darauf folgt eine Vorstellung der häufigsten Anwendungen des Verfahrens. Im anschließenden Abschnitt werden ausgewählte, kommerzielle Raman-Spektrometer verschiedener Hersteller beschrieben. Zum Abschluss werden die wichtigsten Inhalte dieses Kapitels kurz zusammengefasst.

24.2 Messprinzip

24.2.1 Streuung

Unter Streuung versteht man in der Physik allgemein die Ablenkung von Teilchen oder elektromagnetischen Wellen (Photonen) an einem Streuzentrum. Beispiele für Teilchenstreuung sind die Ablenkung von Elektronen an anderen Elektronen, von Neutronen oder Elektronen an Atomkernen oder die Ablenkung von Elektronen oder Neutronen an Festkörpergittern. Elektromagnetische Wellen können an Elektronen, Atomen, Molekülen, Feinstaub, mikroskopischen Tröpfchen oder Festkörpergittern gestreut werden. Dabei wird das eingestrahlte Photon allerdings nicht vom Streuzentrum absorbiert. In dieser Beziehung unterscheidet sich die Raman-Spektrometrie signifikant von den meisten anderen spektroskopischen Verfahren (siehe Kapitel 18 bis 23). Die Streuung ähnelt daher phänomenologisch einem makroskopischen Stoßprozess, z. B. zwischen Billardkugeln.

Grundsätzlich unterscheidet man zwischen elastischer und unelastischer (inelastischer) Streuung. Bei elastischer Streuung ist die Energie des Teilchens beziehungsweise des Photons nach der Streuung genauso groß wie davor. Bei unelastischer Streuung ändert sie sich hingegen. Dabei geht ein Teil der Energie des Teilchens beziehungsweise des Photons auf das Streuzentrum über oder wird von diesem auf das gestreute Objekt übertragen.

Für die Energie E einer elektromagnetischen Welle (eines Photons) der Frequenz v gilt:

$$E = hv .$$ (24.1)

Dabei entspricht h dem planckschen Wirkungsquantum. Bei elastischer Lichtstreuung ist die Frequenz des eingestrahlten Photons also gleich derjenigen des gestreuten Photons. Bei unelastischer Lichtstreuung ändert sich die Frequenz bei dem Vorgang [249]. Hauptformen der elastischen Lichtstreuung (oder solche mit vernachlässigbarer Energieübertragung) sind die folgenden:

- Rayleigh-Streuung

  Die nach dem englischen Physiker John William Strutt, 3. Baron Rayleigh, benannte Streuung bezeichnet die Ablenkung elektromagnetischer Wellen an Teilchen, deren Durchmesser klein ist im Vergleich zur Wellenlänge. Sichtbares Licht kann also z. B. an kleinen Molekülen gestreut werden. Durch das elektromagnetische Feld der einfallenden Strahlung wird die Elektronenhülle der Moleküle deformiert und so ein Dipolmoment induziert. Dieses oszilliert mit der Frequenz der elektromagnetischen Welle und wird so zu einem hertzschen Dipol, der Licht derselben Wellenlänge aussendet. Da das Molekül nicht durch Absorption des Photons resonant angeregt wird, spricht man oft von virtuellen (angeregten) Zuständen. Der Streuquerschnitt der Rayleigh-Streuung ist proportional zur vierten Potenz der Frequenz der elektromagnetischen Welle. Da blaues Licht eine höhere Frequenz aufweist als rotes, wird es stärker gestreut. Die Rayleigh-Streuung von Sonnenlicht an molekularem Sauerstoff und Stickstoff der Erdatmosphäre bewirkt das Himmelsblau sowie das Morgen- und das Abendrot [441].

– Mie-Streuung

Die nach dem deutschen Physiker Gustav Mie benannte Streuung bezeichnet die Ablenkung elektromagnetischer Wellen an Teilchen in der Größenordnung der Wellenlänge (für sichtbares Licht: $0,4\,\mu m$ bis ca. $1\,\mu m$). Staub, Pollen, Rauch und mikroskopisch kleine Wassertropfen, die Wolken bilden, sind häufige Ursachen für die Mie-Streuung. Sie bewirkt, dass alle im Licht enthaltenen Wellenlängen gleichermaßen gestreut werden und ist der Grund dafür, dass Nebel weiß aussieht und dass es trotz geschlossener Wolkendecke nicht vollkommen dunkel wird.

Zur unelastischen Streuung zählen die folgenden Phänomene:

– Brillouin-Streuung

Die nach dem französisch-amerikanischen Physiker Léon Brillouin benannte Streuung bezeichnet die Ablenkung elektromagnetischer Wellen an akustischen Gitterschwingungen (Phononen) oder magnetischen Spinwellen (Magnon). Die Streuung ist unelastisch, d. h., das Photon kann Energie verlieren und dabei ein Phonon (oder Magnon) erzeugen oder Energie gewinnen, indem es ein solches absorbiert.

– Compton-Streuung

Die nach dem amerikanischen Physiker Arthur Holly Compton benannte Streuung bezeichnet die Ablenkung eines Photons (in der Regel ein Röntgen- oder Gammaquant) durch ein geladenes Teilchen (oftmals ein Elektron). Dies führt zu einer Abnahme der Energie des Photons (Zunahme der Wellenlänge), da ein Teil seiner Energie dabei auf das Elektron übertragen wird. Die inverse Compton-Streuung tritt auf, wenn ein geladenes Teilchen einen Teil seiner Energie auf ein Photon überträgt.

– Raman-Streuung (siehe folgenden Abschnitt)

24.2.2 Raman-Streuung

Die nach Chandrashekhara Venkata Raman benannte Streuung bezeichnet die Ablenkung von Licht an Molekülen oder Festkörpern. Im Gegensatz zur Rayleigh-Streuung ist die Raman-Streuung allerdings unelastisch. Infolgedessen besitzt das gestreute Licht eine höhere oder niedrigere Frequenz als das einfallende Licht. Dabei sind beide Richtungen der Energieübertragung möglich. Die entsprechenden Spektrallinien sind nach George Gabriel Stokes benannt:

- Stokes-Raman-Streuung
  Energieübertragung vom Photon auf das Streuzentrum. Dieses befindet sich nach dem Streuvorgang auf einem höheren Energieniveau als zuvor. Die Energie des gestreuten Photons ist geringer als die des anregenden Photons. Gemäß Gleichung 24.1 ergibt sich eine niedrigere Frequenz ν der Streustrahlung. Im Gegensatz zur Absorption wird dabei nur ein Teil der Energie des Photons übertragen.
- Anti-Stokes-Raman-Streuung
  Energieübertragung vom Streuzentrum auf das Photon. Das Molekül (oder der Festkörper) befindet sich nach dem Streuvorgang auf einem niedrigeren Energieniveau als zuvor, das gestreute Photon hat eine höhere Energie und eine höhere Frequenz als das anregende Photon.

Liegt das streuende Molekül in gasförmiger oder flüssiger Phase vor, so betrifft die Wechselwirkung in der Regel Molekülschwingungen (Vibrationen) oder gemischte Vibrations-Rotations-Zustände. Handelt es sich bei der Probe um einen kristallinen Festkörper, sind Gitterschwingungen (Phononen), Elektronlochanregungen oder Spinflipprozesse für den Raman-Effekt verantwortlich. Die Energiedifferenz zwischen eingestrahltem und gestreutem Photon ist daher charakteristisch für das Streuzentrum und ermöglicht dessen eindeutige Identifizierung. Dies stellt die Grundlage der Raman-Spektrometrie dar.

Im Unterschied zum Resonanzphänomen „Fluoreszenz" (siehe Kapitel 22) wird das Streuzentrum beim Raman-Effekt nicht durch Absorption eines Photons resonant angeregt. Das elektromagnetische Feld der einfallenden Strahlung deformiert die Elektronenhülle der Moleküle periodisch und induziert so die Aussendung von Licht derselben Wellenlänge. Dieser Effekt ist in einem weiten Bereich frequenzunabhängig. Deshalb spricht man, wie bei der Rayleigh-Streuung (s. o.), von virtuellen (angeregten) Zuständen.

Die Wahrscheinlichkeit für eine Energieübertragung zwischen dem eingestrahlten Photon und der Materie ist relativ gering. Deswegen ist der Streuquerschnitt der Raman-Streuung (und damit der Anteil des frequenzverschobenen Lichts) auch wesentlich geringer als derjenige der (elastischen) Rayleigh-Streuung (bis zu 10^3 oder 10^4). Um ein detektierbares Signal zu erhalten, benötigt man deshalb eine relative hohe Konzentration an Molekülen. Wenn sich die Moleküle aber nahe einer metallischen Oberfläche befinden (vor allem aus Silber und Gold), kann das Raman-Signal extrem verstärkt werden. Dieses Verfahren wird als oberflächenverstärkte Raman-Streuung (Surface Enhanced Raman Scattering) bezeichnet und ermöglicht es, Stoffe im Nanogrammbereich zu detektieren.

Die Energieniveaus und Übergangsintensitäten der Raman- und der Rayleigh-Streuung sind für ein molekulares Streuzentrum in Abbildung 24.1 schematisch dargestellt. Die Frequenz des Erregungslichtquants ist dabei mit v_0 bezeichnet und entspricht der Frequenz der Rayleigh-Streuung. Die Frequenz des angeregten Vibrations-Rotations-Zustands heißt v_V und entspricht der Raman-Frequenzverschiebung. Für die Frequenz der Stokes-Streuung gilt

$$v_S = v_0 - v_V \tag{24.2}$$

und für diejenige der Anti-Stokes-Streuung

$$v_S = v_0 + v_V \,. \tag{24.3}$$

Die jeweiligen Energiedifferenzen ergeben sich dann gemäß der Gleichung 24.1.

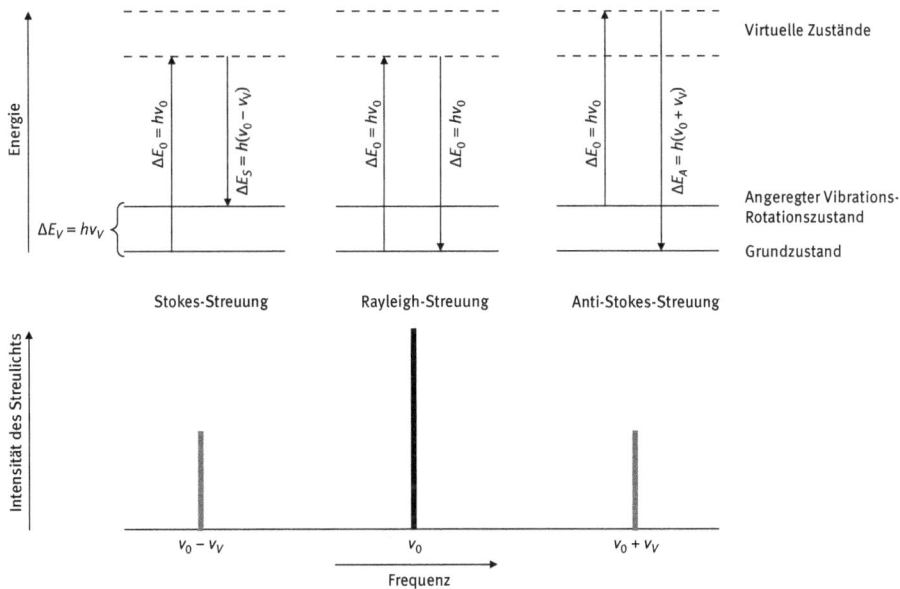

Abb. 24.1: Streuungsarten der Raman-Spektrometrie.

24.2.3 Raman-Aktivität

Vibrationsübergänge von Molekülen treten meist in Kombination mit einer Änderung des Rotationszustands auf und werden deshalb als Vibrations-Rotations-Übergänge bezeichnet. Dabei unterscheidet man zwei Arten von Molekülschwingungen:

- Valenzschwingungen (oder Streckschwingungen): basieren auf Stauchen und Dehnen der Bindungen eines Moleküls. Man unterscheidet die beiden Varianten:
    - symmetrische Valenzschwingung (symmetrisch zu einem Symmetriezentrum)
    - asymmetrische/antisymmetrische Valenzschwingung (asymmetrisch/antisymmetrisch zu einem Symmetriezentrum)
- Deformationsschwingungen: basieren auf Änderung (mindestens) eines Bindungswinkels des Moleküls.

Ob eine Schwingung mithilfe der Raman-Spektroskopie beobachtet werden kann, hängt von ihrer „Aktivität" ab. Die Raman-Streuung basiert auf der (frequenzunabhängigen) Deformation der Elektronenhülle eines Moleküls durch ein elektromagnetisches Feld (siehe Abschnitt 24.2.2). Je leichter die Elektronen eines Moleküls verschiebbar sind, umso stärker wird die Elektronenhülle deformiert und desto besser ist ein Molekül zum Nachweis mithilfe der Raman-Spektrometrie geeignet.

Die Polarisierbarkeit α eines Moleküls ist ein Maß für die Verschiebbarkeit der Elektronenhülle unter Einwirkung eines elektrischen Felds. Die Voraussetzung für Raman-Streuung ist die Änderbarkeit der Polarisierbarkeit in Richtung x der Valenzschwingung, woraus sich die Bedingung ergibt

$$\frac{\partial \alpha}{\partial x} \neq 0 \,. \tag{24.4}$$

Da die Elektronenhülle eines Moleküls bei asymmetrischen Valenzschwingungen (und vielen Deformationsschwingungen) im Wesentlichen unverändert bleibt, gelten diese als nicht raman-aktiv.

Bei Deformationsschwingungen und asymmetrischen Valenzschwingungen ändert sich aufgrund der Verschiebung der Ladungsschwerpunkte allerdings das Dipolmoment μ des Moleküls in Richtung x der Schwingung:

$$\frac{\partial \mu}{\partial x} \neq 0 \,. \tag{24.5}$$

Sie können daher durch Absorption elektromagnetischer Strahlung der richtigen Frequenz angeregt werden. Da die Anregung Strahlung aus dem infraroten (IR) Spektralbereich erfordert, werden Deformationsschwingungen und asymmetrische Valenzschwingungen als IR-aktiv bezeichnet.

Bei symmetrischen Valenzschwingungen ändert sich der Abstand der Atome und damit die Form und die Größe des Moleküls. Dies hat eine signifikante Deformierung der Elektronenhülle zur Folge. Symmetrische Valenzschwingungen sind daher raman-aktiv. Da sich die Ladungsschwerpunkte aber nicht verschieben, ist die symmetrische Valenzschwingung nicht IR-aktiv [441].

Nachfolgend wird dies kurz anhand des linearen Kohlendioxidmoleküls (CO_2) erläutert. Die Abbildung 24.2 zeigt die symmetrische (links) und die asymmetrische (rechts) Valenzschwingungen des CO_2-Moleküls und die mit den Schwingungen einhergehende Änderung der Polarisierbarkeit α und des Dipolmoments μ [249].

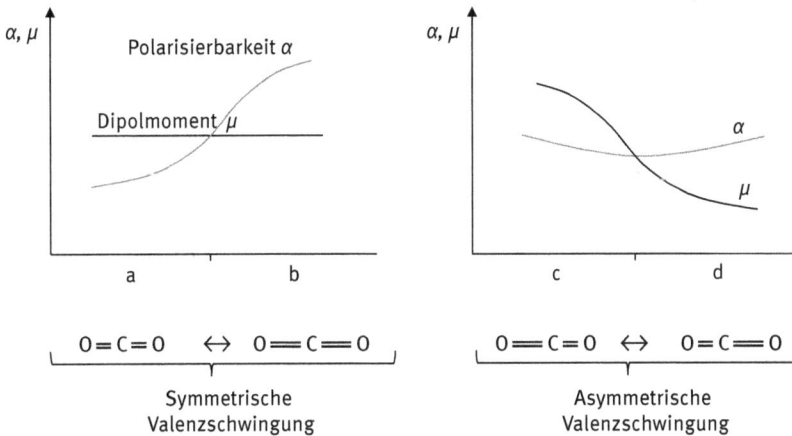

Abb. 24.2: Polarisierbarkeit und Dipolmoment eines CO_2-Moleküls bei Valenzschwingungen [249].

Die Fälle (a) und (b) zeigen die Wendepunkte der symmetrischen Valenzschwingung, wobei die polare Bindung in einem Fall gestaucht (a) und im anderen Fall gedehnt wird (b). Die Polarisierbarkeit ändert sich dadurch erheblich, denn im gestauchten Zustand ist die Elektronenhülle deutlich kleiner als im gedehnten Zustand. Aus diesem Grund ist eine Deformation der Elektronenhülle des Moleküls durch ein elektromagnetisches Feld möglich. Das Dipolmoment bleibt dabei allerdings konstant, da sich die Ladungsschwerpunkte nicht verschieben. Die symmetrische Valenzschwingung ist daher raman-aktiv, aber nicht IR-aktiv.

Die Fälle (c) und (d) verdeutlichen die asymmetrische Valenzschwingung. Bei dieser ändert sich die Ausdehnung der Elektronenhülle nicht wesentlich und die Polarisierbarkeit bleibt daher quasi konstant. Aufgrund der Verschiebung der Ladungsschwerpunkte bildet sich allerdings ein mit der Schwingungsfrequenz oszillierendes Dipolmoment. Die asymmetrische Valenzschwingung ist daher IR-aktiv, aber nicht raman-aktiv [249].

Genau genommen gilt die strenge Trennung in raman-aktive und IR-aktive Schwingungen nur für sehr kleine Moleküle (wie N_2 oder O_2) und solche mit einem Inversionszentrum. Die Vibrationsübergänge der meisten anderen Moleküle sind in unterschiedlichem Maße gleichzeitig IR- und raman-aktiv.

24.2.4 Raman-Spektrogramm

Ein Raman-Spektrogramm stellt die Intensität des emittierten Streulichts als Funktion der Frequenz, der Wellenlänge oder der Wellenzahl (Kehrwert der Wellenlänge) dar. Abbildung 24.3 zeigt als Beispiel das Raman-Spektrum von Krokoit ($Pb[CrO_4]$). Auf der oberen x-Achse ist die absolute Wellenlänge in Nanometern aufgetragen. Das eingestrahlte Licht des Argonionenlasers hat eine Wellenlänge von 514,5 nm und entspricht der Wellenlänge der Rayleigh-Streuung. Auf der unteren x-Achse ist die Raman-Verschiebung in cm^{-1} aufgetragen. Die energetisch höher liegenden Linien der Anti-Stokes-Raman-Streuung haben eine negative Verschiebung, was zu einer kleineren Wellenlänge führt. Die Linien der Stokes-Raman-Streuung haben eine positive Verschiebung.

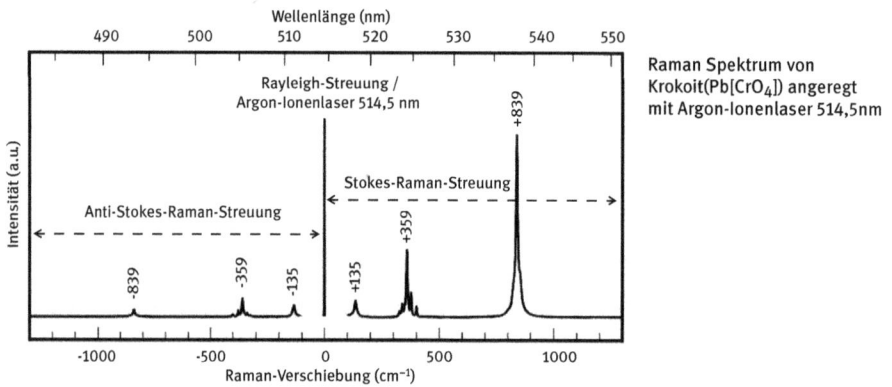

Abb. 24.3: Beispielhaftes Raman-Spektrogramm von Krokoit ($Pb[CrO_4]$) [442].

Ein Vergleich des Probenspektrums mit Literatur- oder anderen Referenzspektren ermöglicht Rückschlüsse auf die Probenzusammensetzung [443]. Die Intensität des vom Molekül emittierten Streulichts ist proportional zum Quadrat der Polarisierbarkeitsänderung des Moleküls:

$$I = \left(\frac{\partial \alpha}{\partial x} \right)^2 . \tag{24.6}$$

Außerdem ist das Raman-Signal proportional zur Anzahl der streuenden Moleküle und erlaubt so eine Konzentrationsbestimmung. Die Intensität der Anti-Stokes-Linien ist dabei schwächer als die der Stokes-Linien, da sich die Mehrheit der Moleküle im nicht angeregten Schwingungszustand befindet [444].

24.2.5 Raman-Spektrometer

Moderne Raman-Spektrometer basieren fast ausschließlich auf dem Einsatz von Lasern. Durch die Nutzung von Wellenlängen im sichtbaren Bereich der elektromagnetischen Strahlung ist eine Kombination mit optischen Mikroskopen möglich.

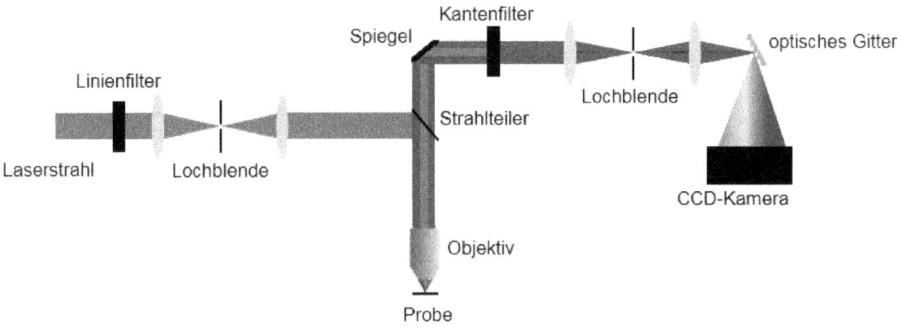

Abb. 24.4: Schematischer Aufbau eines Raman-Spektrometers.

Die Abbildung 24.4 zeigt den schematischen Aufbau eines Raman-Mikrospektrometers. Für den Fall, dass der Laser mehrere Linien emittiert, selektiert ein Linienfilter die gewünschte Wellenlänge. Durch Reflexion an einem Strahlteiler wird die parallelisierte Strahlung dann zur Probe geführt und mithilfe eines Objektivs auf diese fokussiert. Eine mechanische Probenverschiebeeinrichtung ermöglicht eine zweidimensionale Untersuchung der Probenoberfläche.

Das von der Probe emittierte Streulicht durchläuft das Objektiv entgegen der Laserstrahlung und wird so parallelisiert. Sie passiert den Strahlteiler und wird mithilfe eines Spiegels auf einen Kantenfilter umgelenkt.

Ein Kantenfilter besitzt zwei mehr oder weniger scharf voneinander getrennte Spektralbereiche, in denen der Filter transmittiert (durchlässig ist) beziehungsweise absorbiert (undurchlässig ist). Oftmals ist die Kante so gelegen, dass ausschließlich die (intensivere) Raman-Stokes-Streuung passieren kann, die Anti-Stokes-Raman-Streuung und die elastisch gestreute Rayleigh-Streuung aber geblockt werden. Manchmal werden allerdings auch Notch-Filter (Bandsperren) verwendet, die ausschließlich die Rayleigh-Strahlung (in der Abbildung: grün) herausfiltern und die unelastisch gestreute Raman-Strahlung passieren lassen (blau und rot für Stokes- bzw. Anti-Stokes-Raman-Streuung).

Anschließend wird die Strahlung mittels eines optischen Monochromators auf Basis eines Beugungsgitters spektral aufgespalten und auf die CCD-Kamera (engl.: Charge-coupled Device) gelenkt. Diese wandelt die detektierte Strahlung der verschiedenen Wellenlängen in elektronische Signale um und nimmt so das Raman-Spektrogramm auf. Die beiden Lochblenden dienen einer verbesserten lateralen und axialen Auflösung [445].

24.3 Anwendungen

Die Raman-Spektrometrie ist eine etablierte Methode zur Charakterisierung chemischer Verbindungen, zur Ermittlung von Festkörperstrukturen und zur Bestimmung der molekularen Bindungsstärke. Dabei können Proben aller Aggregatzustände untersucht werden. Die besonderen Vorteile der Raman-Spektrometrie sind die zerstörungsfreie Durchführung und die einfache Probenvorbereitung. Durch den Einsatz geschlossener, transparenter Gefäße können auch temperatur- oder luftempfindliche Proben analysiert werden [443, 445].

Die Raman-Spektrometrie und die Infrarotspektrometrie ergänzen sich oftmals gegenseitig in ihren Anwendungsmöglichkeiten. Die geringe Raman-Aktivität von Wasser prädestiniert das Verfahren beispielsweise für die Untersuchung wässriger Lösungen oder wasserhaltiger Proben. Aufgrund der starken Absorption im infraroten Spektralbereich sind diese Proben mit der IR-Spektroskopie schwer zugänglich. Die Raman-Methode wird daher häufig zur Charakterisierung von Lipiden, Cholesterin und anderen organischen Molekülen eingesetzt. Auch biotische Systeme können analysiert werden. Dabei ist es grundsätzlich sogar möglich, einzelne Spezies von Bakterien zu unterscheiden [443, 445].

Die Raman-Spektrometrie hat sich zu einer Standardmethode in der Produktionsüberwachung entwickelt. Durch die geringe Raman-Aktivität durchsichtiger Kunststoffe können beispielsweise medizinische Produkte, wie Tabletten im Blister, oder verpackte Lebensmittel analysiert werden [446, 447].

In der Umweltanalytik werden Grund- und Oberflächenwasser mit der Raman-Methode auf Metallkomplexe, Carbonate oder organische Säuren untersucht. In der Biomedizin können die Strukturen von Proteinen in ihrer physiologischen Umgebung erforscht werden. Die Raman-Spektrometrie ist außerdem die einzige zerstörungsfreie Methode zur Analyse von reinen Kohlenstoffverbindungen, wie Diamant, kristallinem Graphit oder nichtkristallinem Kohlenstoff. In der Halbleiterindustrie wird sie zur Bestimmung von Materialeigenschaften wie der Kristallinität, der Kristallorientierung und der Dotierung eingesetzt [447].

Auch Raman-Gasanalysatoren haben inzwischen viele praktische Anwendungen. Dazu gehört die Echtzeitüberwachung von Anästhesiegasen und Atemgasgemischen während der Operation. Darüber hinaus wurde die Raman-Spektroskopie in mehreren Forschungsprojekten eingesetzt, um Explosivmittel aus sicherer Entfernung zu detektieren und zu identifizieren.

Auch in der Kunst und in der Archäologie findet sie zunehmend Verwendung. So können mit ihr Korrosionsprodukte auf den Oberflächen von Statuen und Keramiken analysiert werden. Durch den Vergleich der resultierenden Spektren mit Spektren von Oberflächen, die gereinigt oder absichtlich korrodiert wurden, kann die Echtheit wertvoller, historischer Artefakte bestätigt oder widerlegt werden [447].

Die Raman-Spektrometrie ist ebenso in der Lage, einzelne Farbpigmente in Gemälden und deren Abbauprodukte zu identifizieren. So kann die Authentizität von Gemälden überprüft werden und Einblicke in die Arbeitsweise eines Künstlers gewonnen werden [446].

24.4 Kommerzielle Produkte

Es existiert eine große Vielfalt an kommerziellen Raman-Spektrometern. Im Folgenden werden beispielhafte Produkte näher beschrieben, die das große Spektrum verdeutlichen.

24.4.1 Metrohm/B&W Tek

Die Schweizer Metrohm AG ist einer der weltweit größten Hersteller von Hochpräzisionsinstrumenten für die chemische Analytik. Ihre Tochtergesellschaft Metrohm Raman mit Sitz in den USA entwickelt und produziert Raman-Spektrometer. Im Jahr 2018 erfolgte die Übernahme des US-amerikanischen Unternehmens B&W Tek, Inc. Während Metrohm Raman die „Handgeräte" herstellt, bietet B&W Tek „tragbare Raman-Spektrometer" an. Diese sind etwas größer und schwerer als die Handgeräte, aber deutlich kleiner und leichter als stationäre Spektrometer. Die i-Raman-Produktserie der tragbaren Raman-Spektrometer gliedert auf sich in die Varianten Plus, Pro und Prime. Abbildung 24.5 zeigt zwei Beispiele [448–451].

Alle Ausführungen verfügen über einen CCD-Arraydetektor, der zur Erhöhung der Empfindlichkeit auf bis zu −25 °C gekühlt werden kann. Die schnellste Messzeit beträgt 100 Millisekunden. Durch häufige Mittelwertbildung können auch sehr schwa-

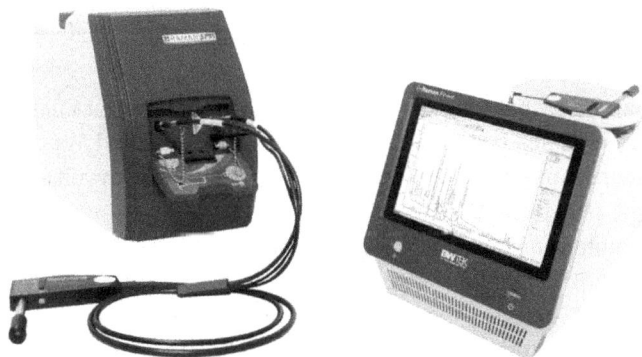

Abb. 24.5: Tragbare Raman-Spektrometer der i-Raman-Serie von B&W Tek, Inc (mit freundlicher Genehmigung der METROHM GmbH & Co. KG) [448].

che Raman-Signale gemessen werden. Die Messzeit erhöht sich dann auf bis zu 30 Minuten. Die i-Raman-Serie umfasst zehn Modelle, die ein breites Anwendungsspektrum haben und sich vor allem im Messbereich und in der Laserwellenlänge unterscheiden. Die Spezifikationen dieser Modelle sind in der Tabelle 24.1 aufgeführt. Außerdem bietet B&W Tek weitere Raman-Spektrometer für die Kohlenstoffanalyse, Fingerabdruckidentifizierung, Stoffidentifizierung durch nicht transparente Verpackungen sowie für die zerstörungsfreie Verifizierung von Edelsteinen an, die auch in der Tabelle 24.1 aufgeführt werden.

Tab. 24.1: Spezifikationen tragbarer Raman-Spektrometer von B&W Tek [448, 452].

Modell	Messbereich in cm^{-1}	Laserwellenlänge in nm	Anwendungsbereich
i-Raman Plus 785S	65–3.350	785	Qualitative und quantitative
i-Raman Plus 785H	65–2.800	785	Analyse in Kunst, Archäologie,
i-Raman Plus 532S	65–4.200	532	Biomedizin, Geologie,
i-Raman Plus 532H	65–3.400	532	Mineralogie, Pharmazeutik,
i-Raman Pro 785S	65–3.350	785	Halbleitertechnik,
i-Raman Pro 785H	65–2.800	785	prozessanalytischer Technologie,
i-Raman Prime 785S	150–3.350	785	Materialwissenschaften,
i-Raman Prime 785H	150–2.800	785	Gerichtmedizin und
i-Raman Prime 532H	150–3.400	532	weiteren Bereichen
i-Raman EX	100–2.500	1.064	Fingerabdruckidentifizierung
Raman-Analysegerät für Kohlenstoff	150–3.400	532	Analyse von Kohlenstoffverbindungen
QTRam	–	785	Wirkstoffidentifizierung von pharmazeutischen Produkten
STRam®	150–2.800	785	Stoffidentifizierung durch nicht transparente Verpackungen
GemRam	150–2.700	785	Authentifizierung von Edelsteinen

Die Modellreihe der Raman-Handspektrometer heißt MIRA (Metrohm Instant Raman Analyzer). Die Geräte werden in den beiden Versionen Mira P (Pharma) und Mira DS (Defense and Security) angeboten und liefern innerhalb von Sekunden zuverlässige Ergebnisse. Abbildung 24.6 zeigt beide Varianten.

Die beiden Versionen unterscheiden sich in den Verwendungsbereichen. Mira-P-Geräte dienen zur Verifizierung von Rohmaterialien, wie pharmazeutische Wirkstoffe und Arzneimittelträger. Mira-DS-Geräte werden von Ermittlungsbehörden, der Feuerwehr oder der ABC-Abwehrtruppe der Bundeswehr für eine schnelle Identifizierung von Sprengstoffen sowie gefährlichen und illegalen Substanzen genutzt [455, 456]. Beide Varianten eignen sich für:

Abb. 24.6: Raman-Handspektrometer Mira P (links) und Mira DS (rechts) von Metrohm (mit freundlicher Genehmigung der Deutschen METROHM GmbH & Co. KG) [453, 454].

- Messungen im direkten Kontakt mit der Probe, durch dünne Beutel oder durch stärkere Behälter, wie Glasflaschen
- Messungen flüssiger Proben
- Analysen der Endprodukte in Form von Tabletten
- Verifizierung von Materialien durch Eintauchen in eine Probe
- Identifizierung von Substanzen aus einer Entfernung von bis zu zwei Metern, auch durch Plastik- und Glasgefäße [457]
- Identifikation von Stoffen in Plastikpäckchen

In den Mira-Geräten wird die patentierte Orbital-Raster-Scan-Technologie (ORS) angewendet, die eine bessere Analyse heterogener Proben erlaubt. Da der Laserstrahl in konventionellen Raman-Spektrometern stark fokussiert ist und die Partikelgrößen pharmazeutischer Wirkstoffe ebenfalls klein sind, müssen üblicherweise Messungen an verschiedenen Punkten der Probe aufgenommen werden, um ein aussagekräftiges Ergebnis zu erhalten. Bei der ORS-Technologie wird ein größerer Bereich der Probe bestrahlt und die fein verteilten Partikel werden so mit einer höheren Wahrscheinlichkeit erfasst. Diese Technologie liefert ein präzises und reproduzierbares Ergebnis schon nach einfacher Messung und erleichtert so den Messvorgang [455].

Die Mira-Handgeräte nutzen einen Laser bei einer Wellenlänge von 785 nm und können Raman-Verschiebungen zwischen $400 \, \text{cm}^{-1}$ und $2.300 \, \text{cm}^{-1}$ messen (4,3–25 µm). Der Grundpreis für Mira DS beträgt 34.210 € und der für Mira P 53.380 € [454, 456, 458].

24.4.2 Bruker Optik

Das deutsche Unternehmen Bruker Optik GmbH hat seit den 1980er-Jahren Raman-Spektrometer im Sortiment. Ein besonders etabliertes Produkt ist das stationäre Raman-Spektrometer mit dem Produktnamen MultiRAM. Dieses kombiniert die Fourier-Transformations-Infrarot-Spektrometrie mit der Raman-Spektrometrie und deckt den Spektralbereich von $3.600\,cm^{-1}$ bis $50\,cm^{-1}$ (2,8–200 μm) ab.

Zur Anregung nutzt das MultiRAM einen Nd:YAG-Laser (neodym-dotierter Yttrium-Aluminium-Granat-Laser) mit einer Wellenlänge von 1.064 nm. Der Nd:YAG-Laser zeichnet sich durch hohe Leistung und eine sehr gute Strahlqualität aus. Die Überlagerung durch die gleichzeitig auftretende Fluoreszenz der Probe wird dadurch reduziert, da die Raman-Streuung bei intensiverer Bestrahlung häufiger auftritt. Der Preis für das MultiRAM-Spektrometer beträgt in der Standardkonfiguration 105.000 €. Die Abbildung 24.7 zeigt rechts das stationäre Raman-Spektrometer [459].

Die Bruker Optik GmbH hat auch ein Raman-Handspektrometer mit dem Namen BRAVO im Sortiment. Das kompakte Design eignet sich hervorragend für die kontaktlose und zerstörungsfreie Identifizierung von Substanzen in der Wareneingangskontrolle. Oft werden damit potenziell gefährliche Stoffe im Bereich der Forensik identifiziert. Das BRAVO-Raman-Spektrometer verfügt über eine automatisierte Messspitzenerkennung und eine Fluoreszenzminderung. Die Anregung mit zwei, in der Wellenlänge leicht gegeneinander verschobenen Lasern ermöglicht hohe Sensitivität im ganzen Spektralbereich. Die Kosten für die Basisvariante belaufen sich auf ca. 45.000 €. Das BRAVO-Raman-Spektrometer ist in Abbildung 24.7 links dargestellt [460].

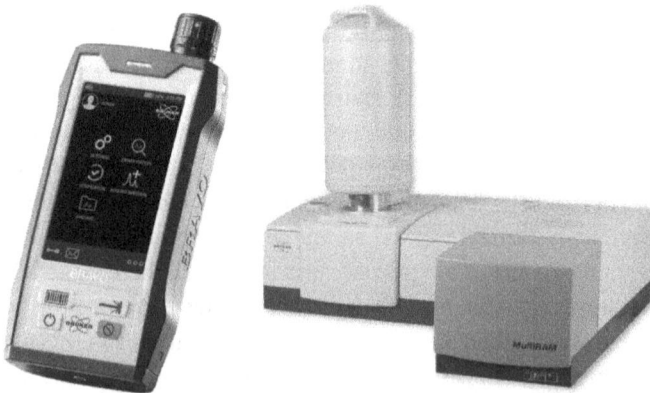

Abb. 24.7: BRAVO-Raman-Spektrometer (links) und MultiRAM (rechts)
(mit freundlicher Genehmigung der Bruker Optik GmbH [459, 460]. ©Bruker Optik/©Bruker Optics).

24.4.3 Anton Paar

Das österreichische Unternehmen Anton Paar GmbH hat sich auf hochwertige Analysegeräte spezialisiert. Das Produktportfolio beinhaltet unter anderem auch verschiedene Raman-Spektrometer. Es werden sowohl portable Spektrometer mit integrierter Bedienoberfläche angeboten als auch Spektrometer, die zur Auswertung der Messergebnisse an einen Computer angeschlossen werden müssen. Darüber hinaus gibt es ein Raman-Handspektrometer mit dem Namen „Cora 100".

Die „Cora-5X00"-Serie (siehe Abbildung 24.8 links) ist mit den Wellenlängen 532 nm, 785 nm oder 1.064 nm erhältlich. Mit ihr kann die Raman-Verschiebung mit einer spektralen Auflösung zwischen $9\,\mathrm{cm}^{-1}$ und $17\,\mathrm{cm}^{-1}$ bestimmt werden. Eine Variante mit Kombinationen dieser Wellenlängen für die Untersuchung von Stoffen mit komplexem Streuungs- und Fluoreszenzverhalten ist ebenso erhältlich. Die Geräteserie ist mit einem Gewicht zwischen 6,4 kg und 7,3 kg sowie einem integrierten Akku für den flexiblen, mobilen Einsatz geeignet.

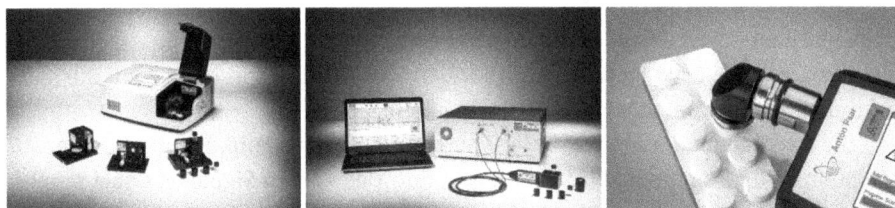

Abb. 24.8: Cora 5X00 (links), Cora 7X00 (Mitte) und Cora 100 (rechts) (mit freundlicher Genehmigung der Anton Paar GmbH) [461].

Eine noch höhere Auflösung von $4\,\mathrm{cm}^{-1}$ bis $15\,\mathrm{cm}^{-1}$ bietet die stationäre „Cora-7X00"-Serie (siehe Abbildung 24.8 Mitte). Mit 13 kg bis 15 kg Produktgewicht, einer Auswertung am externen Computer sowie der Notwendigkeit der ortsgebundenen Stromversorgung ist diese Serie allerdings für den stationären Einsatz konzipiert. Die gekühlten (oder tiefgekühlten) Detektoren liefern ein hervorragendes Signal-zu-Rausch-Verhältnis.

Für den flexiblen Einsatz und eine sekundenschnelle Auswertung im Spektralbereich von $400\,\mathrm{cm}^{-1}$ bis $2.300\,\mathrm{cm}^{-1}$ (4,3 µm bis 25 µm) wird der „Cora 100" angeboten (siehe Abbildung 24.8 rechts). Mit einer Laseranregungswellenlänge von 785 nm, einer Batterielaufzeit von ca. 8 Stunden und einem Gewicht von 650 g ist dieses Gerät in verschiedensten Kontrollbereichen einsetzbar. So können Arzneimittel oder Drogen in Pulver-, Tabletten- oder flüssiger Form durch die Verpackung hindurch kontrolliert werden. Mithilfe eines Kamerastativs und einer Timerfunktion können auch explosive Stoffe aus sicherer Entfernung getestet werden [461].

24.5 Zusammenfassung

Unter Streuung versteht man in der Optik die Ablenkung elektromagnetischer Wellen an einem Streuzentrum. Die Raman-Streuung basiert auf der unelastischen Streuung von Licht an Molekülen oder Festkörpern. Im Gegensatz zur elastischen Streuung hat das Streulicht dabei eine andere Frequenz als das eingestrahlte Licht. Dabei unterscheidet man zwei Varianten: Bei der Stokes-Raman-Streuung erfolgt eine Energieübertragung vom Photon auf das Streuzentrum und die Energie des gestreuten Photons ist geringer als die des anregenden Photons. Bei der Anti-Stokes-Raman-Streuung erfolgt eine Energieübertragung vom Streuzentrum auf das Photon und das gestreute Photon hat eine höhere Energie als das anregende Photon.

Die Frequenzunterschiede zum eingestrahlten Licht entsprechen charakteristischen Energiedifferenzen von Vibrations-Rotations-Zuständen von Molekülen oder von Phononzuständen von Festkörpern. Aus dem gemessenen Raman-Spektrum lassen sich so Rückschlüsse auf die Zusammensetzung einer untersuchten Probe und die Konzentrationen der einzelnen Komponenten ziehen.

Damit ein molekularer Vibrations-Rotations-Übergang mithilfe der Raman-Spektroskopie beobachtet werden kann, muss er raman-aktiv sein. Dafür muss sich die Polarisierbarkeit in Schwingungsrichtung ändern. Dies trifft insbesondere auf die nicht infrarotaktiven symmetrischen Valenzschwingungen zu.

Die Darstellung der Intensität der Raman-Streuung als Funktion der Raman-Verschiebung wird Raman-Spektrogramm genannt. Das Raman-Signal ist dabei proportional zur Anzahl der streuenden Moleküle und erlaubt somit eine Konzentrationsbestimmung.

Raman-Spektrometer nutzen fast ausschließlich Laser als Strahlungsquellen. Der Aufbau beinhaltet in der Regel einen optischen Filter, der nur das Streulicht passieren lässt und die intensive Laserstrahlung abblockt. Ein Monochromator bildet das Raman-Spektrum dann auf einem CCD-Detektor ab.

Raman-Spektrometer werden zur Charakterisierung chemischer Verbindungen, zur Ermittlung von Festkörperstrukturen und zur Bestimmung der molekularen Bindungsstärke eingesetzt. Ihre besonderen Vorteile sind die zerstörungsfreie Messung und die einfache Probenvorbereitung. Außerdem stören Materialien mit geringer Raman-Aktivität, wie Wasser und viele Kunststoffverpackungen, die Messung nicht. Die Raman-Spektrometrie wird oft als Ergänzung zur IR-Spektrometrie durchgeführt, da sich beide Verfahren in ihren Anwendungsmöglichkeiten ergänzen.

Besondere Anwendung findet die Methode zur Charakterisierung von Lipiden, Cholesterin und anderen organischen Molekülen, zur Analyse medizinischer Produkte (z. B. Tabletten im Blister) oder verpackter Lebensmittel, zur Untersuchung reiner Kohlenstoffverbindungen, zur Echtzeitüberwachung von Anästhesiegasen und Atemgasgemischen während der Operation, zur Detektion von Sprengstoffen, zur Identifikation von Farbpigmenten und zur Fingerabdruckidentifizierung.

Es existiert eine große Vielfalt an kommerziellen Raman-Spektrometern. Dabei unterscheidet man Raman-Handspektrometer sowie tragbare und stationäre Spektrometer. Handspektrometer sind besonders flexibel einsetzbar. Stationäre Spektrometer erlauben die höchste Genauigkeit und Empfindlichkeit. Zur Anregung werden häufig Nd:YAG-Laser mit den Wellenlängen 532 nm oder 1.064 nm eingesetzt. Fourier-Transformations-Infrarot-Spektrometer decken mit $3.600\,\text{cm}^{-1}$ bis $50\,\text{cm}^{-1}$ ($2,8\,\mu\text{m}$–$200\,\mu\text{m}$) einen besonders großen Spektralbereich ab. Die spektralen Auflösungen liegen zwischen $4\,\text{cm}^{-1}$ und $17\,\text{cm}^{-1}$. Die Preise für ein Raman-Spektrometer variieren von mehreren 10.000 € für ein Handspektrometer bis zu über 100.000 € für ein stationäres Spektrometer.

Teil IV: **Chemische Sensorik**

25 Wärmetönungssensoren

25.1 Einleitung

Wärmetönung ist eine heute nur noch selten verwendete Bezeichnung für die bei einer chemischen Reaktion aufgenommene oder abgegebene thermische Energie. Eine endotherme Reaktion geht einher mit einer negativen Wärmetönung, eine exotherme Reaktion mit einer positiven Wärmetönung [462].

Das Messverfahren der Wärmetönung (auch katalytische Verbrennung genannt) basiert darauf, dass brennbare Gase oder Dämpfe mit (Luft-)Sauerstoff unter Freisetzung von Reaktionswärme oxidieren (verbrennen). Ein Sensor (in der Regel ein temperaturabhängiger Widerstand) misst die Temperaturerhöhung, welche ein Maß für die Stoffmenge bzw. die Konzentration des zu detektierenden Gases ist [463]. Wärmetönungssensoren dienen zum Messen entzündlicher Gasanteile und werden häufig in überwachungsbedürftigen Bereichen eingesetzt.

Im Jahr 1959 meldete der englische Wissenschaftler Alan Richard Baker ein Patent für ein Verfahren zur Detektion brennbarer Gase mit einem elektrisch leitfähigen Element an, das von einem feuerfesten Material umhüllt ist [462]. Die Neuheit dieses Apparats war der sogenannte Pellistor, welcher seit 1963 fester Bestandteil der allermeisten Sensoren auf Basis der Wärmetönung ist. Der Ausdruck „Pellistor" wird oft auch synonym für Wärmetönungssensor verwendet und stellt eine Kombination der englischen Begriffe „pellet" (engl.: Kügelchen) und „resistor" (engl.: Widerstand) dar.

Pellistoren sind kleine, poröse Keramikkugeln (Durchmesser ca. 1 mm), in die zur Temperaturmessung eine Platinspirale eingebettet ist. Die Spirale wird von einem Strom durchflossen, der den Pellistor auf einige Hundert Grad Celsius aufheizt. Alan Richard Baker optimierte durch seine Forschung das Wärmetönungsverfahren, indem er die Pellistoren mit einer katalytisch wirkenden Substanz beschichtete. Diese ermöglicht die Reaktion bei einer relativ niedrigen Temperatur, wodurch sich das Explosionsrisiko signifikant reduziert und gleichzeitig die Empfindlichkeit des Sensors erhöht.

Nachfolgend wird zunächst das Prinzip der Wärmetönungsmessung erläutert. Im Rahmen dessen werden auch die physikalischen Grundlagen der katalytischen Reaktion und Einflüsse der Umgebungsbedingungen auf die Funktionalität des Sensors diskutiert. Im Abschnitt „Anwendungen" werden typische Einsatzgebiete dieser Sensorart aufgezeigt. Im darauffolgenden Abschnitt werden exemplarische, kommerzielle Produkte und deren Spezifikationen vorgestellt. Abschließend werden die Inhalte dieses Kapitels zusammengefasst und die Vor- und Nachteile dieser Sensortechnologie dargestellt.

Unter Mitwirkung von Roustam Rahman, Omed Jami und Martin Kowollik

https://doi.org/10.1515/9783110702040-025

25.2 Messprinzip

Wärmetönungssensoren basieren auf der Oxidation brennbarer Gasanteile an der Pellistoroberfläche. Die dadurch freigesetzte, thermische Energie erwärmt den Heizdraht im Inneren des Pellistors. Aus dessen Widerstandsänderung kann die Konzentration der entzündlichen Gasanteile ermittelt werden. Die Katalysatorbeschichtung ermöglicht die Verbrennung bei relativ niedrigen Temperaturen.

Nachfolgend wird zunächst der typische Aufbau eines Wärmetönungssensors vorgestellt und die Funktion der einzelnen Komponenten und deren Eigenschaften beschrieben. Danach folgt ein Abschnitt, der das Prinzip der katalytischen Verbrennung zum Thema hat. Abschließend werden mögliche Schwierigkeiten beim Einsatz dieses Messverfahrens diskutiert.

25.2.1 Funktion und Aufbau des Sensors

Abbildung 25.1 zeigt den schematischen Aufbau eines Wärmetönungssensors. In dem mit einer Flammensperre abgeschlossenen Sensorgehäuse befinden sich zwei Pellistoren: das Detektorelement (dunkel) und das Kompensatorelement (hell). Die Heizdrahtspiralen im Inneren sind jeweils angedeutet. Nur das Detektorelement ist mit einer Katalysatorschicht versehen.

Der rechte Teil von Abbildung 25.1 verdeutlicht den Messbetrieb am Beispiel eines Methansensors. Nachdem das brennbare Gasgemisch aus Methan (CH_4) und Sauerstoff (O_2) durch die Flammensperre in den Innenraum des Sensorgehäuses diffundiert

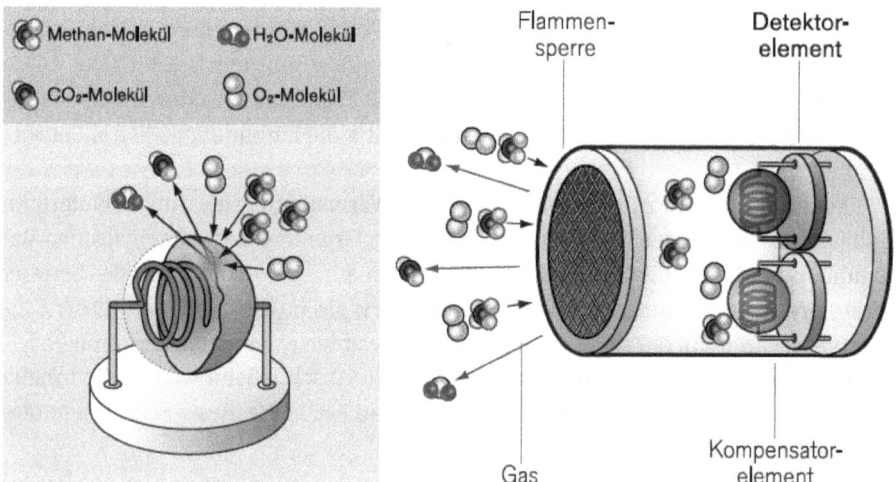

Abb. 25.1: Schematischer Aufbau und Funktion eines Wärmetönungssensors (mit freundlicher Genehmigung Drägerwerk AG & Co. KGaA, Lübeck. Alle Rechte vorbehalten).

ist, reagieren die Methanmoleküle an der Außenwand des Detektorelements mit dem Sauerstoff zu Kohlendioxid (CO_2) und Wasser (H_2O). Dieser Oxidationsprozess wird dadurch möglich, dass die Katalysatorschicht die für die Oxidation des zu detektierenden Gases erforderliche Aktivierungsenergie reduziert. Bei der Verbrennung steigt die Temperatur des Detektorelements, wodurch sich der elektrische Widerstand des Heizdrahts im Innern erhöht.

Da das Kompensatorelement über keine Katalysatorbeschichtung verfügt, findet dort keine signifikante Oxidation statt. Es reagiert allerdings auf Änderungen der Umgebungstemperatur und ermöglich so eine Kompensierung dieses Effekts. Mithilfe einer wheatstoneschen Brückenschaltung wird aus der effektiven Widerstandsänderung die Konzentration des brennbaren Gases bestimmt. Im Folgenden werden die Hauptkomponenten genauer beschrieben.

Flammensperre

Eine Flammensperre oder Flammendurchschlagsicherung (in spezieller Bauform auch Sintermetallfritte genannt) ist ein Filter oder eine Armatur, die die Ausbreitung einer Flamme in andere Anlagenteile verhindert. Sie muss insbesondere dann eingebaut werden, wenn ein explosionsfähiges Gas-Luft-Gemisch vorliegt und eine Explosion sich nicht in Anlagenteile ausbreiten soll, die nicht explosionsfest ausgelegt sind.

Die Flammensperre im Wärmetönungssensor erlaubt die Diffusion des zu analysierenden Messgases in das Sensorgehäuse. Durch die katalytische Verbrennung entsteht dort ein Überdruck, dem die Sperre zuverlässig mechanisch standhalten muss. Das ist besonders wichtig für den Fall, dass ein explosionsfähiges Gemisch vorliegt. Die druckfeste Kapselung begrenzt das Explosionsrisiko lokal auf das Sensorinnere.

Eine weitere Funktion der Flammensperre ist der Schutz des Sensors vor äußeren Einflüssen. Aggressive Komponenten der untersuchten Atmosphäre, Feuchtigkeit oder Staubpartikel könnten ansonsten in den Sensorinnenraum gelangen und die empfindlichen Pellistoren beschädigen [463–465]. Näheres dazu folgt in Abschnitt 25.2.3.

Pellistor

Abbildung 25.2 zeigt ein Foto der beiden Pellistoren eines Wärmetönungssensors. Bei dem dunklen Kügelchen auf der rechten Seite handelt es sich um das katalytisch beschichtete Detektorelement. Links befindet sich das helle, nicht beschichtete Kompensatorelement. Der Platinheizdraht im Inneren ist in beiden Fällen von einer porösen Keramik aus Aluminiumoxid umgebend.

Die katalytische Beschichtung des Detektorelements reduziert die für die Oxidation erforderliche Aktivierungsenergie. Die in Abbildung 25.1 dargestellte, chemische Reaktion zwischen Methan und Sauerstoff findet daher ausschließlich an der Oberfläche des Detektorelements statt. Sie wird durch die folgende Reaktionsgleichung be-

Abb. 25.2: Wärmetönungssensor: Detektorelement (dunkel, rechts) und Kompensatorelement (hell, links) (mit freundlicher Genehmigung von Hans Peter Maurischat. Alle Rechte vorbehalten).

schrieben:

$$CH_4 + 2\,O_2 \quad \rightarrow \quad 2\,H_2O + CO_2 + Q_B\,. \tag{25.1}$$

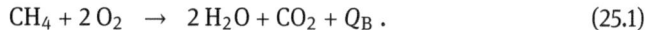

Die durch die exotherme Reaktion frei werdende Wärme Q_B ergibt sich dabei aus der Masse m_B des Brennstoffs (in diesem Beispiel Methan) und dessen Brennwert H_0 (chemisch gebundene Energie pro Bemessungseinheit) [466]:

$$Q_B = H_0 \cdot m_B\,. \tag{25.2}$$

Um die daraus resultierende Temperaturerhöhung ΔT am Detektorelement zu bestimmen, müssen dessen Wärmekapazität c_P und Masse m_P berücksichtigt werden. Vereinfacht wird dabei angenommen, dass die Reaktionswärme vollständig auf den Pellistor übertragen wird:

$$\Delta T = \frac{Q_B}{c_P m_P}\,. \tag{25.3}$$

Diese Temperaturerhöhung bewirkt eine Widerstandsänderung des Heizdrahts im Detektorelement. Reine Metalle wie Platin sind sogenannte Kaltleiter. Im Temperaturbereich von 0 °C bis 850 °C steigt ihr Widerstand annähernd linear mit der Temperatur [466]. Der Widerstandswert für die Temperatur T in °C ergibt sich dabei aus dem

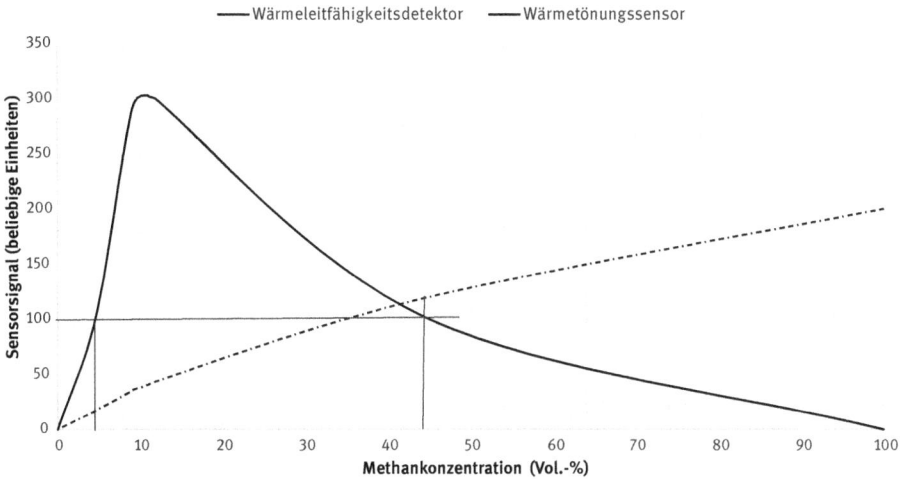

Abb. 25.3: Gegenüberstellung der Signale eines Wärmetönungssensors und eines Wärmeleitfähigkeitsdetektors.

Referenzwiderstand $R(20\,°C)$ bei 20 °C mithilfe des ebenfalls auf 20 °C bezogenen linearen Temperaturkoeffizienten $\alpha_{20°}$ [467]:

$$R(T) = R(20\,°C) \cdot (1 + \alpha_{20°}(T - 20\,°C)) \ . \tag{25.4}$$

Die Reaktionsgleichung 25.1 verdeutlicht, dass zur Verbrennung eines Methanmoleküls zwei Sauerstoffmoleküle benötigt werden. Da die Teilchendichte eines (idealen) Gases nur vom Druck abhängt, nicht aber von der Art der Teilchen, ist auch das benötigte Volumen des Sauerstoffs doppelt so groß wie das des Methans. Luft enthält aber nur ca. 21 Vol.-% Sauerstoff. Eine stöchiometrische Verbrennung, bei der genau so viel Sauerstoff vorhanden ist, wie für die Verbrennung benötig wird, ergibt sich damit für einen Methangehalt von ca. 10 Vol.-% in Luft. Anderenfalls spricht man von einer überstöchiometrischen Verbrennung (Luftüberschuss) bzw. unterstöchiometrischen Verbrennung (Luftmangel).

Bei einer unterstöchiometrischen Verbrennung erfolgt nur eine partielle Oxidation, sodass das Sensorsignal kleiner ist, als es tatsächlich sein sollte. Abbildung 25.3 verdeutlicht dies. Das Signal des Wärmetönungssensors weist ein Maximum bei ca. 10 Vol.-% auf. Danach sinkt das Ausgangssignal bei weiter steigendem Methananteil, was mit dem zuvor beschriebenen absinkenden Sauerstoffanteil zusammenhängt. Es ergibt sich daher eine Zweideutigkeit: Ein Messsignal von 100 mV kann entweder als 4,6 Vol.-% oder als 44 Vol.-% gedeutet werden.

Um derartige Messfehler zu vermeiden, wird oftmals mithilfe eines einfachen Wärmeleitfähigkeitssensors (siehe Kapitel 7) eine Referenzmessung durchgeführt. Diese ist zwar recht ungenau, allerdings unabhängig von der Sauerstoffkonzentration. Durch die Gegenüberstellung der beiden Ausgangssignale kann dann eine korrekte Aussage über die Konzentration des brennbaren Gases getroffen werden. Abbildung 25.3 stellt die Ausgangssignale beider Sensortypen schematisch dar.

Aufgrund der fehlenden katalytischen Beschichtung kommt es an der Oberfläche des Kompensatorelements zu keiner signifikanten, chemischen Reaktion. Eine Widerstandsmessung seines Platinheizdrahts erlaubt es allerdings, Änderungen der Umgebungstemperatur zu erfassen. Da beide Pellistoren in gleicher Weise auf Umgebungsbedingungen reagieren, können derartige Effekte bei der Ermittlung der Gaskonzentration so kompensiert werden.

Elektronik

Da die bei der Verbrennung auftretende Differenz der Widerstandswerte von Detektorelement und Kompensatorelement sehr gering ist, wird eine wheatstonesche Messbrücke zur Messung dieser verwendet [468, 469]. In Abbildung 25.4 ist das Prinzip dieses Messverfahrens dargestellt. Der eine Brückenzweig besteht aus dem Detektorelement R_{DE} und dem Kompensatorelement R_{KE}, der andere aus den Festwiderständen R_1 und R_2. Die beiden Zweige sind über die Messbrücke miteinander verbunden.

Wird eine Spannung U_{ges} angeschlossen, fließt Strom durch beide Brückenzweige. Die Spannung teilt sich dabei in jedem Brückenzweig im Verhältnis der Widerstände auf. Wenn das Detektorelement nicht durch Verbrennung erhitzt wird, sind R_{DE} und R_{KE} aufgrund ihrer identischen Eigenschaften gleich groß. Gilt zudem $R_1 = R_2$, werden die beide Pellistoren und die beiden Festwiderstände jeweils von einem Strom mit derselben Stromstärke durchflossen und die Brückenspannung ΔU_{Mess} ist gleich null. In diesem „abgeglichenen" Zustand gilt die Brückengleichung:

$$\frac{R_{KE}}{R_{DE}} = \frac{R_1}{R_2} \, . \tag{25.5}$$

Oxidiert das zu detektierende Gas am Detektorelement, führt dies zu einer Erhöhung von R_{DE} und damit zu einem Ungleichgewicht der Widerstände im Pellistorzweig. Damit ist die Schaltung nicht mehr abgeglichen und ein Teil des Stroms fließt über die Messbrücke ab. Die Brückenspannung ist dabei proportional zur Differenz zwischen

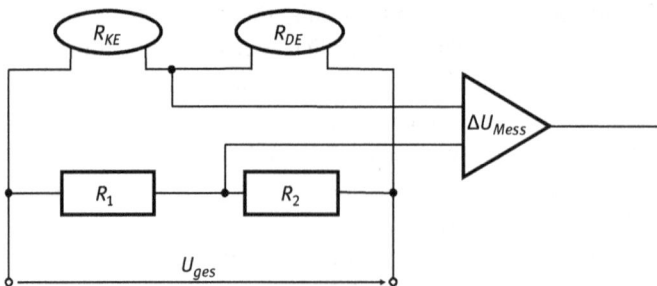

Abb. 25.4: Signalauswertung eines Wärmetönungssensors mithilfe der wheatstoneschen Brückenschaltung.

dem Detektorwiderstand und dem Kompensatorwiderstand ($\Delta U_{\text{Mess}} \propto R_{\text{DE}} - R_{\text{KE}}$), wodurch Temperatureffekte kompensiert werden. Das Signal ist damit – bei stöchiometrischer Verbrennung – näherungsweise proportional zur Gaskonzentration.

25.2.2 Katalytische Verbrennung

Ein Katalysator beschleunigt chemische Reaktionen, ohne dabei selbst verbraucht zu werden. Die katalytische Beschichtung des Detektorelements ermöglicht auf diese Art und Weise die Oxidation des Brenngases bei einer reduzierten Temperatur.

Die Energiediagramme einer unkatalysierten Reaktion (durchgezogene Linie) und einer katalysierten Reaktion (gestrichelte Linie) sind in Abbildung 25.5 dargestellt. In beiden Fällen reagieren die Edukte (Reaktanten) zu den Produkten. Im Beispiel der Reaktionsgleichung 25.1 stellen Methan und Sauerstoff die Edukte dar und Kohlendioxid und Wasser die Produkte.

Bei der unkatalysierten Reaktion ist für die Reaktion die Aktivierungsenergie E_{A_1} erforderlich. Diese dient zur Aufspaltung der kovalenten Bindungen der beteiligten Moleküle. Pro Mol Methan und Sauerstoff wird eine Energie von 2.648 kJ benötigt. Bei Zimmertemperatur ist es außerordentlich unwahrscheinlich, dass Methan- und Sauerstoffmoleküle mit so hoher Geschwindigkeit zusammenstoßen, dass dieser Betrag erreicht wird. Ab einer Temperatur von 595 °C – der sogenannten Zündtemperatur – entzündet sich Methan in Gegenwart von Sauerstoff ohne Zündquelle. Wenn die Molekülbindungen aufgebrochen sind, entstehen aus den Atomen andere Moleküle, deren Bindungen stabiler sind als die ursprünglichen Moleküle. Aus diesem Grund haben die Produkte der Reaktion, Wasser und Kohlendioxid, eine niedrigere Energie als die Ausgangsstoffe Methan und Sauerstoff. Die Energiedifferenz wird als Reaktionsenergie in Form von Wärme Q_B freigesetzt und mithilfe des temperaturempfindlichen Widerstands des Detektorelements gemessen.

Bei der katalysierten Reaktion wird eine der gasförmigen Komponenten (seltener beide) an der Oberfläche des Katalysators adsorbiert und reagiert so ohne Energiezuführung zu einer Übergangsform. Mit der Bildung dieser Bindungen geht eine Verteilungsänderung der Elektronen im Molekül einher. So werden manche Molekülbindungen geschwächt oder sogar aufgebrochen. Damit die Reaktion zu den Produkten stattfinden kann, ist ebenfalls eine Aktivierungsenergie notwendig (E_{A_2}). Diese ist allerdings erheblich geringer als E_{A_1}. Die Reaktionstemperaturen von Kohlenwasserstoffen werden durch die Katalyse von 500 bis 800 °C auf 300 bis 500 °C reduziert. Nachdem die erforderliche Aktivierungsenergie zugeführt wurde, desorbieren die Atome und reagieren mit dem anderen Reaktanten zu den Produkten [466].

Es werden zwei Adsorptionsmechanismen unterschieden: die Physisorption und die Chemisorption. Physisorption tritt auf, weil die Oberflächenatome des katalytischen Festkörpers die Bestrebung haben, die äußere Elektronenschale vollständig aufzufüllen. Dies bewirkt eine anziehende Kraft auf die Gasmoleküle. Ist die äußere

Elektronenschale des Festkörpers gesättigt, erfolgt die Anbindung der Atome durch Van-der-Waals-Kräfte. Bei der Physisorption werden keine chemischen Bindungen eingegangen und die elektronischen Zustände des Katalysators und des Adsorbats nur minimal verändert. Die Aktivierungsenergie wird dadurch nur geringfügig reduziert.

Weist der Festkörper aufgrund einer stark ungesättigten äußeren Elektronenschale eine sehr hohe Anziehungskraft auf, wird das Gas durch einen Austausch von Elektronen an der Oberfläche adsorbiert, wodurch es zu chemischen Bindungen an der Grenzfläche kommt. Das bedeutet, dass vom Festkörper Elektronen aufgenommen oder abgegeben werden. Diese Reaktion wird Chemisorption genannt. Die entstehenden Bindungen können kovalent sein, das heißt, die Reaktionspartner teilen sich die Elektronen. Eine zweite Möglichkeit der Chemisorption ist die Bildung von Ionen. In beiden Fällen wird die elektronische Konfiguration des Festkörpers und des Adsorbats signifikant verändert. Die Aktivierungsenergie wird durch Chemisorption erheblich stärker reduziert als durch Physisorption.

Durch die hohe Anzahl ungesättigter Valenzelektronen weisen Metalle der Übergangsreihe im Periodensystem eine hohe Chemisorptionsfähigkeit auf. Innerhalb der Übergangsmetallgruppe sind die Edelmetalle (Rhodium, Palladium, Iridium und Platin) besonders aktiv. Darüber hinaus sind sie nicht flüchtig und extrem oxidationsbeständig. Sie werden eingesetzt, um Gase wie Wasserstoff, Sauerstoff und Kohlenwasserstoffe zu adsorbieren und deren Oxidation zu beschleunigen. [466].

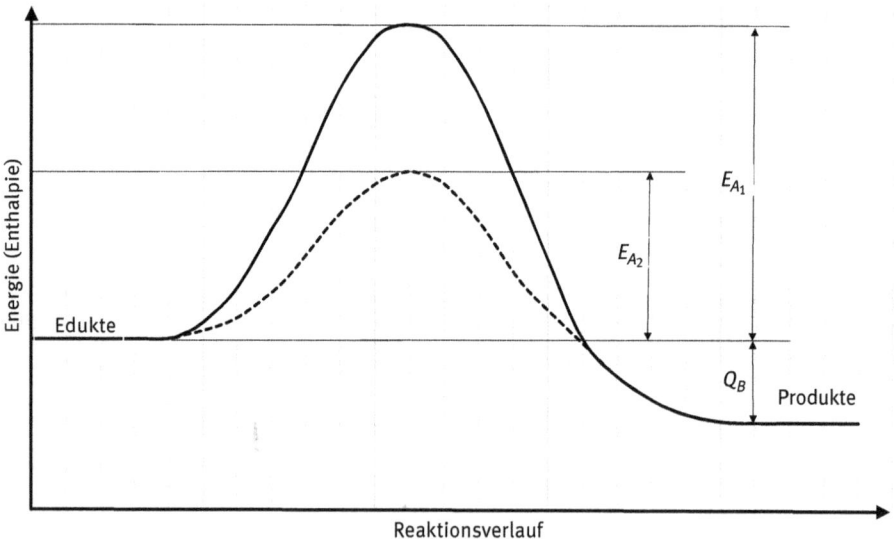

Abb. 25.5: Energiediagramme einer katalysierten Reaktion (gestrichelte Linie) und einer unkatalysierten Reaktion (durchgezogene Linie).

25.2.3 Einflüsse durch Umgebungsbedingungen

Wärmetönungssensoren können durch Umwelteinflüsse in ihrer Funktion beeinträchtigt werden. Dies kann zur Verfälschung der Ergebnisse oder sogar zur Zerstörung der Pellistoren führen. Wenn eine zu geringe Konzentration der zu detektierbaren Stoffe angezeigt wird, kann dies für den Benutzer unter Umständen lebensgefährlich sein [466].

Bei relativ geringer Kohlenwasserstoffkonzentration in der Luft erfolgt eine komplette Oxidation zu Kohlenstoffdioxid und Wasser (siehe Gleichung 25.1). Bei einer unterstöchiometrischen Verbrennung kommt es allerdings nur zu einer partiellen Oxidation. Durch die katalytische Reaktion kann sich allerdings Kohlenmonoxid oder anhaftender, atomarer Kohlenstoff (Ruß) bilden. Diese „Verkokung" der Oberfläche des Pellistors beeinträchtigt nachfolgende Oxidationsreaktionen und verändert so die Empfindlichkeit des Sensors. Wenn der Kohlenstoff in die Risse der Katalysatorschicht „wächst", führt dies zu schädlichen, mechanischen Spannungen, womit auch die katalytische Wirkung aufgehoben wird.

Darüber hinaus kann die Empfindlichkeit der Pellistoren durch bestimmte Gase oder Dämpfe beeinflusst werden. Negative Auswirkungen auf die Katalysatorschicht werden dabei als „Vergiftung" bezeichnet. Die folgenden Verbindungen gelten als „giftig" für den Katalysator:
- Silikondämpfe
- Phosphatsäureester
- halogenhaltige Verbindungen
- diverse Verbindungen mit Alkylgruppen
- schwefelhaltige Verbindungen

Diese Verbindungen treten im Bergbau, in der Erdölindustrie oder auch in feuerhemmenden Schutzmitteln auf. Eine Abhilfe können Filter schaffen, welche vor dem Sensor angebracht sind. Ein Filtermaterial, das die meisten genannten Verbindungen adsorbiert und entfernt, ist Kohle. Kohle adsorbiert aber auch einige Kohlenwasserstoffe. Der Einsatz von kohlenstoffbasierten Filtern ist daher nur eingeschränkt möglich.

25.3 Anwendungen

Da Wärmetönungssensoren auf quasi alle brennbaren Gase und Dämpfe reagieren, kann ein und dasselbe Gerät für die unterschiedlichsten Anwendungen eingesetzt werden. Vor jeder Wärmetönungsmessung muss der Sensor allerdings für den jeweiligen Einsatz kalibriert werden. Erst dann wird die Konzentration der brennbaren Gasanteile zuverlässig angezeigt. Oftmals wird die Wärmetönungsmessung auch mit anderen Techniken in einem Gerät kombiniert.

Grundsätzlich unterscheidet man zwischen mobilen Messgeräten, die in überwachungsbedürftigen Räumlichkeiten vom Personal mitgeführt werden, und stationären

Abb. 25.6: Überprüfung des Arbeitsraumes auf brennbare Gase mittels Wärmetönungsmessung (mit freundlicher Genehmigung der Esders GmbH).

Messgeräten, die kontinuierlich Messdaten einer Anlage erfassen. Mobile Geräte werden dabei in der Regel an der Kleidung oder um den Hals getragen und geben bei Gefahr optische und akustische Warnsignale [470].

Wärmetönungssensoren finden bevorzugt in Bereichen mit erhöhter Explosionsgefahr Verwendung, beispielsweise zur Überwachung von Arbeitsräumen, in denen brennbare Gase oder Dämpfe austreten können (siehe Abbildung 25.6). Dies ist unter anderem in den folgenden Industriezweigen und Tätigkeitsfeldern der Fall [469]:

- Bergbau
- Raffinerien
- Biogasanlagen
- chemische Industrie
- Baugewerbe
- Abwasserwirtschaft
- Feuerwehr

Die Lecksuche ist eine häufige Anwendung in der chemischen Industrie (siehe Abbildung 25.7) [471]. Bei der Förderung von Steinkohle kann es hingegen zur Freisetzung von sogenanntem Grubengas kommen. Liegt die Konzentration dieses Gemisches aus Methan, Kohlendioxid, Kohlenmonoxid, Stickoxiden und Wasserstoff zwischen 5 und 14 Vol.-%, kann dies zur Explosion führen [472]. Im Berg- und Tunnelbau werden Wärmetönungssensoren eingesetzt, um vor Schichtbeginn zu überprüfen, ob die untere Explosionsgrenze überschritten ist (siehe Abbildung 25.8) [473].

Abb. 25.7: Wärmetönungsmessung zur Lecksuche in chemischen Anlagen
(© Drägerwerk AG & Co. KGaA, Lübeck. Alle Rechte vorbehalten).

Abb. 25.8: Anwendung von Wärmetönungssensoren im Bergbau
(© Drägerwerk AG & Co. KGaA, Lübeck. Alle Rechte vorbehalten).

Auch die Freigabemessung und die Bereichsüberwachung der Abwasserwirt-schaft werden mit Wärmetönungssensoren durchgeführt. Die Arbeiter sind dort Kohlenwasserstoffkonzentrationen ausgesetzt, die über längere Zeit zu gesundheitlichen Schäden führen können [474]. Biogasanlagen werden ebenfalls mittels Wärmetönungsmessung überwacht. Da Biogas zum großen Teil aus Methan besteht, müssen explosionsgefährdete Bereiche regelmäßig überprüft werden [475].

25.4 Kommerzielle Produkte

Es existieren sehr viele Anbieter kommerzieller Wärmetönungssensoren. Die Messelemente sind in der Regel durch ein halbdurchsichtiges Gewebe, eine sogenannte Gaze, geschützt und befinden sich in einem Gehäuse. Je nach Hersteller werden die Sensoren als Sensorzelle oder als Messfühler angeboten. Zur Anzeige der gemessenen Gaskonzentration wird ein herstellerspezifisches Auswertesystem benötigt. Die

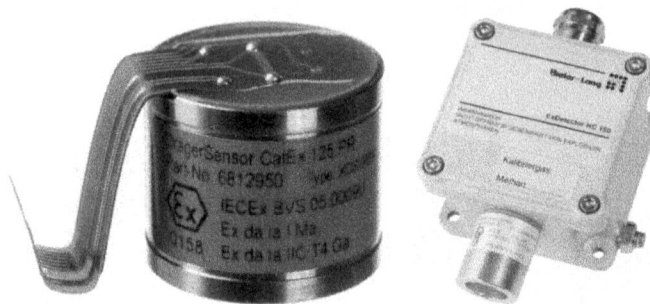

Abb. 25.9: Kommerzielle Wärmetönungssensoren. Links: Sensorzelle CatEx 125 (© Drägerwerk AG & Co. KGaA, Lübeck. Alle Rechte vorbehalten). Rechts: Messfühler ExDetector HC 150 (mit freundlicher Genehmigung der Bieler+Lang GmbH).

Tab. 25.1: Spezifikationen exemplarischer Wärmetönungssensoren [469, 474, 476].

Spezifikationen		
Hersteller	Dräger AG & Co. KGaA	Bieler+Lang GmbH
Modell	CatEx 125 PR	ExDetector HC 150
messbare Stoffe	brennbare Gase und Dämpfe	brennbare Gase und Dämpfe
Messbereich	0 bis 100 % UEG oder 0 bis 100 Vol.-%	0 bis 100 % UEG
Temperaturbereich	−20 °C bis +55 °C	−20 °C bis +55 °C
Feuchtebereich	10 bis 95 % rel. Feuchte	20 bis 90 % rel. Feuchte
Luftdruckbereich	700 bis 1.300 hPa	800 bis 1.100 hPa
Genauigkeit	≤± 1 % UEG	± 1 % UEG
Größe	20 × 16 mm (D × H)	105 × 75 × 150 mm (L × B × H)
Preis ca.	300 €	300 €

Sensorzelle wird üblicherweise in ein Messgerät eingesteckt und ist damit auch mobil einsetzbar. Der Messfühler wird an einen Gasmesscomputer angeschlossen und kann so mit Sensoren für toxische Gase oder Sauerstoff kombiniert werden. Beide Varianten sind in Abbildung 25.9 dargestellt. Der Tabelle 25.1 können die technischen Daten der Sensoren entnommen werden.

25.5 Zusammenfassung

Sensoren nach dem Prinzip der Wärmetönung (auch katalytische Verbrennung genannt) basieren auf exothermen, chemischen Reaktionen; diese weisen nach altem Sprachgebrauch eine „positive Wärmetönung" auf. Die bei der Oxidation brennbarer Gase oder Dämpfe freigesetzte Energie erwärmt einen temperaturabhängigen Widerstand, wobei die Widerstandsänderung in einem Verhältnis zum Anteil der brennbaren Gase steht und so eine Konzentrationsbestimmung erlaubt.

Die Hauptbestandteile eines Wärmetönungssensors sind die beiden Pellistoren: Das Detektorelement und das Kompensatorelement. Bei beiden handelt es sich im Wesentlichen um Platinheizdrähte, die in Aluminiumoxid eingebettet sind. Das Detektorelement ist zusätzlich mit einem chemischen Katalysator beschichtet. Dieser reduziert die für die Verbrennung erforderliche Aktivierungsenergie und sorgt dafür, dass die Reaktion schon bei einer relativ niedrigen Temperatur abläuft. Das Kompensatorelement dient zur Erfassung von Änderungen der Umgebungstemperatur. Die Widerstände von Detektorelement und Kompensatorelement werden mithilfe einer wheatstoneschen Messbrücke ausgewertet.

Bei einer unterstöchiometrischen Verbrennung erfolgt nur eine partielle Oxidation, sodass das Sensorsignal kleiner ist, als es tatsächlich sein sollte. Um zweideutige Messergebnisse zu vermeiden, wird daher oftmals mit einem Wärmeleitfähigkeitssensor eine Referenzmessung durchgeführt.

Die Pellistoren sind von einem druckfesten Metallgehäuse umschlossen. Um das Explosionsrisiko außerhalb des Sensors zu minimieren, gelangen die Gasmoleküle durch eine Flammensperre kontrolliert an den Pellistor. Umweltbedingungen und aggressive Bestandteile können die Messung verfälschen und sogar zur Zerstörung des Pellistors führen. Man spricht dann von „Vergiftung" der Katalysatorschicht.

Wärmetönungssensoren dienen zur Detektion brennbarer Gase und Dämpfe und kommen für diverse Anwendungen im Bergbau, in Raffinerien, in Biogasanlagen, in der chemischen Industrie, im Baugewerbe, in der Abwasserwirtschaft und bei der Feuerwehr zum Einsatz. Häufige Aufgaben sind dabei die Überwachung von Arbeitsräumen und die Lecksuche.

Kommerzielle Wärmetönungssensoren sind in unterschiedlichen Ausführungen verfügbar. Meist sind die Messelemente durch ein halbdurchsichtiges Gewebe geschützt und befinden sich in einem explosionsgeschützten Gehäuse. Als autarke Messgeräte sind die Sensoren mobil einsetzbar. Als Messfühler wird der Sensor an ein

Auswertesystem (Gasmesscomputer) angeschlossen und kann mit anderen Sensoren, beispielsweise für toxische Gase oder Sauerstoff, kombiniert werden.

Die Messbereiche kommerzieller Wärmetönungssensoren gehen in der Regel von 0 bis 100 % der unteren Explosionsgrenze (UEG). Die Messempfindlichkeit liegt typischerweise bei 1 % der UEG. Wärmetönungssensoren kosten einige 100 €. Tabelle 25.2 zeigt eine Zusammenstellung von Vor- und Nachteilen.

Tab. 25.2: Vor- und Nachteile von Wärmetönungssensoren.

Vorteile	Nachteile
– preiswert – universelle Einsetzbarkeit – besonders bewährt zur Detektion von Wasserstoff und verschiedenen Kohlenwasserstoffen – einfache Kalibrierung – gute Langzeitstabilität – schnelle Ansprechzeiten	– abnehmende Sensitivität durch Katalysatorgifte wie Schwefelwasserstoff, stark korrosive Substanzen oder Silikone – niedrige Spezifizität – häufige Kalibrierung bei Katalysatorvergiftung – Doppeldeutigkeit der Ergebnisse durch Abhängigkeit von der Sauerstoffkonzentration

26 Kinetische Analyse

26.1 Einleitung

Mit kinetischen Analyseverfahren werden zeitabhängige Abläufe von chemischen Reaktionen untersucht. Im Zentrum des Verfahrens steht die zeitabhängige Konzentrationsmessung eines Reaktanten. Aus den Messergebnissen dieser Konzentration lassen sich dann Rückschlüsse auf die Konzentrationen eines anderen, an der Reaktion beteiligten Stoffes gewinnen. Dementsprechend lässt sich die kinetische Analyse dem Fachgebiet der analytischen Chemie und der Reaktionskinetik zuordnen.

Die Grundlagen der Reaktionskinetik wurden von Jöns Jakob Berzelius (schwedischer Mediziner und Chemiker, dem „Vater der modernen Chemie") erkannt, als er 1836 Untersuchungen zu Katalysatoren anstellte. Der Begriff „kinetische Analyse" wurde gegen Mitte des 20. Jahrhunderts geprägt, als forschende Unternehmen die Analyseverfahren der Reaktionskinetik gezielt weiterentwickelten. Mit dem Anwachsen der Industrie gewann die kinetische Analyse zunehmend an Relevanz, weil durch Erkenntnisse der kinetischen Analyse chemische Prozesse optimiert werden konnten [7].

Eine der bedeutendsten Erkenntnisse aus kinetischen Analyseverfahren ist eine Faustformel, die besagt, dass sich eine Reaktionsgeschwindigkeit verdoppelt, wenn die Reaktionstemperatur um 10 Grad Celsius ansteigt. Eine zu hohe Reaktionstemperatur kann sich jedoch negativ auf die Reaktion auswirken, da bestimmte Stoffe, wie beispielsweise Proteine, bei zu hohen Temperaturen unbrauchbar werden. Das Einstellen einer optimalen Temperatur ist deshalb wichtig und wird neben weiteren Einflussfaktoren in der kinetischen Analyse betrachtet.

Nachfolgend werden die Grundlagen des Verfahrens vorgestellt und es wird beschrieben, wie die kinetische Analyse bei der Überwachung, Qualitätssicherung und Optimierung von chemischen Reaktionen angewandt wird. Oftmals wird die kinetische Analyse dabei in Kombination mit anderen Messverfahren angewandt. Abschließend werden fünf kommerzielle Produkte vorgestellt, die auf Verfahren der zeitabhängigen Messung der Konzentration zurückgreifen.

26.2 Messprinzip

Zunächst sollen einige chemische Grundlagen der kinetischen Analyse beschrieben werden, die für das weitere Verständnis erforderlich sind. Anschließend wird auf den Zusammenhang zwischen kinetischer Analyse, Zeitabhängigkeit der Konzentration

Unter Mitwirkung von Jonas Glaubach, Samantha Schümann und Leon Schröder

https://doi.org/10.1515/9783110702040-026

und Stoffkonzentrationsbestimmung eingegangen sowie die Einflussfaktoren und Messvorgänge unterschiedlicher Verfahren beschrieben.

26.2.1 Chemische Grundlagen

Reaktionskinetik

Kinetische Analyseverfahren untersuchen Abläufe chemischer Reaktionen und dienen der Untersuchung eines Stoffes oder Stoffgemisches während einer Reaktion. Der Fokus liegt auf der Messung der zeitabhängigen Konzentration eines Stoffes. Mithilfe dieser lassen sich Rückschlüsse auf die Reaktion ziehen. So kann beispielsweise auf die Konzentrationen der anderen beteiligten Stoffe geschlossen werden.

Die kinetische Analyse kann ebenfalls zur Diagnose von Reaktionsmechanismen sowie zum Identifizieren von kinetischen Parametern eingesetzt werden. Die Ergebnisse der kinetischen Analyse werden als Diagramm dargestellt, das den Verlauf der Edukt- und der Produktkonzentration aufzeigt (siehe Abbildung 26.1). Ziel dieser Darstellung ist die Ermittlung einer Formel, welche unter allgemeiner Gültigkeit die Reaktion beschreibt. Der zu ermittelnde Parameter für Flüssigkeiten ist die Stoffmengenkonzentration c, während für Feststoffe die Masse m und für gasförmige Stoffe die Stoffmenge n ermittelt wird [7].

Chemische Reaktion

Damit ein chemisches Gemisch überhaupt reagiert, existieren einige Anforderungen. Diese werden im Folgenden hergeleitet und stellen die Grundlage für das Verständnis der zeitabhängigen Konzentrationsmessung dar. Deshalb werden im nachfolgenden Abschnitt der Mechanismus einer Reaktion und die energetischen Zusammenhänge erläutert.

Nach der Theorie des Übergangszustands muss ein Stoffteilchen, das chemisch regieren soll, zunächst in einen Übergangszustand, auch „aktivierter Komplex" genannt, versetzt werden. Der aktivierte Komplex wird erreicht, indem zwei Eduktteilchen zusammenstoßen, wodurch die innere Energie der Teilchen erhöht wird. Der aktivierte Komplex zerfällt anschließend zum Produkt, der einen energetisch günstigeren Zustand darstellt, wobei Zustände mit niedriger innerer Energie stabiler sind als solche mit hoher. Dieser Sachverhalt ist in Abbildung 26.1 dargestellt, wobei auf der y-Koordinate qualitativ die innere Energie der Teilchen und auf der x-Koordinate der zeitliche Verlauf der Reaktion vom Edukt zum Produkt aufgezeigt wird. Eine Reaktion besteht somit aus Bildung und Zerfall des Übergangszustands.

Ist der Zusammenstoß der zwei Eduktteilchen nicht stark genug, um die innere Energie bis zum aktivierten Komplex zu erhöhen, gehen die Eduktteilchen unverändert aus dem Zusammenstoß hervor. In diesem Fall ist die notwendige Aktivierungsener-

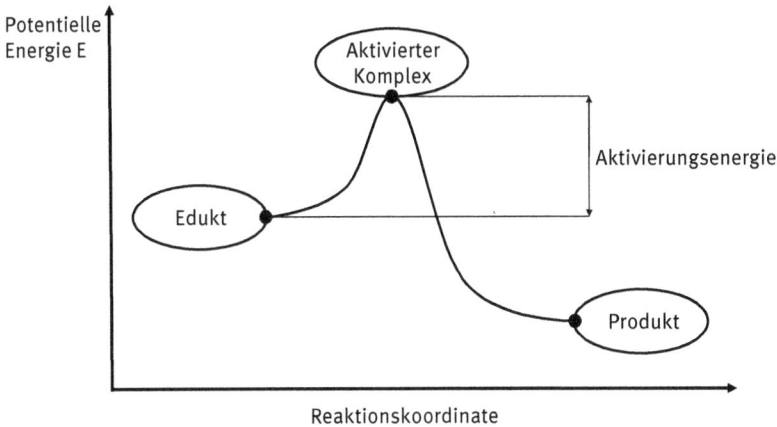

Abb. 26.1: Typisches Reaktionsprofil.

gie zu groß und ein rein elastischer Stoß erfolgt. Die Energie des Zusammenstoßes ist also ein wesentlicher Einflussfaktor bei der Untersuchung einer Reaktion.

Wie schnell sich die Teilchen aufeinander zu bewegen, hängt (neben dem Winkel) primär von der Temperatur ab, da die durchschnittliche Geschwindigkeit der Teilchen mit der Temperatur ansteigt [315]. Stoßen die Partikel nun zusammen, so wird deren kinetische Energie in innere Energie umgewandelt. Diese setzt sich aus der kinetischen Energie der Wärmebewegung, der Wechselwirkungsenergie zwischen den Molekülen sowie aus innermolekularen Anteilen (z. B. Schwingungsenergie) zusammen. Wenn die Erhöhung der inneren Energie stark genug ist, gehen die Teilchen in den Übergangszustand über. Das Erreichen des Übergangszustands wird mit steigender kinetischer Energie, also höherer Temperatur, immer wahrscheinlicher. Vom Übergangszustand zerfallen die Teilchen in das Produkt [477].

Bei der Umwandlung vom Edukt zum Übergangszustand und zum Produkt lassen sich Zusammenhänge zwischen den energetischen Zuständen und den Geometrien erkennen, die im Hammond-Postulat näher beschrieben werden [477]. Dessen Kernaussage ist, dass sich energetisch nahe Zustände auch geometrisch ähnlich sind. Daraus folgt, dass bei einer exothermen Reaktion (Reaktion produziert mehr Wärme als zugeführt wird) der aktivierte Komplex energetisch und geometrisch ähnlich dem Edukt ist. Dieser Fall wird (qualitativ) in Abbildung 26.1 dargestellt und kann beispielsweise bei der Reaktion von Benzin und Luft beobachtet werden, in welcher die Differenzenergie in Form von Licht- und Wärmeenergie abgegeben wird (Verbrennung). Bei einer endothermen Reaktion (Reaktion benötigt mehr Wärme als abgegeben wird) wäre das Produkt näher dem aktivierten Komplex, da sich die energetischen Zustände und die Geometrien auch ähnlicher wären [315].

Bei einer chemischen Reaktion ist die Gesamtmasse aller beteiligten Stoffe über die Reaktionszeit hinweg konstant. Dies wird auch als Grundgesetz der „Erhaltung der

Massen" bezeichnet und in der folgenden Gleichung beschrieben.

$$c_A + c_P = c_{ges.} = \text{const}. \tag{26.1}$$

Somit ist die Summe aller Massen vor der Reaktion gleich der Summe aller Massen nach Beendigung der Reaktion. Die Stoffmengenkonzentration der Edukte c_A liegt zu Beginn der Reaktion bei 100 % und sinkt mit zunehmender Reaktionszeit auf 0 % ab. Die Stoffmengenkonzentration der Produkte c_P steigt von 0 % zu Beginn der Reaktion auf 100 % bei deren Abschluss.

Abbildung 26.2 zeigt diesen Zusammenhang in einem Konzentrations-Zeit-Diagramm. Dieses veranschaulicht den Verlauf der Edukt- und Produktkonzentration während einer Reaktion. Dabei verhält sich die Stoffmengenkonzentration des Produkts c_P umgekehrt proportional zur Stoffmengenkonzentration des Edukts c_A.

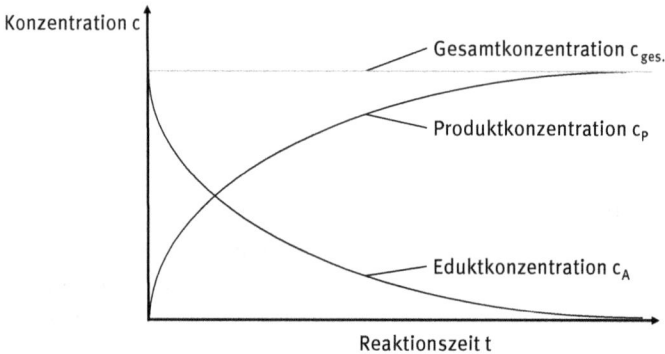

Abb. 26.2: Zeitlicher Verlauf der Konzentrationen einer chemischen Reaktion.

Liegt eine Reaktion vor, die eine hohe Aktivierungsenergie erfordert, so läuft diese langsam ab. Im Diagramm wäre der Kurvenverlauf flacher und der Schnittpunkt von Edukt- und Produktkonzentration zeitlich nach hinten verschoben. Eine Reaktion mit niedrigerer Aktivierungsenergie läuft hingegen schneller ab. Die Reaktionsgeschwindigkeit hängt dabei maßgeblich von der Temperatur ab. Beschrieben wird dieses Phänomen durch die Arrhenius-Gleichung (benannt nach Svante August Arrhenius), welche die Temperaturabhängigkeit der sogenannten Geschwindigkeitskonstanten k beschreibt.

$$k = A \cdot e^{-\frac{E_A}{RT}}. \tag{26.2}$$

Dabei beschreibt A den Frequenzfaktor (entspricht nach der Stoßtheorie dem Produkt aus der Stoßzahl und dem Orientierungsfaktor), E_A die Aktivierungsenergie, T die Reaktionstemperatur und R die allgemeine Gaskonstante. Mit ihrer Hilfe kann der zeitliche Ablauf von chemischen Prozessen berechnet werden. Aus der Gleichung kann auch folgende Faustformel abgeleitet werden: Die Reaktionsgeschwindigkeit verdoppelt sich, wenn die Reaktionstemperatur um 10 K ansteigt [477].

Edukte und Produkte einer Gleichgewichtsreaktion können auch aus mehreren chemischen Verbindungen oder Elementen zusammengesetzt sein. Eine derartige Gleichgewichtsreaktion kann durch folgende allgemeine Reaktionsgleichung beschrieben werden [7]:

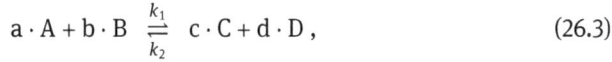

$$a \cdot A + b \cdot B \; \underset{k_2}{\overset{k_1}{\rightleftharpoons}} \; c \cdot C + d \cdot D \,, \tag{26.3}$$

wobei k_1 die Geschwindigkeitskonstante der Hinreaktion und k_2 die Geschwindigkeitskonstante der Rückreaktion beschreibt. Die Großbuchstaben stehen dabei für die chemischen Elemente bzw. Verbindungen und die Kleinbuchstaben für die jeweiligen Stoffkonzentrationen, welche auch stöchiometrische Zahlen genannt werden.

Stöchiometrie ist ein Teilgebiet der Chemie, in der die Berechnung chemischer Zusammensetzungen von Reaktionen behandelt wird. Um die Mengen- und Konzentrationsverhältnisse von Edukten oder Produkten zu berechnen, müssen die jeweils anderen Mengen bekannt sein [478]. Dies wird bei der Messung der Zeitabhängigkeit der Konzentration eines Eduktes oder Produktes im nächsten Abschnitt genauer beschrieben.

Zeitabhängigkeit der Konzentrationsänderung

Die Zeitabhängigkeit der Eduktkonzentration wird ermittelt, indem die Stoffkonzentration während der Reaktion zu bestimmten Zeitpunkten t_i gemessen wird, wie in Abbildung 26.3 gezeigt. Aus diesen Messpunkten können anschließend Diagramme interpoliert werden, um Kenntnis über die Stoffkonzentration zwischen den Messpunkten zu erhalten. Weiterhin besteht die Möglichkeit, die Kurve zu extrapolieren [7].

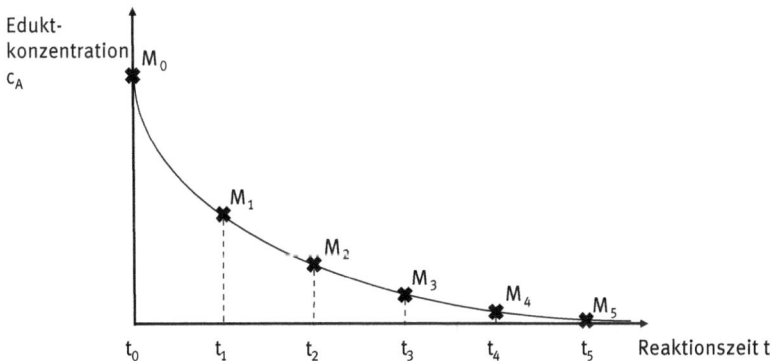

Abb. 26.3: Ermittlung der Reaktionsgeschwindigkeit aus der Messung der Eduktkonzentration als Funktion der Reaktionszeit.

Mithilfe der interpolierten Kurve kann die Reaktionsgeschwindigkeit zu jedem Zeitpunkt ermittelt werden, indem eine Tangente zum gewünschten Zeitpunkt an den Graphen angelegt wird. Die Steigung der Tangente beschreibt die Reaktionsgeschwindigkeit (Änderung der Konzentration pro verstrichene Zeit) zu:

$$v = \frac{dc_x}{dt} \, . \tag{26.4}$$

Aus der Messung der Eduktkonzentration als Funktion der Zeit ist es möglich, eine Aussage über den Konzentrationsverlauf anderer Stoffe, wie beispielsweise des Produkts, zu treffen und ein Diagramm wie in Abbildung 26.2 zu erstellen [7].

In gleicher Weise können aus der Messung der Produktkonzentration als Funktion der Zeit Rückschlüsse auf den Konzentrationsverlauf der Edukte gezogen werden. Folglich können durch die Messung eines beliebigen beteiligten Stoffs Rückschlüsse über den Gesamtverlauf der Reaktion gezogen werden.

26.2.2 Einflussfaktoren

Mehrere Faktoren haben Einfluss auf das Ergebnis der kinetischen Analyse und stellen so potenzielle Fehlerquellen dar. Dabei ist die größte Fehlerquelle die Bestimmung des Startzeitpunkts der Reaktion. Da die Durchmischung der Eduktstoffe in der Regel nicht gänzlich homogen und damit kaum reproduzierbar ist, verläuft der Start der Reaktion nicht einheitlich. Somit haben bereits das Zusammenführen und Mischen der Edukte einen erheblichen Einfluss auf die chemische Reaktion [7].

Der Verlauf der Reaktion und somit auch die Reaktionsgeschwindigkeit werden außerdem von folgenden Faktoren beeinflusst, die hier absteigend nach Relevanz sortiert sind:

- **Mischungsverhältnis zwischen Edukten und Produkten**
  Die Rückreaktionsgeschwindigkeit k_2 nimmt mit dem Anstieg der Produktkonzentration zu, da eine größere Menge an Produkten eine höhere Wahrscheinlichkeit für Reaktionen zur Folge hat (vergleiche Reaktionsgleichung 26.3). Auf diese Art und Weise kommen die exponentielle Abnahme der Eduktkonzentration und die exponentielle Zunahme der Produktkonzentration zustande (vergleiche Abbildung 26.2). Dies zeigt, dass Reaktionsgeschwindigkeit und momentane Konzentration der Stoffe abhängig voneinander sind.
- **Temperatur**
  Mit zunehmender Reaktionstemperatur steigt die Reaktionsgeschwindigkeit exponentiell an (siehe Gleichung 26.2), da mit der Temperatur auch die kinetische Energie der Teilchen und dadurch die Wahrscheinlichkeit für energiereiche Zusammenstöße steigt. Dabei benötigt jede Reaktion eine gewisse Mindestenergie, also auch eine Mindesttemperatur, damit sie überhaupt ablaufen kann.

– **Aktivität**

Bei einer idealen Reaktion wird (beispielsweise) von einer perfekten Durchmischung beim Start der Reaktion ausgegangen. Diese wird in der Regel nicht erreicht, da einige reaktionsfreudige Stoffe bereits beim Mischvorgang miteinander reagieren. Die sogenannte „Aktivität" findet Berücksichtigung in Form des Aktivitätskoeffizienten, welcher die Abweichung zwischen einer theoretisch möglichen und der tatsächlichen Aktivität beschreibt. Ein Aktivitätskoeffizient von 1 stellt dabei eine ideale Reaktion dar [478].

– **Stoßenergie**

Üben zwei Teilchen kurzzeitig Kräfte aufeinander aus, wird dies als Stoß bezeichnet. Die Stoßenergie ist dabei unter anderem von der Temperatur abhängig (s. o.). Ist die Energie groß genug, findet eine chemische Reaktion statt. Somit steht die Stoßenergie in direktem Zusammenhang zur Produktbildung und damit zur Reaktionsgeschwindigkeit [479].

– **Druck**

Die zeitabhängige Konzentration wird bei Gasen außerdem vom Druck beeinflusst. Bei Gasen führt eine Erhöhung des Druckes zu einer Erhöhung der Teilchendichte. Daraus resultiert eine höhere Stoßwahrscheinlichkeit der Teilchen, was zu einem schnelleren Ablauf der Reaktion führt. Da Feststoffe und Flüssigkeiten als nicht komprimierbar gelten, ist der Druck bei diesen nicht relevant.

– **Zerteilungsgrad**

Der Zerteilungsgrad beschreibt die Granularität von Feststoffen, indem die Relation zwischen Oberfläche und Volumen betrachtet wird. Dabei führt eine hohe Granularität zu einer großen Oberfläche, was wiederum eine vergrößerte Berührungsfläche der Reaktionspartner und somit eine schnellere Reaktion bewirkt.

– **Katalysatoren**

Eine essenzielle Variable bei der Analyse von Reaktionsgeschwindigkeiten ist die Anwesenheit von Katalysatoren und deren Konzentration. Katalysatoren sind Stoffe, die einer chemischen Reaktion hinzugefügt werden, um die Reaktionsgeschwindigkeit zu erhöhen oder Reaktionen zu ermöglichen, bei denen die eigentlich erforderliche Aktivierungsenergie nicht erreicht werden kann. Beigefügte Katalysatoren können die Aktivierungsenergie herabsetzen, wodurch die Kinetik der Reaktion beeinflusst wird.

Der Verlauf einer katalysierten Reaktion kann durch folgende zwei Reaktionsgleichungen beschrieben werden, die nacheinander ablaufen [7]:

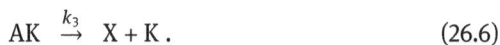

$$A + K \underset{k_2}{\overset{k_1}{\rightleftharpoons}} AK. \tag{26.5}$$

$$AK \overset{k_3}{\rightarrow} X + K. \tag{26.6}$$

Aus Gleichung 26.5 und 26.6 wird erkennbar, dass der Katalysator unverändert aus der gesamten Reaktion hervorgeht. Er steht nachfolgend für weitere Reaktionen zur Verfügung.

– **Lösungsmitteleinflüsse**
Bestehen bei einer bestimmten Eduktkombination mehrere Reaktionsmöglichkeiten, können Lösungsmittelmoleküle bestimmte Reaktionen bevorzugen oder behindern, indem sie die Stoßzahl der Teilchen beeinflussen. Diese Eigenschaft wird als Lösungsmitteleffekt bezeichnet und beeinflusst ebenfalls die Geschwindigkeit der Reaktion [480].

26.2.3 Verfahren zur Messung der zeitabhängigen Konzentration

Zuvor wurde beschrieben, wie die Geschwindigkeit einer Reaktion mit der Temperatur zusammenhängt (vgl. Abschnitt 26.2.1/Gleichung 26.4). Daraus lässt sich ableiten, dass eine Reaktion zum Stillstand gebracht werden kann, indem sie schnell abgekühlt wird. Werden einer Reaktion mehrere Proben entnommen und sofort abgekühlt, lässt sich die Konzentration zu den entnommenen Zeitpunkten recht exakt bestimmen. Für die konkrete Konzentrationsbestimmung gibt es diverse Verfahren. Diese werden in anderen Kapiteln dieses Buches beschrieben (siehe Tabelle 26.1) [481].

Tab. 26.1: Verfahren zur Messung der zeitabhängigen Konzentration.

Parameter	Kategorie	Kapitelnummer
Transmissionsspektrometrie	optische Spektrometrie	18
Fluoreszenzspektrometrie	optische Spektrometrie	22
Raman-Spektrometrie	optische Spektrometrie	24
Chemische Gravimetrie	chemische Sensorik	29
Coulometrie	elektrochemische Sensorik	30
Konduktometrie	elektrochemische Sensorik	31
Voltammetrie/Polarografie	elektrochemische Sensorik	32

26.3 Anwendungen

Die kinetische Analyse findet ihre Anwendungen unter anderem in der Pharmazie, der Lebensmittelindustrie und der Materialforschung und deckt damit die Gebiete Forschung sowie Prozesskontrolle und -optimierung ab. Im Folgenden sollen typische Anwendungsgebiete näher erläutert werden.

Überwachung von Kettenreaktionen
Die kinetische Analyse ermöglicht das Errechnen nicht messbarer Konzentrationen, wenn die Konzentration eines anderen an der Reaktion beteiligten Stoffs bekannt ist. So können Konzentrationen überwacht werden, die unter Umständen ab einem

Schwellwert zu chemischen Kettenreaktionen führen. Beispielsweise kann bei der Startreaktion ein Radikal (stark reaktionsfreudiges Molekül) entstehen, das eine Kettenreaktion ausgelöst, bei der immer mehr Radikale entstehen. Die neu entstandenen Radikale führen dann erneut zur Fortpflanzung, wodurch die Reaktionsgeschwindigkeit exponentiell ansteigt. Im schlimmsten Fall kann aus einer Kettenreaktion durch den schnellen Anstieg der Reaktionsgeschwindigkeit eine Explosion entstehen. Die kinetische Analyse kann in diesem Beispiel die Entstehung von Radikalen frühzeitig erkennen. Dadurch können prophylaktisch Maßnahmen zur Vermeidung eingeleitet werden. Beispiele für Kettenreaktion sind die Polymerisation oder die radikalische Substitution. Das Überwachen der Konzentration von Edukten und Produkten mittels kinetischer Analyse ermöglicht es, Kettenreaktionen kontrolliert ablaufen zu lassen [482].

Prüfung auf Kristallreinheit

Bei der Herstellung von Akkumulatoren kann die kinetische Analyse zur Prozesssicherheit und -optimierung beitragen. Für einige Bestandteile der Akkumulatoren haben die Homogenität und die Reinheit chemischer Zusammensetzung eine essenzielle Bedeutung. Gerade bei den weitverbreiteten Lithium-Ionen-Akkumulatoren hat dies enorme Auswirkungen auf die Leistung und Lebensdauer. Aufgebaut ist der Lithium-Ionen-Akkumulator aus einer Aluminiumelektrode, die in eine Lithiummetalloxidlage eingebettet ist (Kathode), und einer Kupferelektrode, welche in eine Grafitlage eingebettet ist (Anode). Beide Lagen sind separiert durch eine mikroporöse Membran und von einem Elektrolyten umgeben, durch den sich die Lithiumionen bewegen können [483].

Lebensdaueruntersuchung

Die Lebensdaueruntersuchung von Bauteilen beschreibt einen weiteren Anwendungsfall der kinetischen Analyse. Diese Untersuchung wird hauptsächlich für Bauteile angewendet, die einer Betriebsumgebung ausgesetzt sind, in der sie chemisch reagieren können. Ein konkretes Beispiel bezeichnet das Korrosionsverhalten einer Offshorewindenergieanlage. Hier sorgt die feuchte und salzige Umgebung für ausgeprägte Korrosionsbedingungen, wodurch sich die Notwendigkeit der Lebensdaueruntersuchung ergibt, denn die Lebensdauer hat eine wirtschaftliche, aber auch eine sicherheitsrelevante Bedeutung. Die Geschwindigkeit der Korrosionsbildung wird daher vor der Inbetriebnahme abgeschätzt und während des Betriebs beobachtet, indem die Änderung der Oxidkonzentration als Funktion der Zeit gemessen wird. Mithilfe der kinetischen Analyse kann somit ein Versagen frühzeitig vorhergesehen werden [484, 485].

Prozessoptimierung

Ein weiteres Anwendungsgebiet der kinetischen Analyse befindet sich in der Pharmazie. Dabei gibt es Herstellungsverfahren, deren Prozesse eine hohe Aktivierungsenergie benötigen und somit nur unter erhöhter Temperatur ablaufen. Problematisch ist dies für die Proteine, die zum Beispiel für Stofftransporte oder Zellbewegungen gebraucht werden, da Proteine bei erhöhter Temperatur denaturieren (ihre Struktur verändern) und somit unbrauchbar werden. Das Problem kann gelöst werden, indem Enzyme zur Reaktion dazugegeben werden. Enzyme können biochemische Reaktionen katalysieren, indem sie die Aktivierungsenergie herabsetzen. Damit wird weniger Energie für die Reaktion benötigt und eine geringere Temperatur ist ausreichend, um die Reaktion zu starten. Dieser Prozess lässt sich durch eine kinetische Analyse optimieren, denn je optimaler die Enzyme eingesetzt werden und je besser die Temperatur dazu eingestellt ist, desto wirtschaftlicher sind die Herstellungsverfahren.

Die Analyse der Reaktionskinetik kann jedoch nicht nur zur Optimierung der Prozesse genutzt werden, sondern auch bei der Herstellung von Enzymen und Lösungsmitteln. Ähnliche Anwendungsgebiete von Reaktionskinetik bei Enzymen lassen sich beim Backen von Brot, Brauen von Bier oder Herstellen von Waschmitteln finden [482, 486].

26.4 Kommerzielle Produkte

Im Folgenden werden beispielhafte kommerzielle Produkte präsentiert, die auf der kinetischen Analyse basieren. Vorgestellt werden Laborgeräte der Unternehmen Eppendorf GmbH, WTW GmbH, Mettler-Toledo Inc. und der ACL Instruments AG, die durch Einsatz verschiedener Messverfahren eine zeitabhängige Konzentration messen können. Neben den vorgestellten Geräten bietet jedes Unternehmen auch vielseitiges Zubehör für bestimmte Anwendungen an.

Eppendorf BioSpectrometer® kinetic

Das Eppendorf BioSpectrometer® kinetic der Eppendorf GmbH ist ein Gerät zur Messung enzymatischer Reaktionen. Es benutzt photometrische Verfahren, um zeitabhängige Konzentrationen zu messen. Dadurch ist eine direkte Analyse der chemischen Reaktion möglich. Dieses Gerät wurde speziell für Laboranwendungen entworfen und zeichnet sich durch eine genaue Temperierung aus. Dadurch können selbst temperaturempfindliche Anwendungen mit hoher Präzision durchgeführt werden. Zur Regressionsauswertung ist eine nachträgliche Modifizierung des Zeitfensters erforderlich. In Tabelle 26.2 sind die wichtigsten Parameter des BioSpectrometer® kinetic angegeben [487].

Tab. 26.2: Spezifikation Eppendorf BioSpectrometer® kinetic [487].

Parameter	
Breite × Tiefe × Höhe	295 × 400 × 150 mm
Gewicht	5,5 kg
Wellenlängenbereich Absorption	Scan (nm): 200–830 bei 1 nm Schrittweite
Spektrale Bandbreite Absorption	< 4 nm
Messbereich Absorption	0 A–3,0 A (260 nm)
Konzentrationsbereich dsDNA	2,5 ng/µL–1.500 ng/µL
Preis	ca. 8.271,00 €

WTW photoLab® 7600 UV-VIS

Das photoLab® 7600 UV-VIS der WTW (Wissenschaftlich-Technische Werkstätten) GmbH wird hauptsächlich zur Wasseranalytik in der Abwasser-, Trinkwasser-, Getränke- und Fischaufzuchtindustrie verwendet. Es zeichnet sich durch seine einfache Bedienbarkeit und kompakte Bauweise aus und kann an jedem beliebigen Ort mit einer Autobatterie betrieben werden. Des Weiteren unterstützt das Gerät AQS (Software für analytische Qualitätssicherung), was eine Ergebnissicherheit garantiert. Wegen seiner Fähigkeit, Kinetikmessungen durchzuführen, wird es auch für die Forschung und Lehre verwendet. Die wichtigsten Parameter können der Tabelle 26.3 entnommen werden [488].

Tab. 26.3: Spezifikation WTW photoLab® 7600 UV-VIS [488].

Parameter	
Breite × Höhe × Tiefe	404 mm × 197 mm × 314 mm
Gewicht	4,5 kg
Messmodi	Konzentration, Extinktion, % Transmission, Kinetik und Spektren in Extinktion, Multiwellenlängen- und Mehrschrittmessungen
Wellenlängenbereich	190–1.100 nm
Scangeschwindigkeit	700–2.000 nm/min, Scans in 1-, 2-, 5-, 10-nm-Schritten frei wählbarer Wellenlängenbereich
Wellenlängengenauigkeit/ -reproduzierbarkeit	±1 nm / < 0, 5 nm
Photometrische Genauigkeit/ Reproduzierbarkeit	0,003 E für E < 0,600; 0,5 % der Anzeige für 0,600 < E < 2,000
Temperaturbereich	Einsatz +10 °C bis +35 °C, Lagerung: −25 °C bis +65 °C
Photometrische Linearität	< 1 % bei A ≤ 2.000 im Bereich 340 … 900 nm
Preis	ca. 6.000,00 €

Mettler-Toledo TGA 2

Das TGA 2 von Mettler-Toledo stellt eine Lösung für Gummi- und Kunststoffanalysen dar, die für die chemische und pharmazeutische Industrie sowie für die Analyse mineralischer Stoffe (Keramik) benötigt werden. Das TGA 2 ist ein Analysegerät, welches mithilfe von thermogravimetrischen Verfahren die zeitabhängige Konzentration von Reaktionen bestimmen kann, bei denen die Edukte fest oder flüssig sind und die Produkte gasförmig. Es ist ausgestattet mit Ultramikrowaagen, die im Submikrogrammbereich messen, und einer Luftauftriebskorrektur, welche schnelle und exakte Ergebnisse liefert. Die optimale Atmosphäre wird durch eine Gaszufuhreinheit mit integriertem Massendurchflussregler eingestellt. Tabelle 26.4 beinhaltet einige Parameter [489].

Tab. 26.4: Spezifikationen TAG 2 [489].

Parameter	
Breite × Höhe × Tiefe	120 mm × 170 mm × 40 mm
Gewicht	ca. 100 kg
Waagenauflösung	0,1 µg
Wiegegenauigkeit	0,005 %
Heizrate	0,02 bis 250 K/min
Arbeitsvolumen	bis 150 µl
Temperaturbereich	20 °C bis 1.100 °C

Mettler-Toledo ReactIR 702L

Das ReactIR 702L der Mettler-Toledo GmbH verwendet optische Verfahren, um eine Konzentrationsänderung zu messen. Das Gerät arbeitet auf Basis von Infrarotstrahlung und liefert dazu Echtzeitdaten. Es ist speziell für den Laborbetrieb mit einer Solid-State-Kühltechnologie ausgestattet, die ohne Stickstoff auskommt. Dadurch ist das Gerät in der Lage, zeitlich lange Messungen ohne Kühlmittelnachfüllung durchzuführen. Durch die kompakte Baugröße und das geringe Gewicht ist es tragbar und flexibel einsetzbar. Es wird zur Analyse chemischer Vorgänge eingesetzt, bei denen die Entnahme einer Probe einen Informationsverlust zur Folge hätte oder die chemischen Substanzen sehr toxisch oder gefährlich sind. Dadurch lassen sich repräsentative Ergebnisse über den ganzen Reaktionszeitraum erstellen, die nicht durch eine zwischenzeitliche Entnahme gestört oder kontaminiert werden. Durch Vermeidung fehlerhafter Daten stehen schnellere Ergebnisse über die Prozess- und Produktqualität zur Verfügung. Dieses Messgerät findet Anwendung bei Polymerisationsreaktionen, Überwachung von Hydrierungsreaktionen, Prozesskontrolle für exotherme Reaktionen, Biokatalyse, Flow Chemistry, katalysierten Reaktionen und organischer Synthese. Spezifikationen können Tabelle 26.5 entnommen werden [490].

Tab. 26.5: Spezifikationen ReactIR 702L [490].

Parameter	
Breite × Höhe × Tiefe	206 mm × 100 mm × 234 mm
Gewicht	4,2 kg
Spektralbereich	4.000–800 cm^{-1}
Auflösung	maximal 4 cm^{-1}
Spektralbereiche Sensoren und Sonden	2.500–650 cm^{-1} maximal (faseroptische Sonden); 4.000–650 cm^{-1} (Sentinel Sensor); 4.000–650 cm^{-1} (Mikrodurchflusszelle)
Maximaldruck	69 bar (6,3 u. 9,5 mm faseroptische Sonden); 35 bar (Mikrodurchflusszelle); 206 bar (Sentinel Sensor)
Maximale Temperatur	180 °C (faseroptische Sonden); 60 °C (Mikrodurchflusszelle); 300 °C (Sentinel Sensor)
Temperaturbereich	20 °C bis 1.100 °C

ACL Instruments Chemilumineszenz Instrument Hardware

Für die Chemilumineszenzmessung wird von ACL Instruments ein Analysegerät angeboten. Es besteht aus einer Basisinstrumentierung, die jederzeit durch spezifische Kundenwünsche erweitert werden kann. Die Basisinstrumentierung beinhaltet die Präzisionsofenzelle, den optischen Strahlengang und einen Detektor. Des Weiteren gehört ein integrierter Computer zum Aufbau.

Das Analysegerät eignet sich zur Bewertung von Vernetzungsreaktionen zur Charakterisierung des Oxidationsverhaltens (Kinetik), zur Evaluierung von Alterungszuständen und zur Charakterisierung des Oxidationsverhaltens (Kinetik) organischer Substanzen. Spezifikationen zu diesem Gerät finden sich in Tabelle 26.6 [491].

Tab. 26.6: Spezifikationen Chemilumineszenz Instrument Hardware – Basiskonfiguration [491].

Parameter	
Temperaturbereich	20 bis 200 °C
Temperaturgenauigkeit	+ 0,02 K
Gaseingangsdruck	3×10^4 Pa $\pm 1 \times 10^4$ Pa
Gasqualitäten	O_2, Air, N_2, weitere auf Anfrage
Datenerfassungszeiten	50 ms bis 10 s

26.5 Zusammenfassung

Die kinetische Analyse umfasst die beiden Fachgebiete Reaktionskinetik und chemische Analyse. Sie verfolgt das Ziel, chemische Reaktionen möglichst präzise zu beschreiben. Zunächst wird die Konzentration eines an der Reaktion beteiligten Stoffes zu mehreren Zeitpunkten gemessen, wobei auf eine Kombination verschiedener Messverfahren zurückgegriffen werden kann. Durch Interpolieren der einzelnen Messwerte (und ggfs. Extrapolieren) lässt sich die Konzentration dieses Stoffes als Funktion der Zeit bestimmen und darstellen. Unter Beachtung der chemischen Gesetze kann daraus dann die zeitabhängige Konzentration eines anderen an der Reaktion beteiligten Stoffes bestimmt werden. Faktoren, wie beispielsweise das Mischungsverhältnis zwischen Edukten und Produkten sowie Temperatur, Aktivität, Gasdruck, Festkörpergranularität oder die Anwesenheit von Katalysatoren und Lösungsmitteln, können dabei den Verlauf der Konzentrationsänderung beeinflussen.

Der Anwendungsbereich der kinetischen Analyse reicht von der Forschung über die Prozesskontrolle bis zur Optimierung von Reaktionsprozessen. In der Pharmazie leistet die kinetische Analyse einen großen Beitrag zur Prozessoptimierung. Ferner kann in der Lebensmittelindustrie mithilfe der kinetischen Analyse der optimale Wirkungsbereich von Enzymen oder Proteinen herausgefunden werden, ohne die letztgenannten durch zu hohe Temperaturen zu schädigen. Weiterhin kann in der Materialforschung mit dem Verfahren die Lebensdauer eines Bauteils untersucht werden. Sogar auf dem Gebiet der Reaktionssicherheit kann die kinetische Analyse eingesetzt werden, um Kettenreaktionen zu überwachen, die zu gefährlichen Explosionen führen können. Es lässt sich zusammenfassen, dass die kinetische Analyse in sehr vielen Bereichen eingesetzt wird, um verschiedenste Herstellungsprozesse zu ermöglichen, zu verbessern oder abzusichern.

Die vielseitigen Anwendungsmöglichkeiten von kinetischen Analysegeräten bieten einen großen Markt für herstellerspezifische Produkte. Dabei wurden fünf ausgewählte Geräte vorgestellt. Das Eppendorf BioSpectrometer® kinetic der Eppendorf GmbH basiert auf einer Kombination aus kinetischen Analyseverfahren und photometrischen Verfahren und dient primär zur Untersuchung enzymatischer Reaktionen. Das photoLab® 7600 der WTW GmbH setzt die UV-VIS-Spektrometrie ein. Das TGA 2 von Mettler-Toledo beruht auf thermogravimetrischen Verfahren, das ReactIR 702L von derselben Firma nutzt die Infrarotspektrometrie. Das Analysegerät von ACL Instruments bestimmt die Konzentrationsänderung mithilfe der Chemilumineszenz. Dies sind jedoch nur wenige Beispiele für die Nutzung der kinetischen Analyse in kommerziellen Produkten.

Aufgrund der vielen Anwendungsgebiete und der Kombinationsmöglichkeiten mit anderen Verfahren hat sich die kinetische Analyse als wertvolles Instrument der chemischen Analyse etabliert.

27 Prüfröhrchen

27.1 Einleitung

Prüfröhrchen gehören zu den ältesten Nachweissystemen für Gefahrstoffe. Es handelt sich dabei um dünne Glasrohre, deren Enden durch Schmelzen verschlossen wurden. Im Inneren befinden sich chemische Präparate, die auf inerte Trägerstoffe aufgetragen sind und nach einer chemischen Reaktion mit den jeweils zu detektierenden Substanzen eine Farbänderung zeigen. Der ermittelte Konzentrationswert lässt sich dann in der Regel direkt auf einer Skala auf dem Röhrchen ablesen. Die Anwendung von Prüfröhrchen ist besonders einfach, erfordert allerdings eine genaue Kenntnis des Reaktionsmechanismus, der Querempfindlichkeiten und des Einflusses der Umgebungsbedingungen wie Luftfeuchtigkeit und Temperatur.

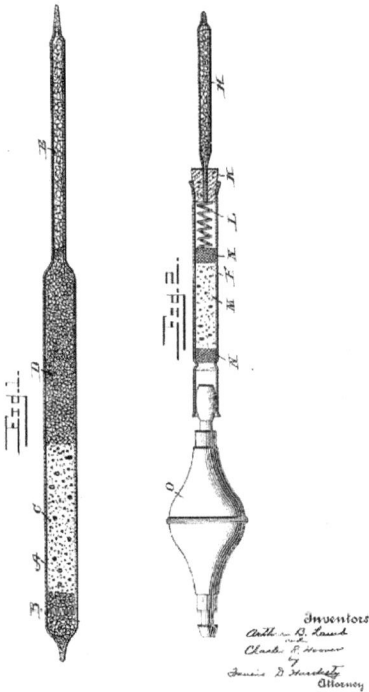

Abb. 27.1: Patent des ersten Prüfröhrchens aus dem Jahre 1919 [492].

Unter Mitwirkung von Hasan Ileri, Qais Naimi und Yasin Kizil

https://doi.org/10.1515/9783110702040-027

Das erste Patent zu dieser Messmethode wurde im Jahre 1918 von Arthur B. Lamb und Charles R. Hoover in den USA angemeldet und ein Jahr später erteilt (siehe Abbildung 27.1) [20]. Der Aufbau heutiger Prüfröhrchen lässt sich deutlich in der damaligen Variante wiedererkennen. Ursprünglich diente das Prüfröhrchen ausschließlich zum Nachweis von Kohlenmonoxid (CO) in Luft. Dafür wurde ein Gemisch aus Schwefelsäure und Iodpentoxid auf einen imprägnierten Bimsstein aufgetragen. Zum quantitativen Messen hat das Verfahren damals noch nicht gereicht, es gab lediglich Auskunft darüber, ob ein bestimmtes Gas in der Umgebungsluft vorliegt. Vor der Entwicklung dieser Messmethode wurden häufig Kanarienvögel eingesetzt, um festzustellen, ob die CO-Belastung für den Menschen zu hoch ist [493]. Kanarienvögel reagieren deutlich empfindlicher als Menschen auf Kohlenmonoxid und kamen insbesondere im Bergbau zum Einsatz.

Prüfröhrchen werden neben den modernsten elektronischen Geräten auch heute noch verwendet und bevorzugt zur Messung der Konzentration gefährlicher Gase und Dämpfe in Arbeitsatmosphären eingesetzt. Auch durch den Einsatz bei Atemalkoholkontrollen ist diese Prüfmethode bekannt [494]. Ihr großer Vorteil ist die schnelle Durchführung der Messung und die sofortige Verfügbarkeit des Messergebnisses. Mit Prüfröhrchen können heutzutage Hunderte verschiedene Substanzen detektiert werden, wobei für viele Stoffe Varianten mit unterschiedlichen Messbereichen zur Verfügung stehen [492, 495]. In Deutschland ist dieses Messinstrument auch als Dräger-Röhrchen bekannt, da die Drägerwerk AG die ersten Prüfröhrchen auf den deutschen Markt brachte und diesen nach wie vor dominiert.

Im folgenden Abschnitt wird erklärt, wie das Messprinzip des Prüfröhrchens funktioniert, wie die Prüfröhrchen aufgebaut sind, welche chemischen Prozesse ablaufen und welche Substanzen mit ihnen detektiert werden können. Danach werden typische Anwendungsbeispiele diskutiert. Anschließend werden einige beispielhafte, kommerzielle Produkte vorgestellt. Das Kapitel schließt mit einer Zusammenfassung der wichtigsten Inhalte.

27.2 Messprinzip

27.2.1 Chemische Reaktionen

Trockene Luft besteht unter Normalbedingungen aus 78,09 Vol.-% Stickstoff (N_2), 20,95 % Sauerstoff (O_2), 0,932 % Argon (Ar), 0,033 % Kohlendioxid (CO_2) und aus anderen Edelgasen in minimaler Konzentration [496]. Feuchte Luft enthält zusätzlich Wasserdampf (H_2O). Veränderungen dieser Konzentrationsverhältnisse lassen darauf schließen, dass sich ein fremdes Gas in der Umgebungsluft befindet oder die Konzentration eines der genannten Gase durch eine externe Quelle zugenommen hat.

Einige Fremdgase lassen sich durch die menschlichen Sinne als Farb- oder Geruchsveränderungen erkennen. Dafür sind allerdings in der Regel relativ hohe

Konzentrationen erforderlich. Prüfröhrchen stellen eine Messmethode dar, die eine schnelle, quantitative Aussage über die Konzentration von Gasen in der Luft ermöglicht. Mithilfe chemischer Reaktionen zwischen dem zu ermittelnden Gas und den Stoffen im Messröhrchen machen sie die Konzentration farblich sichtbar [494]. Durch die Vielzahl möglicher Luftverunreinigungen müssen dabei jeweils verschiedene Präparate eingesetzt werden. Eine universelle Prüfmethode existiert nicht. Bei der Analyse eines Raumes kann es deshalb häufig erforderlich sein, dass mehrere Prüfröhrchen genutzt werden oder diese mit anderen Messmethoden kombiniert werden.

Prüfröhrchen zeigen die Konzentration des zu messenden Gases durch die Verfärbung des im Präparat befindlichen Stoffes quantitativ an. Die Länge der Verfärbung ist in den meisten Fällen proportional zur Stoffmenge und ermöglicht so ein einfaches Ablesen auf einer Skala [321]. Einige Prüfröhrchen zeigen das Ergebnis, wie beim Indikatorpapier zur Bestimmung des pH-Werts, mit unterschiedlichen Farben oder mit unterschiedlichen Farbintensitäten an. In diesen Fällen wird die Farbe mit einer vorgegebenen Farbskala verglichen.

Die Reaktionspartner im Röhrchen bestimmen, nach welchem Gas geprüft wird und wie spezifisch der Nachweis ist. Es kann nach einzelnen Gasen, chemischen Molekülgruppen oder auf bestimmte Eigenschaften geprüft werden. So gibt es beispielsweise die Möglichkeit, auf alle sauren Gase zu prüfen oder selektiv auf Salzsäure.

Ein häufig nachzuweisendes Gas ist Kohlenmonoxid (CO). Um CO zu detektieren, wird ein Prüfröhrchen mit dem Präparat Iodpentoxid (I_2O_5) eingesetzt. Die beiden Stoffe reagieren zu molekularem Iod und erzeugen einen charakteristischen Farbumschlag von weiß nach braun oder braungrün (abhängig von der Iodkonzentration). An der auf dem Röhrchen aufgedruckten Skala kann dann das Konzentrationsergebnis abgelesen werden.

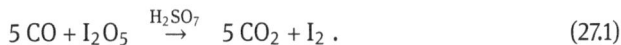

$$5\,CO + I_2O_5 \quad \xrightarrow{H_2SO_7} \quad 5\,CO_2 + I_2 \,. \tag{27.1}$$

Iodpentoxid reagiert allerdings mit den meisten, leicht oxidierbaren Gasen. Um ein bestimmtes Gas selektiv zu messen, werden Vorschichten eigesetzt, die mit den nicht zu detektierenden Gasen reagieren und diese so herausfiltern. Im Falle von Kohlenmonoxid erfüllt Dischwefelsäure (H_2SO_7) diese Filteraufgabe. Die Abbildung 27.2 zeigt den schematischen Aufbau eines Prüfröhrchens mit Vorschicht.

Um auf Schwefelwasserstoff (H_2S) zu prüfen, werden in die Röhrchen Metallsalze (als Ion z. B.: Cu^{2+}) eingesetzt. Diese reagieren mit dem Schwefelwasserstoff zu Wasserstoffionen (H^+) und Metallsulfid (Kupfersulfid: CuS):

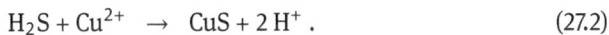

$$H_2S + Cu^{2+} \quad \rightarrow \quad CuS + 2\,H^+ \,. \tag{27.2}$$

Damit daraus das charakteristisch blaue (kristallwasserhaltige) Kupfersulfat entsteht, ist H_2O in Form von Wasserdampf erforderlich.

Die Halogene Fluor (F_2), Chlor (Cl_2), Brom (Br_2) und Iod (I_2) reagieren mit aromatischen Aminen, wie z. B. ortho-Tolidin ($C_{14}H_{16}N_2$). Es resultiert eine gelb-orange

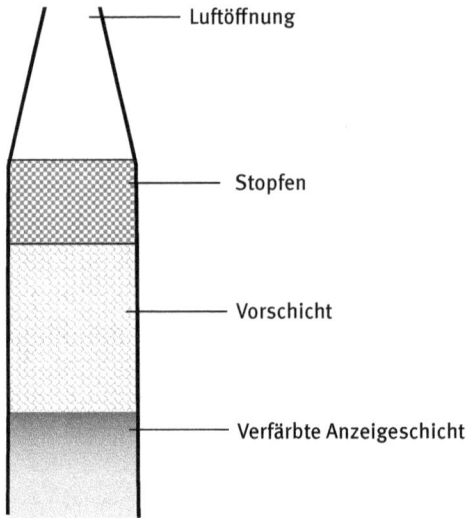

Abb. 27.2: Aufbau eines Prüfröhrchens mit Vorschicht.

oder braune Färbung (abhängig vom Halogen und von der Konzentration) [321, 497]:

$$Cl_2 + 2\,C_{14}H_{16}N_2 \ \rightarrow \ 2\,Cl^- + 2\,[C_{14}H_{16}N_2]^+\,. \tag{27.3}$$

Nicht alle Gase gehen direkt eine Reaktion ein, die zu einer visuellen Änderung führt. Um diese Stoffe dennoch messen zu können, müssen zusätzliche Schritte erfolgen. Die Gruppe der Chlorkohlenwasserstoffe ist ein Beispiel hierfür. Bevor die Reaktion mit Farbumschlag stattfinden kann, müssen die Moleküle in der Vorschicht aufgespalten werden. Hierbei wird Chlor freigesetzt, welches dann die in der Gleichung 27.3 für Halogene beschriebene Reaktion eingeht und so quantitativ gemessen werden kann.

Ein Beispiel für eine selektive Detektion ist die Reaktion von Kohlendioxid (CO_2) mit Hydrazin (N_2H_4). Um die Konzentration messen zu können, wird bei der Analyse Kristallviolett ($C_{25}N_3H_{30}Cl$) als Redoxindikator eingesetzt. Die Reaktion mit dem Farbumschlag von weiß nach blau-violett sieht wie folgt aus:

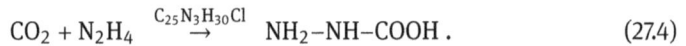

$$CO_2 + N_2H_4 \ \xrightarrow{\ C_{25}N_3H_{30}Cl\ } \ NH_2-NH-COOH\,. \tag{27.4}$$

Die wohl bekannteste Analysereaktion stellt das Prüfen mit pH-Indikatoren wie Bromphenolblau ($C_{19}H_{10}Br_4O_5S$) dar. Hierdurch lassen sich saure Gase wie Salzsäure ermitteln (gelbe Verfärbung) oder basische Gase wie Ammoniak (NH_3):

$$NH_3 + C_{19}H_{10}Br_4O_5S \ \rightarrow \ \text{blaue Verfärbung}\,. \tag{27.5}$$

Mit Prüfröhrchen können heutzutage Hunderte verschiedene Substanzen detektiert werden. Die zugrunde liegenden chemischen Reaktionen sind sehr vielfältig. Die

Messbereiche erstrecken sich vom ppb- bis in den hohen Prozentbereich. Die Standardabweichungen liegen in den meisten Fällen zwischen 10 und 30 %.

Bei jedem Einsatz von Prüfröhrchen sind mögliche Querempfindlichkeiten mit anderen Stoffen zu beachten. Um einem ungenauen Ergebnis vorzubeugen, informieren die Hersteller im Datenblatt der Prüfröhrchen über alle bekannten Querempfindlichkeiten [493].

27.2.2 Aufbau und Gebrauch

Prüfröhrchen sind handliche Glasrohre (Länge: ca. 125 mm (verschlossen), Durchmesser: ca. 7 mm), deren Enden abgeschlossen sind, um den Inhalt vor der Außenluft zu schützen. An diesen Stellen wird das Röhrchen vor dem Einsatz mit einem Werkzeug aufgebrochen und mit dem entsprechenden Ende in die dazugehörige Pumpe eingesetzt. Das chemische Präparat liegt üblicherweise als gepresstes Granulat vor und wird von zwei Stopfen in Position gehalten. Auf dem Röhrchen ist die Hubanzahl (n) aufgedruckt. Diese gibt an, wie häufig die Pumpe betätigt werden muss, damit das Ergebnis auf der vorgegebenen Skala abgelesen werden kann. Neben der Hubanzahl wird auch die Konzentrationseinheit angegeben. Es kann vorkommen, dass mehrere Hubanzahlen und verschiedene Skalen angegeben sind. Die geeignete Variante ist dann entsprechend der zu erwartenden Konzentration auszuwählen.

Abbildung 27.3 zeigt links ein unbenutztes Prüfröhrchen und rechts ein benutztes. Beim rechten Röhrchen ist zu sehen, dass beim Gaseintritt (oben) eine chemische Reaktion stattgefunden hat, die zu einer farblichen Veränderung im Präparat führte (weiß nach blau). Am Ende des verfärbten Bereiches lässt sich der Messwert ablesen (in diesem Fall 0,1 % CO_2).

Das Röhrchen in Abbildung 27.3 weist eine homogene Füllung auf, bei der sich die Skala über die gesamte Länge erstreckt. Mit Prüfröhrchen dieser Art ist es oftmals nur möglich, Stoffgruppen zu detektieren oder die Probe auf bestimmte chemische Eigenschaften zu untersuchen.

In einigen Prüfröhrchen sind zusätzliche Vorschichten integriert (siehe Abbildung 27.2). Diese können eine Filterfunktion haben und verhindern, dass unerwünschte Gasanteile zur Prüfschicht gelangen. Andersartige Vorschichten halten Feuchtigkeit von der Füllschicht fern oder wandeln das zu messende Gas in eine reaktionsfreudige Form um. Anstatt einer internen Vorschicht kann mit einem Schlauch auch ein zweites Röhrchen zwischen dem Prüfröhrchen und der Umgebungsluft angebracht werden. Stopfen an beiden Seiten sorgen dafür, dass die Stoffe in ihrer Position bleiben.

Die Pumpe ist auf die Prüfröhrchen kalibriert und sorgt dafür, dass pro Hub die vorgesehene Menge Luft durch das Röhrchen strömt. Um die vorgegebene Messgenauigkeit zu erreichen, müssen unbedingt Prüfröhrchen und Pumpe der gleichen Marke genutzt werden. Die Pumpe hat in einigen Fällen eine Einkerbung, mit welcher die

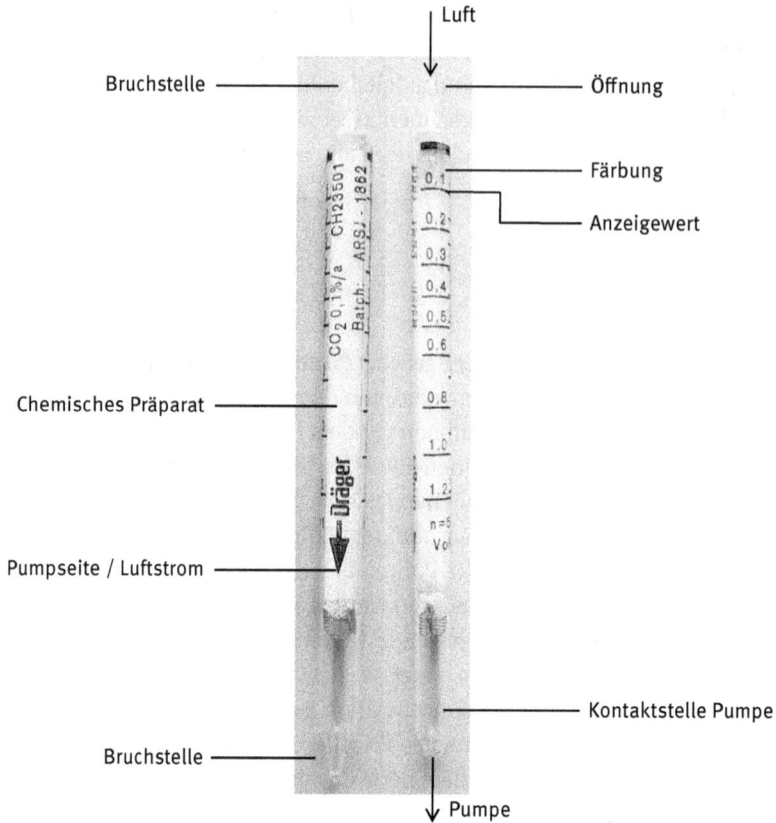

Abb. 27.3: Prüfröhrchen unbenutzt (links) und nach der Benutzung (rechts).

Röhrchen geöffnet werden können. Einfache Balgpumpen sind manuell zu bedienen. Andere sind voll automatisiert und können per Knopfdruck von Umgebungsluft auf technische Gase (andere Viskosität) umgestellt werden.

Es existiert die Möglichkeit, eine Analyse der Luft mit mehreren Prüfröhrchen gleichzeitig durchzuführen. Hierzu wird ein sogenanntes Simultantestset mit der Pumpe verbunden. Dieses fungiert als eine Art Adapter, welcher mit einem Schlauch an die Pumpe angeschlossen ist und die abgesaugte Luft auf mehrere Prüfröhrchen verteilt. Sollte die Luft unbekannte Stoffe enthalten, bietet es sich an, einen solchen Simultantest durchzuführen. Hierbei kann zunächst auf bestimmte Stoffgruppen getestet werden. Sobald eine Stoffgruppe identifiziert ist, können im nächsten Schritt Prüfungen auf spezifische Gefahrstoffe durchgeführt werden.

Beim Messen ist es wichtig, die Röhrchen durchgehend zu beobachten. Es kann passieren, dass das Präparat sich erst verfärbt, wenn sich der Pumpenkörper wieder vollständig geöffnet hat. Außerdem ist darauf zu achten, dass genügend Beleuchtung vorhanden ist und das Prüfröhrchen vor einen neutralen Hintergrund gehalten wird. Andere Bedingungen können die Wahrnehmung trüben und somit das Ergebnis verfälschen. Nach der Messzeit und der vorgegebenen Anzahl an Hüben sollte das Ergebnis schnell abgelesen und dokumentiert werden. Hierfür ist der Vergleich zu einem ungenutzten Präparat empfehlenswert. Eine lange Wartezeit zwischen der Messung und dem Ablesen des Ergebnisses führt zu Ungenauigkeiten. Aus diesem Grund lassen sich die Röhrchen auch nicht als Bestätigung des Ergebnisses archivieren.

Die Verfärbung im Präparat ist auf der Skala nicht immer eindeutig abzulesen. Wenn die Verfärbung nicht genau senkrecht zur Zylinderachse des Röhrchens endet, sondern in einem immer schwächer verlaufenden Farbübergang, wird der Mittelwert aus diesem Farbverlauf gebildet. Bei einer gestreuten Verfärbung bestimmt das Ende der letzten Farbpunkte die Konzentration.

Mithilfe des von der Firma Drägerwerk AG entwickelten Extraktionsverfahrens lassen sich auch Konzentrationen von in Flüssigkeiten gelösten Gasen ermitteln. Hierfür wird eine Probe der Flüssigkeit in ein Gefäß gegeben, das speziell für dieses Verfahren ausgelegt ist und dafür sorgt, dass ein exakt vorgegebenes Gasvolumen in das Prüfröhrchen gelangt. Anschließend wird Luft durch ein Aktivkohleröhrchen angesaugt, welches Verunreinigungen herausfiltert und so verhindert, dass Fremdstoffe die Reaktion im Präparat beeinflussen. Die gereinigte Luft wird dann durch eine poröse Fritte (Filter aus Glas oder Keramik) in die Flüssigkeit geleitet und erzeugt dort viele kleine Bläschen. Beim Aufsteigen reichern sich die Luftbläschen mit den verdampfbaren Bestandteilen im Wasser an und gelangen durch den Sog der Pumpe in das Prüfröhrchen, wo sie dann mit dem chemischen Präparat reagieren können. Dieser Vorgang nennt sich Strippen und basiert auf dem Gesetz von Henry [494]. Die Stoffkonzentration (Y) in der Flüssigkeit lässt sich dann mithilfe der Kalibrierkonstanten des Probenbehälters (A), der Systemkonstanten (B; C), welche von der Probentemperatur, dem Extraktionsvolumen und den stoffspezifischen Größen abhängig sind, und des abgelesenen Messwerts des Prüfröhrchens (x) berechnen [493, 494]:

$$Y_{[\frac{mg}{L}]} = A \cdot B \left(x_{[ppm]} \cdot C \right) . \tag{27.6}$$

27.3 Anwendungen

Prüfröhrchen haben ein großes Anwendungsspektrum und dienen in der Regel zur Gasanalyse. Die Kategorisierung nach Anwendungsbereichen ist in Abbildung 27.4 dargestellt. Die Haupteinsatzgebiete sind die technische Gasanalyse, die Untersuchung der Luft am Arbeitsplatz und die Analyse von Druckluft oder Druckgasen. Letztere wird primär durchgeführt, um auf Verunreinigungen durch Kohlenmonoxid, Kohlendioxid, Öl oder Wasser zu prüfen. Unter technischer Gasanalyse werden vor allem Emissionsmessungen, in einigen Fällen aber auch Immissionsmessungen verstanden.

```
                          Gasmessung mit
                           Prüfröhrchen
        ┌──────────────────────┼──────────────────────┐

      technische          Luftuntersuchung           Messung von
     Gasanalyse           am Arbeitsplatz            Druckluft/
                                                     Druckgasen
              ┌──────────────┴──────────────┐

        Kurzzeit-Röhrchen                                  Langzeit-Röhrchen
   ┌──────────┼──────────┐                            ┌──────────┴──────────┐

Farblängenanzeige  Farbvergleichanzeige  ohne Direktanzeige    Farblängenanzeige   ohne Direktanzeige
```

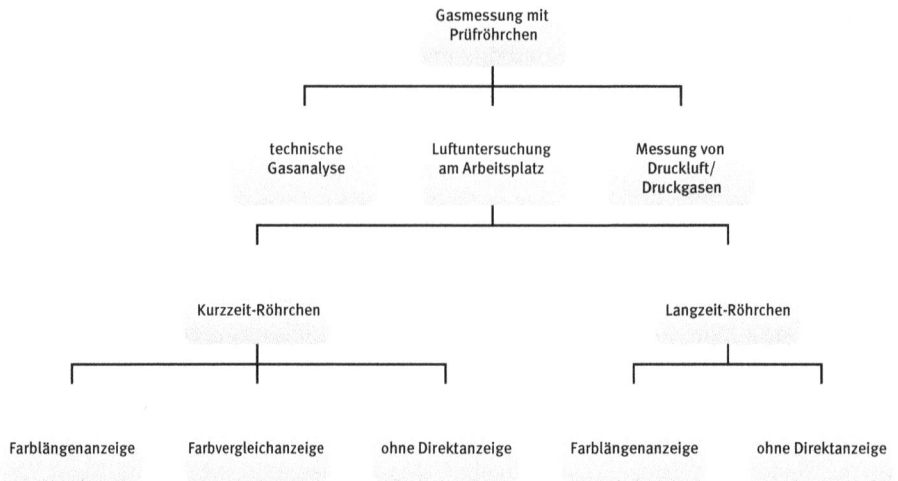

Abb. 27.4: Kategorisierung von Prüfröhrchen nach Anwendungsbereichen in der Gasmessung.

Bei der Luftuntersuchung am Arbeitsplatz wird zwischen Kurzzeit- und Langzeitröhrchen unterschieden. Kurzzeitröhrchen sind zur Messung von Momentankonzentrationen bestimmt. Sie benötigen in der Regel eine Zeitspanne von 10 Sekunden bis 15 Minuten. Ihr Anwendungsspektrum reicht von der Messung von Luftverschmutzung über die Erkennung von Leckagen in Gasleitungen bis zur Überprüfung von Lagertanks.

Die Ausführung der Kurzzeitröhrchen ist abhängig von der jeweiligen Messaufgabe, insbesondere von der zu messenden Substanz und der zu erwartenden Konzentration. Aufgrund dieser Spezifikationen unterteilen sich die Kurzzeitröhren in:
- Röhrchen mit einer Anzeigeschicht (Abbildung 27.3)
- Röhrchen mit einer oder mehreren Vorschichten und Anzeigeschicht (Abbildung 27.2)
- Röhrchen mit zusätzlicher Reagenzampulle und Anzeigeschicht
- Röhrchen mit Verbindungsschlauch
- Kombination von zwei Röhrchen
- Röhrchen für (mehrere) Simultantests

Im Gegensatz zu Kurzzeitröhrchen erlauben Langzeitröhrchen eine Probennahme über mehrere Stunden (z. B. Luftsammelröhrchen). Dabei unterscheidet man zwischen Prüfröhrchen, bei denen die Probe mithilfe einer elektronischen Pumpe kontinuierlich oder periodisch angesogen wird, und Diffusionsröhrchen. Bei Letzteren bewegen sich die Schadstoffmoleküle gemäß dem ersten Diffusionsgesetz von selbst in das Röhrchen. Der Konzentrationsunterschied zwischen der Umgebungsluft und dem Inneren des Rohres ist die treibende Kraft für diesen Molekularstrom. Diffusionsröhrchen eignen sich aufgrund ihres Tragekomforts vorzugsweise zur personenbezogenen Messung [493].

Prüfröhrchen werden in der Industrie, bei der Feuerwehr und im Katastrophenschutz, im Labor, im Umweltschutz und in vielen anderen Bereichen eingesetzt, in denen ein sofort verfügbares Messergebnis als Entscheidungshilfe benötigt wird. Im Folgenden sollen drei besondere Anwendungen näher beschrieben werden.

27.3.1 Untersuchung medizinischer Gase

Nach der Europäischen Atemluft-Norm 12021 muss Druckluft, die zur Beatmung oder Narkotisierung von Patienten verwendet wird, bestimmten Qualitätsanforderungen entsprechen. Die Luft darf unter Normalbedingungen z. B. nicht mehr als 5 ppm Kohlenmonoxid und nicht mehr als 500 ppm Kohlendioxid enthalten. Im wieder auf atmosphärischen Druck entspannten Zustand muss der Wassergehalt der Luft bei einem Fülldruck von 40 bis 200 bar unterhalb von $50\,\mathrm{mg/m^3}$ und bei einem Fülldruck von über 300 bar unterhalb von $35\,\mathrm{mg/m^3}$ liegen. Außerdem muss die Luft im entspannten Zustand geruchlos und geschmacklos sein.

Der Aerotest Simultan HP von Dräger basiert auf Prüfröhrchen und ermöglicht die Simultanmessung von CO, CO_2 und H_2O in der abströmenden Beatmungsluft. Darüber hinaus eignet er sich für die Untersuchung von Lachgas und anderen Narkosegasen sowie medizinischem Sauerstoff und Kohlendioxid. Der für die Messung erforderliche Volumenstrom wird mithilfe eines Druckminderers geregelt und ist dadurch unabhängig vom Einlassdruck oder dem Restfülldruck in den Speicherflaschen. Die Messung mit dem Aerotest Simultan HP dauert inklusive einer Überprüfung auf Ölaerosole ca. 5 Minuten [493].

27.3.2 Messung von Isocyanaten und Aldehyden am Arbeitsplatz

Aldehyde werden unter anderem bei der Herstellung von Gummi-, Schuh-, Kunstharz und Klebstoffen eingesetzt. Sie finden sich in Desinfektionsmitteln, Farben, Lacken und Kunststoffen. Die wichtigsten Aldehyde sind Formaldehyd, Glyoxal, Glutardialdehyd, Acetaldehyd und Acrolein.

Isocyanate sind für industrielle Anwendungen von besonderem Interesse, da sie leicht mit Polyalkoholen zu Polyurethanen reagieren. Unter den verschiedenen hochpolymeren Kunststoffen zeichnen sich Polyurethane durch ihre Vielseitigkeit in Anwendungen wie Farben, Schäumen, Elastomerfasern und Dispersionen aus. Die Produktpalette der Polyurethane und damit der Isocyanate als Ausgangsstoffe wird dank neuer Technologien aller Voraussicht nach auch in Zukunft weiterwachsen. Werden toxische Isocyanatdämpfe und -aerosole über einen längeren Zeitraum in Konzentrationen oberhalb der Arbeitsplatzgrenzwerte eingeatmet, kommt es zu einer schweren Schädigung der Atmungsorgane.

Am 3. Dezember 1984 explodierte ein Methylisocyanattank der Pestizidfabrik im indischen Bhopal. Nachdem im Zuge von Reinigungsarbeiten Wasser in den Tank eingedrungen war, kam es zu der Explosion. Dabei wurden zwischen 25 und 40 Tonnen Methylisocyanat sowie andere Reaktionsprodukte durch die Überdruckventile in die Atmosphäre freigesetzt. Bei diesem größten Chemieunfall aller Zeiten, starben 2.500 bis 5.000 Menschen und es gab über 200.000 Verletzte. Noch heute leiden die Überlebenden an Nachwirkungen und der Boden ist weiträumig verseucht [497].

Die Überwachung der Konzentration von Isocyanaten und Aldehyden erfordert eine außerordentlich niedrige Nachweisgrenze und eine Unempfindlichkeit gegenüber anderen Begleitstoffen. Dräger bietet Testsets für Aldehyde und für Isocyanate an. Beide Sets gliedern sich jeweils in eine Probenahme und eine Laboranalyse. Hierbei wird mithilfe einer Pumpe ein bestimmtes Luftvolumen über einen Probenahmekopf angesaugt. Während der Messung reagieren die Aldehyde mit einem Hydrazinpräparat unter Bildung eines Hydrazonderivats. Die Isocyanate werden mit einem Aminopräparat zu einem Harnstoffderivat umgewandelt [497].

27.3.3 Überprüfung von Luftströmungen

Wenn die Verteilung von dampf- oder gasförmigen Schadstoffen und die daraus resultierenden Risiken abgeschätzt werden soll, sind Informationen über die existierenden Luftströme essenziell. Nur so können geeignete Messstellen für die notwendigen Konzentrationsmessungen festgelegt werden. Dies ist insbesondere für die folgenden Messaufgaben wichtig:
- Lecksuche in Betriebseinrichtungen oder Heizungs- und Laboranlagen
- Untersuchung der Ausbreitung von Emissionen
- Überprüfung des Wetterstroms im Bergbau
- Kontrolle und Einstellen von Klimaanlagen

Um die Quelle, Richtung und Geschwindigkeit einer Strömung abschätzen zu können, gibt es z. B. von der Firma Dräger eine Lösung unter Verwendung eines Prüfröhrchens mit einem mit Schwefelsäure imprägnierten, porösen Trägermaterial. Nach dem Öffnen der Glasspitze wird mithilfe einer kleinen Blaskugel Luft durch das Rohr gepresst. Der Wasserdampfgehalt der Luft bildet ein stark verdünntes Schwefelsäureaerosol, das am Ausgang des Rohres deutlich als weißer Rauch sichtbar ist. Dieser Rauch wird vom Luftstrom mitgeführt, da sich sein spezifisches Gewicht nur unwesentlich von dem der Luft unterscheidet. Der Strömungsprüfer kann mehrfach verwendet werden und wird bis zum nächsten Einsatz mit einer Gummikappe verschlossen [497].

27.4 Kommerzielle Produkte

Prüfröhrchen gehören zu den klassischen Messverfahren der Gasanalyse und sind für nahezu alle anorganischen und organischen Luftschadstoffe und für verschiedene Konzentrationsbereiche kommerziell erhältlich. Im Folgenden sollen die drei gebräuchlichsten Varianten von Prüfröhrchen näher beschrieben werden: herkömmliche Prüfröhrchen, Simultantestsets und Chipmesssysteme

27.4.1 Herkömmliche Prüfröhrchen

Es gibt nur wenige Unternehmen, die Prüfröhrchen herstellen. Die bekanntesten sind das deutsche Unternehmen Dräger, der japanische Gastec-Konzern und das US-Unternehmen Honeywell. Hierbei ist die Dräger AG das weltweit führende Unternehmen auf diesem Gebiet und insbesondere in Deutschland am bekanntesten.

Für Anwendungen, bei denen niedrige Messfrequenzen ausreichen, bieten Prüfröhrchen Vorteile gegenüber elektronischen Messgeräten, da die Anschaffungskosten niedrig und die Geräte sehr leicht zu bedienen sind. Außerdem erhält der Anwender unmittelbar nach der Messung genaue Messergebnisse, sodass zeitaufwendige Wege zum Labor entfallen. Auch die bei vielen alternativen Verfahren übliche Kalibrierung erübrigt sich, da das Röhrchen erst bei Gebrauch geöffnet wird und die Messskala auf dem Prüfröhrchen aufgedruckt ist. Prüfröhrchen sind wartungsfrei und können über einen längeren Zeitraum gelagert werden [498, 499]. Die Bestimmung der Gas- und Dampfkonzentrationen kann dabei mit Kurzzeit- oder Langzeitprüfröhrchen durchgeführt werden [500].

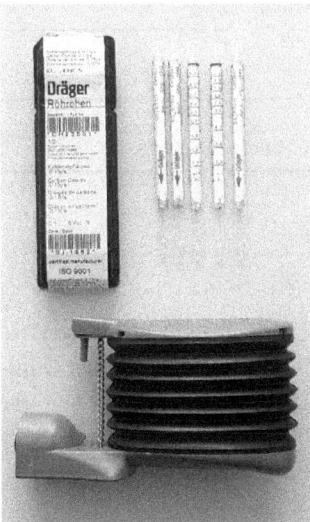

Abb. 27.5: Prüfröhrchen von Dräger, Pumpe und Aufbewahrungspackung.

Die Abbildung 27.5 zeigt beispielhaft die Dräger-Prüfröhrchen für Kohlendioxid (0,1 %/a, CH 23 501) mit Pumpe und die Aufbewahrungspackung. Die Abbildung 27.3 zeigt ein CO_2-Prüfröhrchen von Dräger vor der Messung (links) und nach der Messung (rechts). Die Tabelle 27.1 gibt Auskunft über die technischen Daten. Bei Verwendung mit einem Pumpenhub erstreckt sich der Messbereich von 0,5 bis 6 Vol.-%. Bei fünf Hüben können Konzentrationen zwischen 0,1 und 1,2 Vol.-% gemessen werden. Die Messungen dauern 30 Sekunden bzw. 2,5 Minuten. Die Standardabweichung des Messergebnisses beträgt 5 bis 10 %. Schwefelwasserstoffkonzentrationen bis zu 10 ppm und Schwefeldioxidkonzentrationen bis zu 2 ppm stellen dabei keine Querempfindlichkeiten dar.

Der Preis für die Dräger-Röhrchen Kohlendioxid 0,1 %/a (10 Stück pro Packung) liegt bei ca. 60 € inkl. MwSt. [501].

Tab. 27.1: Technische Daten des Dräger-Prüfröhrchens Kohlendioxid 0,1 %/a [502].

Allgemeine Daten		
Messbereich:	0,5 bis 6 Vol.-%	0,1 bis 1,2 Vol.-%
Hubzahl (n):	1	5
Dauer der Messung:	ca. 30 Sek.	ca. 2,5 Min.
Standardabweichung:	5 bis 10 %	
Farbumschlag:	weiß → violett	
Zulässige Umgebungsbedingungen		
Temperatur:	0 bis 30 °C	
Feuchtigkeit:	max. 30 mg H_2O/L	
	(entspricht 100 % rel. Feuchte bei 30 °C)	
Luftdruck:	$F = \dfrac{1.013}{\text{tatsächlicher Luftdruck (hPa)}}$	
Reaktionsprinzip		
CO_2 + Amin → violettes Reaktionsprodukt		
Querempfindlichkeit		
Keine Störung der Anzeige durch 10 ppm Schwefelwasserstoff und 2 ppm Schwefeldioxid		

27.4.2 Simultantestsets

Simultantests werden verwendet, um mehrere Schadstoffe gleichzeitig zu messen. Simultantestsets bestehen meistens aus fünf Prüfröhrchen, die parallel in einer Gummimanschette angeordnet sind. Die zu untersuchende Luft wird über einen Adapter mit der Röhrchenpumpe gleichzeitig durch alle Prüfröhrchen gesaugt. Anhand von Markierungen auf den Prüfröhrchen kann der Anwender die Konzentrationen der einzelnen Gase ablesen.

Für spezielle Anwendungen wie Brände oder Unfälle beim Gefahrguttransport hat die Dräger AG unterschiedliche Simultantestsets entwickelt, mit denen schnell zuverlässige Ergebnisse für verschiedene Kombinationen organischer und anorganischer Gase gemessen werden können. Darüber hinaus stehen sechs weitere Simultantestsets in Kombination mit einem Adapter und einer Pumpe für ein breites Anwendungsspektrum zur Verfügung.

Mit simultanen Prüfverfahren verschafft sich z. B. die Feuerwehr einen schnellen Überblick über mögliche Schadstoffemissionen im Brandfall. Hierfür existieren die folgenden Testsets:
- Leitsubstanztest: Kohlenmonoxid, Blausäure, Salzsäure, Nitrosegase, Formaldehyd
- anorganische Brandgase I: saure Gase, Blausäure, Kohlenmonoxid, basische Gase, Nitrosegase (NO_x)
- anorganische Brandgase II: Schwefeldioxid, Chlor, Schwefelwasserstoff, Kohlendioxid, Phosgen
- organische Brandgase: Aceton, Toluol, Methanol, Hexan, Perchlorethylen [495, 498, 503]

Der Preis für ein Simultantestset der Firma Dräger AG für die Gefahrstoffmessung liegt bei ca. 190 € inkl. MwSt. [504].

27.4.3 Chipmesssysteme

Das Chipmesssystem (CMS) der Firma Dräger ergänzt das Spektrum der bestehenden Messmethoden und kombiniert die praktischen Anforderungen des Anwenders mit der Leistungsfähigkeit einer intelligenten Technologie. Es ist derzeit eines der genauesten und zuverlässigsten Messsysteme zur Kurzzeitmessung von Gasen und Dämpfen [493].

Das CMS ist ein tragbares Chipmesssystem zur Messung von Momentankonzentrationen bekannter Gase oder Dämpfe. Die Komponenten des Chipmesssystems bestehen aus dem CMS-Analysator und dem Chip. Auf einem Chip sind mehrere Prüfröhrchen angeordnet, die in den Analysator eingesetzt werden. In diesem befindet sich auch die Gaspumpe. Die angesaugte Luft wird dann über den Messchip geleitet. Optische Detektoren lesen die Messwerte der Prüfröhrchen aus und erkennen automatisch die Schadstoffkonzentrationen.

Jeder Dräger-Chip kann für 10 aufeinanderfolgende Messungen verwendet werden. Die aktuelle Konzentration des Gefahrstoffes wird auf einem Display angezeigt. Der integrierte Datenrekorder speichert entweder automatisch oder manuell alle wichtigen Messinformationen wie Schadstoff, Konzentration, Datum, Uhrzeit und Ort (bei manueller Speicherung zusätzlich eine Messortkennung). Diese Daten können zu einem späteren Zeitpunkt abgerufen und ausgewertet werden.

Für den Dräger-CMS-Analysator steht ein Remotesystem zur Verfügung, um auch an unzugänglichen Stellen messen zu können. Es besteht aus einer zusätzlichen Pumpe und einem Verlängerungsschlauch. Es besteht auch die Möglichkeit, eine Teleskopsonde zu verwenden [495, 505]. Die Preise für die Chips liegen zwischen 60 und 80 € pro Stück inkl. MwSt. [506].

27.5 Zusammenfassung

Prüfröhrchen sind eine seit Langem etablierte Messmethode in der Gasanalytik. Mithilfe eines speziellen Extraktionsverfahrens lassen sich auch in Flüssigkeiten gelöste Gase ermitteln. Bei den Röhrchen handelt es sich um dünne Glaszylinder, die mit einem chemischen Präparat gefüllt sind. Für eine Messung werden die Enden des versiegelten Röhrchens geöffnet und eine Gasprobe wird mithilfe einer Pumpe hindurchgesogen. Im Inneren findet dann eine chemische Reaktion zwischen dem Präparat und der zu detektierenden Substanzen statt, die einen Farbumschlag zur Folge hat. Die Länge der verfärbten Zone ist proportional zur Konzentration der zu messenden Substanz. Der ermittelte Konzentrationswert lässt sich daher in der Regel direkt auf einer Skala auf dem Röhrchen ablesen. Bei jeder Messung müssen mögliche Querempfindlichkeiten genau beachtet werden.

Insbesondere für Anwendungen, in denen Einzelmessungen oder niedrige Messfrequenzen ausreichen, bieten Prüfröhrchen aufgrund ihrer vergleichsweise geringen Anschaffungskosten und sehr einfacher Bedienbarkeit Vorteile gegenüber elektronischen Messgeräten. Zeitaufwendige Präparationen im Labor entfallen. Auch eine Kalibrierung ist nicht erforderlich.

Das vielseitige Messsystem ermöglicht unzählige Anwendungen in der Industrie, bei der Feuerwehr und im Katastrophenschutz, im Labor, im Umweltschutz, in der Medizintechnik und vielen anderen Bereichen, in denen ein sofort verfügbares Messergebnis als Entscheidungshilfe benötigt wird. Ein Haupteinsatzgebiet ist die Kontrolle der Arbeitsplatzkonzentration von Schadstoffen.

Es existieren weltweit nur wenige Unternehmen, die Prüfröhrchen herstellen. Die deutsche Dräger AG ist dabei das bekannteste. Bei den traditionellen Prüfröhrchen unterscheidet man zwischen Kurzzeit- und Langzeitröhrchen. Letztere sind auch als Diffusionsröhrchen verfügbar, die keine Pumpe benötigen. Neben den traditionellen Prüfröhrchen gibt es noch Simultantestsets für bis zu fünf verschiedene Komponenten und Chipmesssysteme. Die Messbereiche erstrecken sich vom ppb- bis in den hohen Prozentbereich. Die Standardabweichungen liegen in den meisten Fällen zwischen 10 und 30 %. Die Preise für traditionelle Prüfröhrchen liegen bei ca. 60 € für eine Packung á 10 Stück. Ein Simultantestset kostet ca. 200 €.

28 Titrimetrie/Volumetrie

28.1 Einleitung

Das chemische Verfahren der Titrimetrie wurde im 19. Jahrhundert entwickelt. Es stellte zur damaligen Zeit eine Revolution in der Analytik dar und entstand aus dem Bedürfnis der aufkommenden chemischen Industrie nach einer schnelleren und einfacheren Durchführung von Analysen, bei denen die höchste Genauigkeit nicht im Vordergrund stand. Da gravimetrische Analysen zu diesem Zeitpunkt als die einzig zuverlässigen galten, wurde die neuartige Methode von vielen Chemikern nicht sofort anerkannt. Zu den Wegbereitern der Titrimetrie gehörten unter anderem François Antoine Henri Descroizilles, der 1791 die Bürette erfand. Die Einführung der titrimetrischen Methoden lässt sich auf Joseph Louis Gay-Lussac zurückführen. Berühmt wurde er 1832 durch die von ihm entwickelte Methode der Silberbestimmung. Sein Name ist heute noch den meisten Wissenschaftlern bekannt, primär wegen des von ihm entdeckten Gesetzes der gleichmäßigen Wärmeausdehnung von Gasen. Er prägte ebenfalls die Begriffe „Bürette", „Pipette" und „titrieren". Im Jahr 1855 wurde von Friedrich Mohr erstmals ein Lehrbuch zu diesem Thema veröffentlicht (Lehrbuch der chemisch-analytischen Titriermethode), welches die bis dahin existierenden Veröffentlichungen zusammenfasste. Mit der steigenden Bedeutung der Titrimetrie nahmen ab dem 20. Jahrhundert auch ihre Anwendungsbereiche zu [478, 507].

Die Titrimetrie ist der Volumetrie untergeordnet. Die Volumetrie dient der Volumenmessung von Gasen (Gasvolumetrie) und Flüssigkeiten (Lösungsvolumetrie) und fungiert als Oberbegriff der quantitativen Maßanalyse. Das Verfahren der Titrimetrie ist die Titration. Wenngleich zur Maßanalyse auch die Titration von Gasen gehört, ist das eher die Ausnahme. Sehr viel häufiger findet die Titration Anwendung bei Flüssigkeiten, in denen die Konzentration einer bekannten, gelösten Substanz bestimmt werden soll.

Die Abgrenzung zur chemischen Gravimetrie (Massenbestimmung, siehe Kapitel 29) ist darin begründet, dass bei dieser durch Zugabe eines Fällungsmittels ein schwer lösliches Reaktionsprodukt ausscheidet, das von der Flüssigkeit abgetrennt, behandelt, getrocknet und gewogen wird [508]. Gravimetrische Verfahren sind daher in der Regel aufwendiger und zeitintensiver [509, 510]. Die Titrimetrie zählt, wie auch die Gravimetrie, zu den Absolutmethoden in der quantitativen Analytik. Diese kennzeichnet, dass ohne vorherige Kalibrierung eine physikalische Größe gemessen wird, welche der tatsächlichen Konzentration einer Substanz in der untersuchten Probe direkt proportional ist [78].

Die Einteilung der Titrationen erfolgt anhand der Titrationsart (*direkt/invers/...*), des Reaktionstyps (*Redoxtitration/Säure-Base-Titration/...*), des verwendeten Indika-

Unter Mitwirkung von Christoph Bildmann, Martin Engeln und Moritz Pick

https://doi.org/10.1515/9783110702040-028

tionsverfahrens (*chemisch/photometrisch/…*) oder nach den an den Reaktionen beteiligten Stoffen (*Iodometrie/Aminometrie/…*). Die Begrifflichkeiten sind dabei nicht immer eindeutig. Das vorliegende Kapitel stellt einen Leitfaden dar, der die Orientierung in der maßanalytischen Bestimmung ermöglicht und durch das breite Feld der Titrimetrie führt.

Im nachfolgenden Abschnitt werden unter dem Begriff „Messprinzip" die Grundlagen des Verfahrens und die Einteilungsmöglichkeiten erläutert. Der Schwerpunkt liegt dabei auf der volumetrischen Titration. Die verschiedenen Möglichkeiten der visuellen (chemischen) und instrumentellen (physikalischen) Endpunkterkennung werden ebenfalls aufgeführt. Die coulometrische Titration (siehe Kapitel 30) wird jedoch nicht näher behandelt. In den weiteren Abschnitten folgen zunächst die praktischen Anwendungen des Titrationsprinzips, die nach Anwendungsbereichen gegliedert sind. Dabei ist zu berücksichtigen, dass die Titration als Analyseverfahren an gewisse Voraussetzungen und Einschränkungen geknüpft ist.

Mit der Vorstellung zweier kommerzieller Produkte auf dem aktuellen Stand der Technik wird ein kurzer Einblick in den Markt der Titratoren gewährt. Dabei wird je ein Gerät zur manuellen sowie zur automatischen Analyse vorgestellt. Eine Zusammenfassung der wichtigsten Inhalte schließt dieses Kapitel ab.

28.2 Messprinzip

Im Verlauf dieses Abschnitts werden zunächst die chemischen Grundlagen des Verfahrens erläutert. Anschließend werden der dafür erforderliche, experimentelle Aufbau und die Durchführung sowie der typische Verlauf einer Titrationsreaktion vorgestellt. Abschließend erfolgen eine Diskussion der Methoden der Endpunkterkennung und ein Überblick über die verschiedenen Titrationsarten.

28.2.1 Chemische Grundlagen

Die Stoffmenge n_A einer zu untersuchenden Probe A wird durch tropfenweises Hinzugeben einer Lösung B bekannter Konzentration bestimmt. Das Volumen der Lösung B, das erforderlich ist, um den nachzuweisenden Stoff A in einer chemischen Reaktion so weit umzusetzen, dass sich zwischen beiden Stoffen ein stöchiometrisches Gleichgewicht einstellt, stellt dabei die gemessene Größe dar. Das Erreichen dieses als Endpunkt oder Äquivalenzpunkt bezeichneten Zustands kann über eine visuelle (chemische) oder instrumentelle (physikalische) Indikation ermittelt werden. Die Probe A wird auch als Analyt oder Titrand bezeichnet, während für die Lösung B in der Literatur auch die Synonyme Standardlösung, Maßlösung, Titrator, Titrant oder Titrans zu finden sind. Im Folgenden werden für die Probe A die Begriffe Probe und Analyt verwendet, für die Lösung B die Begriffe Titrator und Maßlösung [478].

Die Stöchiometrie ist die Lehre von der Berechnung der Zusammensetzung chemischer Verbindungen und beschreibt, welche Stoffe in welchem Mengenverhältnis miteinander reagieren. Die allgemeine Reaktionsgleichung der Edukte (A und B), die zu den Produkten (C und D) reagieren, kann unter Verwendung der Stöchiometriekoeffizienten v_i, welche proportional zu den Stoffmengen sind, als Bilanzgleichung dargestellt werden [507]:

$$v_A A + v_B B \;\rightleftharpoons\; v_C C + v_D D \,. \qquad (28.1)$$

Bei reversiblen Prozessen stellt sich dabei ein dynamisches Gleichgewicht zwischen Hin- und Rückreaktion ein ($\rightleftharpoons$). Dieser Zustand kann durch das Massenwirkungsgesetz beschrieben werden. Die Gleichgewichtskonstante K_c ermöglicht es, eine Aussage zu tätigen, auf welcher Seite der Reaktion das Gleichgewicht liegt:

$$K_c = \frac{c^{v_C}(C) \cdot c^{v_D}(D)}{c^{v_A}(A) \cdot c^{v_B}(B)} \,. \qquad (28.2)$$

Sie stellt das Verhältnis der mathematischen Produkte der Stoffkonzentrationen (Gleichgewichtskonzentrationen) $c^{v_i}(j)$ von Produkten und Edukten zueinander dar. Ist die Gleichgewichtskonstante sehr groß ($K_c \gg 1$), liegt das Gleichgewicht sehr weit auf der Seite der Produkte. Die Reaktion läuft dann nahezu vollständig in diese Richtung ab. Die Reaktionsgleichung kann dann wie folgt beschrieben werden [7, 169, 478, 511]:

$$v_A A + v_B B \;\rightarrow\; v_C C + v_D D \,. \qquad (28.3)$$

Für die Anwendbarkeit der Titrimetrie muss die chemische Reaktion zwischen dem Analyten und der Maßlösung eindeutig, schnell (ungehemmt) und (annähernd) vollständig ablaufen. Vollständig bedeutet hier, dass alle Ausgangsstoffe (Edukte) zu Produkten umgewandelt werden. Vollständige Reaktionen werden auch als stöchiometrisch bezeichnet. Als nichtstöchiometrisch (oder unstöchiometrisch) gilt eine Reaktion, bei der (mindestens) ein Reaktant im Überschuss zugeführt wird und zu einem gewissen Anteil unverändert erhalten bleibt.

Wenn exakt die zur (bekannten) Titratorstoffmenge $n_B^{\text{ÄP}}$ stöchiometrisch äquivalente Stoffmenge des gesuchten Analyten n_A vorliegt, herrscht stöchiometrisches Gleichgewicht. An diesem Äquivalenzpunkt entspricht das Verhältnis der Stoffmengen n_A und $n_B^{\text{ÄP}}$ dem Verhältnis der stöchiometrischen Koeffizienten v_A und v_B:

$$\frac{n_A}{n_B^{\text{ÄP}}} = \frac{v_A}{v_B} \,. \qquad (28.4)$$

Für eine exakte Titration muss die Konzentration C_B der Maßlösung bekannt oder exakt messbar sein [478]. Ein eventuell angegebener Titer t ist dabei zu berücksichtigen. Der Titer ist das Verhältnis der Istkonzentration $C_{B,\text{ist}}$ zur Sollkonzentration $C_{B,\text{soll}}$ [511]:

$$t = \frac{C_{B,\text{ist}}}{C_{B,\text{soll}}} \,. \qquad (28.5)$$

Die Stoffmenge in der Probe n_A berechnet sich über die Stoffmenge des Titrators am Äquivalenzpunkt $n_B^{\text{ÄP}}$, d. h. aus der Konzentration des Titrators B (C_B) und dem bis zum Äquivalenzpunkt benötigten Volumen ($V_B^{\text{ÄP}}$) der Maßlösung:

$$n_B^{\text{ÄP}} = C_B V_B^{\text{ÄP}} \, . \tag{28.6}$$

Somit ergibt sich mit dem Verhältnis der Stoffmengen gemäß Gleichung 28.4

$$n_A = \frac{v_A}{v_B} n_B^{\text{ÄP}} = \frac{v_A}{v_B} C_B V_B^{\text{ÄP}} \, . \tag{28.7}$$

Über eine exakte Bestimmung des Volumens der Probe A (V_A) kann deren Konzentration C_A in $\frac{\text{mol}}{\text{l}}$ berechnet werden:

$$C_A = \frac{v_A}{v_B} \frac{C_B V_B^{\text{ÄP}}}{V_A} \, . \tag{28.8}$$

Soll das Ergebnis in die Masse m_A des gesuchten Stoffs umgerechnet werden, erfolgt dies mit der molaren Masse M_A des Stoffs A:

$$m_A = n_A \cdot M_A = C_A \cdot V_A \cdot M_A \, . \tag{28.9}$$

Bei der Durchführung einer Titration außerhalb von Laborbedingungen sollte aus Gründen der Genauigkeit eine Temperaturkorrektur erfolgen [478, 508].

28.2.2 Experimenteller Aufbau und Durchführung

Der in Abbildung 28.1 dargestellte, experimentelle Versuchsaufbau zur Durchführung einer Titration (Titrationsstand) bedarf nur weniger Komponenten [508]. Dafür wird die Bürette (1) mit der Maßlösung B (2) befüllt. Der Titrator tropft dann in die Probe A (4), die sich in einem Erlenmeyerkolben (3) befindet. Die Zugabe der Maßlösung kann linear, d. h. mit konstanten Zugabeschritten, erfolgen oder dynamisch, wobei sich die zugegebene Menge mit der Annäherung an den Endpunkt verringert. Bei der dynamischen Methode kann der entscheidende Bereich so höher aufgelöst werden [508]. Die Zugabe sollte unter fortwährendem Rühren stattfinden. Ohne Rühren würde sich die Maßlösung in einem begrenzten Bereich konzentrieren und das Ergebnis verfälschen.

Die Maßlösung wird solange zugesetzt, bis ein stöchiometrisches Gleichgewicht zwischen dem Titrator und dem gesuchten Analyten vorliegt. Im Falle einer visuellen (chemischen) Auswertung ist dieser End- oder Äquivalenzpunkt an einer schlagartigen Veränderung der Lösung zu erkennen. Dabei handelt es sich in der Regel entweder um einen Farbumschlag oder um die Ausfällung eines Feststoffs.

Im Falle einer instrumentellen Auswertung wird ein physikalischer Parameter als Funktion des Titratorvolumens gemessen und als Titrationskurve dargestellt. Die Messung erfolgt dabei über den Äquivalenzpunkt hinaus, welche dann mithilfe geeigneter

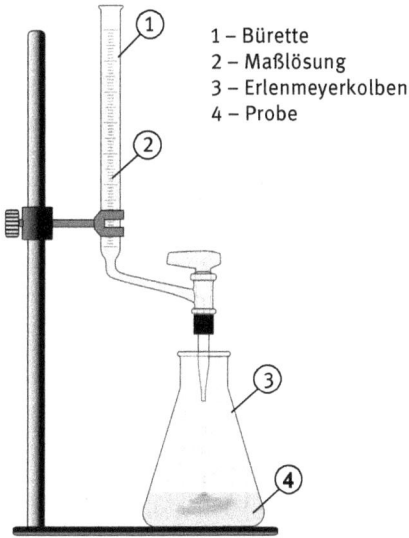

1 – Bürette
2 – Maßlösung
3 – Erlenmeyerkolben
4 – Probe

Abb. 28.1: Experimenteller Versuchsaufbau einer Titration.

mathematischer Verfahren wie Wendepunktbestimmung oder Extrapolation ermittelt wird. Die instrumentelle Endpunkterkennung ist heutzutage in der Maßanalyse vor allem aufgrund der besseren Quantifizierbarkeit und Automatisierbarkeit weiterverbreitet [7, 169, 395, 508]. Auf die verschiedenen Arten der Endpunkterkennung wird im Folgenden näher eingegangen.

28.2.3 Titrationsverlauf

In Abbildung 28.2 ist beispielhaft der Verlauf einer Säure-Base-Titration dargestellt. Auf der Abszisse des Diagramms (Titrationskurve) ist das hinzugegebene Volumen des (in diesem Fall sauren) Titrators angegeben. Alternativ kann auch der Titrationsgrad

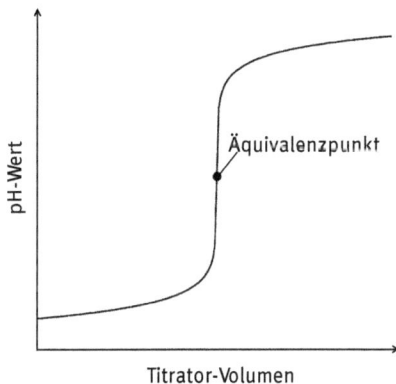

Abb. 28.2: Titrationskurve einer Säure-Base-Titration.

(Verhältnis der Stoffmengen des Titrator und des zu bestimmenden Stoffs in der Probe) aufgetragen werden. Auf der Ordinate wird die Konzentration oder (wie in diesem Fall) der von der Konzentration der Säure abhängige pH-Wert geführt.

Der dargestellte Äquivalenzpunkt ist charakteristisch für die Säure-Base-Titration. Er entspricht dem Punkt der stärksten Steigung des pH-Werts (Wendepunkt des Diagramms). An diesem Punkt herrscht stöchiometrisches Gleichgewicht, d. h., es liegt exakt die zur Titratorstoffmenge stöchiometrisch äquivalente Stoffmenge des gesuchten Analyten vor. Auf andere Reaktionstypen wird im weiteren Verlauf dieses Kapitels näher eingegangen [478].

28.2.4 Visuelle Endpunkterkennung

Bei der visuellen oder chemischen Indikation wird der Titrationsendpunkt durch einen Farbumschlag mithilfe zugesetzter Farbindikatoren (bei von Natur aus farbigen Lösungen auch ohne Zusatz) oder durch Ausfällung (Niederschlag) eines Feststoffs bestimmt. Da zugesetzte Indikatoren aktiv an den Reaktionsvorgängen teilnehmen können, muss ihr möglicher Einfluss auf das Titrationsergebnis beachtet werden [7, 169, 395, 508]. Im Folgenden werden die Verfahren chemischer Indikation von Säure-Base-, Fällungs-, Redox- und Komplexbildungstitrationen vorgestellt.

Säure-Base-Titration

Säure-Base-Titrationen dienen zur Bestimmung der Stoffmengenkonzentration von Säuren oder Basen. Diese ist in einer Reinstofflösung proportional zum pH-Wert, welcher für wässrige Lösungen als der negative dekadische Logarithmus der Konzentration von Oxoniumionen (H_3O^+) definiert ist [511]. Der Äquivalenzpunkt kann durch den Farbumschlag eines geeigneten Indikators ermittelt werden, da sich der pH-Wert dort am stärksten oder sogar sprunghaft ändert (siehe Abbildung 28.2). Bei der Farbindikation macht man sich die Eigenschaft bestimmter Verbindungen zunutze, ihre Farbe ab einer gewissen Konzentration an Oxoniumionen schlagartig zu verändern. Wählt man die Zugabeschritte der Maßlösung zum Analyten ausreichend klein, kann der Umschlagpunkt der untersuchten Lösung hinreichend genau bestimmt werden. Der zu erwartende pH-Wert des Analyten muss dabei in der Regel im Vorwege abgeschätzt werden, denn die meisten Farbindikatoren schlagen in einem recht begrenzten Bereich um. Der zu verwendende Farbindikator hängt von der jeweiligen chemischen Reaktion und der Konzentration des Analyten ab [13, 512]. Die folgende Tabelle 28.1 führt einige wichtige Indikatoren zusammen mit ihrem Umschlagsbereich und dem Farbwechsel auf. Mithilfe dieser kleinen Auswahl wird nahezu der gesamte pH-Bereich abgedeckt [513].

Tab. 28.1: Ausgewählte Farbindikatoren, Umschlagsbereiche, Farbwechsel [508, 509].

Indikator	Umschlagsbereich [pH]	Farbwechsel
Thymolblau (1. Umschlag)	1,2–2,8	rot – gelb
Methylorange	3,1–4,4	rot – gelborange
Bromkresolgrün	3,8–5,4	gelb – blau
Methylrot	4,4–6,2	rot – gelb
Lackmus	5,0–8,0	rot – blau
Bromthymolblau	6,0–7,6	gelb – blau
Thymolblau (2. Umschlag)	8,0–9,6	gelb – blau
Phenolphthalein	8,2–9,8	farblos – rot
Thymolphthalein	9,3–10,5	farblos – blau
Alizaringelb	10,0–12,1	gelb – orangerot

Fällungstitration

Bei Fällungstitrationen wird die Maßlösung schrittweise zu der zu untersuchenden Lösung unbekannter Konzentration gegeben, bis sich am Äquivalenzpunkt ein Feststoff bildet, der als Niederschlag ausfällt. Aus der Konzentration der Maßlösung und dem zugegebenen Volumen kann dann mithilfe eines Tabellenwerts für das Löslichkeitsprodukt des entstandenen Reaktionsprodukts auf die Konzentration des Analyten geschlossen werden. Die speziellen Anforderungen an den Titranten sowie die nicht einfache Endpunkterkennung schränken die Anwendungsmöglichkeiten der Fällungstitration allerdings ein, sodass sie eher für spezielle Fälle genutzt wird. Mithilfe der Argentometrie kann beispielsweise der Chlorid-, Bromid- oder Iodidgehalt bestimmt werden. Als Titrator wird Silbernitratlösung verwendet. Die Silberhalogenide fallen jeweils aus [478, 508].

Redoxtitration

Oxidation beschreibt die Abgabe von Elektronen, d. h. die Erhöhung der Oxidationszahl, Reduktion die Aufnahme von Elektronen und damit die Verringerung der Oxidationszahl. Mithilfe einer Redoxtitration können Stoffe bestimmt werden, die sich oxidieren oder reduzieren lassen. Dabei lässt man die zu bestimmende Substanz mit einer oxidierenden oder reduzierenden Maßlösung reagieren (Redoxreaktion). Sobald die zu bestimmende Substanz durch allmähliches Hinzutropfen der Maßlösung vollständig oxidiert oder reduziert ist, findet der nächste Tropfen der Maßlösung keinen Reaktionspartner mehr vor. Das Verschwinden der zu bestimmenden Substanz oder die nun in der Probe überschüssige Maßlösung stellen den Endpunkt der Reaktion dar, welcher in der Regel anhand einer farblichen Änderung der zu untersuchenden Lösung erkannt wird. Bei der (Per)Manganometrie wird beispielsweise die farbige Lösung Kaliumpermanganat als Maßlösung zugesetzt und durch die Reaktion mit der Probe laufend entfärbt. Ist die Probesubstanz aufgebraucht, wird die Maßlösung nicht mehr umgesetzt und färbt deshalb die Titrationslösung. Alternativ können Redoxindikatoren eingesetzt werden, die selbst oxidiert bzw. reduziert werden und deshalb eine Farbänderung zeigen [508].

Komplexbildungstitration

Zum Nachweis von Metallionen in Flüssigkeiten wird häufig eine Komplexbildungstitration (auch Chelatometrie oder Komplexometrie) angewandt. Komplexe bestehen aus einem Zentralatom, das von einem oder mehreren Liganden umgeben ist. Diese stellen ihre freien Elektronenpaare für die Bindung mit dem Zentralatom zur Verfügung. Geht nur eines der Atome der Liganden eine Bindung mit dem Zentralatom ein, spricht man von einzähnigen Liganden. Bildet ein Ligand mit mehreren seiner Atome Bindungen aus, wird er als mehrzähnig bezeichnet. Ein Komplex mit einem oder mehreren mehrzähnigen Liganden und einem Metallion als Zentralatom wird Chelatkomplex genannt [514].

Vor dem Start der Komplexbildungstitration setzt man der Probe einen Indikator zu. Dieser bildet mit den zu detektierenden Metallionen eine schwache Komplexverbindung, die eine andere Farbe hat als der Indikator im freien Zustand. Wird dann die Maßlösung, die Chelatbildner enthält, zum Analyten hinzugefügt, bilden sich zunächst Chelatkomplexe mit den Metallionen, die keine Verbindung mit dem Indikator eingegangen sind und sich frei in der Lösung befinden. Sind diese aufgebraucht, werden die Metallionen aus den Indikatorkomplexen herausgelöst und gehen ebenfalls Verbindungen mit den Chelatbildnern ein, da diese stabiler sind als jene im Indikatorkomplex. Die Indikatorverbindung verändert ohne das Metallion ihre Farbe, sodass dadurch auf die Konzentration der Metallionen geschlossen werden kann. Mit der Komplexometrie lassen sich die meisten Kationen, aber auch einige Anionen messen [169, 514].

28.2.5 Instrumentelle Endpunkterkennung

Aufgrund der besseren Quantifizierbarkeit und der daraus resultierenden Automatisierbarkeit wird die instrumentelle oder physikalische Endpunkterkennung heutzutage wesentlich häufiger in der Maßanalyse angewandt als die chemischen Verfahren. Hierbei kommen insbesondere die folgenden Sensortechnologien zum Einsatz.

Photometrie

Sensoren zur photometrischen Bestimmung von Stoffen werden als Photometer oder Spektrometer bezeichnet. Sie basieren auf der Wechselwirkung zwischen Molekülen (oder Atomen) mit elektromagnetischer Strahlung. Im Fall der Titrimetrie wird häufig ausgenutzt, dass die Maßlösung (oder der zugegebene Farbindikator) eine charakteristische Farbe (Wellenlänge) aufweist. Um mithilfe dieses Prinzips einen Stoff quantitativ bestimmen zu können, wird im einfachsten Fall Licht im Wellenlängenbereich der größten Absorption des Stoffs hinter der Probe detektiert. Der Endpunkt ist fallabhängig dann erreicht, wenn die Transmission (oder Extinktion) nicht mehr steigt, plötzlich abflacht oder wieder abfällt [169, 478, 508]. Genauere Informationen zu den verschiedenen photometrischen Verfahren finden sich in den Kapiteln 18 ff.

Konduktometrie

Die konduktometrische Ermittlung des Endpunkts basiert auf der Messung der elektrischen Leitfähigkeit der Lösung während der Zugabe eines Titrators. Dabei werden die Ionen des quantitativ zu ermitelnden Stoffs durch die Zugabe entgegengesetzt geladener Ionen mittels des Titrators neutralisiert. Dadurch sinkt die Leitfähigkeit des Analyten zunächst stetig, bis am Endpunkt alle Ionen des zu ermittelnden Stoffs neutralisiert sind. Nach dem Endpunkt steigt die Leitfähigkeit durch die weitere Zugabe von Ionen in der Maßlösung wieder an. Die Leitfähigkeit lässt sich in Abhängigkeit des Volumens der zugeführten Maßlösung auftragen. Das Minimum der Kurve entspricht dem Endpunkt.

Die konduktometrische Indikation kann immer dann verwendet werden, wenn sich die Gesamtkonzentration der Ionen ändert. Sie ist deshalb besonders für Fällungs- und Säure-Base-Titrationen geeignet. Genauere Informationen zur Konduktometrie finden sich in Kapitel 31.

Potenziometrie

Die Potenziometrie beruht auf der Messung von elektrischen Potenzialen bzw. Potenzialdifferenzen. Zur Ermittlung des Titrationsendpunkts wird die Potenzialdifferenz der zu analysierenden Lösung zwischen einer Mess- und einer Bezugselektrode in Abhängigkeit des zugeführten Titratorvolumens gemessen. Dabei werden häufig sogenannte Einstabmessketten verwendet, die Mess- und Bezugselektrode vereinen. Wird das Volumen auf der Abszisse einer Titrationskurve aufgetragen, befindet sich der Endpunkt im Punkt der größten Steigung der Potenzialdifferenz, dem Wendepunkt (entsprechend Abbildung 28.2) [478, 508]. Mit der Potenziometrie lassen sich Säure-Base-Titrationen, Fällungstitrationen, Komplexbildungstitrationen und Redoxtitrationen untersuchen. Je nach Titrationsart empfiehlt sich die Verwendung bestimmter Messelektroden (siehe Tabelle 28.2).

Tab. 28.2: Messelektroden für die potenziometrische Bestimmung des Titrationsendpunkts [478, 508].

Titrationsart	Messelektrode
Säure-Base-Titration	Glaselektrode
Redoxtitration	Platinelektrode
Komplexbildungstitration	Ionenselektive Sensoren oder Silberelektrode
Fällungstitration (Halogeniden)	Silberelektrode

Voltammetrie und Amperometrie

Bei der amperometrischen Indikation wird die Spannung zwischen zwei in den Analyten getauchten Elektroden konstant gehalten und die Stromstärke in Abhängigkeit des Volumens der zugeführten Maßlösung gemessen. Die Stromstärke ist dabei proportional zur Konzentration des elektrochemisch aktiven Mediums. Ist der Analyt elektrochemisch aktiv, sinkt die Stromstärke im Verlauf der Titration, bis sie am Endpunkt den Wert des konstanten Grundstroms erreicht. Ist der Titrator elektrochemisch aktiv, ist der Kurvenverlauf invertiert. Als Arbeitselektrode wird in der Regel eine Quecksilbertropfelektrode eingesetzt [508].

Voltammetrie steht für „Volt- und Amperometrie" und sollte nicht mit der Voltametrie (mit einem „m") verwechselt werden, bei der ausschließlich die Spannung gemessen wird. Bei der voltammetrischen Indikation wird während der Messung der Stromstärke die Spannung variiert. Aus den resultierenden Strom-Spannungs-Kurven lassen sich mithilfe entsprechender Kalibrierkurven Rückschlüsse auf die Zusammensetzung des Analyten ziehen.

Die voltammetrische und die amperometrische Indikation können für Komplexbildungs-, Redox- und Fällungstitrationen angewendet werden [7, 169]. In Kapitel 32 wird die Voltammetrie detailliert beschrieben [478, 508].

28.2.6 Titrationsarten

Nicht jede chemische Reaktion erfüllt von sich aus die Voraussetzungen, eindeutig, schnell und (annähernd) vollständig abzulaufen. Daher wurden Verfahren entwickelt, um auch diese Reaktionen mithilfe der Titrimetrie untersuchen zu können. Im Folgenden findet sich eine kurze Beschreibung der verschiedenen Titrationsarten [478, 509].

Direkte Titration: Hierbei handelt es sich um das im Abschnitt Chemische Grundlagen beschriebene Verfahren. Der experimentelle Aufbau ist in Abbildung 28.1 dargestellt. Die Maßlösung wird unter stetigem Rühren mit einer Bürette oder Pipette zu der sich in einem Gefäß befindlichen Probe hinzugegeben. [478, 508].

Inverse Titration: Die Maßlösung befindet sich im Gefäß und die Probe wird tröpfchenweise hinzugegeben [478, 508].

Indirekte Titration: Die Probe wird vor der eigentlichen Titration chemisch umgewandelt und somit nicht selbst titriert [478, 508].

Rücktitration: Der Probe wird der Titrator im Überschuss zugeführt. Die nicht verbrauchte Menge des Titrators wird mithilfe einer zweiten Maßlösung zurücktitriert. Dieses Verfahren wird bei Stoffen angewandt, für die kein geeignetes Titrationsverfahren zur Verfügung steht oder bei denen die Reaktion zwischen Probe und Maßlösung sehr langsam abläuft [478, 508].

Substitutionstitration: Der Probe wird der Titrator im Überschuss zugeführt. Anschließend wird eines der Reaktionsprodukte mit einer zweiten Maßlösung über das direkte Verfahren titriert [478, 508].

28.3 Anwendungen

Die Titrimetrie findet vor allem in der chemischen Analytik Gebrauch. Dort wird sie in einem breiten Spektrum angewendet, was vor allem in der einfachen Durchführung und den schnell erzielbaren, genauen Ergebnissen begründet ist. Nicht zuletzt deswegen wird die Titration auch in Richtlinien (ASTM, DIN, ISO, IEC) als Verfahren gefordert [515]. Aufgrund des großen Anwendungsspektrums geben die nachfolgenden Ausführungen nur einen beispielhaften Überblick. Am Ende eines jeden Anwendungsbereichs wird eine Tabelle angeführt, die die Anwendungen zusammenfasst und weitere aufzeigt. Zu den bestimmbaren Verbindungen werden jeweils der Titrationstyp und die Art der Indikation angegeben [496, 516].

Lebensmittel- und Futtermittelanalytik

In der Lebensmittel- und Futtermittelindustrie werden unter anderem Vitamine, Proteine, Salze, Säuren, Basen und Wasser mittels Titration bestimmt. So wird gewährleistet, dass die Produkte den gesetzlichen Anforderungen entsprechen. Gerade die Bestimmung des Feuchtegehalts ist von großer Bedeutung, da dieser Einfluss auf verschiedene Produkteigenschaften wie Geschmack und auf die Haltbarkeit haben kann. Die Bestimmung des Wassergehaltes erfolgt nach dem Prinzip einer Redoxreaktion (Karl-Fischer-Titration) [515, 518, 519].

Bei der Analyse von Getränken ist unter anderem die Bestimmung des Säure- und Schwefeloxidgehalts in Wein sowie die Bestimmung der Alphasäure in Bier oder anderen Hopfenprodukten mithilfe von Titrationsverfahren möglich. Die Mengen an Säure und Schwefeloxid beeinflussen den Geschmack und die Färbung eines Weins und somit seine Qualität, während die Alphasäure aus dem Hopfen maßgeblich für die Bitterkeit eines Biers verantwortlich ist. Im Wein werden beide Stoffe mit einer Säure-Base-Titration titriert und üblicherweise potenziometrisch nachgewiesen. Die Messung der Alphasäure erfolgt über eine Fällungstitration, deren Endpunkt konduktometrisch indiziert wird.

Tab. 28.3: Mittels Titration bestimmbare Verbindungen im Bereich Lebensmittel- und Futtermittelanalytik [517].

Verbindung	Titrationstyp	Indikation
Vitamin C (Ascorbinsäure)	Redoxtitration	Photometrisch
Proteine (Stickstoffverbindungen)	Säure-Base-Titration	Chemisch/physikalisch (photometrisch)
Salze (z. B. Natriumchlorid)	Fällungstitration	Photometrisch, konduktometrisch
Säuregehalt (Oxoniumionen)	Säure-Base-Titration	Potenziometrisch
Basengehalt (Hydroxidionen)	Säure-Base-Titration	Potenziometrisch
Wasser	Redoxtitration	Coulometrisch/volumetrisch
Schwefeldioxid in Wein	Säure-Base-Titration	Potenziometrisch
Alphasäure in Bier	Fällungstitration	Konduktometrisch

Vitamin C kann in Lebensmitteln mittels Redoxtitration und photometrischer oder voltammetrischer Indikation bestimmt werden. Je nach Indikationsart muss ein geeigneter Titrator gewählt werden [517].

In § 64 Lebensmittel- und Futtermittelgesetzbuch (LFGB) sind weitere Anwendungen der Titrimetrie in dieser Branche zusammengestellt [515]. Tabelle 28.3 listet die mittels Titration bestimmbaren Verbindungen im Bereich Lebensmittel- und Futtermittelanalytik auf.

Petrochemie

Die Titration von Mineralöl kann mithilfe von Lösungsmitteln erfolgen. Ziel dieser Untersuchungen ist zum Beispiel die Bestimmung des Säuregehaltes (Säurezahl). Öle weisen in der Regel einen pH-Wert von pH = 7 auf. Durch Alterung und Verunreinigungen sinkt dieser zunehmend. Somit ist über die Titration der Alterungsgrad des Öls bestimmbar. Die Titration basiert auf einer Säure-Base-Titration, deren Endpunkt je nach Maßlösung für gewöhnlich potenziometrisch oder photometrisch indiziert wird [515]. Die Ermittlung der Verseifungs- und Hydroxylzahl eines Mineralölprodukts bietet ein weiteres Qualitätsmerkmal, das mithilfe der Titration bestimmt werden kann [520].

Neben der Bestimmung von Qualitätsmerkmalen ist es erforderlich, den Wassergehalt von Mineralölen und Schmier- oder Biokraftstoffen zu untersuchen. Folgen einer Wasserkontamination können Schlammbildung, reduziertes Schmiervermögen und Korrosion in den Maschinen sein, die bis zum Ausfall reichen können. Bei Biokraftstoffen kann ein zu hoher Wassergehalt bei der Lagerung zu Oxidationsprodukten führen, die bei der Verbrennung im Motor Schäden bewirken. Der Wassergehalt wird auch in der Petrochemie mittels Redoxtitration nach Karl-Fischer ermittelt [520]. Mittels Titration bestimmbare Verbindungen im Bereich Petrochemie sind in Tabelle 28.4 zusammengestellt.

Tab. 28.4: Mittels Titration bestimmbare Verbindungen im Bereich Petrochemie [520, 521].

Kennzahl/Verbindung	Titrationstyp	Indikation
Säure- und Basenzahl (Fettsäuren, Mineralsäuren)	Säure-Base-Titration	Potenziometrisch
Verseifungszahl (Fettsäuren, Mineralsäuren, Fettsäureester)	Säure-Base-Titration	Potenziometrisch/kolorimetrisch
Hydroxylzahl (Hydroxygruppen)	Säure-Base-Titration	Potenziometrisch
Bromzahl/Bromindex (Alkene)	Redoxtitration	Potenziometrisch
Wasser	Redoxtitration	Coulometrisch/volumetrisch
Schwermetalle (Blei, Quecksilber)	Komplexbildungstitration	Voltammetrisch

Pharmazie, Biologie und Medizin

In der Pharmazie wird die Titration eingesetzt, um zu überprüfen, ob die richtige Menge an Wirkstoff im Arzneimittel vorhanden ist und ob sich Verunreinigungen darin befinden. Verunreinigungen können entweder bei der Synthese von Wirkstoffen entstehen oder bereits in den Ausgangsstoffen enthalten sein [522].

Gerade die Analyse von Verunreinigungen ist wichtig, da bereits geringste Konzentrationen starke Nebenwirkungen zur Folge haben können. Spuren von Schwermetallen werden zum Beispiel voltammetrisch bestimmt. Die zugrunde liegende Reaktionsart der Titration ist dabei vom Metall abhängig.

Wasser ist zwar keine Verunreinigung, aber dennoch in Arzneimitteln unerwünscht, da es die Wirksamkeit und Haltbarkeit maßgeblich beeinflusst. Auch hier wird der Wassergehalt mit der Redoxtitration nach Karl-Fischer bestimmt. Wirkstoffkonzentrationen in Pharmazeutika können mittels Titration bestimmt werden. Je nach Wirkstoff finden hier unter anderem die Säure-Base-, Fällungs- oder die Redoxtitration Anwendung. Die Endpunkterkennung erfolgt überwiegend photometrisch. Koffein wird beispielsweise mit einer Säure-Base-Titration und Paracetamol mit einer Redoxtitration quantitativ ermittelt [522].

Im Rahmen der medizinischen Diagnostik werden Titrationen unter anderem für die Analyse von Körperflüssigkeiten von Patienten eingesetzt. Die Magensaftzusammensetzung gibt beispielsweise Aufschluss darüber, ob ein Patient am Zollinger-Ellison-Syndrom leidet [395]. In der Biologie können Titrationen eingesetzt werden, um Proben auf ihre Menge an Viren oder Bakterien hin zu untersuchen [478].

In der Pharmazie und Medizin sind die Anwendungsmöglichkeiten für Titrationen aufgrund unzähliger möglicher Inhaltsstoffe breit gefächert. Tabelle 28.5 listet einige bestimmbare Verbindungen aus dem Pharmaziesektor.

Tab. 28.5: Mittels Titration bestimmbare Verbindungen im Bereich Pharmazie [78, 515].

Verbindung	Titrationstyp	Indikation
Koffein	Säure-Base-Titration	Potenziometrisch/photometrisch
Paracetamol	Redoxtitration	(Bi)Amperometrisch
Zinksulfat	Komplexbildungstitration	Photometrisch

Weitere Anwendungsbereiche

Neben den genannten Branchen wird die Titrimetrie noch in vielen anderen Anwendungsfeldern eingesetzt. Erwähnenswert sind die Energie- und Kraftwerkstechnik, die chemische Industrie mit der Polymer- und Kunststoffindustrie, die (Ab)Wasser- und Umwelttechnik sowie die Galvanik. Gerade im Chemiesektor wird mit unzähligen Stoffen und Verbindungen gearbeitet. Hier wird die Titration größtenteils für die Bestimmung von Kennzahlen verwendet, um die Qualität von Rohstoffen oder fertigen Produkten zu überprüfen [515].

In der Energie- und Kraftwerkstechnik wird unter anderem das (Kühl-)Wasser mittels Titration auf enthaltene Fremdstoffe untersucht, um Korrosion und andere Schäden in Rohrleitungen, Kesseln und Turbinen zu vermeiden. Im Bereich der erneuerbaren Energien wird die Säure-Base-Titration angewendet, um beispielsweise die Konzentration von Silizium im Ätzbad für die Herstellung von Photovoltaikmodulen zu kontrollieren [523].

Die Wasseranalytik und Umwelttechnik setzen ebenso häufig auf die Titration. So kann beispielsweise Wasserhärte titrimetrisch bestimmt werden. Weitere Untersuchungen zielen auf den Chloridgehalt, welcher unter anderem eine korrodierende Wirkung auf eisenhaltige Metalle hat. Die Untersuchung von Abwässern jeglicher Art auf Stoffe, die nicht in die Umwelt gelangen dürfen oder deren Grenzwerte gesetzlich festgelegt sind, bildet ein großes Anwendungsfeld. Darüber hinaus werden gewisse Bodenuntersuchungen, wie die pH-Wert-Bestimmung, mit der Titration durchgeführt. Dies ist relevant, da die mikrobielle Aktivität und der Gehalt an Nährstoffen mit dem pH-Wert des Bodens korrelieren [515, 523].

In der Galvanik wird die Titration zur Überwachung der in den Galvanikbädern verwendeten Chemikalien genutzt, auch als Badanalytik bezeichnet. Hier wird die Reinheit von Rohmaterialien wie Ammoniak, Wasserstoffperoxid und Natronlauge überprüft. Der pH-Wert sowie der Nickel- und Kupfergehalt werden durch eine

Tab. 28.6: Mittels Titration bestimmbare Verbindungen weiterer Anwendungsbereiche [78, 524].

Einsatzbereich	Verbindung	Titrationstyp	Indikation
(Ab)Wasser, Umweltschutz	Chlorid	Fällungstitration	Potenziometrisch/ konduktometrisch
	Calcium- und Magnesiumhärte	Komplexbildungstitration	Photometrisch/ potenziometrisch
	Gesamthärte (Calcium, Magnesium, Strontium und Barium)	Komplexbildungstitration	Photometrisch/ potenziometrisch
Chemische Industrie	Tensidgehalt in Seife oder Waschmittel	Komplexbildungstitration	Potenziometrisch/ photometrisch/ chemisch
	Schwefelsäuregehalt in Düngemitteln	Säure-Base-Titration	Potenziometrisch
	Ammoniumgehalt in Düngemitteln	Säure-Base-Titration	Potenziometrisch
Energie- und Kraftwerkstechnik	Borsäuregehalt in Kühlflüssigkeiten von Atomkraftwerken	Säure-Base-Titration	Potenziometrisch
Galvanik	pH-Wert (Oxoniumionen)	Säure-Base-Titration	Potenziometrisch
	Nickelgehalt	Komplexbildungstitration	Photometrisch/ potenziometrisch

Säure-Base-Titration bzw. eine komplexometrische oder Redoxtitration bestimmt. Die Indikation kann sowohl chemisch als auch physikalisch erfolgen [515, 524].

Verbindungen, die in den Bereichen des (Ab)Wassers und Umweltschutzes, chemische Industrie, Energie- und Kraftwerkstechnik sowie Galvanik unter Zuhilfenahme der Titrationen bestimmt werden können, sind in Tabelle 28.6 zusammengestellt.

28.4 Kommerzielle Produkte

Aufgrund der Relevanz der Titration in der analytischen Chemie ist im Laufe der Zeit eine breite Produktpalette diverser Hersteller entstanden. Sie reicht von einfachen, motorbetriebenen Büretten für die manuelle Titration bis hin zu Titrationsapparaten mit vollautomatischer Ergebnisbestimmung und Probenwechslern. Hersteller wie Mettler Toledo GmbH, Hach Lange GmbH, Metrohm Schweiz AG, Xylem Analytics Germany Sales GmbH & Co. KG und Hirschmann Laborgeräte GmbH & Co. KG bieten dabei neben universell nutzbaren Geräten auch Titratoren an, die speziell für bestimmte Titrationen (z. B. Karl-Fischer-Titration) und Branchen (z. B. pharmazeutische Analyse) zugeschnitten sind.

Auch wenn die Automatisierung der Titration immer weiter in den Vordergrund rückt, zählt die manuelle Titration nach wie vor zu den Standardanwendungen in Laboren. Im Folgenden werden beispielhaft eine motorisch betriebene Bürette für die manuelle Titration und ein Titrationsautomat vorgestellt.

28.4.1 Manuelle Titration

Ein Beispiel für einen manuellen Titrator ist der in Abbildung 28.3 dargestellte „Titronic 300" der Firma Xylem Analytics Germany. Im Kern handelt es sich dabei um eine motorbetriebene Kolbenbürette. Das Gerät ermöglicht Titrationen mit einstellbarer Geschwindigkeit, bei denen Flüssigkeiten, Löse- und Titriermittel präzise dosiert werden können. Im computergesteuerten Verbund lassen sich zudem mehrere Geräte zusammenschließen, um Dosieraufgaben simultan zu erfüllen. Vor dem Start müssen dem Gerät die Konzentration des Reagenzes in der Maßlösung, die molare Masse des zu bestimmenden Stoffs und die Masse des Analyten, die sogenannte Einwaage, mitgeteilt werden. Der Durchführende muss den Endpunkt der Titration manuell bestimmen. Das aus der Titration gewonnene Ergebnis kann daraufhin automatisch in verschiedenen Einheiten berechnet und über das Display des Geräts, einen Drucker oder USB-Stick ausgegeben werden [525, 526]. Der „Titronic 300" wird ohne Zubehör ab einem Preis von ca. 1.530 € angeboten. Die technischen Daten des „Titronic 300" sind in Tabelle 28.7 zusammengestellt.

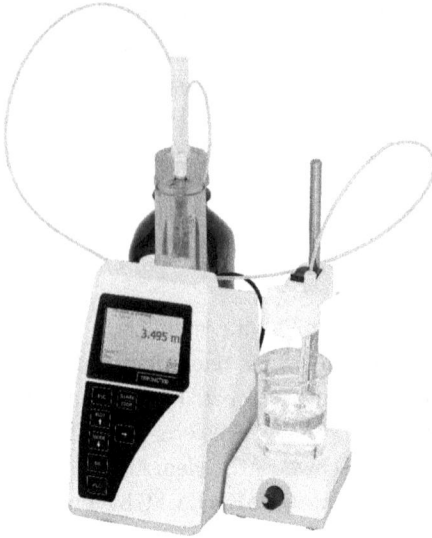

Abb. 28.3: Manueller Titrator „Titronic 300"
(mit freundlicher Genehmigung der Xylem
Analytics Germany Sales GmbH & Co. KG).

Tab. 28.7: Technische Daten des manuellen Titrators „Titronic 300"
der Xylem Analytics Germany Sales GmbH & Co. KG [525].

Eigenschaften	Titronic 300
Anzeige	Grafikfähiges TFT-Display.
Volumenanzeige	0,000 . . . 9.999,999 ml
Anzeigeauflösung	0,005 . . . 0,025 ml (20/50 ml Dosieraufsatz)
Dosiergeschwindigkeit	Maximal: 100 ml/min (mit 50 ml Dosiereinheit)
Füllzeit	30 . . . 999 s (Zeit einstellbar bezogen auf das Zylindervolumen)
Dosiereinheiten	20 ml oder 50 ml (untereinander austauschbar)
Bürettenauflösung	8.000 Schritte
Dosiergenauigkeit	Systematische Messabweichung: 0,15 %, zufällige Messabweichung: 0,05 % (EN ISO 8655, Teil 3)

28.4.2 Automatische Titration

Der automatische Titrator „TitroLine 7800" der Firma Xylem Analytics Germany ist
in Abbildung 28.4 dargestellt. Die Einsatzmöglichkeiten reichen von Säure- und Ba-
sen-Bestimmungen über Redox- und Karl-Fischer-Titrationen bis hin zu Titrationen
mit ionenselektiven Elektroden (potenziometrische Indikation). Darüber hinaus lassen sich unter anderem die Hydroxyl-, die Iod- und die Verseifungszahl automatisch
bestimmen. Damit sind die meisten üblichen Titrationsanwendungen abgedeckt. Für
die verschiedenen Anwendungen und Titrationsarten sind Eingänge für verschiedene Elektroden und Sensoren, wie zum Beispiel ionenselektive Elektroden, Glaselek-
troden und photometrische Sensoren vorhanden, die vom Gerät automatisch erkannt
und kalibriert werden.

Abb. 28.4: Automatischer Titrator „TitroLine 7800" (mit freundlicher Genehmigung der Xylem Analytics Germany Sales GmbH & Co. KG).

Analog zur Vorbereitung der manuellen Titration müssen auch vor der automatischen Titration die Konzentration des Reagenzes in der Maßlösung sowie die Einwaage eingegeben werden. Das Gerät bietet die Möglichkeit, zur weiteren Automatisierung mit einem Probenwechsler (Abbildung 28.5) ausgestattet zu werden. Mit diesem kann eine Vielzahl von Proben autonom titriert werden. Einige Wechsler bieten die Möglichkeit automatischer Einwaagen der einzelnen Proben, die dann vom „TitroLine 7800" ausgelesen werden können. Sind alle Parameter bekannt, kann entweder eine lineare oder dynamische Titration gestartet werden. Das Gerät erkennt anhand der vorher

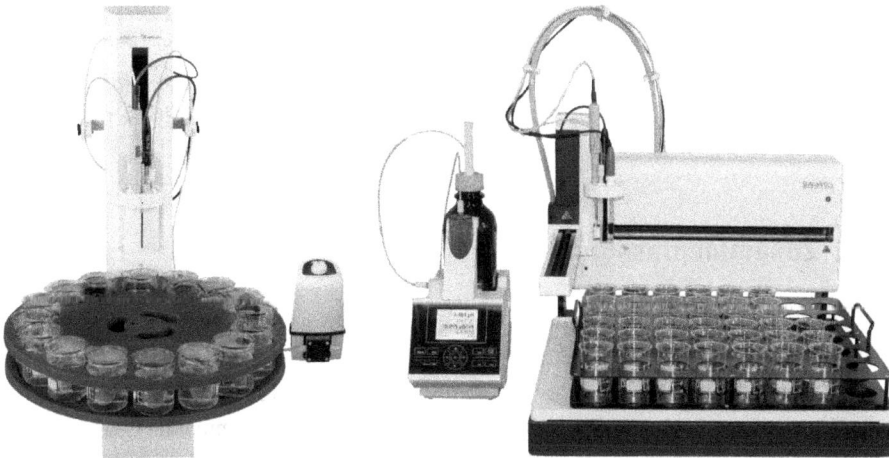

Abb. 28.5: Probenwechsler „TW Alpha plus" (links), „TW 7400-48" (rechts) (mit freundlicher Genehmigung der Xylem Analytics Germany Sales GmbH & Co. KG).

Tab. 28.8: Technische Daten des automatischen Titrators „TitroLine 7800"
der Xylem Analytics Germany Sales GmbH & Co. KG [525].

Eigenschaften	TitroLine 7800
Analoger Messeingang	Elektrode (Si-Analytics) mit pH und mV Eingang:
	Messbereich pH: −3 . . . 18 pH
	Messauflösung pH: 0,001/0,002 ± 1 Digit
	Messbereich mV: −1.900 . . . 1.900 mV
	Messauflösung mV 0,1/0,1 ± 1 Digit
Analoger Messeingang –	Doppelplatinelektrode (μA) einstellbar: 40 . . . 220 mV:
Dead Stop	Messauflösung: 0,1/0,2 μA ± 1 Digit
	Temperaturmessung: Pt 1000 sowie NTC 30 kΩ
	Messbereich Pt 1000: −75 . . . 195 °C sowie
	Messbereich NTC 30 kΩ: −40 . . . 125 °C
	Messauflösung: Pt 1000: 0,1 . . . 0,2 K ± 1 Digit sowie
	Messauflösung NTC 30 30 kΩ: 1,0 K(−40 . . . 0 °C) und
	0,3 K(0 . . . 125 °C) ± 1 Digit
Digitaler Messeingang	IDS-Elektrode
	Genauigkeit von ±1 Digit in Abhängigkeit der eingesetzten Elektrode
	Messbereich mV: ±1.200,0 mV ± 0,2 mV
	Messbereich Temperatur: 5,0 . . . 105,0 °C ± 0,2 mV
	Messbereich Leitfähigkeit: 0,00 . . . 2.000 mS/cm ± 0,5 % v.Mw
Anzeige	Grafikfähiges 3,5 Zoll −1/4 VGA-TFT-Display mit 320 × 240 Bildpunkten
Dosiereigenschaft	Richtigkeit: 0,15 %, Präzision: 0,05 . . . 0,07 % (abhängig vom Wechselaufsatz)

hinterlegten Reaktions- oder Titrationsart automatisch den Endpunkt und gibt das Ergebnis inklusive Titrationskurve in verschiedenen Einheiten auf dem Display, einem Drucker oder USB-Stick aus. Die technischen Daten des „TitroLine 7800" sind in Tabelle 28.8 aufgelistet [525, 527]. Er ist ab einem Grundpreis von 4.775 € erhältlich. Die Probenwechsler starten bei einem Preis von 6.800 € für den „TW Alpha plus" bzw. 12.030 € für den „TW 7400-48".

28.5 Zusammenfassung

Die Titrimetrie dient zur Bestimmung der Konzentration (oder der Stoffmenge) eines bestimmten Bestandteils einer Probe (Analyt). Zur Durchführung einer Titration wird der Probe tropfenweise eine Lösung bekannter Konzentration zugeführt (Maßlösung oder Titrator genannt), mit der der gesuchte Bestandteil eine chemische Reaktion eingeht. Wenn der nachzuweisende Stoff so weit umgesetzt ist, dass sich zwischen beiden Stoffen ein stöchiometrisches Gleichgewicht einstellt, ist der sogenannte Endpunkt oder Äquivalenzpunkt erreicht. Die Konzentration des gesuchten Stoffs im Analyten lässt sich dann mithilfe der stöchiometrischen Koeffizienten der chemischen Reaktionsgleichung, des Volumens des Analyten sowie des bis zum Äquivalenzpunkt verbrauchten Volumens des Titrators und dessen Konzentration berechnen.

Die verschiedenen Titrationsverfahren können anhand der Titrationsart (direkt/invers/...), des Reaktionstyps (Redoxtitration/Säure-Base-Titration ...) oder der Methode der Endpunkterkennung (Indikation) kategorisiert werden. Die chemische Indikation, bei der der Endpunkt visuell an einem Farbumschlag oder dem plötzlichen Niederschlag eines Feststoffs erkannt wird, ist im Zuge des technischen Fortschritts durch instrumentelle (physikalische) Indikationsmethoden ergänzt worden. Besonders häufig kommen dabei die Photometrie, die Konduktometrie, die Potenziometrie sowie die Voltammetrie und Amperometrie zum Einsatz. Aufgrund der schlechteren Eignung der physikalischen Endpunkterkennung für bestimmte Reaktionen ist die chemische Indikation allerdings nach wie vor unverzichtbar.

Die Titrimetrie wird vor allem in jenen Branchen angewandt, in denen Proben auf den Gehalt bestimmter Fremd- oder Inhaltsstoffe hin untersucht werden müssen. Sie kommt unter anderem in der Lebensmittel-, Petrochemie- und Pharmabranche zum Einsatz. Auch in der Wasser- und Umweltanalytik wird mittels Titration quantifiziert. Aufgrund der schnellen und einfachen Durchführung wird die Titration auch in Richtlinien und Normen als Verfahren gefordert. Die Titration zählt daher zu den Standardanwendungen eines jeden Analyselabors.

Aufgrund dessen ist heutzutage eine breite Produktpalette an Titrationsgeräten sowohl für die manuelle als auch für die automatische Durchführung vorhanden. Während für manuelle Titrationen schon einfache Kolbenbüretten ausreichen, gibt es für andere Anwendungen vollautomatische Systeme mit Probenwechslern und Aufnahmen für verschiedenste Sensoren. Dadurch kann eine Vielzahl von Proben autonom analysiert werden. Hersteller von Titratoren sind unter anderem Mettler Toledo, Hach Lange, Metrohm, Xylem und Hirschmann. Viele Hersteller bieten Geräte für die universelle Anwendung an, passen ihre Produkte aber auch für spezielle Titrationen und bestimmte Branchen an. Je nach Anwendung variieren die Preise der Titratoren von 1.500 € bis 16.000 €.

Der größte Vorteil der Titrimetrie ist die Tatsache, dass es sich um eine absolute Methode handelt. Es ist also keine Kalibrierung notwendig. Außerdem ist aufgrund ihres hohen Automatisierungsgrades die Handhabung mehrerer Proben möglich. Dank spezieller Titrationsarten können dabei auch Stoffe mit geringer Reaktionsgeschwindigkeit untersucht werden.

Neben den zahlreichen Vorteilen existieren aber auch einige Nachteile. So ist die Durchführbarkeit von Titrationen an bestimmte Voraussetzungen geknüpft. Die chemische Reaktion zwischen dem Analyten und der Maßlösung muss eindeutig, schnell und (annähernd) vollständig ablaufen. Darüber hinaus muss eine geeignete Maßlösung zur Verfügung stehen, die mit extrem genauer Konzentration hergestellt werden kann. Außerdem muss eine Möglichkeit der Endpunkterkennung existieren. Erwähnt sei auch, dass die zu untersuchende Probe pro Titration in der Regel nur auf einen Stoff hin untersucht werden kann. Sollen also mehrere Stoffe in einer Lösung untersucht werden, benötigt es der Durchführung mehrerer Titrationen.

29 Chemische Gravimetrie

29.1 Einleitung

Die Gravimetrie, zusammengesetzt aus lat. gravitas: „Schwere" und dem Suffix „me-trie" (von griech. μέτρον: „das Maß") zählt neben der im Kapitel 28 beschriebenen Titrimetrie zu den klassischen nasschemischen Analyseverfahren in der quantitativen chemischen Analytik. Sie dient der Mengenbestimmung eines Stoffes, oft auch einer Stoffgruppe, durch das Auswiegen mittels moderner Präzisionswaagen und wird daher auch als Gewichtsanalyse bezeichnet. Gravimetrie gehört neben der Titrimetrie zu den ältesten quantitativen Analyseverfahren der chemischen Analytik. Erste gleicharmige Balkenwaagen waren schon lange Zeit vor Christus bekannt [7]. Aufgrund des technisch einfach zu realisierenden Messaufbaus galt Gravimetrie im 18. und 19. Jahrhundert als Hauptform der chemischen Analyse. Im Rahmen ihrer Dissertation „Radioaktive Substanzen" von 1903 befasste sich Marie Curie mit der Bestimmung der atomaren Masse des von ihr entdeckten Elements Radium und setzte hierfür die gravimetrische Fällungsanalyse ein. Im Vergleich zu modernen Verfahren ist sie aber verhältnismäßig umständlich und wird heute hauptsächlich als Referenzverfahren angewandt, da sie immer noch zu den genauesten analytischen Verfahren zählt. So gelang es dem US-amerikanischen Chemiker T. W. Richards und seinen Kollegen durch besonders präzise durchgeführte gravimetrische Analysen die Atommassen von Silber, Chlor und Stickstoff auf sechs Stellen genau zu bestimmen. Heute wird Gravimetrie häufig zur Überprüfung der Kalibrierungsstandards von Analysegeräten eingesetzt [169].

Innerhalb der Gravimetrie wird zwischen drei Varianten unterschieden. Bei der Elektrogravimetrie werden die gesuchten Elemente durch elektrische Reduktions- oder Oxidationsvorgänge an der Elektrodenoberfläche abgeschieden. Bei der Thermogravimetrie wird eine Massenänderung in Abhängigkeit von der Temperatur und der Zeit aufgezeichnet [7]. Bei der chemischen Gravimetrie (Fällungsanalyse) werden schwer lösliche Verbindungen durch Zugabe eines Fällungsmittels generiert, gewaschen, getrocknet und gewogen. Im weiteren Verlauf dieses Kapitels wird diese Form der Gravimetrie, auch gravimetrische Fällungsanalyse genannt, beschrieben. Die Elektrogravimetrie wird in Kapitel 33 eingehend behandelt.

Weil die Massenänderung bei der Gravimetrie die zu bestimmende Größe ist, werden andere Verfahren, bei denen das physikalische Messprinzip ebenso auf der Massenänderung beruht, oftmals auch als gravimetrische Verfahren bezeichnet. So werden z. B. die im Kapitel 11 beschriebenen piezoelektrischen Sensoren manchmal auch zu den gravimetrischen Sensoren gezählt, weil deren Schwingfrequenz sehr empfindlich von der Massenänderung der adsorbierten Gasmoleküle abhängt.

Unter Mitwirkung von Johann Klein und Mirko Landmann

https://doi.org/10.1515/9783110702040-029

Werden die Quarze zusätzlich mit einer gassensitiven Polymerschicht beschichtet, dann spricht man sogar von gravimetrischen Chemosensoren. Verfahren mit solchen Sensoren dienen fast ausschließlich der Identifizierung von bestimmten flüchtigen Substanzen in der Umgebung und liefern dabei in der Regel keine quantitativen Aussagen. Aus diesem Grund sind sie von der eigentlichen Gravimetrie im Sinne der Gewichtsanalyse, deren Ziel es ist, quantitative Angaben zu ermöglichen, zu unterscheiden. In Kapitel 12 wurden die gravimetrischen Staubsensorsysteme beschrieben. Im Gegensatz zu der Fällungsanalyse findet bei diesen allerdings keine Fällungsreaktion statt. Alle folgenden Schritte (Wiegen etc.) sind jedoch identisch und lassen sich im Gegensatz zur Fällungsanalyse sogar automatisieren.

Im nachfolgenden Abschnitt „Messprinzip" werden physikalische sowie chemische Grundlagen der gravimetrischen Fällungsanalyse geklärt. Darauffolgend wird deren Anwendungsspektrum gezeigt. Der Abschnitt „Kommerzielle Produkte" präsentiert exemplarische Hersteller, Varianten und Modelle. Dies schließt Spezifikationen der jeweils ausgewählten Produkte ein. Im abschließenden Abschnitt „Zusammenfassung" werden das Verfahren sowie seine Anwendungsgebiete und sich aus den Abschnitten ergebende Stärken und Schwächen zusammengefasst und präsentiert.

29.2 Messprinzip

Wie bereits in der Einleitung erwähnt, basiert die chemische Gravimetrie auf dem Verfahrensprinzip der Fällungsanalyse. Dieser Abschnitt beinhaltet die zugrunde liegenden chemischen/physikalischen Grundlagen, Einflussgrößen sowie mögliche Verfahrensvarianten.

29.2.1 Grundlagen der Fällungsreaktionen

Eine Reaktionsgleichung mit Ausgangsstoffen (Edukte) A und B auf der linken Seite, Reaktionsprodukten (Produkte) C und D auf der rechten Seite sowie den zugehörigen stöchiometrischen Faktoren a, b, c und d sieht in der analytischen Chemie wie folgt aus [478]:

$$a \cdot A + b \cdot B \rightleftharpoons c \cdot C + d \cdot D . \tag{29.1}$$

Dabei können die Reaktionsprodukte in der Regel auch zurückreagieren (unterer Rückpfeil). Nach einer gewissen Zeit stellt sich allerdings ein Gleichgewicht zwischen Edukten und Produkten ein. Dabei werden pro Zeiteinheit genauso viele Produkte gebildet, wie bei der Rückreaktion Ausgangsstoffe entstehen. Somit sind die gesuchten Reaktionsprodukte mit Ausgangsstoffen verunreinigt. Im chemischen Gleichgewicht gleichen sich die Reaktionsgeschwindigkeiten der Hin- und Rückreaktion. Die Stoffkonzentrationen auf beiden Seiten der Gleichung ändern sich nicht mehr. Ein bestehendes Gleichgewicht kann jedoch durch äußere Einflüsse, wie z. B. Druck-,

Temperatur- oder Konzentrationsänderung, auf die linke oder rechte Seite der Gleichung verschoben werden. Dieses Prinzip bezeichnet man als *Prinzip des kleinsten Zwangs* oder *das Prinzip von Le Châtelier*. Durch geschickte Wahl von Reaktionsbedingungen kann man hundertprozentige Umsetzung der Edukte erzwingen. Dies wird insbesondere bei Fällungen oder Fällungsreaktionen angewandt. Die Fällungsreaktion ist somit eine chemische Reaktion, bei der das chemische Gleichgewicht dauerhaft auf der Seite des Produktes verbleibt [528]. Wie der Name sagt, bildet sich bei der Fällungsreaktion ein Niederschlag aus schwer löslichen Verbindungen, meist schwer lösliche Salze. Dies geschieht allerdings erst dann, wenn das sogenannte Löslichkeitsprodukt L_c des Niederschlages überschritten wird. Eine Beispielreaktion ist die Dissoziation von Silberchlorid in wässriger Lösung:

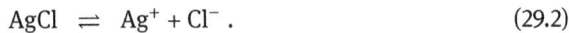

$$AgCl \ \rightleftharpoons \ Ag^+ + Cl^- \,. \tag{29.2}$$

Bei dem Ausgangsstoff handelt es sich um ein schwer lösliches Salz. Aus diesem Grund liegt das chemische Gleichgewicht stark auf der linken Seite. Schwer löslich bedeutet hierbei, dass eine starke Ionenbindung mit hoher Gitterenergie vorliegt. Bei der Auflösung des Salzgitters durch Solvatation der Ionen im Lösungsmittel sinkt die freie Enthalpie G (früher auch als Gibbs-Energie bezeichnet) des Systems. Die Änderung der freien Enthalpie ΔG kann man als Summe der Änderungen der Enthalpie ΔH und der Entropie ΔS bei der Temperatur T ausdrücken:

$$\Delta G = \Delta H + T \cdot \Delta S \,. \tag{29.3}$$

Die Gitterenergie wird dabei durch die Hydratationsenthalpie sowie -entropie der Ionen überwunden. Das Verhältnis der Gitterenergie zu der freien Enthalpie der Auflösung sagt aus, ob ein ionischer Feststoff mehr oder weniger löslich in einem Lösungsmittel ist. Das Löslichkeitsprodukt K_L ist demnach die Gleichgewichtskonstante für eine Reaktion, bei der ein festes Salz aufgelöst wird und dessen Ionen in Lösung gehen, und beschreibt somit die Schwerlöslichkeit eines Salzes. Es stammt aus dem Massenwirkungsgesetz, wobei die Konzentration conc von Reinstoffen gleich eins gesetzt wird [528]:

$$K_L = \text{conc}(Ag^+) \cdot \text{conc}(Cl^-) \,. \tag{29.4}$$

In realen Lösungen wird das Löslichkeitsprodukt anstelle der Gleichgewichtskonzentrationen conc über Aktivitäten ausgedrückt. Für den Fall der Reaktionsgleichung 29.1 gilt Folgendes:

$$
\begin{aligned}
K_L &> \text{conc}(C^+)^c \cdot \text{conc}(D^-)^d &\rightarrow& \quad \text{ungesättigte Lösung,} \\
K_L &= \text{conc}(C^+)^c \cdot \text{conc}(D^-)^d &\rightarrow& \quad \text{gesättigte Lösung,} \\
K_L &< \text{conc}(C^+)^c \cdot \text{conc}(D^-)^d &\rightarrow& \quad \text{Niederschlag fällt aus.}
\end{aligned}
\tag{29.5}
$$

Das Löslichkeitsprodukt hat also folgende physikalische Bedeutung: Befindet sich in wässriger Lösung ein überschüssiger ionischer Feststoff, dann löst er sich so lange auf, bis die Bedingung $K_L = \text{conc}(C^+)^c \cdot \text{conc}(D^-)^d$ erfüllt ist. Danach endet der Lösevorgang und die Stoffkonzentration des nicht gelösten Festkörpers bleibt konstant.

Überschreitet das Löslichkeitsprodukt diesen Wert, fällt der Niederschlag aus, bis das Löslichkeitsprodukt den Wert wieder unterschreitet. In der folgenden Tabelle 29.1 werden beispielhaft Löslichkeitsprodukte unterschiedlicher Stoffe angegeben:

Tab. 29.1: Löslichkeitsprodukte einiger Stoffe bei 25 °C [529].

	K_L (mol/l)^n			K_L (mol/l)^n	
Bi_2S_3	$1 \cdot 10^{-97}$	unlöslich	CaF_2	$3 \cdot 10^{-11}$	↓
Ag_2S	$6 \cdot 10^{-50}$		$Mg(OH)_2$	$1 \cdot 10^{-11}$	schwer löslich
$Fe(OH)_3$	$4 \cdot 10^{-40}$		$AgCl$	$2 \cdot 10^{-10}$	
$TiO(OH)_2$	$1 \cdot 10^{-29}$		$BaSO_4$	$1 \cdot 10^{-10}$	
CdS	$2 \cdot 10^{-28}$		$CaCO_3$	$5 \cdot 10^{-9}$	
$ZnS(Zinkblende)$	$2 \cdot 10^{-24}$		$BaCO_3$	$5 \cdot 10^{-9}$	
$ZnS(Wurtzit)$	$3 \cdot 10^{-22}$		CaC_2O_4	$2 \cdot 10^{-9}$	mäßig löslich
Hg_2Cl_2	$1 \cdot 10^{-18}$		$PbSO_4$	$2 \cdot 10^{-8}$	
FeS	$5 \cdot 10^{-18}$		$CuCl$	$2 \cdot 10^{-7}$	
AgI	$8 \cdot 10^{-17}$		$CaSO_4$	$2 \cdot 10^{-5}$	↓
$AgBr$	$5 \cdot 10^{-13}$	↓			

Das chemische Gleichgewicht wird mithilfe des chemischen Potenzials μ definiert:

$$\mu_i = \left(\frac{\partial G}{\partial n_i} \right)_{T,p,n_j} , \tag{29.6}$$

wobei ∂n_i die Änderung der Teilchenzahl n einer Komponente i beschreibt. Das chemische Potenzial gibt also die differenzielle Änderung der freien Enthalpie ΔG des Systems bei der differenziellen Änderung der Teilchenzahl n_i der i-ten Komponente an bei konstanter Temperatur T, konstantem Druck p und konstanter Gesamtzahl n_j aller anderen Teilchen im System. Im Gleichgewichtszustand muss die differenzielle Änderung der freien Enthalpie gleich null sein:

$$\frac{\partial G}{\partial n_i} = 0 . \tag{29.7}$$

Für die chemischen Potenziale mit den stöchiometrischen Faktoren a, b, c und d sowie den Komponenten A, B, C und D muss also Folgendes gelten:

$$- a \cdot \mu_A - b \cdot \mu_B + c \cdot \mu_C + d \cdot \mu_D = 0 . \tag{29.8}$$

Die negativen Vorzeichen deuten darauf hin, dass die Edukte abnehmen, wenn die Reaktionsprodukte gebildet werden.

Formt man die Gleichung 29.8 wie folgt um:

$$a \cdot \mu_A + b \cdot \mu_B = c \cdot \mu_C + d \cdot \mu_D , \tag{29.9}$$

so wird ersichtlich, dass bei der Reaktion die chemischen Potenziale multipliziert mit zugehörigen stöchiometrischen Faktoren äquivalent sind [478].

29.2.2 Fällungsanalyse

Die gravimetrische Analyse gehört zu den nasschemischen Analysemethoden, die auf der Wägung eines Endprodukts beruhen. Die Analyse beginnt mit der Aufbereitung der Probe/des Analyten A. Dieser liegt meist im festen Aggregatzustand vor. Mithilfe eines Lösungsmittels wird die Probe A in Lösung überführt. Danach erfolgt die Zugabe eines Fällungsmittels B. Das Fällungsmittel besteht dabei aus Reaktanten. Diese gehen eine chemische Reaktion mit der Lösung A ein, wobei sich schwer lösliche Verbindungen, Fällungsform genannt, in Form von Niederschlag bilden. Die Fällungsform enthält jedoch in der Regel undefinierte Niederschläge mit unbekannter Stöchiometrie. Dies bedeutet, dass die Menge der Substanzen, die an der Fällungsreaktion beteiligt waren, zunächst unbekannt ist. Aus diesem Grund wird im nächsten Schritt die Fällungsform in die sogenannte Wägeform überführt. Dazu wird das Produkt abgefiltert, ausgewaschen und getrocknet oder in einigen Fällen geglüht, um eine reproduzierbare und stabile Verbindung zu erhalten. Danach finden keine weiteren Reaktionen oder Verflüchtigungen der Substanzen statt. In diesem Zustand bleibt die Masse des Niederschlags unverändert und somit stöchiometrisch definiert. Abschließend wird die Masse des Niederschlags m_{AB} ausgewogen und der gesuchte Massengehalt m_A des Analyten A über einen stöchiometrischen Faktor f berechnet:

$$m_A = f \cdot m_{AB} \,. \tag{29.10}$$

Der stöchiometrische Faktor beschreibt dabei das Verhältnis der molaren Massen $M(\dots)$ der gesuchten Substanz A und des Niederschlags AB:

$$f = \frac{M(A)}{M(AB)} \,. \tag{29.11}$$

Entspricht das Verhältnis f dem Wert 1, sind die Wägeform und die Fällungsform identisch. Der Niederschlag liegt dabei in stöchiometrisch eindeutiger Form vor und auf

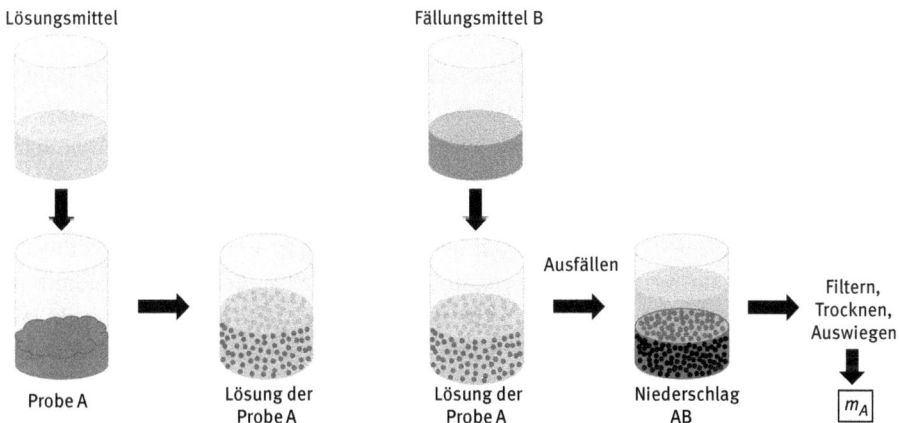

Abb. 29.1: Prinzip der gravimetrischen Fällungsanalyse.

das Trocknen/Glühen kann verzichtet werden. Die Masse m_A des Analyten kann in diesem Fall direkt mit der Präzisionswaage bestimmt werden. Die Werte für stöchiometrische Faktoren f werden oft tabelliert, was eine bequeme Umrechnung der gesuchten Probenmasse aus der Wägeform ermöglicht [530]. In der Abbildung 29.1 wird das Prinzip der gravimetrischen Fällungsanalyse mit ihren wesentlichen Schritten schematisch dargestellt.

Gravimetrische Gerätetechnik
Um eine gravimetrische Analyse durchführen zu können, sind die folgenden Geräte und Materialien erforderlich:
- *Fällungsgefäße*: in den meisten Fällen Bechergläser unterschiedlicher Größe
- *Analysetrichter*: aus Glas zum Filtrieren. Als Filter werden dabei in der Regel Papierfilter oder Porzellanfilter mit Tulpe, Gummimanschette und Saugtopf zum Anschluss an eine Wasserstrahlpumpe mit Dreiwegehahn verwendet.
- *Papierfilter (aschenfreies Filterpapier)*: Man unterscheidet im Wesentlichen zwischen großporigen (Typ Black) für gröbere Niederschläge mit 20 – 25 µm Porengröße, z. B. gelartige Hydroxide; mittelporigen (Typ White) für mittelgroße Niederschläge bis 15 µm Porengröße, feinporigen (Typ Blue) für sehr feine Niederschläge bis 2 – 3 µm Porengröße und Standardfiltern (Typ Basic) mit Porengröße ca. 8 µm. Der Aschegehalt beträgt bei allen Filtern 0,007 % und die Rückstände nach der Veraschung dürfen den Wert von 0,1 mg nicht überschreiten.
- *Glasfiltertiegel (Fritte oder Gooch-Tiegel genannt)*: wird dann eingesetzt, wenn der Niederschlag nicht geglüht werden muss. Der trichterförmige Tiegel enthält eine poröse Filterscheibe aus Glas, die die Flüssigkeit durchlässt und Feststoffe zurückhält. Vor dem Filtrieren wird der leere Filtertiegel auf 110 °C erwärmt und anschließend gewogen. Nach dem Einsatz wird der Niederschlag im Glasfiltertiegel getrocknet und danach wieder gewogen. Aus der Massedifferenz wird die Masse des Niederschlags bestimmt. Die Porengröße der Filterscheibe beträgt in der Regel 10 – 16 µm (Porosität P4) bis 16 – 40 µm (Porosität P3). Glasfiltertiegel werden meist bei organischen Fällungsmitteln eigesetzt [169].
- *Porzellanfilter*: kommen zum Einsatz, wenn das Filtrieren, Trocknen und Glühen in einem Gefäß stattfinden. Porendurchmesser der Porzellanfiltertiegel liegen im Bereich von P1 (6 µm), P2 (7 – 8 µm) bis P3 (8 – 10 µm). Aufgrund der Reinigungsschwierigkeiten werden Porzellanfilter jedoch kaum gebraucht.
- *Analysewaage*: einschalige Waage mit automatischer Gewichtsauflage und elektronischer Anzeige. Analysewaagen werden nach ihrer Genauigkeit und Belastbarkeit in Makrowagen (0,1 mg genau und bis zu 200 g belastbar), Halbmikrowaagen (auf 0,01 mg genau) und Mikrowaagen (auf 0,01 µg genau) unterteilt. Mit solchen Waagen lassen sich sehr exakte Analysen durchführen. Eine Reihe von Fehlerquellen kann jedoch die Ergebnisse stark verfälschen. Die möglichen (unerwünschten und erwünschten) Einflüsse werden im Unterabschnitt „Störfaktoren der Fällungsanalyse" ausführlich diskutiert [7].

Fällungsmittel

Grundsätzlich unterscheidet man bei den Fällungsmitteln zwischen *anorganischen* und *organischen* Fällungsreagenzien.

Anorganische Fällungsmittel: Anwendung finden Natriumhydroxid und Ammoniak für Aluminium und Eisen, Schwefelsäure für Barium und Phosphate für Magnesium und Mangan.

Organische Fällungsmittel: Im Gegensatz zu anorganischen Fällungsmitteln besitzen organische Fällungsreagenzien eine bessere Selektivität beim definierten pH-Wert, wodurch die Abtrennung von anderen Stoffen wegfällt. Der kleinere gravimetrische Faktor erhöht die Empfindlichkeit des Verfahrens sowie die Genauigkeit der Analyse. Die größeren Moleküle der organischen Verbindungen, die meistens als Metallchelate im Fällungsprodukt vorliegen, weisen deutlich bessere Filtrierbarkeit im Gegensatz zu anorganischen Verbindungen auf. Beim Waschen kann jedoch das überschüssige Fällungsmittel nicht immer komplett entfernt werden.

Pufferlösungen und pH-Wert

Viele chemische Reaktionen verlaufen bezüglich Reaktionsgeschwindigkeiten oder Gleichgewichtslagen besonders gut, wenn der pH-Wert in einem bestimmten Bereich konstant eingehalten wird. So reguliert in der analytischen Chemie das Protolysegleichgewicht (Protonenübertragungsgleichgewicht zwischen den Reaktionspartnern) die Gleichgewichtslage von Löslichkeitsgleichgewichten. Ein konstanter pH-Wert ermöglicht es, bei der gravimetrischen Fällungsanalyse definierte Reaktionsbedingungen einzuhalten [478]. Lösungen, deren pH-Wert sich nicht oder nur geringfügig ändert, wenn Säure oder Base der Lösung zugesetzt werden oder wenn die Lösung verdünnt wird, bezeichnet man als pH-gepufferte Lösungen. Der Puffer ist dabei ein Gemisch aus einer schwachen Säure (bzw. Base) und ihrer konjugierten (korrespondierenden) Base (bzw. Säure). Der pH-Wert der Lösung beeinflusst auch das Löslichkeitsgleichgewicht und somit die Ausfällung der schwer löslichen Verbindungen. Daher ist es wichtig zu wissen, welchen pH-Wert man mindestens braucht, um eine Fällungsreaktion durchführen zu können [531].

29.2.3 Einflussgrößen und Störfaktoren der gravimetrischen Fällungsanalyse

Im idealen Fall sollten die Reaktionsprodukte einer gravimetrischen Analyse unlöslich, leicht filtrierbar, sauber und von bekannter Stöchiometrie sein. In der Praxis können jedoch nur wenige Substanzen alle diese Anforderungen erfüllen. Mithilfe geeigneter Fällungstechniken können aber viele Eigenschaften der Fällungsprodukte optimal gesteuert werden.

Partikelgröße des Fällungsprodukts

Die Größe der gefällten Partikel im Niederschlag spielt bei der gravimetrischen Fällungsanalyse eine wichtige Rolle. Die Partikel müssen groß genug sein, um beim Filtrieren abgetrennt zu werden. Dabei könnten sie jedoch mit Fremdsubstanzen verunreinigt werden. Andererseits dürfen die Partikel nicht zu klein sein, da sie sonst vom Filter nicht zurückgehalten werden oder Klumpen bilden können. Im Extremfall können die Partikel eine kolloidale Suspension bilden. Kolloide sind sehr kleine Teilchen, die größer als die meisten Moleküle, aber dennoch zu klein sind, um Niederschlag zu bilden. Deren Durchmesser variiert im Bereich von ca. 1–100 nm und ist in den meisten Fällen kleiner als die Porosität der feinsten Filter.

Die gefällten Partikel entstehen bei der Kristallisation. Die Kristallisation beginnt mit einer Keimbildung. Die gelösten Moleküle bewegen sich dabei zufällig in der Lösung und häufen sich erstmals zu ungeordneten Clustern. Aus diesen bilden sich dann geordnete Strukturen. Während der Wachstumsphase lagern sich weitere Moleküle oder Ionen aus der Lösung an den Kristallisationskeim an, bis sich ein größerer Kristall gebildet hat.

Fällungsreaktion aus homogener Lösung

In der Regel wird das Fällungsmittel von außen der Lösung zugesetzt, um eine Fällungsreaktion durchführen zu können. Alternativ wird das Fällungsmittel durch eine chemische Reaktion (meist durch Hydrolyse) direkt in der Lösung gebildet. Dabei handelt es sich um eine *Fällungsreaktion aus homogener Lösung*. Bei dieser Variante werden lokale Konzentrationsspitzen, die bei der kontinuierlichen Zugabe des Fällungsmittels entstehen, komplett vermieden.

Mitfällungen

Idealerweise besteht das filtrierte und getrocknete Fällungsprodukt zu hundert Prozent aus dem gesuchten Stoff. In der Praxis kommt es aber vor, dass der Niederschlag mit fremden Substanzen aus der Lösung verunreinigt wird. In diesem Fall spricht man von *Mitfällungen* oder *Inklusion*. Der Grund hierfür sind Wechselwirkungen, die zwischen den schwer löslichen Verbindungen und fremden Spezies in der Lösung bestehen. Die fremden Ionen können entweder an der Oberfläche des Kristalls adsorbieren oder sich direkt im Kristallgitter als Einschluss platzieren, was man als *Okklusion* bezeichnet. Ist ein Fremdion in Größe und Ladung dem Gitterion des Fällungsproduktes ähnlich, so erhöht sich die Wahrscheinlichkeit der Okklusion [169].

29.2.4 Grundlagen der Wägung

Das Bestimmen der Masse oder der Gewichtskraft eines Körpers bezeichnet man als Wägen. Der Vorgang der Wägung selbst wird Abwiegen genannt. Beim Wägen unterscheidet man grundsätzlich zwischen zwei physikalischen Prinzipien:

- – Masse-Masse-Vergleich = Bestimmung der Masse
- – Masse-Kraft-Vergleich = Bestimmung der Gewichtskraft

Beim Masse-Masse-Vergleich wird die zu bestimmende Masse mit einer bekannten Masse nach dem Hebelgesetz verglichen. Die Hebel der Balkenwaage sind dann im Gleichgewicht, wenn die Drehmomente der Last- sowie der Kraftseite gleich groß sind und entgegengesetzte Drehwirkung um den Mittelpunkt haben (siehe Abbildung 29.2). Obwohl das Prinzip der Balkenwaage sehr alt ist, stehen entsprechende Geräte in ihrer Genauigkeit den elektronischen Analysewaagen kaum nach. Mithilfe von geeichten und sehr feinen Gewichtsstücken auf der Kraftseite lassen sich sehr präzise Massen-bestimmungen durchführen [529, 532].

Beim Masse-Kraft-Vergleich wird die zu bestimmende Masse mit einer bekannten Kraft einer Feder oder eines Elektromagneten verglichen. Die im Kapitel 12 Gravime-trische Staubmessung erwähnte Präzisionswaage wendet den Masse-Kraft-Vergleich an. Moderne Präzisionswaagen arbeiten heutzutage fast alle nach dem Prinzip der elektromagnetischen Kraftkompensation. In Abbildung 29.3 wird die Funktionsweise

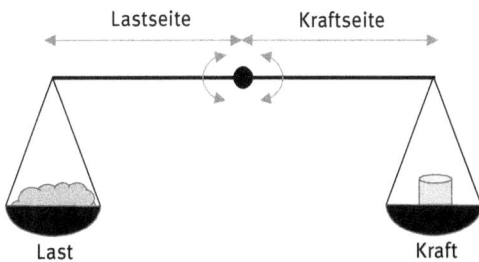

Abb. 29.2: Wirkprinzip der Hebelwaage (auch Balkenwaage genannt).

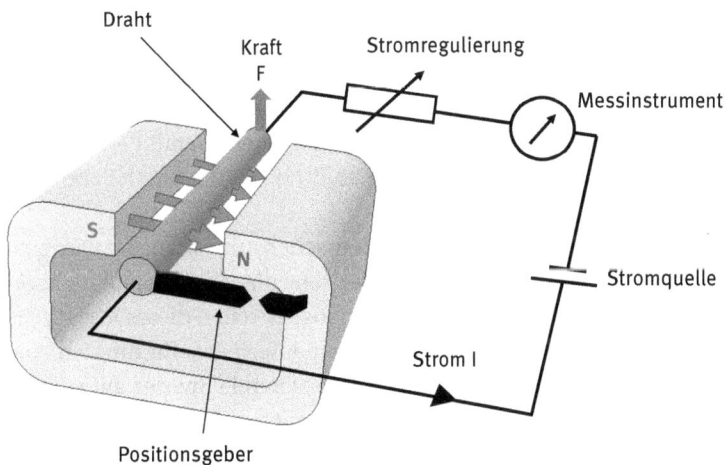

Abb. 29.3: Funktionsweise der elektromagnetischen Kraftkompensation.

eines solchen Prinzips schematisch dargestellt. Dort befindet sich ein Draht zwischen den Polen eines Permanentmagneten. Wird über diesen Draht der Strom I geleitet, so entsteht eine Kraft F auf den Draht in die gezeigte Richtung. Wenn diese Kraft die Gewichtskraft des Drahtes erreicht hat, dann beginnt er im Magnetfeld zu schweben. Diesen Zustand definiert man als Nullpunkt.

Wird nun auf die Waagschale oberhalb des Drahts ein Wägegut gelegt, so drückt es infolge der Schwerkraft den Draht im Magnetfeld nach unten. Die eingebaute Elektronik erhöht den Strom, um die Ausgangslage (den Nullpunkt) wieder zu erreichen, und kompensiert somit die zusätzliche Belastung infolge der Probe auf der Waagschale. Bei diesem Messprinzip verhalten sich die Stromstärke und die erzeugte Kraft nahezu linear. Mit dem Amperemeter lässt sich daher die Masse des Wägeguts direkt bestimmen [531, 532].

29.3 Anwendungen

Die Gravimetrie wurde in den letzten Jahren weitgehend von spektroskopischen und chromatografischen Verfahren verdrängt [529]. Diese sind inzwischen mit weniger apparativem Aufwand verbunden und benötigen weniger Zeit. In der Routineanalytik spielt die Gravimetrie jedoch weiterhin als klassische Analysenmethode eine Rolle. Sie wird aufgrund ihrer Genauigkeit auch weiterhin für die Kalibrierung von instrumentellen Analyseverfahren eingesetzt. Die häufigste Anwendung der Gravimetrie findet sich in der chemiegeprägten universitären Ausbildung, da sie grundsätzliches Verständnis von chemischen Reaktionen und Analysen vermittelt [478]. Die industriellen Anwendungen beschränken sich auf Makroanalysen bei Proben im Grammbereich oder wenn die Analytgehalte bei über 5 % liegen, da bei der Gravimetrie mit Probengrößen jeder Art die Kalibrierung entfallen kann [7]. So wird zum Beispiel in Bangladesch zur Kontrolle der Trinkwasseraufbereitung u. a. auch Gravimetrie eingesetzt. Das Wasser ist dort mit natürlich vorkommendem As (Arsen) verunreinigt, was eine ernste Gefährdung für den Menschen darstellt. Deswegen wird hier As(V) mit $Fe(OH)_3$ ausgefällt. Dazu wird mit Fe(II) belastetes Wasser in Gegenwart von Citrat unter Sonnenlicht (oder UV-Strahlung) während einiger Stunden oxidiert, damit $Fe(OH)_3$ ausfällt. Schließlich wird der ausgefällte Niederschlag abfiltriert (meist durch Sand) und das Wasser zum Trinken bereitgestellt [169].

Wegen der Komplexität und Vielzahl an gravimetrischen Anwendungen wird sich dieses Kapitel darauf beschränken, das Angebot der verschiedenen Applikationsgebiete vorzustellen. Um die Vielzahl von Anwendungsmöglichkeiten dieses Verfahrens zu verdeutlichen, sind in Tabelle 29.2 weitere Analyten aufgelistet, für die sich eine gravimetrische Analyse eignet. Hierbei sind zusätzlich störende Spezies aufgeführt, welche mitgefällt werden könnten und vor der Analyse entsprechend berücksichtigt werden müssen [169].

Tab. 29.2: Beispiele gravimetrischer Analysen sowie störender Spezies [169].

Analyt	Fällungsform	Wägeform	Störende Spezies
K^+	$KB(C_6H_5)_4$	$KB(C_6H_5)_4$	NH_4^+, Ag^+, Hg^{2+}, Cs^+
Mg^{2+}	$Mg(NH_4)PO_4 \cdot 6\,H_2O$	$Mg_2P_2O_7$	Viele Metalle, ausgenommen Na^+ und K^+
Ca^{2+}	$CaC_2O_4 \cdot H_2O$	$CaCO_3$ oder CaO	Viele Metalle, ausgenommen Mg^{2+}, Na^+ und K^+
Ba^{2+}	$BaSO_4$	$BaSO_4$	Na^+, K^+, Li^+, Ca^{2+}, Al^{3+}, Cr^{3+}, Fe^{3+}, Sr^{2+}, Pb^{2+}, NO_3^-
Ti^{4+}	$TiO(5,7-Dibrom-8-$ hydroxychinolin$)_2$	Wie Fällungsform	Fe^{3+}, Zr^{4+}, Cu^{2+}, $C_2O_4^{2-}$, Citrat, HF
VO_4^{3-}	Hg_3VO_4	V_2O_5	Cl^-, Br^-, I^-, SO_4^{2-}, CrO_4^{2-}, AsO_4^{3-}, PO_4^{3-}
Cr^{3+}	$PbCrO_4$	$PbCrO_4$	Ag^+, NH_4^+
Mn^{2+}	$Mn(NH_4)PO_4 \cdot H_2O$	$Mn_2P_2O_7$	Viele Metalle
Fe^{3+}	$Fe(HCO_2)_3$	Fe_2O_3	Viele Metalle
Co^{2+}	$Co(1-Nitroso-2-$ naphtholat$)_2$	$CoSO_4$ (nach Reaktion mit H_2SO_4)	Fe^{3+}, Pd^{2+}, Zr^{4+}
Ni^{2+}	$Ni(Dimethylglyoximat)_2$	Wie Fällungsform	Pd^{2+}, Pt^{2+}, Bi^{3+}, Au^{3+}
Cu^{2+}	$CuSCN$ (nach Reduktion)	$CuSCN$	NH_4^+, Pb^{2+}, Hg^{2+}, Ag^+
Zn^{2+}	$Zn(NH_4)PO_4 \cdot H_2O$	$Zn_2P_2O_7$	Viele Metalle
Ce^{4+}	$Ce(IO_3)_4$	CeO_2	Th^{4+}, Ti^{4+}, Zr^{4+}
Al^{3+}	$Al(8-Hydroxychinolat)_3$	Wie Fällungsform	Viele Metalle
Sn^{4+}	$Sn(Cupferron)_4$	SnO_2	Cu^{2+}, Pb^{2+}, As(III)
Pb^{2+}	$PbSO_4$	$PbSO_4$	Ca^{2+}, Sr^{2+}, Ba^{2+}, Hg^{2+}, Ag^+, HCl, HNO_3
NH_4^+	$NH_4B(C_6H_5)_4$	$NH_4B(C_6H_5)_4$	K^+, Rb^+, Cs^+
Cl^-	$AgCl$	$AgCl$	Br^-, I^-, SCN^-, S^{2-}, $S_2O_3^{2-}$, CN^-
Br^-	$AgBr$	$AgBr$	Cl^-, I^-, SCN^-, S^{2-}, $S_2O_3^{2-}$, CN^-
I^-	AgI	AgI	Cl^-, Br^-, SCN^-, S^{2-}, $S_2O_3^{2-}$, CN^-
SCN^-	$CuSCN$	$CuSCN$	NH_4^+, Pb^{2+}, Hg^{2+}, Ag^+
CN^-	$AgCN$	$AgCN$	Cl^-, I^-, Br^-, SCN^-, S^{2-}, $S_2O_3^{2-}$
F^-	$(C_6H_4)_3SnF$	$(C_6H_4)_3$	Viele Metalle (ausgenommen Alkalimetalle), Si_4^{4-}, CO_3^{2-}
ClO_4^-	$KClO_4$	$KClO_4$	
SO_4^{2-}	$BaSO_4$	$BaSO_4$	Na^+, K^+, Li^+, Ca^{2+}, Al^{3+}, Cr^{3+}, Fe^{3+}, Sr^{2+}, Pb^{2+}, NO_3^-
PO_4^{3-}	$Mg(NH_4)PO_4 \cdot 6\,H_2O$	$Mg_2P_2O_7$	Viele Metalle, ausgenommen Na^+, K^+
NO_3^-	Nitronnitrat	Nitronnitrat	ClO_4^-, I^-, SCN^-, CrO_4^{2-}, ClO_3^-, NO_2^-, Br^-, $C_2O_4^{2-}$
CO_3^{2-}	CO_2 (nach Ansäuerung)	CO_2	(freigesetztes CO_2 wird durch an Silikagel adsorbiertes NaOH aufgenommen und ausgewogen)

29.4 Kommerzielle Produkte

Die hochempfindlichen und gleichzeitig effektiven spektroskopischen und chromatografischen Verfahren haben die gravimetrische Analyse in vielen Anwendungsbereichen ersetzt [529]. Für die verbleibenden Einsatzgebiete werden von mehreren Firmen fertige Bausätze für gravimetrische Untersuchungen angeboten. Diese beinhalten eine detaillierte Anleitung für die Durchführung und alle erforderlichen Chemikalien. Die Preise liegen zwischen 30 und 80 € (ohne Waage, Glasgefäße und Filter) [531, 533–535].

29.5 Zusammenfassung

Die chemische gravimetrische oder Fällungsanalyse ist ein klassisches analytisches Verfahren, bei dem der zu erfassende Stoff aus einer Lösung in Form eines Niederschlags abgeschieden wird. Die Fällung wird abgetrennt, weiterbehandelt und gewogen. Daraus folgt schließlich der Rückschluss auf die gesuchte Größe des Analyten in Form seiner Masse.

Die große Stärke der gravimetrischen Analyse ist die Absolutheit ihrer Ergebnisse, da für die Analysen keine Kalibrierung erforderlich ist. Bei korrekter Anwendung ist eine sehr hohe Präzision erreichbar. Dies korreliert automatisch mit den Nachteilen der Gravimetrie, da für die korrekte Anwendung ein großes chemisches Fachwissen notwendig ist. Die Analyse kann sich bei Vorhandensein störender Spezies kompliziert gestalten, da unter Umständen mehrere aufwendige Trennschritte erforderlich sind. Hinzu kommt die Einschränkung, dass pro Analyseprozess nur der Massengehalt eines einzelnen Elements oder einer einzelnen Verbindung ermittelt werden kann.

Während die Gravimetrie im 18. und 19. Jahrhundert eine große Verbreitung als chemische Analyseform besaß [20], ist sie wegen ihres vergleichsweise großen Zeitbedarfs weitgehend von anderen Verfahren abgelöst worden. Aufgrund ihrer Genauigkeit wird sie insbesondere für die Kalibrierung von instrumentellen Analyseverfahren eingesetzt. Für diese Einsatzgebiete werden von mehreren Firmen fertige Bausätze für gravimetrische Untersuchungen angeboten.

Teil V: **Elektrochemische Sensorik**

30 Coulometrie

30.1 Einleitung

Die Coulometrie ist eine elektrochemische Messmethode zur quantitativen Bestimmung der Stoffmenge eines Analyten. Coulometer ermitteln die Stoffmenge durch eine Ladungsmessung während einer elektrochemischen Reaktion unter Anwendung der faradayschen Gesetze. Im Jahre 1938 entwickelten László Szebellédy und Zoltán Somogyi die coulometrische Analyse [536]. Die beiden ungarischen Chemiker erkannten eine mögliche Anwendung in den faradayschen Gesetzen von 1834 [537]. Erst zu Beginn der 1960er-Jahre wurden vermehrt Patente für coulometrische Geräte oder Coulometer angemeldet. In den folgenden Jahren kam es durch den rasanten Fortschritt in der Steuerungs- und Computertechnik zu entsprechenden Weiterentwicklungen der Geräte. Heutige Coulometer finden durch die Möglichkeit für eine automatisierte und präzise Versuchsdurchführung und -dokumentation Anwendung in der Labordiagnostik, der Medizin- und Analysetechnik.

In den folgenden Abschnitten sollen zunächst die physikalischen Grundlagen der Coulometrie sowie das eigentliche Messprinzip erläutert werden. Hierbei wird genauer auf die zwei charakteristischen Vorgehensweisen, die potenziostatische und die galvanostatische Coulometrie eingegangen. Darauf folgt ein Überblick über die typischen Anwendungsgebiete der Coulometrie. Ein Beispiel stellt die Wassermengenbestimmung nach Karl-Fischer-Titration dar, die sich gleichzeitig als häufigste Anwendung der Coulometrie erweist. Anschließend werden beispielhafte, kommerzielle Produkte vorgestellt, illustriert und hinsichtlich ihrer Spezifikationen verglichen. Eine Zusammenfassung der Inhalte schließt das Kapitel ab.

30.2 Messprinzip

Die elektrochemische Analysemethode Coulometrie dient der quantitativen Bestimmung der Stoffmenge oder -masse eines oxidierbaren oder reduzierbaren Analyten. Sie beruht auf der Messung der elektrischen Ladung, die zur Umsetzung eines Stoffes benötigt wird. Die Stoffumsetzung geschieht hierbei durch eine Redoxreaktion während einer Elektrolyse. Die Ladung, die zur vollständigen Umsetzung des Analyten benötigt wurde, kann dann verwendet werden, um die Stoffmenge des Analyten in der Probe zu bestimmen. Die vollständige Umsetzung des Analyten muss prüfbar sein, damit festgelegt werden kann, wann die Coulometrie abgeschlossen ist.

Unter Mitwirkung von Johnson Kwabena Teye, German Smirnov und Lucas Wendt

https://doi.org/10.1515/9783110702040-030

In den folgenden Abschnitten werden die Elektrolyse und ihre physikalisch-chemischen Grundlagen sowie der prinzipielle Versuchsaufbau der Coulometrie und ihre Indikationsmethoden erläutert.

30.2.1 Elektrolyse

Für die Durchführung einer Elektrolyse wird eine Spannungsquelle an zwei Elektroden angeschlossen, die sich im sogenannten Elektrolyten befinden. Dies ist in der Abbildung 30.1 dargestellt. Die positiv geladene Elektrode heißt Anode, die negativ geladene Elektrode ist die Kathode. Der Zusammenschluss aus einer Kathode und einer Anode wird als Generatorelektrodenpaar bezeichnet.

Die angelegte Spannung führt dazu, dass chemische Reaktionen im Elektrolyten erzwungen werden. Voraussetzung hierfür ist, dass im Elektrolyten reduzierbare und oxidierbare Stoffe vorliegen. Die Redoxreaktionen finden dann an den jeweiligen Elektroden statt. Die Oxidation (Aufnahme von Elektronen) läuft an der Anode ab und die Reduktion (Abgabe von Elektronen) an der Kathode. Durch die Aufnahme bzw. Abgabe von Elektronen an die Elektroden fließt ein elektrischer Strom, der mit einem Amperemeter gemessen werden kann. Die Stromstärke ist proportional zur umgesetzten Stoffmenge. Mit dem zeitlichen Fortschritt der Redoxreaktion reduzieren sich die zur Verfügung stehende Stoffmenge und der aus der Umsetzung resultierende Strom. In der Abbildung 30.1 ist die physikalische Stromrichtung eingezeichnet, also die reale Bewegungsrichtung der Elektronen von der Kathode zur Anode.

Der Elektrolyt kann flüssig, fest oder in gasförmig vorliegt. Die elektrische Leifähigkeit wird durch die Bewegung der Ionen im Elektrolyten bewirkt. Ein Diaphragma teilt die Elektrolysezelle in zwei Hälften. Es ist ionendurchlässig, aber nicht stoffdurchlässig und hat primär die Aufgabe, Nebenreaktionen zu vermeiden. Der Anteil der Elektrolyte, welcher unter direktem Einfluss der Anode steht, wird als Anolyt bezeichnet (nicht mit Analyt zu verwechseln). Die Teilkammer, in welcher sich der Anolyt befindet, heißt Anodenkammer [538]. Der Anteil der Elektrolyte unter direktem Einfluss der Kathode wird als Katholyt bezeichnet. Die Teilkammer, in welcher der Katholyt vorliegt, heißt Kathodenkammer (siehe Abbildung 30.1) [538].

Kathode und Anode können diverse Geometrien besitzen und aus verschiedensten Materialien bestehen. Übliche Formen sind beispielsweise Spiralen, Drähte oder Netzzylinder. Für die Kathode werden in der Regel Edelmetalle, Amalgam oder Quecksilber verwendet. Für die Anode wird neben Platin auch Grafit genommen [539].

Die Stromausbeute gibt den Wirkungsgrad einer Elektrolyse an. Zum Durchführen von coulometrischen Bestimmungen muss der Wirkungsgrad einen Wert von ca. 100 % aufweisen, da sonst die faradayschen Gesetze nicht gelten [538]. Die Voraussetzung für die hundertprozentige Stromausbeute ist, dass das Potenzial der Generatorelektroden gegenüber dem Elektrolyten in einem Bereich liegen muss, in welchem keine Reaktionen stattfinden [538]. Erst durch die Einleitung des Stroms soll in der Zel-

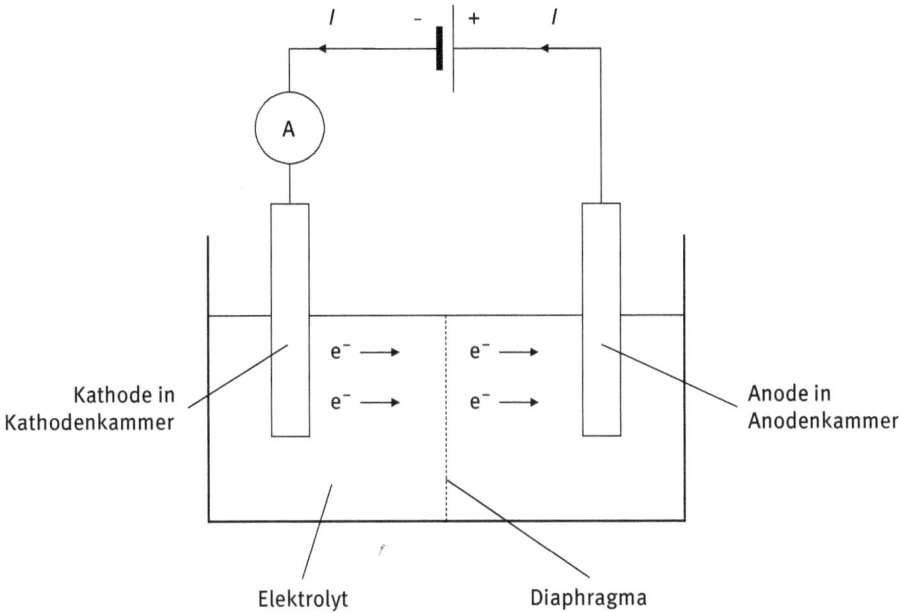

Abb. 30.1: Aufbau einer Elektrolysezelle.

le eine Reaktion vorliegen. Um die vollständige Stromausbeute zu gewährleisten, wird ein Hilfsreagenz benötigt [538]. Das Hilfsreagenz reagiert quantitativ mit dem Analyten, sodass die Stoffkonzentration konstant bleibt und die hundertprozentige Stromausbeute gewährleistet ist [539]. Nebenreaktionen während der Elektrolyse führen zu Konzentrationsunterschieden im Elektrolyten und sind unerwünscht.

30.2.2 Physikalische Grundlagen

Michael Faraday erkannte im Jahre 1834, dass die während der Elektrolyse an einer Elektrode abgeschiedene Stoffmenge n proportional zu der transportierten Ladung Q ist [537]. Die Proportionalität wird durch die Ladungszahl z des umzusetzenden Ions sowie die faradaysche Konstante F beschrieben [540]:

$$Q = n \cdot z \cdot F \, . \tag{30.1}$$

Die faradaysche Konstante F stellt die elektrische Ladung eines Mols einfach geladener Ionen dar und beläuft sich auf $96.485 \, \frac{C}{mol}$. Die Ladungszahl z kann den Reaktionsgleichungen der Redoxreaktion entnommen werden, die während der Elektrolyse ablaufen [540]. Die Stoffmenge ist definiert als

$$n = \frac{m}{M} \, , \tag{30.2}$$

wobei m der regulären Stoffmasse in kg und M der molaren Masse des zu analysierenden Stoffes entspricht. Die molare Masse kann einschlägigen Tabellenwerken entnommen werden. Durch die Kombination der Gleichungen 30.1 und 30.2 ergibt sich der grundlegende Zusammenhang der Coulometrie:

$$m = \frac{M \cdot Q}{z \cdot F} \, .$$ (30.3)

Da die Variablen M, z und F bekannt sind, muss während der Coulometrie nur die elektrische Ladung bestimmt werden, um die Masse zu errechnen. Eine wichtige Randbedingung ist, dass bei der Elektrolyse keine strominduzierenden Nebenreaktionen auftreten.

Für die Bestimmung der Ladung Q wird üblicherweise die Stromstärke über die Zeit integriert:

$$Q = \int I \, dt \, .$$ (30.4)

Hierfür werden computergestützte Steuerungen oder analoge Integratorschaltungen verwendet. Die Genauigkeit der analogen Integratorschaltung liegt im besten Fall bei 0,5 %. Mit der computergestützten Steuerung können hingegen Genauigkeiten bis 0,01 % erreicht werden.

30.2.3 Coulometrische Bestimmung

Der zu bestimmende Stoff wird als Analyt bezeichnet. Er kann fest, flüssig oder gasförmig vorliegen und wird dem Elektrolyten beigefügt [538]. Die coulometrische Analyse kann potenziostatisch oder galvanostatisch durchgeführt werden [541]. Für die potenziostatische Vorgehensweise wird eine konstante Spannung an die Elektrolyseelektroden angelegt. Die galvanostatische Coulometrie, auch als coulometrische Titration bezeichnet, erfolgt bei konstanter Stromstärke [542]. Das grundsätzliche Vorgehen ist bei beiden Methoden identisch und wird im Folgenden erläutert. Die Spezifika der zwei Bestimmungsarten werden danach vorgestellt [538]:

1. *Zelle reinigen*

   Um mögliche Reste einer vorherigen Elektrolyse zu entfernen und so eine Verfälschung der Ergebnisse zu vermeiden, muss die Zelle gründlich gereinigt werden. Dafür wird diese mit einem geeigneten Lösungsmittel wie Methanol gespült. Im Anschluss daran erfolgt die Trocknung der Zelle. Dies kann mit einem Föhn oder in einer Trockenzelle bei 50 °C erfolgen. Die Reinigung und Trocknung des Diaphragmas ist hierbei besonders wichtig, da der Ionendurchlass sonst nicht gewährleistet ist. Flüssigkeitstaschen, die sich in den Ecken der Zelle oder in den Dichtungen bilden, sind zu vermeiden, da diese die Reaktionen ungewünscht beeinflussen können.

2. *Elektrolyt in die Teilkammern einfüllen*

   Der Katholyt wird durch einen Trichter aus einer frisch angebrochenen Ampulle in den Kathodenraum gefüllt. Er muss wasserfrei sein, da sonst die Gefahr besteht, dass das Wasser durch das Diaphragma in den Anodenraum gelangt und Neben-reaktionen ausgelöst werden. Analog erfolgt die Einfüllung des Anolyten in den Anodenraum.

3. *Starten der Analyse und Initiierung der Probe*

   Sind beide Kammern befüllt, werden sie geschlossen und die Elektroden, die aus den Deckeln der Kammern herausragen, mit Klemmen an den Schaltkreis ange-schlossen. Der Analyt sollte optimalerweise in flüssiger Form vorliegen. Feststof-fe sollten daher in einem Lösungsmittel gelöst werden. Neben flüssigen oder ge-lösten, festen Analyten besteht auch die Möglichkeit, Untersuchungen an Gasen durchzuführen. Die Einleitung des Gases in den Anolyten erfolgt dann durch ein Gaseinleitrohr, welches in den Deckel der Anodenkammer integriert ist.

4. *Berechnung der Stoffmenge/-masse*

   Die zu ermitelnde Stoffmenge bzw. -masse wird mithilfe der Gleichung 30.3 aus der gemessenen Ladungsmenge bestimmt. Moderne coulometrische Geräte zei-gen die umgesetzte Stoffmenge dann automatisiert in µg oder mg an. Bei einer potenziostatischen Messung erfolgt die Bestimmung der Ladungsmenge mit ei-nem Coulometer. Die galvanostatische Coulometrie erfolgt bei konstanter Strom-stärke. In diesem Fall wird zur Ermittlung der Ladungsmenge der Strom durch ein Amperemeter gemessen und mit der Analysedauer multipliziert.

5. *Überprüfung der Zuverlässigkeit*

   Die coulometrische Bestimmung stellt eine Absolutmethode dar. Das bedeutet, dass keine Kalibrierung erforderlich ist und das Ergebnis (Stoffmasse, -menge) di-rekt aus dem Messwert (Ladungsmenge) berechnet werden kann. Trotzdem kön-nen Resultate durch Nebenreaktionen, ungeeignete Probendosierung, undichtes Diaphragma oder Gerätefehler verfälscht werden. Deshalb ist zu empfehlen, in re-gelmäßigen Abständen eine Kontrollmessung mit einer bekannten Probe durch-zuführen.

Einige coulometrische Bestimmungen erfordern eine Methode, um den Endpunkt der Analyse anzuzeigen. Dies geschieht z. B. mithilfe zusätzlicher Indikationselektroden. Diese setzen sich wie die Generatorelektroden aus einer Anode und Kathode zusam-men, welche jedoch keinen Einfluss auf die coulometrische Bestimmung ausüben.

30.2.4 Potenziostatische Coulometrie

Instrumenteller Aufbau

Für die potenziostatischen Coulometrie werden drei Elektroden benötigt: die Genera-torelektroden und eine Bezugselektrode (siehe Abbildung 30.2). Diese dient zur Rege-lung des Potenzials der Kathode. Da Elektrodenpotenziale nicht direkt messbar sind, stellt die Potenzialdifferenz (Spannung) zwischen der Kathode und der Bezugselektro-de die Regelgröße dar [539]. Die Regelung kann manuell erfolgen, eine automatische

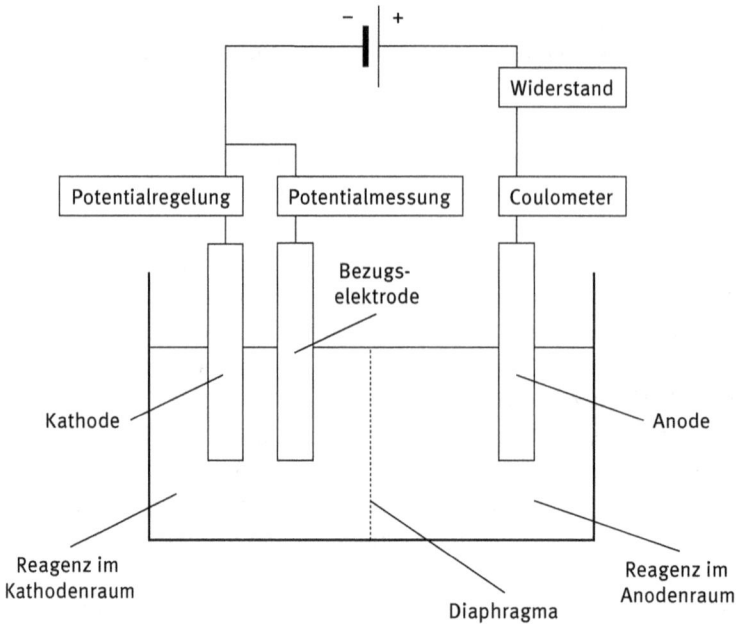

Abb. 30.2: Aufbau für die potenziostatische Coulometrie [542].

Regelung mithilfe eines Potenziostaten erweist sich jedoch als deutlich genauer und einfacher [542].

Das Coulometer bestimmt die umgesetzte Ladungsmenge. Dafür können unter anderem Gewichtscoulometer, Gascoulometer oder Titrationscoulometer zum Einsatz kommen. Moderne Coulometer nutzen allerdings ausschließlich elektromechanische oder elektronische Messgeräte. Ein Zählwerk in Verbindung mit einem integrierten Gleichstrommotor stellt das wesentliche Bauelement elektromechanischer Geräte dar. Bei elektronischen Coulometern erfolgt die Zählung der Entladungen mit einer frequenzgeregelten Kippschaltung [542].

Messverfahren

Bevor die eigentliche Elektrolysereaktion beginnt, durchlaufen die Elektrolyten (Anolyt und Katholyt) in der Regel eine Vorelektrolyse. So kann sichergestellt werden, dass keine Verunreinigungen im Elektrolyten vorhanden sind, die das Endergebnis verfälschen oder sogar eine Reaktion unterbinden. Das Kathodenpotenzial für die Vorreaktion liegt dabei mit einem Wert von 0,3 bis 0,4 Volt unterhalb der eigentlichen Elektrolysespannung. Wenn die Stromstärke auf ca. ein Milliampere abgefallen ist, wird das Kathodenpotenzial auf den Wert für die eigentliche Elektrolyse hoch geregelt. Der Übergang muss dabei ohne Unterbrechung erfolgen [539].

Dann wird der Analyt in den Anolyten gegeben. Der Analyt, welcher in der Regel gelöst vorliegt, reagiert unmittelbar mit dem Anolyten oder einem im Anolyten vorhandenen Stoff. Im Prozess der Stoffumsetzung sinkt die Konzentration der zu bestimmenden Ionenart. Die Folge ist, dass sich die Stromstärke mit fortlaufender Zeit asymptotisch dem Wert Null annähert. Wenn sie auf einen Wert von ca. einem Milliampere abgefallen ist, endet die Elektrolyse und der Analyt gilt als vollständig umgesetzt. Er liegt dann abgeschieden an der Anode vor oder in elementarer Form im Anolyten. Das Coulometer führt die Berechnung der Ladungsmenge durch, indem es gemäß Gleichung 30.4 den gemessenen Strom I über die Zeit t integriert. Die Zeit und der Strom der Vorreaktion werden dabei nicht berücksichtigt. Die Integration beginnt mit dem Zeitpunkt der Zugabe des Analyten. Durch das Einsetzen der berechneten Ladungsmenge Q in Gleichung 30.3 wird die Stoffmenge berechnet. Wenn der Analyt mehrere, verschiedene Metalle beinhaltet, lassen sich diese nacheinander mit der potenziostatischen Coulometrie bestimmen. Dafür muss der beschriebene Vorgang für jedes Metall wiederholt werden [539].

Eine spezielle Form der potenziostatischen Coulometrie stellt die chronostatische Coulometrie dar, bei welcher die chemische Reaktion innerhalb von Millisekunden abläuft. Um die elektrische Ladung zu bestimmen, wird der Strom wieder über die Zeit integriert. Aufgrund der kurzen Elektrolyse werden allerdings nur die Stoffe bestimmt, welche sich an der Elektrodenoberfläche abscheiden. Die in den Elektrolyten gelösten Reagenzien müssten erst zur Elektrodenoberfläche diffundieren und bleiben daher unberücksichtigt [539].

30.2.5 Galvanostatische Coulometrie

Instrumenteller Aufbau

Die galvanostatische Coulometrie (auch coulometrische Titration genannt) wird, wie in Abbildung 30.3 zu sehen ist, ohne Bezugselektrode betrieben. Das ungeregelte Potenzial der Kathode ändert sich dabei mit der Konzentration des Analyten. Die Versuchsbedingungen sind allerdings so zu wählen, dass das Potenzial keinen Wert annehmen kann, bei dem störende Nebenreaktionen ablaufen [539]. Diese treten an der Kathode als Reduktion von Fremdionen auf, an der Anode als Oxidation von Fremdionen oder als Oxidation des Elektrodenmaterials. Fremdionen können beispielsweise von einer unzureichenden Säuberung der Zelle herrühren [542].

Die Zeitmessung startet mit dem Beginn der chemischen Reaktion. Mithilfe des Vorwiderstands wird der Strom konstant gehalten. Alternativ ließe sich auch eine elektronische Regelschaltung nutzen [542]. Das Amperemeter dient zur Strommessung. Da die Stromstärke konstant gehalten wird, kann sie nicht zur Erfassung des Endpunkts der Elektrolyse herangezogen werden. Dies muss mit einer Indikation erfolgen. Dafür gibt es verschiedene Methoden [539]. Neben pH-Indikation, bei welcher sich die Farbe der Lösung am Endpunkt der Reaktion ändert, können auch elektrometrische oder

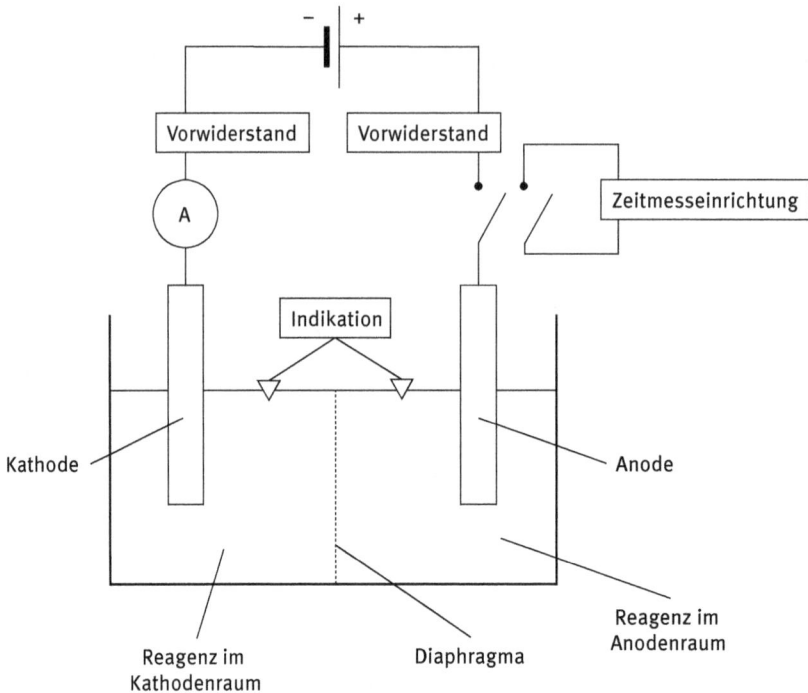

Abb. 30.3: Aufbau für die galvanostatische Coulometrie [542].

spektralphotometrische Methoden zum Einsatz kommen [542]. Bei Letzteren muss allerdings berücksichtig werden, dass die Indikatoren durch die Elektrolyse zersetzt werden können.

Messverfahren

Um störende Nebenreaktionen zu vermeiden, wird dem Elektrolyten (oftmals dem Anolyten) vor der Zugabe des Analyten eine andere Substanz zugeführt. Diese reagiert bei einer bestimmten (niedrigen) Stromstärke mit ihren anodischen oder kathodischen Reaktionspartnern zu einem Zwischenreagenz. Dieses Reaktionsprodukt wird auch als Titriermittel bezeichnet [539].

Erst dann erfolgen die Zugabe des Analyten und die Einstellung der eigentlichen Elektrolysestromstärke. Die Regelung auf einen konstanten Wert erfolgt mithilfe der Vorwiderstände. Die Messung der Elektrolysedauer durch die Zeitmesseinrichtung startet bei Aktivierung des Stromkreises [542]. Wenn die Erfassung des Endpunkts der Elektrolyse auf elektrometrische Weise erfolgt, sind zwei voneinander getrennte Stromkreise erforderlich, wobei der zweite Stromkreis der Indikation des Titrationsendpunkts dient. Die Indikation wird auch als sekundäre Coulometrie bezeichnet, da die Ladungsmenge der chemischen Reaktion gemessen wird [539].

30.3 Anwendung

Im Folgenden wird ein kurzer Überblick über die Anwendung der Coulometrie als elektrochemische Analysemethode gegeben. Dabei werden zunächst exemplarisch zwei Anwendungen genauer erläutert: die Kohlenstoffbestimmung in Metallen und Legierungen und die Messung des Wassergehalts von Lösungen mithilfe der galvanostatischen Coulometrie. Anschließend werden weitere Anwendungen kurz vorgestellt.

30.3.1 Bestimmung von Kohlenstoff in Metallen

Die coulometrische Bestimmung von Kohlenstoff in Metallen und Legierungen kann für Gehalte bis 25 % verwendet werden. Die Genauigkeit steigt dabei zunächst bis 0,1 % an und sinkt danach wieder ab. So liegt beispielsweise die Genauigkeit der coulometrischen Bestimmung bei einem Kohlenstoffgehalt von 0,1 % bei ±1 %, wohingegen die Genauigkeit bei einem Kohlenstoffgehalt von 0,01 % um ±10 % schwankt [543]. Dies ist mit den Grenzen des Versuchsaufbaus und der chemischen Reaktionen zu erklären sowie mit Strömungen der Reagenzien.

Für die coulometrische Bestimmung des Kohlenstoffgehaltes wird der von Fetten und Ölen befreite Probenkörper zerkleinert, damit dieser verbrannt werden kann. Die Zerkleinerung des Probenkörpers erfolgt durch Brechen, Fräsen oder Mahlen im richtigen Maße. Der Zerteilungsgrad darf weder zu fein noch zu grob sein. So können unerwünschte Oxidationen vermieden werden [543].

Wird die kohlenstoffhaltige Probe verbrannt, entsteht Kohlenstoffdioxid. Die Verbrennungsgase werden anschließend in ein Glasrohr geleitet, welches mit Wasserstoffperoxid gefüllt ist. Durch das Wasserstoffperoxid werden Schwefeloxide gebunden, die die Analyse verfälschen würden. Die restlichen Verbrennungsgase strömen dann weiter in die Zelle des Analyseaufbaus (auch Titrierzelle genannt). Diese ist mit Bariumperchloratlösung gefüllt, welche einen vorgeschriebenen pH-Wert besitzt. Mithilfe des Kohlenstoffes aus der Verbrennung reagiert das Bariumperchlorat zu Bariumcarbonat. Zusätzlich entstehen Wasserstoffionen (H^+). Die genauen Mengen der Reaktionspartner können über die Reaktionsgleichungen berechnet werden, die hier nicht weiter angeführt werden sollen. Mithilfe von negativ geladenen Hydroxidionen werden die Wasserstoffionen zurücktitriert. Damit können diese quantitativ bestimmt werden. Die Hydroxidionen werden solange durch eine Elektrolyse zur Verfügung gestellt, bis der anfängliche pH-Wert wieder erreicht ist. Die Elektrolyse kann nach den Prinzipien der Coulometrie ausgewertet werden. Das bedeutet, dass der fließende Strom zur Erzeugung der Hydroxidionen gemessen wird und deren Stoffmenge über die faradayschen Gesetze bestimmt wird. Die Ermittlung der Stoffmenge des Kohlenstoffes erfolgt dann über die Auswertung der Elektrolyse in Kombination mit einer Rückrechnung über die Reaktionsgleichungen der in der Analyse vorkommenden Reaktionen [543].

30.3.2 Bestimmung des Wassergehaltes

Die in der Literatur auch als Karl-Fischer-Titration bekannte coulometrische Bestimmung des Wassergehaltes einer Lösung (siehe auch Kapitel 28 Titrimetrie) ist die am weitesten verbreitete coulometrische Anwendung [544]. Bei dieser Analysemethode können absolute Wassergehalte von 10 µg bis 200 mg bestimmt werden [545]. Wie schon bei der vorangegangenen Kohlenstoffbestimmung erwähnt, erhöht sich die Genauigkeit der Methode in Abhängigkeit von der Menge des Analyten. Bei Wassermengen von etwa 400 µg können Genauigkeiten von ±0,5 % erzielt werden [544]. Diese hohe Empfindlichkeit ist eine große Stärke des Verfahrens.

Für die Durchführung wird eine Lösung benötigt, die Iod und Schwefeloxid enthält. Aus dem Iod werden mittels Elektrolyse Iodionen erzeugt, welche mit dem Wasser nach folgender Gleichung reagieren.

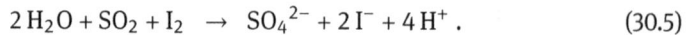

$$2\,H_2O + SO_2 + I_2 \;\rightarrow\; SO_4^{2-} + 2\,I^- + 4\,H^+. \tag{30.5}$$

Gleichung 30.5 ist zu entnehmen, dass die Reaktion nur in Gegenwart von Wasser stattfindet und nur solange läuft, bis das Wasser vollständig umgesetzt ist. Dies ist der coulometrische Teil der Analyse.

Es gibt unterschiedliche Indikationsmethoden, um zu prüfen, ob noch Wassermoleküle vorhanden sind. Ein Verfahren besteht in der weiteren Zugabe von Iod. Sind keine Wassermoleküle mehr vorhanden, liegt sowohl Iodid als auch Iod in der Lösung vor. Diese beiden Stoffe bilden ein reversibles Redoxpaar [544]. Wird mithilfe einer Indikatorelektrode eine Elektrolyse durchgeführt, reagiert Iodid zu Iod und Iod zu Iodid in einer fortlaufenden Kreisreaktion. Wie bei der eigentlichen Coulometrie misst die Indikatorelektrode dann in Abwesenheit von Wasser einen Strom.

Im Folgenden soll ein Analysebeispiel vorgestellt werden, welches repräsentativ für kommerzielle Karl-Fischer-Titrationen ist. Zunächst wird der Probe ein iodidhaltiges Reagenz zugeführt (siehe Gleichung 30.5). Bei konstantem Strom (galvanostatisch) wird dann eine bestimmte Iodmenge freigesetzt:

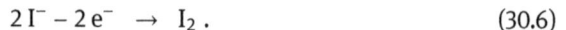

$$2\,I^- - 2\,e^- \;\rightarrow\; I_2. \tag{30.6}$$

Wird die Titration beispielsweise bei einer Stromstärke von einem Ampere über einen Zeitraum von zehn Sekunden durchgeführt, kann die umgesetzte Iodmasse mit der Gleichung 30.4 errechnet werden. Mit der faradayschen Konstante F, der Zahl der ausgetauschten Elektronen $z = 2$, der molaren Masse des Iodmoleküls $M = 253,8$ g/mol und der Ladungsmenge $Q = 10$ As ergibt sich die Masse des umgesetzten Iods zu

$$m = \frac{M \cdot Q}{z \cdot F} = \frac{253,8\,\frac{g}{mol} \cdot 10\,As}{2 \cdot 96.485\,\frac{As}{mol}} = 0,0131\,g = 13,1\,mg. \tag{30.7}$$

Da bei einer Stromstärke von 1 A verschiedene Nebenreaktionen ablaufen und eine gewisse Wärmeentwicklung stattfindet, was beides das Messergebnis verfälschen würde, wird der Prozess bei einer niedrigeren Stromstärke durchgeführt. In der Praxis haben sich Coulometerstromstärken von 100, 200 und 400 mA etabliert. Eine weitere Verbesserung ist die gepulste Stromzufuhr. Unter diesen Bedingungen werden bei 100 mA in 10 s 1,31 mg Iod freigesetzt.

30.3.3 Weitere Anwendungen

Grundsätzlich lässt sich festhalten, dass die Coulometrie ein recht spezifisches Anwendungsspektrum hat. Die praktischen Umsetzungen laufen dabei meist in vergleichbarer Art und Weise ab, wie die beiden oben genannten Beispiele. Im Folgenden sei dafür ein kurzer Überblick gegeben.

Medizinische Anwendungen

In der medizinischen Diagnostik gibt es eine Vielzahl von Analysen, die auf der Coulometrie beruhen. Dazu gehören Schweißanalysen und Glukosebestimmungen [395], Chloridionenuntersuchungen [546], die bereits beschriebene Karl-Fischer-Titration zur Bestimmung des volumetrischen Anteils von Wasser in Flüssigkeiten und Lösungen sowie die Sauerstoffbestimmung [276].

Technische Anwendungen

Zu den technischen Anwendungen der Coulometrie zählt die bereits erläuterte Analyse von Metallproben [20] und Werkstoffen [200]. Darüber hinaus kann auch die Untersuchung von Trinkwasser auf Halogenkohlenwasserstoffe [529] oder die Bestimmung des Kohlenstoffgehalts in der Luft und in Abgasen coulometrisch erfolgen [547].

Allgemein chemische Anwendungen

Die chemischen Anwendungen umfassen die grundlegenden Stoffmengenbestimmungen durch die faradayschen Gesetze. Wie im Beispiel zur Kohlenstoffbestimmung in Metallen und in Legierungen muss ein weiterer Stoff durch Elektrolyse generiert werden, damit die Stoffmenge des Analyten (indirekt) berechnet werden kann. Die Tabelle 30.1 zeigt eine Auswahl an Analyten mit den dazugehörigen Stoffen. Diese werden auch als elektrogenerierte Titranten bezeichnet [548].

Tab. 30.1: Mittels Coulometrie untersuchbare Substanzen [549].

Elektrogenerierter Titrant	Gesuchte Substanz
Zu oxidierende Substanzen	
Brom	As(III), U(IV), NH$_3$, Olefine, Phenole, SO$_2$, H$_2$S, Fe(II)
Iod	H$_2$S, SO$_2$, As(III), Wasser (Karl-Fischer), Sb(III)
Chlor	As(III), Fe(II), verschiedene organische Substanzen
Cer(IV)	U(IV), FE(II), Ti(III), I
Mangan(III)	Fe(II), H$_2$O$_2$, Sb(III)
Silber(II)	Ce(III), V(IV), H$_2$C$_2$O$_4$
Zu reduzierende Substanzen	
Eisen(II)	Mn(III), Cr(VI), V(V), Ce(IV), U(VI), Mo(VI)
Titan(III)	Fe(III), V(V,VI), U(VI), Re(VIII), Ru(IV), Mo(VI)
Zinn(II)	I$_2$, Br$_2$, Pt(IV), Se(IV)
Kupfer(I)	Fe(III), Ir(IV), Au(III), Cr(VI), IO$_3$
Uran(IV, V)	Cr(VI), Fe(III)
Chrom(II)	O$_2$, Cu(II)
Komplexierende Substanzen	
Silber(I)	Halogenide, S^{2-}, Mercaptane
Quecksilber(I)	Halogenide
EDTA	Metallionen
Cyanid	Ni(II), Au(I, II), Ag(I)
Säuren und Basen	
Hydroxidionen	Säuren, CO$_2$
Wasserstoffionen	Basen, CO$_3$, NH$_3$

30.4 Kommerzielle Produkte

Es existiert ein breites Spektrum an kommerziellen, coulometrischen Analysatoren. Zu den bekanntesten Herstellern für die Sauerstoffmessung in Gasen zählen *Servomex* und *OxySense*. Für die Konzentrationsmessung in Flüssigkeiten gibt es Geräte unter anderem von *Hitachi*, *Thermofisher*, *Mettler Toledo* und *Metrohm*. Die beiden Letztgenannten nutzen die Karl-Fischer-Titration, kurz KF-Titration. Ihre Geräte sind sehr ähnlich, weshalb im Folgenden ausschließlich ein Metrohm-Coulometer beschrieben werden soll.

30.4.1 Metrohm-Coulometer

Das Coulometer 756/831 zur Messung des Wassergehalts deckt einen Messbereich von 10 µg bis zu 200 mg ab. Die Proben können dabei fest, flüssig oder gasförmig vorliegen. Eine Besonderheit dieses Geräts liegt darin, dass es modular aufgebaut ist und ein Messstand bedarfsgemäß erweitert werden kann. Unter Zuhilfenahme eines Probenwechslers, eines Ofens und entsprechender Software ist das Coulometer voll automatisierbar.

Metrohm-Coulometer sind für Wasserkonzentrationen zwischen 0,0001 % und 5 % prädestiniert. Wie im Abschnitt Anwendungen erwähnt, werden aus dem im Reagenz enthaltenem Iod freie Iodmoleküle erzeugt. Dazu wird eine Generatorelektrode benötigt. Generatorelektroden sind mit und ohne Diaphragma erhältlich (siehe Abbildung 30.4). Das Diaphragma ist ein Schwamm aus miteinander verzwirnten Platindrähten. Es ist an der Unterseite der rechten Generatorelektrode zu sehen.

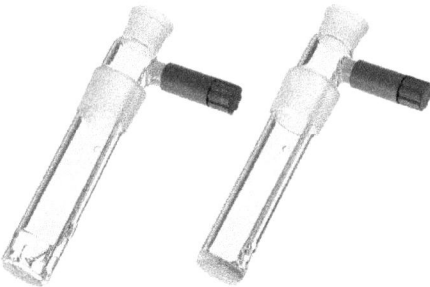

Abb. 30.4: Generatorelektroden ohne (links) und mit Diaphragma (rechts) (mit freundlicher Genehmigung der Metrohm AG).

Die Vorteile der Generatorelektrode mit Diaphragma sind eine sehr kurze Messzeit, eine hohe Messgenauigkeit und eine Unempfindlichkeit gegenüber Rühreinflüssen. Sie ist insbesondere dann einzusetzen, wenn die Proben Ketone und Aldehyde enthalten und der Elektrolyt schlecht leitend ist. Außerdem empfiehlt sich eine Generatorelektrode mit Diaphragma für den niedrigen Konzentrationsbereich. Dafür sind auch zwei verschiedene Spezialreagenzien vorgesehen: ein Reagenz für das Titriergefäß und eines für den Kathodenraum. Die Endpunkterkennung erfolgt üblicherweise mithilfe einer Doppelplatinelektrode.

Die Variante ohne Diaphragma ist leichter zu reinigen und einfacher zu handhaben. Allerdings muss die Probe ausreichend elektrisch leitfähig sein. Eine solche Elektrode ist insbesondere für stark verschmutzende Proben geeignet. Ein Coulometer mit Diaphragmageneratorelektrode kostet etwa 6.300 €, eines mit einer Generatorelektrode ohne Diaphragma ca. 5.780 € (Stand 2019).

30.4.2 Indikationsmethoden

Um zu erkennen, wann das gesamte Wasser umgesetzt ist, wird ein Indikationsverfahren benötigt. Klassischerweise werden Indikatoren verwendet, die den Endpunkt durch einen deutlich sichtbaren Farbumschlag anzeigen. Dieses Prinzip funktioniert bei der Karl-Fischer-Titration allerdings nicht, da beim Vorliegen freien Iods lediglich ein schwer erkennbarer Umschlag von gelb zu hellbraun erfolgt.

Stattdessen kann eine biamperometrische oder eine bivoltametrische Indikation erfolgen. Dafür wird mit einer zusätzlichen Elektrode das zeitlich abhängige Strom- bzw. Spannungsverhalten erfasst. Die Biamperometrie ist eine vereinfachte Variante der Amperometrie, bei der der Strom zwischen zwei gleichen Arbeitselektroden (oftmals Platin) bei konstanter Polarisationsspannung gemessen wird. Eine Beispielmessung ist in der Abbildung 30.5 dargestellt. Mit fortschreitender Reaktionszeit nimmt die Anzahl der Wassermoleküle ab und gleichzeitig steigt die Menge der freien Iodmoleküle an. Dies führt zu einem Stromanstieg. Sind keine Wassermoleküle mehr vorhanden, bleiben die Menge der Iodmoleküle und damit die Stromstärke konstant, was den Endpunkt der Reaktion indiziert.

Dieses Messverfahren wird sowohl für die traditionelle KF-Titration als auch für die Coulometrie eingesetzt. Das bivoltametrische Verfahren wird ausschließlich für die Coulometrie eingesetzt. Da eine solche Endpunktbestimmung nur mit einer Doppelplatinelektrode funktioniert, ist diese ein Bestandteil der Metrohm-Coulometer.

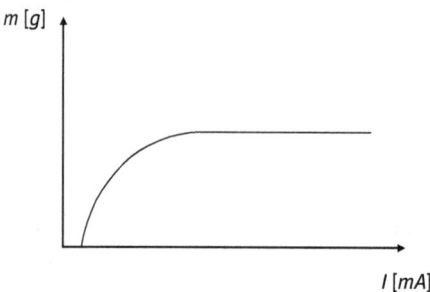

Abb. 30.5: Biamperometrische Endpunkterkennung [519].

30.4.3 Metrohm-Coulometriezubehör

Einige Substanzen geben das Wasser erst bei hohen Temperaturen ab. Um die Probe zu erwärmen, bietet Metrohm Spezialöfen für etwa 12.000 € an. Die zu untersuchenden Fluide oder Materialien werden dafür in einem sogenannten Probenvial eingewogen, dann dicht verschlossen und im Ofen positioniert. Mit einer Doppelhohlnadel wird das Septum des Gefäßes durchstochen und heiße, trockene Luft oder Inertgas eingeleitet. Im zweiten Kanal wird das verdrängte Gas mit der Wasserfeuchte abgesogen und in die Titrierzelle geleitet, wo die Karl-Fischer-Titration stattfindet.

Für eine größere Anzahl zu untersuchender Proben bietet Metrohm automatische Probenwechsler an. Diese sparen menschliche Ressourcen und machen die Messung reproduzierbar und genauer. Die Hauptfunktion dieser Geräte besteht darin, neue Proben auf dem Drehteller zu platzieren und für die KF-Titration zum Ofen zu transportieren. Gleichzeitig werden die untersuchten Proben vom Ofen weggeführt. Der automatische Probenwechsler kostet ca. 6.600 €.

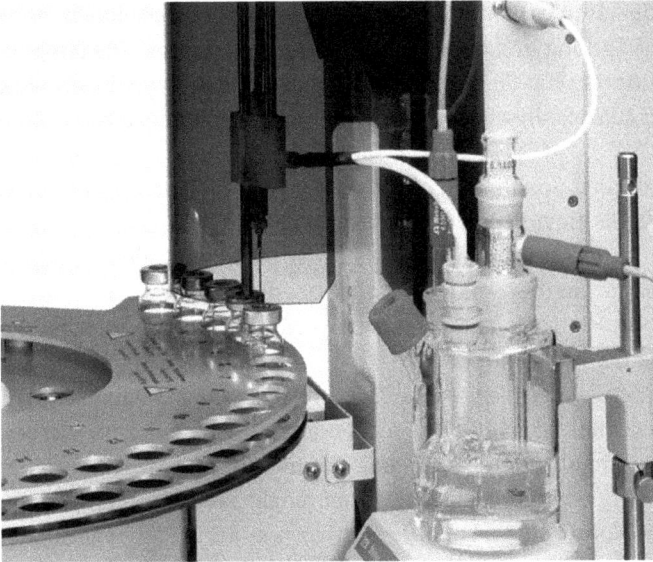

Abb. 30.6: Automatisierter Coulometerstand von Metrohm:
Probenwechsler (links), Ofen (mittig) und Messzelle auf einem Titriergerät (rechts)
(mit freundlicher Genehmigung der Metrohm AG).

Zusätzlich zur Hardware wird für die Steuerung des Coulometriestands sowie für das Abspeichern und das Verifizieren der Messergebnisse eine Software benötigt. Von dem entsprechenden Programm *tiamo*™ bietet Metrohm verschiedene Version an. Ein kompletter, automatisierter Coulometerstand bestehend aus Messzelle, Titriergerät, Ofen und Probenwechsler ist in der Abbildung 30.6 zu sehen. Er kostet inklusive Software ca. 25.000 €.

30.5 Zusammenfassung

Zur coulometrischen Ermittlung der Stoffmenge eines Analyten werden die faradayschen Gesetze herangezogen. Diese besagen, dass die elektrische Ladung bei der Elektrolyse proportional zur umgesetzten Stoffmenge ist. Eine Messung der Ladung ermöglicht es daher, die Stoffmenge zu berechnen. Damit diese Gesetzmäßigkeit während der Elektrolyse gilt, müssen die Analyten entweder reduzierbar oder oxidierbar sein.

Es haben sich zwei Methoden zur Durchführung der Coulometrie durchgesetzt. Bei der potenziostatischen Coulometrie wird an den Elektroden der coulometrischen Zelle eine konstante Spannung angelegt. Diese Spannung sorgt für den Ablauf der elektrochemischen Reaktionen und die Umsetzung des Analyten. Mit dem abnehmenden Analytgehalt sinkt auch die durch die Reaktionen hervorgerufene Stromstärke. Sinkt die Stromstärke unter einen festgelegten Wert, kann der Analyt als komplett umgesetzt angesehen werden. Durch Integration der Stromstärke über die Zeitdauer wird zunächst die elektrische Ladung und daraus die Stoffmenge errechnet. Die langsam sinkende Analytkonzentration hat einen recht hohen zeitlichen Aufwand zur Folge. Eine Abwandlung der potenziostatischen Coulometrie stellt die chronostatische Coulometrie dar.

Bei der galvanostatischen Coulometrie, auch coulometrische Titration genannt, wird die Stromstärke mittels einer Regelung konstant gehalten. Die konstante Stromstärke sorgt insgesamt für einen schnelleren Ablauf der entsprechenden Reaktion. Damit deren Ende detektiert werden kann, bedarf es bei dieser Art der Coulometrie einer Indikationsmethode. Hierfür kommen häufig pH- oder Farbvergleiche zum Einsatz oder zusätzliche Indikationselektroden.

Die Coulometrie findet als Analysemethode aufgrund der hohen Genauigkeit vielfach in der Medizin- und Analysetechnik ihre Anwendung. Die quantitative Wassermengenbestimmung stellt hierbei den häufigsten Anwendungsfall dar. Trinkwasser- und Abgasuntersuchungen gehören ebenfalls zu den möglichen Anwendungen der Coulometrie. Der weitere Vorteil dieses Verfahrens ist, dass es keine Probleme mit der Stabilität, Lagerung und Einstellung der Reagenzien für diese Analyse gibt.

Bei der Auswahl der Coulometriegeräte muss darauf geachtet werden, welche Substanz analysiert werden soll, wie oft solche Probemessungen durchgeführt werden und welche Funktionen notwendig sind. Je nach Bedarf liegt der Preis für ein Coulometer zwischen 6.000 € und 25.000 €.

31 Konduktometrie

31.1 Einleitung

Die Konduktometrie ist ein elektrochemisches Analyseverfahren zur Bestimmung der Konzentration von Elektrolyten in einer Lösung. Der Terminus entstammt dem lateinischen Verb „*ducere*", das ins Deutsche mit „*leiten*" übersetzt werden kann. Dementsprechend basiert das Verfahren auf der Messung der elektrischen Leitfähigkeit. Diese wird in der Regel durch eine Widerstandsmessung mithilfe zweier Elektroden ermittelt. Der elektrische Widerstand ist dabei primär von der Ionenkonzentration in der Lösung abhängig.

Das erste Konduktometer wurde von dem deutschen Physiker und Physikochemiker Friedrich Wilhelm Georg Kohlrausch (1840–1910) entwickelte. Die während der Messung ablaufenden Dissoziationsprozesse wurden erstmals von dem deutsch-baltischen Chemiker und Philosophen Friedrich Wilhelm Ostwald (1853–1932) und dem schwedischen Physiker und Chemiker Svante August Arrhenius (1859–1927) beschrieben. Die beiden Wissenschaftler erforschten dieses neue Fachgebiet teilweise in enger Zusammenarbeit. Damit handelt es sich bei der Konduktometrie um eines der ältesten Konzentrationsmessverfahren, die unter Zuhilfenahme von Instrumenten durchgeführt werden. Bis heute hat die Konduktometrie, vor allem durch die Entwicklungen in der Elektro- und Prozessortechnik, nicht an Bedeutung verloren. Insbesondere aufgrund ihrer Einfachheit stellt sie ein gängiges Verfahren für Konzentrationsmessungen dar, vorrangig bei der Überwachung chemischer Prozesse [115, 550].

Im nachfolgenden Abschnitt zum Thema „Messprinzip" wird zunächst auf die physikalischen Grundlagen der Konduktometrie und auf die Leitfähigkeit elektrolytischer Lösungen eingegangen. Daran schließen sich eine detaillierte Erklärung der konduktometrischen Messung und eine Beschreibung der konduktometrischen Messzelle an. In den darauffolgenden Abschnitten „Anwendungen" und „Kommerzielle Produkte" wird ein Überblick über die gängigen Einsatzgebiete bzw. über exemplarische, kommerzielle Geräte gegeben. Das Kapitel schließt mit einer Zusammenfassung der wichtigsten Inhalte.

Unter Mitwirkung von Maximilian Schelle, Ruslan Getz und Jan Henning Heidenreich

https://doi.org/10.1515/9783110702040-031

31.2 Messprinzip

31.2.1 Physikalische Grundlagen

Gemäß dem ohmschen Gesetz ist der Widerstand R eines Körpers (Einheit Ohm [Ω]) als Quotient der angelegten Spannung U [V] und der Stromstärke I [A] definiert:

$$R = \frac{U}{I}. \tag{31.1}$$

Der Kehrwert des ohmschen Widerstands wird als Leitwert G bezeichnet und in der Einheit Siemens [S] angegeben:

$$G = \frac{1}{R}. \tag{31.2}$$

Der spezifische Widerstand ρ [Ωm] eines Stoffs ergibt sich aus dem Widerstand R eines Körpers, seiner Querschnittsfläche A und seiner stromdurchflossenen Länge l:

$$\rho = R \cdot \frac{A}{l}. \tag{31.3}$$

Die elektrische Leitfähigkeit κ [S/m] des Stoffes (auch Konduktivität genannt) entspricht dem Kehrwert des spezifischen Widerstands ρ:

$$\kappa = \frac{1}{\rho}. \tag{31.4}$$

Aus den vorher genannten Gleichungen ergibt sich:

$$\kappa = G \cdot \frac{l}{A} = \frac{l}{R \cdot A}. \tag{31.5}$$

31.2.2 Leitfähigkeit elektrolytischer Lösungen

Die elektrische Leitfähigkeit beruht auf dem Transport von Ladungsträgern. Der Ladungstransport (Stromfluss) in Lösungen (oder Schmelzen) basiert auf Ionenbewegungen. Die positiv geladenen Ionen werden dabei als Kationen bezeichnet, die negativ geladenen als Anionen. Chemische Verbindungen wie Salze, Säuren oder Laugen, die im gelösten bzw. verdünnten Zustand in Ionen zerfallen, werden als Elektrolyte bezeichnet. Der Zerfallsprozess selbst heißt (elektrolytische) Dissoziation [550]. Der Dissoziationsgrad α ist definiert als der Quotient der Anzahl der dissoziierten Teilchen N und der Gesamtzahl der Teilchen N_{ges} und gibt damit die Vollständigkeit der Dissoziation an:

$$\alpha = \frac{N}{N_{\text{ges}}}. \tag{31.6}$$

Er ist für sogenannte starke Elektrolyte (z. B. KCl, NaOH, HCl) über einen weiten Konzentrationsbereich ungefähr eins (100 %) und für schwache Elektrolyte (z. B. Essigsäure, Ammoniak) sehr viel kleiner als eins. Während der Dissoziationsgrad für starke Elektrolyte nahezu unabhängig von der Konzentration ist, ist die Abhängigkeit bei schwachen Elektrolyten erheblich [165, 496].

Um das Leitvermögen von Lösungen zu vergleichen, in denen der gelöste Stoff als Ionen vorliegt, wird die Leitfähigkeit κ durch die Konzentration c [mol/cm^3] geteilt. Diese Größe wird molare Leitfähigkeit λ_m genannt [S cm^2 mol^{-1}]:

$$\lambda_m = \frac{\kappa}{c} \, . \tag{31.7}$$

Wird eine zunehmende Menge eines Elektrolyten in einem Lösungsmittel gelöst, steigt die Leitfähigkeit zunächst annähernd linear an, erreicht nach einer bestimmten Zeit ein Maximum und nimmt danach mit weiter steigender Konzentration wieder ab. Der Grund hierfür liegt in der vermehrten zwischenionischen Wechselwirkung und der daraus resultierenden, gegenseitigen Behinderung der Ionen. Außerdem wirkt sich die abnehmende Dissoziation, also das unvollständige Auflösen des Elektrolyten, ebenfalls negativ auf die Leitfähigkeit aus [95, 550, 551].

Für verdünnte Lösungen starker Elektrolyte (vollständige Dissoziation) ist die molare Leitfähigkeit damit näherungsweise konstant. Da dies eigentlich nur für unendliche Verdünnung gilt, wird dieser Wert als molare Grenzleitfähigkeit λ_m^0 bezeichnet. Bei höheren Konzentrationen zeigt sich eine Quadratwurzelabhängigkeit (Kohlrausch'sches Quadratwurzelgesetz):

$$\lambda_m = \lambda_m^0 - k \sqrt{c} \, , \tag{31.8}$$

wobei k eine von der Ladungszahl der Ionen abhängige Konstante ist. Genau genommen setzt sich die Leitfähigkeit aus den Leitfähigkeitsanteilen seiner Kationen und Anionen zusammen.

Zusätzlich zur Konzentration (Anzahl) der Ionen beeinflussen folgende Parameter die Leitfähigkeit einer Elektrolytlösung [95, 508, 552]:
- Anzahl der transportierten Elementarladungen pro Ion
- Ionenbeweglichkeit: auf Feldstärke/Spannung normierte Geschwindigkeit
- Lösungsmittelpolarität: Hohe Polarität verbessert die Dissoziation.
- Temperatur: Leitfähigkeit steigt ca. 2 % pro Kelvin Temperaturerhöhung durch die Zunahme der Ionenbeweglichkeit.

31.2.3 Konduktometrische Messung

Die Abbildung 31.1 zeigt den schematischen Aufbau zur Messung der Leitfähigkeit einer Lösung. An die beiden in das zu untersuchende Medium eintauchenden Elektroden wird dafür eine Wechselspannung angelegt. Mittels einer Messschaltung, die im Aufbau der wheatstoneschen Brückenschaltung entspricht, wird die Spannung der Messbrücke zwischen Punkt 1 und Punkt 2 gemessen.

R_1 und R_2 sind dabei Festwiderstände. Der Widerstand R_v ist regelbar und wird so variiert, dass zwischen den Messpunkten keine Spannung registriert wird. Ist dies der

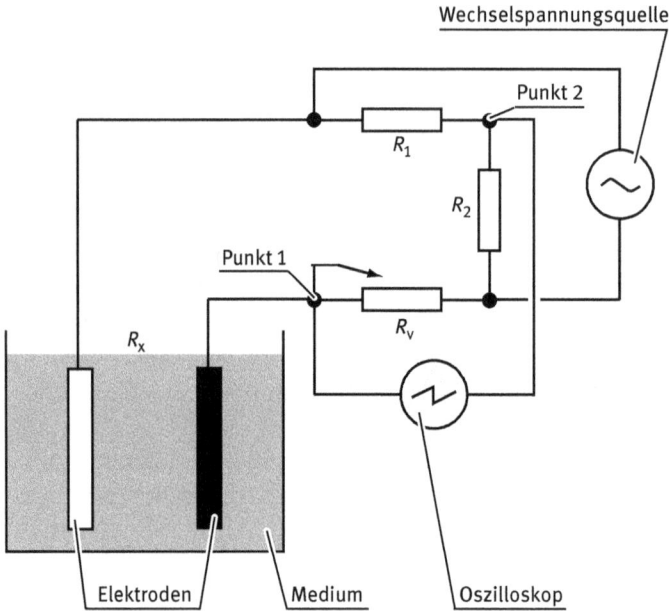

Abb. 31.1: Leitfähigkeitsmessung mit wheatstonescher Brückenschaltung [115].

Fall, lässt sich der Widerstand der Lösung R_x über die Verhältnisgleichung berechnen:

$$R_x = R_v \cdot \frac{R_1}{R_2} \, . \tag{31.9}$$

Da die Messung mit Wechselstrom durchgeführt wird, muss das Messinstrument Wechselspannungen und Wechselströme erfassen können. Dafür kann beispielsweise ein Oszilloskop verwendet werden. Über das ohmsche Gesetz (Gleichung 31.1) lässt sich dann aus dem gemessenen Strom und der Spannung der elektrische Widerstand bestimmen [553]. Wird die Widerstandsmessung mit Gleichstrom durchgeführt, treten an den eingetauchten Elektroden Elektrolyseeffekte auf, wodurch der Widerstand stark ansteigt und nicht mehr dem der Lösung entspricht. Die Auswirkungen dieser Effekte sind so groß, dass eine Leitfähigkeitsbestimmung nicht mehr möglich ist [508].

Bei hohen Ionenkonzentrationen stoßen sich die gleichpoligen Ionen elektrostatisch ab. Man spricht dann von Polarisation. Da dieser Effekt insbesondere an den Elektroden auftritt, nimmt dadurch der Stromfluss ab und der Widerstand zu. Dies ist ggf. bei der Auswertung zu berücksichtigen [553].

Da die Leitfähigkeit eine Funktion der Temperatur ist, wird die Messung idealerweise bei der Referenztemperatur von 25 °C (früher 20 °C) durchgeführt. Ist es nicht möglich, diese Messtemperatur zu realisieren, so müssen die Messwerte anhand bestehender Referenzergebnisse entsprechend korrigiert werden. Moderne Geräte verfügen über einen eingebauten Temperaturfühler und beziehen das Messergebnis mittels einer Temperaturkompensationsfunktion automatisch auf die Standardreferenztemperatur [553].

Die konduktometrische Messung lässt sich auf zwei verschiedene Arten durchführen. Beim sogenannten Bestimmungsverfahren wird die Stoffkonzentration im Medium durch den Vergleich der gemessenen Leitfähigkeit mit Referenzwerten bestimmt. Dafür kommen in der Regel Eichkurven zum Einsatz.

Beim Indikationsverfahren wird die Leitfähigkeit der zu untersuchenden Lösung kontinuierlich gemessen, während ein Titriervorgang mit einer bekannten Maßlösung abläuft. Eine Maßlösung ist eine Lösung, die eine genau bestimmte Zusammensetzung aufweist. Die sich einstellende, charakteristische Änderung der Leitfähigkeit gibt dann Aufschluss über die in der Ausgangslösung gelösten Stoffe und deren Konzentrationen [550]. Eine genaue Erläuterung des Titrierverfahrens findet sich in Kapitel 28.

In beiden Fällen ist zu beachten, dass es sich bei der Konduktometrie um ein unspezifisches Verfahren mit hoher Querempfindlichkeit handelt.

31.2.4 Konduktometrische Messzelle

Die konduktometrische Messzelle besteht im Wesentlichen aus dem Elektrodenpaar und dem Behälter für die zu untersuchende Lösung. Die sogenannte Zellkonstante $K\,[\mathrm{m}^{-1}]$ entspricht dem Quotienten des Abstands l der Elektroden und deren Fläche A und beschreibt somit die Geometrie der Messzelle:

$$K = \frac{l}{A}\,. \tag{31.10}$$

Die Geometrie der Elektroden kann plattenförmig, zylindrisch oder kegelförmig sein. Die Anordnung und Ausführung der Elektroden sind dabei so gestaltet, dass der kapazitive Anteil des gemessenen Widerstandes vernachlässigbar ist. Geeignete Elektrodenmaterialien sind z. B. nicht rostender Stahl, Grafit oder Platin. Wichtig ist dabei, dass die Elektroden aus einem chemisch inerten Werkstoff gefertigt oder mit einem solchen beschichtet sind. So wird zum einen vermieden, dass das Messergebnis durch elektrochemisch hervorgerufene Spannungen beeinflusst wird, und zum anderen wird der Verschleiß der Elektroden durch aggressive Medien gering gehalten. Die Auswahl des Elektrodenmaterials ist auch vom abzudeckenden Leitfähigkeitsmessbereich abhängig [553]. Die Messfrequenz variiert dabei zwischen 50 Hz bei konzentrierten Lösungen und 1 kHz bei verdünnten Lösungen [554].

Wie in Abbildung 31.2 dargestellt, bilden sich an den Rändern der Elektroden oftmals inhomogene Streufelder.

Da sich die effektive Elektrodenfläche somit nicht hinreichend genau bestimmen lässt, wird die Zellkonstante in der Regel experimentell ermittelt. Hierfür wird der Widerstand einer Eichlösung bekannter Leitfähigkeit gemessen. Dieser Vorgang wird Kalibrierung der Messzelle genannt [554]. Die Zellkonstante kommerzieller Sensoren ist

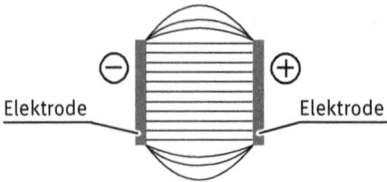

Abb. 31.2: Elektrisches Feld zwischen zwei Elektroden mit Streufeldern an den Rändern der Elektroden.

stets in der zugehörigen Dokumentation angegeben. Eine erneute Kalibrierung ist nur für sehr genaue Messungen notwendig. Für jeden Messzellentyp ist ein nutzbarer Widerstands-/Leitfähigkeitsbereich angegeben.

Die Abbildung 31.3 zeigt eine Zweielektrodenmesszelle mit zylindrischen Elektroden. Aufgrund der angelegten Wechselspannung bewegen sich die Ionen zwischen den Elektroden periodisch hin und her. Die Kationen fließen zur negativen Elektrode und die Anionen zur positiven Elektrode. Bei hoher Konzentration (hoher Ionenanzahl) tritt Polarisation auf und die Ionen stoßen sich gegenseitig ab. Mit größeren Elektrodenflächen und höherer Messfrequenz lässt sich der Polarisationseffekt reduzieren [553, 554].

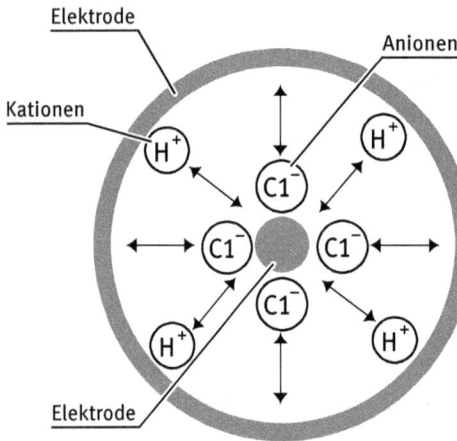

Abb. 31.3: Konduktometrische Zweielektrodenmesszelle [550].

Die in Abbildung 31.4 dargestellt Vierelektrodenmesszelle ist eine Weiterentwicklung der Zweielektrodenmesszelle. Sie umfasst zwei Stromelektroden und zwei Spannungselektroden. Über die Stromelektroden wird elektrischer Strom in die Lösung eingeleitet. Die Spannungselektroden erfassen den Spannungsabfall der stromdurchflossenen Lösung. Aus der bekannten Stromstärke und der gemessenen Spannung wird dann der Widerstand der Lösung bestimmt. Der Vorteil dieser Messzelle ist, dass Polarisationswiderstände nicht erfasst werden.

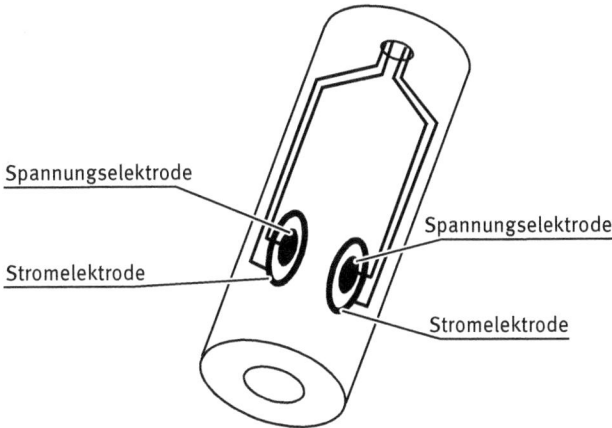

Abb. 31.4: Konduktometrische Vierelektrodenmesszelle [553].

31.3 Anwendung

Viele Anwendungen der Konduktometrie finden sich in der chemischen Prozesskontrolle. Das Ziel ist dabei in der Regel die Überprüfung gut bekannter Abläufe, in denen sich nur geringe Änderungen in der Leitfähigkeit ergeben. Hier ist eine Teil- oder Vollautomatisierung der Messungen sehr gebräuchlich.

Im Allgemeinen ist für eine genaue Messung ein Abschluss gegenüber der Atmosphäre erforderlich, da es durch Gasaustausch sonst leicht zur Verfälschung der Messergebnisse kommen kann (z. B. mit CO_2) [555]. Darüber hinaus ist es für die Reinheitskontrolle optimal, wenn das Prüfmedium eine relativ geringe Leitfähigkeit besitzt, die Verunreinigungen jedoch einen stark ionogenen Charakter aufweisen (in Lösung Ionen bildend), wodurch diese großen Einfluss auf die Leitfähigkeit haben [553, 556].

Für die meisten Anwendungen wird die zu untersuchende Lösung in die Messzelle gefüllt. Dies ist mit chemisch und/oder mechanisch sehr aggressiven Lösungen teilweise nicht möglich, weshalb in diesen Fällen eine alternative Messmethode verwendet wird. Oftmals werden dann die Elektroden während des Produktionsvorgangs in die Lösung eingetaucht, wodurch das jeweilige Gefäß selbst als Messzelle fungiert. Die kapazitiven Eigenschaften der Hochfrequenzmessanordnung führen allerdings zu einem komplexen Verhalten, weshalb dies nur angewendet wird, wenn ein direkter Kontakt nicht möglich oder unwirtschaftlich ist [550].

Für einen groben Überblick über die große Vielfalt an Anwendungen der Konduktometrie werden im Folgenden beispielhafte Einsatzgebiete aus der Prozesskontrolle, der Lebensmitteltechnik, der Medizintechnik und der Gasanalyse näher beschrieben.

31.3.1 Prozesskontrolle

Die konduktometrische Prozesskontrolle findet im Allgemeinen dann Anwendung, wenn durch eine Verunreinigung größere Leitfähigkeitsänderungen zu erwarten sind [550]. Aufgrund der guten Leitfähigkeit von Wasserstoff- (H^+) und Hydroxidionen (OH^-) können in einem schmalen pH-Wertbereich Wasseraufbereitungsanlagen kontrolliert werden. Abfüllanlagen für Trinkwasser messen ebenfalls die Leitfähigkeit, um derartige Verunreinigung zu erkennen [557].

Die Wasserhärte kann ebenfalls konduktometrisch gemessen werden. Sie wird primär durch den Anteil an gelösten Kalzium- und Magnesiumverbindungen bestimmt, wobei schon wenige Ionen eine erhebliche Leitfähigkeitsänderung verursachen. Derartige Anwendungen finden sich unter anderem in der Wasserversorgung von Kesselanlagen. [553, 557].

Rohrleitungen in Molkereien und Brauereien werden zwischen den Vorgängen gespült. Die verwendeten Mittel weisen dabei eine stark unterschiedliche Leitfähigkeit auf, wodurch Reste des Spülmediums in den Rohrleitungen leicht konduktometrisch nachgewiesen werden können [553, 556].

Auch Qualitätskontrollen von Rohöl sind mithilfe der Konduktometrie möglich. Dafür wird deionisiertes Wasser mit Rohöl vermengt und im abgesetzten Wasser eine Leitfähigkeitsanalyse durchgeführt. Damit lässt sich die Chloridkonzentration bestimmen [553, 556].

Bei der Herstellung von Käse oder von konservierten Lebensmitteln ist die Speisesalzkonzentration (Na^+, Cl^-) ein wichtiger Parameter, welcher konduktometrisch bestimmt werden kann [550].

31.3.2 Lebensmitteltechnik

Die Qualität von Schweinefleisch kann mithilfe einer Einstechmesszelle konduktometrisch bestimmt werden. Damit werden primär Prozesse untersucht, die nach der Schlachtung im Fleisch ablaufen. Ausgenutzt wird dabei, dass qualitativ hochwertiges Fleisch eine relativ langsame Glucose- und Milchsäurebildung aufweist. Bei Waren minderer Qualität läuft dieser Prozess schneller ab. Diese Qualitätsmängel führen zu Membranschädigungen an den Muskelzellwänden, wodurch es zu einem raschen Austritt von Zellsaft in den außerzellulären Flüssigkeitsraum kommt und das Fleisch blass, weich und wässrig wird. Dies erlaubt die Identifikation von minderwertigem PSE-Fleisch (engl.: Pale, Soft, Exudative) [553, 556].

Auch die Unterscheidung von Honig ist mittels Messung der Leitfähigkeit üblich. So kann beispielsweise zwischen Blüten- und Honigtauhonig unterschieden werden oder der minderwertige Zuckerfütterungshonig erkannt werden [553, 556].

Zu den Qualitätskriterien von industriell gewonnener Saccharose und anderen zuckerhaltigen Lebensmitteln gehört der Gehalt an Asche oder – zutreffender bezeichnet – an Mineralstoffen. Ein geringer Gehalt an solchen Stoffen weist auf eine besonders wirksame Raffination des Hauptproduktes hin. Gemäß der EU-Zuckerverordnung kann der Restgehalt von Mineralstoffen in Zucker mit Spezialkonduktometern bestimmt werden [558].

Auch von pulverförmigen Produkten, wie z. B. gemahlenem Getreide, lässt sich die Leitfähigkeit bestimmen, woraus dann der Wasseranteil bestimmt werden kann [555].

31.3.3 Medizintechnik

In der Massentierhaltung ist die Gesundheit der Tiere ein sensibles Thema, da es aufgrund der hohen Ansteckungsgefahr und der verminderten Leistungsfähigkeit kranker Tiere zu erheblichem finanziellen Schaden kommen kann. Darüber hinaus ist das Tierwohl zu schützen.

Der Einsatz von Konduktometrie ist unter anderem gebräuchlich, um entzündete Euter von Milchkühen zu erkennen. Dabei wird ausgenutzt, dass die Leitfähigkeit der Milch in Folge eines erhöhten Salzgehalts bereits im Frühstadium der Erkrankung signifikant ansteigt. Da in seltenen Fällen alle vier Euterviertel betroffen sind, lässt sich ein normierter Wert für jede Kuh ermitteln, der unabhängig von Rasse, Fütterung oder anderen Einflüssen ist [553].

Eine weitere medizinische Anwendung ist die Bestimmung des Blutverlusts von Patienten während einer Operation. Hierfür wird das ausgetretene Blut samt Wattetupfer in eine vorgegebene Menge destillierten Wassers eingebracht. Die Leitfähigkeit dieser Lösung ist dann ein direktes Maß für den Blutverlust [553, 556].

Wenn eine Fehlfunktion der menschlichen Lunge vorliegt, kann mithilfe einer konduktometrischen Gasanalyse des Bluts die Beatmung des Patienten geregelt werden. So wird sichergestellt, dass keine Lungenschädigung durch zu starke Beatmung auftritt und der Patient dennoch mit genügend Sauerstoff versorgt wird [559].

31.3.4 Gasanalyse

Abbildung 31.5 zeigt einen Aufbau für die konduktometrische Bestimmung von Gaskonzentrationen. Dafür wird das Messgas in ein geeignetes, flüssiges Reagenz eingeleitet. Die Leitfähigkeit wird vor der Gaseinleitung und nach Abschluss der Reaktion zwischen Flüssigkeit und Gas gemessen. Das zu messende Gas muss eine Leitfähigkeitsänderung der Reaktionslösung hervorrufen, um mittels Konduktometrie gemessen werden zu können. Dies ist unter anderem bei folgenden Gasen der Fall: Ammoniak, Chlorwasserstoff, Kohlendioxid, Kohlenmonoxid, Schwefeldioxid und Schwefelwasserstoff [560].

Die gemessene Leitfähigkeit der Lösung setzt sich dabei allerdings aus den Leitfähigkeitsanteilen der einzelnen Bestandteile zusammen, wodurch ein unspezifisches Messverfahren vorliegt. Konduktometrisch kann somit keine Zusammensetzung bestimmt werden [561].

Bei der kontinuierlichen Konduktometrie werden das Messgas und die Reagenzflüssigkeit kontinuierlich eingeleitet und untersucht. Da die Leitfähigkeit vom Volumenstromverhältnis des Messgases zur Reagenzflüssigkeit abhängt, muss der Durchfluss beider Ströme konstant gehalten werden [562].

Im Falle einer nicht kontinuierlichen Messung durch Stichproben muss besonders darauf geachtet werden, dass keine Verunreinigung/Verfälschung auftritt. Wenn sich z. B. das in der Luft vorhandene CO_2 im Reagenz löst, erhöht sich durch die Bildung von Hydroniumionen und Hydrogenkarbonationen die Leitfähigkeit der Lösung [165].

Die konduktometrische Gasanalyse wird unter anderem in der Umweltanalytik (Emissionsmessung), Arbeitsplatzsicherung (Immissionsmessung), Prozesskontrolle und in der Medizintechnik eingesetzt [556, 563].

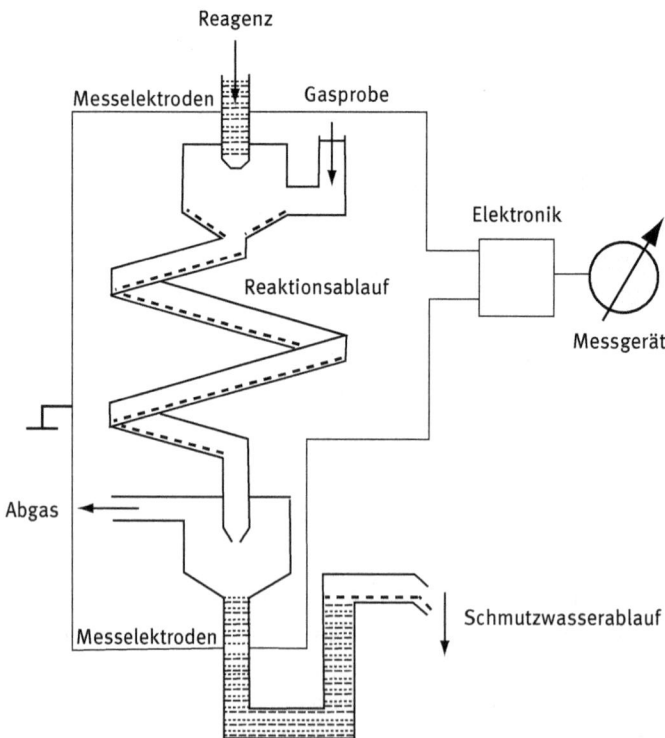

Abb. 31.5: Konduktometrische Gasanalyse.

31.4 Kommerzielle Produkte

Es gibt weltweit zahlreiche Hersteller kommerzieller Konduktometer und eine große Vielfalt an Modellvarianten. Die Produkte sind in der Regel mit einem Mikroprozessor ausgestattet und können standardmäßig Widerstände und Leitfähigkeiten messen, wobei jeweils eine automatische Temperaturkompensation stattfindet. Darüber hinaus verfügen viele Geräte über Mess- und Auswerteprograme zur Bestimmung der Salinität (Salzgehalt einer Wasserprobe) und der Gesamtkonzentration von Elektrolyten. Für besonders exakte Messungen kann eine Zellenkonstantenbestimmung durchgeführt werden.

Darüber hinaus gibt es eine Vielzahl von konduktometrischen Sensoren für sehr spezifische Aufgaben, wie z. B. die Bestimmung von Metallen oder die Charakterisierung von Legierungen. In Tabelle 31.1 sind die Spezifikationen dreier beispielhafter Produkte einander gegenübergestellt [553]. In der Abbildung 31.6 sind die drei Produkte dargestellt.

Tab. 31.1: Konduktometerspezifikationen.

Hersteller	PCE	PCE	Metrohm
Model	PCE-PHD 1-LF	PCE-COM 20	856 Conductivity Module mit tiamo™ light
Messbereich	0 . . . 200,0 µS/cm . . . 20...200,0 mS/cm	0,3 MS/m ... 65 MS/m 0,015 ... 3,333 $\Omega\,mm^2/m$	1 µS...500 mS
Messgenauigkeit	±2 % vom Messwert	±0,5 % bei +20 °C ±1 % bei 0...+40 °C	±0,5 %... ±5 %
Temperatur-kompensation	0...+60 °C	0...+50 °C	−40...+150 °C
Anwendung/ messbare Stoffe	Überprüfung der Wasserqualität	Bestimmung von Nichteisenmetallen, Charakterisierung von Legierungen	pH-, Leitfähigkeits- und Ionenmessungen
Abmessungen	177 × 68 × 45 mm	220 × 95 × 35 mm	142 × 108 × 230 mm
Gewicht	490 g	415 g (mit Messsonde)	2.760 g
ca. Preis (Netto)	300 €	4.500 €	4.700 €
Besonderheiten	automatische Kalibrierung, einstellbare Messrate, automatische Kalibrierung	für den mobilen Einsatz, automatische Kalibrierung, Abstands- und Temperaturkompensation	zahlreiche Messmodi, umfangreiches Zubehör
Quelle	www.pce-instruments.com	www.pce-instruments.com	www.metrohm.com

Abb. 31.6: Konduktometer. Links: PCE-PHD 1-LF, Mitte: PCE-COM 20 (beide mit freundlicher Genehmigung von PCE Deutschland GmbH), rechts: 856 Conductivity Module mit tiamo™ light (mit freundlicher Genehmigung von Deutsche Metrohm GmbH & Co. KG).

31.5 Zusammenfassung

Die Konduktometrie beruht auf der Messung der elektrischen Leitfähigkeit einer Substanz und ist eines der ältesten instrumentellen Analyseverfahren. Mit ihr lassen sich (primär) Konzentrationen von Stoffen bestimmen, die in einer Flüssigkeit gelöst vorliegen. Grundvoraussetzung für die Anwendbarkeit der Analysemethode ist, dass der zu untersuchende Stoff im Lösungsmittel elektrolytisch dissoziiert und so als Ionen vorliegt.

Die wichtigste Komponente eines konduktometrischen Sensors ist die Messzelle. Sie besteht im Wesentlichen aus zwei Elektroden, deren Flächen und Abstand die sogenannte Zellkonstante definiert. Die einfachste Variante eines konduktometrischen Sensors ist eine Zweielektrodenmesszelle. Die Vierelektrodenmesszelle stellt eine Weiterentwicklung dar. Die Leitfähigkeit wird über den mithilfe einer wheatstoneschen Brückenschaltung gemessenen ohmschen Widerstand bestimmt. Das Messergebnis ist dabei in erheblichem Maße von der Temperatur beeinflusst, weshalb diese Abhängigkeit standardmäßig kompensiert wird. Um Elektrolyseeffekte an den Elektroden und daraus resultierende Verfälschungen der Ergebnisse zu vermeiden, wird die Widerstandsmessung mit Wechselspannung durchgeführt.

Die Konduktometrie findet ihre vielfältigen Anwendungen unter anderem in der Prozesskontrolle zur Überprüfung des pH-Werts bei der Wasseraufbereitung, zur Bestimmung der Wasserhärte in Kesselanlagen, zum Nachweis von Reinigungs- und Chlorrückständen sowie zur Ermittlung von Salzgehalten. In der Lebensmitteltechnik wird mit ihr z. B. die Qualität von Fleisch, Honig, Zucker und gemahlenem Getreide überprüft. In der Medizintechnik dient sie zur Diagnose von Entzündungen, zur Bestimmung des Blutverlusts während einer Operation und zur Steuerung der künstlichen Beatmung von Patienten. Reagiert eine Lösung mit einem Gas, ist die Konduktometrie auch in der Lage, Gaskonzentrationen zu messen. Konduktometrische Sensoren können aber auch für sehr spezifische Aufgaben eingesetzt werden, wie z. B. die Bestimmung von Nichteisenmetallen oder die Charakterisierung von Legierungen.

Es gibt weltweit zahlreiche Hersteller kommerzieller Konduktometer und eine große Vielfalt an Modellvarianten. Auch einfache Sensoren können dabei standardmäßig die Salinität einer Wasserprobe und die Gesamtkonzentration von Elektrolyten bestimmen, wobei die Temperaturkompensation in der Regel automatisch erfolgt. Handliche Geräte entsprechen in Größe und Gestalt in etwa einem Multimeter. Stationäre Analysatoren können oftmals neben konduktometrischen auch andere elektrochemische Untersuchungen durchführen. Die Preise liegen in einer Spanne von wenigen Hundert bis hin zu mehreren Tausend €.

32 Voltammetrie/Polarografie

32.1 Einleitung

Der Terminus „Voltammetrie" beinhaltet die Wortteile „Volt", „Ampere" und „Metrie" (von griech. μέτρον – das Maß). Seit den späten 1920er-Jahren gelten die polarografischen und voltammetrischen Analysemethoden als bedeutende Hilfsmittel in der elektrochemischen Analytik. Spricht man von Polarografie, wird in der Regel die Verwendung einer Quecksilbertropfelektrode als Arbeitselektrode zur Aufnahme einer Strom-Spannungs-Kurve verwendet. In der Voltammetrie wird die Strom-Spannungs-Kennlinie hingegen unter Verwendung einer festen, stationären Arbeitselektrode aufgenommen. Bis auf die Elektrodenart sind beide Verfahren identisch.

Im Jahre 1922 berichtete Jaroslav Heyrovsky von der Karls-Universität in Prag erstmalig über die Aufnahme einer Strom-Spannungs-Kurve von Elektrolytlösungen mithilfe einer Quecksilbertropfelektrode und führte dafür den Begriff Polarografie ein. Bis dahin wurden vergleichbare Messungen ausschließlich mit Platinelektroden durchgeführt. Die Verwendung von Quecksilber als Elektrodenmaterial schaffte die Voraussetzung für eine Anwendung der Methode in der industriellen, analytischen Elektrochemie. Der Physikochemiker Heyrovsky erhielt für seine Leistungen 1959 den Nobelpreis für Chemie.

Im Jahre 1925 wurde die manuelle Aufzeichnung von Strom-Spannungs-Kurven durch eine automatische Aufnahme mit einem sogenannten Polarografen ersetzt. Die steigenden Anforderungen an die analytischen Bestimmungsmethoden in Hinblick auf Nachweisempfindlichkeit und Schnelligkeit hatten zur Folge, dass die Polarografie über Jahrzehnte kontinuierlich weiterentwickelt wurde. Ein weiterer, wichtiger Grund hierfür war auch die nicht unbedenkliche Verwendung von Quecksilber aufgrund der Toxizität und schlechten Wiederverwertbarkeit. Dadurch entstanden unter anderem die Oszillopolarografie und die Wechselstrompolarografie. Einige dieser Verfahren werden im weiteren Verlauf eingehend erläutert. Heute gelten die Voltammetrie und die Polarografie als wichtige quantitative Nachweismethoden der analytischen Elektrochemie. Die Bedeutung der Verfahren begründet sich aus der hohen Genauigkeit und Empfindlichkeit sowie dem günstigen Preis-Leistungs-Verhältnis [564, 565].

In den folgenden Abschnitten wird zunächst das Messprinzip der Polarografie und Voltammetrie erklärt. Im Anschluss wird ein Überblick über deren typische Anwendungen gegeben. Daran schließt sich eine Vorstellung exemplarischer, kommerzieller Polarografen und Voltammeter an. Das Kapitel schließt mit einer Zusammenfassung der wichtigsten Inhalte.

Unter Mitwirkung von Tobias Hundeshagen, Christian Kasowski und Semih Basaran

https://doi.org/10.1515/9783110702040-032

32.2 Messprinzip

Die analytischen Verfahren Polarografie und Voltammetrie basieren auf elektrochemischen Vorgängen. Hierbei ist die Polarografie ein Spezialfall der Voltammetrie. Das Wort „Voltammetrie" beinhaltet die Begriffe „Volt" und „Ampere" und beschreibt damit die Grundlage dieser Analysemethode: die Aufnahme von Strom-Spannungs-Kurven.

Das zugrunde liegende Prinzip ist die Elektrolyse. Hierbei wird an eine Flüssigkeit oder ein Gas eine elektrische Spannung angelegt. Es resultiert eine Redoxreaktion, bei der ein Stoff (das Reduktionsmittel) Elektronen abgibt und ein anderer Stoff (das Oxidationsmittel) Elektronen aufnimmt. Diese Redoxreaktion führt durch die Elektronenwanderung zu einem Stromfluss. Jeder Stoff verhält sich dabei charakteristisch [566].

Strom-Spannungs-Kurven von Stoffgemischen erlauben es daher, Rückschlüsse auf die Zusammensetzung einer Probe zu ziehen. Unter Berücksichtigung gewisser Randbedingungen kann bestimmt werden, welche Stoffe vorhanden sind und welche Konzentrationen vorliegen. Das Verfahren kann auf eine große Bandbreite von Stoffen angewendet werden. Hierzu gehören unter anderem organische und metallische Stoffe. Eine detaillierte Auflistung erfolgt in den Abschnitten [566]. Im Folgenden werden zunächst die physikalischen Grundlagen des Verfahrens erläutert. Anschließend erfolgen Beschreibungen des typischen experimentellen Aufbaus eines Sensors und der Durchführung einer Analyse. Abschließend werden verschiedene Methodenvarianten vorgestellt.

32.2.1 Physikalische Grundlagen

Elektrisches Potenzial
Das elektrische (oder elektrostatische) Potenzial eines Punktes in einem elektrischen Feld ist der Quotient aus der elektrostatischen potenziellen Energie eines geladenen Körpers in diesem Punkt und der Ladung dieses Körpers. Das elektrische Potenzial hat die Einheit Joule pro Coulomb [J/C] oder Volt [V], seltener Watt pro Ampere [W/A]. Es wird mit dem Formelzeichen φ abgekürzt.

Elektrische Spannung
Die elektrische Spannung zwischen zwei beliebigen Punkten entspricht dem Unterschied ihrer elektrischen Potenziale. Elektrische Spannung wird in Volt [V] gemessen und mit dem Formelzeichen U abgekürzt.

Elektrischer Strom
Sind zwei Punkte unterschiedlichen elektrischen Potenzials mit einem elektrischen Leiter verbunden, bewegen sich Ladungsträger vom hohen Potenzial zum niedrigen

Potenzial, was den Stromfluss definiert. Die Stromstärke wird in Ampere [A] gemessen und mit dem Formelzeichen I abgekürzt. Wenn kein Potenzialunterschied existiert (keine Spannung anliegt), fließt kein Strom [567, 568].

Ohmsches Gesetz

Die Stromstärke wird durch den elektrischen Widerstand R des Leiters bestimmt. Das ohmsche Gesetz definiert den Widerstand als den Quotienten zwischen Spannung und Strom.

$$R = \frac{U}{I} \, . \tag{32.1}$$

Bei niedrigem Widerstand fließt ein hoher Strom, bei hohem Widerstand eine niedriger. Für einen Draht mit der Querschnittsfläche A, der Länge l und dem spezifischen Widerstand ρ des Materials gilt [567]:

$$R = \rho \cdot \frac{l}{A} \, . \tag{32.2}$$

32.2.2 Experimenteller Aufbau

Der typische Aufbau eines voltammetrischen/polarografischen Sensors ist in Abbildung 32.1 schematisch dargestellt.

Wie bereits erwähnt, unterscheiden sich Polarografie und Voltammetrie ausschließlich in der Art ihrer Arbeitselektrode. Die Elektrode für voltammetrische Untersuchungen besteht aus einem Feststoff. Dafür kommen Edelmetalle wie Platin, Gold und Silber sowie Kohlefaser oder Glaskarbon zum Einsatz. Die Elektrode für polarografische Untersuchungen wird von einer elektrisch leitenden Flüssigkeit gebildet (in der Regel Quecksilber), die zum Transport der elektrischen Ladung in die Probe tropft. Die Elektrode nutzt sich durch diese ständige Erneuerung niemals ab [570].

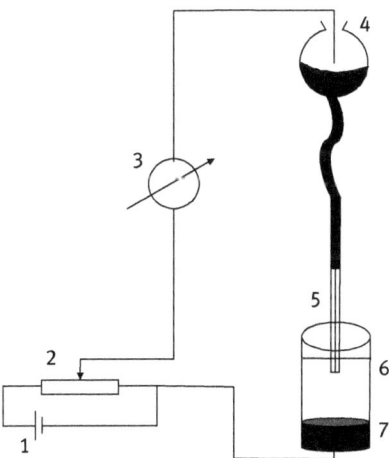

Abb. 32.1: Prinzipieller Aufbau eines polarografischen Sensors [569].

Im Folgenden sollen der Aufbau und anschließend die Durchführung beispielhaft anhand der Gleichstrompolarografie erläutert werden. Das Gefäß mit dem Quecksilbervorrat (4) ist über einen Schlauch mit einem Kapillarröhrchen (5) verbunden. Das Ende der Kapillare ragt in die Messzelle (6) hinein, in der sich die zu untersuchende Probenlösung befindet. Am Boden der Messzelle (7) befindet sich eine Quecksilberschicht [569]. Das Quecksilber im Vorratsgefäß (4) und dasjenige am Boden der Messzelle (7) sind jeweils über Drähte (meist aus Platin) mit einer Spannungsquelle (1) verbunden.

32.2.3 Durchführung einer Analyse

Zur Durchführung einer polarografischen Analyse wird an die Elektroden eine Spannung angelegt. Dabei stellt der Quecksilbertropfen die negativ geladene Elektrode dar, also die Kathode, und die am Boden befindliche Quecksilberschicht die positiv geladene Anode. Damit eine Probenlösung polarografisch analysiert werden kann, muss sie elektrisch leitfähig sein, das heißt, es müssen entgegengesetzt geladene, bewegliche Ionen vorhanden sein [571].

Die angelegte Spannung hat zur Folge, dass sich die positiv geladenen Kationen zur negativ geladenen Kathode bewegen und die negativ geladenen Anionen zur positiv geladenen Anode wandern. An den Elektroden werden die Ionen je nach Polarität oxidiert bzw. reduziert. Oxidation beschreibt dabei einen Prozess, bei dem einem Stoff Elektronen entzogen werden, Reduktion einen Prozess, bei dem ihm Elektronen zugeführt werden. Da beide Prozesse gleichzeitig ablaufen, spricht man von einer Redoxreaktion [572].

Die reduzierten bzw. oxidierten Stoffe werden kontinuierlich durch neue Ionen aus der Probe ersetzt. Der Prozess der Ionenwanderung zu den Elektroden wird als Diffusion bezeichnet und entspricht physikalisch einem elektrischen Stromfluss. Die Stromstärke hängt dabei von der Geschwindigkeit und der Anzahl der diffundierenden Teilchen ab, wobei Letztere proportional zu ihrer Konzentration ist.

Das Galvanometer (3) dient zur Messung der aus der Diffusion resultierenden, typischerweise kleinen Stromstärken im Mikroamperebereich. Für die Aufnahme der Strom-Spannungs-Kurven wird die Spannung mithilfe eines Potenziometers (2) geregelt und (im Falle der Gleichstromvoltametrie) über die Zeit kontinuierlich erhöht. Die Abbildung 32.2 zeigt eine beispielhafte Strom-Spannungs-Kurve. Bei einer bestimmten Spannung steigt der Strom fast sprunghaft an. Die Spannung an diesem Wendepunkt der Kurve, auch Halbstufenpotenzial $U_{1/2}$ genannt, gibt Aufschluss über die Art des Stoffes, zum Beispiel, ob ein Metall vorliegt. Nach dieser Erhöhung stellt sich quasi ein konstanter Strom ein. Aus der Differenz der Stromstärke vor und nach dem Anstieg, dem sogenannten (mittleren) Diffusionsgrenzstrom I_D, kann dann anhand der Datenblätter des Polarografen die Stoffmenge berechnet werden. Besteht die Probe

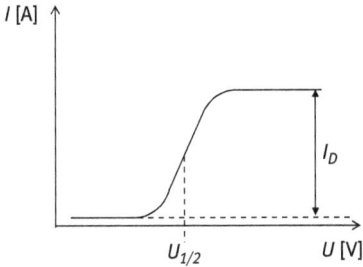

Abb. 32.2: Polarografisch aufgenommene Strom-Spannungs-Kurve [569].

aus mehreren, polarisierbaren Substanzen, zeigt die Strom-Spannungs-Kurve mehrere Stufen mit stoffcharakteristischen Halbstufenpotenzialen und konzentrationsproportionalen Diffusionsgrenzströmen [565, 569].

Der Zusammenhang zwischen dem mittleren Diffusionsgrenzstrom I_D (in Mikroampere) und der Konzentration c (in Mol pro Liter) wird für Quecksilbertropfenelektroden durch die Ilkovič-Gleichung beschrieben [570]:

$$I_D = 607\, n\, D^{\frac{1}{2}}\, u^{\frac{2}{3}}\, t^{\frac{1}{6}}\, c \,. \tag{32.3}$$

In dieser Zahlenwertgleichung steht n für die Ladungszahl (Anzahl der Elektronen pro Redoxreaktion), D für den Diffusionskoeffizienten (auch Diffusionskonstante; in Quadratzentimeter pro Sekunde), u für den Massefluss des Quecksilbers (in Milligramm pro Sekunde) und t für die Lebensdauer eines Tropfens (in Sekunden) [570].

32.2.4 Methoden

Bei der oben beschriebenen, klassischen Gleichstrompolarografie (bzw. Gleichstromvoltammetrie) kommt es an den Elektroden zur Ausbildung einer elektrochemischen Doppelschicht. Die Doppelschicht fungiert in diesem Zusammenhang allerdings wie ein Kondensator und sorgt für einen zusätzlichen, unerwünschten Stromanteil [567]. Dieser kapazitive Strom I_C addiert sich zum eigentlichen Nutzsignal, im Folgenden faradayscher Strom I_F genannt. Dies ist in Abbildung 32.3 dargestellt. Damit ist der

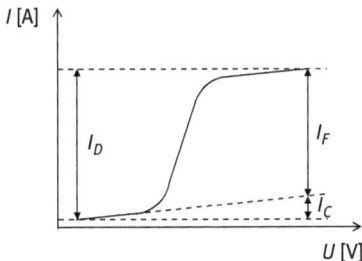

Abb. 32.3: Diffusionsgrenzstrom I_D als Summe des faradayschen Stromanteils I_F (Nutzsignal) und des kapazitiven Stromanteils I_C (Störsignal) in einem Gleichstrompolarogramm [564, 573].

gemessene Diffusionsgrenzstrom I_D nicht mehr proportional zur Konzentration, was das Ergebnis verfälscht und die Nachweisgrenze verschlechtert. Die Nachweisgrenze der Gleichstrompolarografie liegt typischerweise bei ca. 10^{-5} mol/L [574, 575].

Um den kapazitiven Strom messtechnisch weitestgehend zu eliminieren und so die Auflösung und die Genauigkeit des Verfahrens zu erhöhen, gibt es einige methodische Weiterentwicklungen. Diese unterscheiden sich primär in der Form und Dauer der angelegten Spannung und in der Art und Weise der Strommessung. Sie sollen im Folgenden kurz vorgestellt werden [7, 576–578]:

Pulsmethoden
Die verschiedenen Pulsmethoden haben gemeinsam, dass die Elektrodenvorgänge durch periodische Rechteckspannungspulse angeregt werden. Hierbei kann die Amplitude konstant bleiben oder mit der Zeit anwachsen. Es wird dabei ausgenutzt, dass der faradaysche Strom I_F und der kapazitive Strom I_C unterschiedlich schnell abklingen. Gegen Ende der Pulsdauer wird vorwiegend der faradaysche Anteil erfasst, da der Kapazitätsstrom zu diesem Zeitpunkt fast vollständig abgeklungen ist. Dies ist in Abbildung 32.4 schematisch dargestellt. Mit den verschiedenen Pulsmethoden lassen sich Nachweisgrenzen zwischen 10^{-7} und 10^{-8} mol/L erreichen [574, 575].

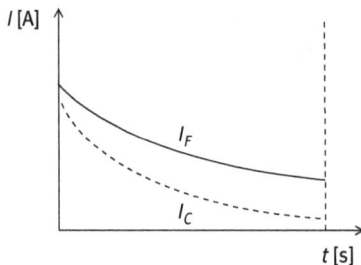

Abb. 32.4: Abklingzeit des faradayschen I_F und des kapazitiven Stroms I_C bei den Pulsmethoden [573].

Wechselstrommethoden
Bei dieser Methode ist die linear oder treppenförmig ansteigende Gleichspannung mit einer sinusförmigen Wechselspannung kleiner Amplitude überlagert. Dadurch wird der Diffusionsgrenzstrom zum Wechselstrom. Bei einer Modulation im Wendepunkt der Kurve (um das Halbstufenpotenzial $U_{1/2}$ herum) hat dieser dann aufgrund der maximalen Steigung die größte Amplitude und ist besonders deutlich zu erkennen. Bedingt durch die periodische Auf- und Entladung der elektrochemischen Doppelschicht sind hierbei die kapazitiven Stromanteile allerdings relativ hoch. Die Empfindlichkeit ist auf etwa 10^{-5} mol/L begrenzt [574, 575].

Stripping-Verfahren

Die Stripping-Verfahren gehören zu den leistungsfähigsten Methoden der instrumentellen Analytik. Die außergewöhnlich hohe Empfindlichkeit und Selektivität beruhen darauf, dass der Analyt vor seiner Bestimmung angereichert wird. Dabei wird der Analyt bei konstanter Spannung über eine bestimmte Zeit, die sogenannte Anreicherungszeit, an einer stationären Arbeitselektrode abgeschieden. Es handelt sich also um ein voltammetrisches Verfahren. Der Analyt liegt dann als Metall, schwer lösliche Quecksilberverbindung oder adsorptiv als Komplexverbindung vor.

Stripping (englisch: Abziehen oder Abstreifen) beschreibt dabei den Vorgang, das Anreicherungsprodukt wieder von der Arbeitselektrode abzulösen. Die Ablösung beruht dabei auf Reduktions- oder Oxidationsvorgängen und stellt gleichzeitig den Bestimmungsprozess dar. Für den klassischen Fall der Elektrolyse ist der Bestimmungsschritt der umgekehrte Vorgang zur Anreicherung, was ursprünglich zur Bezeichnung Inverse Voltammetrie führte.

Die Richtung des im Ablösungsschritt angelegten Potenzials bestimmt die Benennung des Verfahrens. Handelt es sich um eine anodische Auflösung des Analyten, so wird die Methode als anodische Stripping-Voltammetrie bezeichnet. Dementsprechend wird das Verfahren kathodische Stripping-Voltammetrie genannt, sobald es sich um eine kathodische Auflösung handelt. Wenn sich der Analyt durch Adsorption auf der Elektrodenoberfläche anreichert und dann anhand seines Redoxverhaltens bestimmt wird, handelt es sich um die Adsorptions-Stripping-Voltammetrie.

Die Strom-Spannungs-Kurven können prinzipiell mit jedem voltammetrischen Messverfahren aufgenommen werden. Die Nachweisgrenze liegt dabei zwischen 10^{-9} und 10^{-11} mol/L, in manchen Fällen sogar bei 10^{-12} mol/L [574, 579, 580].

32.3 Anwendungen

Für die voltammetrischen und polarografischen Verfahren existiert eine Vielzahl von Anwendungen. Das begründet sich insbesondere damit, dass sehr viele Stoffe oxidierbar oder reduzierbar sind und daher mit diesem Messprinzip nachweisbar sind. Viele Einsatzgebiete finden sich in der anorganisch-chemischen Industrie und der Metallurgie, in der Geologie zur Untersuchung von Mineralien, in der Biochemie, in der Forensik und auch in der Pharmazie. Die Anwendungsgebiete von Polarografen reichen von der pharmazeutischen Industrie über die Umweltanalytik bis zur Nahrungsmittelindustrie. Welches Verfahren dabei zum Einsatz kommt, hängt von den Anforderungen der jeweiligen Anwendung ab. Auch eine Kombination der unterschiedlichen Methoden ist möglich [569, 570].

Im Folgenden wird zunächst der Nachweis toxischer Metalle in Trinkwasser erläutert. Dieser umweltanalytischen Anwendung kommt eine besondere Bedeutung zu, da insbesondere Schwermetalle aufgrund ihrer biologischen Nichtabbaubarkeit und Akkumulation in lebenswichtigen Organen zu chronischen Erkrankungen führen. Daran schließt sich eine Zusammenfassung weiterer Anwendungen an, in der viele weitere detektierbare Analyten aufgeführt sind [581].

32.3.1 Spurenanalyse von Metallionen

Die Schwermetalle Cadmium (Cd), Blei (Pb) und Quecksilber (Hg) sind für Menschen und Tiere hochgradig toxisch. Auch einige Mineralstoffe wie z. B. Kupfer (Cu), Zink (Zn) und Selen (Se) sind gesundheitsschädlich, wenn sie in höheren Konzentrationen eingenommen werden [582, 583].

Im Wasser liegen diese Metalle üblicherweise in gelöster Form vor. Dadurch wird die Aufnahme in den Boden und in die Vegetation begünstigt und ein nicht unbeträchtlicher Anteil kann in die Nahrungskette gelangen. Industrielle Emissionen können z. B. durch atmosphärische Niederschläge in das Ökosystem gelangen. Entsprechende Einleitungen in Flüsse und Meere haben ebenfalls fatale Folgen für Mensch und Tier, denn die marinen Organismen neigen zu Akkumulation der Metalle. Bei Fischen wie bei Weich- und Krustentieren ist die Anreicherung von Quecksilber und Blei besonders problematisch. Die Überwachung dieser Stoffe in Trink-, Regen- und Meerwasser ist deshalb eine außerordentlich wichtige, umweltanalytische Aufgabe. Da die Gehalte dabei üblicherweise im Bereich von µg/L bis ng/L liegen, stellt dies höchste Anforderungen an die spurenanalytischen Methoden [584–586].

Die differenzielle Pulsvoltammetrie (vgl. Pulsmethoden) erlaubt die simultane Bestimmung von Cu, Cd, Pb, Zn. Nach kurzer anodischer Anreicherung kann dann der Se-Gehalt derselben Probe anschließend mittels Stripping-Voltammetrie bestimmt werden. Entsprechende Analysatoren zeigen in der Regel direkt die Abweichungen der Metallgehalte von den jeweiligen gesetzlichen Grenzwerten [574, 587].

32.3.2 Andere Anwendungen

Tabelle 32.1 gibt eine Übersicht über weitere Substanzen, die mit voltammetrischen bzw. polarografischen Verfahren bestimmbar sind [574].

Tab. 32.1: Voltammetrisch bzw. polarografisch bestimmbare Substanzen [574].

Stoffart	Element/Verbindung	Stoffart	Element/Verbindung
Metalle	Antimon	Organische	Ascorbinsäure (Vitamin C)
	Blei	Stoffe	Aldehyde
	Cadmium		Chinin
	Cobalt		Folsäure
	Mangan		Ketone
	Nickel		Konjugierte Doppel- und Dreifachbindungen
	Wolfram		Nikotin
	Zink		Organische Säuren
			Riboflavin (Vitamin B2)
			Thiamin (Vitamin B1)
Anionen	Bromat	Andere	Hydrazin
	Bromid	Stoffe	Sauerstoff
	Chlorid		Schwefel
	Cyanid		Schwefeldioxid
	Jodat		Wasserstoffperoxid
	Jodid		
	Nitrat		
	Nitrit		

32.4 Kommerzielle Produkte

Weltweit gibt es eine Vielzahl von Herstellern von Voltammetern und Polarografen, allein in Deutschland über ein Dutzend Unternehmen. Kommerzielle Polargrafen zeichnen sich dabei durch eine besonders kompakte Bauweise aus. Zudem erlauben Sie den schnellen Austausch der Messköpfe und sind mit manuellem, teilautomatisiertem oder vollautomatisiertem Messsystem verfügbar. Der Anschaffungspreis für Polargrafen liegt zwischen 500 und 7.500 € [573].

32.4.1 Stationäres Voltammeter

Abbildung 32.5 zeigt das stationäre Voltammetriesystem 884 Professional VA (für Volt-Ampere) der Schweizerischen Metrohm AG. Dieses Einstiegsgerät wurde insbesondere für die Spurenanalytik von Schwermetallen konzipiert.

Dieses Voltammeter kann mit verschiedenen Puls-, Wechselstrom- und Stripping-Methoden betrieben werden. Zusätzlich besteht die Möglichkeit, potenziometrische Untersuchungen durchzuführen. Dabei können Arbeitselektroden aus Platin, Gold, Silber oder Grafit eingesetzt werden. Die Referenzelektrode ist in der Regel aus Silber, Silberchlorid oder Kaliumchlorid. Die Hilfselektrode ist in der Regel aus Platin oder Glaskohlenstoff. Die maximale Ausgangsspannung beträgt ±25 V, der maximale Aus-

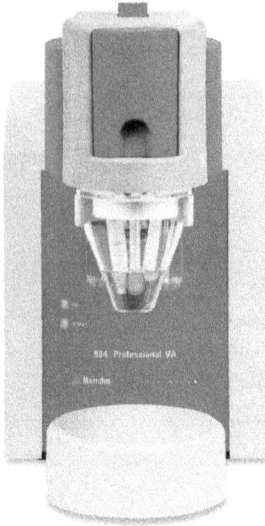

Abb. 32.5: Stationäres Voltammeter 884 Professional VA (mit freundlicher Genehmigung der Metrohm AG).

gangsstrom ±224 mA und die Auflösung des gemessenen Stroms 6 fA (Femtoampere). Die Nachweisgrenzen des stationären Voltammeters, 884 Professional VA, sind in Tabelle 32.2 zusammengefasst [573].

Tab. 32.2: Nachweisgrenzen des stationären Voltammeters 884 Professional VA von Metrohm [573].

Element	Symbol	Nachweisgrenze in ppt (Parts per Trillion)
Antimon	Sb III / Sb V	200
Arsen	As III / As V	100
Bismut	Bi	500
Blei	Pb	50
Cadmium	Cd	50
Chrom	Cr III / Cr V	25
Cobalt	Co	50
Eisen	Fe II / Fe III	50
Kupfer	Cu	50
Molybdän	Mo	50
Nickel	Ni	50
Platin	Pt	0,1
Rhodium	Rh	0,1
Quecksilber	Hg	100
Selen	Se IV / Se VI	300
Thallium	Tl	50
Uran	U	25
Wolfram	W	200
Zink	Zn	50

32.4.2 Mobiles Voltammeter

Abbildung 32.6 zeigt das mobile Voltammeter 946 Portable VA Analyzer der Firma Metrohm. Der tragbare und batteriebetriebene Analysator dient primär der Bestimmung von Arsen, Quecksilber und Kupfer im Spurenbereich. Er findet sowohl in der Umweltmesstechnik als auch in der Industrie Anwendung.

Das System basiert auf einem separaten Messstand mit einer Arbeitselektrode aus Goldmikrodraht, einer austauschbaren Referenzelektrode und einem eingebauten Rührer. Es wird über eine spezielle Analysesoftware gesteuert. Die Stromversorgung

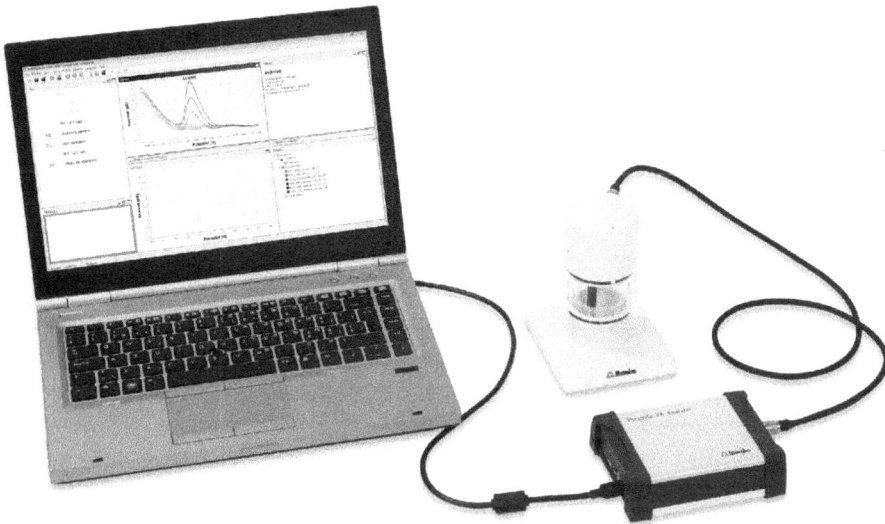

Abb. 32.6: Mobiles Voltammeter 946 Portable VA Analyzer (mit freundlicher Genehmigung der Metrohm AG).

Tab. 32.3: Nachweisgrenzen des mobilen Voltammeters 884 Professional VA von Metrohm [588].

Element	WHO-Trinkwasser-grenzwert (µg/L)	Nachweis-grenze (µg/L)
Arsen	10	1
Quecksilber	6	0,5
Kupfer	2.000	0,5
Blei	10	0,2
Zink	–	5
Nickel	70	1
Kobalt	–	1
Eisen	–	10
Bismut	–	1

erfolgt über eine aufladbare Batterie. Die maximale Ausgangsspannung beträgt ±4 V, der maximale Ausgangsstrom ±40 mA und die Auflösung des gemessenen Stroms 1 pA. Das Voltammeter kann mit verschiedenen Pulsmethoden oder mit der Wechselstrommethode betrieben werden. Typische Aufgaben sind die In-situ-Untersuchung von Gewässern oder die industrielle Qualitätsuntersuchung z. B. durch Auditoren. Die Nachweisgrenzen des mobilen Voltammeters, 946 Portable VA Analyzer, sind in Tabelle 32.3 zusammen mit den Trinkwassergrenzwerten der WHO gelistet [588].

32.5 Zusammenfassung

Die Voltammetrie (von „Volt-Ampere-Messung) basiert auf der Messung einer Strom-Spannungs-Kennlinie. Dabei kommt in der Regel eine feste, stationäre Arbeitselektrode zum Einsatz. Die Polarografie ist ein Spezialfall der Voltammetrie. Hier wird die Strom-Spannungs-Kurve mit einer Quecksilbertropfelektrode aufgenommen. Das zugrunde liegende Prinzip ist in beiden Fällen die Elektrolyse mit ihren Redoxreaktionen.

Im Fall der Gleichstromvoltammetrie wird der Strom proportional mit der Zeit erhöht. Die Strom-Spannungs-Kurven zeigen bei einer charakteristischen Spannung einen fast sprunghaften Anstieg der Stromstärke. Dieses sogenannte Halbstufenpotenzial gibt Aufschluss über die Art des Stoffes. Nach dieser Erhöhung stellt sich ein quasi konstanter Strom ein. Aus der Differenz der Stromstärke vor und nach dem Anstieg, dem sogenannten (mittleren) Diffusionsgrenzstrom, kann dann die Stoffmenge berechnet werden. Besteht die Probe aus mehreren, polarisierbaren Substanzen, zeigt die Strom-Spannungs-Kurve mehrere Stufen mit stoffcharakteristischen Halbstufenpotenzialen und konzentrationsproportionalen Diffusionsgrenzströmen. Um Störsignale zu reduzieren und so die Nachweisgrenze zu erhöhen, wurde das Verfahren verschiedenfach weiterentwickelt. Hieraus resultieren die verschiedenen Puls-, Wechselstrom- und Stripping-Methoden.

Da sehr viele Stoffe chemisch oxidierbar oder reduzierbar sind, sind die Einsatzgebiete voltammetrischer und polarografischer Analysatoren außerordentlich vielfältig. Typische Anwendungen finden sich in der chemischen und pharmazeutischen Industrie, in der Nahrungsmittelindustrie und Biochemie, in der Metallurgie und Geologie sowie in der Forensik und der Umweltanalytik. Von besonderer Relevanz ist oftmals der Nachweis von Schwermetallionen in wässrigen Proben.

Es gibt weltweit sehr viele Hersteller von kommerziellen Voltammetern und Polarografen. Man unterscheidet zwischen stationären und mobilen Analysatoren, wobei die meisten Geräte mit verschiedenen Puls-, Wechselstrom- und Stripping-Methoden betrieben werden können. Die Messauflösung für die Ströme reicht bis in den Femtoamperebereich und erlaubt Nachweisgrenzen bis in den Parts-per-Trillion-Bereich und sogar noch darunter. Die Anschaffungspreise liegen zwischen 500 und 7.500 Euro.

Die Vorteile der Voltammetrie und der Polarografie sind ihre außerordentlich hohe Messgenauigkeit, wobei der Messbereich mehr als sechs Größenordnungen umfassen kann, die relativ niedrigen Anschaffungskosten und ihre Anwendbarkeit auf sehr viele anorganische und organische Stoffe. Ein besonderer Vorteil der Polarografie ist die sich ständig erneuernde und ideal glatte Elektrodenoberfläche des Quecksilbertropfens.

Ein Nachteil der Voltammetrie sind mögliche Messstörungen durch Oberflächenabnutzung der festen Elektroden. Ein spezieller Nachteil der Polarografie ist der kritische Umgang mit dem toxischen Quecksilber. Aus diesem Grund ist deren Einsatz auf das chemische Labor beschränkt.

33 Elektrogravimetrie

33.1 Einleitung

Bei der Elektrogravimetrie handelt es sich um ein Messverfahren mit dem primären Ziel, die Masse oder den Massenanteil eines in einer Flüssigkeit gelösten Stoffs zu bestimmen. Dafür wird mit einer Probe der zu untersuchenden Flüssigkeit eine Elektrolyse durchgeführt. Hierbei ist es wichtig, dass der gelöste Stoff bekannt ist und dass er durch eine Elektrolyse an einer Elektrode als Feststoff abscheidbar ist. Durch das Wiegen der Elektrode vor und nach der Elektrolyse kann die Masse des gelösten Stoffes bestimmt werden. Es handelt sich hierbei um ein quantitatives Messverfahren, bei dem ausschließlich die Masse des zu messenden Stoffes bestimmt wird [589].

Die Elektrolyse wurde Ende des 18. Jahrhunderts erfunden. Im Jahr 1864 entwickelte der US-amerikanische Chemiker Oliver Wolcott Gibbs diese zur Elektrogravimetrie weiter und setzte sie zum ersten Mal zur quantitativen Bestimmung von Kupfer und Nickel ein. Ein Jahr später entwickelte der deutsche Chemiker Clemens Winkler die speziellen Elektroden in Form eines Drahtkäfigs. Diese Elektroden werden auch heute noch hauptsächlich eingesetzt. Im Abschnitt zu kommerziellen Produkten finden sich nähere Informationen zur Winkler-Elektrode [590].

Das vorliegende Kapitel gliedert sich in die Abschnitte Messprinzip, Anwendungen, kommerzielle Produkte und schließt mit einer Zusammenfassung ab. Das Messprinzip wird anhand der chemischen und physikalischen Grundlagen der Elektrochemie erläutert. Um den Vorgang an den Elektroden zu veranschaulichen, wird dabei detailliert auf die elektrochemische Doppelschicht eingegangen. Im Anschluss werden der chemische Prozess der Elektrolyse und der Ablauf einer Redoxreaktion behandelt. Danach folgt eine Erklärung des experimentellen Aufbaus für eine Elektrolyse mit den für die Elektrogravimetrie spezifischen Besonderheiten. Im Rahmen dessen wird auch die elektrochemische Spannungsreihe vorgestellt. Im Abschnitt Verfahren wird die Durchführung einer elektrogravimetrischen Messung erläutert. Darin wird unter anderem auf die Handhabung der Elektroden und deren Reinigung eingegangen.

Im Abschnitt Anwendungen werden ausgewählte Einsatzgebiete der Elektrogravimetrie vorgestellt. Ein Überblick über die für dieses Verfahren erforderlichen Komponenten und die am Markt vertretenen Hersteller liefert der Abschnitt zu kommerziellen Produkten. Abschließend werden die wichtigsten Inhalte zusammengefasst und die Stärken und Schwächen des Verfahrens präsentiert.

Unter Mitwirkung von Tim Eckhardt, Artur Flaum und Georg Kirsch

https://doi.org/10.1515/9783110702040-033

33.2 Messprinzip

Die Elektrogravimetrie ist ein Verfahren zur Gewichtsbestimmung metallischer Stoffe. Diese müssen in Form einer bekannten Elektrolytlösung vorliegen und werden mittels chemischer Elektrolyse an Elektroden abgeschieden. Zur quantitativen Bestimmung der Masse werden die Arbeitselektroden vor und nach der Messung gewogen.

Die wesentlichen Arbeitsschritte der Elektrogravimetrie sind in der Tabelle 33.1 als Abfolge aufgelistet. Zunächst müssen für die Durchführung die allgemeinen Bedingungen der durchzuführenden Elektrolyse geklärt werden. Hierbei gilt es festzustellen, welche zu untersuchenden Stoffe in der Probenlösung vorliegen und an welcher Elektrode sie sich abscheiden werden. Je nach Anzahl der in Lösung vorhandenen Stoffe wird die Steuerung der Elektrolyse ausgewählt. Die Arbeitselektrode muss vor der Elektrolyse gereinigt und gewogen werden. Abhängig vom zu untersuchenden Stoff wird die Polung der Elektroden festgelegt und die Elektrolyse durchgeführt. Der zu detektierende Stoff scheidet sich dabei vollständig als Feststoff an der Arbeitselektrode ab. Nach Abschluss der Elektrolyse erfolgt eine erneute Reinigung und Wägung der Arbeitselektrode (diesmal inklusive der Abscheidung). Die Differenz der Wägungen entspricht der Masse der festen Abscheidung. Abschließend wird die Abscheidung von der Arbeitselektrode entfernt und die Elektrode kann für eine neue Untersuchung eingesetzt werden [591].

Tab. 33.1: Allgemeiner Ablauf einer elektrogravimetrischen Untersuchung.

Bedingung
Bekannte Lösung
– ein Stoff in der Lösung → stromgesteuerte Anwendung
– mehrere Stoffe in der Lösung → potenzialgesteuerte Anwendung
Elektrodenvorbereitung
Reinigung und Wägung der Arbeitselektrode vor der Elektrolyse
Elektrolyse
Stoff erfordert für die Abscheidung eine Oxidation → anodische Abscheidung
Stoff erfordert für die Abscheidung eine Reduktion → kathodische Abscheidung
Reinigung
Reinigung und Trocknung der Arbeitselektrode von der Elektrolytlösung
Differenzwägung
Wägung der Arbeitselektrode nach der Elektrolyse → quantitative Bestimmung der abgeschiedenen Masse
Nachbereitung
Reinigung der Elektroden von Metallabscheidungen und Lagerung der Elektroden

33.2.1 Chemische und physikalische Grundlagen

In diesem Abschnitt werden die chemischen und physikalischen Grundlagen der elektrochemischen Doppelschicht, der Redoxreaktion, der Elektrolyse, der elektrochemischen Spannungsreihe und wichtige Berechnungsgleichungen vorgestellt.

Elektrochemische Doppelschicht

Wird ein Metallkörper in eine Flüssigkeit getaucht, bildet sich an dessen Oberfläche eine elektrochemische Doppelschicht. Dabei gehen aus dem Metallkörper einzelne Atome als positiv geladene Ionen in Lösung. Die entsprechenden Valenzelektronen werden in dem Metallkörper zurückgelassen. Dieser ist somit negativ geladen und weist eine elektrische Anziehungskraft auf die positiv geladenen Ionen auf, aufgrund derer die Ionen an der Körperoberfläche haften (siehe Abbildung 33.1). Diese Schicht aus Ionen und Elektronen wird elektrochemische Doppelschicht genannt.

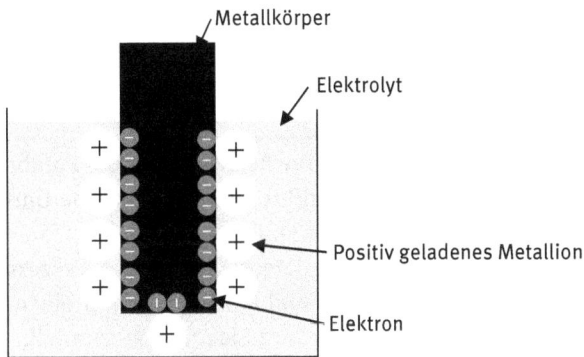

Abb. 33.1: Schematische Darstellung der elektrochemischen Doppelschicht.

Die Anzahl der verfügbaren, freien Elektronen im Metallkörper und der gelösten Ionen ist für jedes Metall unterschiedlich und hängt von der Konzentration der in Lösung gegangenen Ionen und den Umgebungsbedingungen (Temperatur, Druck etc.) ab. Metalle werden daher in der sogenannten elektrochemischen Spannungsreihe geordnet. Je unedler das entsprechende Metall ist, desto stärker ist diese elektrochemische Doppelschicht ausgeprägt. Näheres zur elektrochemischen Spannungsreihe findet sich in dem entsprechenden Abschnitt unten [327].

Reduktions-Oxidations-Reaktion

Bei einer Reduktions-Oxidations-Reaktion (kurz: Redoxreaktion) findet eine Elektronenübertragung zwischen den Reaktionspartnern statt. Der Begriff Oxidation bezeichnet den Vorgang der Elektronenabgabe, während die Reduktion den Vorgang der Elektronenaufnahme bezeichnet. Redoxreaktionen treten frei oder erzwungen auf [589].

Bei der Oxidation wird von dem Stoff M eine stoffabhängige Anzahl z an Elektronen abgegeben. Stoff M wird dann Reduktionsmittel genannt. Die Reaktionsgleichung der Oxidation lautet:

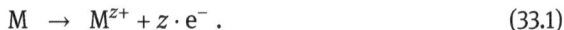

$$M \ \rightarrow \ M^{z+} + z \cdot e^- \ . \tag{33.1}$$

Bei der Reduktion werden von dem Stoff O Elektronen aufgenommen. Stoff O wird Oxidationsmittel genannt. Die Reaktionsgleichung der Reduktion lautet:

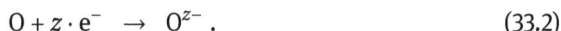

$$O + z \cdot e^- \ \rightarrow \ O^{z-} \ . \tag{33.2}$$

Das Reduktionsmittel M übergibt z Elektronen an das Oxidationsmittel O. Die Reaktionsgleichung der gesamten Redoxreaktion ergibt sich somit zu [589]:

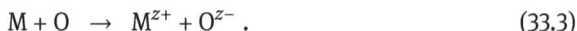

$$M + O \ \rightarrow \ M^{z+} + O^{z-} \ . \tag{33.3}$$

Elektrolyse

Die Elektrolyse ist ein grundlegender Prozess der Elektrochemie. Durch die Zufuhr elektrischer Energie wird eine Redoxreaktion herbeigeführt und es findet eine Umwandlung von elektrischer Energie in chemische Energie statt.

In Abbildung 33.2 ist die Elektrolyse schematisch dargestellt. Für den Prozess werden eine Gleichspannungsquelle, zwei Elektroden und ein Behälter mit einem elektrisch leitfähigen Medium benötigt. Dieses Medium wird Elektrolyt genannt. Zusätzlich kann ein Diaphragma eingesetzt werden. Dies ermöglicht eine Trennung der Reaktionsprodukte, da es nur von Ionen passiert werden kann.

Die Elektrolyse basiert auf der freien Redoxreaktion einer galvanischen Zelle. Dafür werden zwei unterschiedliche Metallelektroden ohne verbindende Spannungsquelle in eine Lösung getaucht, infolgedessen diese jeweils eine elektrochemische Doppelschicht ausbilden. Wird eine elektrisch leitende Verbindung zwischen den Elektroden hergestellt, kann ein Potenzialunterschied zwischen den beiden Elektroden gemessen werden. Diese Spannung wird als Elektrodenpotenzial bezeichnet. Um den Potenzialunterschied auszugleichen, wandern Ionen aus der elektrochemischen Doppelschicht der unedleren Elektrode (Anode) in die Lösung. Gleichzeitig scheiden sich Ionen aus der Lösung an der edleren Elektrode (Kathode) ab. Solange sich freie Ionen in der Lösung befinden, ist ein Stromfluss messbar. Der Prozess endet, wenn an der Anode keine Ionen mehr in Lösung gehen können und die Anode im Extremfall vollständig zersetzt wurde.

Wird eine Spannungsquelle an die Elektroden angeschlossen, kann eine Redoxreaktion in beliebiger Richtung erzwungen werden. Dieser Prozess wird als Elektrolyse

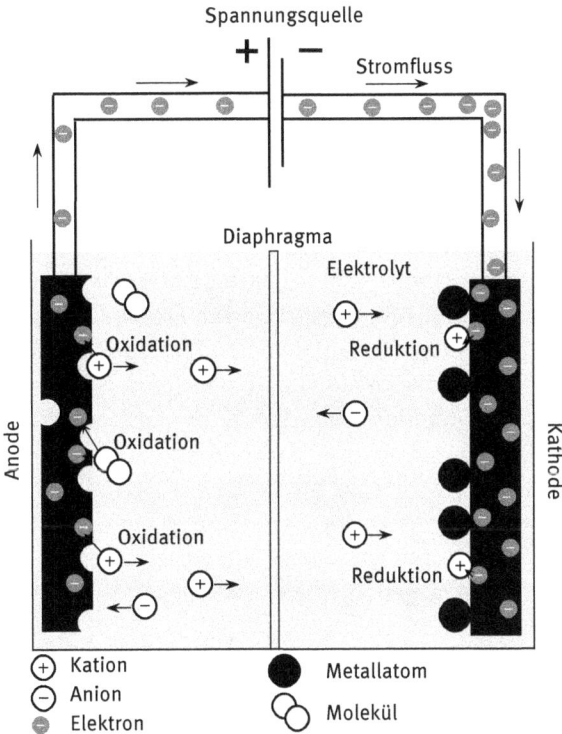

Abb. 33.2: Schematische Darstellung einer Elektrolyse.

bezeichnet. Die dabei benötigte Spannung wird Zersetzungsspannung genannt und entspricht dem Elektrodenpotenzial der freien Redoxreaktion. Diese Spannung kann erhöht sein, wenn die Redoxreaktion gehemmt ist. In diesem Fall wird sie Überspannung genannt [327].

Elektrochemische Spannungsreihe

Die elektrochemische Spannungsreihe dient dazu, verschiedene Elektrodenmaterialien vergleichen zu können. Da ein Elektrodenpotenzial nur zwischen zwei unterschiedlichen Elektroden gemessen werden kann, wird eine Bezugselektrode definiert. Mit dieser Bezugselektrode werden alle anderen Elektroden verglichen. Je edler eine Elektrode ist, desto größer ist die mit der Bezugselektrode gemessene Spannung, je unedler eine Elektrode ist, desto kleiner ist die gemessene Spannung [327].

Als Bezugselektrodenmaterial wird ein inertes Metall wie zum Beispiel Platin angenommen. Als Elektrolyt dient eine H^+-Lösung der Standardkonzentration von $1\,mol/l$. Bei einem Stromfluss wird die Platinelektrode zu einer H^+-Elektrode polarisiert. Um die Messung reproduzierbar zu machen, wird diese unter Standardbedingungen durchgeführt und zugleich die Elektrode zusätzlich mit Wasserstoffgas umspült. Unter Standardbedingungen versteht man eine Raumtemperatur von 25 °C und einen Druck von 1.013 hPa. Liegt keine Standardkonzentration vor, kann mithilfe der Nernst-Gleichung und des Standardelektrodenpotenzials $E^{\varnothing}$ das Elektrodenpotenzial E für die jeweilige Konzentration ausgerechnet werden [327]:

$$E = E^{\varnothing} - \frac{RT}{zF} \ln \frac{[\text{Red}]}{[\text{Ox}]} \, . \tag{33.4}$$

R beschreibt die allgemeine Gaskonstante mit 8,314 J/(K mol). Die Temperatur T wird in Kelvin eingesetzt. Die Reaktionsladungszahl z gibt an, wie viele Elektronen bei der betrachteten Redoxreaktion übertragen werden. Die Faraday-Konstante F (96.485,3399 C/mol) beschreibt die Proportionalität von Ladung zu Molmasse. Die Ausdrücke *Red* und *Ox* geben die chemische Aktivität der Reaktionspartner an und können in entsprechender Fachliteratur für verschiedene Stoffe nachgeschlagen werden.

In Tabelle 33.2 sind beispielhaft einige, für die Elektrogravimetrie wichtige Redoxpaare zusammengestellt. Dabei sind jeweils die oxidierte und die reduzierte Form gelistet. Mithilfe des Standardpotenzials $E^{\varnothing}$ kann das Elektrodenpotenzial für eine beliebige Kombination unter Standardbedingungen berechnet werden [327, 591].

Tab. 33.2: Elektrochemische Spannungsreihe für die wichtigsten Elemente in der Elektrogravimetrie [591].

Oxidierte Form	Reduzierte Form	Anzahl Elektronen	Standardpotenzial $E^{\varnothing}$ [V]
Ag^+	Ag	$+e^-$	$+0,80$
$O_2 + 2\,H_2O$	$4\,OH^-$	$+4\,e^-$	$+0,40$
Cu^{2+}	Cu	$+2\,e^-$	$+0,35$
$2\,H_3O^+$	$H_2 + H_2O$	$+e^-$	0
Pb^{2+}	Pb	$+2\,e^-$	$-0,13$
Ni^{2+}	Ni	$+2\,e^-$	$-0,23$
Co^{2+}	Co	$+2\,e^-$	$-0,28$
Cd^{2+}	Cd	$+2\,e^-$	$-0,40$
Mn^{2+}	Mn	$+2\,e^-$	$-1,18$

Faradaysches Gesetz

Die während der Elektrolyse abgeschiedene Masse m ist proportional zur während der Elektrolyse übertragenen elektrischen Ladungsmenge Q:

$$m \sim Q \, . \tag{33.5}$$

Dabei wird die sich an der Kathode abscheidende Masse der Kationen m_K betrachtet. Diese hat eine spezifische Molmasse M_K und Ladung z_K (z. B.: +1, +2, +3), woraus sich das erste faradaysche Gesetz ableitet:

$$m_K = \frac{M_K \cdot Q}{z_K \cdot F} \, . \tag{33.6}$$

Die Faradaykonstante F berechnet sich als Produkt aus der Avogadro-Konstanten ($N_A = 6,022 \cdot 10^{23} \frac{1}{mol}$) und der Elementarladung ($e = 1,602 \cdot 10^{,-19}$ C) [591]:

$$F = N_A \cdot e = 96.485,3399 \frac{C}{mol} \,. \tag{33.7}$$

Berechnung der abgeschiedenen Masse

Da die elektrische Ladung Q messtechnisch schwierig zu erfassen ist, wird die Definition der Stromstärke I herangezogen. Diese ist als die Änderung der Ladung Q pro Zeit t definiert:

$$I = \frac{dQ}{dt} \,. \tag{33.8}$$

Die Ladung Q ergibt sich demnach bei konstanter Stromstärke und der Elektrolysezeit t_0 zu:

$$Q = \int_{t=0}^{t_0} I \, dt = I \cdot t_0 \,. \tag{33.9}$$

Setzt man die Ladung in das erste faradaysche Gesetz (Gleichung 33.6) ein, ergibt sich für die praktische Anwendung:

$$m_K = \frac{M_K \cdot I \cdot t_0}{z_K \cdot F} \,. \tag{33.10}$$

Die Gleichung 33.10 sagt aus, wie groß die abgeschiedene Masse m_K des Stoffes in Abhängigkeit von der konstanten Stromstärke und der Elektrolysezeit t_0 ist.

In der Praxis wird die Elektrolytlösung mit fortschreitender Elektrolysezeit an abscheidbaren Ionen verarmen. Aus diesem Grund ist die Stromstärke nicht konstant über die Elektrolysezeit und man muss die Änderung der Masse m_K pro Zeit betrachten. Damit ergibt sich die Stromstärke als Funktion der Änderungsrate der abgeschiedenen Masse m_K zu

$$I(t, m_K) = \frac{z_K \cdot F}{M_K} \cdot \frac{d m_K}{dt} \,. \tag{33.11}$$

Wenn die Masse m_K der abscheidbaren Ionen in der Elektrolytlösung zur Neige geht, reduziert sich also automatisch die Stromstärke. Dies ist plausibel, da weniger Kationen in der Elektrolytlösung für den Ladungstransport zur Verfügung stehen [591].

Stromdichte

Um zu gewährleisten, dass die Wägung der Elektrode nach erfolgter Elektrolyse problemlos verläuft, muss während der Durchführung die Stromdichte überwacht werden. Diese entspricht der Stromstärke bezogen auf die Elektrodenoberfläche. Die Stromdichte hat einen großen Einfluss auf die Form des Niederschlags an der Elektrode. Wird eine falsche Stromdichte verwendet, kann der Niederschlag pulverförmig oder nadelig sein und sich vor dem Wiegen von der Elektrode wieder ablösen. Die benötigte Stromdichte ist abhängig von den zu detektierenden Stoffen und muss entsprechender Fachliteratur entnommen werden [7].

Badspannung

Die zur Elektrolyse notwendige Badspannung U berechnet sich wie folgt:

$$U = (E_A - E_K) + U_P + \mu + U_R \,. \tag{33.12}$$

Dabei entspricht die Polarisationsspannung der Differenz der Standardelektroden-potenziale der Anode und Kathode ($E_A - E_K$). Die Konzentrationspolarisation U_P beschreibt die für die Ausbildung der Ionenwolken (an den jeweiligen Elektroden) benötigte Spannung. Mit dem Grad der Reaktionshemmung μ wird die Spannung beschrieben, die durch Depolarisation an den Elektroden auftritt und kompensiert werden muss. Für die verwendeten Komponenten des Versuchsaufbaus muss die Spannung zur Überwindung des ohmschen Widerstandes U_R berücksichtigt werden [591].

Depolarisation

Die Depolarisation ist bei dem Abscheidungsprozess des gesuchten Metalls ein un-erwünschtes, aber geduldetes Ereignis, welches die gewünschte Metallabscheidung hemmt oder sogar unterbindet. Um den Depolarisierungsprozess des Elektrolyten zu steuern, muss vor der Elektrolyse die Zusammensetzung der Elektrolytlösung bekannt sein, damit daran angepasst die Elektroden ausgewählt werden können.

Für die elektrogravimetrische Bestimmung eines Elements wird die für dieses Element benötigte Zersetzungsspannung angelegt, um plangemäß dieses Element an der Kathode oder Anode abzuscheiden. Befinden sich Elemente mit einer niedrige-ren Zersetzungsspannung in der Elektrolytlösung, werden diese bevorzugt reduziert oder oxidiert (der gleiche Fall tritt bei dem Anlegen einer Überspannung ein). Diese unerwünschten Abscheidungen verändern das Potenzial der Elektroden, wodurch die verursachenden Elemente auch Depolarisatoren genannt werden. Des Weiteren kommt es durch Depolarisatoren zu einer porösen Abscheidung des gesuchten Ele-ments.

Nitrat ist ein besonders starker Depolarisator. Hierbei werden Nitrationen ($NO_3{}^-$) an einer Platinelektrode zu Nitritionen ($NO_2{}^-$) reduziert, die dann an der Anode wie-der zu Nitrationen oxidiert werden. Dieser Kreislauf hemmt den eigentlich gewollten Abscheidungsprozess. Wird dann eine Kupferelektrode anstelle einer Platinelektrode eingesetzt, wird das Nitrat zu Ammoniumionen reduziert.

Depolarisation kann auch gezielt eingesetzt werden, um bei der Metallabschei-dung das Abscheiden von Wasserstoff oder auch Sauerstoff zu verhindern. Dadurch wird der eigentliche Abscheidungsprozess gehemmt, aber ein bestehendes Sicher-heitsrisiko unterbunden [7].

33.2.2 Experimenteller Aufbau

Der experimentelle Aufbau für die elektrogravimetrische Messung entspricht dem klassischen Aufbau der Elektrolyse. Die Besonderheit ist jedoch, dass die Kathode und die Anode aus Metalllegierungen mit Edelmetallen bestehen. Diese weisen eine hohe chemische Widerstandsfähigkeit auf und können wiederverwendet werden. Die geläufigsten Materialien für Kathode und Anode sind Platin oder Platin-Iridium-Legierungen. Je nach Anforderung durch die Elektrolytlösung muss eine Verkupferung der Platinkathode durchgeführt werden (siehe Abschnitt Anwendung). In Abbildung 33.3 ist der allgemeine Aufbau zur Durchführung einer elektrogravimetrischen Bestimmung schematisch dargestellt [7]. Bei der Elektrogravimetrie unterscheidet man zwischen zwei Ausführungsformen, der stromgesteuerten und der potenzialgesteuerten Ausführung.

Die Anode ist in den meisten Fällen eine Drahtwendel im Zentrum des Kathodenzylinders. Je nach Aufbau und Ausführung der Apparatur wird die Anode auch zum Rühren der Elektrolytlösung verwendet. Die Kathode wird durch ein zylinderförmiges feinmaschiges Netz realisiert. Die Netzstruktur sorgt für eine große Oberfläche, wodurch die Kationen des zu detektierenden Metalls die Möglichkeit erhalten, sich gleichmäßiger und schneller ablagern zu können. Des Weiteren sorgt die Netzstruktur für einen geringen Strömungswiderstand, sodass mögliche Konzentrationsunterschiede in der Elektrolytlösung vermieden werden [7].

Als Stromquelle dient eine Gleichstromquelle. Die Elektrolytlösung wird in einen Behälter gefüllt und die Elektroden werden in die Flüssigkeit getaucht. Bei der Ausführung mit Magnetrührer befindet sich am Boden des Behälters ein Rührer, der durch ein rotierendes Magnetfeld angetrieben wird. Zudem wird die Lösung über ein Heizelement erwärmt. Das Erwärmen und Rühren führt zu einer höheren Leitfähigkeit, da es die Beweglichkeit der gelösten Ionen erhöht. Dies beschleunigt die Elektrolyse [7].

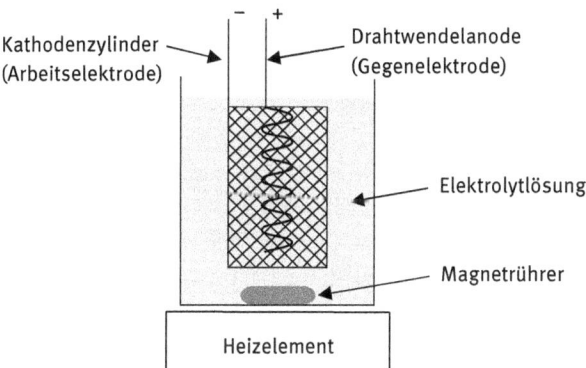

Abb. 33.3: Schematischer Aufbau für die stromgesteuerte Elektrogravimetrie.

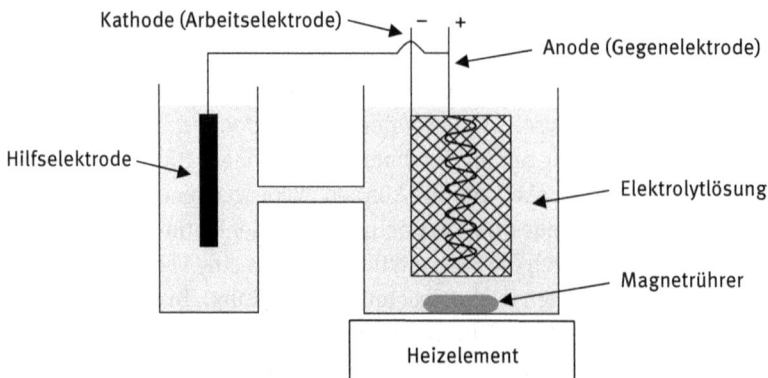

Abb. 33.4: Schematischer Aufbau für die potenzialgesteuerte Elektrogravimetrie.

Für die potenzialgesteuerte Elektrolyse, welche in Abbildung 33.4 dargestellt ist, wird eine dritte Hilfselektrode (auch Kalomel-Elektrode genannt) eingesetzt, die zur Kontrolle des Kathodenpotenzials verwendet wird. Mithilfe eines Potenziostaten kann dann das Kathodenpotenzial gemessen und gesteuert werden [7].

Elektrodenarten
Man unterscheidet reversible und irreversible Elektroden. Beide Arten werden nachfolgend am Beispiel einer wässrigen Kupferionenlösung erläutert.

Werden zwei Kupferelektroden in die Lösung getaucht, bildet sich kein Potenzialunterschied aus. Beide Elektroden besitzen das gleiche Potenzial und es findet keine Reaktion statt. Wird eine Spannung angelegt, wird das Gleichgewicht aufgehoben. Dadurch geht an der Anode Kupfer in Lösung und zeitgleich lagern sich an der Kathode Kupferionen an. Mit größerer Spannung wird dieser Vorgang beschleunigt. Wird die Spannung umgekehrt, wird die Reaktion ebenfalls umgekehrt, weshalb die Elektroden reversibel genannt werden. Die Reaktion kann in beide Richtungen ungehemmt stattfinden.

Bei irreversiblen Elektroden kann die Reaktion nicht einfach umgekehrt werden. Als Beispiel werden in die gleiche Kupferionenlösung zwei Platinelektroden getaucht. Diese Elektroden besitzen zunächst ebenfalls das gleiche Potenzial und es findet keine Reaktion statt. Wird nun eine Spannungsquelle angeschlossen, scheidet sich an der Kathode das Kupfer ab und an der Anode der Sauerstoff aus der Lösung. Die Kathode wird so zur Kupferelektrode und die Anode zur Sauerstoffelektrode. Elektroden, die beim Stromdurchgang ihr Potenzial ändern, werden auch polarisierbare Elektroden genannt. Würden nun die beiden Elektroden umgepolt werden, lägen zunächst eine verkupferte Platinelektrode und eine ursprüngliche Platinelektrode vor. Die nicht verkupferte Platinelektrode wurde durch die vorherige Sauerstoffabscheidung nicht verändert. Durch die Umpolung würde das zuvor an der verkupferten Platinelektrode abgeschiedene Kupfer in Lösung gehen und gleichzeitig an der reinen Platinelektrode abgeschieden werden. Erst dann würde an dieser Elektrode wieder Sauerstoff aus der Lösung abgeschieden werden können. Die Umkehrreaktion läuft also gehemmt ab und die Elektroden werden deshalb irreversibel genannt [591].

Zur Lagerung der Elektroden wird ein Exsikkator verwendet, um Verdampfungsverluste an der Platinelektrode zu verhindern. Ein Exsikkator ist ein meist aus dickwandigem Glas bestehender Behälter, welcher luftdicht verschlossen werden kann. Dieser dient zur Trocknung von festen chemischen Stoffen, wobei am Boden des Behälters eine gut absorbierende Substanz verwendet wird [591].

Waage
Für die Bestimmung der Massen der zu untersuchenden Stoffe in der Probenlösung wird zur Wägung der Elektroden vor und nach der Elektrolyse eine hochauflösende Waage verwendet. Der Messbereich sollte im Milligrammbereich liegen und eine Ablesegenauigkeit von 0,1 mg aufweisen [589].

Potenziostat
Für die Steuerung der meisten elektroanalytischen Experimente wird ein Potenziostat benötigt. Dieser steuert primär den elektrischen Strom zwischen der Arbeits- und Gegenelektrode und hält dadurch deren Potenzial konstant. In der üblichen Bauform können mit diesem Regelverstärker drei Elektroden gesteuert werden: Arbeitselektrode, Hilfselektrode und Gegenelektrode, welche, wie die Abbildung 33.4 zeigt, über einen Elektrolyten miteinander verbunden sind. Weil alle Elektroden sich in der Elektrolytlösung befinden, kann zwischen der Arbeitselektrode und der Hilfselektrode eine Spannung gemessen werden. Mit dieser Spannung wird dann das Potenzial berechnet. Gleichzeitig wird der elektrische Strom gemessen, welcher bei Potenzialänderung nachgeregelt wird.

Es ist zu beachten, dass das Potenzial der Hilfselektrode in der elektrochemischen Spannungsreihe definiert ist. Hinzu kommt, dass durch sie kein Strom fließen darf, um ihr Potenzial unverändert zu halten. Um dies zu erreichen, wird am entsprechenden Eingang des Potenziostaten ein hochohmiger Widerstand zwischengeschaltet [7, 592].

33.2.3 Versuchsdurchführung

In Folgendem wird der Ablauf einer elektrogravimetrischen Untersuchung erläutert. Der grobe Verlauf wurde bereits vorab in Tabelle 33.1 vorgestellt.

Vorbereitung
Voraussetzung für den Einsatz der Elektrogravimetrie ist die Kenntnis der in der Probenlösung vorliegenden Stoffe. Als erster Schritt werden die geeigneten Elektroden dann aus dem Exsikkator entnommen und gereinigt. Anschließend wird die Arbeitselektrode gewogen [591].

Elektrolyse

Die Art und die Menge der in der Elektrolytlösung abzuscheidenden Metalle bestimmen den Aufbau. Eine anodische bzw. eine kathodische Abscheidung legen die Art der Polung fest. Bei der stromgesteuerten Ausführung wird an den (Platin-)Elektroden die Stromstärke konstant gehalten und bei der potenzialgesteuerten Ausführung auf ein konstantes Potenzial geregelt. Die stromgesteuerte Variante findet Anwendung, wenn sich nur *ein* elektrochemisch aktiver und quantitativ abscheidbarer Stoff in der Lösung befindet. Für diese Variante genügt die in Abbildung 33.3 dargestellte Ausführung mit zwei Elektroden.

Liegen mehrere derartige Stoffe vor, so muss ein potenzialgesteuerter Elektrolyseaufbau gewählt werden (siehe Abbildung 33.4). Aufgrund der unterschiedlichen Zersetzungs- bzw. Abscheidungsspannungen lassen sich verschiedene Metalle der Lösung nacheinander abscheiden. Deren Standardpotenziale müssen sich in der elektrochemischen Spannungsreihe um mindestens 0,2 V unterscheiden, um sie sauber trennen zu können. Die Tabelle 33.3 zeigt einige ausgewählte und bewährte Analysebedingungen. Abhängig von dem zu detektierenden Element werden die Materialien der Elektroden, der Elektrolyt sowie die optimale Stromdichte und Temperatur genannt [7].

Tab. 33.3: Analysebedingungen für elektrogravimetrische Bestimmungen [7].

Element	Kathode/Anode	Elektrolyt	Stromdichte (A/dm^2)	Temperatur (°C)
Ag	Pt/Pt	HNO$_3$	2	95
Au	Pt/Pt	KCN	2	20
		HCL/Hydroxylamin	2–3	20
Co	Pt/Pt	NH$_3$/NH$_4$Cl/Hydroxylamin	2–5	20
Cu	Pt/Pt	H$_2$SO$_4$/HNO$_3$	0,5–2	20
Hg	Au/Pt	HNO$_3$ oder H$_2$SO$_4$	1	20
Ni	Cu + Pt/Pt	NH$_3$	0,2–0,3	20
Pb als PBO$_2$	Cu + Pt/Pt	HNO$_3$	2–3	70–80
Sn	Cu + Pt/Pt	HF	1–2	20

Mithilfe der im Abschnitt Chemische und physikalische Grundlagen genannten Gleichungen können vorab die Elektrolysezeit abgeschätzt und die benötigte Badspannung berechnet werden.

Abbruchbedingung

Ist ein Stoff vollständig abgetrennt, fällt der Strom auf 0 A ab und der nächste Stoff kann mit dem in Tabelle 33.2 zugehörigen Potenzialwert abgeschieden werden. Es wird zuerst der Stoff mit dem niedrigsten Potenzial abgeschieden. Dadurch wird gewährleistet, dass nur ein Stoff pro Potenzialstufe registriert wird.

Die Elektroden werden für die Messung derart in die Elektrolytlösung getaucht, dass deren obere Enden (5–10 mm) nicht mit der Elektrolytlösung benetzt sind. Die Festlegung der Elektrolysezeit erfolgt dann unter Berücksichtigung der abgeschätzten Ausgangskonzentration mit dem Ziel einer Restkonzentration von ungefähr 0,1 %. Nach Ablauf der Elektrolysezeit taucht man die Elektroden etwas tiefer in die Lösung ein. Wenn sich dann am oberen Teil der Elektroden noch Metall abscheiden sollte, ist die Elektrolyse fortzusetzen.

Für die Abscheidung mehrerer Metalle wird eine potenzialgesteuerte Elektrolyse durchgeführt, wobei die Elektrolysezeit für jedes Metall einzeln bestimmt werden muss [7].

Reinigung der Arbeitselektrode vor der zweiten Wägung

Bevor die Arbeitselektrode gewogen werden kann, muss diese von der Elektrolytlösung und anderen Verschmutzungen gereinigt werden. Dafür wird die Elektrode zuerst mit destilliertem Wasser gespült oder für kurze Zeit in einen mit destilliertem Wasser gefüllten Behälter getaucht. Nach einer kurzen Lufttrocknung wird die Elektrode mit Methanol oder Ethanol gespült oder ebenfalls für eine kurze Zeit in einen mit diesen Chemikalien gefüllten Behälter getaucht. Daraufhin folgt eine dreißigminütige Lufttrocknungsphase, wobei darauf zu achten ist, dass die Elektrode mit möglichst wenig Flächenkontakt gelagert wird, damit der Alkohol gleichmäßig von der Oberfläche verdunsten kann.

Um die Genauigkeit der Differenzwägung zu erhöhen, kann der Reinigungsprozess noch ergänzt werden. Dabei folgt auf die Alkoholspülung bzw. das Alkoholbad ein Reinigungsbad mit Diethylether und eine anschließende dreißigminütige Trocknung unter Vakuum [591].

Differenzwägung

Die nach der Elektrolyse gereinigte und getrocknete Arbeitselektrode wird nach dem Reinigungsprozess erneut gewogen. Die Differenz der beiden Gewichtsmessungen ergibt die Masse des abgeschiedenen Metalls [589].

Reinigung der Elektroden nach dem Wiegen

Für die Wiederverwendung der recht teuren Platinelektroden müssen die während der Elektrolyse abgeschiedenen Metallschichten entfernt werden. Dies wird durch den Einsatz von analysereinen Säuren, wie zum Beispiel Salzsäure erreicht. Bei dieser Reinigungsart entsteht nur ein geringer Abtrag an den Platinelektroden.

Eine temperaturbasierte Reinigung wie der Einsatz offener Flammen zum Ausglühen der Platinelektroden ist nicht geeignet. Durch die Temperaturerhöhung der Platinelektrode wird eine Entfestigung erreicht, welche den Verformungswiderstand verringert. Zusätzlich kann eine ungewollte Legierungsbildung durch Rückstände der elektrolytisch abgeschiedenen Metallschichten stattfinden. Da der Verformungswiderstand der Platinelektroden relativ gering ist, ist eine mechanische Reinigung ebenfalls ungeeignet.

Um eine fachgerechte Lagerung der Elektroden zu gewährleisten, werden diese nach der Reinigung im Exsikkator gelagert [593, 594].

33.3 Anwendungen

Alle Stoffe, die sich durch Elektrolyse als Feststoff an einer Elektrode abscheiden lassen, können mit der Elektrogravimetrie gemessen werden. Die Elektrogravimetrie findet vor allem in Laboren zur Bestimmung der Menge von Metallionen Anwendung, wie beispielsweise in der Kupferraffination oder in der Umweltanalytik zur Messung von Schwermetallen in Wasser. Die Analyse von Elementgemischen ist ebenfalls eine häufig vorkommende Aufgabe [591].

Nachfolgend werden einige typische Anwendungen im Detail beschrieben, wobei jeweils darauf eingegangen wird, wie die Proben vorbereitet werden und unter welchen Bedingungen die Elektrolyse durchgeführt wird.

Bestimmung von Kupfer

Vor der elektrogravimetrischen Messung wird die Platinnetzkathode mit Salpetersäure gereinigt und anschließend mit Wasser und dann mit Ethanol und Ether gewaschen. Die Wägung der Elektrode erfolgt nach einer Trocknungszeit von ca. 30 bis 40 min, die durch ein Erhitzen auf 110 °C noch beschleunigt werden kann. Nach dem Wiegen werden die Elektroden in dem Elektrodenhalter installiert und derart in einem Behälter platziert, dass sie sich nicht berühren. Die Lösung kann bis zu 500 mg Kupfer enthalten, welche mit 20 ml Schwefelsäure und mit Wasser verdünnt werden, bis die Lösung ca. 100 ml misst. Die Lösung wird auf 50 bis 70 °C erwärmt und die Temperatur konstant gehalten. Die Elektroden werden so weit eingetaucht, dass sie 5 bis 10 mm aus der Lösung herausragen. Die Elektrolyse wird mit 2,0 bis 2,5 V und einer Stromdichte von 0,2 bis 0,6 A/dm^2 sowie unter kräftigem Rühren durchgeführt. Nach 30 bis 60 Minuten ist die Elektrolyse abgeschlossen, dies wird deutlich durch eine klare und transparente Elektrolytlösung. Die Netzkathode weist in dem eingetauchten Bereich einen hellbraunen, geschlossenen und glatten Überzug auf. Nach abgeschlossener Elektrolyse werden die Elektroden aus der Lösung gehoben, mit warmem Wasser abgespült und in ein ebenfalls mit warmem Wasser gefülltes Becherglas getaucht. Erst dann wird die Spannung abgeschaltet. Anschließend werden die Elektroden erneut mit Ethanol und Ether abgespült und nach dem Trocknen ausgewogen. Nach der Wägung kann die Kupferschicht mit Salpetersäure entfernt werden oder die Elektrode wird für weitere Bestimmungen genutzt. Hierfür muss die Schicht dicht und fest haftend sein [7].

Bestimmung von Blei

Bei der Messung von Blei, wird dieses oxidiert und als PbO_2 an der Anode abgeschieden. Die Elektrolytlösung wird mit 15 bis 20 ml konzentriertem HNO_3 angesäuert, auf 80 bis 100 ml verdünnt und auf 60 bis 70 °C erhitzt. Die Spannung für die Elektrolyse wird auf 2,0 bis 2,5 V und die Stromdichte von 0,4 bis 1,2 A/dm^2 eingestellt. Um die Zersetzung der Platinelektroden durch HNO_2 (salpetrige Säure) zu verhindern, wird alle 10 Minuten eine Spatelspitze Harnstoff zur Lösung hinzugegeben. Nach der Elektrolyse muss das Spülen besonders vorsichtig durchgeführt werden, da der PbO_2-Überzug mechanisch deutlich empfindlicher ist als ein metallischer Überzug. Nach der Trockenphase und anschließendem Abkühlen im Exsikkator kann die Elektrode ausgewogen werden. Das Entfernen des PbO_2-Überzugs ist am einfachsten in der vorher verwendeten Lösung. Dafür wird die Gleichstromquelle umgepolt und als Anode ein Grafit- oder Kohlestift eingesetzt [7].

Trennung von Kupfer und Blei

Die Trennung von Kupfer und Blei beginnt in einer stark sauren Elektrolytlösung. In dieser Lösung kommt es zu wenig oder gar keiner Abscheidung von Kupfer. Nach der vollendeten Abscheidung des Bleis wird die Lösung mit Ammoniak neutralisiert. Nachfolgend wird dann das Kupfer abgeschieden. Die Elektrolytlösung wird mit 15 bis 20 ml HNO_3 gesäuert, auf 80 bis 100 ml verdünnt und auf 60 bis 70 °C erhitzt. Die Spannung wird auf 2,0 bis 2,5 V gesetzt, wodurch sich eine Stromdichte zwischen 0,4 und 1,2 A/dm^2 einstellt. Nach der Elektrolyse werden die gleichen Schritte durchgeführt wie bei der Einzelbestimmung von Blei und für die Abscheidung des Kupfers eine neue Kathode eingesetzt. Nach Ablauf der zweiten Elektrolyse werden nochmals die gleichen Schritte wie bei der Einzelbestimmung von Kupfer durchgeführt [591].

33.4 Kommerzielle Produkte

Für die Anwendung der Elektrogravimetrie werden Platinelektroden, ein Potenziostat, eine Analysewaage und übliches Laborzubehör, wie zum Beispiel Bechergläser und Halter, benötigt. Da besonders hohe Anforderungen an die Platinelektroden und die Analysewaage gestellt werden, sollen diese im Folgenden näher beschrieben werden. Das Laborzubehör kann generell von einem beliebigen Laborgroßhandel bezogen werden.

Es gibt Großhändler, wie die PHYWE Systeme GmbH und Co. Kg, bei welchen alle benötigten Materialen als Paket bezogen werden können. In der Abbildung 33.5 ist ein vollständiges Set zur „Elektrogravimetrischen Bestimmung von Kupfer" dargestellt. Es beinhaltet zwei Multimeter zur Bestimmung des Elektrodenpotenzials, ein Potenziostat, Platinelektroden, einen Rührer und einen Kraftmesser zur Bestimmung der Gewichtskraft der Netzelektrode. Die Anschaffungskosten liegen bei ca. 5.700 € [595].

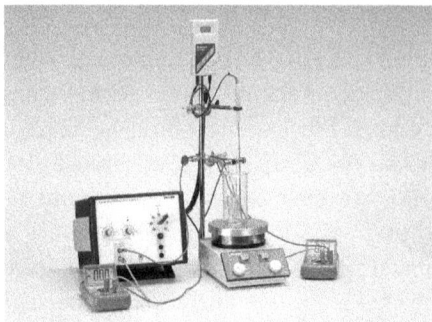

Abb. 33.5: Set „Elektrogravimetrische Bestimmung von Kupfer" (mit freundlicher Genehmigung der Firma PHYWE Systeme GmbH und Co. KG, Göttingen).

Platinelektroden

Es gibt verschiedene Hersteller, welche für die Elektrogravimetrie geeignete Platinelektroden herstellen. Beispielhaft seien die Heraeus Deutschland GmbH & Co. KG und die m&k GmbH genannt. Diese Unternehmen produzieren und vertreiben vier Varianten von Platinnetzelektroden. Diese Elektroden werden Fischer-, Winkler-, Wölbling- und Schöniger-Elektroden genannt. Für die Elektrogravimetrie finden die Elektroden nach Winkler die häufigste Anwendung. Die Elektroden nach Fischer und Wölbling werden vor allem in der Titrimetrie eingesetzt (siehe Kapitel 28). Die Elektroden nach Schöniger dienen zur Schnellbestimmung von Halogen und Schwefel.

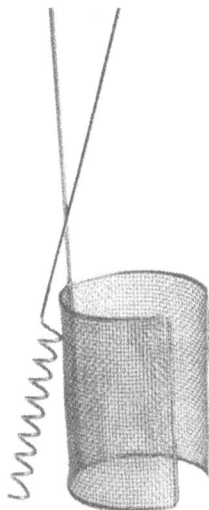

Abb. 33.6: Platinelektroden für die Elektrogravimetrie (mit freundlicher Genehmigung der Firma m&k GmbH).

Der Preis für Platinelektroden ist anwendungsspezifisch und lässt sich nicht genau beziffern. Die Elektroden werden in verschiedenen Formen und Größen angeboten und der Edelmetallpreis für Platin ist Marktschwankungen unterworfen. Die Menge der benötigten Elektroden ist ebenfalls ein wichtiger Einflussfaktor. Daher schwankt der Preis für solche Elektroden zwischen 350 € und 3.700 € [596, 597].

In der Abbildung 33.6 ist ein Winkler-Platinelektrodenpaar der Firma m&k GmbH dargestellt. Es besteht aus einer spiralförmigen Elektrode und einem geschlitzten Netzzylinder. Die Gesamthöhe der Elektroden beträgt 150 mm, wobei der Netzzylinder einen Durchmesser von 35 mm aufweist. Als Drahtdurchmesser können bei dem Netzzylinder 0,12 oder 0,25 mm gewählt werden. Dieses Elektrodenpaar wird vorrangig zur Bestimmung von Kupfer oder Zinn genutzt [598].

Analysewaage

Wie oben ausgeführt, wird für eine elektrogravimetrische Untersuchung eine Analysewaage benötigt. Es gibt mehrere Hersteller, die passende Analysewaagen anbieten. Das größte Angebot bei gängigen Händlern bieten die Hersteller Sartorius, KERN und Oglesby & Butler bei einer Preisspanne von 500 € bis 8.000 €. Diese Spanne wird hauptsächlich durch die beiden Haupteigenschaften der Waagen, den Messbereich und die Genauigkeit bestimmt.

Als Beispiel wird hier die Sartorius ENTRIS124-1S der Firma Sartorius Lab Instruments GmbH & Co. KG für ca. 1.700 € vorgestellt. Die Waage mit den Abmessungen 230 × 303 × 330 mm ist in Abbildung 33.7 dargestellt. Sie weist einen Wägebereich von bis zu 120 g mit einer Genauigkeit von 0,1 mg auf [599, 600].

Abb. 33.7: Analysewaage Sartorius ENTRIS124-1S der Firma Sartorius Lab Instruments GmbH & Co. KG (mit freundlicher Genehmigung der Sartorius Corporate Administration GmbH).

33.5 Zusammenfassung

Die Elektrogravimetrie wird zur quantitativen Bestimmung der Masse oder des Massenanteils von Metallen in einer Elektrolytlösung eingesetzt. Die Voraussetzung für den Einsatz der Elektrogravimetrie ist die Kenntnis der in der Probenlösung vorliegenden Stoffe. Darüber hinaus muss der zu detektierende Stoff durch Elektrolyse als Feststoff an einer Elektrode abscheidbar sein. Dessen Masse wird dann mittels Differenzwägungen der Arbeitselektrode ermittelt.

Wesentliche Arbeitsschritte bei der Durchführung sind dabei die Auswahl und Vorbereitung der verwendeten Elektroden und die Berechnung wichtiger Größen, wie der Elektrolysezeit und der Zersetzungsspannung. Um die Messabweichung zu minimieren, ist eine gründliche Reinigung der Elektroden vor und nach der Wiegung durchzuführen. Beim Wiegen ist eine Analysewaage mit einer Ablesegenauigkeit von 0,1 mg einzusetzen.

Die Elektrolyse kann stromgesteuert oder potenzialgesteuert ausgeführt werden. Die experimentellen Aufbauten unterscheiden sich dahin gehend, dass bei der potenzialgesteuerten Anwendung eine zusätzliche Hilfselektrode für die Potenzialmessung eingesetzt wird. Bei der stromgesteuerten Ausführung wird die Stromstärke an den Elektroden konstant gehalten und bei der potenzialgesteuerten Ausführung auf das konstante Potenzial geregelt. Das Konstanthalten der Stromstärke findet Anwendung, wenn sich nur *ein* einziger elektrochemisch aktiver und quantitativ abscheidbarer Stoff in der Lösung befindet. Liegen *mehrere* unterschiedliche Stoffe vor, muss eine potenzialgesteuerte Elektrolyse durchgeführt werden. Die Elektrolyse ist beendet, wenn die Stromstärke auf 0 A abgefallen ist. Da die Elektrolyse bei einer sehr geringen Massenkonzentration der Elektrolytlösung recht lange dauern würde, wird diese in der Regel abgebrochen. Die Restkonzentration des zu detektierenden Stoffes sollte dabei 0,1 % betragen. Die Elektrolysezeit und die benötigte Badspannung werden üblicherweise vorab abgeschätzt bzw. berechnet. Um Depolarisation zu unterbinden, wird die Elektrolyse mithilfe eines Potenziostaten überwacht.

Alle Stoffe, die sich durch Elektrolyse als Feststoff an einer Elektrode abscheiden lassen, können mit der Elektrogravimetrie gemessen werden. Sie wird üblicherweise von Labor- und Forschungseinrichtungen zur hochgenauen Messung von Metallen angewendet.

Der Anschaffungspreis für kommerzielle, elektrogravimetrische Messsysteme differiert aufgrund schwankender Platinpreise und ausstattungsspezifischer Laborgeräte recht stark. Er liegt zwischen 5.000 € und 12.000 €. In der Tabelle 33.4 werden die Stärken und Schwächen des Verfahrens aufgeführt. Zusammenfassend ist festzustellen, dass für eine elektrogravimetrische Analyse aufgrund der vielen Einflussfaktoren umfangreiches Fachwissen und Erfahrung erforderlich sind. Dafür erhält der Anwender Ergebnisse mit hoher Genauigkeit.

Tab. 33.4: Stärken und Schwächen der Elektrogravimetrie.

Stärken	Schwächen
– Trennung von Stoffen in gemischten Lösungen	– Nur bekannte Lösungen analysierbar
– Hohe Genauigkeit in der Massenbestimmung	– Teures Laborzubehör (Platinelektroden)
– Möglichkeit der Edelmetallgewinnung	– Zeitintensives Messverfahren
– Gute Transportmöglichkeiten des Zubehörs	– Aufwendige Reinigung
– Günstiges Standardlaborzubehör	– Nur quantitative Bestimmungsmöglichkeit des Stoffes
– Sehr erprobtes Messverfahren	– Notwendigkeit von anwenderspezifischem Fachwissen

34 Festelektrolytsensoren

34.1 Einleitung

In vielen technischen Anwendungen ist es erforderlich, dass Gaskonzentrationen bei hohen Temperaturen gemessen werden. Zum Beispiel ist die Bestimmung des Restsauerstoffgehaltes in Abgasen von Verbrennungsmotoren von besonderem Interesse. Hierzu wird die sogenannte Lambdasonde (Nernst-Sonde/Spannungssprungsonde) verwendet, welche in jedem modernen Kraftfahrzeug verbaut ist. Auch bei der Verarbeitung von Roheisen zu Stahl im Hochofenprozess ist die Zufuhr von Sauerstoff genau zu bestimmen. Für diese Anwendungen gestatten Festelektrolytsensoren die Messung von Gaskonzentrationen bei Temperaturen von 400 °C bis 1.600 °C [276]. Neben der Bestimmung von Sauerstoffkonzentrationen ist es mit Festelektrolytsensoren möglich, die Konzentration von Kohlenstoffoxiden, Stickoxiden und Schwefeloxiden zu messen. Die Sensoren unterscheiden sich dabei in den verwendeten Materialien, dem Sensoraufbau und dem angewendeten Messprinzip. Diese Unterschiede haben auch Einfluss auf die Messgenauigkeit und den Messbereich (besonders geringe oder große Gaskonzentrationen).

Es folgen die Abschnitte Messprinzip, Anwendungen, kommerzielle Produkte und die Zusammenfassung des Kapitels. Der Abschnitt Messprinzip behandelt zunächst die physikalischen und chemischen Grundlagen von Festelektrolytsensoren, um anschließend die angewendeten Messprinzipien zu erläutern. Im Abschnitt Anwendungen werden typische Einsatzgebiete von Festelektrolytsensoren aufgezeigt und der Abschnitt kommerzielle Produkte stellt zwei exemplarische Festelektrolytsensoren zur Messung von Sauerstoff und Kohlenmonoxid vor.

34.2 Messprinzip

Alle Festelektrolytsensoren basieren auf elektrochemischen Vorgängen, die auf der sogenannten chemischen Konzentrationszelle beruhen. Somit wird zunächst die chemische Konzentrationszelle erläutert und die Zusammenhänge mit Festelektrolytsensoren aufgezeigt. Weitergehend werden grundlegende Messverfahren wie das potenziometrische, amperometrische, kombinierte und nichtnernstsche Messverfahren thematisiert.

Unter Mitwirkung von Till Rhode und Claas Schröder

https://doi.org/10.1515/9783110702040-034

34.2.1 Chemische Konzentrationszelle

Im Folgenden wird das Prinzip chemischer Konzentrationszellen anhand eines grundlegenden chemischen Versuchsaufbaus anschaulich erklärt. Anschließend wird die Verwendung von Festelektrolyten in chemischen Konzentrationszellen erläutert und die Gemeinsamkeiten und Unterschiede mit dem zuvor behandelten Versuchsaufbau aufgezeigt.

Die in Abbildung 34.1 gezeigte chemische Konzentrationszelle besteht aus zwei Kupferelektroden, einem elektrischen Leiter mit angeschlossenem Voltmeter, einer ionenleitenden Salzbrücke mit Diaphragmen und zwei Behältern mit wässriger Kupfersulfatlösung (Elektrolyt). Die beiden Kupfersulfatlösungen sind dabei unterschiedlich stark konzentriert. Die Salzbrücke (Ionenbrücke, Elektrolytbrücke oder Stromschlüssel) ermöglicht eine ionenleitende Verbindung zwischen den beiden Kupfersulfatlösungen. Die hier betrachtete Salzbrücke besteht aus einer flüssigen, konzentrierten Salzlösung, mit der ausschließlich Sulfationen (SO_4^{2-}) transportiert werden können. Es sei vorweggenommen, dass im Material der Salzbrücke der Hauptunterschied zwischen Festelektrolytsensoren (feste Salzbrücke) und klassischen chemischen Konzentrationszellen (flüssige Salzbrücke) besteht. Da die Salzbrücke bei der hier betrachteten Konzentrationszelle flüssig ist, sind Trennschichten (Diaphragmen) notwendig, die ein Vermischen der Salzlösung der Salzbrücke mit dem Elektrolyten verhindern. Die Diaphragmen können aus Kunststoff, Cellulose oder Gummi bestehen [315].

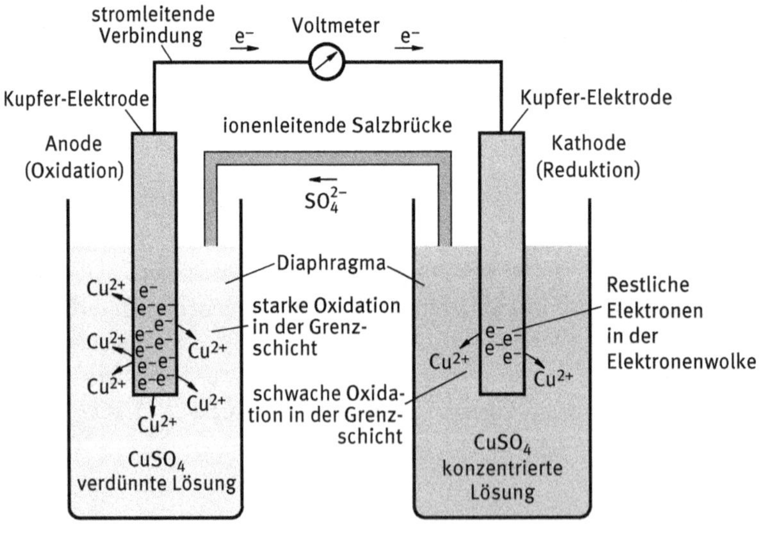

Abb. 34.1: Chemische Konzentrationszelle mit Kupferelektroden in wässriger Kupfersulfatlösung unterschiedlicher Konzentrationen.

Chemische Konzentrationszellen basieren auf Redoxreaktionen. Bei derartigen Reaktionen ändert sich der Oxidationszustand der an der Reaktion beteiligten Elemente, wobei ein Reaktionspartner Elektronen abgibt und ein anderer diese aufnimmt. In den beiden Halbzellen der chemischen Konzentrationszellen kommt es jeweils zu entsprechenden Wechselwirkungen zwischen der Elektrode und der Ionenlösung. Diese findet in der sogenannten Grenzschicht statt, also direkt an der Oberfläche der Elektroden. Sobald die Elektroden in die Elektrolytlösung eingetaucht werden, also ohne leitfähige Verbindung zwischen den Elektroden, wird ein Gleichgewicht zwischen reduzierter Form Me (Me für Metall) und oxidierter Form Me^{z+} des Metalls angestrebt. Motor dieser Vorgänge ist das Bestreben eines jeden Metalls, Kationen (Me^{z+}) aus dem Metallgitter herauszulösen, um der Edelgaskonfiguration näherzukommen. Es finden folgende Ladungsübergänge infolge der Elektrodenreaktionen statt:

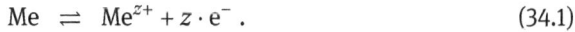

$$Me \;\rightleftharpoons\; Me^{z+} + z \cdot e^- \,. \tag{34.1}$$

Metallkationen treten in der Grenzschicht zwischen dem Elektrolyten und der Elektrode in die Ionenlösung über und lassen dabei die Elektronen $z \cdot e^-$ der äußersten Schale im Elektronengas (frei bewegliche Elektronen) des Metalls zurück. Der Faktor z steht dabei für die Anzahl an Elektronen, die bei den Ladungsvorgängen pro Elektrodenreaktion übertragen werden. Bei Metallen entspricht z der Anzahl der Elektronen auf der äußersten Schale [315]. Entgegengesetzt streben Ionenlösungen danach, sich zu verdünnen, und drängen tendenziell die Metallkationen zurück in das Metallgitter [601]. Wie in Abbildung 34.1 angedeutet, lösen sich in der rechten Halbzelle mit dem konzentrierteren Elektrolyten (Kathode) weniger Metallkationen aus dem Metallgitter heraus. Die Elektrode wird nur gering negativ geladen. In der linken Halbzelle mit dem schwächer konzentrierteren Elektrolyten (Anode) lösen sich viele Metallkationen aus dem Metallgitter heraus. Die Elektrode lädt sich stärker negativ auf, die Potenzialdifferenz zwischen Elektrode und Ionenlösung ist hoch. Verbindet man nun, wie dargestellt, die beiden Halbzellen über einen elektrischen Leiter und über eine Salzbrücke, so wird die Potenzialdifferenz ausgeglichen, es fließt Strom. Die Benennung der Elektroden in Anode und Kathode kommt durch die Oxidations- und Reduktionsvorgänge zustande. An der Anode werden vermehrt Kupferkationen produziert, es finden also Oxidationsvorgänge statt, da die Oxidationszahl der Kupferatome durch die Abgabe von Elektronen erhöht wird. Die Kathode nimmt die an der Anode frei werdenden Elektronen auf und entlädt damit die Kupferkationen, welche durch den Sulfationentransport über die Salzbrücke frei werden. Es finden somit vermehrt Reduktionsvorgänge statt.

Durch den Anschluss eines Voltmeters kann die Spannung (Potenzialdifferenz) zwischen den beiden Halbzellen stromlos gemessen werden. Diese Spannung kann gemäß der nernstschen Gleichung in Abhängigkeit zum Konzentrationsgefälle gesetzt werden [602]:

$$U = U_0 + \frac{R\,T}{z\,F} \ln\left(\frac{c_{\text{ox}}}{c_{\text{red}}}\right) , \tag{34.2}$$

wobei U_0 die Standard-Galvani-Potenzialdifferenz, R die Gaskonstante (8,3144 J mol^{-1} K^{-1}), T die absolute Temperatur in Kelvin, z die Anzahl der übertragenen Elektronen pro Redoxreaktion, F die Faradaykonstante (Ladung eines Mols Elektronen, 96.485,332 89 C mol^{-1}), c_{ox} die Elektrolytkonzentration der Anode und c_{red} die Elektrolytkonzentration der Kathode darstellt. Die Standard-Galvani-Potenzialdifferenz U_0 gibt die messbare elektrische Spannung zwischen zwei Halbzellen (mit unterschiedlichen Elektrodenmaterialien) an, die sich unter Standardbedingungen im Labor einstellt [478]. Verwendet man in beiden Halbzellen das gleiche Material für die Elektroden, so kann die Standard-Galvani-Potenzialdifferenz vernachlässigt werden. Die Spannung hängt dann nur noch von dem Vorfaktor $R\,T/(z\,F)$ und dem natürlichen Logarithmus des Konzentrationsverhältnisses ab. Misst man mit einem Voltmeter die Spannung U, so kann bei bekannter Elektrolytkonzentration einer Zelle die Elektrolyt-Konzentration der anderen Zelle ermittelt werden. Umstellen der Gleichung 34.2 nach c_{ox} ergibt bei Vernachlässigung von U_0:

$$c_{ox} = e^{\frac{U z F}{R T}} \cdot c_{red} \ . \tag{34.3}$$

Es besteht somit ein exponentieller Zusammenhang zwischen Elektrolytkonzentration und Messspannung. Wenn die Elektrolytkonzentration der Kathode c_{red} gegen null geht, so geht die Messspannung gegen unendlich, wenn keine zusätzlichen Widerstände außer demjenigen des Voltmeters berücksichtigt werden. Dieser Messaufbau ist also besonders empfindlich, wenn die Elektrolytkonzentration der Kathode gegen null geht. Es kommt dann zu hohen Messspannungsausschlägen, welche gut zu identifizieren sind.

34.2.2 Festelektrolytsensor

Die in Abbildung 34.1 gezeigte Konzentrationszelle basiert auf einem flüssigen Elektrolyten und einer flüssigen Salzbrücke. Grundsätzlich können allerdings auch eine feste Salzbrücke und Gasgemische statt flüssiger Elektrolyte verwendet werden. Bei dieser Konfiguration spricht man von Festelektrolytsensoren. Die Salzbrücke wird dabei in der Fachliteratur als Elektrolyt bezeichnet und die ehemaligen Elektrolyte als Gasgemische. Diese Umbenennung hat den Hintergrund, dass die Gasgemische im Grundzustand nicht ionisiert vorliegen und somit auch nicht als Elektrolyte bezeichnet werden können. Die Ionisierung der Gasgemische findet erst an den Oberflächen der Elektroden statt. Im Folgenden wird also für die Salzbrücke die Bezeichnung Elektrolyt verwendet.

Mit dieser Art von Konzentrationszellen lassen sich verschiedene Gaskonzentrationen messen. Die Art des Gases, welches gemessen werden kann, hängt dabei von der Ionendurchlässigkeit des Elektrolyten ab. Als Elektrolyt werden technische Keramiken verwendet. Wird mit Yttrium dotiertes Zirconiumdioxid als Festelektrolyt verwendet, so können Sauerstoffionen (O^{2-}) zwischen den galvanischen Halbzellen diffundieren und es kann der Sauerstoffgehalt gemessen werden. Im Unterschied zu Konzentrationszellen mit flüssigen Elektrolyten ist es bei der Bestimmung von Gaskonzentrationen erforderlich, die Partialdrücke der Gasbestandteile zu berücksichtigen. Unter Verwendung der Nernst-Gleichung 34.2 kann nicht unmittelbar auf die Gaskonzentration des zu messenden Gasbestandteils geschlossen werden. Im Allgemeinen muss angenommen werden, dass in den beiden Halbzellen unterschiedliche Gesamtdrücke vorliegen. Die Stoffkonzentrationen c_{ox} und c_{red} müssen dann anhand der Partialdrücke berechnet werden. Wird das Gas als ein ideales Gas angenommen, so lässt sich nach dem Gesetz von Dalton,

$$p_{ges} = \sum p_i \, , \tag{34.4}$$

bei dem sich der Gesamtdruck p_{ges} aus den Partialdrücken p_i der vorliegenden Gasbestandteile zusammensetzt, eine vereinfachte Beziehung zwischen der Gaskonzentration und dem Druck herleiten. Diese Beziehung besagt, dass die Gaskonzentration c_i im Verhältnis zur Gesamtkonzentration c_{ges} gleich dem Verhältnis des Partialdrucks p_i zum Gesamtdruck p_{ges} ist:

$$\frac{c_i}{c_{ges}} = \frac{p_i}{p_{ges}} \, . \tag{34.5}$$

Die Nernst-Spannung bei Gasen ergibt sich daher dementsprechend zu

$$U = U_0 + \frac{R\,T}{z\,F} \ln\left(\frac{p_2}{p_1}\right) \, , \tag{34.6}$$

wobei p_2 und p_1 die Partialdrücke des zu untersuchenden Gasbestandteiles in den Halbzellen darstellen. Herrschen unterschiedliche, aber bekannte Gesamtdrücke p_{ges} in den Halbzellen, lassen sich mit Gleichung 34.5 die zugehörigen Gaskonzentrationen c_i berechnen [602].

Im Folgenden werden zunächst die drei nernstschen Messprinzipien vorgestellt, mit denen Festelektrolytsensoren betrieben werden können: Potenziometrie, Amperometrie und eine Kombination der beiden. Durch die gezielte Ausnutzung von Reaktionen zwischen Sauerstoff und anderen Gasbestandteilen kann das Anwendungsspektrum von Festelektrolyten weiter erhöht werden. Zum Beispiel können die Gaskonzentrationen von Wasserstoff (H_2) oder Kohlenmonoxid (CO) ermittelt werden [276]. Diese Sensoren werden nichtnernstsche Sensoren genannt und am Ende dieses Abschnittes thematisiert.

34.2.3 Potenziometrisches Messverfahren

Abbildung 34.2 zeigt einen Festelektrolytsensor zur Messung des Restsauerstoffgehaltes in Abgasen. Dargestellt ist eine sogenannte Fingersonde, welche im Abgasrohr vieler Verbrennungsmotoren eingebaut ist. Der Sensor trennt die beiden Gasgemische

Abgas und *Außenluft* gasdicht. Der Unterschied der Sauerstoffkonzentrationen hat eine Potenzialdifferenz zwischen den beiden Platinelektroden zur Folge. Die Sauerstoffmoleküle treten in der Grenzschicht in Wechselwirkung mit den freien Elektronen des Platins. Folgende Ladungsübertragung findet an den beiden Elektrodenoberflächen statt:

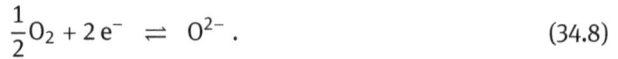

$$Pt \; \rightleftharpoons \; Pt^{2+} + 2\,e^{-}, \tag{34.7}$$

$$\frac{1}{2}O_2 + 2\,e^{-} \; \rightleftharpoons \; O^{2-}. \tag{34.8}$$

Es werden also Elektronen der Platinelektroden an die Sauerstoffmoleküle übertragen und diese damit ionisiert. In der Halbzelle *Außenluft* findet infolge der höheren Konzentration an Sauerstoffmolekülen eine zahlenmäßig stärkere Ionisierung der Sauerstoffatome statt. Entsprechend findet eine zahlenmäßig schwächere Ionisierung in der *Abgas*halbzelle statt. Es kommt, wie bei der Konzentrationszelle der Abbildung 34.1, zu einer Potenzialdifferenz. Schließt man in diesem Zustand ein Voltmeter an die beiden Platinelektroden an und stellt eine ionenleitende Verbindung zwischen *Abgas* und *Außenluft* mittels eines Festelektrolyten (Zirconiumdioxidelektrolyt) her, so lässt sich eine Spannung am Voltmeter messen. Bei bekanntem Sauerstoffpartialdruck der Außenluft lässt sich der Sauerstoffpartialdruck im Abgas dann mit der Nernst-Gleichung 34.6 bestimmen.

Ein bedeutender Vorteil der Verwendung von Festelektrolyten für die Sauerstoffmessung mittels Potenziometrie besteht in der geringen Querempfindlichkeit gegenüber anderen Gasbestandteilen, wie z. B. Wasser oder Kohlendioxid. Ein Grund

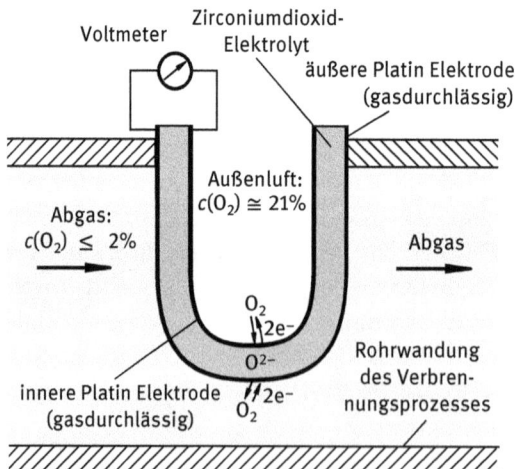

Abb. 34.2: Schematischer Aufbau eines Festelektrolytsensors zur Messung des Sauerstoffgehaltes in Abgasen mittels des potenziometrischen Verfahrens.

hierfür ist die Tatsache, dass Festelektrolyte sehr hohe Messtemperaturen im Bereich von 400 °C bis 1.600 °C erfordern, da die Keramik der Festelektrolyte erst dann einen funktionsfähigen Sauerstoffionentransport zulässt. Die hohe Messtemperatur hat außerdem zur Folge, dass sich eventuelle Reaktionsprodukte nicht dauerhaft an der Sensoroberfläche anlagern können und so das Messergebnis verfälschen. Außerdem gewährleistet die Ionenselektivität des Festelektrolyten einen definierten elektrochemischen Vorgang, der ebenfalls mit geringer Querempfindlichkeit einhergeht [276].

In der Abbildung 34.3 ist ein typischer Sensoraufbau einer Fingersonde gezeigt. Diese Abbildung zeigt im Vergleich zur Abbildung 34.2 weitere zum Betrieb erforderliche Sensorbestandteile, welche im Folgenden erläutert werden. In der mit der Außenluft verbundenen Gaskammer befindet sich eine Heizeinrichtung, welche den Sensor auf eine Temperatur von über 400 °C erhitzt. Dies ist notwendig, um die Ionenleitfähigkeit des Festelektrolyten zu gewährleisten und den Sensor bei niedrigen Abgastemperaturen, zum Beispiel kurz nach dem Anlassen eines Verbrennungsmotors, schnell auf Betriebstemperatur zu bringen [602]. Der Heizprozess wird über eine Regeleinheit mit angeschlossenem Temperatursensor geregelt. Um den empfindlichen Sensor vor mechanischen Einflüssen zu schützen, wird dieser durch einen Schutzschild in Form eines Metallbleches mit Öffnungsschlitzen oder einer Sintermetallhülse geschützt. Dieses dient auch zum Schutz vor Tröpfchen, die sich aufgrund von Kondensation im heißen Abgas bilden können.

Neben der beschriebenen Fingersonde gibt es noch andere Ausführungsarten, die sich nur in ihrem strukturellen Aufbau, aber nicht im Funktionsprinzip unterscheiden.

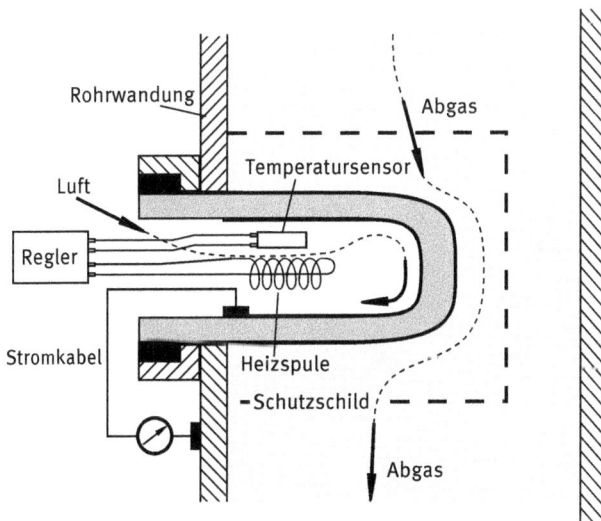

Abb. 34.3: Festelektrolytsensoraufbau einer Fingersonde.

34.2.4 Amperometrisches Verfahren

Unter bestimmten Bedingungen ist die Bestimmung von Gaskonzentrationen nach dem potenziometrischen Verfahren schwierig. Gemäß der Nernst-Gleichung 34.6 ist die Nernst-Spannung U logarithmisch vom Partialdruckverhältnis abhängt. Ist das Verhältnis deutlich kleiner als eins, haben kleine Änderungen des Partialdruckverhältnisses große Änderungen der Spannung U zur Folge. Das potenziometrische Messverfahren ist dann zwar besonders empfindlich, erschwert aber die exakte Zuweisung der Spannung zum Partialdruck des Messgases. In diesen Fällen ist das amperometrische Messverfahren besser geeignet, da die Messgröße proportional zum Partialdruck des Messgases ist.

Abbildung 34.4a zeigt schematisch den Aufbau eines Festelektrolytsensors nach dem amperometrischen Verfahren. An Kathode und Anode wird eine Spannung U angelegt. Bei reinen Ionenleitern, wie beispielsweise Zirconiumdioxid (ZrO_2), erzwingt dies einen Sauerstoffionentransport (O^{2-}), der die Ionen von der Kathode zur Anode pumpt. Hierdurch fließt zwischen den beiden Elektroden ein elektrischer Strom I, auch Pumpstrom genannt, der sich proportional zur Spannung verhält. Die Strom-Spannungs-Kennlinie ist im linken Bereich (1.) der Abbildung 34.4b dargestellt [603]. Durch Aufbringen einer Diffusionsbarriere auf die Kathode wird der Diffusionsprozess der Sauerstoffionen begrenzt. Dies bewirkt, dass sich beim Erhöhen der angelegten Spannung U der Strom I ab einem bestimmten Grenzstrom I_{Gr} nicht weiter erhöht. Dies ist im rechten Bereich (2.) der Abbildung 34.4b für drei verschiedene Partialdrücke zu sehen. Je nach Gaskonzentration stellt sich ein anderer Grenzstrom I_{Gr} ein. Dieser dient als Messgröße zur Bestimmung des Partialdrucks p_i:

$$I_{Gr} = \frac{z F D_i Q}{R T L} p_i,$$ (34.9)

wobei D_i den Diffusionskoeffizienten des gesuchten Gasbestandteils beschreibt, Q den effektiven Diffusionsquerschnitt und L die effektive Länge der Diffusionsschicht. F ist die faradaysche Konstante, T die absolute Temperatur und z die Anzahl der

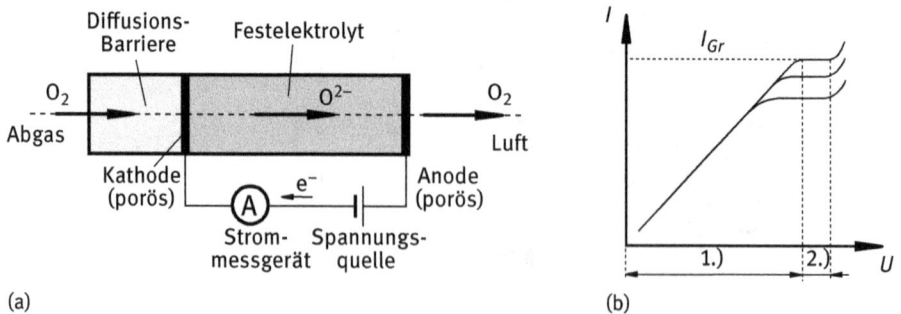

(a) (b)

Abb. 34.4: a) Schematischer Aufbau eines Festelektrolytsensors zur Messung des Sauerstoffgehalts nach dem amperometrischen Messverfahren. b) Gaskonzentration in Abhängigkeit von der Spannung U und dem Strom I [602].

übertragenen Elektronen pro Redoxreaktion [604]. Durch die Wahl des Diffusionsquerschnitts Q und der effektiven Länge der Diffusionsschicht L kann die Empfindlichkeit des Sensors auf den zu bestimmenden Gasbestandteil eingestellt werden. Die Temperatur T des Gasgemischs wird üblicherweise mithilfe einer Temperaturregelung konstant gehalten.

Bei amperometrischen Sensoren kann es neben der Reduktion des gesuchten Gasbestandteils auch zu Reduktionen anderer Bestandteile kommen. Diese Reaktionen verfälschen das Messergebnis. Bei amperometrischen NO-Sensoren kommt es bspw. auch zur Reduktion des im Gasgemisch befindlichen Sauerstoffs (O_2), da die O_2-Reduktion weniger Energie benötigt als die NO-Reduktion. Derartige Querempfindlichkeiten stellen das größte Problem amperometrischer Sensoren dar. Durch die Wahl geeigneter Elektrodenmaterialien kann der Effekt allerdings abgeschwächt werden [603].

34.2.5 Kombisensorverfahren

Die Kombination aus einem potenziometrischen und einem amperometrischen Sensor bietet gegenüber den oben beschriebenen Sensoren den bedeutenden Vorteil, dass kein Referenzgas zur Gaskonzentrationsmessung benötigt wird [605]. Die Abbildung 34.5 zeigt den schematischen Aufbau eines solchen Kombisensors. Eine Elektrode wird dabei zur potenziometrischen Messung der Nernst-Spannung verwendet (Oberseite) und die andere Elektrode zur amperometrischen Messung des Pumpstroms (Unterseite). Die Elektroden (Platin) sind porös und damit gasdurchlässig. Die Festelektrolyte bestehen in der Regel aus mit Yttrium dotiertem Zirconiumdioxid. In der Innenkammer des Sensors liegt der Partialdruck p_2 vor. Um den Sensor herum befindet sich das Messgas mit dem zu bestimmenden Partialdruck p_1.

Der Messvorgang gliedert sich dann in die folgenden Schritte. Im Ausgangszustand liegt am amperometrischen Sensor keine Spannung an und die Innenkammer des Sensors hat den gleichen Partialdruck wie das Messgas ($p_1 = p_2$). Das Voltmeter zeigt in diesem Zustand eine Nernst-Spannung von null Volt an.

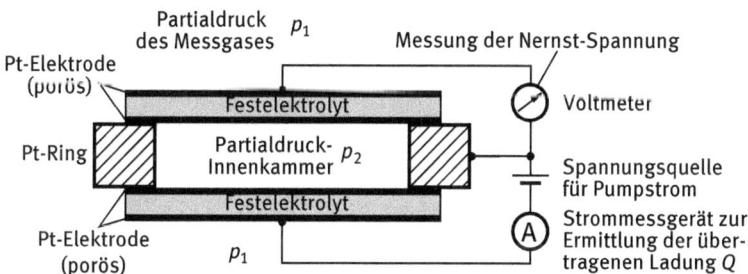

Abb. 34.5: Schematischer Aufbau eines Festelektrolytsensors nach dem Kombiverfahren.

Im nächsten Schritt wird eine Spannung angelegt, welche bewirkt, dass die Sauerstoffmoleküle in der Innenkammer ionisiert werden und wie beim amperometrischen Verfahren über den unteren Festelektrolyten nach außen in das Messgas „gepumpt" werden. Dieser Vorgang wird solange durchgeführt, bis (theoretisch) der Partialdruck der Innenkammer p_2 gleich null ist. In diesem Fall würde jedoch die Spannung des Voltmeters unendlich sein. Praktisch wird der Pumpvorgang bei einer festgelegten „hohen" Nernst-Spannung abgebrochen. Es wird dann angenommen, dass der verbleibende Sauerstoffgehalt in der Innenkammer vernachlässigbar gering ist und das finale Messergebnis nicht beeinträchtigt.

Im nächsten Schritt wird die Spannung der Spannungsquelle umgepolt, sodass jetzt Sauerstoffmoleküle des Messgases an der unteren, äußeren Elektrode des Sensors ionisiert werden und in den Sensor hineingepumpt werden. Ab dem Umpolen der Spannungsquelle wird mittels des Strommessgerätes (amperometrisch) der Pumpstrom über die Zeit aufgezeichnet. Der Strommessvorgang wird solange fortgeführt, bis das Voltmeter eine Nernst-Spannung von null Volt anzeigt. In diesem Zustand sind die Partialdrücke p_1 und p_2 wieder gleich und der Ausgangszustand wurde erreicht.

Im letzten Schritt wird durch zeitliche Integration des aufgezeichneten Pumpstroms $I(t)$ die übertragene Ladung Q berechnet, die wiederum proportional zum Partialdruck p_2 des Messgases ist [602]. Für den Zusammenhang zwischen elektrischer Ladung Q und Anzahl übertragener Teilchen n einer galvanischen Zelle gelten dabei die faradayschen Gesetze [606]:

$$n = \frac{\eta}{z\,F} Q\,, \tag{34.10}$$

wobei z die Anzahl der übertragenen Elektronen pro Elektrodenreaktion ist und η der faradaysche Wirkungsgrad (auch Stromausbeute genannt). Mit

$$Q = \int_t I(t)\,\mathrm{d}t \tag{34.11}$$

folgt

$$n = \frac{\eta}{z\,F} \int_t I(t)\,\mathrm{d}t\,. \tag{34.12}$$

Nach dem Gesetz von Dalton gilt folgender Zusammenhang zwischen Partialdruck p_i und Anzahl übertragener Teilchen n_i [99]:

$$p_i = n_i \frac{R_\mathrm{m}\,T}{V}\,. \tag{34.13}$$

Dabei ist R_m die molare Gaskonstante, V das Volumen der Innenkammer des Sensors und T die Gastemperatur. Für den Partialdruck des Gasbestandteils ergibt sich dann [605]:

$$p_i = \frac{\eta\,R_\mathrm{m}\,T}{z\,F\,V} \int_{t_1}^{t_2} I(t)\,\mathrm{d}t\,, \tag{34.14}$$

wobei t_1 und t_2 die Zeitpunkte des Beginns des Rückpumpens bzw. des Erreichens gleicher Partialdrücke darstellen.

34.2.6 Nichtnernstsche Sensoren

Nichtnernstsche Sensoren beruhen auf Reaktionen, bei denen reduzierte Moleküle (CO, NO und H_2) mit Sauerstoff reagieren und in den energetisch günstigeren oxidierten Zustand (CO_2, N_2, O_2, H_2O) übergehen. Dafür ist ebenfalls ein Sauerstoffionentransport erforderlich, der durch Festelektrolyte, wie Zirconiumdioxid, ermöglicht werden kann [607].

Abbildung 34.6 zeigt den schematischen Aufbau eines nichtnernstschen Sensors für die Detektion von Kohlenmonoxid. Beide Elektroden (Anode und Kathode) sind dabei im gleichen Gas nebeneinander angeordnet und über einen Festelektrolyten ionenleitend verbunden. Auf der Anode ist eine Modifizierungsschicht appliziert, welche die Adsorption von Kohlenmonoxid (CO) anregt. An der Kathode adsorbieren hingegen bevorzugt Sauerstoffmoleküle. Diese können ionisiert durch den Festelektrolyt diffundieren (O^{2-}-Transfer) und an der Anode mit Kohlenmonoxid zu Kohlendioxid reagieren können (vorausgesetzt, die Elektroden sind stromleitend verbunden). Ohne die Modifizierungsschicht würden an beiden Elektroden die gleichen Adsorptionsvorgänge in deutlich abgeschwächter Form stattfinden. Da die Modifizierungsschicht zusätzlich als Katalysator wirkt, wird die Aktivierungsenergie der Reaktion von Kohlenmonoxid zu Kohlendioxid herabgesetzt. Als Folge der Diffusion der Sauerstoffionen entsteht zwischen Kathode und Anode eine Potenzialdifferenz, die potenziometrisch gemessen werden kann. Alternativ kann eine äußere Spannung angelegt werden und amperometrisch der (Pump-)Strom oder der Widerstand gemessen werden [276].

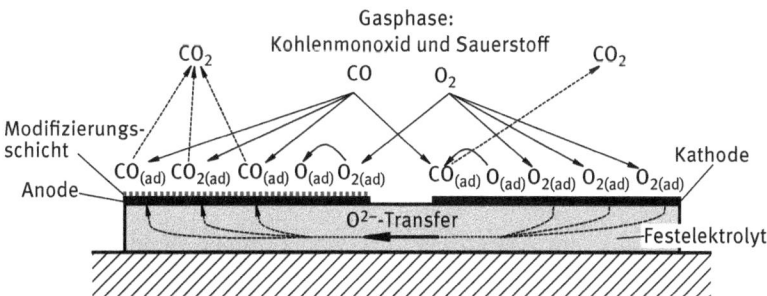

Abb. 34.6: Schematischer Aufbau eines nichtnernstschen Sensors [608].

Die Querempfindlichkeit des nichtnernstschen Sensors hängt insbesondere von der Modifizierungsschicht ab. Gewährleistet diese eine ausschließliche Adsorption von Kohlenmonoxid, ist eine geringe Querempfindlichkeit gegen andere reduzierbare Gase zu erwarten [607].

34.3 Anwendungen

Festelektrolytsensoren finden ihre Anwendungen in verschiedenen Bereichen der Gasmesstechnik. Der bekannteste und am häufigsten eingesetzte Festelektrolytsensor ist die Lambdasonde zur Messung des Restsauerstoffgehalts im Abgasstrom von Kraftfahrzeugen. Weitere Anwendungen der Lambdasonde sind beispielsweise die Regelung und Verbrennungsüberwachung von Pelletheizungen oder von Gas- und Ölthermen [602]. Mithilfe von Festelektrolytsensoren lassen sich aber auch Gasbestandteile wie Stickoxide (NO_x), Schwefeloxide (SO_x) und Kohlendioxid (CO_2) messen. Im Folgenden sollen einige Einsatzgebiete von Festelektrolytsensoren näher erläutert werden.

34.3.1 Lambdaregelung

Die sogenannte Lambdasonde misst den Sauerstoffgehalt in einem Abgasstrom und dient zur Regelung der Luft-Kraftstoff-Mischung in Verbrennungsmotoren. Die λ-Zahl, häufig auch als Luftzahl bezeichnet, stellt die tatsächlich vorhandene Luftmasse m_L ins Verhältnis zu der für eine vollständige Verbrennung mindestens benötigten, stöchiometrischen Luftmasse $m_{L,min}$. Die λ-Zahl lässt sich aber auch aus dem Verhältnis der Stoffmengen n oder der Normvolumina V_n errechnen [99]:

$$\lambda: = \frac{m_L}{m_{L,min}} = \frac{n_L}{n_{L,min}} = \frac{V_{n,L}}{V_{n,L,min}} \, . \tag{34.15}$$

Bei einer λ-Zahl von eins sind exakt so viele Sauerstoff-, Wasserstoff- und Kohlenstoffatome verfügbar, dass der Kraftstoff mit der Luft vollständig zu Kohlendioxid und Wasser reagieren kann.

Die Abbildung 34.7 zeigt die Konzentrationen der bei der Verbrennung in einem Ottomotor entstehenden Schadstoffe Stickoxid NO_x, Kohlenmonoxid CO und restlicher Kohlenwasserstoff HC in Abhängigkeit der λ-Zahl (gestrichelte Linien). Zusätzlich sind die Nernst-Spannung der Lambdasonde (durchgezogene Linie) und ihr Regelbereich (grau) dargestellt. Offensichtlich ist bei einer λ-Zahl von eins auch das Minimum der Summe der Schadstoffe erreicht. Bei diesem Wert ändert sich die Nernst-Spannung fast sprunghaft, was sich auf die logarithmische Abhängigkeit des Sauerstoffpartialdrucks von der Nernst-Spannung gemäß Gleichung 34.6 zurückführen lässt.

Das Signal der Lambdasonde dient primär zur Regelung eines Dreiwegekatalysators. Durch seine Abgasnachbehandlung können die Schadstoffe dort oxidiert beziehungsweise reduziert werden. Dabei wird NO_x zu N_2 und O_2 reduziert, CO zu CO_2 oxidiert und HC zu CO_2 und H_2O oxidiert.

Für einen optimalen Verbrennungsprozess muss die λ-Zahl auf den Wert eins geregelt werden, was einer Nernst-Spannung zwischen 200 und 800 mV entspricht (grauer Regelbereich in Abbildung 34.7). Wird der Verbrennung weniger Sauerstoff zugeführt,

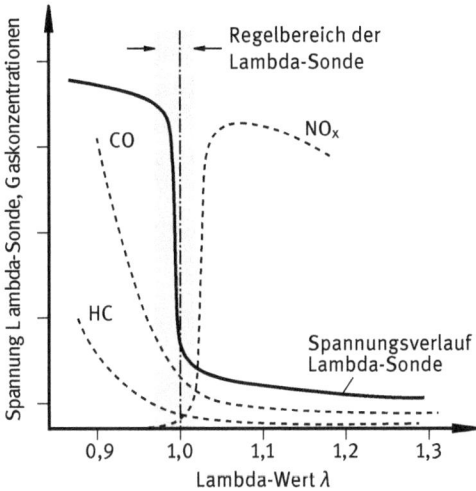

Abb. 34.7: Regelbereich der Lambdasonde für die Abgaswerte einer katalytischen Nachbehandlung.

als zur vollständigen Verbrennung benötigt wird (fettes Gemisch), kann nahezu kein Restsauerstoffgehalt im Abgas gemessen werden und es stellt sich ein λ-Wert kleiner eins ein. Die Nernst-Spannung hat dann einen Wert größer als 800 mV (linke Grenze des Regelbereichs). Infolgedessen wird mehr Sauerstoff bzw. eine größere Luftmenge zugeführt. Bei einem λ-Wert größer eins wird der Verbrennung mehr Sauerstoff zugeführt, als zur vollständigen Verbrennung benötigt wird (mageres Gemisch). Die Nernst-Spannung hat dann einen Wert kleiner als 200 mV (rechte Grenze des Regelbereichs). Der Sauerstoff wird daraufhin reduziert, bis sich ein λ-Wert von eins einstellt. Um den Zustand $\lambda = 1$ zu identifizieren, reicht es üblicherweise aus, eine starke Signaländerung der Lambdasonde zu messen [609].

Der Umschlagpunkt der Nernst-Spannung bei $\lambda = 1$ ist nicht abhängig von der Temperatur. Damit ist dieses Messprinzip sehr robust und eignet sich für den kontinuierlichen und langlebigen Einsatz in Verbrennungsmotoren [602].

34.3.2 Stickoxidmessung

Stickstoffmonoxid (NO) und Stickstoffdioxid (NO_2) sind bereits in sehr geringen Gaskonzentrationen schädlich für den menschlichen Körper und Hauptverursacher des sauren Regens. Stickoxide werden bei quasi allen Verbrennungsprozessen von fossilen Brennstoffen wie Kohle, Gas oder Öl emittiert.

Da sich NO und NO_2 in der chemischen Bindungsneigung stark voneinander unterscheiden, gibt es kaum Sensoren, die beide Gaskonzentrationen gleichzeitig messen können. Jedoch kann durch die Wahl des Festelektrolyten entweder Stickstoffmonoxid (NO) oder Stickstoffdioxid (NO_2) gemessen werden. Zur Bestimmung der NO-Gaskonzentration wird ein mit Yttrium stabilisierter Zirconiumdioxid Festelektrolyt verwendet. Durch einen Natriumsuperionenleiter als Festelektrolyt und die Verwendung einer zusätzlichen Modifizierungsschicht aus $NaNO_3$ zwischen der Kathode und dem Festelektrolyt kann die NO_2-Konzentration in Gasgemischen gemessen werden. Mit kommerziellen Festelektrolytsensoren ist es bereits möglich, NO_2-Konzentrationen von 0,005 bis 10.000 ppm (1 %) und NO-Konzentrationen von 1 bis 800 ppm zu messen [610].

34.3.3 Schwefeldioxidmessung

Schwefeldioxid (SO_2) ist einer der Hauptverursacher für sauren Regen, da es in der Atmosphäre in Verbindung mit Wasser (H_2O) zu schwefliger Säure (H_2SO_3) reagiert. Dies verringert den pH-Wert des Regens und schädigt die Pflanzenwelt. Besonders bei der Verbrennung von Braunkohle, Erdgas oder Öl sowie nichteisenhaltigen Schmelzprozessen muss die Emission dieses Schadgases überwacht werden. Die derzeitig verwendeten Verfahren zur Bestimmung der Schwefeldioxidkonzentration, wie beispielsweise die nasschemische Analyse oder die photometrische Flammendetektion, sind häufig recht kompliziert und aufwendig. Festelektrolytsensoren stellen hierzu eine vorteilhafte Alternative dar.

Zur Bestimmung der Schwefeldioxidkonzentration wird häufig ein natriumbasierter Festelektrolyt, wie beispielsweise NASICON, verwendet. Um die Nachweisempfindlichkeit für SO_2 zu erhöhen, muss eine Modifizierungsschicht zwischen der Kathode und dem Festelektrolyten aufgebracht werden. Diese kann bspw. aus Natriumsulfat (Na_2SO_4) oder einer Kombination aus Na_2SO_4 und Bariumsulfat ($BaSO_4$) bestehen [611]. Je nach verwendetem Festelektrolyten und Material der Modifizierungsschicht können Schwefeldioxidkonzentration von 5 bis zu 200.000 ppm (20 %) gemessen werden [610].

34.3.4 Kohlendioxidmessung

Auch wenn Kohlendioxid (CO_2) für den menschlichen Körper in niedrigen und moderaten Konzentrationen nicht schädlich ist, kann es bei hohen Konzentrationen durch die Verdrängung von Sauerstoff eine Gefahr für den Menschen darstellen. Darüber hinaus ist Kohlendioxid einer der Hauptverursacher des Treibhauseffekts und trägt damit maßgeblich zur globalen Erwärmung bei. Besonders bei der Verbrennung fossiler Brennstoffe werden große Mengen an Kohlendioxid (CO_2) ausgestoßen. Diese können durch Festelektrolytsensoren überwacht werden. Auch bei der Leckageüberwachung von mit Kohlendioxid betriebenen Klimaanlagen in Automobilen oder Splitklimageräten kommen Festelektrolytsensoren zum Einsatz [610].

Zur Messung der Kohlendioxidkonzentration haben sich Natrium- oder Lithiumsuperionenleiter als sensitive Festelektrolyte bewährt, welche mit einer zusätzlichen Modifizierungsschicht aus Natriumcarbonat (Na_2CO_3) bzw. Lithiumcarbonat (Li_2CO_3) versehen werden [610]. Diese Modifizierungsschicht befindet sich auch hier wieder zwischen der Kathode und dem Festelektrolyten. Der Messbereich von CO_2-Festelektrolytsensoren hängt stark von dem verwendeten Festelektrolyten und der Modifizierungsschicht ab und liegt in einem Bereich von 4 bis zu 400.000 ppm (40 %) [610].

34.4 Kommerzielle Produkte

Es existiert eine Vielzahl kommerzieller Festelektrolytsensoren. Im Folgenden werden beispielhaft die Sensoren LS2 und CarboSen der LAMTEC GmbH & Co. KG vorgestellt.

Der Sensor LS2 ist eine klassische Lambdasonde zur Messung von Sauerstoffkonzentrationen mittels des potenziometrischen Verfahrens. Der CarboSen-Sensor ist ein nichtnernstscher Sensor zur Messung von unverbranntem Kohlenmonoxid und Wasserstoff. Beide Sensoren sind in der Abbildung 34.8 dargestellt. Der LS2 benötigt zur Gaskonzentrationsbestimmung ein Referenzgas, beispielsweise die Umgebungsluft. Der nichtnernstsche Sensor CarboSen benötigt hingegen kein Referenzgas, da dieser eine Potenzialdifferenz zwischen den Elektroden mittels einer Modifizierungsschicht ermöglicht (Abschnitt 34.2.6: nichtnernstsche Sensoren). Der CarboSen eignet sich für den direkten Einsatz im rauen Abgas einer Öl-, Gas- oder Biomassefeuerungsanlage [608]. Die Lambdasonde LS2 kann für die Sauerstoffkonzentrationsbestimmung direkt im feuchten Abgas von Feuerungsstellen eingesetzt werden [612]. Beide Sensoren zeichnen sich durch ihre kompakte Bauform aus und eignen sich somit sowohl für den mobilen Einsatz als auch für den Einbau in industrielle Anlagen. In der Tabelle 34.1 werden ausgewählte, technische Daten der beiden Sensoren aufgeführt. Der Preis für kommerzielle Festelektrolytsensoren hängt stark von dem verwendeten Ma-

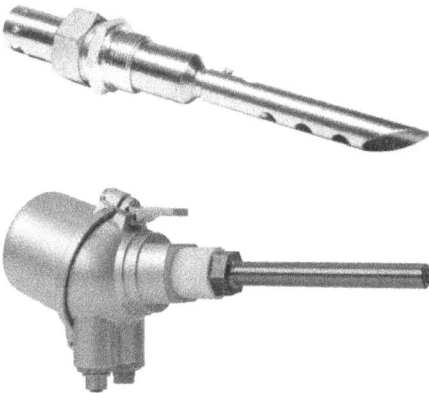

Abb. 34.8: Lambdasonde LS2 (oben) und der CarboSen (unten) der Firma LAMTEC für die Überwachung und Regelung von Verbrennungsprozessen in Feuerungsstellen (mit freundlicher Genehmigung der LAMTEC GmbH & Co.KG).

Tab. 34.1: Technische Daten des LS2 und des CarboSen der LAMTEC GmbH & Co. KG [608, 612].

	LS2	CarboSen
Messgas	Sauerstoff (O_2)	Kohlenmonoxid (CO) und Wasserstoff (H_2)
Messprinzip	Potenziometrisch (Nernst-Spannungssonde)	Nichtnernstscher Sensor
Sondensignal	$-30 \dots 150$ mV	$0 \dots 750$ mV
Messgastemperatur	Bis 1.200 °C	Bis 450 °C
Messbereich	0–21 Vol.% O_2	$0 \dots 3.000$ ppm CO/H_2
Messgenauigkeit	±10 % vom Messwert	Keine Angabe
Referenzgas	Umgebungsluft	Nicht notwendig

terial des Festelektrolyten und der Elektroden ab. Auch die produzierte Stückzahl hat einen nicht unerheblichen Einfluss auf den Preis. Die klassische Lambdasonde für Kraftfahrzeuge ist bereits ab 100 € erhältlich.

34.5 Zusammenfassung

Festelektrolytsensoren basieren auf den elektrochemischen Vorgängen der chemischen Konzentrationszelle, wobei eine keramische Salzbrücke den Elektrolyten bildet. Die Ionendurchlässigkeit des Elektrolyten bestimmt, welches Gas gemessen werden kann. Für die Konzentrationsmessung existieren verschiedene Messverfahren. Das potenziometrische Verfahren basiert auf dem Prinzip der Nernst-Spannung und dient primär zur Bestimmung von Sauerstoffkonzentrationen. Als Referenzgas wird in den meisten Fällen Umgebungsluft verwendet. Dieses Verfahren weist eine besonders niedrige Querempfindlichkeit auf.

Das amperometrische Verfahren misst die Stromstärke, die sich beim Anlegen einer Spannung an die Elektroden einstellt. Dieses Verfahren eignet sich besonders für die präzise Messung geringer Gaskonzentrationen, besitzt jedoch oftmals eine erhebliche Querempfindlichkeit in Gegenwart größerer Konzentrationen anderer Gase.

Eine Kombination aus dem potenziometrischen und dem amperometrischen Verfahren stellt der Kombisensor dar, welcher sich dadurch auszeichnet, dass kein Referenzgas zur Bestimmung der Gaskonzentration benötigt wird. Hierdurch eignet sich dieser Sensor besonders für Anwendungen, bei denen kein Referenzgas zur Verfügung steht, wie beispielsweise bei der Kohlevergasung. Die Messung der Gaskonzentration ist im Vergleich zu dem potenziometrischen und amperometrischen Messverfahren mit einem höheren Aufwand und einem komplexeren Sensor verbunden.

Die nichtnernstschen Sensoren arbeiten im Gegensatz zu den bisher genannten Verfahren mit einer zusätzlichen Modifizierungsschicht, die es ermöglicht, den ionenleitfähigen Festelektrolyten sensitiv gegenüber Gaskonzentrationen von Stickstoffmonoxid, Stickstoffdioxid, Schwefeldioxid oder Kohlendioxid zu machen.

Das Anwendungsspektrum von Festelektrolytsensoren ist breit gefächert. Am weitesten verbreitet sind Festelektrolytsensoren bei der Messung von Sauerstoffkonzentrationen im Abgas. Die gemessene Sauerstoffkonzentration wird häufig zur Regelung des Luft-Kraftstoff-Verhältnisses von Verbrennungsmotoren und von Öl- oder Gasthermen genutzt. Dabei spricht man von der sogenannten Lambdaregelung. Aber auch bei der Messung von Umweltbelastungen durch Kohlenstoff-, Stickstoff- oder Schwefeloxide werden Festelektrolytsensoren eingesetzt.

Es existiert eine Vielzahl kommerzieller Festelektrolytsensoren. Deren Messbereiche erstrecken sich von Sub-ppm-Konzentrationen bis in den hohen Prozentbereich. Allen Festelektrolytsensoren ist gemein, dass sie die Messung von verschiedenen Gaskonzentrationen auf kleinstem Raum, unter widrigen Umgebungsbedingungen und trotzdem kostengünstig realisieren.

Literatur

[1] DIN 1310:1984-02 (1984). *Zusammensetzung von Mischphasen (Gasgemische, Lösungen, Mischkristalle); Begriffe, Formelzeichen*. Beuth.

[2] VCI – Verband der Chemischen Industrie e. V. (2020). *VCI – Verband der Chemischen Industrie e. V.* Verfügbar unter: www.vci.de/ (Zugriff 16.10.2020).

[3] GDCh – Gesellschaft Deutscher Chemiker (2020). *GDCh-Fachgruppe Analytische Chemie*. Verfügbar unter: www.gdch.de/netzwerk-strukturen/fachstrukturen/analytische-chemie.html (Zugriff 16.10.2020).

[4] DGSens – Deutsche Gesellschaft für Sensorik e. V. (2020). *Deutsche Gesellschaft für Sensorik (DG Sens) e. V.* Verfügbar unter: https://dgsens.de/ (Zugriff 16.10.2020).

[5] AMA – Verband für Sensorik und Messtechnik e. V. (2020). *AMA Verband für Sensorik und Messtechnik e. V.* Verfügbar unter: www.ama-sensorik.de/ (Zugriff 16.10.2020).

[6] Spectaris, Deutscher Industrieverband für Optik, Photonik, Analysen- und Medizintechnik (2020). *Fachverband Analysen-, Bio- und Labortechnik*. Verfügbar unter: www.spectaris.de/analysen-bio-und-labortechnik/ (Zugriff 16.10.2020).

[7] Schwedt G, Schmidt T, Schmitz O (2016). *Analytische Chemie*, 3. Auflage. WILEY-VCH Verlag, Weinheim.

[8] Gross JH (2019). *Massenspektrometrie*. Springer Berlin Heidelberg, Berlin, Heidelberg.

[9] Watson JT, Sparkman OD (2007). *Introduction to Mass Spectrometry*. John Wiley & Sons, Southern Gate.

[10] Thompson JM (2018). *Mass Spectrometry*. Pan Stanford Publishing, Singapore.

[11] de Hoffmann E, Stroobant V (2007). *Mass Spectrometry Principles and Applications*. John Wiley & Sons, Southern Gate.

[12] Ekman R, Silberring J, Westman-Brinkmalm A, Kraj A (2009). *Mass Spectrometry Instrumentation, Interpretation and Applications*. John Wiley & Sons, New Jersey.

[13] aprentas (2017). *Laborpraxis Band 4: Analytische Methoden*, 6. Auflage. Springer Verlag, Muttenz, Schweiz.

[14] Agilent Technologies (2016). *Agilent 7000D Triple Quadrupol GC/MS-System*. USA.

[15] ThermoFischer Scientific. Verfügbar unter: www.thermofisher.com.

[16] Técnico A, Fernández-Maestre R (2012). Ion Mobility Spectrometry: History, Characteristics and Applications [Espectrometría De Movilidad Iónica: Historia, Características Y Aplicaciones]. *Revista U. D. C. A Actualidad & Divulgación Científica*, 15(2):467–479. doi:10.31910/rudca.v15.n2.2012.848.

[17] Cumeras R, Figueras E, Davis CE, Baumbach JI, Gràcia I (2015). Review on Ion Mobility Spectrometry. Part 1: current instrumentation. *Analyst*, 140(5):1376–1390.

[18] Baumbach JI (2008). Ion mobility spectrometry in scientific literature and in the International Journal for Ion Mobility Spectrometry (1998–2007). *Int. J. Ion Mobil. Spectrom.*, 11(1):3–11.

[19] Eiceman GA, Karpas Z, Hill HH (2014). *Ion mobility spectrometry*, 3. Auflage. CRC Press, Boca Raton Fl 33487-2742.

[20] Wiegleb G (2016). *Gasmesstechnik in Theorie und Praxis*. Springer Vieweg, Wiesbaden.

[21] Kirk AT, Zimmermann S (2016). Ionenmobilitätsspektrometrie. *Chemie unserer Zeit*, 50(5):310–315.

[22] Roehl JE (1989). Ion mobility spectrometry (IMS)-a chemical separation technique using an electrostatic field. In: *Conference Record of the IEEE Industry Applications Society Annual Meeting*, S. 2190–2195.

[23] Schumann A (2001). *Untersuchung der Leistungsfähigkeit der Ionenmobilitätsspektrometrie als Detektionsverfahren für flüchtige Thermolyseprodukte bei der Entstehung von Bränden*. Dissertation, Gerhard-Mercator-Universität-Duisburg.

https://doi.org/10.1515/9783110702040-035

[24] Siegel MW (1983). Rate equations for prediction and optimization of chemical ionizer sensitivity. *Int. J. Mass Spectrom. Ion Phys.*, 46:325–328.

[25] Thomson J (1932). XVII.—The Ionizing Efficiency of Electronic Impacts in Air. *Proc. R. Soc. Edinburgh*, 51:127–141.

[26] Jesse WP (1958). Absolute energy to produce an ion pair in vairuous gases by B-Particles from sulfur-35. *Phys. Rev.*, 109:2002–2004.

[27] Yun CM, Otani Y, Emi H (1997). Development of unipolar ion generator—separation of ions in axial direction of flow. *Aerosol Sci. Technol.*, 26(5):389–397.

[28] Paakanen H (2001). About the applications of IMCELL MGD-1 detector. *Int. J. Ion Mobil. Spectrom.*, 4:136–139.

[29] Leonhardt JW (1996). New detectors in environmental monitoring using tritium sources. *Journal of Radioanalytical and Nuclear Chemistry*, 206(2):333–339.

[30] Snyder AP, Tofferi JK, Kremer JH (1988). Quantitative Assessment of a Corona Discharge Ion Source in Atmospheric Pressure Ionization-Mass Spectrometry for Ambient Air Monitoring. *Int. J. Environ. Anal. Chem.*, 33(3-4).

[31] Ross SK, Bell AJ (2002). Reverse flow continuous corona discharge ionisation applied to ion mobility spectrometry. *Int. J. Mass Spectrom.*, 218(2):L1–L6.

[32] Tabrizchi M, Khayamian T, Taj N (2000). Design and optimization of a corona discharge ionization source for ion mobility spectrometry. *Rev. Sci. Instrum.*, 71(6):2321–2328.

[33] Tabrizchi M, Abedi A (2002). A novel electron source for negative ion mobility spectrometry. *Int. J. Mass Spectrom.*, 218(1):75–85.

[34] Baim MA, Eatherton RL, Hill HH (1983). Ion Mobility Detector for Gas Chromatography with a Direct Photoionization Source. *Anal. Chem.*, 55(11):1761–1766.

[35] Leasure CS, Fleischer ME, Anderson GK, Eiceman GA (1986). Photoionization in Air with Ion Mobility Spectrometry Using a Hydrogen Discharge Lamp. *Anal. Chem.*, 58(11):2142–2147.

[36] Sielemann S, Baumbach JI, Schmidt H (2002). IMS with non radioactive ionization sources suitable to detect chemical warfare agent simulation substances. *Int. J. Ion Mobil. Spectrom.*, 5(3):143–148.

[37] Borsdorf H, Nazarov EG, Eiceman GA (2002). Atmospheric pressure chemical ionization studies of non-polar isomeric hydrocarbons using ion mobility spectrometry and mass spectrometry with different ionization techniques. *J. Am. Soc. Mass Spectrom.*, 13(9):1078–1087.

[38] Sielemann S, Baumbach JI, Schmidt H, Pilzecker P (2001). Detection of alcohols using UV-ion mobility spectrometers. *Anal. Chim. Acta*, 431(2):293–301.

[39] Sielemann S, Baumbach JI, Schmidt H, Pilzecker P (2000). Quantitative Analysis of Benzene, Toluene, and m-Xylene with the Use of a UV – Ion Mobility Spectrometer. *F. Anal. Chem. Technol.*, 4(4):157–169.

[40] Lubman DM, Kronick MN (1982). Plasma chromatography with laser-produced ions. *Anal. Chem.*, 54(9):1546–1551.

[41] Lubman DM, Kronick MN, Kronick MN (1983). Resonance-Enhanced Two-Photon Ionization Spectroscopy in Plasma Chromatography. *Anal. Chem.*, 55(9):1486–1492.

[42] Young D, Douglas KM, Eiceman GA, Lake DA, Johnston MV (2002). Laser desorption-ionization of polycyclic aromatic hydrocarbons from glass surfaces with ion mobility spectrometry analysis. *Anal. Chim. Acta*, 453(2):231–243.

[43] Illenseer C, Löhmannsröben HG (2001). Investigation of ion-molecule collisions with laser-based ion mobility spectrometry. *Phys. Chem. Chem. Phys.*, 12(3):2388–2393.

[44] Gormally J, Phillips J (1991). The performance of an ion mobility spectrometer for use with laser ionization. *Int. J. Mass Spectrom. Ion Process.*, 107(3):441–451.

[45] Huang SD, Kolaitis L, Lubman DM (1987). Detection of explosives using laser desorption in ion mobility spectrometry/mass spectrometry. *Appl. Spectrosc.*, 41(8):1371–1376.

[46] Laiko VV, Baldwin MA, Burlingame AL (2000). Atmospheric pressure matrix-assisted laser desorption/ionization mass spectrometry. *Anal. Chem.*

[47] Bramwell CJ, Creaser CC, Reynolds JC, Dennis R (2002). Atmospheric pressure matrix-assisted laser desorption/ionization combined with ion mobility spectrometry. *Int. J. Ion Mobil. Spectrom.*, 5:87–90.

[48] Steiner WE, Clowers BH, English WA, Hill HH (2004). Atmospheric pressure matrix-assisted laser desorption/ionization with analysis by ion mobility time-of-flight mass spectrometry. *Rapid Commun. Mass Spectrom.*, 18(8):882–888.

[49] Chen L, Song R, Jiang H (2010). Faraday cup measurement for beam current in ion thruster. In: *Proc. – Int. Conf. Comput. Asp. Soc. Networks, CASoN'10*, no. 3, S. 409–411.

[50] Mäkinen MA, Anttalainen OA, Sillanpää MET (2010). Ion Mobility Spectrometry and Its Applications in Detection of Chemical Warfare Agents. *Anal. Chem.*, 82(23):9594–9600.

[51] Chouinard CD, Wei MS, Beekman CR, Kemperman RHJ, Yost RA (2016). Ion Mobility in Clinical Analysis: Current Progress and Future Perspectives. *Clin. Chem.*, 62(1):124–133.

[52] Puton J, Namieśnik J (2016). Ion mobility spectrometry: Current status and application for chemical warfare agents detection. *TrAC Trends Anal. Chem.*, 85:10–20.

[53] Turner RB, Brokenshire JL (1994). Hand-held ion mobility spectrometers. *TrAC Trends Anal. Chem.*, 13(7):275–280.

[54] Zimmermann S, Barth S (2007). A Miniaturized Ion Mobility Spectrometer for Detection of Hazardous Compounds in Air. In: *TRANSDUCERS 2007–2007 International Solid-State Sensors, Actuators and Microsystems Conference*, no. 4, S. 1501–1504.

[55] Armenta S, Alcala M, Blanco M (2011). A review of recent, unconventional applications of ion mobility spectrometry (IMS). *Anal. Chim. Acta*, 703(2):114–123.

[56] Karpas Z (2013). Applications of ion mobility spectrometry (IMS) in the field of foodomics. *Food Res. Int.*, 54(1):1146–1151.

[57] Garrido-Delgado R, Mercader-Trejo F, Sielemann S, de Bruyn W, Arce L, Valcárcel M (2011). Direct classification of olive oils by using two types of ion mobility spectrometers. *Anal. Chim. Acta*, 696(1–2):108–115.

[58] Fernandez L, Martin-Gomez A, Contreras MM, Padilla M, Marco S, Arce L (2017). Ham quality evaluation assisted by gas chromatography ion mobility spectrometry. In: *2017 ISOCS/IEEE International Symposium on Olfaction and Electronic Nose (ISOEN)*, S. 1–3.

[59] Baumbach JI (2014). Ionenmobilitätsspektrometrie für Bio- und Prozessanalytik. *Anal. News das Online-Labormagazin für Labor und Anal.*, S. 1–5.

[60] Martinak D, Rudolph A (1997). Explosives detection using an ion mobility spectrometer for airport security. In: *Proceedings IEEE 31st Annual 1997 International Carnahan Conference on Security Technology*, S. 188–189.

[61] Poole CF (2003). New trends in solid-phase extraction. *TrAC Trends Anal. Chem.*, 22(6):362–373.

[62] Baumbach JI (2011). Medical applications of ion mobility spectrometry. *Int. J. Ion Mobil. Spectrom.*, 14(4):137–137.

[63] Armenta S, Alcalà M, Blanco M, González JM (2013). Ion mobility spectrometry for the simultaneous determination of diacetyl midecamycin and detergents in cleaning validation. *J. Pharm. Biomed. Anal.*, 83:265–272.

[64] Cumeras R, Figueras E, Davis CE, Baumbach JI, Gràcia I (2015). Review on Ion Mobility Spectrometry. Part 2: hyphenated methods and effects of experimental parameters. *Quantitative Assessment of a Corona Discharge Ion Source in Atmospheric Pressure Ionization-Mass Spectrometry for Ambient Air Monitoring*, 140(5):1391–1410.

[65] Smith Detection, Person worn CWA and TIC detector (2010). *LCD 3.3 Der kompakte, tragbare CWA-Identifizierer und TIC-Detektor.* (Zugriff 13.05.2019).

[66]   *RAID AFM NC-version*. Verfügbar unter: www.bruker.com/products/cbrne-detection/ims/raid-afm/learn-more.html (Zugriff 13.05.2019).

[67]   Excellims GA2200 Standalone High Performance Ion Mobility Spectrometer (2017). Verfügbar unter: http://excellims.com/products/ga2200-standalone-hpims/ (Zugriff 13.05.2019).

[68]   Excellims MC3100 Compact High Performance Ion Mobility Spectrometer (2017). Verfügbar unter: http://excellims.com/products/mc3100-compact-hpims-ms/.

[69]   Böcker J (1997). *Chromatographie: Instrumentelle Analytik mit Chromatographie und Kapillarelektrophorese*, Bd. 1. Vogel, Würzburg.

[70]   Kraus L, Koch A, Hoffstetter-Kuhn S (1996). *Dünnschichtchromatographie*. Springer, Berlin.

[71]   aprentas (Hrsg.) (2017). *Laborpraxis Band 3: Trennungsmethoden*, 6. Auflage. Springer International Publishing Switzerland, Basel.

[72]   Schwend G (1979). *Chromatographische Trennmethoden: Theoretische Grundlagen, Techniken und analytische Anwendungen*. Georg Thieme Verlag, Stuttgart.

[73]   Kaltenböck K (2008). *Chromatographie für Einsteiger*. WILEY-VCH Verlag GmbH & Co, Weinheim.

[74]   Hahn-Deinstrup E (1998). *Dünnschicht-Chromatographie*, Bd. 1. WILEY-VCH, Weinheim.

[75]   Engelhardt H (2013). *Hochdruck-Flüssigkeits-Chromatographie*. Springer-Verlag, Heidelberg.

[76]   Schwedt G, Vogt C (2010). *Analytische Trennmethoden*. WILEY-VCH, Weinheim.

[77]   Regensburg U. Verfügbar unter: www.uni-regensburg.de/chemie-pharmazie/organische-chemie-chromatographie/medien/vl_analytik_3._semester_-_instrum._methoden__teil_1_-_chromatographie__va_2014_08_19.pdf (Zugriff 19.05.2018).

[78]   Matissek R, Fischer M, Steiner G (2018). *Lebensmittelanalytik*, 6. Auflage. Springer-Verlag GmbH, Berlin.

[79]   Baugh PJ (1993). *Gaschromatographie*. Vieweg, Oxford University Press.

[80]   Schulte E (1983). *Praxis der Kapillar-Gas-Chromatographie*. Springer-Verlag Berlin, Heidelberg.

[81]   Faccetti R, Cadoppi A, Schrickel K (08 11 2005). *Labor Praxis*. Vogel Communciations Group GmbH & Co. KG, www.laborpraxis.vogel.de/bestimmung-von-fettsaeure-methylestern-mit-ultra-fast-gc-a-106132/ (Zugriff 18.05.2019).

[82]   Hewlett-Packard GmbH (1972). *Naturwissenschaften 59 – Analytische Methoden des Nachweises von Drogen und Giftstoffen*. Springer Verlag, Böblingen.

[83]   Macherey-Nagel GmbH & Co. KG. *Chromatographie Downloads: Applikationsnoten*. https://www.mn-net.com/de/chromatographie-downloads (Zugriff 10.03.2021).

[84]   Meyer VR (1979). *Praxis der Hochleistungs-Flüssigchromatographie*. Moritz Diesterweg GmbH & Co, Sauerländer AG, Frankfurt am Main, Aarau.

[85]   Eichler HJ, Kronfeldt HD, Sahm J (2001). *Das Neue Physikalische Grundpraktikum*. Springer, Berlin-Heidelberg.

[86]   Gevatter H.-J (1999). *Handbuch der Meß- und Automatisierungstechnik in der Produktion*. Springer, Berlin.

[87]   Wiegleb G, Marx WR (1995). Industrielle Gasanalyse. *tm-Serie*, 220–222.

[88]   Gundelach LLV (1999). *Moderne Prozeßmeßtechnik. Ein Kompendium*. Springer, Berlin-Heidelberg.

[89]   Hengstenberg J, Sturm B, Winkler O (1960). *Messen und Regeln in der Chemischen Technik*. Springer, Berlin-Heidelberg.

[90]   Cassing W, Stanek W (2002). *Elektromagnetische Wandler und Sensoren*. expert Verlag, Esslingen.

[91]   Gevatter H.-J (2000). *Automatisierungstechnik 1*. Springer, Berlin.

[92]   Brandl A, Fabinski W (1993). *Schadgase kontinuierlich messen*. BWK/TÜ/Umweltspezial.

[93] Fabinski W, Eckmann F (1987). Combustion Optimization of an Industrial Boiler for Oil-based Gaseous Fuels by Means of Cyclical Single Burner Coadjustment. *VGB Kraftwerkstechnik*, 67(2):143–149.

[94] Thieman WJ, Palladino MA (2007). *Biotechnologie*. Pearson Studium, München.

[95] Oesterle G (1995). *Prozeßanalytik: Grundlagen und Praxis*. R. Oldenbourg, München Wien.

[96] Hoffmann J (2015). *Taschenbuch der Messtechnik*. Carl Hanser Verlag GmbH Co KG.

[97] Kuchling H (2014). *Taschenbuch der Physik*, 21. Auflage. Carl Hanser Verlag, München.

[98] Ray NH (1954). Gas chromatography. I. The separation and estimation of volatile organic compounds by gas-liquid partition chromatography. *Journal of Applied Chemistry*, 4(1).

[99] Baehr HD, Kabelac S (2016). *Thermodynamik – Grundlagen und technische Anwendungen*, 16. Auflage. Springer-Verlag GmbH Deutschland, Hannover.

[100] Reif F (1987). *Statistische Physik und Theorie der Wärme*, 2. Auflage. De Gruyter Verlag, Berlin.

[101] VDI-Gesellschaft Verfahrenstechnik und Chemieingenieurwesen (2019). *VDI-Wärmeatlas*, 12. Auflage. Springer Verlag, Darmstadt.

[102] Blachnik R (1998). *Taschenbuch für Chemiker und Physiker (D'Ans-Lax)*, 4. Auflage. Springer Verlag.

[103] Mason EA, Saxena SC (1958). Approximate Formula for the Thermal Conductivity of Gas Mixtures. *Phys. Fluids*, 1(5):361–369.

[104] Fraden J (2016). *Handbook of Modern Sensors: Physics, Designs, and Applications*, 5. Auflage. Springer Verlag, Berlin.

[105] green TEG AG. *Heat Flux Sensor – gSKIN®-XM*. Verfügbar unter: https://shop.greenteg.com/heat-flux-measurement-heat-flux-sensor-gskin-xm/ (Zugriff 17.12.2019).

[106] LFE Prozessanalysentechnik GmbH & Co. KG. *OEM Wärmeleitfähigkeitsdetektor (WLD)*. Verfügbar unter: www.lfe.de/de/prozess-gasanalyse/oem-waermeleitfaehigkeitsdetektor-wld (Zugriff 17.12.2019).

[107] Mizsei J (2016). Forty Years of Adventure with Semiconductor Gas Sensors. *Procedia Engineering*, 168:221–226.

[108] Stlny L (2016). *Aktive elektronische Bauelemente*. Springer Fachmedien, Wiesbaden.

[109] Gossner S (2018). *Grundlagen der Elektronik*. Shaker Verlag.

[110] Bakar MAA, Abdullah AH, Saad FSA, Shukor SAA, Kamis MS, Razak AAA, Mustafa MH (2017). Electronic nose purging technique for confined space application. In: *2017 IEEE 13th International Colloquium on Signal Processing & its Applications (CSPA)*.

[111] Hübner D, Wedler G (1971). *Adsorption – Eine Einführung in die Physisorption und Chemisorption*. Verlag Chemie, Weinheim/Bergstraße.

[112] Kohl D (1989). Surface processes in the detection of reducing gases with SnO2-based devices. *Sensors and Actuators*, 18:71–113.

[113] Hagen J (Hrsg.) (1996). *Technische Katalyse*. VCH Verlagsgesellschaft mbH.

[114] Gardner JW, Guha PK, Udrea F, Covington JA (2010). CMOS Interfacing for Integrated Gas Sensors: A Review. *IEEE Sensors Journal*, 10:1833–1848.

[115] Gründler P (2012). *Chemische Sensoren – Eine Einführung für Naturwissenschaftler und Ingenieure*. Springer-Verlag, Berlin Heidelberg New York.

[116] Petersson L.-G, Dannetun HM, Fogelberg J, Lundström I (1985). Hydrogen adsorption states at the external and internal palladium surfaces of a palladium-silicon dioxide-silicon structure. *Journal of Applied Physics*, 58:404–413.

[117] Umar A (2009). *Metal Oxide Nanostructures and Their Applications*. Amer Scientific Pub.

[118] Zhang M, Yuan Z, Song J, Zheng C (2010). Improvement and mechanism for the fast response of a Pt/TiO2 gas sensor. *Sensors and Actuators B: Chemical*, 148:87–92.

[119] Wang C, Yin L, Zhang L, Xiang D, Gao R (2010). Metal Oxide Gas Sensors: Sensitivity and Influencing Factors. *Sensors*, 10:2088–2106.

[120] Sears WM, Colbow K, Consadori F (1989). Algorithms to improve the selectivity of thermally-cycled tin oxide gas sensors. *Sensors and Actuators*, 19:333–349.

[121] Seong HY, Kweon S.-J, Suh J.-R, Lee J, Park C, Jung Y, Je M (2018). Technical Review: Interface Integrated Circuits for Metal-Oxide GAS Sensors. In: *2018 IEEE International Conference on Consumer Electronics – Asia (ICCE-Asia)*.

[122] Hagen W, Lambrich RE, Lagois J (2007). Semiconducting gas sensors. In: *Festkörperprobleme 23*, S. 259–274. Springer, Berlin Heidelberg.

[123] Berna A (2010). Metal Oxide Sensors for Electronic Noses and Their Application to Food Analysis. *Sensors*, 10:3882–3910.

[124] Elbel T (2013). *Mikrosensorik*. Springer Vieweg, Wiesbaden.

[125] Eisele I, Doll T, Burgmair M (2001). Low power gas detection with FET sensors. *Sensors and Actuators B: Chemical*, 78:19–25.

[126] Reisch M (2007). *Elektronische Bauelemente – Funktion, Grundschaltungen, Modellierung mit SPICE*. Springer.

[127] Daniel M, Szermer M, Napieralski A, Charlot J.-J (2002). CHEMFET modelling for hardware description languages. In: *Modern Problems of Radio Engineering, Telecommunications and Computer Science (IEEE Cat. No.02EX542)*.

[128] Polk BJ (2002). ChemFET arrays for chemical sensing microsystems. In: *Proceedings of IEEE Sensors*, S. 732.

[129] Lee C.-S, Kim S, Kim M (2009). Ion-Sensitive Field-Effect Transistor for Biological Sensing. *Sensors*, 9:7111–7131.

[130] Zimmer M (2003). *Mikrosensoren auf Transistor-Basis zur Wasserstoff- und Ozondetektion*. München.

[131] Sutanto PT (1978). *Multifunktions-Feldeffekttransistoren zur Strömungs-, Chemo-, und Biosensorik in Lab on a Chip-System*. Freiburg.

[132] Fraunhofer-Gesellschaft (06 11 2018). *Neues Sensorkonzept für Feldeffekttransistoren – Fraunhofer EMFT*. Verfügbar unter: www.emft.fraunhofer.de/de/anwendungen/neues-sensorkonzept-feldeffekt-transistoren.html (Zugriff 29.04.2019).

[133] Umweltsensortechnik. *Gas sensor element GGS 3530 T*. Verfügbar unter: www.umweltsensortechnik.de/fileadmin/assets/downloads/gassensoren/single/DataSheet-GGS-3530-T_Rev1702.pdf.

[134] Hübner H.-P, Obermeier E (1985). Gassensoren auf der Basis von Metalloxid-Halbleitern / Gas sensors on the basis of metal oxide semiconductors. *tm – Technisches Messen*, 52.

[135] Umweltsensortechnik. *Gas sensor element GGS 9530 T*. Verfügbar unter: www.umweltsensortechnik.de/fileadmin/assets/downloads/gassensoren/single/DataSheet-GGS-9530-T_Rev1702.pdf.

[136] Umweltsensortechnik. *Gas sensor element GGS 10530 T*. Verfügbar unter: www.umweltsensortechnik.de/fileadmin/assets/downloads/gassensoren/single/DataSheet-GGS-10530-T_Rev1702.pdf.

[137] Figaro. *Technical Data Figaro TGS 813*. Verfügbar unter: https://produktinfo.conrad.com/datenblaetter/175000-199999/183474-da-01-en-Gassensor_TGS_813.pdf.

[138] Figaro USA, Inc. *TGS 821 – Special Sensor for Hydrogen Gas*. Verfügbar unter: https://docs-emea.rs-online.com/webdocs/0806/0900766b80806523.pdf.

[139] Figaro USA, Inc. *TGS 826 – for the Detection of Ammonia*. Verfügbar unter: www.figarosensor.com/product/docs/TGS%20826%20%2805_04%29.pdf.

[140] Figaro USA, Inc. *TGS 2600 – for the detection of Air Contaminants*. Verfügbar unter: www.figarosensor.com/product/docs/TGS2600B00%20%280913%29.pdf.

[141] SGX Sensortech. *Data Sheet MiCS-5524*. Verfügbar unter: https://sgx.cdistore.com/
       datasheets/sgx/1084_Datasheet%20MiCS-5524%20%20rev%208.pdf.

[142] SGX Sensortech. *Data Sheet MiCS-2714*. Verfügbar unter: https://sgx.cdistore.com/
       datasheets/sgx/1107-Datasheet-MiCS-2714.pdf.

[143] ams Ag. *AS-MLV-P2 Air Quality Sensor*. Verfügbar unter: https://ams.com/documents/20143/
       36005/AS-MLV-P2_DS000359_1-00.pdf/43d38978-7af6-ed5c-f1dd-46950855abca.

[144] Integrated Device Technology, Inc. *SGAS711 Flammable Gas Sensor*. Verfügbar unter: www.
       idt.com/document/dst/sgas711-datasheet.

[145] Airsense Analytics. *PEN3 Portable Electronic Nose*. Verfügbar unter: https://airsense.com/
       sites/default/files/flyer_pen.pdf.

[146] Umweltsensortechnik. *UST Triplesneosr – The artificial nose*. Verfügbar unter: www.
       umweltsensortechnik.de/fileadmin/assets/downloads/gassensoren/module/TechInfo_
       UST_Triplesensor_USB_Rev1607.pdf.

[147] Sensigent. *Cyranose 320*. Verfügbar unter: www.sensigent.com/products/C320%
       20Datasheet.pdf.

[148] Umweltsensortechnik. *Handheld-Gasspürgerät UST PEAKER EX*. Verfügbar unter: www.
       umweltsensortechnik.de/fileadmin/assets/downloads/geraete/Datenblatt_UST_PEAKER_
       Ex_Rev1706.pdf.

[149] ACE Instruments. *ACE DA-5000*. Verfügbar unter: www.ace-technik.com/documents/
       products/Media/Bedienungsanleitung%20ACE%20DA-5000_D_E.pdf.

[150] Campbell Scientific. *CS526 Digital ISFET pH Probe*. Verfügbar unter: https://s.campbellsci.
       com/documents/eu/product-brochures/b_cs526.pdf.

[151] PCE Instruments. *pH-Elektrode PCE-ISFET-MiniFET*. Verfügbar unter: www.pce-instruments.
       com/deutsch/messtechnik/messgeraete-fuer-alle-parameter/ph-meter-pce-instruments-
       ph-elektrode-pce-isfet-minifet-det_5855545.htm.

[152] PCE Instruments. *ISFET Umweltmessegerät OCE-ISFET Spezifikation*. Verfügbar unter:
       www.pce-instruments.com/deutsch/messtechnik/messgeraete-fuer-alle-parameter/
       umweltmessgeraet-pce-instruments-isfet-umweltmessgeraet-pce-isfet-det_5855604.htm.

[153] Endress+Hauser. *Technical Information Tophit CPS471*. Verfügbar unter: https://portal.
       endress.com/wa001/dla/5000315/8755/000/05/TI283CEN_US_0510.pdf.

[154] Shirakawa H, Louis EJ, MacDiarmid AG, Chiang CK, Heeger AJ (1977). Synthesis of Electrically
       Conducting Organic Polymers: Halogen Derivatives of Polyacetylene, (CH)x. *J. C. S. Chem.
       Comm.*, S. 578–580.

[155] Weddigen G, Suhr H (1989). Der Einsatz von polymeren Halbleitern als Sensormaterial. In:
       Elektrisch leitende Kunststoffe, S. 545–559. Heidelberg, Carl Hanser Verlag.

[156] Park SJ, Park CS, Yoon H (2017). Chemo-Electrical Gas Sensors Based on Conducting Polymer
       Hybrids. *Polymers*, 9(155):1–24.

[157] Roth S (1989). Selbstleitende Kunststoffe. In: *Elektrisch leitende Kunststoffe*, S. 254–263.
       München: Carl Hanser Verlag.

[158] Leute U (2015). *Elektrisch leitfähige Polymerwerkstoffe*. Springer Fachmedien, Wiesbaden.

[159] Koudehi M, Pourmortazavi S (2018). Polyvinyl Alcohol/Polypyrole/Molecularly Imprinted Poly-
       mer Nanocomposite as Highly Selective Chemiresistor Sensor for 2,4-DNT Vapor Recognition.
       Electroanalysis, S. 2302–2310.

[160] Lange U, Roznyatovskaya NV, Hao Q, Mirsky VM (2011). Conducting Polymers as Artifical Re-
       ceptors in Chemical Sensors. In: *Artificial Receptors for Chemical Sensors*, S. 361–390. Wiley-
       VCH Verlag, Weinheim.

[161] Cho S, Kim Y, Kim Y, Yang Y, Ha S (2004). The Application of Carbon Nanotubes – Polymer
       Composite as Gas Sensing Materials. In: *SENSORS, IEEE*. Vienna.

[162] Lange U, Mirsky VM (2011). *Leitfähige Polymere in Chemo- und Biosensoren*. News Analytik, Regensburg, Senftenberg.

[163] Zhang Y, Zhang J, Liu Q (2017). Gas Sensors Based on Molecular Imprinting Technology. *sensors*.

[164] Lange U, Mirsky VM (2011). Chemiresistors based on conducting polymers: A review on measurement techniques. *Analytica Chimica Acta*, Nr. 687:105–113.

[165] Bechmann W, Bald I (2016). *Einstieg in die Physikalische Chemie für Nebenfächler*. Springer-Verlag, Berlin, Heidelberg.

[166] Hamburger Wasserwerke (2018). *Trinkwasseranalyse Hauptpumpwerk Rothenburgsort*. Hamburg.

[167] Mühl T (2017). *Elektrische Messtechnik: Grundlagen, Messverfahren, Anwendungen*. Springer Fachmedien Wiesbaden GmbH, Aachen.

[168] Lange U, Roznyatovskaya N, Hao Q, Mirsky V (2008). Conducting polymers in chemical sensors and arrays. *Analytica Chimica Acta*, Nr. 614:1–26.

[169] Harris DC (2014). *Lehrbuch der Quantitativen Analyse*, 8. Auflage. Springer-Verlag, Berlin, Heidelberg. G. Werner und T. Werner, Hrsg.

[170] White HS, Kittlesen GP, Wrighton MS (1984). Chemical Derivatization of an Array of Three Gold Microelectrodes with Polypyrrole: Fabrication of a Molecule-Based Transistor. *J. Am. Chem. Soc.*, Nr. 106:5375–5377.

[171] Persaud KC (2005). Polymers for chemical sensing. *materials today*, S. 38–44.

[172] Tipler PA, Mosca G (2015). *Physik für Wissenschaftler und Ingenieure*. Springer-Verlag, Heidelberg.

[173] Bai H, Shi G (2007). Gas Sensors Based on Conducting Polymers. *Sensors*, 7:267–307.

[174] Bansal L, El-Sherif M (2005). Intrinsic Optical-Fiber Sensor for Nerve Agent Sensing. *IEEE Sensors Journal*, 5(4):648–655.

[175] Yuan J, El-Sherif MA (2003). Fiber-Optic Chemical Sensor Using Polyaniline as Modified Cladding Material. *IEEE Sensor Journal*, 3(1):5–12.

[176] Guiseppi-Elie A, Wallace GG, Matsue T (1998). Chemical and Biological Sensors Based on Electrically Conducting Polymers. In: *Handbook od Conducting Polymers*, S. 963–991. Marcel Dekker, Inc, New York.

[177] Toal SJ, Trogler WC (27 04 2006). Polymer sensors for nitroaromatic explosives detection. *Journal of Materials Cehmistry*, 2871–2883.

[178] Fratoddi I, Venditti I, Cametti C, Russo MV (2015). Chemiresistive polyaniline-based gas sensors: A mini review. *Sensors and Actuators B: Chemical*, Nr. 220:534–548.

[179] Hao Q, Wang X, Lu L, Yang X, Mirsky VM (2005). Electropolymerized Multilayer Conducting Polymers with Response to Gaseous Hydrogen Chloride. *Macromolecular Rapid Communications*, Nr. 26:1099–1103.

[180] Yan XB, Han ZJ, Yang Y, Tay BK (2007). NO2 gas sensing with polyaniline nanofibers synthesized by a facile aqueous/organic interfacial polymerization. *Sensors and Actuators B: Chemical*, Nr. 123:107–113.

[181] Han G, Shi G (2007). Porous polypyrrole/polymethylmethacrylate composite film prepared by vapor deposition polymerization of pyrrole and its application for ammonia detection. *Thin Solid Films*, Nr. 515:6986–6991.

[182] Samoylov AV, Mirsky VM, Hao Q, Swart C, Shirshov YM, Wolfbeis OS (2005). Nanometer-thick SPR sensor for gaseous HCl. *Sensors and Actuators B: Chemical*, Nr. 106:369–372.

[183] Yang H, Wan J, Shu H, Liu X, Lakshmanan RS, Guntupalli R, Hu J, Howard W, Chin BA (2006). Hydrazine leak detection using poly(3-hexylthiophene) thin film microsensor. In: *Proceedings of SPIE*, Nr. 6222.

[184] Yue F, Ngin TS, Hailin G (1996). A novel paper pH sensor based on polypyrrole. *Sensors and Actuators B: Chemical*, Nr. 32:33–39.

[185] Lakard B, Herlem G, Lakard S, Guyetant R, Fahys B (2005). Potentiometric pH sensors based on electrodeposited polymers. *Polymer*, Nr. 46:12233–12239.

[186] Nambiar S, Yeow JT (2011). Conductive polymer-based sensors for biomedical applications. *Biosensors and Bioelectronics*, Nr. 26:1825–1832.

[187] Sensigent (2013). *Introduction to the Cyranose 320 for QA/QC Sensing Applications.*

[188] Sensigent (2020). *Cyranose(R) 320 Portable Handheld Electronic Nose Datasheet.*

[189] Tyszkiewicz J (2003). Multi-sensor odour detection and measurement of polluted food. *Polish Journal of Food and Nutrition Science*, S. 45–48.

[190] Morris A (2017). *www.mccormick.northwestern.edu.* Verfügbar unter: www.mccormick.northwestern.edu/news/articles/2017/02/sketching-sensors-with-conducting-polymer-pen.html (Zugriff 29.04.2019).

[191] Gruhl FJ (2010). *Oberflächenmodifikation von Surface Acoustic Wave (SAW) Biosensoren für biomedizinische Anwendungen.* KIT Scientific Publishing, Karlsruhe Verlag, Karlsruhe.

[192] Hauptmann P (1991). *Sensoren: Prinzipien und Anwendungen.* Carl Hanser Verlag München Wien, München.

[193] Eigler H (2000). *Mikrosensorik und Mikroelektronik.* Expert Verlag, Renningen.

[194] Baumann P (2010). *Sensorschaltungen*, 2. Auflage. Vieweg+Teubner, Wiesbaden.

[195] Kessler RW (2006). *Prozessanalytik: Strategien und Fallbeispiele aus der industriellen Praxis.* WILEY-VCH Verlag GmbH&Co.KGaA, Weinheim.

[196] Bernhard F (2014). *Handbuch der Technischen Temperaturmessung*, 2. Auflage. Springer Vieweg, Berlin.

[197] Göpel W, Hesse J, Zemel JN (1995). *Sensors A Comprehensive Survey*, Micro-and Nanosensor Technology/Trends in Sensor Markets, Volume 8. VCH Verlagsgesellschaft mbH, Weinheim.

[198] all-electronics.de (Uploaded 2008). Verfügbar unter: www.all-electronics.de/wp-content/uploads/migrated/article-pdf/117344/ael08-21-electronica-040.pdf (Zugriff 17.06.19).

[199] Devkota J, Ohodnicki PR, Greve DW (2017). SAW Sensors for Chemical Vapors and Gases. *Sensors.*, 17:801.

[200] Czichos H, Hennecke M (Hrsg.) (2012). *HÜTTE – Das Ingenieurwissen*, 34. Auflage. Springer Vieweg Verlag, Berlin.

[201] Greve D, Chin T.-L, Zheng P, Ohodnicki P, Baltrus J, Oppenheim I (2013). Surface Acoustic Wave Devices for Harsh Environment Wireless Sensing. *Sensors.*, 13:6910–6935.

[202] Reindl L, Scholl G, Ostertag T, Seisenberger C, Hornsteiner J, Pohl A (1998). Berührungslose Messung der Temperatur mit passiven OFW-Sensoren. In: *Tagesbundband VDI/GMA-Temperatur*, VDI-Berichte Nr. 1379.

[203] Binder A (2010). Neue Anwendungen von Oberflächenwellen-Funksensoren. *Elektrotechnik & Informationstechnik.*, 127(3):64–69. doi:10.1007/s00502-010-0720-7.

[204] Matatagui D, Martí J, Fernández MJ, Fontecha JL, Gutiérrez J, Gràcia I, Cané C, Horrillo MC (2009). Optimized design of a SAW sensor array for chemical warfare agents simulants detection. *Procedia Chemistry*, 1:232–235.

[205] tradewaysusa.com (Uploaded 2015). Verfügbar unter: www.tradewaysusa.com/Catalogue-New/Detection_&_Identification/Chemical/Hazmatcad/Hazmatcad.pdf (Zugriff 17.06.2019).

[206] estcal.com (Uploaded 2018). Verfügbar unter: www.estcal.com/product/computer-integrated-znoser. Zugriff (17.06.2019).

[207] Kumar, C. (2018). *In-situ Characterization Techniques for Nanomaterials.* Springer.

[208] Hermann H, Bucksch H (2013). *Wörterbuch GeoTechnik/Dictionary Geotechnical Engineering.* Springer.

[209] Wellmann P (2016). *Materialien der Elektronik und Energietechnik.* Springer.

[210] Borchardt-Ott W, Sowa H (2018). *Kristallographie – Eine Einführung für Studierende der Naturwissenschaften*. Springer.

[211] Böge W, Plaßmann W (2007). *Handbuch Elektrotechnik*. Vieweg.

[212] Vig JR (2004). *Quartz Crystal Resonators and Oscillators for Frequency Control and Timing Applications – A Tutorial*. US Army Communications-Electronics Research, Development & Engineering Center Fort Monmouth. NJ, USA.

[213] Gooch JW (2006). *Encyclopedic Dictionary of Polymers*. Springer.

[214] Böge A (2007). *Formeln und Tabellen Maschinenbau*. Vieweg.

[215] Steinem C, Janshoff A (2006). *Piezoelectric Sensors*. Springer.

[216] James D, Scott SM, Ali Z, O'Hare WT (2004). *Chemical Sensors for Electronic Nose Systems*. Springer.

[217] D. F. U. AG (2017). *GMD 13 – Produktinformation – Version 2.0 – de*. Deutschland.

[218] D. F. U. AG (2017). *GMD 13 – Informationsbroschüre – Version 1.0 – de*. Deutschland.

[219] S. AG. *Datenblatt für SHC500 Gravimat*.

[220] D. AG. *Datenblatt für D-RC 120 Automatic sampling device for gravimetric dust measurements*.

[221] Baker J (2009). *50 Schlüsselideen – Physik*. Spektrum Akademischer Verlag, Heidelberg.

[222] Abbe E (1874). *Neue Apparate zur Bestimmung des Brechungs- und Zerstreuungsvermögens fester und flüssiger Körper*. Mauke's Verlag, Jena.

[223] Helm M, Wölfl S (2007). *Instrumentelle Bioanalytik: Einführung für Biologen, Biochemiker, Biotechnologen und Pharmazeuten*. WILEY-VCH, Weinheim.

[224] Hünig S, Märkl G, Sauer J, Kreitmeier P, Ledermann J (2014). *Arbeitsmethoden in der organischen Chemie*. Lehmanns Media, Berlin.

[225] Vollmer M (2019). *Atmosphärische Optik für Einsteiger*. Springer Spektrum, Berlin.

[226] Roth WA, Eisenlohr F, Löwe F (1952). *Arbeitsmethoden der modernen Naturwissenschaften – Refraktometrisches Hilfsbuch*, 2. Auflage. Walter De Gruyter & Co, Berlin.

[227] Baumann B (2016). *Physik für Ingenieure – Bachelor Basics*, 3. Auflage. Verlag Europa-Lehrmittel, Edition Harri Deutsch, Haan-Gruite.

[228] Stroppe H (2018). *Physik für Studierende der Natur- und Ingenieurswissenschaften*, 16. Auflage. Hanser, München.

[229] Lindner H (2010). *Physik für Ingenieure*, 18. Auflage. Hanser, München.

[230] Pfeiler W (2017). *Experimentalphysik – Band IV: Optik, Strahlung*. De Gruyter. Berlin/Boston.

[231] Rücker G, Neugebauer M, Willems GG (2013). *Instrumentelle pharmazeutische Analytik – Lehrbuch zu spektroskopischen, chromatographischen, elektrochemischen und thermischen Analysenmethoden*, 5. Auflage. Wissenschaftliche Verlagsgesellschaft mbH, Stuttgart.

[232] Langhals H (1985). Der Zusammenhang zwischen dem Brechungsindex und der Zusammensetzung binärer Flüssigkeitsgemische. *Z. phys. Chemie*, 266(4):775–780.

[233] Schormüller J (1965). *Analytik der Lebensmittel*. Springer-Verlag, Berlin Heidelberg.

[234] Litfin G (2005). *Technische Optik in der Praxis*. Springer-Verlag, Berlin Heidelberg.

[235] Schenk W, Kremer F (2014). *Physikalisches Praktikum*. Springer Spektrum, Wiesbaden.

[236] Refraktometer-Messtechnik (o. D.). *Aufbau und Funktionsweise*. Verfügbar unter: www.refraktometer-messtechnik.de/start/funktionsprinzip-eines-refraktometers/ (Zugriff 14.06.2019).

[237] Bauer-Christoph C (2009). *Spirituosenanalytik: Stichworte und Methoden von A–Z*. Behr, Hamburg.

[238] März L (2011). *Das Apfelhandbuch: Wissenswertes rund um den Apfel*. Diplomica Verlag, Hamburg.

[239] STEP Systems GmbH (2006). *Refraktometer: Bedienungsanleitung*. Verfügbar unter: https://shop.stepsystems.de/images/content/files/25010%20BDA%20Refraktometer.pdf. (Zugriff 14.06.2019).

[240] LAVES Institut für Bienenkunde Celle (2014). *Das Bieneninstitut Celle informiert: Was-sergehalt im Honig*. Verfügbar unter: www.laves.niedersachsen.de/download/42476/Wassergehalt_im_Honig.pdf (Zugriff 14.06.2019).

[241] A. KRÜSS Optronic GmbH (2018). *Einsatzgebiete Refraktometer, Version 6*. Verfügbar unter: www.kruess.com/wp-content/uploads/2018/05/DB_Refraktometer_DE_6.0_Einsatzgebiete-nach-Branchen.pdf (Zugriff 14.06.2019).

[242] A. KRÜSS Optronic GmbH (2019). *Abbe-Refraktometer*. Verfügbar unter: www.kruess.com/produkt-kategorie/refraktometer/abbe-refraktometer/. (Zugriff 14.06.2019).

[243] A. KRÜSS Optronic GmbH (2019). *Technische Daten – Abbe-Refraktometer, Version 6.3*. Ver-fügbar unter: www.kruess.com/wp-content/uploads/2019/05/DB_Refraktometer_DE_6.3_Technische-Daten-Abbe-Refraktometer.pdf. (Zugriff 14.06.2019).

[244] A. KRÜSS Optronic GmbH (2019). *Handrefraktometer*. Verfügbar unter: www.kruess.com/produkte/refraktometer/hr-modelle/ (Zugriff 14.06.2019).

[245] A. KRÜSS Optronic GmbH (2019). *Digitale Handrefraktometer*. Verfügbar unter: www.kruess.com/produkte/refraktometer/dr101-60-dr201-95-dr301-95/. (Zugriff 14.06.2019).

[246] Kohlrausch F (1996). *Praktische Physik*, 24. Auflage. B. G. Teubner, Stuttgart.

[247] Schröder G, Treiber H (2014). *Technische Physik*, 11. Auflage. Vogel Fachbuch, Hanau Nürn-berg.

[248] Beckert R, Fanghänel E, Habicher WD (2014). *Organikum*, 24. Auflage. WILEY-VCH, Dresden.

[249] Hesse M, Meier H, Zeeh B, Bienz S, Bigler L, Fox T (2016). *Spektroskopische Methoden in der organischen Chemie*, 9., überarbeitete und erweiterte Auflage. Georg Thieme Verlag, Stuttgart New York.

[250] Kurzweil P (2013). *Chemie Aufgabensammlung für Ingenieure und Naturwissenschaftler*. Springer Vieweg, Wiesbaden.

[251] Bass M (2009). *Handbook of Optics*. McGraw Hill. Third Edition Volume I: Geometrical and Physical Optics, Polarized Light, Components and Instruments.

[252] Geschke D (1998). *Physikalisches Praktikum*, 11. neubearbeitete Auflage. B. G. Teubner Stutt-gart, Leipzig.

[253] A. KRÜSS Optronic GmbH (2016). *Einsatzgebiete Polarimeter, Version 3*. Verfügbar unter: www.kruess.com/wp-content/uploads/2018/05/DB_Polarimeter_DE_3.0_Einsatzgebiete-nach-Branchen-1.pdf.

[254] Holm T (1999). Aspects of the mechanism of the flame ionization detector. *Journal of Chroma-tography A.*, 842:221–227.

[255] McWilliam IG, Dewar RA (1958). Flame Ionization Detector for Gas Chromatography. *Nature Publishing Group*, 181:760.

[256] Harley J, Pretorius V (1956). A New Detector for Vapour Phase Chromatography. *Nature Publi-shing Group*, 178:1244.

[257] Jander G, Spandau H (1977). *Kurzes Lehrbuch der anorganischen und allgemeinen Chemie*, 8. Auflage. Springer-Verlag, Berlin Heidelberg.

[258] Rödel W, Wölm G (1979). *Grundlagen der Gas-Chromatographie*, 2. Auflage. VEB Deutscher Verlag der Wissenschaften, Berlin.

[259] Latscha HP, Kazmaier U (2016). *Organische Chemie – Chemie Basiswissen II*, 7. Auflage. Springer-Verlag, Berlin Heidelberg.

[260] Kolb B (1999). *Gaschromatographie in Bildern*, 1. Auflage. WILEY-VCH, Weinheim.

[261] Deutsche Norm (2013). *Emissionen aus stationären Quellen – Bestimmung der Massenkon-zentration des gesamten gasförmigen organisch gebundenen Kohlenstoffs*. DIN EN 12619.

[262] Verein Deutscher Ingenieure (1995). *Messen gasförmiger Emissionen – Messen von flüchtigen organischen Verbindungen insbesondere von Lösungsmitteln mit dem Flammenionisations-detektor (FID)*. VDI 3481 Blatt 3.

[263] Verein Deutscher Ingenieure (2000). *Messen gasförmiger Emissionen – Messen der Kohlenmonoxid-Konzentration mittels Flammenionisationsdetektor nach Reduktion zu Methan.* VDI 2459 Blatt 1.

[264] Ihl A (2008). *Luftreinhaltung Leitfaden zur Emissionsüberwachung*, 2. Auflage. Umweltbundesamt, Dessau-Roßlau.

[265] Zeisberger V (2005). *Handbuch Altlasten – Auswertung von Mineralöl-Gaschromatogrammen*, 1. Auflage. Hessisches Landesamt für Umwelt und Geologie, Wiesbaden.

[266] testa-fid.de [Internet-Homepage]. München: TESTA GmbH (Zugriff 15.05.2019).

[267] TESTA GmbH Hrsg. (2019). *Datenblatt iFID Rack.* München.

[268] TESTA GmbH Hrsg. (2019). *Datenblatt iFID Mobile.* München.

[269] ratfisch.de [Internet-Homepage]. Poing: Ratfisch Analysensysteme GmbH (Zugriff 15.05.2019).

[270] Ratfisch Analysesysteme GmbG Hrsg. (2019). *Datenblatt Gesamt-Kohlenwasserstoff-Analysator RS53-T.* Poing.

[271] Ratfisch Analysesysteme GmbG Hrsg. (2019). *Datenblatt Gesamt-Kohlenwasserstoff-Analysator RS55-T.* Poing.

[272] Ratfisch Analysesysteme GmbG Hrsg. (2019). *Datenblatt Gesamt-Kohlenwasserstoff-Analysator RS55-T/2.* Poing.

[273] sewerin.com [Internet-Homepage]. Gütersloh: Hermann Sewerin GmbH (Zugriff 15.05.2019).

[274] Hermann Sewerin GmbH Hrsg (2019). *Datenblatt PortaFID.* Gütersloh.

[275] RAE Systems Inc (2013). *The PID Handbook, Theory and Applications of Direct-Reading Photoionization Detectors (PIDs)*, 3. Auflage. RAE Systems Inc, San Jose.

[276] Hering E, Schönfelder G (2018). *Sensoren in Wissenschaft und Technik, Funktionsweise und Einsatzgebiete*, 2. Auflage. Sprinter Vieweg, Wiesbaden.

[277] Krieger H (2017). *Grundlagen der Strahlungsphysik und des Strahlenschutzes*, 5. Auflage. Springer Spektrum, Berlin.

[278] Saleh Bahaa EA, Teich MC (2008). *Grundlagen der Photonik*, 2., vollständig überarbeitete und erweiterte Auflage. WILEY-VCH Verlag, Weinheim.

[279] Fröhlich HP (2015). *Messtechnik – Verfahren: Photoionisationsdetektor (PID)*. Berufsgenossenschaft Handel und Warenlogistik, Mannheim.

[280] Dräger Safety AG & Co (2017). *Dräger Sensorenhandbuch, Boden-, Wasser- und Luftuntersuchungen sowie technische Gasanalyse*, 4. Ausgabe. Dräger Safety AG & Co. KGaA, Lübeck.

[281] Bundesanstalt für Arbeitsschutz und Arbeitsmedizin (2019). *Technische Regeln für Gefahrenstoffe, Arbeitsplatzgrenzwerte TRGS 900. Version 29.03.2019.* Bundesanstalt für Arbeitsschutz und Arbeitsmedizin, Berlin.

[282] compur.com [Homepage im Internet] (2018). Compur Monitors GmbH & Co. KG, München. Verfügbar unter: www.compur.com/de/stationaeres-gaswarngeraet/gaswarngeraet-statox-501-pid/index.html (Zugriff 19.05.2019).

[283] bentekk.com [Homepage im Internet] (2018). bentekk GmbH, Hamburg. Verfügbar unter: www.bentekk.com/#technology (Zugriff 18.05.2019).

[284] draeger.com [Homepage im Internet] (2019). Drägerwerk AG & Co. KGaA, Lübeck. Verfügbar unter: www.draeger.com/Products/Content/x-pid-9000-9500-pi-9104789-de-de.pdf (Zugriff 18.05.2019).

[285] draeger.com [Homepage im Internet] (2019). Drägerwerk AG & Co. KGaA, Lübeck. Verfügbar unter: www.draeger.com/Products/Content/X-pid-9x00-Product-specs-de.pdf (Zugriff 19.05.2019).

[286] DIN 1306 (06/1984). *Dichte; Begriffe; Angaben – Definitionsnorm für die Dichte in deutscher und englischer Sprache.* Beuth Verlag.

[287] Dreyer W (1974). *Materialverhalten anisotropischer Festkörper*, 7. Auflage. Springer Verlag, Wien.

[288] Schaber S, Mayinger S (2009). *Thermodynamik, Band 1: Einstoffsysteme*. Springer Verlag, Berlin.

[289] Meyendorf G (1965). *Laborgeräte und Chemikalien*. Volk und Wissen Verlag, Berlin.

[290] DIN ISO 3507:2002-02 (2002). *Laborgeräte aus Glas –Pyknometer (ISO 3507:1999)*.

[291] Eulitz C, Scheuermann S, Thier H (1965). *Brockhaus ABC Chemie*. Brockhaus Verlag, Leipzig.

[292] Böhm T (2005). *Verfahren zur Bestimmung physikalischer Qualitätsmerkmale und des Wassergehaltes biogener Festbrennstoffe*. Doktorarbeit, Technische Universität München, München.

[293] DIN 66137-2 (2009). *Bestimmung der Dichte fester Stoffe – Teil 2: Gaspyknometrie*. Beuth Verlag, Berlin.

[294] Fahr A (2018). *Voigt's Pharmaceutical Technology*. Wiley, Hoboken, NJ.

[295] DIN 18124 (2019). *Baugrund, Untersuchung von Bodenproben – Bestimmung der Korndichte – Weithalspyknometer*. Beuth Verlag, Berlin.

[296] DIN EN ISO 3838 (2004). *Rohöl und flüssige oder feste Mineralölerzeugnisse – Bestimmung der Dichte oder der relativen Dichte – Verfahren mittels Pyknometer mit Kapillarstopfen und Bikapillar-Pyknometer*. Beuth Verlag, Berlin.

[297] EN 542 (2003). *Klebstoffe – Bestimmung der Dichte*. Beuth Verlag, Berlin.

[298] EN 1131 (1994). *Frucht- und Gemüsesäfte – Bestimmung der relativen Dichte*. Beuth Verlag, Berlin.

[299] Christoph N, Rupp M, Schäfer N (2009). *Spirituosenanalytik: Stichworte und Methoden von A–Z*. Behrs-Verlag, Hamburg.

[300] Micromeritics GmbH. Verfügbar unter: http://micromeritics.de/dichte/ (Zugriff 20.05.2019).

[301] Micromeritics GmbH. Verfügbar unter: http://micromeritics.de/geopyc-1365/ (Zugriff 01.06.2019).

[302] Micromeritics GmbH. Verfügbar unter: http://micromeritics.de/asap-2460/ (Zugriff 17.06.2019).

[303] Micromeritics GmbH. *AccuPyc II 1340 Brochure*. Verfügbar unter: http://107.23.200.153/wp-content/uploads/2017/09/Accupyc_Brochure_2015.pdf (Zugriff 01.06.2019).

[304] Micromeritics GmbH. *Application Note 6 „Warum sind Daten zum Feststoffanteil für den Betrieb pharmazeutischer Walzenkompaktierer so wichtig?"*. Verfügbar unter: http://micromeritics.de/wp-content/uploads/2017/12/application-note-06-german.pdf (Zugriff 20.05.2019).

[305] Micromeritics GmbH. *Application Note 8 „Elektrodenmaterialanalyse in Lithium-Ionen-Batterien"*. Verfügbar unter: http://micromeritics.de/wp-content/uploads/2017/12/application-note-08-german.pdf (Zugriff 20.05.2019).

[306] IMETER – MSB Breitwieser. Verfügbar unter: www.imeter.de/imeter-methoden/dichte/22-bereich-anwendungen/dichte-von-feststoffen-und-fluessigkeiten.html (Zugriff 08.06.2019).

[307] Neubert-Glas GbR. Verfügbar unter: www.neubert-glas.de/laborglas/onlineshop/katalog_php/1/Neubert-Glas-Onlineshop.html?PHPSESSID=6bd2797f28b34e3f91c3d16e7bc34040 (Zugriff 23.05.2019).

[308] DWK Life Sciences GmbH. Verfügbar unter: www.duran-group.com/de/ueber-duran/duran-eigenschaften.html (Zugriff 08.05.2019).

[309] Paul Marienfeld GmbH & Co. KG. Verfügbar unter: www.marienfeld-superior.com/pyknometer.html (Zugriff 29.05.2019).

[310] LMS Consult GmbH. Verfügbar unter: www.lms24.de/ (Zugriff 12.06.2019).

[311] Proceq SA, Zehntner GmbH Testing Instrument. *Produktbroschüre ZPM 3030 Metallpyknometer*. Verfügbar unter: www.zehntner.com/download/prospekt_zpm3030_d_e.pdf (Zugriff 12.06.2019).

[312] ERICHSEN GmbH & Co. KG. *Produktbroschüre Metallpyknometer*. Verfügbar unter: www. erichsen.de/de-de/produkte/oberflaechenpruefung/viskositat-dichte-und-konsistenz/ pyknometer/290-i-ohne-kb/technische-beschreibung-modell-290-pdf (Zugriff 05.05.2019).

[313] Quantachrome Instruments Corporation, Anton Paar GmbH. Verfügbar unter: www. quantachrome.com/pdf_brochures/07171_Gas_Pyc.pdf, www.anton-paar.com/?eID= documentsDownload&document=60625&L=1 (Zugriff 15.05.2019).

[314] Micromeritics GmbH. *Produktbroschüre GEOPYC 1365 Envelope Density Analyzer*. Verfügbar unter: http://micromeritics.de/wp-content/uploads/2017/09/geopyc-1365_brochure_2017. pdf (Zugriff 13.05.2019).

[315] Bechmann W, Bald I (2018). *Einstieg in die Physikalische Chemie für Naturwissenschaftler*, 6. Auflage. Springer Spektrum, Heidelberg.

[316] Gottwald W, Heinrich KH (1998). *IR-Spektroskopie für Anwender*. Wiley-VCH, Weinheim.

[317] Günzler H, Gremlich H.-U (2003). *IR-Spektroskopie. Eine Einführung*. Wiley; Wiley-VCH. Hoboken, NJ; Weinheim.

[318] Gottwald W, Heinrich KH (1998). *UV/VIS-Spektroskopie für Anwender*. Wiley-VCH, Weinheim.

[319] Parson WW (2007). *Modern Optical Spectroscopy*. Springer, Wiesbaden.

[320] Hering E, Martin R, Stohrer M (2016). *Physik für Ingenieure*. Springer Vieweg, Wiesbaden.

[321] Förtsch G, Meinholz H (2013). *Handbuch Betrieblicher Immissionsschutz*. Springer Spektrum, Wiesbaden.

[322] Chalmers JM (2010). Mid-infrared Spectroscopy – The Basics. In: *Biomedical Applications of Synchrotron Infrared Microspectroscopy: A Practical Approach*, Kapitel 2, S. 29–66. Royal Society of Chemistry, London.

[323] VDI (2015). *VDI 3862 Blatt 8 – Messen gasförmiger Emissionen – Messen von Formaldehyd im Abgas von Verbrennungsmotoren – FTIR-Verfahren*. VDI.

[324] Eberhardt A, Rademacher S, Huber J, Schmitt K, Bauersfeld M.-L, Wöllenstein J (2016). NDIR-Photometer zum Nachweis von Ethylen während der Reifung klimakterischer Früchte. In: *GMA/ITG-Fachtagung Sensoren und Messsysteme*, Nürnberg.

[325] Sigrist MW (2018). *Laser: Theorie, Typen und Anwendungen*, 8. Auflage. Springer-Verlag, Berlin.

[326] Luft KF, Schäfer W, Wiegleb G (1993). 50 Jahre NDIR-Gasanalyse. *tm – Technisches Messen*, S. 363–371.

[327] Otto M (2011). *Analytische Chemie*. 4. Überarbeitete und ergänzte Auflage. Wiley-VCH.

[328] Griffiths PR, de Haseth JA (1986). *Fourier Transform Infrared Spectroscopy*. John Wiley & Sons, New York.

[329] Böcker J (2014). *Spektroskopie*. Vogel Buchverlag, s.l.

[330] Analytik Jena AG (2020). *Grundlagen, Instrumentation und Techniken der UV VIS Spektroskopie*. Analytik Jena AG, Jena.

[331] Wikimedia Foundation Inc. (02 02 2020). Infrared Spectroscopy – Uses and Applications. *Wikimedia Foundation Inc.* Verfügbar unter: https://en.wikipedia.org/wiki/Infrared_ spectroscopy#Uses_and_applications (Zugriff 11.04.2020).

[332] Edinburgh Instruments Ltd. (2020). *Gascard NG*. Verfügbar unter: https://edinburghsensors. com/products/oem-co2-sensor/gascard-ng/ (Zugriff 11.04.2020).

[333] Newport Corporation (2020). *MIR8035 FT-IR Spectrometer Scanners*. Newport Corporation. Verfügbar unter: www.newport.com/f/mir8035-ft-spectrometer-scanners (Zugriff 11.04.2020).

[334] Demtröder W (2007). *Laserspektroskopie – Grundlagen und Techniken*, 5. Auflage. Springer-Verlag, Berlin Heidelberg.

[335] Kerr EL, Atwood JG (1968). Laser Illuminated Absorptivity Spectrophone – A Method for Measurement of Weak Absorptivity in Gases at Laser Wavelengths. *Applied Optics.*, 7(5):915–922.

[336] Hertel IV, Schulz C.-P (2017). *Atome, Moleküle und optische Physik 1 – Atome und Grundlagen ihrer Spektroskopie*, 2. Auflage. Springer-Verlag, Berlin.

[337] Haken H, Wolf HC (2006). *Molekülphysik und Quantenchemie: Einführung in die experimentellen und theoretischen Grundlagen*. Springer Berlin Heidelberg. Berlin, Heidelberg.

[338] Sigrist MW (1995). Trace Gas Monitoring by Laser-Photoacoustic Spectroscopy. *Infrared Phys. Tech.*, 36(1):415–425.

[339] Schmid T (2003). *Laserinduzierte photoakustische Spektroskopie als Sensorprinzip – Anwendungen in der Prozess- und Umweltanalytik*. S. 15–16. TENEA Verlag für Medien, Berlin.

[340] Gasera Headquarters (2018). *Applications: Automotive Emissions*. Verfügbar unter: www.gasera.fi/application/automotive-shed/ (Zugriff 06.05.2019).

[341] Gasera Headquarters (2018). *Applications: Waste Anesthetic Gas*. Verfügbar unter: www.gasera.fi/application/anestethics-monitoring/ (Zugriff 06.05.2019).

[342] Gasera Headquarters (2018). *Applications: Greenhouse Gas*. Verfügbar unter: www.gasera.fi/application/greenhouse-gas/ (Zugriff 06.05.2019).

[343] Gasera Headquarters (2018). *Applications: Cargo Container Safety*. Verfügbar unter: www.gasera.fi/application/cargo-container-safety/ (Zugriff 06.05.2019).

[344] Gasera Headquarters (2018). *Applications: Border Security*. Verfügbar unter: www.gasera.fi/application/border-security/ (Zugriff 06.05.2019).

[345] Gasera Headquarters (2018). *Applications: Transformer Condition Monitoring*. Verfügbar unter: www.gasera.fi/application/transformer-condition-monitoring/ (Zugriff 06.05.2019).

[346] Saalberg Y, Wolff M (2016). VOC breath biomarkers in lung cancer. *Clinica Chimica Acta*, 459:5–9. doi:10.1016/j.cca.2016.05.01.

[347] Germer M, Wolff M, Harde H (2009). Photoacoustic NO Detection for Asthma Diagnostics. *Proc. SPIE*, 7371(73710Q). doi:10.1117/12.831774.

[348] Pleitez MA, Lieblein T, Bauer A, Hertzberg O, von Lilienfeld-Toal H, Mäntele W (2013). Windowless ultrasound photoacoustic cell for in vivo mid-IR spectroscopy of human epidermis: Low interference by changes of air pressure, temperature, and humidity caused by skin contact opens the possibility for a non-invasive monitoring of glucose in the interstitial fluid. *Rev. Sci. Instr.*, 84:084901.

[349] Bundesministerium für Bildung und Forschung, Gesundheitsforschung BMBF (2019). Aktuelle Ergebnisse der Gesundheitsforschung. *Newsletter*, 71:13–17. Verfügbar unter: www.gesundheitsforschung-bmbf.de/files/NL_71.pdf (Zugriff 29.04.2019).

[350] EB (2015). Photoakustische Bildgebung: Tiefer Blick ins Gewebe. *Deutsches Ärzteblatt*, 112(29–30):A–1299.

[351] Gasera Headquarters (2018). *Applications: Air Quality*. Verfügbar unter: www.gasera.fi/application/air-quality/ (Zugriff 15.04.2020).

[352] Gasera Headquarters. *Datasheet: Gasera One Pulse*. Verfügbar unter: www.gasera.fi/product/gasera-one-pulse/ (Zugriff 16.04.2020).

[353] Gasera Headquarters. *Datasheet: Gasera One Shed*. Verfügbar unter: www.gasera.fi/product/gasera-one-shed-photoacoustic-multi-gas-monitor/ (Zugriff 16.04.2020).

[354] LumaSense Technologies (2018). *Datasheet: Photoacoustic Gas Monitor INNOVA 1512*. Verfügbar unter: https://innova.lumasenseinc.com/manuals/1512/ (Zugriff 17.04.2020).

[355] LumaSense Technologies (2018). *Datasheet: Photoacoustic Gas Monitor INNOVA 1314i*. Verfügbar unter: https://innova.lumasenseinc.com/manuals/1314i/ (Zugriff 17.04.2020).

[356] Berden G, Engeln R (2009). *Cavity Ring-Down Spectroscopy: Techniques and Applications*. John Wiley & Sons, Inc., Chichester.

[357] Herbelin JM, McKay JA, Kwok MA, Ueunten RH, Urevig DS, Spencer DJ, Benard DJ (1980). Sensitive measurement of photon lifetime and true reflectances in an optical cavity by a phase-shift method. *Appl. Optics.*, 19:144.

[358] Anderson DZ, Frisch JC, Masser CS (1984). Mirror reflectometer based on optical cavity decay time. *Applied Optics*, Bd. 23:1238. 1st Edition: The Optical Society.

[359] O'Keefe A, Deacon DAG (1988). Cavity ring-down optical spectrometer for absorption measurements using pulsed laser sources. *Review of Scientific Instruments*, Bd. 59:2544–2551. 1st Edition: AIP Publishinge.

[360] Terasaki A, Kondow T, Egashira K (2005). Continuous-wave cavity ringdown spectroscopy applied to solids: properties of a Fabry-Perot cavity containing a transparent substrate. *J. Opt. Soc. Am. B*, 22:675–686.

[361] Xu S, Sha G, Xie J (2002). Cavity ring-down spectroscopy in the liquid phase. *Review of Scientific Instruments*, 73:255–258.

[362] Busch KW, Busch MA (Hrsg.) (1999). *Cavity-Ringdown Spectroscopy: An Ultratrace-Absorption Measurement Technique*, 1. Auflage. American Chemical Society, U.S.A.

[363] Sankur H, Hall R (1985). Thin-film deposition by laser-assisted evaporation. *Applied Optics*, 24:3343–3347.

[364] Martin PJ (1986). Ion-assisted thin film deposition and applications. *Vacuum.*, 36:585–590.

[365] Roger van Zee JPL (2003). *Cavity-Enhanced Spectroscopies*, 1. Auflage. Elsevier Science.

[366] Kneubühl FK, Sigrist MW (2008). *Laser*, 7. Auflage. Vieweg+Teubner Verlag, Wiesbaden.

[367] Berden G, Peeters R, Meijer G (2000). Cavity ring-down spectroscopy: Experimental schemes and applications. *International Reviews in Physical Chemistry*, 19(4):565–607.

[368] Löffler-Mang M (2012). *Optische Sensorik – Lasertechnik, Experimente, Light Barries*. Vieweg + Teubner.

[369] Weingarten S (2015). Theoretische Grundlagen. In: *Szintillationsdetektoren mit Silizium-Photomultipliern*. BestMasters. Springer Spektrum, Wiesbaden.

[370] Kassi S, Macko P, Naumenko O, Campargue A (2005). The absorption spectrum of water near 750 nm by CW-CRDS: contribution to the search of water dimer absorption. *Phys. Chem. Chem. Phys.*, 7:2460–2467.

[371] Mikhailenko SN, Le W, Kassi S, Campargue A (2007). Weak water absorption lines around 1.455 and 1.66 mm by CW-CRDS. *J. Molec. Spectrosc.*, 244:170–178.

[372] Wesselak V, Schabbach T, Link T, Fischer J (2017). Regenerative Energiequellen. In: *Handbuch Regenerative Energietechnik*. Springer Vieweg, Berlin, Heidelberg.

[373] Sander SP, Friedl RR, Golden DM, Kurylo MJ, Moortgat GK, Keller-Rudek H, Wine PH, Ravishankara AR, Kolb CE, Molina MJ, Finlayson-Pitts BJ, Huie RE, Orkin VL (2006). Chemical kinetics and photochemical data for use in atmospheric studies; Evaluation Number 15. *NASA-JPL Publication*, 06-2.

[374] Dube WP, Brown SS, Osthoff HD, Nunley MR, Ciciora SH, Paris MW, McLaughlin RJ, Ravishankara AR (2006). Aircraft instrument for simultaneous, in situ measurement of NO3 and N2O5 via pulsed cavity-ring-down spectroscopy. *Rev. Sci. Instrum.*, 77:034101.

[375] Hallock AJ, Berman ESF, Zare RN (2002). Direct monitoring of absorption in solution by cavity ring-down spectroscopy. *Anal. Chem.*, 74:1741–1743.

[376] Brown SS, Stark H, Ciciora SJ, McLaughlin RJ, Ravishankara AR (2002). Simultaneous in situ detection of atmospheric NO3 and N2O5 via cavity ring-down spectroscopy. *Rev. Sci. Instrum.*, 73:3291–3301.

[377] Alexander AJ (2004). Reaction kinetics of nitrate radicals with terpenes in solution studied by cavity ring-down spectroscopy. *Chem. Phys. Lett.*, 393:138–142.

[378] Goldman A, Rahinov I, Cheskis S (2006). Molecular oxygen detection in low pressure flames using cavity ring-down spectroscopy. *Applied Physics B, Springer Nature*, 82:659–663.

[379] Meijer G, Boogaarts MG, Jongma RT, Parker DH, Wodtke AM (1994). Coherent cavity ring down spectroscopy. *Chemical Physics Letters, Elsevier BV*, 217:112–116.

[380] Evertsen R, Staicu A, Dam N, van Vliet A (2002). and ter Meulen, J. Pulsed cavity ring-down spectroscopy of NO and NO 2 in the exhaust of a diesel engine. *Applied Physics B: Lasers and Optics, Springer Nature*, 74:465–468.

[381] Gustafsson L, Leone A, Persson M, Wiklund N, Moncada S (1991). Endogenous nitric oxide is present in the exhaled air of rabbits, guinea pigs and humans. *Biochemical and Biophysical Research Communications, Elsevier BV*, 181:852–857.

[382] Antus B, Horváth I (2007). Exhaled nitric oxide and carbon monoxide in respiratory diseases. *Journal of Breath Research, IOP Publishing*, 1:024002.

[383] Wang C, Sahay P (2009). Breath Analysis Using Laser Spectroscopic Techniques: Breath Biomarkers, Spectral Fingerprints, and Detection Limits. *Sensors, MDPI AG.*, 9:8230–8262.

[384] Wang U (25. Juli 2012). A startup looks to make money from emissions detectors. *GigaOm Research*. Abrufbar unter: https://gigaom.com/2012/07/25/a-startup-looks-to-make-money-from-emissions-detectors/ (Zugriff 29.04.2020 14:35).

[385] Tiger Optics LLC. Warrington. Abrufbar unter https://www.tigeroptics.com/products.html (Zugriff 16.05.2019 12:17).

[386] Picarro Inc. Santa Clara. Abrufbar unter www.picarro.com/products (Zugriff 16.05.2019 11:35).

[387] Cazes J (2004). *Analytical Instrumentation Handbook*. CRC Press.

[388] Asselborn W, Jäckel M, Risch KT (2009). *Chemie heute SII Gesamtband*. Schroedel Verlag.

[389] Joosten H.-G, Golloch A, Flock J (2018). *Atom-Emissions-Spektrometrie: mit Funken- und Bogenanregung*. Walter de Gruyter GmbH & Co KG.

[390] Nölte J (2002). *ICP Emissionsspektrometrie für Praktiker: Grundlagen, Methodenentwicklung, Anwendungsbeispiele*. Wiley-VCH Verlag GmbH & Co. KGaA.

[391] Hoffman H.-J, Röhl R (2000). *Plasma-Emissions-Spektrometrie*. Springer Nature Switzerland AG.

[392] Matter L (2009). *Lebensmittel- und Umweltanalytik mit der Spektrometrie: Tipps, Tricks und Beispiele für die Praxis*. John Wiley & Sons Inc.

[393] Kiauka W (2005). *Optische Emissionsspektrometrie*. Neußer Werbedruck GmbH.

[394] Perkin Elmer (2018). *Atomic Spectroscopy – A Guide to Selecting the Appropriate Technique and System*.

[395] Gresser AM, Arndt T (2019). *Lexikon der Medizinischen Laboratoriumsdiagnostik*, 3. Auflage. Springer-Verlag, Berlin Heidelberg.

[396] Locher R (1991). *Spektroskopische Eigenschaften von Oxazin-4 als Funktion der Temperatur und der Matrix*. Doktorarbeit, E. T. H. Zürich, Zürich.

[397] d. Sahagún B (1560–1564). *Matritensis Codex*. Spanish Royal Academy of History.

[398] Herschel FW (1845). On a case of superficial colour presented by a homogeneous liquid internally colourless. *Philosophical Transactions of the Royal Society of London*, Nr. 135:143–145.

[399] Stokes GG (1852). On the Change of Refrangibility of Light. *Philosophical Transactions of the Royal Society of London*, Nr. 142:463–562.

[400] Lakowicz JR (2006). *Principles of Fluorescence Spektroscopy*, 3. Auflage. Springer US Verlag, Baltimore.

[401] Udenfriend S (1995). Development of the spectrophotofluorometer and its commercialization. *Protein Science*, S. 542–551.

[402] Martienssen W, Röß D (2011). *Physik im 21. Jahrhundert*. Springer Verlag.

[403] Welsch N, Liebmann CC (2012). *Farben*. Springer Verlag.

[404] Gey MH (2015). *Instrumentelle Analytik und Bioanalytik*, 3. Auflage. Springer Verlag, Berlin Heidelberg.

[405] DIN ISO 9211-2 (11/2012). *Optik und Photonik – Optische Schichten – Teil 2: Optische Eigenschaften*. Beuth Verlag.

[406] Demtröder W (2016). *Experimentalphysik 3*, 5. Auflage. Springer Verlag, Berlin Heidelberg.

[407] Universität Wien. *Aufbau eines CLSM*. Verfügbar unter: www.univie.ac.at/mikroskopie/3_ fluoreszenz/clsm/2f_pmt.htm (Zugriff 01.04.2019).

[408] Zander M (1981). *Fluorimetrie*. Springer Verlag, Berlin.

[409] Wollrab A (2014). *Organische Chemie*, 4. Auflage. Springer Spektrum, Berlin Heidelberg.

[410] Chemtronic Waltemode GmbH. *chemtronic Waltemode GmbH The Liquid Monitoring Specialists!* Verfügbar unter: www.chemtronic-gmbh.de/images/chemtronic/PDFd/Prospekt% 20FLU%20_103__d_.pdf (Zugriff 29.04.2019).

[411] Quednau M (2017). *Geomikrobiologie: Anwendungen*, Bd. 2. De Gruyter, Kronberg.

[412] Günzler H (1999). *Analytiker Taschenbuch*, Bd. 20. Springer Verlag, Berlin Heidelberg.

[413] Wulf JS (2006). *Polyphenolanalyse in gartenbaulichen Produkten auf der Basis laser-induzierter Fluoreszenzspektroskopie*. Doktorarbeit, Humboldt Universität, Berlin.

[414] Rasch C (2010). *Optische Spektroskopie zum Nachweis von Schimmelpilzen und deren Mykotoxine*. Doktorarbeit, Universität Potsdam, Potsdam.

[415] Schwedt G (1981). *Fluoreszenzanalyse*. Verlag Chemie, Weinheim – Deerfield Beach (Florida) – Basel.

[416] Shaikh S, O'Donell C (01 09 2017). Applications of fluorescence spectroscopy in dairy processing: a review. *Current Opinion in Food Science*, S. 16–24.

[417] Naresh K (01 07 2017). Applications of Fluorescence Spectroscopy. *Journal of Chemical and Pharmaceutical Sciences*, S. 18–22.

[418] Braun F (2019). *Krebserkennung durch multispektrale Gewebeuntersuchung*. Heidelberger Dokumentenserver, Mannheim.

[419] Jablonski-Momeni A (2011). *Aktuelle Entwicklungen in der Kariesdiagnostik*. Springer-Verlag und Freier Verband Deutscher Zahnärzte e. V. 2011.

[420] Promega. *Promega – Zum Unternehmen*. Verfügbar unter: www.promega.de/aboutus/ company-information/ (Zugriff 16.05.2019).

[421] JASCO. *JASCO – History*. Verfügbar unter: https://jascoinc.com/about-us/jasco-history/ (Zugriff 16.05.2019).

[422] Thermo Fischer Scientific. *Thermo Fischer – Wir stellen uns vor*. Verfügbar unter: https:// corporate.thermofisher.com/en/home.html (Zugriff 16.05.2019).

[423] SHIMADZU. *SCHIMADZU*. Verfügbar unter: www.shimadzu.de/ (Zugriff 16.05.2019).

[424] ISS. *ISS – Company History*. Verfügbar unter: www.iss.com/about/history.html (Zugriff 16.05.2019).

[425] Turner Designs. *Product Datasheet – C3 and C6 Submersible Fluorometers S-0096 Rev.AG*.

[426] ISS Inc. (2012). *Datasheet – PC1 Photon Counting Spectrofluorimeter ds.pc1.1211*.

[427] Thermo Fischer Sientific. *Thermo Fischer – Produkt NanoDrop 3300 Fluoreszenzspektrometer*. Verfügbar unter: www.thermofisher.com/order/catalog/product/ND-3300 (Zugriff 16.05.2019).

[428] Turner Designs. *Product Datasheet – AquaFlash Handheld Active Fluorometer S-0184 Rev.F*.

[429] Turner Design (2018). *Manual – AquaFlash Handheld Active Fluorometer P/N: 998-8601*.

[430] Turner Designs. *Product Datasheet – Enviro-T2 In-Line Fluorometer S-0191 Rev. D*.

[431] Turner Designs (2018). *Manual – Enviro-T2 In-Line Fluorometer P/N: 998-2823*.

[432] Engelborghs Y, Visser AJ (Hrsg.) (2014). *Fluorescence Spectroscopy and Microscopy*. Humana Press, Springer Science+Business Media, New York, Heidelberg, Dordrecht, London.

[433] Friebolin H (2013). *Ein- und zweidimensionale NMR-Spektroskopie*, 5. Auflage. Copyright Wiley-VCH GmbH & Co. KGaA, Weinheim. Reproduced with permission.

[434] Wolff M (2017). *Sensor-Technologien, Band 2: Geschwindigkeit, Durchfluss, Strömungsfeld*, Bd. 2. DeGruyter Verlag, Oldenbourg.

[435] Bechmann B (2018). *Einstieg in die physikalische Chemie für Naturwissenschaftler*, 6. Auflage. Springer Verlag, Berlin.

[436] van Wüllen L. *Modern Solid State NMR Spectroscopy*. Verfügbar unter: https://digicampus.uni-augsburg.de/dispatch.php/course/details?sem_id=427b183def988933814d228175613fee (Zugriff: 13.03.2021).

[437] Rocha J, Morais C, Fernandez C (2004). Progress in Multiple-Quantum Magic-Angle Spinning NMR Spectroscopy. *Topics in Current Chemistry*, 246:141–194. Berlin/Heidelberg: Springer Verlag.

[438] Schlegel W et al. (2018). *Medizinische Physik*. Springer Verlag, Berlin.

[439] Bachert P, Lichy MP (2004). Magnetresonanzspektroskopie. Teil 2: Anwendung in Diagnostik und klinischer Forschung. *Der Radiologe*, 44:81–97.

[440] Vandenabeele P (2013). *Practical Raman spectroscopy: an introduction*. Wiley, The Atrium, Southern Gate, Chichester, West Sussex, United Kingdom.

[441] Göpel W, Ziegler C (1994). *Struktur der Materie: Grundlagen, Mikroskopie und Spektroskopie*. Teubner, Stuttgart Leipzig.

[442] Nasdala L, Smith D, Kaindl R, Ziemann M (2004). Raman spectroscopy: Analytical perspectives in mineralogical research. *EMU Notes in Mineralogy.*, 12:281–343. doi:10.1180/EMU-notes.6.7.

[443] Perkampus H.-H (1993). *Lexikon Spektroskopie*. VCH, Weinheim.

[444] Lechner MD (2017). *Einführung in die Quantenchemie: Aufbau der Atome und Moleküle, Spektroskopie*. Springer Spektrum, Berlin Heidelberg.

[445] Wiesheu AC (2017). *Raman-Mikrospektroskopie zur Analyse von organischen Bodensubstanzen und Mikroplastik*. Doktorarbeit, Technische Universität München, Institut für Wasserchemie und Chemische Balneologie, München.

[446] Spieß G, Klapötke M (2017). *Eine einfache Einführung in die Raman-Spektroskopie*. LMU München.

[447] Otting W (1952). *Der Raman-Effekt und seine analytische Anwendung*. Springer-Verlag, Berlin.

[448] Metrohm Deutschland 2010–2019. *B&W Tek Tragbare Raman-Lösungen*. Verfügbar unter: metrohm.com/de-de/produkte/spektroskopie/bw-tek-spectroscopy/bw-tek-portable-raman/ (Zugriff 20.05.2019).

[449] B&W Tek and LCC, Hrsg (13-Nov-2018.). *i-Raman Plus 280001231-K*.

[450] B&W Tek and LCC (13-Nov-2018.). *i-Raman Pro 280001260-H*.

[451] B&W Tek and LCC (13-Nov-2018.). *i-Raman Prime 280001287-C*.

[452] B&W Tek (15-März-2019.). *Portable Raman Product Line 400000068-I*.

[453] Metrohm Deutschland 2010–2019. *Mira P Advanced*. Verfügbar unter: metrohm.com/de-de/products-overview/spectroscopy/. (Zugriff 20.05.2019).

[454] Metrohm Deutschland 2010–2019. *Mira DS Advanced*. Verfügbar unter: metrohm.com/de-de/products-overview/spectroscopy/ (Zugriff 20.05.2019).

[455] Metrohm, AG (Okt-2018.). *Mira P handheld Raman-Spektrometer 8.923.5005DE*.

[456] Metrohm Raman (Mai-2018.). *Mira DS 8.923.5004EN*.

[457] Metrohm Deutschland 2010–2019. *Ein Maximum an Flexibilität dank verschiedener Messmodi und umfangreichem Zubehör*. Verfügbar unter: metrohm.com/de-de/products-overview/spectroscopy/mira-handheld-raman-spectrometer/ (Zugriff 20.05.2019).

[458] Deutsche Metrohm GmBH & Co. KG (2019). *Geräte-Preisliste 2019*.

[459] Bruker Optik GmbH (2017). *MultiRAM FT-Raman Spectrometer BOPT-4000036-03*.

[460] Bruker Optik GmbH (2018). *BRAVO Handheld Raman Spectrometer BOPT-40007 27-02*.

[461] Anton Paar GmbH (2018). *Cora Produktfamilie – Raman-Spektrometer*.

[462] Baker AR (1963). *Vereinigte Staaten Patent 3,092,799*.

[463] Gohm W (2006). *Explosionsschutz in der MSR-Technik – Leitfaden für den Anwender.* Hüthig, Heidelberg.

[464] Jessel W (2001). *Gase – Dämpfe – Gasmesstechnik: ein Kompendium für die Praxis.* Dräger Safety AG & Company KGaA, Lübeck.

[465] Lienenklaus KWE (2001). *Elektrischer Explosionsschutz nach DIN VDE 0165,* 2. Auflage. VDE-Verlag, Berlin/Offenbach.

[466] Göpel W, Hesse J, Zemel JN (1991). *Sensors. A Comprehensive Survey. Chemical and Biochemical Sensors. Teil 1,* Band 2. VCH Verlagsgesellschaft GmbH, Weinheim.

[467] Kupfmüller K (1973). *Einführung in die theoretische Elektrotechnik.* Springer-Verlag GmbH, Berlin/Heidelberg.

[468] Wheatstone C (1843). An account of several new instruments and processes for determining the constants of a voltaic circuit. *Philosophical Transactions of the Royal Society of London,* 133:303–327.

[469] Dräger Safety AG & Co. KGaA, Lübeck (2017). *DrägerSensor®- & Gasmessgeräte-Handbuch.* 4. Ausgabe.

[470] Berufsgenossenschaft „Rohstoffe und chemische Industrie" (BG RCI) (2016). *Gaswarneinrichtungen und -geräte für toxische Gase/Dämpfe und Sauerstoff.*

[471] Gesamtverband des deutschen Steinkohlenbergbaus. *www.gvst.de.* Verfügbar unter: www.gvst.de/site/bildungsmedien/steinkohlenbergbau.pdf (Zugriff 6.05.2019).

[472] Dräger Safety AG & Co. KGaA. *www.draeger.com.* Verfügbar unter: www.draeger.com/Products/Content/9046081_ab_xam_7000_de.pdf (Zugriff 28.04.2019).

[473] Dräger Safety AG & Co. KGaA. *www.draeger.com.* Verfügbar unter: www.draeger.com/de_de/Mining/Applications/Ventilation-and-Plant-Safety#risk-management-and-measurement (Zugriff 28.04.2019).

[474] Dräger Safety AG & Co. KGaA. *www.draeger.com.* Verfügbar unter: www.draeger.com/Products/Content/biogasanlagen_br_9046459_de.pdf (Zugriff 28.04.2019).

[475] Dräger Safety AG & Co. KGaA, Lübeck (2012). *Dräger X-am® 5000 – Mehrgas-Messgerät Technisches Handbuch.*

[476] B. +. L. GmbH. *Bieler & Lang – bieler-lang.de.* Verfügbar unter: www.bieler-lang.de/fileadmin/produktdaten/D-d-hc150.pdf (Zugriff 14.05.2019).

[477] Kritsman V (1997). *Ludwig Wilhelmy, Jacobus H. van't Hoff, Svante Arrhenius und die Geschichte der chemischen Kinetik,* Chemie in unserer Zeit, Nr. 6. WILEY-VCH, Weinheim.

[478] Scholz F, Kahlert H (2018). *Chemische Gleichgewichte in der Analytischen Chemie.* Springer Spektrum, Berlin.

[479] Hamann C, Hoogestraat D, Koch R (2017). *Grundlagen der Kinetik.* Springer Spektrum, Berlin.

[480] Lechner D (2018). *Einführung in die Kinetik.* Springer Spektrum, Berlin.

[481] Wörner H (2014). *Physikalische Chemie II: Chemische Reaktionskinetik.* ETH Zürich, Zürich.

[482] Hoinkis J, Lindner E (2007). *Chemie für Ingenieure,* 13. Auflage. WILEY-VCH, Weinheim.

[483] Bieker P, Winter M (2016). Lithium-Ionen-Technologie und was danach kommen könnte. *Chemie in unserer Zeit,* 50(3):172–186.

[484] Schubert V, Reininger G (2016). *Chemgapedia Korrosion.* Wiley Information Services GmbH, Berlin.

[485] Segelken K, Haus der Technik e.V. (2016). Korrosion und Korrosionsschutz von Offshore-Windenergiekonstruktionen. *Windkraft-Journal,* (2016/11/22).

[486] Bieg S, Maelicke A (o. J.). *Chemgapedia Enzyme.* Wiley Information Services GmbH, Berlin. Verfügbar http://www.chemgapedia.de/vsengine/vlu/vsc/de/ch/8/bc/vlu/biokatalyse_enzyme/enzyme.vlu/Summary.html (Zugriff 08.04.2021).

[487] Eppendorf Vertrieb Deutschland GmbH, Wesseling-Berzdorf (2019). *Katalog 2019 Liquid Handling, Sample Handling, Cell Handling.*

[488] WTW Wissenschaftliche-Technische Werkstätten GmbH, Weilheim (2015). *Die photoLab® Spektralphotometer. Flyer.*

[489] Mettler-Toledo, AG (2011). *TGA-Sorption System (Produktdatenblatt)*. Schwerzenbach: Mettler-Toledo AG.

[490] Mettler-Toledo Group (2018). *Improve Reaction Understanding (Produktdatenblatt)*. Mettler-Toledo Group.

[491] ACL Instruments AG (2019). *Chemilumineszenz Instrument Hardware Basis Konfiguration*. Kerzers: ACL Instruments AG.

[492] Hoover CR, Lamb AB (1919). *GAS DETECTOR*. United States Patent Office Patent US 1321062A.

[493] onlinelibrary.wiley.com. Verfügbar unter: https://onlinelibrary.wiley.com/doi/pdf/10.1002/3527600418.ammobildevd0016 (Zugriff 06.05.2019).

[494] chemie-schule.de. Verfügbar unter: www.chemie-schule.de/KnowHow/Pr%c3%bcfr%c3%b6hrchen (Zugriff 06.05.2019).

[495] Drägerwerk AG, Dräger Safety AG & Co. KGaA, Lübeck (2018). *Dräger-Röhrchen & CMS-Handbuch, Boden-, Wasser- und Luftuntersuchungen sowie technische Gasanalyse, 18. Auflage.*

[496] Kurzweil P, Scheipers P (2012). *Chemie: Grundlagen, Aufbauwissen, Anwendungen und Experimente*, 9., erw. Auflage. Vieweg+Teubner Verlag, Wiesbaden.

[497] Ralfs M, Heinze J (1997). Disposable optochemical sensor for the determination of chlorineconcentrations in the ppb-range. *Sensors and Actuators B*, S. 257–261.

[498] Weis N (1994). *Toxikologie und Nachweis monomerer Isocyanate in der Innenraumluft*. Doktorarbeit, Universität Kiel.

[499] Drägerwerk AG, Lübeck (2018). *Dräger Safety AG & Co. KGaA, Dräger-Röhrchen – Handbuch, Das Labor hinter Glas.*

[500] Kemper H (2007). *Durchführung des ABC-Einsatzes*, 1. Auflage. ecomed Sicherheit, Verlagsgruppe Hüthig Jehle Rehm GmbH.

[501] Drägerwerk AG, Lübeck (2001). *Dräger Prüfröhrchen Kohlendioxid 0,1 %/a (CH 23 501), 32. Ausgabe*. Gebrauchsanweisung.

[502] www.atemschutzlexikon.de/lexikon. Verfügbar unter: www.atemschutzlexikon.de/lexikon/p/pruefroehrchen/ (Zugriff 06.05.2019).

[503] www.gasmesstechnik.de. Verfügbar unter: www.gasmesstechnik.de/product/aktion-draeger-roehrchen-kohlenstoffdioxid-0-1-a-0-1-1-2-und-0-5-6-vol-10-roehrchen.491.html (Zugriff 06.05.2019).

[504] www.draeger.com. Verfügbar unter: www.draeger.com/de_de/Applications/Products/Mobile-Gas-Detection/Draeger-Tubes-and-CMS/Draeger-Tubes/simultaneous-test-sets (Zugriff 06.05.2019).

[505] www.gasmesstechnik.de. Verfügbar unter: www.gasmesstechnik.de/product/aktion-draeger-simultantest-set-a-simtest-set-gefahrstoffmessung-beinhaltet-simultantest-i-ii.6858258.html (Zugriff 06.05.2019).

[506] www.kleinschmidtgmbh.com. Verfügbar unter: www.kleinschmidtgmbh.com/News/Vorstellung-Draeger Chip-Mess-System (Zugriff 06.05.2019).

[507] Weyer J (2018). *Geschichte der Chemie Band 2. 19. und 20. Jahrhundert*, 9. erweiterte Aufl Auflage. Springer Spektrum, Berlin, Heidelberg.

[508] Jander G, Schulze G, Jahr K.-F (2017). *Maßanalyse – Titrationen mit chemischen und physikalischen Indikationen*, 19. Auflage. Walter de Gruyter, Berlin.

[509] Martenz-Menzel R (2011). *Physikalische Chemie in der Analytik*, 2. Auflage. Vieweg+Teubner, Eine Einführung in die Grundlagen mit Anwendungsbeispielen Wiesbaden.

[510] Schulze G, Simon J, Martenz-Menzel R (2012). *Massanalyse Theorie und Praxis der Titrationen mit chemischen und physikalischen Indikationen*. De Gruyter, Berlin, Boston.

[511] Hildebrand U (2014). *Stöchiometrie*, 2. Durchges. Aufl Auflage. Springer Spektrum, Berlin, Heidelberg.

[512] Küster FW, Thiel A (2016). *Analytik: Daten, Formeln, Übungsaufgaben*, 108. Auflage. De Gruyter, Berlin/Boston.

[513] H. B. Bruno P. Kremer (2014). *Einführung in die Laborpraxis*. Springer Spektrum, Köln.

[514] Beyer L, Angulo Cornejo J (2012). *Koordinationschemie. Grundlagen – Synthesen – Anwendungen*. Vieweg + Teubner, Wiesbaden.

[515] Hillreich J, Peters J (2018). *Titrations Fibel Theorie und Praxis der Titration Version 03/2018*. Xyelem, Inc, Mainz.

[516] Binnewies M, Finze M, Jäckel M, Schmidt P, Willner H, Rayner-Canham G (2016). *Allgemeine und Anorganische Chemie*, 3. Auflage. Springer Spektrum (essentials), Berlin, Heidelberg.

[517] Metrohm (2011). *Lebensmittelanalytik Qualitätskontrolle von Nahrungsmitteln Version 03/2011*. Metrohm AG.

[518] Mettler Toledo (2018). *Titration Sensors Intelligent Sensors for All Titrations Application Version 02/2018*. Mettler Toledo.

[519] Bruttel P, Schlink R (2006). *Wasserbestimmung durch-Karl-Fischer-Titration Version 02/2006*. Metrohm AG, Herisau.

[520] Metrohm (2015). *Petrochemische Analytik Qualitätskontrolle von Mineralölprodukten Version 09/2015*. Metrohm AG.

[521] Ebner F, Gehrer LAM, Tallian C (2017). *Naturstoffe und Biochemie Ein Überblick für Chemiker und Biotechnologen*. Springer Spektrum, Berlin, Heidelberg.

[522] Metrohm (2015). *Pharmazeutische Analytik Qualitätskontrolle von Pharmazeutika Version 09/2015*. Metrohm AG.

[523] Metrohm (2015). *Wasseranalytik Qualitätskontrolle von Wasser Version 09/2015*. Metrohm AG.

[524] Krug H, Efferenn K (2011). Automation komplexer Titrationen – modernste Analysentechnik zur Überwachung galvanischer Elektrolyte. *Galvanotechnik*.

[525] Xylem Analytics Germany (2017). *Titratoren, Probenwechsler, Software und Elektroden Version 07/2017*. Xylem Analytics Germany GmbH, Mainz.

[526] Xylem Analytics Germany. *Gebrauchsanleitung Titronic 300 Kolbenbürette Version 180910*. Xylem Analytics Germany GmbH, Mainz.

[527] Xylem Analytics Germany. *Gebrauchsanleitung TitroLine 7800 Titrator Version 07/2017*. Xylem Analytics Germany GmbH, Mainz.

[528] Langbein S (2017). *Chemische Gleichgewichte*. Springer-Verlag, Eggenstein-Leopoldshafen, Deutschland.

[529] Kurzweil P (2015). *Chemie*. Springer Vieweg, Amberg.

[530] Wächter M (2011). *Chemielabor – Einführung in die Laborpraxis*. Wiley-VCH, Weinheim.

[531] aprentas (2017). *Laborpraxis Band 2: Messmethoden*, 6. Auflage. Springer, Muttenz, Schweiz.

[532] Bruno HB, Kremer P (2014). *Einführung in die Laborpraxis*. Springer Spektrum, Köln.

[533] Carolina Biological Supply (2020). *Gravimetric Analysis of a Carbonate*. Carolina Biological Supply Company. Verfügbar unter: www.carolina.com/ap-chemistry/carolina-investigations-for-ap-chemistry-gravimetric-analysis-of-a-carbonate/FAM_840570.pr (Zugriff 16.01.2020).

[534] Fisher Scientific (2020). *Synthesis and Gravimetric Analysis of Cobalt Oxalate Hydrate*. Fisher Scientific. Verfügbar unter: www.fishersci.com/shop/products/kemtec-ap-chemistry-kits-synthesis-gravimetric-analysis-co-synthesis-gravimetric-analysis-cobalt-oxalate-hydrate/s07331 (Zugriff 16.01.2020).

[535] Flinn Scientific (2020). *Gravimetric Analysis of a Metal Carbonate*. Flinn Scientific. Verfügbar unter: www.flinnsci.com/gravimetric-analysis-of-a-metal-carbonate---college-level-classic-general-chemistry-laboratory-kit/ap7949/ (Zugriff 16.01.2020).

[536] Szebellédy L, Somogyi Z (1938). Die coulometrische Analyse als Präzisionsmethode. *Zeitschrift für analytische Chemie*, Nr. 112:313–323.

[537] Faraday M (1834). VI. Experimental researches in electricity.-Seventh series. *Philosophical Transactions of the Royal Society of London*, 124:77–122.

[538] Wendt T (2017). *HYDRANAL™ Praktikum*. HYDRANAL Kompetenzzentrum, Seelze, Deutschland.

[539] Abresch K, Claassen I (1961). *Die coulometrische Analyse*. Verlag Chemie GmbH Weinheim/Bergstr, Duisburg-Hambron-Ruhrort.

[540] Dickerson RE (2011). *Prinzipien der Chemie*, 2. Auflage. Walter de Gruyter, Berlin, New York.

[541] Kies HL (1962). *Coulometry*. Technecal Universety Delft, Netherlands.

[542] Abresch K, Buechel E (1962). *Die coulometrische Analyse*. Chemisches Hauptlaboratorium der August Thyssen-Hütte AG., Duisburg-Hambron.

[543] Gesellschaft Deutscher Metallhütten- und Bergleute e. V. (1966). *Analyse der Metalle*. Springer, Berlin, Heidelberg.

[544] Peters J, Spielau M (2007). Die coulometrische Karl-Fischer-Titration. *GIT Labor-Fachzeitschrift*, Nr. 10:824–827.

[545] Metrohm, AG (2012). *756/831 Coulometer*. Metrohm AG, Herisau.

[546] Rossaint R, Werner C, Zwißler B (2012). *Die Anästhesiologie*. Springer-Verlag, Berlin Heidelberg.

[547] Joos F (2006). *Technische Verbrennung*. Springer-Verlag, Berlin Heidelberg.

[548] De Agostini A, Birchner CAA, Gordon C, Muhr H.-J, Wyss P (2002). *Information für Anwender von Titrations- und pH-Systemen, Dichtemessgeräten und Refraktometern*, Nr. 6. METTLER TOLEDO GmbH, Schwerzenbach.

[549] Bard AJ, Faulkner LR (2001). *Electrochemical Methods: Fundamentals and Applications*. Wiley, Austin.

[550] Holze R (1998). *Leitfaden der Elektrochemie*. Teubner, Leipzig.

[551] Schmidt VM (2012). *Elektrochemische Verfahrenstechnik – Grundlagen, Reaktionstechnik, Prozessoptimierung*. John Wiley & Sons, New York.

[552] Milazzo G (1952). *Elektrochemie – Theoretische Grundlagen und Anwendungen*. Springer, Wien, Wien.

[553] Fa. WTW (1988). *Leitfähigkeitsfibel, Einführung in die Konduktometrie für Praktiker*. Weilheim i.OB.

[554] Latscha HP, Klein HA (1995). *Analytische Chemie*. Springer, Berlin; Heidelberg; New York; London; Paris; Tokyo; Hong Kong; Barcelona; Budapest.

[555] Maier H.-G (1990). *Lebensmittel- und Umweltanalytik*. Steinkopff-Verlag Heidelberg, Darmstadt.

[556] Ekbert H, Schönfelder G (2018). *Sensoren in Wissenschaft und Technik – Funktionsweise und Einsatzgebiete*. Springer, Berlin Heidelberg New York.

[557] Bader S (2017). *Handbuch der Elektroanalytik Teil 3*. Sartorius AG, Göttingen.

[558] Bundesgesundheitsamt (Ringbuch seit 1980). *Amtliche Sammlung von Untersuchungsverfahren nach § 35 LMBG*. Beuth, Berlin, Köln.

[559] van der Weerd B (2016). *Entwicklung und Charakterisierung von CO2-Sensoren für die Bestimmung der CO2-Eliminierung während extrakorporaler Membranoxygenierung*. Doktorarbeit, Universität Regensburg, Regensburg.

[560] Günter B, Baumann K, Dröscher F, Gross H, Steisslinger B (1994). *Luftreinhaltung – Entstehung, Ausbreitung und Wirkung von Luftverunreinigungen – Meßtechnik, Emissionsminderung und Vorschriften*. Springer, Berlin Heidelberg New York.

[561] Fresenius W, Günzler H, Huber W, Lüderwald I, Tölg G, Wisser H (1986). *Analytiker-Taschenbuch*. Springer, Berlin Heidelberg.

[562] Eickelpasch D, Eickelpasch G (2004). *Determination and Evaluation of Ambient Air Quality – Manual of Ambient Air Monitoring in Germany*. Federal Environmental Agency (Umweltbundesamt), Berlin.

[563] Oehme F (1991). *Chemische Sensoren*. Vieweg Verlag, Braunschweig.

[564] Barek F, Muck Z (2001). Polarography and Voltammetry at Mercury Electrodes. *Critical Reviews in Analytical Chemistry*, 31.

[565] Stackelberg M (1960). *Polarographische Arbeitsmethoden*. Berlin.

[566] Neeb R (1962). Inverse Polarographie und Voltammetrie. *Angew. Chem.*, 74. Jahrg.

[567] Busch R (2006). *Elektrotechnik und Elektronik für Maschinenbauer und Verfahrenstechniker*, 4. Auflage. B. G. Teubner Verlag, Wiesbaden.

[568] Bernstein H (2012). *Elektrotechnik/Elektronik für Maschinenbauer, Grundlagen und Anwendungen*, 2. Auflage. Vieweg+Teubner Verlag, Wiesbaden. 2004.

[569] Eisenhardt I (1991). *Polarographie und Voltammetrie*. VCH Verlagsgesellschaft mbH, Buch, Weinheim.

[570] Bestry J (2011). *Neue Konzepte in der Voltammetrie- Tropfende Kohleelektrode und ionische Flüssigkeiten*. Dissertation, Freie Universität Berlin.

[571] Härdener A, Kaufmann H (2006). *Grundlagen der allgemeinen und anorganischen Chemie*, 14., überarbeitete und erweiterte Auflage. Birkhäuser Verlag, Basel.

[572] Schmiermund T (2019). *Das Chemiewissen für die Feuerwehr*. Springer Spektrum, Berlin.

[573] Firma Metrohm. Verfügbar unter: www.metrohm.com/de-de/products-overview/voltammetry/professional-va-cvs-instruments/28840110); Mit Genehmigung.

[574] Henze G (2001). *Polarographie und Voltammetrie – Grundlagen und analytische Praxis*. Springer Verlag, Buch.

[575] Thomas FG, Henze G (2001). *Introduction to Voltammetric Analysis – Theory and Practice*. CSIRO Publishing, Collingwood VIC, Australia.

[576] Bard AJ, Faulkner LR (2001). *Electrochemical Methods*. J. Wiley and Sons, inc., New York, Chichester, Weinheim, Brisbane, Singapore, Toronto.

[577] Wang J (2000). *Analytical Electrochemistry*. Wiley-VCH, New York, Chichester, Weinheim, Brisbane, Singapore, Toronto.

[578] *Gebrauchsanweisung Polarecord 506 Serie 03*. Methrom AG: Herisau.

[579] Wang J (1985). *Stripping Analysis, Principles, Instrumentation and Applications*. Verlag Chemie, Weinheim, Deerfield Beach, FL.

[580] Wang J (1988). *Electroanalytical Techniques in Clinical Chemistry and Laboratory Medicine*. Verlag Chemie, Weinheim.

[581] Venugopal B, Luckey TD (1978). Metal Toxicity in Mammals. In: *Chemical Toxicity of Metal and Metalloids*, Vol. 2. Plenum Press, New York.

[582] Klahre P, Valenta P, Nürnberg HW (1978). A standard pulse stripping voltammetric analysis process for testing drinking water for toxic metals. I. Simultaneous determination of copper, cadmium, lead and zinc, and of lead and thallium. *Vom Wasser*, 51.

[583] Nguyen VD, Valenta P, Nürnberg HW (1979). Voltammetry in the analysis of atmospheric pollutants: The determination of toxic trace metals in rain water and snow by differential pulse stripping voltammetry. *Sci. Total Environment*, 12(2):151–167.

[584] Stoeppler M, Bernhard M, Backhaus F, Schulte E (1979). Comparative studies on trace metal levels in marine biota I. Mercury in marine organisms from western Italian coast, the strait of Gibraltar and the North Sea. *Sci. Total Environ.*, 13(3):209–223.

[585] Stoeppler M (1979). *Proc. Int. Expert Disc. Lead-Occurence, Fate and Pollution in the Marine Environment, Rovinj 1977*. Pergamon Press, Oxford.

[586] Mart L (1979). Collection of surface water samples. *Fresenius Z. Anal. Chem.*, 299:97.

[587] Valenta P, Rützel H, Krumpen P, Salgert KH, Klahre P (1978). Contributions to automated trace analysis. *Fresenius Z. Anal. Chem.*, 292.

[588] Firma Metrohm. *Prospekt: 946 Portable VA Analyzer – die Schwermetallanalyse wird mobil.* Mit Genehmigung.

[589] Kunze UR (1980). *Grundlagen der quantitativen Analyse*, 1. Auflage. Georg Thieme Verlag, Stuttgart New York.

[590] Greenaway F (1974). Platinum Metals in the Development of Analytical Chemistry. *Platinum Metals Review.*

[591] Blasius J (2005). *Einführung in das anorganisch-chemische Praktikum*, 15. Auflage. S. Hirzel Verlag, Stuttgart.

[592] Dölling R (2004). *Potentiostaten eine Einführung*, Revidierte Auflage. Bank Elektronik – Intelligent Controls GmbH. https://www.bank-ic.de/decms/downloads/potstad-2005-d.pdf (Zugriff 15.03.2021).

[593] Lupton DF, Merker J, Schölz F (1998). *Zur korrekten Verwendung von Platin in RFA-Labors.* 5. Anwendertreffen Röntgenfluoreszenz- und Funkenemissionsspektrometrie Dortmund 9.–10. März 1998.

[594] Technische Universität Wien. *Umgang mit Platingeräten im Festkörperchemiepraktikum AC-Praktikum TUW.*

[595] PHYWE Systeme GmbH und Co. KG. *Verfügbar unter: www.phywe.de/de/ elektrogravimetrische-bestimmung-von-kupfer.html* (Zugriff 11.06.2019).

[596] Lohse A. Unser Telefonat zu Platinelektroden, E-Mail, 15.05.2019.

[597] PHYWE Systeme GmbH und Co. KG. *Verfügbar unter: www.phywe.de/de/platinelektroden-fuer-elektrogravimetrie.html* (Zugriff 11.06.2019).

[598] m&k GmbH (2019). *EM-Katalog Labware Elektroden.*

[599] Sartorius Lab Instruments GmbH & Co. KG. *ENTRIS-1S_datasheet-en-Data-Entris-WL-2003.*

[600] PHYWE Systeme GmbH und Co. KG. *Verfügbar unter: www.phywe.de/de/analysenwaage-sartorius-entris124-1s-120-g-0-1-mg.html* (Zugriff 11.06.2019).

[601] Charles E (2007). *Chemie*, 8. Auflage. Georg Thieme Verlag KG.

[602] Gerhard W (2016). *Gasmesstechnik in Theorie und Praxis*. Springer Fachmedien Wiesbaden, Dortmund.

[603] Schmidt-Zhang P (2008). *Untersuchungen zur Entwicklung amperometrischer Hochtemperatur-NO-Gassensoren auf der Basis von Zirconiumdioxid.* Doktorarbeit, TU Berlin.

[604] Kleitz M, Siebert E, Fabry P, Fouletier J, Göpel W, Hesse J, Zemel J (1991). Solid-State Electrochemical Sensors. In: *Sensors: A Comprehensive Survey*, Vol. 2. VCH, Weinheim.

[605] Haaland DM (1977). Internal-Reference Solid-Electrolyte Oxygen Sensor. *ANALYTICAL CHEMISTRY*, 49(12). Albuquerque, New Mexico.

[606] Behr A, Agar DW, Jörissen J, Vorholt AJ (2016). *Einführung in die technische Chemie.* Springer-Verlag GmbH Deutschland, Dortmund.

[607] Weppner W (1987). Solid-State Electrochemical Gas Sensors. In: *2nd International Meeting on Chemical Sensors*, Bordeaux, Frankreich.

[608] LAMTEC Meß- und Regeltechnik für Feuerungen GmbH & Co. KG (16.05.2019). *Produkte: Sensorik: CarbonSen.* Verfügbar unter: www.lamtec.de/produkte/sensorik/carbosen-coe.html (Zugriff 16.05.2019).

[609] Reif K (2010). *Sensoren im Kraftfahrzeug.* Vieweg+Teubner Verlag, Springer Fachmedien Wiesbaden GmbH, Plochingen.

[610] Lee D.-D, Lee D.-S (2001). Environmental Gas Sensors. *IEEE SENSORS JOURNAL*, 1(3):214–224. October 2001.

[611] Choi S.-D, Chung W.-Y, Lee D.-D (1996). SO2 sensing characteristics of Nasicon electrolytes. *Sensor Actuators B*, 35–36:263–266.

[612] LAMTEC Meß- und Regeltechnik für Feuerungen GmbH & Co. KG (16.05.2019). *Produkte: Sensorik: Lambda Sonde LS2 – Sauerstoffsonde.* Verfügbar unter: www.lamtec.de/produkte/sensorik/ls2-o2.html (Zugriff 16.05.2019).

Stichwortverzeichnis

https://doi.org/10.1515/9783110702040-036

www.ingramcontent.com/pod-product-compliance
Lightning Source LLC
Chambersburg PA
CBHW060944210326
41598CB00031B/4721